全国教育科学“十一五”规划课题研究成果

# 大学计算机基础教程

Daxue Jisuanji Jichu Jiaocheng

（第3版）

雷国华　运海红　主　编

高等教育出版社·北京
HIGHER EDUCATION PRESS　BEIJING

内容提要

本书是在全国教育科学"十一五"规划课题研究的基础上，为了适应信息技术的发展，满足应用型本科人才培养，特别是教育部推出的"卓越工程师教育培养计划"改革试点的有关要求，在已出版的全国教育科学"十五"规划课题研究成果《大学计算机基础教程（第2版）》的基础上改编而成。

本书主要内容为计算机概述、计算机系统、操作系统基础、常用办公软件、计算机网络及网页制作、多媒体技术基础及 Flash 动画制作、程序设计基础、数据库技术基础及 Access 管理系统应用、信息安全技术等。本教材内容重应用，以新的视角给出了非计算机专业大学生计算机入门所需的内容，立意新颖，理论讲述深入浅出，易于理解和接受。书后配有习题，配套实践教材《大学计算机基础实践教程（第3版）》同期出版，便于在教学中达到理论与实践的完美结合。

本书可作为高等学校非计算机专业"大学计算机基础"课程的教材，也适合作为各类计算机培训的教材和自学参考书。

**图书在版编目（CIP）数据**

大学计算机基础教程/雷国华，运海红主编. —3版. —北京：高等教育出版社，2011.8

ISBN 978-7-04-033514-9

Ⅰ. ①大… Ⅱ. ①雷… ②运… Ⅲ. ①电子计算机-高等学校-教材 Ⅳ. ①TP3

中国版本图书馆 CIP 数据核字（2011）第153258号

策划编辑 李善亮　责任编辑 李善亮　封面设计 张雨微　版式设计 王艳红
责任校对 刘 莉　责任印制 刘思涵

出版发行 高等教育出版社
社　　址 北京市西城区德外大街4号
邮政编码 100120
印　　刷 唐山市润丰印务有限公司
开　　本 787mm×1092mm 1/16
印　　张 26
字　　数 640千字
购书热线 010-58581118
咨询电话 400-810-0598
网　　址 http://www.hep.edu.cn
　　　　 http://www.hep.com.cn
网上订购 http://www.landraco.com
　　　　 http://www.landraco.com.cn
版　　次 2004年6月第1版
　　　　 2011年8月第3版
印　　次 2011年8月第1次印刷
定　　价 36.00元


物 料 号 33514-00

# 第3版前言

本书第2版于2007年9月由高等教育出版社出版。为了适应信息技术的发展，满足应用型本科人才培养特别是教育部推出的“卓越工程师教育培养计划”改革试点的有关要求，在全国教育科学“十一五”规划课题研究的基础上，结合近几年的教学实践以及广大读者和教师提出的建议，经修订推出了本书的第3版。第3版在保持原有写作风格和特色的基础上，优化调整了部分章节内容。

本书第3版与第2版相比，主要做了以下几方面的调整。

将第2版第1章的计算机系统简介、数制与编码及第9章微型计算机组装与维护合并为第2章计算机系统。将原第3章文字处理软件、第4章电子表格软件、第5章演示文稿合并为第4章办公软件，将原第6章计算机网络与多媒体技术基础内容扩充为第5章计算机网络和第6章多媒体技术基础，将原第7章程序设计和数据库基础内容扩充为第7章程序设计基础和第8章数据库技术基础，第9章的内容更改为信息安全技术。

和第2版相比，本书操作系统由Windows XP改为Windows 7和UNIX，办公软件由Office 2003改为Office 2007，分别在网络和多媒体技术章节中增加了网页制作工具Dreamweaver和动画制作软件Macromedia Flash 8的介绍。

本书由具有丰富教学经验、在应用型本科学校长期承担计算机基础课程教学任务的一线教师结合近几年的教学实践编写，注重计算机基本技能和应用能力的培养。语言通俗易懂，案例贴近生活，使读者更容易理解与掌握。

配套教材《大学计算机基础实践教程（第3版）》同期出版。与本教材有关的教学辅导资料可通过电子邮件索取，联系邮箱为yunhh126@126.com。

本书由雷国华、运海红担任主编，安波担任副主编，黄成哲主审。第1章由雷国华编写，第2章由赵峰编写，第3章由王丁编写，第4章由安波、曹雪栋编写，第5章和第9章由王亚东编写，第6章由崔琨编写，第7章由李军编写，第8章由运海红编写。

本书可作为各类高等学校特别是应用型本科学校非计算机专业学生的计算机入门教材，也可供相关人员和计算机爱好者参考。

本书虽经反复修改，但限于作者水平，难免存在一些不足之处，谨请广大读者指正。

编　者

2011年6月

# 第2版前言

为了进一步推动高等学校计算机基础教育的发展，教育部制定了《关于进一步加强计算机基础教学的几点意见》(以下简称《意见》),《意见》按照分类、分层次组织教学的思路，提出了计算机基础课程设置以及课程教学内容的知识结构。本书根据《意见》中有关“大学计算机基础”的“一般要求”，在已出版的教育科学“十五”国家规划课题研究成果《计算机基础教程》的基础上改编而成。

本教材基本保持原有的内容体系，主要介绍计算机基础知识，并注重基本技能和应用能力的培养。全书分为9章：计算机概述、Windows XP操作系统的功能和使用、Word 2003文字处理软件、Excel 2003电子表格、PowerPoint 2003演示文稿、计算机网络与多媒体技术基础、程序设计和数据库基础、常用工具软件、微型计算机组装与维护。各校可根据自己的实际情况，选取有关内容讲授，有些内容可让学生自学。总学时数为50学时左右，建议在多媒体教室(机房)授课。

和第1版教材相比，本书操作系统由Windows 2000改为Windows XP，办公自动化软件由Office 2000改为Office 2003，增加了程序设计和数据库技术基础等方面的内容。其余部分根据过去3年的教学使用情况，对个别内容进行了调整。

本教材由在应用型本科院校长期承担基础课教学、具有丰富教学经验的一线教师编写，针对性强，面向应用，注重基本技能和应用能力的培养，针对学生的认知规律，尽量采用通俗易懂的方法说明复杂的概念，使学生易于学习。教材内容力求反映信息技术领域中新的发展和应用，应用案例比较丰富。本教材的配套教材《大学计算机基础教程习题与实验(第2版)》同期出版，是学生课下学习及上机实验的有力助手。本书还配有多媒体电子教案等教学资源，可从中国高校计算机课程网下载，网址为：http://computer.cncourse.com，也可与作者联系，作者的电子邮件地址是：islgh@126.com。

本书由雷国华、李军担任主编，周屹担任副主编。第1章由雷国华编写，第2章由李军编写，第3章由运海红编写，第4章由安波编写，第5章由周屹编写，第6章由王亚东编写，第7章由陆上编写，第8章由韩中元编写，第9章由赵峰编写。

由于作者水平有限，书中难免存在一些不足之处，殷切希望广大读者批评指正。

编　者

2007年4月

# 第 1 版前言

为了更好地适应当今社会对应用型人才培养的需要，探索和创新公共计算机教学，由全国高等学校教学研究中心组织开展了“21 世纪中国高等学校应用型人才培养体系的创新与实践”课题研究工作，本书是公共计算机类子课题的研究成果之一。主要针对应用型本科学校、反映应用型人才培养的特点，从实际应用出发，精心组织教学内容。对办公软件部分，加强了案例教学。本书每章的最后附有若干习题，同时配有《计算机基础实验指导与习题》和 PPT 课件，供教学使用。

本书主要内容包括：计算机概述、Windows 2000 操作系统的功能和使用、Word 2000 文字处理系统、Excel 2000 电子表格、PowerPoint 2000 演示文稿、微机组装、计算机网络与多媒体简介、常用工具软件使用。各校可根据自己的实际情况，选取有关内容讲授。总教学时数 50 学时左右，建议在多媒体教室（机房）授课。

本书由雷国华、李军主编，于海英副主编，董春游主审。第一章由雷国华编写，第二章由李军编写，第三章由于海英编写，安波编写了第四章，周屹编写了第五章，王亚东编写了第六、七、八章。

黑龙江工程学院、广东茂名学院、华北科技学院、北京联合大学、黑龙江科技学院、平顶山工学院等有关学校的老师提出了很好的意见和建议，在此，表示诚挚的谢意。由于作者的水平有限，书中难免存在一些缺点和错误，殷切希望广大读者批评指正。作者的电子邮件地址：islgh@126.com。

编　者

2004 年 4 月

# 目　　录

# 第1章 计算机概述

随着社会的进步和计算机技术的迅速发展，为信息的采集、存储、分类以及适合于各种需要的处理提供了极为有效的手段，使信息成为现代生活中不可缺少的资源，人们对信息的开发利用不断深入，信息量骤增，信息间的关联也日益复杂，因此对信息的处理就显得越来越重要，也使得对大容量信息进行高速处理成为可能。为此，学习和掌握好以计算机和网络为核心的信息技术基础知识，具备一定的计算机应用能力，是对大学生的基本要求。

本章主要介绍计算机的一些基本概念，内容涉及计算机的发展及应用领域、信息及信息科学和基于计算机的信息处理过程。

## 1.1 计算机的发展及应用

### 1.1.1 计算机的发展历史

计算机是一种能迅速而高效的自动完成信息处理的电子设备，它能按照程序对信息进行加工、处理、存储。世界上第一台电子数字式计算机由美国宾夕法尼亚大学、穆尔工学院和美国陆军火炮公司联合研制而成，于1946年2月15日正式投入运行，它的名字叫ENIAC（the electronic numerical integrator and calculator，电子数值积分计算机）。它使用了17 468个真空电子管，耗电174 kW，占地170 $m^2$，重达30 t，每秒钟可进行5 000次加法运算。虽然它的功能还比不上今天最普通的一台微型计算机，但在当时它的运算速度、精确度和准确率已是以前的计算工具无法比拟的。以圆周率（π）的计算为例，中国古代的科学家祖冲之利用算筹耗费15年心血才把圆周率计算到小数点后7位数；一千多年后，英国人香克斯以毕生精力计算圆周率才计算到小数点后707位；而使用ENIAC进行计算仅用了40 s就达到了这个纪录，还发现香克斯的计算结果中的第528位是错误的。ENIAC奠定了电子计算机的发展基础，开辟了一个计算机科学技术的新纪元，有人将其称为人类第三次产业革命开始的标志。

ENIAC诞生后短短的几十年间，计算机技术的发展突飞猛进。主要电子器件相继使用了真空电子管、晶体管、中小规模集成电路、大规模和超大规模集成电路，引起计算机的几次更新换代。每一次更新换代都使计算机的体积和耗电量大大降低，功能大大增强，应用领域进一步拓宽。特别是体积小、价格低、功能强的微型计算机的出现，使得计算机迅速普及，进入了办公室和家庭，在办公自动化和多媒体应用方面发挥了很大的作用。目前计算机的应用已扩展到社会的各个领域。

**1．第一阶段：电子管计算机（1946—1957 年）**

电子管计算机的主要特点是：

（1）采用电子管作为基本逻辑部件，体积大、耗电量大、寿命短、可靠性低、成本高。

（2）采用电子射线管作为存储器，容量很小。后来外存储器使用了磁鼓，扩充了容量。

（3）输入/输出装置落后，主要使用穿孔卡片，速度慢、容易出错、使用十分不便。

（4）没有系统软件，只能用机器语言和汇编语言编程。

**2．第二阶段：晶体管计算机（1958—1964 年）**

随着半导体技术的发展，20 世纪 50 年代中期晶体管取代了电子管。晶体管计算机的体积大为缩小，只有电子管计算机的 1/100 左右，耗电量也只有电子管计算机的 1/100 左右，但它的运算速度大为提高，达每秒几万次。主要特点是：

（1）采用晶体管制作基本逻辑部件，体积减小、重量减轻、能耗降低、成本下降，计算机的可靠性和运算速度均得到提高。

（2）普遍采用磁芯作为存储器，采用磁盘、磁鼓作为外存储器。

（3）开始有了系统软件（监控程序），提出了操作系统的概念，出现了高级语言。

**3．第三阶段：集成电路计算机（1965—1970 年）**

1962 年，世界上第一块集成电路在美国诞生，在一个只有 2.5 平方英寸的硅片上集成了几十个至几百个晶体管。计算机的体积进一步缩小，运算速度可达每秒几百万次。主要特点是：

（1）采用中小规模集成电路制作各种逻辑部件，从而使计算机体积更小、重量更轻、耗电更少、寿命更长、成本更低，运算速度有了更大的提高。

（2）采用半导体存储器作为主存，取代了原来的磁芯存储器，使存储器的存取速度有了大幅度的提高，增加了系统的处理能力。

（3）系统软件有了很大发展，出现了分时操作系统，多用户可以共享计算机软、硬件资源。

（4）在程序设计方面上采用了结构化程序设计方法，为研制更加复杂的软件提供了技术上的保证。

**4．第四阶段：大规模、超大规模集成电路计算机（1971 年至今）**

1971 年，Intel 公司的工程师们把计算机的算术与逻辑运算电路集成在一片长 1/6 英寸宽 1/8 英寸的硅片上，做成了世界上第一片微处理器（Intel 4004），在这片硅片上相当于集成了 2 250 只晶体管，从此掀起信息革命浪潮的微型计算机（简称微机）诞生了。它的体积更小，运算速度达每秒上亿次，其主要特点是：

（1）基本逻辑部件采用大规模、超大规模集成电路，使计算机体积、重量、成本均大幅度降低，出现了微型计算机。

（2）作为主存的半导体存储器，其集成度越来越高，容量越来越大。外存储器除广泛使用软、硬磁盘外，还引进了光盘、优盘等。

（3）各种使用方便的输入/输出设备相继出现。

（4）软件产业高度发达，各种实用软件层出不穷，极大地方便了用户。

（5）计算机技术与通信技术相结合出现了计算机网络，它把世界紧密地联系在一起。

（6）集图像、图形、声音和文字处理于一体的多媒体技术迅速崛起。

从 20 世纪 80 年代开始，日本、美国及欧洲发达国家都宣布开始新一代计算机的研究。普遍认为新一代计算机应该是智能型的，它能模拟人的智能行为，理解人类自然语言，并继续向着微型化、网络化发展。

在计算机的发展历程中，微型计算机的出现开辟了计算机的新纪元。微型计算机属于第四代产品。微型计算机因其体积小、结构紧凑而得名。它的一个重要特点是将中央处理器（CPU）制作在一块集成芯片上，这种芯片称作微处理器。根据微处理器的集成规模和处理能力，又形成了微型计算机的不同发展阶段。1971 年美国 Intel 公司首先研制成 4004 微处理器，它是一种 4 位微处理器，随后又研制出 8 位微处理器 Intel 8008。由这种 4 位或 8 位微处理器制成微型计算机都属于第一代微型计算机。第二代微型计算机（1973—1977 年）的微处理器都是 8 位的，但集成度有了较大的提高。典型产品有 Intel 公司的 8080，Motorola 公司的 6800 和 Zilog 公司的 Z80 等微处理器芯片。以这类芯片为 CPU 生产的微型计算机，其性能较第一代有了较大提高。1978 年，Intel 公司生产出 16 位微处理器 8086，标志着微处理器进入第三代，其性能比第二代提高近 10 倍。典型产品有 Intel 8086、Z8000、M68000 等。用 16 位微处理器生产出的微处理器，支持多种应用，如数据处理和科学计算等。随着半导体技术工艺的发展，集成电路的集成度越来越高，众多的 32 位高档微处理器被研制出来，典型产品有 Intel 公司的 Pentium 系列等。用 32 位微处理器生产的微型计算机一般归于第四代，其性能可与 20 世纪 70 年代的大中型计算机相媲美。目前 64 位微处理器已应用到微型计算机中。计算机的 CPU“每 18 个月，集成度将翻一番，速度将提高一倍，而其价格将降低一半”，这是著名的摩尔定律，揭示了计算机的发展速度，如今计算机更新换代的周期更短。

### 1.1.2 计算机的主要特点

#### 1. 运算速度快

计算机内部有个承担运算任务的部件叫做运算器。现在高性能计算机每秒能进行百万亿次以上的浮点运算。在很多场合下，运算速度起决定作用。如气象预报要分析大量资料，运算速度必须跟上天气变化，否则便会失去预报的意义。以往很多工程计算限于计算工具的落后，只能凭经验公式估计，如今可以利用计算机进行精确计算。

#### 2. 计算精度高

电子计算机用离散的数字信号形式模拟自然界的连续物理量，无疑存在一个精度问题。但是除特殊情况外一味地追求高精度是没有意义的，只要相对误差在允许范围内就够了。实际上计算机的计算精度在理论上并不受限制，一般的计算机均能达到 15 位有效数字，通过一定技术手段可以实现更高的精度要求。

#### 3. 记忆能力强

在计算机中有一个承担记忆任务的部件称为存储器。如果没有存储器，计算机就丧失了记忆能力。计算机存储器的容量可以做得很大，能存储大量数据。除能存储各种数据信息外，存储器还能存储加工这些数据的程序。程序是人设计的，反映了人的思想方法和行为动作，记住程序就等于记住了人的思维和活动。

#### 4. 具有逻辑判断能力

逻辑判断能力就是因果关系，分析命题是否成立，以便制定相应对策。例如，让计算机检测一个开关的闭合状态，开路做什么，闭路又做什么。计算机的逻辑判断能力是通过程序实现的，可以让它做各种复杂的推理。例如，数学中有个“四色问题”，就是科学家用计算机解决的。

#### 5. 可靠性高

由于采用了大规模和超大规模集成电路，计算机具有非常高的可靠性，可以连续无故障工作长达几年。

#### 6. 通用性强

现代计算机不仅可以进行科学计算，也可用于数据处理、实时控制、辅助设计和辅助制造、办公自动化和计算机网络等，通用性非常强。

### 1.1.3 计算机的分类

可以从不同的角度对计算机进行分类。计算处理的信号有数字信号和模拟信号。按计算机处理的信号不同可分为数字计算机、模拟计算机和数字模拟混合计算机。数字计算机处理数字信号，模拟计算机处理模拟信号，数字模拟混合计算机可以处理数字信号，也可以处理模拟信号。

计算机按其功能可分为专用计算机和通用计算机。专用计算机功能单一、适应性差，但是在特定用途下有效、经济、快速。通用计算机功能齐全、适应性强。目前所说的计算机都是指通用计算机。在通用计算机中又可根据运算速度、输入/输出能力、数据存储能力、指令系统的规模和机器价格等因素将其划分为巨型计算机、大型计算机、小型计算机、微型计算机、服务器及工作站等。

#### 1. 巨型计算机

巨型计算机运算速度快、存储容量大、结构复杂、价格昂贵，主要用于尖端科学研究领域。

#### 2. 大型计算机

大型计算机规模仅次于巨型计算机，有比较完善的指令系统和丰富的外部设备，主要用于计算中心和计算机网络中。

#### 3. 小型计算机

小型计算机较之大型计算机成本低、维护也较容易。小型计算机用途广泛，既可用于科学计算、数据处理，也可用于生产过程自动控制和数据采集及分析处理。

#### 4. 微型计算机

微型计算机采用微处理器、半导体存储器和输入/输出接口等芯片组装而成，这使得它较之小型计算机体积更小、价格更低、灵活性更好、可靠性更高、使用更加方便。

#### 5. 服务器

随着计算机网络的日益推广和普及，一种可供网络用户共享的、高性能的计算机应运而生，这就是服务器。服务器一般具有大容量的存储设备和丰富的外部设备，其上运行网络操作系统，要求较高的运行速度，对此很多服务器都配置了双 CPU。服务器上的资源可供网络用户共享。

#### 6. 工作站

20 世纪 70 年代后期，出现了一种新型的计算机系统，称为工作站（workstation）。工作站实际上是一台高档微型计算机。但它有其独到之处，即易于联网，配有大容量主存、大屏幕显示器，特别适合于CAD/CAM和办公自动化系统。

随着大规模集成电路的发展，目前的微型计算机与工作站乃至小型计算机之间的界限已不明显，现在的微处理器芯片，速度甚至已经达到以前大型计算机CPU的速度。

### 1.1.4 计算机的应用领域

现在计算机的应用已广泛而深入地渗透到人类社会各个领域。从科研、生产、国防、文化、教育、卫生到家庭生活都离不开计算机提供的服务。计算机促进了生产率的大幅度提高，把社会生产力提高到了前所未有的水平。下面根据其应用领域归纳成几大类。

**1. 科学计算**

在自然科学中诸如数学、物理、化学、天文、地理等领域，在工程技术中诸如航天、汽车、造船、建筑等领域，计算工作量是很大的。计算正是计算机的特长，为解决这些复杂的计算问题提供了有效的手段。

**2. 数据处理**

现代社会是信息化社会，随着生产力的高度发展，信息量急剧膨胀。信息是资源，人类进行各项社会活动不仅要考虑物质条件，而且要认真研究信息。信息已经和物质、能量一起被列为人类社会活动的三大支柱。数据处理就是指对各种数据进行收集、存储、整理、分类、统计、加工、利用、传播等一系列活动的统称，目的是获取有用的信息作为决策的依据。目前计算机数据处理已广泛地应用于办公自动化、企事业计算机辅助管理与决策、文字处理、文档管理、情报检索、激光照排、电影电视动画设计、会计电算化、图书管理、医疗诊断等各行各业。信息已经形成独立的产业，多媒体技术更为信息产业插上腾飞的翅膀。有了多媒体，展现在人们面前的不再是枯燥的数字、文字，而是人们喜闻乐见、声情并茂的声音和图像信息了。

**3. 计算机辅助设计/辅助制造（CAD/CAM）**

20世纪80年代开始，许多国家就开始了计算机辅助设计与制造（CAD/CAM）的探索，应用计算机图形学方法对产品结构、部件和零件进行计算、分析、比较和制图。使用计算机进行设计的方便之处是可随时更改参数、反复迭代、优化设计直到满意为止，还可进一步输出零部件表、材料表以及数字机床加工用的数据，从而直接把设计的产品加工出来，这就是CAM。

**4. 过程控制**

工业生产过程自动控制能有效地提高劳动生产率。过去传统的工业控制，主要采用模拟电路，响应速度慢、精度低，现在已逐渐被微机控制所替代。微机控制系统把工业现场的模拟量、开关量以及脉冲量经由放大电路和模/数、数/模转换电路送给微机，由微机进行数据采集、显示以及现场控制。微机控制系统除了应用于工业生产外，还广泛应用于交通、邮电、卫星通信等。

**5. 多媒体技术**

多媒体计技术是应用计算机技术将文字、图像、图形和声音等信息以数字化的方式进行综合处理，从而使计算机具有表现、处理、存储各种媒体信息的能力。多媒体技术的关键是数据压缩技术。

**6. 计算机网络**

计算机网络是计算机技术和通信技术相结合的产物。计算机网络技术的发展，将处在不同地域的计算机用通信线路连接起来，配以相应软件，达到资源共享的目的。多媒体技术的发展给计算机通信注入了新内容，使计算机通信由单纯的文字数据通信扩展到音频、视频图像的通信。Internet 的迅速普及使诸如远程会议、远程医疗、网上理财、电子商务等网上通信活动进入了人们的生活。

7. 人工智能

人工智能是计算机应用的一个新领域，它利用计算机模拟人的智能，主要应用于机器人、专家系统、推理证明等方面。

### 1.1.5 计算机的发展趋势

1. 巨型化

天文、军事、仿真等领域需要进行大量的计算，要求计算机有更高的运算速度、更大的存储量，这就需要研制功能更强的巨型计算机。

2. 微型化

专用微机已经大量应用于仪器、仪表和家用电器中，通用微机已经大量进入办公室和家庭，但人们需要体积更小、更轻便、易于携带的微机，以便出门在外或在旅途中均可使用计算机，应运而生的便携式微机（笔记本式计算机）和掌上型微机正在不断涌现，并迅速普及起来。

3. 网络化

将地理位置分散的计算机通过专用的电缆或通信线路互相连接，就组成了计算机网络。网络可以使分散的各种资源得到共享，使计算机的实际效用提高很多。计算机联网不再是可有可无的事，而是计算机应用中一个很重要的部分。人们常说的因特网（Internet，国际互联网）就是一个通过通信线路连接、覆盖全球的计算机网络。通过因特网，人们足不出户就可获取大量的信息，与世界各地的亲友快捷通信，进行网上贸易等。

4. 智能化

目前的计算机已能够部分地代替人的脑力劳动，因此也常称为“电脑”。但是人们希望计算机具有更多的类似人的智能，比如能听懂人类的语言、能识别图形、会自行学习等，这就需要进行进一步研究。

近年来通过进一步的深入研究发现，由于电子电路的局限性，理论上电子计算机的发展也有一定的局限，因此人们正在研制不使用集成电路的计算机，如生物计算机、量子计算机、超导计算机等。

## 1.2 计算机与信息技术

### 1.2.1 信息及信息科学

信息科学与技术和信息紧密相连、密不可分。信息科学是信息时代的必然产物。它以信息为主要研究对象。一方面，信息科学与技术为信息产业提供源源不断的技术支持，是信息产业的灵魂，它使得信息产业不断地出现新产品以满足人们越来越高的需要，这样信息产业就能够得到飞速的发展，支柱产业的地位也越来越稳固。另一方面，信息产业为信息科学与技术的研究和开发提供大量的资金支持，信息科学与技术的研究力量和研究动力得到加强。

1．信息的基础知识

在日常生活中，我们时刻都在与信息打交道，如报纸、新闻、成绩、上下课的铃声、刮风下雨、节气变化等。

概括地讲，信息是"关于客观事实的可通信的知识"。信息是客观世界各种事物变化和特征的反映。在日常生活中，信息也常被理解为消息或者说具有新内容、新知识的消息。实际上，信息的含义要比消息广泛得多，信息是客观存在的事物，通过物质载体所产生的消息、情报、指令、数据所包含的一切可传递和可交换的内容。从计算机科学的角度考虑，信息包括两个基本含义：一是经过计算机技术处理的资料和数据，如文字、图形、影像、声音等；二是经过科学采集、存储、分类、加工等处理后的信息产品的集合。

（1）信息的特点

信息作为人类社会科学劳动创造出来的知识资源，有以下几方面的特点：

① 信息的不灭性。信息产生后，其载体可以变换，如一本书、一张光盘，但信息本身并没有被消灭。信息从信息源发出后其自身的信息量并没有减少，即信息并不因为被使用而消失，它可以被大量复制，长期保存，重复使用。信息的提供者并不因为提供了信息而失去了原有的信息内容和信息量。各用户分享的信息份额也不因为分享人的多少而受影响。

② 信息的滞后性。有些信息虽然当前用不上，但它的价值却仍然存在，因为以后还可能会有用，这是信息的滞后性。

③ 信息的可再生性。人类可利用的资源可归结为3类：物质、能源和信息。物质和能源都是不可再生的，属于一次性资源，而信息是可再生的。信息的开发意味着生产，信息的利用意味着再生产。

④ 信息的传递性。信息可以廉价复制，可以通过不同的途径完成信息的传递，因特网为信息的传递提供了便捷的途径。信息的传递性是指任何信息只有从信源出发，经过信息载体传递才能被信宿接收并进行处理和运用。也就是说，信息可以在时间上或空间上从一点转移至另一点，可以通过语言、动作、文献、通信、电子计算机等各种媒介来传递，而且信息的传递不受时间和空间限制。信息在空间中的传递称为通信，信息在时间上的传递称为存储。

⑤ 信息的时效性。某些信息的价值具有很强的时效性。在一定的时间里，抓住信息、利用信息，就可以增加经济效益，这是信息的时效性，如金融信息，战时信息。一条信息在某一时刻价值非常高，但过了这一时刻，可能一点价值也没有。现在的金融信息，在需要知道的时候，会非常有价值，但过了这一时刻，这一信息就会毫无价值。又如战争时的信息，敌方的信息在某一时刻有非常重要的价值，可以决定战争或战役的胜负，但过了这一时刻，这一信息就变得毫无用处。

（2）信息与数据的联系

信息是现实世界在人们头脑中的反映，它以文字、数据、符号、声音、图像等形式记录下来，进行传递和处理，为人们的生产、建设、管理等提供依据。信息一般通过数据形式来表示，信息经过加工处理后是人类社会的有价值的资源。

人类社会经历了六次信息革命，包括语言的形成，文字的创造，造纸术、印刷术的发明，电报、电话的发明，微电子技术（电子计算机）与现代通信技术的应用和发展，多媒体技术的应用和信息网络的普及。

数据是指对客观事物进行记录并可以鉴别的符号，是对客观事物的性质、状态以及相互关系等进行记载的物理符号或是这些物理符号的组合。它是可识别的、抽象的符号，是信息的具体表现形式，是一些未经组织的事实的集合。数据的概念有两方面的含义：数据的内容是信息，数据的表现方式是符号。数据的格式往往和具体的计算机系统有关，随承载它的物理设备形式的改变而改变。

数据不仅指狭义上的数字，还可以是文字、图形和声音等，它是客观事物的属性、数量、位置及其相互关系等的抽象表示。例如，“0、1、2”，“阴、雨、下降、气温”等就是数据。数值数据使得客观世界严谨有序，其他类型的数据使得客观世界丰富多彩。

信息和数据是两个相互联系、相互依存、又相互区别的概念。数据是反映信息的一种形式，而不是唯一的形式，因而不能把任何情况下的数据等同于信息本身。信息是一种知识，是接受事先不知道不了解的知识。数据是信息的载体，是未加工的信息。而信息是数据经过加工以后的能为某个目的使用的数据，信息是数据的内容或诠释。将数据加工为信息的过程称为信息加工或处理。

具体地说，信息与数据的关系为：

① 数据是信息的符号表示或称载体。

② 信息是数据的内涵，是数据的语义解释。

③ 数据是符号化的信息。

④ 信息是语义化的数据。

**2. 信息科学**

信息科学是研究信息及其规律的科学，是以信息为主要研究对象，以信息的运动规律和应用方法为主要研究内容，以计算机等技术为主要研究工具，以扩展人类的信息功能为主要目标的综合性学科。其中认识信息是基础，利用信息是目的。信息过程普遍存在于生物、社会、工业、农业、国防、科学实验、日常生活和人类思维等各种领域，因此，信息科学将对工程技术、社会经济和人类生活等方面产生巨大的影响。

信息科学的基本概念是信息。信息既是信息科学的出发点，也是它的落脚点。具体来说，信息科学的出发点是认识信息的本质和它的运动规律，它的落脚点则是利用信息来达到某种具体的目的。

（1）信息科学的体系结构

信息科学的体系结构应该是信息论、控制论、系统论三者的有机结合。

认识信息：即信息论，探讨信息的本质，建立信息的描述方法，探明信息的产生获取、变换、传递、存储检索、处理和识别过程的基本关系和规律。

利用信息：即控制论和系统论，主要是研究如何利用信息进行有效的控制和组织最优系统的原理和方法。

① 信息论。信息论是运用概率论与数理统计的方法研究信息、信息熵、通信系统、数据传输、密码学、数据压缩等问题的应用数学学科。

信息论将信息的传递作为一种统计现象来考虑，给出了估算通信信道容量的方法。信息传输和信息压缩是信息论研究中的两大领域。这两个方面又由信息传输定理、信源-信道隔离定理相互联系。

1948 年 10 月，美国数学家、信息论的创始人香农发表于《贝尔系统技术学报》上的题为《通信的数学理论》的论文中指出："信息是用来消除随机不定性的东西。"这是现代信息论研究的开端。在该文中，香农给出了信息熵的定义：

$$H(x)=E[I(x_i)]=E[\log(1/p(x_i))]=-\Sigma p(x_i)\log(p(x_i))(i=1,2\cdots,n)$$

这一定义可以用来推算传递经二进制编码后的原信息所需的信道带宽。熵度量的是消息中所含的信息量，其中去除了由消息的固有结构所决定的部分，如语言结构的冗余性以及语言中字母、词的使用频度等统计特性。

② 控制论。自从 1948 年诺伯特・维纳发表了著名的《控制论——关于在动物和机器中控制和通信的科学》一书以来，控制论的思想和方法已经渗透到了几乎有的自然科学和社会科学领域。维纳把控制论看做是一门研究机器、生命社会中控制和通信的一般规律的科学，更具体地说，是研究动态系统在变的环境条件下如何保持平衡状态或稳定状态的科学。

在控制论中，"控制"的定义是：为了"改善"某个或某些受控对象的功能或发展，需要获得并使用信息，以这种信息为基础选出的、针对该对象的作用，就叫作控制。由此可见，控制的基础是信息，一切信息传递都是为了控制，进而任何控制又都有赖于信息反馈来实现。信息反馈是控制论的一个极其重要的概念。通俗他说，信息反馈就是指由控制系统把信输送出去，又把其作用结果返回来，并对信息的再输出发生影响，起到控制的作用，以达到预定的目的。

③ 系统论。系统论是研究系统的一般模式，结构和规律的学科，它研究各种系统的共同特征，用数学方法定量地描述其功能，寻求并确立适用于一切系统的原理、原则和数学模型，是具有逻辑和数学性质的一门新兴的学科。

系统思想源远流长，但作为一门科学的系统论，人们公认是美籍奥地利人、理论生物学家贝塔朗菲（L.V.Bertalanffy）创立的。他在 1952 年发表的《抗体系统论》中，提出了系统论的思想。1937 年提出了一般系统论原理，奠定了这门科学的理论基础。但是他的论文《关于一般系统论》到 1945 年才公开发表，他的理论到 1948 年在美国再次讲授"一般系统论"时，才得到学术界的重视。确立这门学科学术地位的是 1968 年贝塔朗菲发表的专著《一般系统理论基础、发展和应用》,该书被公认为是这门学科的代表作。

系统论认为：整体性、关联性，等级结构性、动态平衡性、时序性等是所有系统的共同的基本特征。这些既是系统所具有的基本思想观点，也是系统方法的基本原则，表现了系统论不仅是反映客观规律的科学理论，同时具有科学方法论的含义，这正是系统论这门学科的特点。

（2）信息科学的研究内容

信息科学正在形成和迅速发展，人们对其研究内容的范围尚无统一的认识。现在主要的研究内容集中在以下 6 个方面：

① 信源理论和信息的获取，研究自然信息源和社会信息源，以及从信息源提取信息的方法和技术。

② 信息的传输、存储、检索、变换和处理。

③ 信号的测量、分析、处理和显示。

④ 模式信息处理，研究对文字、图像、声音等信息的处理、分类和识别研制机器视觉系统和语音识别装置。

⑤ 知识信息处理，研究知识的表示、获取和利用，建立具有推理和自动解决问题能力的知识信息处理系统即专家系统。

⑥ 决策和控制，在对信息的采集、分析、处理、识别和理解的基础上作出判断、决策或控制，从而建立各种控制系统、管理信息系统和决策支持系统。

（3）信息科学的研究方法

信息科学方法论体系主要包括三个方法和两个准则：

① 信息系统分析方法。

② 信息系统综合法。

③ 信息系统进化方法。

④ 功能准则和整体准则。

### 3. 信息技术

信息技术是有效应用信息资源的技术体系。因其使用的目的、范围、层次不同，信息技术有不同的表述。

定义 1：信息技术是指有关信息的收集、识别、提取、变换、存储、传递、处理、检索、检测、分析和利用等方面的技术。

定义 2：信息技术是指在计算机和通信技术支持下用以获取、加工、存储、变换、显示和传输文字、数值、图像以及声音信息，包括提供设备和提供信息服务两大方面的方法与设备的总称。

定义 3：从技术的本质意义上讲，信息技术就是能够扩展人的信息器官功能的一类技术。

总的来说，可以把信息技术具体定义为：信息技术是指能够完成信息的获取、传递、加工、再生和施用等功能的一类技术。

凡是能扩展信息功能的技术都是信息技术，这是它的基本定义。在信息处理系统中，信息技术主要是指利用电子计算机和现代通信手段实现获取信息、传递信息、存储信息、处理信息、显示信息、分配信息等功能的相关技术。

（1）信息技术的基本内容

根据上面给出的信息技术的定义和相应的分析，可以明确信息技术的四项基本内容。

① 感测与识别技术。此技术的作用是扩展人类用以获取信息的感觉器官的功能。它包括信息识别、信息提取、信息检测等技术。这类技术的总称是“传感技术”，它几乎可以扩展人类所有感觉器官的传感功能。

② 信息传递技术。此技术的作用是实现信息快速、可靠、安全地传递。各种通信技术都属于这个范畴，包括广播技术。

③ 信息处理与再生技术。信息处理包括对信息的编码、压缩、加密等。在对信息进行处理的基础上，还可形成一些新的更深层次的决策信息，这称为信息的“再生”。信息的处理与再生技术依赖于现代计算机。

④ 信息施用技术。信息施用技术是信息处理过程的最后环节，包括信息控制技术、信息显示技术等。

（2）信息技术的发展趋势

信息技术是当代世界范围内新的技术革命的核心，信息科学与技术是现代科学技术的先导，是人类进行高效率、高效益、高速度社会活动的方法和技术，是现代化管理的一个重要标志。信息技术的发展趋势如下。

① 高速化：速度越来越快、容量越来越大，无论是在通信方面，还是计算机发展都是如此。

计算机和通信的发展追求的均是高速度，大容量。例如，每秒能运算千万次的计算机已经进入普通家庭。在现代技术中，我们迫切需要解决的涉及高速化的问题是，抓住世界科技迅猛发展的机遇，重点在带宽“瓶颈”上取得突破，加快建设具有大容量、高速率、智能化及多媒体等基本特征的新一代高速信息网络，发展深亚微米集成电路、高性能计算机等。

② 智能化：注重吸收社会科学等其他学科的理论和方法。

在面向21世纪的技术变革中，信息技术的发展方向之一将是智能化。智能化的应用体现在利用计算机模拟人的智能，如机器人、医疗诊断专家系统及推理证明等方面。例如，智能化的CAI教学软件、自动考核与评价系统、视听教学媒体以及仿真实验等。

③ 网络化：把分布在各地的具有独立处理能力的众多计算机系统，通过传输介质和相应设备连接起来，以实现资源的共享。

信息网络分为电信网、广电网和计算机网。三网有各自的形成过程，其服务对象、发展模式和功能等有所交叉，又互为补充。信息网络的发展异常迅速，从局域网到广域网，再到国际互联网及有“信息高速公路”之称的高速信息传输网络，计算机网络在现代信息社会中扮演了重要的角色。

④ 数字化：将信息用电磁介质按二进制编码的方法加以处理和传输，便于大规模生产。

数字化就是将信息用电磁介质或半导体存储器按二进制编码的方法加以处理和传输。在信息处理和传输领域，广泛采用的是只用“0”和“1”两个基本符号组成的二进制编码，二进制数字信号是现实世界中最容易被表达、物理状态最稳定的信号。

⑤ 个人化：将实现以个人为目标的通信方式，充分体现可移动性和全球性。一个人在世界任何一个地方都可以拥有同样的通信手段，可以利用同样的信息资源和信息加工处理的方法。

信息技术将实现以个人为目标的通信方式，充分体现可移动性和全球性。实现个人通信需要全球性的、大规模的网络容量和智能化的网络功能。

**4. 信息产业**

信息产业特指将信息转变为商品的行业，它不但包括软件、数据库、各种无线通信服务和在线信息服务，还包括了传统的报纸、书刊、电影和音像产品的出版，而计算机和通信设备等的生产将不再包括在内，而被划为制造业下的一个分支。

信息产业是指进行信息的收集、整理、存储、传输、处理及其应用服务的产业。计算机和通信设备行业为主体的 IT 产业，我们通常称之为信息产业，又称为第四产业。包括四个行业，分别为：出版业、电影和录音业、广播电视和通信行业、信息服务和数据处理服务行业。

（1）信息产业的特点

信息产业在经济运行中有以下几方面的特点：

① 新兴产业。

② 知识密集型产业。

③ 有资源无公害产业。

④ 高效益高增长型产业。

（2）我国的信息产业

信息技术和产业是我国进行信息化建设的基础。我国是一个大国，又是发展中国家，不可能也不应该过多依靠从国外购买信息技术和装备来实现信息化。我国的国家信息化必须立足于自主发展。关键的信息技术和装备必须由我们自己研究、制造、供应。所以，我们必须大力发展自主的信息产业，才能满足信息技术应用、信息资源开发利用和信息网络建设的需求。随着我国国民经济快速持续的发展和信息化进程的不断加快，各行各业对信息基础设施、信息产品与软件产品、信息技术和信息服务的需求急剧增长，这也为信息产业的发展提供了巨大的市场空间，从而带动我国信息产业的高速发展。

## 1.2.2 基于计算机的信息处理过程

人类的生产和生活很大程度上依赖于信息的收集、处理和传送。获取信息并对它进行加工处理，使之成为有用信息并发布出去的过程，称为信息处理。信息处理的过程主要包括信息的获取、储存、加工、发布和表示。

**1. 信息的采集**

信息的采集就是通过各种途径对相关信息进行搜索、归纳、整理并最终形成所需有效信息的过程。各种途径包括：一是利用感觉器官获取信息，即通过实地调查、采访、亲身经历、亲眼目睹获得的第一手资料，也就是直接信息。二是通过某种介质间接获得的信息。随着信息技术的发展，利用科学仪器可以更好地收集信息，如放大镜、显微镜、照相机、摄像机等。使用先进的信息技术来探索人类自身无法感受的信息，如利用微波、声纳、红外线等科学仪器获得信息。还可以通过书刊、报纸、电视、电脑获得各种信息。由于网络技术的发达、便捷，目前信息采集的主要途径来自于互联网，可以通过互联网快速获取更多的信息。

信息采集有以下5个方面的原则，这些原则是保证信息采集质量最基本的要求。

（1）可靠性原则

可靠性原则是指采集的信息必须是真实对象或环境所产生的，必须保证信息来源是可靠的，必须保证采集的信息能反映真实的状况，可靠性原则是信息采集的基础。

（2）完整性原则

完整性是指采集的信息在内容上必须完整无缺，信息采集必须按照一定的标准要求，采集反映事物全貌的信息，完整性原则是信息利用的基础。

（3）实时性原则

实时性原则是指能及时获取所需的信息，一般有三层含义：一是信息自发生到被采集的时间间隔越短就越及时，最快的是信息采集与信息发生同步；二是在企业或组织执行某一任务急需某一信息时能够很快采集到该信息；三是采集某一任务所需的全部信息所花去的时间越少谓之越快。实时性原则保证信息采集的时效。

（4）准确性原则

准确性原则是指采集到的信息与应用目标和工作需求的关联程度比较高，采集到信息的表达是无误的，是属于采集目的范畴之内的，相对于企业或组织自身来说具有适用性，是有价值的。关联程度越高，适应性越强，就越准确。准确性原则保证信息采集的价值。

（5）易用性原则

易用性原则是指采集到的信息按照一定的表示形式，便于使用。

**2. 信息的存储和组织**

能够利用大容量的计算机存储设备储存数据，其可靠性与永久性超过了历史上任何一种信息存储载体。从古代到现代，存储信息的方式有雕刻、竹简、纸张、磁带、光盘、芯片等。

信息的存储和组织的层次结构：位、字节、域、记录、文件和数据库。

（1）文件的结构和特点

20 世纪 50 年代后期至 60 年代中期，计算机开始大量地用于数据处理工作，大量的数据存储、检索和维护工作提上议事日程，计算机不仅用于科学计算，还利用在信息管理方面。外部存储器已有磁盘、磁鼓等能直接存取的存储设备。软件领域出现了操作系统和高级软件，操作系统中的文件系统是专门管理外存储器的数据管理软件，文件是操作系统管理的重要资源之一。数据处理方式有批处理，也有联机实时处理。

文件具有以下几个特点：

① 数据以“文件”形式可长期保存在外存储器上。由于计算机的应用转向信息管理，因此对文件要进行大量的查询、修改和插入等操作。

② 数据的逻辑结构与物理结构有了区别，但比较简单。数据的逻辑结构是指呈现在用户面前的数据结构形式。数据的物理结构是指数据在计算机存储设备上的实际存储结构。程序与数据之间具有“设备独立性”，即程序只需用文件名就可与数据打交道，不必关心数据的物理位置。文件的存取操作（读/写）则由操作系统的文件系统提供存取方法。

③ 文件组织已多样化，有索引文件、链接文件和直接存取文件等，但文件之间相互独立、缺乏联系。数据之间的联系要通过程序去构造。

④ 数据不再属于某个特定的程序，可以重复使用，即数据面向应用。但是文件结构的设计仍然是基于特定的用途，程序基于特定的物理结构和存取方法，因此程序与数据结构之间的依赖关系并未根本改变。

⑤ 对数据的操作以记录为单位。这是由于文件中只存储数据，不存储文件记录的结构描述信息。文件的建立、存取、查询、插入、删除、修改等所有操作，都要用程序来实现。

（2）数据库技术

数据库技术是现代信息科学与技术的重要组成部分，是计算机数据处理与信息管理系统的核心。数据库技术研究和解决计算机信息处理过程中大量数据有效地组织和存储的问题，在数据库系统中减少数据存储冗余、实现数据共享、保障数据安全以及高效地检索数据和处理数据。

数据库技术研究和管理的对象是数据，所以数据库技术所涉及的具体内容主要包括：通过对数据的统一组织和管理，按照指定的结构建立相应的数据库和数据仓库；利用数据库管理系统和数据挖掘系统设计出能够实现对数据库中的数据进行添加、修改、删除、处理、分析、理解、报表和打印等多种功能的数据管理和数据挖掘应用系统；并利用应用管理系统最终实现对数据的处理、分析和理解。

数据库理论领域中最常见的数据模型主要有层次模型,网状模型和关系模型 3 种。

① 层次模型（hierarchical model）：层次模型使用树形结构来表示数据与数据之间的联系。

② 网状模型（network model）：网状模型使用网状结构表示数据与数据之间的联系。

③ 关系模型（relational model）：关系模型是一种理论最成熟、应用最广泛的数据模型。在关系模型中，数据存放在一种称为二维表的逻辑单元中，整个数据库又是由若干个相互关联的二维表组成的。

### 3. 信息的加工

对获取到的信息，进行分析判断，加工处理，才能加以利用。每秒钟能进行几千亿次甚至几万亿次运算的计算机，为人们提供了快速准确处理信息的能力。它能从瞬息万变、多如牛毛的信息中，以最快的速度分析有用的信息，供人决策。

信息加工的一般过程包括：

① 信息的筛选和判别：在大量的原始信息中，不可避免地存在一些假信息和伪信息，只有通过认真地筛选和判别，才能防止鱼目混珠、真假混杂。

② 信息的分类和排序：收集来的信息是一种初始的、零乱的和孤立的信息，只有把这些信息进行分类和排序，才能存储、检索、传递和使用。

③ 信息的分析和研究：对分类排序后的信息进行分析比较、研究计算，可以使信息更具有使用价值甚至形成新信息。

信息按时间分，可分为一次信息和二次信息。信息加工的一般模式如图 1-1 所示。

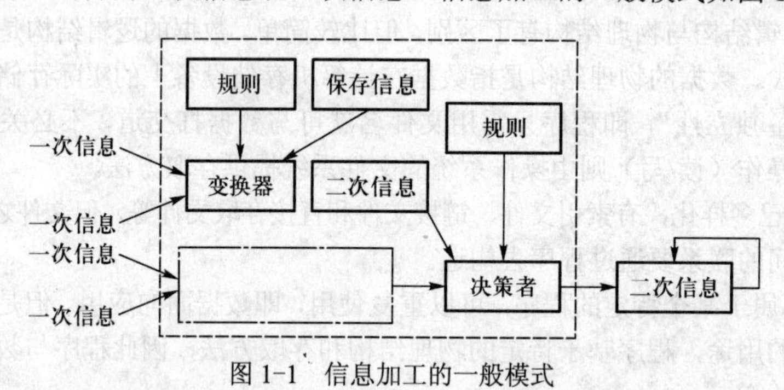

图 1-1　信息加工的一般模式

在信息加工中，按处理功能的深浅可把加工分为预加工、业务处理和决策处理。预加工是对信息滤波和简单整理。业务处理是对信息进行分析、概括、综合，产生辅助决策信息。决策处理是通过应用数学模型统计推断产生决策信息。

### 4. 信息的传输和检索

（1）信息的传输

一般说来，以实物或声音来表示信息是可以实现的，但不易于传输、处理和控制。随着现代通信技术的发展，电信号、无线电信号、微波和激光信号等载体被广泛应用于信息传输，使信息传输距离更远、传输速度更快、抗干扰性更好。

所谓信息传输就是把人们需要的信息从空间中的一点传送到另一点，其核心问题是如何准确、迅速、安全、可靠地完成传输任务。

信息传输过程中不能改变信息，信息本身也并不能被传送或接收。必须有载体，如数据、语言、信号等，且传送方面和接收方面对载体有共同的解释。载体借助于物理传输媒体在空间中从一点移到另一点，这些物理传输媒体分为有线和无线两种。有线为电话线或专用电缆，如双绞线、同轴电缆和光纤等；无线是利用卫星通信、无线电通信、红外通信、激光通信和微波通信等传送信号的媒体和设备。

信息传输包括时间上和空间上的传输。时间上的传输也可以理解为信息的存储，比如，古人的思想通过书籍流传到了现在，它突破了时间的限制，从古代传送到现代。空间上的传输，即我们通常所说的信息传输，比如，我们用语言面对面交流、用百度Hi聊天，发送电子邮件等，它突破了空间的限制，从一个终端传送到另一个终端。信息传输的主要途径是通过互联网。

信息的传输一般遵守香农模型，如图1-2所示。

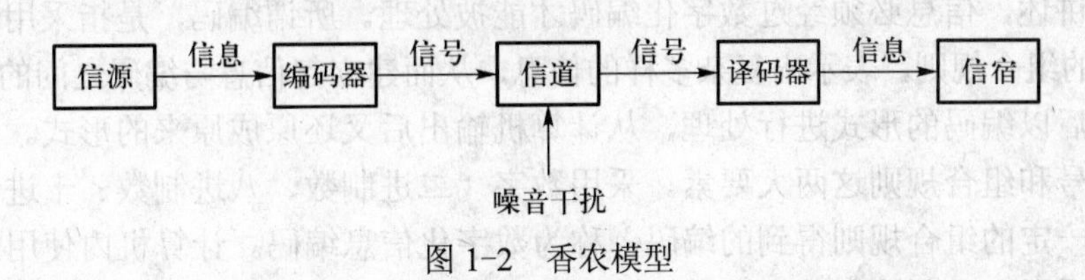


图1-2　香农模型

由图可以看出，信源发出的信息要经过编码器变成容易传输的形式。现代的信息形式多种多样，无论信道怎么好都可能带来杂音或干扰。在接收端首先要经过译码器译码，译码器的作用是解调、解码。经过译码器后的符号，接受者就可以识别了，信息的接受者可能是人，也可能是计算机，把信息存储起来就转入下一个阶段。

（2）信息的检索

信息的检索是指信息按一定的方式组织起来，并根据信息用户的需要找出有关的信息的过程和技术。

按照信息搜集方法和服务提供方式的不同，搜索引擎系统可以分为3大类：

① 机器人搜索引擎。由一个称为蜘蛛（spider）的机器人程序以某种策略自动地在互联网中搜集和发现信息，由索引器为搜集到的信息建立索引，由检索器根据用户的查询输入检索索引库，并将查询结果返回给用户。服务方式是面向网页的全文检索服务。该类搜索引擎的优点是信息量大、更新及时、无需人工干预，缺点是返回信息过多，有很多无关信息，用户必须从结果中进行筛选。这类搜索引擎的代表有AltaVista、Northern Light、Excite、Infoseek、Inktomi、FAST、Lycos、Google；国内代表有：天网、悠游、OpenFind等。

② 目录式搜索引擎。以人工方式或半自动方式搜集信息，由编辑员查看信息之后，人工形成信息摘要，并将信息置于事先确定的分类框架中。信息大多面向网站，提供目录浏览服务和直接检索服务。该类搜索引擎因为加入了人的智能，所以信息准确、导航质量高，缺点是需要人工介入、维护量大、信息量少、信息更新不及时。这类搜索引擎的代表有Yahoo、LookSmart、Open Directory、Go Guide等。

③ 元搜索引擎。这类搜索引擎没有自己的数据，而是将用户的查询请求同时向多个搜索引擎递交，将返回的结果进行重复排除、重新排序等处理后，作为自己的结果返回给用户。服务方式为面向网页的全文检索。这类搜索引擎的优点是返回结果的信息量更大、更全，缺点是不能够充分使用所使用搜索引擎的功能，用户需要做更多的筛选。这类搜索引擎的代表是WebCrawler、InfoMarket等。

**5. 信息的表示方法**

多媒体计算机把各种传统的信息展示手段有机地结合在一起，如文字、图像、声音等，使信息更加丰富多彩的形式呈现在人们面前。

无论哪一种数据在计算机中都是用二进制数码表示的。计算机中只有二进制数值，所有的符号都是用二进制数值代码表示的，数的正、负号也是用二进制代码表示。数值的最高位用“0”、“1”分别表示数的正、负号。采用二进制编码，它们具有运算简单、电路实现方便、成本低廉等优点。计算机的基本功能是对数据进行运算和加工处理。数据有两种，一种是数值数据，另一种是非数值数据（信息)。

前面已经讲述，信息必须经过数字化编码才能被处理。所谓编码，是指采用约定的基本符号，按照一定的组合规则，表示出复杂多样的信息，从而建立起信息与编码之间的对应关系。信息送入计算机后以编码的形式进行处理，从计算机输出后又还原成原来的形式。一切信息编码都包括基本符号和组合规则这两大要素。采用数字（二进制数、八进制数、十进制数等）作为基本符号按照一定的组合规则得到的编码，称为数字化信息编码。计算机内使用的是二进制编码。计算机内采用二进制的主要原因是：

(1）容易表示

二进制数只有“0”和“1”两个基本符号，易于用两种对立的物理状态表示。例如，可用电灯开关的“闭合”状态表示“1”，用“断开”状态表示“0”；用晶体管的导通表示“1”，截止表示“0”，一切有两种对立稳定状态的器件都可以表示二进制的“0”和“1”。而十进制数有10个基本符号（0，1，2，…，9），要用10种状态才能表示，在计算机内实现起来很困难。

(2）运算简单

二进制数的算术特别简单，加法和乘法仅各有3条运算规则（$0+0=0$，$0+1=1$，$1+1=10$和$0\times0=0$，$0\times1=0$，$1\times1=1$），运算时不易出错。

此外，二进制数的“1”和“0”正好可与逻辑值“真”和“假”相对应，这样就为计算机进行逻辑运算提供了方便。算术运算和逻辑运算是计算机的基本运算，采用二进制可以简单方便地进行这两类运算。

## 1.3 本章小结

本章对计算机知识进行了概述性介绍，主要介绍计算机的发展及应用领域、信息及信息科学和基于计算机的信息处理过程。

第一台电子数值积分计算机是1946年美国研制的ENIAC，几十年来，主要电子器件相继经历了真空电子管、晶体管、中小规模集成电路和大规模、超大规模集成电路几个阶段。计算机主要有运算速度快、计算精度高、记忆能力强、具有逻辑判断能力、可靠性高、通用性强等特点。计算机可以从处理的信号不同、功能不同等角度进行分类。目前计算机的应用已广泛而深入地渗透到人类社会各个领域，从科研、生产、国防、文化、教育、卫生直到家庭生活都离不开计算机提供的服务主要包括科学计算、数据处理、计算机辅助设计/辅助制造、过程控制、多媒体技术、计算机通信、人工智能。

信息科学与技术和信息紧密相连、密不可分。信息科学是信息时代的必然产物，以信息为主要研究对象。一方面，信息科学与技术为信息产业提供源源不断的技术支持，是信息产业的灵魂，它使得信息产业不断地出现新产品以满足人们的越来越高的需求，这样信息产业就能够得到飞速的发展，支柱产业的地位也越来越巩固。另一方面，信息产业为信息科学与技术的研究和开发提供大量的资金支持，信息科学与技术的研究力量和研究动力得到加强。

人类的生产和生活很大程度上依赖于信息的收集、处理和传送。获取信息并对它进行加工处理，使之成为有用信息并发布出去的过程，称为信息处理。信息处理的过程主要包括信息的获取、储存、加工、发布和表示。信息的获取就是通过各种途径对相关信息进行搜索、归纳、整理并最终形成所需有效信息的过程。信息的储存是指利用大容量的计算机存储设备储存数据，其可靠性与永久性超过了历史上任何一种信息存储载体。信息的加工是指对获取到信息，进行分析判断，加工处理，才能加以利用。信息的传输就是把人们需要的信息从空间中的一点传送到另一点，其核心问题是如何准确、迅速、安全、可靠地完成传输任务。信息的检索是指信息按一定的方式组织起来，并根据信息用户的需要找出有关的信息的过程和技术。数据在计算机中都是用二进制数码表示的，计算机中只有二进制数值，所有的符号都是用二进制数值代码表示的，数的正、负号也是用二进制代码表示。本章的内容对后续计算机课程的学习是很有益处的。

## 习　题

**一、单项选择题**

1. 第三代计算机的逻辑器件采用的是________。

A. 晶体管　　B. 中、小规模集成电路

C. 大规模集成电路　　D. 微处理器集成电路

2. 计算机能直接执行的程序是机器语言程序，在机器内部以________形式表示。

A. 八进制码　　B. 十六进制码　　C. 机内码　　D. 二进制码

3. 关于电子计算机的特点，以下论述错误的是________。

A. 运算速度快　　B. 运算精度高

C. 具有记忆和逻辑判断能力　　D. 运行过程不能自动、连续，需人工干预

4. 计算机应用最早，也是最成熟的领域是________。

A. 数值计算　　B. 数据处理　　C. 过程控制　　D. 人工智能

5. ________是未来计算机发展的总趋势。

A. 微型化　　B. 巨型化　　C. 智能化　　D. 数字化

6. 下面关于信息的定义，不正确的是________。

A. 信息是不确定性的减少或消除

B. 信息是控制系统进行调节活动时，与外界相互作用、相互交换的内容

C. 信息是事物运动的状态和状态变化的方式

D. 信息就是指消息、情报、资料、信号

7. 信息技术的根本目标是________。

A. 获取信息　　B. 利用信息

C. 生产信息　　D. 提高或扩展人类的信息能力

8. 关于信息技术的功能描述，不正确的是________。

A. 信息技术的功能是指信息技术有利于自然界和人类社会发展的功用与效能

B．从宏观上看，信息技术最直接、最基本的功能或作用主要体现在：辅人功能、开发功能、协同功能、增效功能和先导功能

C．在信息社会中，信息技术的功能或作用是有限的，且固定不变

D．信息技术的天职就是扩展人的信息器官功能，提高或增强人的信息获取、存储、处理、传输、控制能力

9．目前在信息处理技术中起中坚作用的是计算机技术和________等。

A．人工智能技术　　B．多媒体技术　　C．计算机网络技术　　D．无线通信技术

## 二、问答题

1．计算机发展经历了哪几个阶段？各阶段的主要特征是什么？

2．简述当代计算机的主要应用。

3．信息的特点。

4．信息技术的定义。

5．计算机信息处理过程。

# 第2章 计算机系统

## 2.1 计算机系统的组成及工作过程

### 2.1.1 计算机系统的组成

计算机系统由硬件（子）系统和软件（子）系统组成。前者是借助电、磁、光、机械等原理构成的各种物理部件的有机组合，是系统赖以工作的实体。后者是各种程序和文件，用于指挥全系统按指定的要求进行工作。其具体结构如图 2-1 所示。

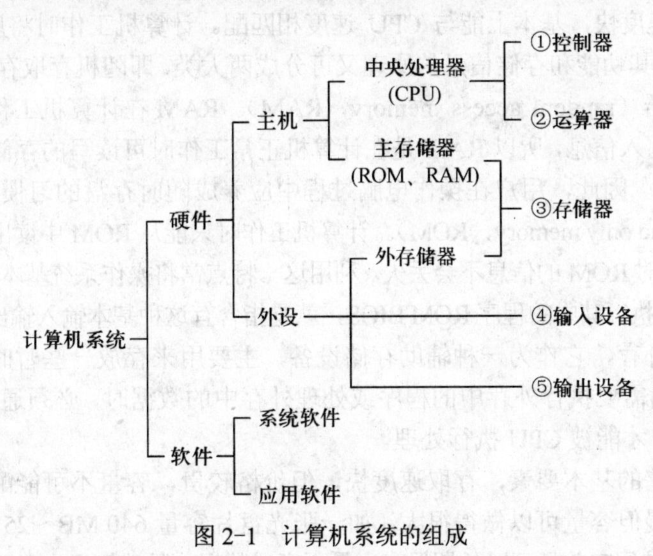


图 2-1 计算机系统的组成

### 2.1.2 计算机硬件系统

#### 1. 计算机硬件系统的组成

计算机硬件系统是指构成计算机的所有实体部件的集合。通常这些部件由电路（电子元件）、机械等物理部件组成，它们都是能看得见、摸得着的，因此通称为“硬件”，是进行一切工作的基础。计算机的硬件系统由运算器、控制器、存储器、输入设备和输出设备五部分组成。

（1）运算器

运算器是计算机的运算部件，进行算术运算和逻辑运算并暂存中间结果。常把运算器称为算术逻辑部件（ALU）。运算器是计算机的核心部件，它的技术性能的高低直接影响着计算机的运算速度和性能。

（2）控制器

控制器是计算机的控制中心，按照人们事先给定的指令步骤统一指挥各部件有条不紊地协调动作。控制器的主要功能是从内存中取出一条指令，并指出当前所取指令的下一条指令在内存中的地址，对所取指令进行译码和分析，并产生相应的电子控制信号，启动相应的部件执行当前指令规定的操作，周而复始地使计算机实现程序的自动执行。控制器的功能决定了计算机的自动化程度。

随着大规模集成电路技术的发展，运算器和控制器通常做在一块半导体芯片上，称为中央处理器（CPU）或微处理器，CPU 是计算机的核心和关键，计算机的性能主要取决于 CPU。

（3）存储器

存储器是具有记忆功能的部件。计算机在运行过程中所需要的大量数据和计算程序，都以二进制编码形式存于存储器中。存储器分为许多小的单元，称为存储单元。每个存储单元有一个编号，称为地址。存储器中的数据被读出以后，原存储器中的数据仍能保留，只有重新写入，才能改变存储器存储单元的状态。

计算机的存储器分为主存储器和外存储器。

主存储器简称主存又称内存，是 CPU 能根据地址线直接寻址的存储空间，由半导体器件制成。其特点是存取速度快，基本上能与 CPU 速度相匹配。计算机工作时将用户需要的程序与数据装入内存。内存按其功能和存储信息的原理又可分成两大类，即随机存取存储器和只读存储器。

随机存取存储器（random access memory，RAM）。RAM 在计算机工作时，既可随时从中读出信息也可随时写入信息，所以 RAM 是在计算机正常工作时可读写的存储器。当机器掉电时，RAM 的信息会丢失。因此，用户在操作电脑过程中应养成随时存盘的习惯以防断电丢失数据。

只读存储器（read only memory，ROM）。计算机工作时只能从 ROM 中读出信息而不能向 ROM 写信息，当机器掉电时 ROM 的信息不会丢失。利用这一特点常将操作系统基本输入输出程序固化其中。机器加电后立刻执行其中的程序 ROM BIOS，就是指含有这种基本输入输出程序的 ROM 芯片。

外存储器简称外存，它作为一种辅助存储设备，主要用来存放一些暂时不用而又需长期保存的程序或数据。当需要执行外存中的程序或处理外存中的数据时，必须通过 CPU 输入输出指令将其调入 RAM 中才能被 CPU 执行处理。

内存是程序存储的基本要素，存取速度快，但价格较贵，容量不可能配置的非常大；而外存响应速度相对较慢但容量可以做得很大（如一张光盘片容量 640 MB～25 GB，硬盘容量可达 3 TB）。外存价格比较便宜并且可以长期保存大量程序或数据，是计算机中必不可少的重要设备。

外存用来放置需要长期保存的数据，它解决了内存不能保存数据的缺点。微型计算机中的外存有软盘驱动器、硬盘驱动器、光盘驱动器。

把计算机的运算器、控制器和存储器合在一起称为计算机的主机。

（4）输入设备

计算机在与人进行会话、接受人的命令或是接收数据时需要的设备叫做输入设备。常用的输入设备有键盘、鼠标、扫描仪、游戏杆等。

（5）输出设备

输出设备是将计算机处理的结果以人们能够认识的方式输出的设备。常用的输出设备有显示器、音箱、打印机、绘图仪等。

**2. 计算机的性能指标**

（1）主频

主频是指计算机在单位时间内发出的脉冲信号数，即时钟频率。它很大程度上决定了计算机的运算速度。

（2）字长

字长是计算机的运算部件能同时处理的二进制数据的位数，它与计算机的功能和用途有很大的关系。计算机的字长越长，其计算精度和运算速度就越高。

（3）内存容量

内存容量是指内存中能存储信息的总字节数，内存是中央处理器可以直接访问的存储器，需要执行的程序与需要处理的数据都要存放在内存中，内存容量的大小反映了计算机即时存储信息能力的大小。在计算内存容量时，一般采用如下方式：8 位二进制位（bit）一个字节（byte），每 1 024 个字节称为 1 K 字节，每 1 024 K 字节称为 1 M 字节，每 1 024 M 字节称为 1 G 字节，每 1 024 G 字节称为 1 T 字节。计算机的内存容量越大，计算机的处理速度越快。

（4）运算速度

运算速度是一项综合性的性能指标，其单位是 MIPS（百万条指令/秒）。由于指令不同，其执行速度也不同，以前以定点加法作为标准，计算运算速度，现在用一种等效速度或平均速度来衡量。

（5）存取周期

存储器进行一次读或写操作所需的时间称为访问时间，连续两次独立的读或写操作所需的最短时间称为存取周期，是衡量计算机性能的一个重要指标。

（6）外存容量

外存容量反映计算机外存储器所能容纳信息的能力。外存储器一般由主机内置硬盘、移动硬盘、优盘、光盘等设备组成。

（7）可靠性

计算机的可靠性一般使用“平均无故障运行时间”来衡量。

### 2.1.3 计算机软件系统

只有硬件系统而没有软件系统的计算机称为裸机，它是无法工作的。要想让计算机完成某项工作必须配备相应的软件系统。计算机的软件系统分为系统软件和应用软件。

**1. 系统软件**

系统软件是管理、监控和维护计算机资源的软件，是计算机必备的软件。它负责管理和控制计算机的资源，提供用户使用计算机的界面，包括操作系统、各种程序设计语言的编译与解释程序、监控和诊断程序等。最重要的系统软件是操作系统。

**2. 应用软件**

应用软件是为了解决各种实际问题而设计的程序，包括各种管理软件、办公自动化软件、工业控制软件、计算机辅助设计软件包、数字信号处理及科学计算程序包等。

### 2.1.4 计算机的工作过程

#### 1. 计算机的工作原理

美籍匈牙利数学家冯•诺依曼在1946年提出了关于计算机组成和工作方式的基本设想。到现在为止，尽管计算机制造技术已经发生了极大的变化，但是就其体系结构而言，仍然是根据他的设计思想制造的，这样的计算机称为冯•诺依曼计算机。计算机的工作原理如图2-2所示。

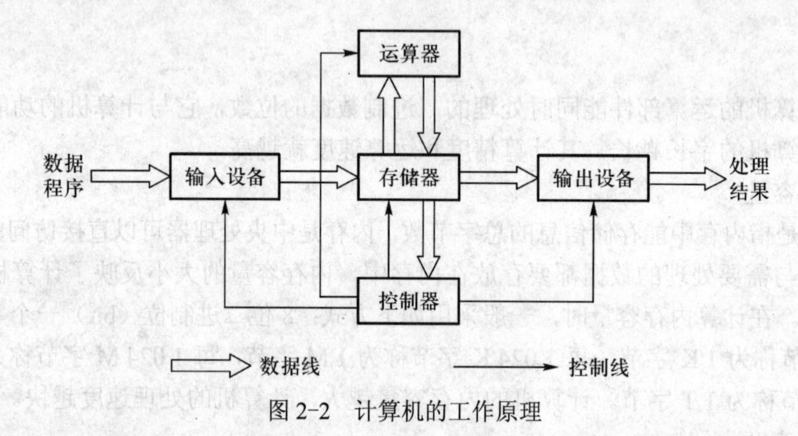


图2-2 计算机的工作原理

冯•诺依曼设计思想可以简要地概括为以下三点：

① 计算机应包括运算器、存储器、控制器、输入和输出设备五大基本部件。

② 计算机内部应采用二进制来表示指令和数据。每条指令一般具有一个操作码和一个地址码。其中操作码表示运算性质，地址码指出操作数在存储器中的地址。

③ 将程序送入内存储器中然后启动计算机工作。计算机无须操作人员干预能自动逐条取出指令和执行指令。

#### 2. 计算机的工作过程

计算机的工作过程就是执行程序的过程。程序是若干指令的序列，执行程序的过程如下。

（1）取出指令：从存储器某个地址中取出要执行的指令送到CPU内部的指令寄存器暂存。

（2）分析指令：把保存在指令寄存器中的指令送到指令译码器译出该指令对应的微操作。

（3）执行指令：根据指令译码器向各个部件发出的相应控制信号，完成指令规定的操作。为执行下一条指令做好准备，即形成下一条指令地址。

## 2.2 计算机中的数制与编码

### 2.2.1 计算机中的数制

#### 1. 数制的概念

数制是以表示数值所用的数字符号的个数来命名的，并按一定进位规则进行计数。每一种数制都有它的基数和各数位的位权。所谓数制的基数是指该数制中允许使用的基本数码的个数，位权是指每个数位所具有的值。例如，十进制数由十个数字组成，即0、1、1、3、4、5、6、7、8、9，十进制的基数就是10，逢十进一。各种数制表示的相互关系如表2-1所示。

表2-1　各种数制表示的相互关系

| 二进制数 | 十进制数 | 八进制数 | 十六进制数 |
| --- | --- | --- | --- |
| 0 | 0 | 0 | 0 |
| 1 | 1 | 1 | 1 |
| 10 | 2 | 2 | 2 |
| 11 | 3 | 3 | 3 |
| 100 | 4 | 4 | 4 |
| 101 | 5 | 5 | 5 |
| 110 | 6 | 6 | 6 |
| 111 | 7 | 7 | 7 |
| 1000 | 8 | 10 | 8 |
| 1001 | 9 | 11 | 9 |
| 1010 | 10 | 12 | A |
| 1011 | 11 | 13 | B |
| 1100 | 12 | 14 | C |
| 1101 | 13 | 15 | D |
| 1110 | 14 | 16 | E |
| 1111 | 15 | 17 | F |
| 10000 | 16 | 20 | 10 |

**2. 常用数制**

（1）二进制

二进制（binary）由0和1两个数字组成，2就是二进制的基数，逢二进一。二进制的位权是$2^i$，$i$为小数点前后的位序号。

（2）八进制

八进制由8个数字组成，即0、1、2、3、4、5、6、7，八进制的基数就是8，逢八进一。

（3）十进制

十进制由10个数字组成，即0、1、2、3、4、5、6、7、8、9，十进制的基数就是10，逢十进一。

（4）十六进制

十六进制由16个数字组成，即0、1、2、3、4、5、6、7、8、9、A、B、C、D、E、F，十六进制的基数就是16，逢十六进一。

### 2.2.2　不同数制之间的转换

对于不同的数制，它们的共同特点是：

首先，每一种数制都有固定的符号集。如十进制的符号有10个：0、1、2、…、9。二进制的符号有两个：0和1。

其次，都是用位置表示法，即处于不同位置的数符所代表的值不同，与它所在位置的权值有关。

可以看出，各种数制中的权的值恰好是基数的某次幂。因此，对任何一种数制表示的数都可以写出按其权展开的多项式之和，任意一个 $r$ 进制数 $N$ 可表示为：

$$N = a_n \cdots a_1 a_0 \cdots a_{-1} \cdots a_{-m}(r)$$
$$= a_n \times r^n + \cdots + a_1 \times r^1 + a_0 \times r^0 + a_{-1} \times r^{-1} + \cdots + a_{-m} \times r^{-m}$$

式中的 $a_i$ 是数码，$r$ 是基数，$r^i$ 是权。不同的基数，表示是不同的进制数，$n$ 为整数部分的位数，$m$ 为小数部分的位数。在基数为 $r$ 的数制中，是根据“逢 $r$ 进一”或“逢基进一”的原则进行计数的。

在微型计算机中，常用的是二进制、八进制和十六进制。其中，二进制用得最为广泛，因为二进制在物理元器件上容易实现。表 2-2 所示的是计算机中常用的几种数制。

**表 2-2　计算机中常用的几种数制的表示**

| 数　制 | 二 进 制 | 八 进 制 | 十 进 制 | 十 六 进 制 |
|---|---|---|---|---|
| 规则 | 逢二进一 | 逢八进一 | 逢十进一 | 逢十六进一 |
| 基数 | $r = 2$ | $r = 8$ | $r = 10$ | $r = 16$ |
| 数符 | 0,1 | 0,1,…,7 | 0,1,…,9 | 0,1,…,9,A,…,F |
| 位权 | $2^i$ | $8^i$ | $10^i$ | $16^i$ |
| 形式表示 | B（binary system） | O（octal system） | D（decimal system） | H（hexadecimal system） |

**1. 二进制、八进制、十六进制数（非十进制数）转换为十进制数**

$r$ 进制转化成十进制：数码乘以各自的权的累加。二进制数转换成十进制数的常用方法就是按权展开，然后按照十进制规则计算。

例 2-1　将二进制数$(1101.011)_B$转换成十进制数。

采用按权展开法，过程如下：

$$(1101.011)_B = (1 \times 2^3 + 1 \times 2^2 + 0 \times 2^1 + 1 \times 2^0 + 0 \times 2^{-1} + 1 \times 2^{-2} + 1 \times 2^{-3})_D$$
$$= (8 + 4 + 0 + 1 + 0 + 0.25 + 0.125)_D$$
$$= (13.375)_D$$

例 2-2　将八进制数 5675 转换成十进制数。

$$(5675)_O = (5 \times 8^3 + 6 \times 8^2 + 7 \times 8^1 + 5 \times 8^0)_D = (2\,560 + 384 + 56 + 5)_D$$
$$= (3\,005)_D$$

例 2-3　将十六进制数 3B 转换成十进制数。

$$(3B)_H = (3 \times 16^1 + 11 \times 16^0)_D = (48 + 11)_D = (59)_D$$

**2. 十进制数转换为二进制、八进制、十六进制数（非十进制数）**

十进制转化成 $r$ 进制的方法：

① 整数部分：除以 $r$ 取余数，直到商为 0，余数从右到左排列，称为基数除法。

② 小数部分：乘以 $r$ 取整数，整数从左到右排列，称为基数乘法。

（1）十进制数转换成二进制数

数值由十进制转换成二进制，要将整数部分和小数部分分别进行转换，然后再组合起来。

十进制整数转换成二进制数的最简便方法是基数除法，也称“除 2 取余”法。

十进制小数转换成二进制数的常用方法是基数乘法，也称“乘 2 取整”法。

例 2-4　将（25.312 5）D 转换为二进制数。

整数部分和小数部分的转换方法不同。整数部分的转换（除 2 取余法）：除以 2 取余数，直到商为 0，余数从右到左排列。

| 整数部分：25 | 除数 | 被除数 | 余数 |
|---|---|---|---|
| | 2 | 25 | |
| | 2 | 12 | 1 |
| | 2 | 6 | 0 |
| | 2 | 3 | 0 |
| | 2 | 1 | 1 |
| | | 0 | 1 |

$(25)_D = (11001)_B$　　　先取的余数为低位，后取的余数为高位。

小数部分的转换（乘 2 取整法）：乘以 2 取整数，整数从左到右排列。

| 0.312 5 | 乘 2 | 整数 |
|---|---|---|
| | 0.312 5 | |
| | × 2 | |
| | 0.625 0 | 0 |
| | × 2 | |
| | 0.250 0 | 1 |
| | × 2 | |
| | 0.500 0 | 0 |
| | × 2 | |
| | 0.000 0 | 1 |

$(0.312\,5)_D = (0.010\,1)_B$　　　先取的整数为高位，后取的整数为低位。

则：$(25.312\,5)_D = (11001)_B + (0.0101)_B = (11001.0101)_B$

（2）十进制数转换为八进制、十六进制数。

采用的方法与十进制数转换为二进制数类似。

### 3. 二进制数和八进制、十六进制数间的转换

由于 8 和 16 都是 2 的整数次幂，即 $8 = 2^3$，$16 = 2^4$，所以一位八进制数就相当于 3 位二进制数，而一位十六进制数就相当于 4 位二进制数。因此，八进制、十六进制数与二进制数之间的转换极为方便。

（1）八进制和十六进制数转化成二进制数

由于每一个八进制数对应二进制的 3 位。八进制数转换成二进制数的方法是：用 3 位二进

制数取代每一位八进制数。同样每一个十六进制数对应二进制的 4 位。十六进制数转换成二进制数的方法是：用 4 位二进制数取代每一位十六进制数。

$$(2C1D)_H = (0010\ 1100\ 0001\ 1101)_B$$

2　C　1　D

$$(7123)_O = (111\ 001\ 010\ 011)_B$$

7　1　2　3

（2）二进制数转化成八进制和十六进制数

整数部分从右向左进行分组，小数部分从左向右进行分组。转化成八进制三位一组，转化成十六进制四位一组，不足则补零。

$$(11\quad 0110\ 1110.1101\ 0100)_B = (36E.D4)_H$$

3　6　E　D　4

$$(001\ 101\ 101\ 110.\ 110\ 101)_B = (1556.65)_O$$

1　5　5　6　6　5

### 2.2.3　二进制数的算术运算和逻辑运算

**1. 算术运算**

基本的算术运算有四种，即加、减、乘、除，且规则简单，举例如下：

（1）加法运算

规则：　0 + 0 = 0；　0 + 1 = 1；　1 + 0 = 1；1 + 1 = 10

例 2-5　1101 + 1011 = 11000

$$\begin{array}{r} 1101 \\ +\ 1011 \\ \hline 11000 \end{array}$$

（2）减法运算

规则：　0−0 = 0；1−0 = 1；1−1 = 0；10−1 = 1

例 2-6　1101−0110 = 0111

$$\begin{array}{r} 1101 \\ -\ 0110 \\ \hline 0111 \end{array}$$

（3）乘法运算

规则：　0 × 0 = 0；0 × 1 = 0；1 × 0 = 0；1 × 1 = 1

例 2-7　1101 × 110 = 1001110

$$\begin{array}{r} 1101 \\ *\quad 110 \\ \hline 0000 \\ 1101 \\ +\ \ 1101 \\ \hline 1001110 \end{array}$$

（4）除法运算

规则：0/1 = 0；1/1 = 1；

例 2-8　11011÷101 = 101 余 10

```
          101
     ┌──────
 101 │11011
    - 101
     ─────
       111
     - 101
     ─────
        10
```

### 2. 逻辑运算

（1）逻辑“或”

逻辑“或”亦称为逻辑加，使用的运算符有“∨”或者“∪”，均读为“或”。它的运算规则是参加运算的两个数中至少有一个为 1 时，“或”的结果为 1。

规则：　0∨0=0；0∨1=1；1∨0=1；1∨1=1

例 2-9　1001∨1101=1101

```
  1001
 ∨1101
 ─────
  1101
```

（2）逻辑“与”

逻辑“与”亦称为逻辑乘，使用的运算符有“∧”或者“∩”，均读为“与”。它的运算规则是参加运算的两个数都是 1 时，“与”的结果为 1。

规则：　0∧1=0；0∧0=0；1∧1=1；1∧0=0

例 2-10　1100∧1011=1000

```
  1100
 ∧1011
 ─────
  1000
```

（3）逻辑“非”

逻辑“非”亦称为取反。当逻辑数位的值为 1 时，“非”运算的结果为 0；逻辑数位的值为 0 时，“非”运算的结果为 1。使用的运算符为“～”，称为“非”号。

规则：～0=1；～1=0

例 2-11　设 X=1001，则～X=0110。

## 2.2.4　计算机中数据的表示

计算机是对数据表示的各种信息进行自动、高速处理的机器。这些数据信息往往是以数字、字符、符号、表达式等方式出现的，它们应以怎样的形式与计算机的电子元件状态相对应，并被识别和处理呢？1940 年，现代著名的数学家、控制论学者维纳（Norbert Wiener，美国，1894—1964），首先倡导使用二进制编码形式，解决了数据在计算机中的表示，确保了计算机的可靠性、稳定性及高速性。

在日常生活中，可能遇到各种数制。逢十（向高位）进一的十进制，逢六十进一（例如 60 s

进为 1 min，60 min 进为 1 h）的六十进制，中国老秤十六市两进为 1 市斤的十六进制。计算机普遍采用的是二进制。二进制的特点是每一位上只能出现数字 0 或 1，逢二就向高数位进一。0 和 1 这两个数字用来表示两种状态，用 0,1 表示的电磁状态的对立两面，在技术实现上是最恰当的。例如，晶体管的导通与截止、磁芯磁化的两个方向、电容器的充电和放电、开关的启闭、脉冲（电流或电压的瞬间起伏）的有无以及电位的高低等用来表示数据信息，在处理时其操作简单，抗干扰力强，为计算机的良好运行创造了必要条件。

人们常用若干位数表示某种信息。例如，“150001”这个数字表示哈尔滨市某街道的邮政编码。这是一种十进制代码（code）。一个代码可以表示某种对应的信息。在计算机内部，一切信息的存放、处理和传输都采用二进制代码。计算机在进行数值计算或其他数据处理时，处理的对象是十进制数表示的实数或者是字母、符号等，在计算机内部要首先转换为二进制数。在数学中已经证明，正像在初等数学中讨论到的实数与数轴上的点一一对应，二进制数与十进制数也一一对应。因而，只在二进制数上进行操作（通过计算机硬件），就可完成由十进制数构成的数值计算或由字母、符号等构成的数据信息的处理，并将得到的二进制结果转换成十进制数或字母、符号输出。

在计算机的内部，信息的最小单位是一个二进制位（bit）。通常将一个 8 位二进制数叫做一个字节（byte），这是数据处理的基本单位，简写为“B”。1 KB = 1 024 B，1 MB = 1 024 KB，1 GB = 1 024 MB，1 TB = 1 024 GB。

二进制数在计算机中的表示方法如下所述。

### 1. 数的浮点表示

浮点数：$N$ = 数符 × 尾数 × $2^{\text{阶符} \times \text{阶码}}$

例如：$110.001 = 1.10011 \times 2^{+10} = 11001.1 \times 2^{-10} = 0.110011 \times 2^{+11}$ 尾数的位数决定数的精度，阶码的位数决定数的范围。

### 2. 机器数的表示

机器数：一个数及其符号在机器中的数值化表示。

真值：机器数所代表的数。

计算机中对有符号数常采用 3 种表示方法，即原码、补码和反码。

（1）原码

正数的符号为 0，负数的符号为 1，其他位的值按一般的方法表示数的绝对值，用这种方法得到的数码就是该数的原码。

$$[X]_{原}=\begin{cases} X, & 0 \leqslant X \leqslant 2^{n-1}-1 \\ 2^{n-1}+|X|, & -(2^{n-1}-1) \leqslant X \leqslant 0 \end{cases}$$

即：

$$[X]_{原}=\begin{cases} 0X, & X \geqslant 0 \\ 1|X|, & X \geqslant 0 \end{cases}$$

例如: $[+7]_{原}$ 00000111 $[+0]_{原}$ 00000000

$[-7:]_{原}$ 10000111 $[-0]_{原}$ 10000000

原码简单易懂，但用这种码进行两个异号数相加或两个同号数相减时都不方便。

（2）反码

正数的反码与原码相同，负数的反码为其原码除符号位外的各位按位取反（0 变 1，而 1 变 0）。

$$[X]_{反}=\begin{cases}X, & 0\leqslant X\leqslant 2^{n-1}-1\\(2^n-1)-|X|, & -(2^{n-1}-1)\leqslant X\leqslant 0\end{cases}$$

即：

$$[X]_{反}=\begin{cases}0X, & X\geqslant 0\\1|\bar{X}|, & X\leqslant 0\end{cases}$$

例如: $[+7]_{反}$ 00000111 $[+0]_{反}$ 00000000

$[-7]_{反}$ 11111000 $[-0]_{反}$ 10000000

（3）补码

$$[X]_{补}=\begin{cases}X, & 0\leqslant X\leqslant 2^{n-1}-1\\2^n-|X|, & -2^{n-1}\leqslant X<0\end{cases}$$

正数的补码与其原码相同，负数的补码为其反码在最低位加 1。

即：

$$[X]_{补}=\begin{cases}0X, & X\geqslant 0\\1|\bar{X}|+1, & X\leqslant 0\end{cases}$$

例如: $[+7]_{补}$ 00000111 $[+0]_{补}$ 00000000

$[-7]_{补}$ 11111001 $[-0]_{补}$ 00000000

规律：

① 对于正数，原码 = 反码 = 补码。

② 对于负数，补码 = 反码 + 1。

③ 引入补码后，使减法统一为加法。

### 2.2.5 字符编码

字符型信息包括数字、字母、符号和汉字，它们在计算机中都是用二进制数编码的形式来表示的，并为此制定了国际或国家标准。

常用的信息编码如下所述

1. **西文字符编码**

每一个字符有一个编码。

（1）ASCII 码

计算机中常用的字符编码是 ASCII 码（American Standard Code for Information Interchange，美国信息交换用标准代码），常用字符有 128 个，编码从 0 到 127。它用一个字节中的低 7 位（最高位为 0）来表示 128 个不同的字符，其中的 95 个编码分别对应键盘上可输入，并可以显示和打印的 95 个字符（包括大、小写各 26 个英文字母，0～9 共 10 个数字，还有 33 个通用运算符和标点符号等）及 33 个控制字符。空格、字母、数字的 ASCII 码的十六进制和十进制表示如下：

| 空格 | 20H | 32 |
| --- | --- | --- |
| '0'～'9' | 30H～39H | 48～57 |
| 'A'～'Z' | 41H～5AH | 65～90 |
| 'a'～'z' | 61H～7AH | 97～122 |

每个字符占一个字节，用 7 位，最高位不用，一般为 0。例如，'a'字符的编码为 01100001，对应的十进制数是 97。

（2）EBCDIC 码

EBCDIC（Extended Binary Coded Decimal Interchange Code，扩充的二进制编码的十进制交换码），主要用在 IBM 公司的计算机中。

2. **汉字编码**

我国颁布的国家标准 GB18030-2000《信息技术、信息交换用汉字编码字符集、基本集的扩充》是我国继 GB2312-1980 和 GB13000-1993 之后最重要的汉字编码标准，是我国计算机系统必须遵循的基础性标准之一。GB18030-2000 是由原信息产业部和国家质量技术监督局在 2000 年 3 月 17 日联合发布的，并且作为一项国家标准在 2001 年的 1 月正式强制执行。GB18030-2005《信息技术中文编码字符集》是我国自主研制的以汉字为主并包含多种我国少数民族文字的超大型中文编码字符集强制性标准，其中收入汉字 70 000 余个。

（1）汉字输入码

汉字输入主要有 3 种方式：计算机键盘输入、扫描仪光学识别、语言输入等。其中计算机键盘输入是现阶段汉字输入的主要方式。汉字输入码是利用计算机键盘进行汉字输入的一种编码方案，一般认为有如下几种编码方案。

① 数字编码。区位码是一种常见的数字编码。编码规则是汉字按区、位排列成二维数组表，每个汉字对应两位十六进制数的区号和两位十六进制数的位号。

② 字音编码。字音编码是一类以汉字拼音为基础的编码方案，这也是目前的主流汉字输入法。

③ 字形编码。字形编码是按照汉字的字形特点进行分解，对汉字的构字部件进行编码，“五笔字型”是一种典型的字形编码，其特点是经过训练后输入汉字的速度最快，但需经过较长时间的学习和训练。

④ 混合编码。现代许多输入法为了获取良好的汉字输入效率和市场占有率，结合上述编码方式的优点，形成混合类型的编码方案。

（2）汉字存储和处理的编码（汉字内码）

汉字内码是汉字在设备或信息处理系统内部最基本的表达形式。一级汉字：3 755 个；二级汉字：3 008 个；图形符号：682 个。汉字分区为每个区 94 个汉字。每个汉字占两个字节。

| 区号 | 区中位置 |
|---|---|

机内码是将对应的国标码的每个字节的最高位置 1 得到的

| 汉字 | 国标码 | 汉字内码 |
|---|---|---|
| 中 | 8680$(01010110\ 01010000)_B$ | $(11010110\ 11010000)_B$ |
| 华 | 5942$(00111011\ 00101010)_B$ | $(10111011\ 10101010)_B$ |

（3）汉字输出编码

汉字在屏幕或打印机上输出时需要字形信息，汉字输出编码就是保存汉字字形信息的一类编码，主要有两种方式：点阵式和矢量式。

点阵：汉字字形点阵的代码有 16 × 16、24 × 24、32 × 32、48 × 48 几种。16 ×16 的点阵如下所示：

|  | 0 | 1 | 2 | 3 | 4 | 5 | 6 | 7 | 8 | 9 | 10 | 11 | 12 | 13 | 14 | 15 | 十六进制码 |
|---|---|---|---|---|---|---|---|---|---|---|---|---|---|---|---|---|---|
| 0 |  |  |  |  |  |  | ● | ● |  |  |  |  |  |  |  |  | 0 3 0 0 |
| 1 |  |  |  |  |  |  | ● | ● |  |  |  |  |  |  |  |  | 0 3 0 0 |
| 2 |  |  |  |  |  |  | ● | ● |  |  |  |  |  |  |  |  | 0 3 0 0 |
| 3 |  |  |  |  |  |  | ● | ● |  |  |  |  |  | ● |  |  | 0 3 0 4 |
| 4 | ● | ● | ● | ● | ● | ● | ● | ● | ● | ● | ● | ● | ● | ● | ● |  | F F F E |
| 5 |  |  |  |  |  |  | ● | ● |  |  |  |  |  |  |  |  | 0 3 0 0 |
| 6 |  |  |  |  |  |  | ● | ● |  |  |  |  |  |  |  |  | 0 3 0 0 |
| 7 |  |  |  |  |  |  | ● | ● |  |  |  |  |  |  |  |  | 0 3 0 0 |
| 8 |  |  |  |  |  |  | ● | ● |  |  |  |  |  |  |  |  | 0 3 0 0 |
| 9 |  |  |  |  |  |  | ● | ● | ● |  |  |  |  |  |  |  | 0 3 8 0 |
| 10 |  |  |  |  |  | ● | ● |  |  | ● |  |  |  |  |  |  | 0 6 4 0 |
| 11 |  |  |  |  | ● | ● |  |  |  |  | ● |  |  |  |  |  | 0 C 2 0 |
| 12 |  |  |  | ● | ● |  |  |  |  |  | ● | ● |  |  |  |  | 1 8 3 0 |
| 13 |  |  |  | ● |  |  |  |  |  |  |  | ● | ● |  |  |  | 1 0 1 8 |
| 14 |  |  | ● |  |  |  |  |  |  |  |  |  | ● | ● |  |  | 2 0 0 C |
| 15 | ● | ● |  |  |  |  |  |  |  |  |  |  |  | ● | ● | ● | C 0 0 7 |

矢量：存储的是描述汉字字形的轮廓特征。

点阵和矢量方式区别：前者的编码、存储方式简单、无须转换直接输出，但字形放大后产生的效果差，而且同一种字体不同的点阵需要不同的字库；矢量方式特点正好与前者相反。

（4）汉字地址码

汉字地址码：每个汉字字形码在汉字字库中的相对位移地址。地址码和机内码要有简明的对应转换关系。

（5）UCS 码

它是一种国际标准编码，通用的八位编码字符集 UCS（universal code set），是世界各种文字的统一的编码方案，一个字符占 4 个字节。分为组、平面、行、字位。

基本多文种平面（BMP）：0 组 0 平面，包含字母、音节及表意文字等。

| 例如： | 'A' | 41H(ASCII) | 00000041H(UCS) |
|---|---|---|---|
|  | '大' | 3473H(GB2312) | 00005927H(UCS) |

UCS 的实际表现形式为 UTF-8/UTF-16/UFT-32 编码。

Unicode 码：是基于通用字符集（universal character set）的标准发展而来，是国际组织制定的可以容纳世界上所有文字和符号的字符编码方案。Unicode 用数字 0～0x10FFFF 来映射这些字符，最多可以容纳 1 114 112 个字符，或者说有 1 114 112 个码位。码位就是可以分配给字符的数字。UTF-8、UTF-16、UTF-32 都是将数字转换到程序数据的编码方案。最新版本 Unicode 6.0 于 2011 年 2 月 17 日发布。

UTF-16：是 Unicode 的一个使用方式。在 Unicode 基本多文种平面定义的字符（无论是拉丁字母、汉字或其他文字或符号），一律使用 2 字节储存。而在辅助平面定义的字符，会以代理对（surrogate pair）的形式，以两个 2 字节的值来储存。

UTF-8：是 Unicode 的一种变长字符编码又称万国码，由 Ken Thompson 于 1992 年创建。现在已经标准化为 RFC3629。UTF-8 用 1 到 6 个字节编码 Unicode 字符。

GBK 字符集：GBK 等同于 UCS 的新的中文编码扩展国家标准，2 字节表示一个汉字。第一字节从 81H～FEH，最高位为 1；第二字节从 40H~FEH，第二字节的最高位不一定是 1。

BIG5 字符集：普遍使用的一种繁体汉字的编码标准，包括 440 个符号，一级汉字 5 401 个、二级汉字 7 652 个，共计 13 060 个汉字。

GB18030 字符集：GB 18030 标准采用单字节、双字节和四字节三种方式对字符编码。单字节部分使用 0x00～0x7F（对应于 ASCII 码的相应码）。双字节部分，首字节码从 0x81～0xFE，尾字节码分别是 0x40～0x7E 和 0x80～0xFE。四字节部分采用 GB/T 11383 未采用的 0x30～0x39 作为对双字节编码扩充的后缀，这样扩充的四字节编码，其范围为 0x81308130～0xFE39FE39。其中第一、三个字节编码码位均为 0x81～0xFE，第二、四个字节编码码位均为 0x30～0x39。

## 2.3 微型计算机组装与维护

本节内容包括 CPU、主板、内存、硬盘、光驱、电源、机箱、显示器等部件的基本功能、技术指标和性能参数，然后以实际组装一台微型计算机为例，详细说明微型计算机的硬件组装过程和操作系统的安装，其目的主要在于了解微型计算机的基本组成结构和部件，为维护打下基础。

### 2.3.1 微型计算机的组成结构

自从 1946 年世界上第一台电子计算机问世以来，一代又一代计算机不断研制成功，它们在功能、规模、性能、及使用技术方面各具特色，但其结构的基本特征并没有改变。微型计算机系统是由硬件和软件组成，所谓硬件是指组成计算机系统的物理设备，包括电子的、机械的、磁的、光的设备的总和。

我们已经知道，现代电子计算机的体系结构仍然遵循着冯·诺依曼体系结构，计算机的硬件系统由运算器、控制器、存储器、输入设备和输出设备五部分组成。随着多媒体技术的发展，多媒体计算机在教学、娱乐、音乐、影视等方面的应用日益成熟。多媒体设备逐步从 I/O 设备中独立出来，故从微型计算机的功能结构来看，微型计算机的硬件结构包含五个子系统，即运算子系统、总线子系统、存储子系统、I/O 子系统、多媒体子系统。

运算子系统主要包括控制部件和执行部件（运算器），控制部件负责程序和指令的解释及执行，协调全系统的工作，执行部件负责对数据进行加工和运算。在微型计算机中，控制部件和执行部件是合在一起的，称作中央处理器（CPU），也叫微处理器。

总线子系统主要负责为微型计算机中各种硬件设备提供信息交换所必需的通道。从功能上看总线子系统主要包括数据总线（data bus）、地址总线（address bus）和控制总线（control bus）。

存储子系统主要负责程序、数据信息在内存和外存的存储和管理。存储子系统主要包括内存（主存）和外存，通常，程序和数据只在需要运行时才调入内存，平时它们被放在外存中。存储子系统主要包括的设备有内存、硬盘、软盘、光盘、优盘等。

I/O 子系统主要负责输入和输出设备，与用户打交道，负责提交用户的需求和输出计算结果。I/O 子系统包括的输入设备主要有键盘、鼠标、扫描仪、语音或图像采集卡等。输出设备主要有显示器、绘图仪、打印机、软驱和光驱等。

多媒体子系统主要负责微型计算机的多媒体功能，为用户提供声音、动画等多媒体服务。多媒体子系统主要包括的设备有提供声觉服务的音箱和声卡、视觉服务的显示卡（图形加速卡）等。

本章首先介绍各子系统中主要部件的功能和有关技术指标，然后以具体的实例描述微型计算机的组装过程。

1. CPU

微型计算机的运算子系统主要包括可进行数据计算和逻辑计算的中央处理器 CPU、协处理器和可进行图形硬件加速的图形处理芯片 GPU 等。在这里主要讨论中央处理器 CPU。CPU 是微型计算机的大脑，大部分的数据信息处理都是由它来完成的。它的工作速度快慢直接影响到整部微型计算机的运行速度。CPU 可分为控制单元、逻辑运算单元、存储单元三大部分。

（1）CPU 的主要技术指标和特点

① 字长。CPU 的字长通常是指其数据总线宽度，单位是二进制的位（bit）。它是 CPU 数据处理能力的重要指标，反映了 CPU 能够处理的数据宽度、精度和速度等，因此常常以字长位数来称呼 CPU，如 32 位 CPU、64 位 CPU。

② CPU 的外部总线。CPU 的外部总线是指 CPU 芯片与外部连接的总线，由其引脚引出，包括数据线、地址线和控制线三组。

③ 主频。CPU 的主频是指 CPU 的工作时钟频率，单位是 MHz、GHz（1 GHz = 1 024 MHz），它是 CPU 速度的重要指标，通常标注在 CPU 表面的型号中。为了将高主频的 CPU 与较低时钟频率的主板相匹配，CPU 主频采用了较低的输入时钟频率和在内部用倍频得到主时钟频率的方法。CPU 输入时钟频率称为外频，常取为主板系统总线的频率。

④ 运算速度。CPU 的运算速度是指其每秒钟能够处理的指令数，单位为 MIPS（百万指令每秒）。这个指标是 CPU 运算速度的本质指标，它不光取决于主频，更主要地取决于 CPU 处理指令的逻辑结构。即使在同样主频下，不同内核设计的 CPU 其运算速度也有成倍的差别。主频的高低在衡量同一内核设计 CPU 的运算速度是恰当的，比如 3.2 GHz 的 P4 处理器的运算速度大于 3.0 GHz 的 P4 处理器；但不适用于比较不同内核设计的 CPU，像 Pentium M 730（Dothan 内核）处理器 1.6 GHz 的运算速度和 P4 3.0 GHz 处理器的运算速度相当。

⑤ 协处理器。协处理器也叫做内部浮点处理器，集成在 CPU 内，用于增强浮点数的计算速度。

⑥ 内部高速缓存。以前的系统，为了解决主机中低速内存与高速 CPU 的不匹配，加快 CPU 对内存的访问速度，采用了在 CPU 和内存间插入高速缓存（cache）的方法。CPU 内包含 L1 Cache、L2 Cache 和 L3 Cache。

⑦ 指令系统。CPU 是靠执行指令来计算和控制系统的。每种 CPU 在设计时就规定了一系列与其硬件电路相配合的指令系统，包括几十或几百条指令。指令系统功能的强弱是 CPU 的重要指标。Intel 的 MMX、AMD 的 3DNow!和 Intel 的 SSE、SSE2、SSE3、SSE4 等都是新增的特殊指令集，分别增强了 CPU 的多媒体、图形图像和 Internet 等处理能力。x86-64 是 64 位 CPU 新增指令集。

⑧ CPU 电源的双电压。早期的 CPU 仅以 5 V 或 3.3 V 供电，称为单电压 CPU。而现在的 CPU 一般都采用双电压供电，CPU 核心用低电压，它的 I/O 电路则用较高的电压，既保证了电路的驱动能力和可靠性，又减少了功耗。CPU 的核心电压（$V_{core}$）从 2.9 V 到 1.0 V，甚至到 0.8 V。CPU 的 I/O 电压（$V_{io}$）从 2.5 V 到 1.2 V。

⑨ 超线程技术（hyperthreading technology）。超线程技术就是利用特殊的硬件指令，把两个逻辑内核模拟成两个物理芯片，让单个处理器都能使用线程级并行计算，从而兼容多线程操作系统和软件并提高处理器的性能。

⑩ 多核技术。多核技术是指在一块 CPU 上集成多个物理核心芯片的技术。现在已经成功应用的是双核处理器，在不远的将来，处理器的核心数量还会以 2 的倍数增加。

双核处理器具备两个物理上的运算内核，在同一时刻可以运行两个进程，提高了工作效率。

⑪ 融合技术。现代处理器如 Intel 的酷睿 i7 系列和 AMD 的 APU 系列都已在 CPU 核心中融合了高性能的图像加速处理器 GPU 以及高性能的内存控制器。这些融合技术的实用化极大地提高了微型计算机的性能和性价比。

（2）CPU 内核

CPU 的中间就是我们平时称作核心芯片或 CPU 内核的地方，所有的计算、接收数据、存储命令、处理数据都是在这个地方进行的。目前绝大多数 CPU 都采用了一种翻转内核的封装形式，也就是说平时我们所看到的 CPU 内核其实是这颗硅芯片的底部，它是翻转后封装在陶瓷电路基板上的，这样的好处是能够使 CPU 内核直接与散热装置接触。而 CPU 核心的另一面，也就是被盖在陶瓷电路基板下面的那面要和外界的电路相连接。现在的 CPU 都有上千万个晶体管，它们都要连到外面的电路上，而连接的方法则是将若干个晶体管焊上一根导线连到外电路上。由于所有的计算都要在很小的芯片上进行，所以 CPU 内核会散发出大量的热，核心内部温度可以达到上百度，而表面温度也会有数十度，一旦温度过高，就会造成 CPU 运行不正常甚至烧毁，因此应重视对 CPU 的散热。

早期的处理器都是使用 0.5 μm 工艺制造出来的，随着 CPU 频率的增加，原有的工艺无法满足产品的要求，这样便出现了 0.13 μm 以及现在普遍使用的 0.09 μm 或 0.065 μm 工艺。采用 0.09 μm 或 0.065 μm 制造工艺以后，处理器的频率可以得到进一步的提高，处理器面积则可以进一步减小。

（3）CPU 的历史

CPU 从最初发展至今已经有三十多年的历史了，这期间，按照其处理信息的字长，CPU 可以分为：4 位微处理器、8 位微处理器、16 位微处理器、32 位微处理器以及 64 位微处理器。

1971 年，早期的 Intel 公司推出了世界上第一台微处理器 4004，这便是第一个用于计算机的 4 位微处理器，它包含 2 300 个晶体管。随后，Intel 公司又研制出了 8080 处理器、8085 处理器，加上当时 Motorola 公司的 MC6800 微处理器和 Zilog 公司的 Z80 微处理器，一起组成了 8 位微处理器的家族。

16 位微处理器的典型产品是 Intel 公司的 8086 微处理器，以及同时生产出的协处理器 8087。这两种芯片使用互相兼容的指令集，但在 8087 指令集中增加了一些专门用于对数、指数和三角函数等数学计算的指令，由于这些指令应用于 8086 和 8087，因此被人们统称为 x86 指令集。此后 Intel 推出的新一代的 CPU 产品，均兼容原来的 x86 指令。1979 年 Intel 推出了 8088 芯片，它仍是 16 位微处理器，内含 29 000 个晶体管，时钟频率为 4.77 MHz，地址总线为 20 位，可以使用 1 MB 内存。8088 的内部数据总线是 16 位，外部数据总线是 8 位，个人计算机——（PC）的第一代 CPU 便是从它开始的。1982 年的 80286 芯片虽然是 16 位芯片，但是其内部已包含 13.4 万个晶体管，时钟频率也达到了前所未有的 20 MHz。其内部和外部数据总线均为 16 位，地址总线为 24 位，可以使用 16 MB 内存，可使用的工作方式包括实模式和保护模式两种。

32 位微处理器的代表产品首推 Intel 公司 1985 年推出的 80386，这是一种全 32 位微处理器芯片，也是 x86 家族中第一款 32 位芯片，其内部包含 27.5 万个晶体管，时钟频率为 12.5 MHz，后逐步提高到 33 MHz。80386 的内部和外部数据总线都是 32 位，地址总线也是 32 位，可以寻址到 4 GB 内存。它除了具有实模式和保护模式以外，还增加了一种虚拟的工作方式，可以通过同时模拟多个 8086 处理器来提供多任务能力。

64 位 x86 处理器 Athlon 64 由 AMD 于 2003 年 9 月 22 日发布，开创了 64 位计算时代。64 位技术是相对于 32 位而言的，这个位数指的是 CPU 中通用寄存器（general purpose register）的数据宽度为 64 位，64 位指令集就是运行 64 位数据的指令，也就是说处理器一次可以运行 64 b 数据。AMD 64 位技术是在原始 32 位 x86 指令集的基础上加入了 x86-64 扩展 64 位 x86 指令集，使这款芯片在硬件上兼容原来的 32 位 x86 软件，并同时支持 x86-64 的扩展 64 位计算，使得这款芯片成为真正的 64 位 x86 芯片。

2007 年 7 月 27 日 Intel 发布 Core 2 Duo 处理器，标志着新一代双核心处理器的诞生。Core 微架构是 Intel 全平台（台式计算机、笔记本式计算机和服务器）处理器首次采用相同的微架构设计，也是 Intel 鉴于 NetBurst 微架构的高频低效高能耗的缺点，彻底抛弃以往频率至上的理念，转而注重能效比的第一次成功尝试。Core 微架构是目前最强大的 x86 PC 处理器微架构，其性能远远领先于以往所有 PC 处理器，而功耗又大幅度降低。Core 2 Duo 目前有 E6300（1.86 GHz，2 MB 二级缓存）、E6400（2.13 GHz，2 MB 二级缓存）、E6600（2.4 GHz，4 MB 二级缓存）和 E6700（2.66 GHz，4 MB 二级缓存）四款产品，采用 1 066 MHz FSB、65 nm 制造工艺、Socket 775 接口，都支持硬件防病毒技术 EDB、64 位技术 EM64T、节能省电技术 EIST 以及虚拟化技术 Intel VT。

2008 年英特尔发布 Core i7。Core i7 是一款 45nm 原生四核处理器，处理器拥有 8 MB 三级缓存，支持三通道 DDR3 内存。处理器采用 LGA 1366 针脚设计，支持第二代超线程技术，也就是处理器能以 8 线程运行。

2011 年 1 月英特尔发布 i7-2600。i7-2600 是一款基于 Sandy Bridge 核心的原生四核处理器，加入了最新一代的指令集 Advanced Vector Extensions。

目前主要 CPU 代表如表 2-3 所示，实物图如图 2-3 和图 2-4 所示。

表 2-3　目前主要 CPU

| 公　司 | 插　座 | CPU | 主 要 参 数 |
|---|---|---|---|
| Intel | LGA 1155 | 酷睿 i7 2600 | 3.40G/8MB/32nm/95W/HD 2000/TB2.0 |
| | LGA 1156 | 酷睿 i5-680 | 3.60G/4MB/32nm/73W/GPU/Turbo |
| | | 酷睿 i3-550 | 3.20G/4MB/32nm/73W/GPU |
| | LGA 1366 | 酷睿 i7 920 | 2.93G/8MB/45nm/130W/ |
| | LGA775 | 奔腾 E5800 | 3.20GHz/800MHz/2MB/45nm/65W |
| | | 酷睿 2 E7600 | 3.06GHz/1 066MHz/3MB/45nm/65W |
| AMD | Socket AM3 | 羿龙Ⅱ X6 1055T | 2 800MHz/6MB/45nm/95W/TC |
| | | 羿龙Ⅱ X4 965 | 3 400MHz/6MB/45nm/140W |
| | | 羿龙Ⅱ X2 555 | 3 200MHz/6MB/45nm/80W |
| | | 速龙Ⅱ X4 630 | 2 800MHz/2MB/45nm/95W |

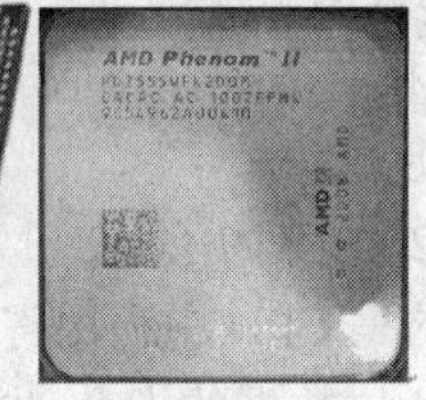


图 2-3　AMD 处理器实物图

图 2-4　Intel 处理器实物图

（4）CPU 封装方式及插座

CPU 和外围芯片都是集成电路器件。由于在有限面积的芯片里集成的晶体管数由几千个跃升到几千万个，集成度越来越高，电路越来越复杂，集成电路与外部连接的引脚从几十条增加到几百条，这就使得芯片封装形式也不断变化。所谓 IC 芯片的封装是指安放半导体芯片所用的外壳，芯片内部电路用非常精细的导线连接到封装外壳的导电引脚上，通过引脚与印刷电路板上的其他元器件连接。因此，封装对 CPU 和其他集成电路都是非常重要的。新一代的 CPU 也往往采用新型的封装形式。芯片的封装从 DIP、QFP、PGA、BGA、CSP 到 MCM 等经历了若干代的改进，使得封装面积与芯片面积越来越接近，适用频率越来越高，散热耐温性能越来越好，引脚数越来越多而间距越来越小，可靠性越来越高，安装越来越方便。

① 芯片的封装种类如下。

- BGA 封装

BGA（ball grid array package，球栅阵列封装）是 90 年代后期超大规模集成电路的另一种封装形式。球形引脚由集成电路的方形底面上引出，通常为五六百个引脚。目前大多数外围芯片和便携式计算机专用 CPU 采用此种封装，便于将高密度的引脚焊接到主板上。

- PLGA（plastic land grid array）封装

PLGA（plastic land grid array，即塑料焊盘栅格阵列）封装不再使用针脚，而是使用细小的点式接口如图 2-5 所示，所以 PLGA 封装明显比以前的 FC-PGA2 等封装具有更小的体积、更少的信号传输损失和更低的生产成本，可以有效提升处理器的信号强度、提升处理器频率，同时也可以提高处理器生产的良品率、降低生产成本。这是目前使用的封装方式。

② CPU 的插座。主板上的 CPU 插座是安装 CPU 的基座，它们的结构形状、插孔数、各个插孔的功能定义都不尽相同，因此不同 CPU 必须使用不同的插座。

Intel 推出的一种称为零插拔力（zero insert force，ZIF）的 CPU 插座，CPU 可以轻松地取下或装上，避免了精密引脚的损伤。Socket 插座属于零插拔力插座，只要将锁紧杆扳到竖直位置，插拔 CPU 就毫不费力。PC 从 386 时代开始普遍使用 Socket 插座来安装 CPU，如 Socket 754、LGA 775、LGA 1155（如图 2-6 所示）等。它是方形零插拔力插座，插座上有一根拉杆，在安装和更换 CPU 时只要将拉杆向上拉出，就可以轻易地插入或取出 CPU 芯片了。

图 2-5　无针脚的 Intel 处理器

图 2-6　LGA 1155 处理器插座

## 2. 主板

主板又称为系统板或母板，它是微型计算机的核心部件，其性能和质量基本决定了整机的性能和质量。主板上装有多种集成电路，如中央处理器、专用外围芯片组、只读存储器基本输入输出系统（ROM BIOS）、随机存取存储器（RAM）等。还有若干个不同标准的系统输入输出总线的扩展插槽和各种标准接口。

（1）总线概述

主板上的系统总线是传输数据的通道，就物理特性而言就是一些并行的印刷电路导线。系统总线电路每秒钟电平转换的最高次数，称为总线频率 $f$，单位为 MHz。频率 $f$ 的倒数 $1/f$ 称为总线时钟周期。

总线大致可以分为四类：

① 片内总线。片内总线也称为 CPU 总线，它位于 CPU 内部，是 CPU 内部各功能单元之间的连线，片内总线通过 CPU 的引脚延伸到外部与系统相连。

② 片间总线。片间总线也称为局部总线（local bus），它是主板上 CPU 与其他一些部件间直接连接的总线。

③ 系统总线。系统总线也称为系统输入输出总线（system I/O bus），它是系统各个部件连接的主要通道，它还具有不同标准的总线扩展插槽对外部开放，以便各种系统功能扩展卡插入相应的总线插槽与系统连接。

这里介绍的系统总线是主板的系统 I/O 总线和总线扩展插槽。系统 I/O 总线是数据总线、地址总线和控制总线的总称。系统中的各个局部电路均需通过这三大总线互相连接，实现了全系统电路的互连。在主板上，系统 I/O 总线还连接到一些特定的插槽上去实现对外开放，便于外部的各种扩展电路板连入系统，这些插槽被称为系统 I/O 总线扩展插槽。

④ 外部总线。外部总线也称为通信总线。它是计算机与计算机之间的数据通信的连线，如网络线、电话线等。外部总线通常是借用其他电子工业已有的标准，如 RS-232C 等。

（2）常用的总线类型和接口

① AGP 总线。AGP（accelerated graphics port），即"加速图形端口"，只能安装 AGP 显示卡。AGP 技术的两个核心内容是：使用 PC 的内存作为显存的扩展延伸，这样就大大增加了显存的潜在容量；使用更高的总线频率 66 MHz 提高数据传输率。AGP 总线是一种专用的显示总线，从 AGP 中受益最大的是以 3D 游戏为主的一些 3D 程序。其发展已经经历了 AGP 1×，AGP 2×，AGP 4×，AGP 8×几个阶段。它将显示卡同主板内存芯片组直接相连，大幅提高了微型计算机对 3D 图形的处理速度，信号的传输速率可以提高到 533 MB/s。AGP 的工作频率为 66.6 MHz，是现行 PCI 总线的两倍。现已淘汰。

② PCI 局部总线。PCI 局部总线（peripheral component interconnection local bus）的初衷就是使外设主芯片能快捷地连入系统。PCI 是专门为 Intel Pentium 处理器设计的，它也是一种高性能的 PC 局部总线（local bus）。PCI 是 32 位总线，工作频率是 33 MHz，数据传输率为 133 MB/s。

PCI 的高速性能使之能支持各种高速设备，包括声卡、Modem 卡、网卡和视频卡等。

③ USB 总线。USB（universal serial bus）支持热插拔，即插即用的优点，所以 USB 接口已经成为 MP3 的最主要的接口方式。USB 有两个规范，即 USB 1.1 和 USB 2.0。

USB 1.1 是最初发布的 USB 规范，其 FullSpeed 方式的传输速率为 12 Mb/s，低速方式的传输速率为 1.5 Mb/s（b 是 bit 的意思），1 MB/s（兆字节/秒）= 8 Mb/s（兆位/秒），12 Mb/s = 1.5 MB/s。

USB 2.0 规范是由 USB 1.1 规范演变而来的。它的传输速率达到了 480 Mb/s，折算为 MB 为 60 MB/s，足以满足大多数外设的速率要求。USB 2.0 中的增强主机控制器接口（EHCI）定义了一个与 USB 1.1 相兼容的架构。它可以用 USB 2.0 的驱动程序驱动 USB 1.1 设备。也就是说，所有支持 USB 1.1 的设备都可以直接在 USB 2.0 的接口上使用而不必担心兼容性问题，而且像 USB 线、插头等附件也都可以直接使用。

USB 3.0 是最新的 USB 规范，该规范由 Intel 等大公司发起。新规范提供了十倍于 USB 2.0 的传输速率和更高的节能效率，可广泛用于 PC 外围设备和消费电子产品，数据传输率达到了 4.8 Gb/s。为了向下兼容 2.0 版，USB 3.0 采用了 9 针脚设计，其中四个针脚和 USB 2.0 的形状、定义均完全相同，而另外 5 根是专门为 USB 3.0 准备的，如图 2-7 所示。

图 2-7 A 型、B 型和 mini USB 3.0 接口

④ SATA 接口。SATA（serial ATA，串行 ATA），如图 2-8 和图 2-9 所示。SATA 总线使用嵌入式时钟信号，具备了更强的纠错能力，与以往相比其最大的区别在于能对传输指令（不仅仅是数据）进行检查，如果发现错误会自动矫正，这在很大程度上提高了数据传输的可靠性。串行接口还具有结构简单、支持热插拔的优点。

与并行 ATA 相比，SATA 具有比较大的优势。首先，SATA 以连续串行的方式传送数据，可以在较少的位宽下使用较高的工作频率来提高数据传输的带宽。SATA 一次只会传送 1 位数据，这样能减少 SATA 接口的针脚数目，使连接电缆数目变少，效率也会更高。实际上，SATA 仅用 4 支针脚就能完成所有的工作，分别用于连接电缆、连接地线、发送数据和接收数据，同时这样的架构还能降低系统能耗和减小系统复杂性。SATA 1.0 定义的数据传输率可达 150 MB/s。SATA 2.0 是在 SATA 的基础上发展起来的，其主要特征是外部传输率从 SATA 的 1.5 Gb/s（150 MB/s）进一步提高到了 3 Gb/s（300 MB/s），此外还包括 NCQ（native command queuing，原生命令队列）、端口多路器（port multiplier）、交错启动（staggered spin-up）等一系列的技术特征。单纯的外部传输率达到 3 Gb/s 并不是真正的 SATA 2.0。

图 2-8　SATA 标识

图 2-9　主板上的 SATA 接口

SATA II 的关键技术就是 3 Gbps 的外部传输率和 NCQ 技术。NCQ 技术可以对硬盘的指令执行顺序进行优化，避免像传统硬盘那样机械地按照接收指令的先后顺序移动磁头读写硬盘的不同位置，与此相反，它会在接收命令后对其进行排序，排序后的磁头将以高效率的顺序进行寻址，从而避免磁头反复移动带来的损耗，延长硬盘寿命。另外并非所有的 SATA 硬盘都可以使用 NCQ 技术，除了硬盘本身要支持 NCQ 之外，也要求主板芯片组的 SATA 控制器支持 NCQ。此外，NCQ 技术不支持 FAT 文件系统，只支持 NTFS 文件系统。

SATA 相较并行 ATA 可谓优点很多，将成为并行 ATA 的替代方案。从并行 ATA 完全过渡到 SATA 只是时间问题。目前 SATA 2.0 接口的硬盘也逐渐成为了主流，其他采用 SATA 接口的设备（如 SATA 光驱）也已经出现。

eSATA（external serial ATA），是为面向外接驱动器而制定的 SATA 1.0a 的扩展规格。主板上的 eSATA 接口强化了热插拔方面的规范。原本在机箱内的 SATA 线缆和接口没有任何的保护和锁定装置，同时接口部分也相当脆弱。一般来说，机箱内部的 SATA 接口在插拔 50 次左右就容易因接触不良而出现问题。作为外部连接标准，eSATA 必须在强度、抗电磁干扰、线缆柔韧性方面全部符合要求。因此，eSATA 设备的接口和线缆都采用了全金属屏蔽。全金属屏蔽设计不仅能够降低电磁干扰，还有助于减少在热插拔过程中产生的静电。与此同时，为了防止接口受到外力意外断开，eSATA 标准还要求在线缆接口处加装金属弹片式的锁定装置。根据测试，eSATA 全新设计的接口将保证设备最少可进行 2 000 次的热插拔。

SATA 3.0 相比 SATA 2.0，除了频宽提升一倍至 6 Gb/s，同时亦多引入了多项全新技术，包括新增 NCQ 指令以改良传输技术，并降低传输时所需功耗。根据《Serial ATA Revison 3.0 规格白皮书》

的说明，除了频宽提升至最高 6 Gb/s 外，SATA 3.0 亦会增加 NCQ 的指令数目，包括为实时性的资源提供优先处理，大大提升了系统的执行效率。为了提升电池续航力，SATA 3.0 采用全新 INCITS ATA8-ACS 标准，并可兼容旧有 SATA 装置，不仅进一步改良传输信号技术，亦大幅减低了 SATA 传输时所需功耗。针对现时 NB 市场对缩减产品体积的需求，SATA 3.0 提供了较一般 SATA 接口细小的 LIF 接口（low insertion force connector），专门针对 1.8in 的储存装置，包括仅 7 mm 厚的光驱。

⑤ PCI Express 接口。PCI Express（以下简称 PCI-E）采用了目前业内流行的点对点串行连接，比起 PCI 以及更早期的计算机总线的共享并行架构，每个设备都有自己的专用连接，不需要向整个总线请求带宽，而且可以把数据传输率提高到一个很高的频率，达到 PCI 所不能提供的高带宽。相对于传统 PCI 总线在单一时间周期内只能实现单向传输，PCI-E 的双单工连接能提供更高的传输速率和质量，它们之间的差异跟半双工和全双工类似。

PCI-E 的接口根据总线位宽不同而有所差异，包括 × 1、× 4、× 8 以及 × 16，而 × 2 模式将用于内部接口而非插槽模式。PCI-E 规格从 1 条通道连接到 32 条通道连接，有非常强的伸缩性，以满足不同系统设备对数据传输带宽不同的需求。此外，较短的 PCI-E 卡可以插入较长的 PCI-E 插槽中使用，PCI-E 接口还能够支持热插拔。PCI-E × 1 的 250 MB/s 传输速率已经可以满足主流声效芯片、网卡芯片和存储设备对数据传输带宽的需求，但是远远无法满足图形芯片对数据传输带宽的需求。因此，用于取代 AGP 接口的 PCI-E 接口位宽为×16，能够提供 5 GB/s 的带宽，远远超过 AGP 8 × 的 2.1 GB/s 的带宽。

尽管 PCI-E 技术规格允许实现 × 1（250 MB/s），× 2，× 4，× 8，× 12，× 16 和 × 32 通道规格，但是依目前形式来看，PCI-E × 1 和 PCI-E × 16 已成为 PCI-E 主流规格，同时很多芯片组厂商在南桥芯片中添加对 PCI-E × 1 的支持，在北桥芯片中添加对 PCI-E × 16 的支持。除去提供极高数据传输带宽之外，PCI-E 因为采用串行数据包方式传递数据，所以每个针脚可以获得比传统 I/O 标准更多的带宽，这样就可以降低 PCI-E 设备生产成本和体积。另外，PCI-E 也支持高阶电源管理，支持热插拔，支持数据同步传输，为优先传输数据进行带宽优化。

主板上的各种接口和插槽如图 2-10 所示。

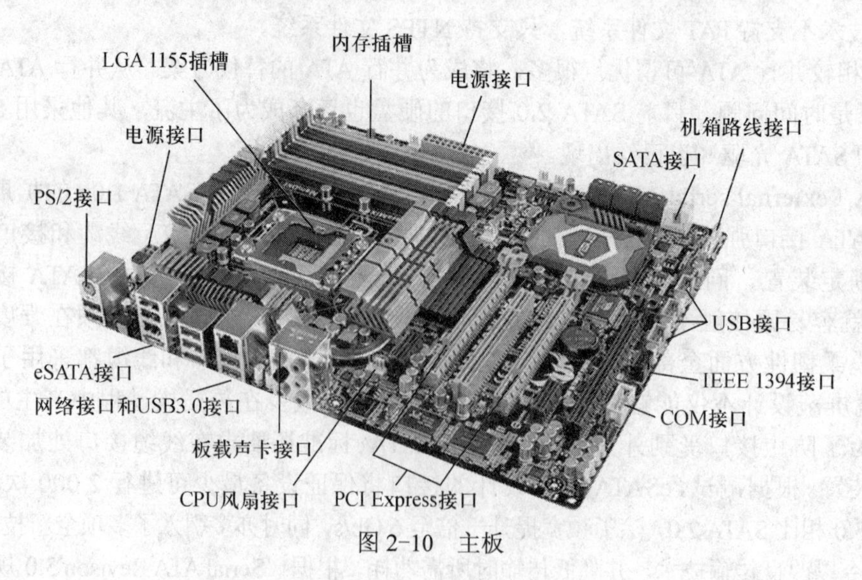


图 2-10　主板

### 3. 内存

系统内部存储器简称为内存，它是系统的主存，负责存储当前运行的程序指令和数据，并通过高速的系统总线，将指令和数据直接供 CPU 进行处理，因此必须是由高速集成电路存储器组成。CPU、外围芯片组、内存和总线接口这些最基本的部分组成计算机的主机，而内存的容量、速度和可靠性等指标都直接关系到系统的性能。

（1）内存的技术指标

① 内存容量。内存容量是指内存的存储单元的数量，单位是字节（B）、千字节（KB）和兆字节（MB）。

② 内存速度。内存速度包括内存芯片的存取速度和内存总线的速度。内存存取速度即读、写内存单元数据的时间，单位是纳秒（ns）。1 s = 1 000 000 μs = 1 000 000 000 ns。常用内存芯片的速度为几十 ns 到几个 ns，显然数值越小速度越快。内存总线的速度是指 CPU 到内存之间的总线速度，由总线工作频率决定。

③ ECC。ECC（error check and correct，错误检测与纠正）是一种内存数据检验和纠错技术。ECC 是对 8 b 数据用 4 b 来进行校验和纠错。带 ECC 的内存稳定可靠，一般用于服务器。

（2）系统 ROM BIOS

ROM（read only memory，只读存储器）的特点是只能读不能写，即它存储的内容不会被改写，并且关机后也不会丢失。因此 ROM 被用来存放开机就要首先执行的 BIOS 程序。

BIOS（basic I/O system，基本输入输出系统）是微型计算机系统的最基础程序，它固化在主板上的 ROM 芯片中，加电开机后首先执行 BIOS，并引导系统进入正常工作状态。所谓固化是说 BIOS 程序是以物理的方式保存在 ROM 芯片中的，即使关机也不会丢失，所以也叫做 ROM BIOS。

BIOS 程序中包括系统的启动引导代码、系统加电自检程序（power on self test，POST）、系统硬件配置程序（BIOS setup 或 CMOS setup）、基本硬件驱动程序（如键盘、低分辨率显示、软盘、硬盘、通信接口等）以及 BIOS 的输入输出管理程序等。

（3）RAM

RAM（random access memory）即随机存取存储器。内存主要由 RAM 存储器芯片构成。

① DRAM。DRAM（Dynamic RAM）即动态 RAM，系统内存的主要容量空间是由 DRAM 构成的。DRAM 芯片的存储单元是一个电容性电路，系统要定时对存储数据进行额外的刷新，因此，DRAM 芯片的存取速度低，一般为 70 ns 或 60 ns，比 CPU 低许多。

DRAM 芯片的访问方式决定着它的存取速度，按照访问方式 DRAM 可以分为如下几种：

SDRAM（synchronous DRAM）即同步 DRAM，所谓“同步”是指这种存储器能与系统总线时钟同步工作。SDRAM 存储器按系统总线（FSB）的时钟分为 66 MHz、100 MHz 和 133 MHz 等多种，后者分别标记为 PC100 和 PC133。SDRAM 芯片的读写速度可达 10 ns，甚至 7 ns。现在个别设备仍有应用。

DDR（double data rate）SDRAM 即双数据率 DRAM，它也是一种新型的高速 SDRAM 存储器。它在时钟脉冲的上升/下降沿都进行操作，理论上也是 SDRAM 速度的两倍。现已淘汰。

DDR2（double data rate 2）SDRAM 是由 JEDEC（电子设备工程联合委员会）进行开发的内存技术标准，它与上一代 DDR 内存技术标准最大的不同就是，虽然同是采用了在时钟的上升/下降沿同时进行数据传输的基本方式，但 DDR2 内存却拥有两倍于上一代 DDR 内存的预读取能力（即：4 b 数据预读取）。换句话说，DDR2 内存每个时钟能够以 4 倍外部总线的速度读/写数据，并且能够以内部控制总线 4 倍的速度运行。

DDR3（double data rate 3）SDRAM 是由 JEDEC 进行开发的新生代内存技术标准，采用 8 b 数据预取设计，DDR2 为 4 b 预取，这样 DRAM 内核的频率只有接口频率的 1/8，以 DDR3-1600 为例，其 I/O 总线为 800 MHz，内存时脉为 200 MHz，数据速率 1 600 MB/s，极限传输率达 12.8 GB/s。

DDR 内存参数如表 2-4 所示。

表 2-4　DDR 内存参数表

| DDR 规格 | 传 输 标 准 | 核 心 频 率 | 总 线 频 率 | 等效传输频率 | 数据传输率 |
|---|---|---|---|---|---|
| DDR 400 | PC2 3200 | 100 MHz | 200 MHz | 400 MHz | 3 200 MB/s |
| DDR2 533 | PC2 4300 | 133 MHz | 266 MHz | 533 MHz | 4 300 MB/s |
| DDR2 667 | PC2 5300 | 166 MHz | 333 MHz | 667 MHz | 5 300 MB/s |
| DDR2 800 | PC2 6400 | 200 MHz | 400 MHz | 800 MHz | 6 400 MB/s |
| DDR3 1600 | PC3-12800 | 200 MHz | 800 MHz | 1 600 MHz | 12 800 MB/s |

② CMOS RAM。CMOS RAM 是计算机主板上的一块可读写的 RAM 芯片，用来保存当前系统的硬件配置和用户对某些参数的设定。计算机厂商把 BIOS 程序烧录到 CMOS 芯片中，计算机开机时，用户可按下特定的按键进入 CMOS 设置程序对系统进行设置，又被人们叫做 BIOS 设置。

（4）内存插槽类型

内存条插槽是一种叫做 DIMM（double in line memory module）即双列直插式内存组件。目前使用的 DDR2 内存条拥有 240 个针脚。

图 2-11、图 2-12、图 2-13、图 2-14 和图 2-15 是各种内存条实图。

图 2-11　1GB DDR 400 184-pin 内存

图 2-12　1GB DDR2 800 240-pin 内存

图 2-13　2GB DDR3 1333 240-pin 内存

图 2-14　512MB DDR2 800 200-pin 笔记本内存

图 2-15　2GB DDR3 1333 204-pin 笔记本内存

4. 显示卡

显示系统是由显示器、显示适配器（显示卡或图形加速卡）和显示驱动程序组成的。

显示卡的性能指标，即输出的视频和同步信号的质量高低，决定着系统信息显示的最高分辨率和色彩深度，即画面的清晰程度和色彩的丰富程度。显示驱动程序是与显示卡一一对应的配套软件，它控制着显示卡的工作和显示方式的设置。显示器则负责将显示卡输出的高质量视频信号转换为高质量的屏幕画面。

显示卡通过系统I/O总线与主机连接，早期采用ISA、VESA，后来改用PCI、AGP，目前多采用PCI Express。

显示卡提供一个标准的VGA（也叫D-Sub接口）视频接口插座，用于连接显示器的信号电缆插头，将其输出信号送到显示器。显示视频插座是一个15针的D型插座，外形如图2-16所示。

图2-16　15针D型插座

当显示器进入液晶时代，显示卡开始使用新型接口DVI连接显示器。目前大多数计算机与外部显示设备之间都是通过模拟VGA接口连接，计算机内部以数字方式生成的显示图像信息，被显示卡中的D/A（数字/模拟）转换器转变为RGB三原色信号和行、场同步信号，信号通过电缆传输到显示设备中。对于模拟显示设备，如模拟CRT显示器，信号被直接送到相应的处理电路，驱动控制显像管生成图像。而对于LCD、DLP等数字显示设备，显示设备中需配置相应的A/D（模拟/数字）转换器，将模拟信号转变为数字信号。在经过D/A和A/D两次转换后，不可避免地造成了一些图像细节的损失。VGA接口应用于CRT显示器无可厚非，但用于连接液晶之类的显示设备，则转换过程的图像损失会使显示效果略微下降。因此高档的液晶显示器必须配备DVI接口。

DVI（digital visual interface）是1999年由Silicon Image、Intel（英特尔）、Compaq（康柏）、IBM、HP（惠普）、NEC、Fujitsu（富士通）等公司共同组成DDWG（digital display working group，数字显示工作组）推出的接口标准。它是以Silicon Image公司的PanalLink接口技术为基础，基于TMDS（transition minimized differential signaling，最小化传输差分信号）电子协议作为基本电气连接。一个DVI显示系统包括一个传送器和一个接收器。传送器是信号的来源，可以内建在显示卡芯片中，也可以以附加芯片的形式出现在显示卡PCB上；而接收器则是显示器上的一块电路，它可以接收数字信号，将其解码并传递到数字显示电路中。通过这两者，显示卡发出的信号成为显示器上的图像。

目前的DVI接口分为两种，一个是DVI-D接口，只能接收数字信号，接口上只有3排8列共24个针脚，其中右上角的一个针脚为空，不兼容模拟信号，如图2-17和图2-18所示。

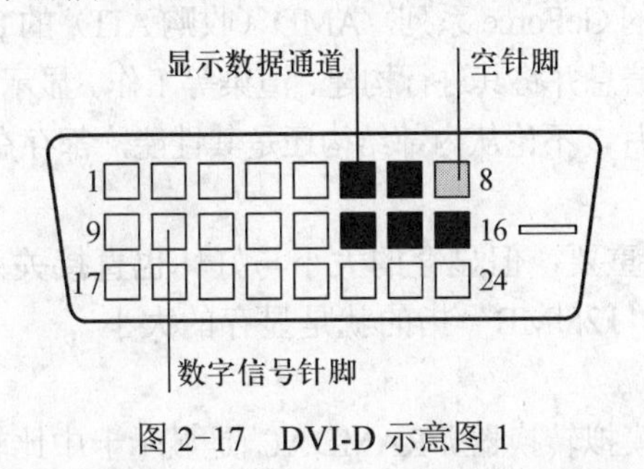


图2-17　DVI-D示意图1

图2-18　DVI-D示意图2

另外一种则是DVI-I接口，可同时兼容模拟和数字信号，如图2-19和图2-20所示。兼容模拟信号并不意味着模拟信号的接口D-Sub接口可以连接在DVI-I接口上，而是必须通过一个转换接头才能使用，一般采用这种接口的显示卡都会带有相关的转换接头，如图2-21所示。

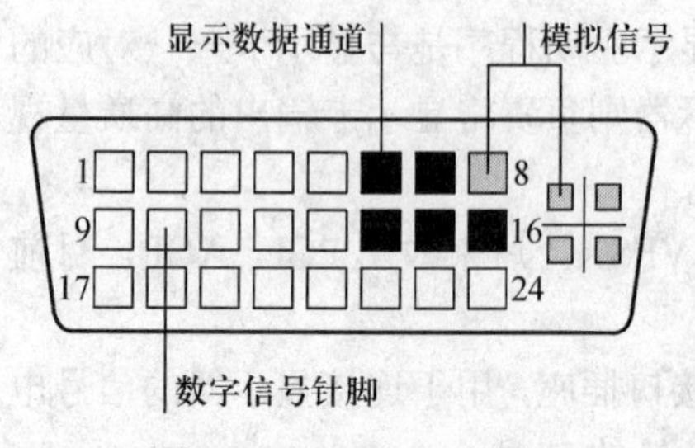


图 2-19　DVI-I 示意图 1

图 2-20　DVI-I 示意图 2

图 2-21　DVI-I 转 D-Sub 转换接头示意图

考虑到兼容性问题，目前显示卡一般会采用 DVD-I 接口，这样可以通过转换接头连接到普通的 VGA 接口。而带有 DVI 接口的显示器一般使用 DVI-D 接口，因为这样的显示器一般也带有 VGA 接口，因此不需要带有模拟信号的 DVI-I 接口。当然也有少数例外，有些显示器只有 DVI-I 接口而没有 VGA 接口。显示设备采用 DVI 接口主要有速度快和画面清晰两大优点。

DisplayPort 是视频电子标准协会（video electronics standards association，VESA）推动的数字式视频接口标准，目前最新版是 1.2，发布于 2009 年 11 月 22 日。该接口是发展中的新型数字式音频/视频界面，主要适应于连接电脑和屏幕，或是电脑和家庭剧院系统，有意要取代旧有的 VGA 和 DVI 界面。

显示卡主要分为专业和家用两类。专业显示卡主要的应用是 CAD 平面设计、3D 作图等专业领域。家用显示卡在作图软件上的性能不及专业显示卡，但能够满足日常的需要，通常所说的显示卡就是指这类。

现在的显示卡都已经是图形加速卡，它们多多少少都可以执行一些图形函数。通常所说的加速卡的性能，是指加速卡上的芯片组能够提供的图形函数计算能力，这个芯片组通常也称为加速器或图形处理器。一般来说，加速卡的速度很大程度上受所使用的核心类型、显存类型以及驱动程序的影响。

每一块显示卡基本上都是由显示主芯片、显示缓存（简称显存）、随机存取内存数字/模拟转换器（RAMDAC）、BIOS、视频输入/输出接口、显卡的接口以及卡上的电容、电阻等组成。多功能显示卡还配备了视频输出以及输入，供特殊需要。

（1）显示主芯片

显示主芯片是显示卡的核心，如 nVIDIA 公司的 GeForce 系列，AMD（收购 ATI）的 RADEON 系列等。它们的主要任务就是处理系统输入的视频信息并将其进行构建、渲染等工作。显示主芯片的性能直接决定这显示卡性能的高低，不同的显示芯片，不论从内部结构还是其性能，都存在着差异。

（2）显存

显示卡的主芯片在整个显示卡中的地位固然重要，但显存的大小与好坏也直接关系着显示卡的性能高低。通常所说的“128 MB 显卡”的“128 MB”指的就是显存的大小。

（3）RAMDAC

RAMDAC 的中文名称是随机存取内存数字/模拟转换器。RAMDAC 是显示卡中比较重要的芯片。在视频处理中，它的作用就是把二进制的数字转换成为和显示器相适应的模拟信号。

（4）BIOS

BIOS 即基本输入输出系统，它是专门用于存放系统所需要执行的基本指令信息的。

（5）视频输入/输出接口

这类视频接口并不是必需的，它的主要作用就是将显示信号输出到外部设备上，或收集外部采集的视频信号。

（6）显示卡的接口

目前显示卡使用 PCI Express 插槽与主板进行连接。

另外，HDMI 接口用于传输未压缩 HDTV 信号的数字多媒体界面，最高支持 1920 × 1080 交错信号（1080i），集成数字版权管理（DRM）防拷机制。目前使用的是一种 19 针 Type A 接口，如图 2-22 所示。

显示卡的背板接口如图 2-23 所示，第一排从左至右分别是 D-Sub、DVI-I、S-VIDEO 接口；第二排从左至右分别是 DisplayPort、DVI-I、HDMI 接口。

图 2-22　HDMI Type A 接口插座和插头

图 2-23　显示卡的背板接口图

## 5. 外存储器

微型计算机的存储系统是系统中软件和数据的主要载体，通常包括软盘、硬盘、光盘、优盘等。

（1）软盘驱动器

软盘子系统包括软盘、软盘驱动器、驱动程序和软驱控制器这几部分。微型计算机常选用的软盘片直径为 3.5 英寸、存储容量为 1.44 MB，它的驱动器称为 3 寸软驱。由于 3 寸软盘体积小、容量大并带有塑料外壳，因此不易损坏。目前大多数 PC 机已经不再配备 3 寸软驱。

3.5 寸软盘外面有一个塑料外壳，不易污染和损坏。将它的写保护片拨到封住写保护孔的位置时，软盘处于可以读写的状态；反之为写保护状态，这时软盘上的信息不会被改写，软盘也不会感染病毒。

软驱上有两个插座。一个电源插座，它有 4 个插针，分别为 + 12 V 输入、两个接地线和 + 5 V 输入。+ 12 V 给各个电机供电，+ 5 V 给电路元件供电。另一个为控制及数据电缆插座，它有 34 线。用一根 34 线电缆将它与 I/O 多功能卡或主板上的软驱接口相连接。34 线电缆的红色线应接到两边插座的 1 号脚，以免电缆接反。

（2）硬盘驱动器

① 硬盘驱动器简介

硬盘驱动器（hard disk drive，HDD）也是微型计算机系统的基本外存设备。与软盘驱动器不同的是，它的磁盘片是硬质合金的，并固定安装在驱动器内部，所以也可统称为硬盘。与软盘相比，它的存储容量要大得多，速度也快得多，而体积也较小。3 寸软盘的容量为 1.44 MB，而目前 PC 硬盘容量在 80 GB 到 3 TB 之间。目前市面上硬盘的主流品牌为希捷（Seagate）、西部数据、三星和日立等。

硬盘子系统包括硬盘驱动器（内含硬盘）、驱动程序和硬盘接口。硬盘控制器（HDD Controller）做在硬盘内部，而接口集成在主板上。硬盘的驱动程序包含在系统 BIOS 程序中。硬盘的构成和工作原理与软驱相仿，它以自己专用的微处理器作为控制器，它的内部 ROM 固化了控制软件，用来实现加电时的自我诊断、运行状态检测、主轴电机的转速调节和对磁头的位置控制等功能。

硬盘驱动器内部硬件主要由电路板和头盘组件（head disk assembly，HDA）构成，如图 2-24 和图 2-25 所示。

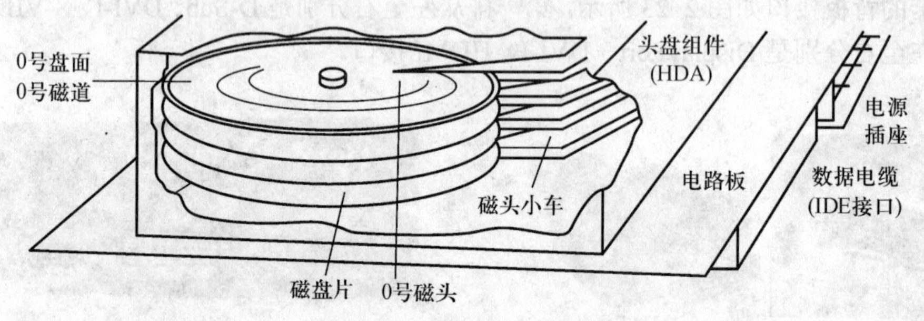


图 2-24　硬盘的内部结构图

硬盘按其盘片直径大小可分为 3.5、2.5 和 1.8 英寸等多种，按其接口类型分有 IDE 接口、SATA 接口、SCSI 接口等多种，目前使用最多的是 IDE、SATA 接口的 3.5 英寸硬盘。

IDE 接口的硬盘连接电缆为 80 线排线电缆，其中红色为 1 号线，如图 2-26 所示。

图 2-25　拆开的硬盘

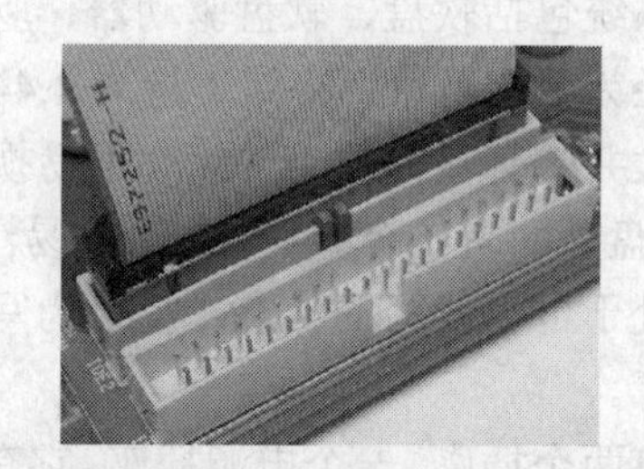

图 2-26　主板上的 IDE 接口及 80 线扁平电缆

在一个 IDE 接口上连接两个硬盘，一个硬盘上的跳线应设置为“Master”状态，另一个硬盘上的跳线应设置为“Slave”状态。

硬盘的电源线为 4 线，分别为 + 12 V（黄色）、地（黑色两根）和 + 5 V（红色）。+12 V 供给电机，+5 V 供给电路元件。

② 硬盘的接口技术

- IDE 接口

IDE（integrated drive electronics）即电子集成驱动器接口，以前主板通常提供两个 IDE 接口，现在的主板提供一个或没有，每个接口可连接两个 IDE 设备，分为主设备（master）和从设备（slave），采用一条 80 线（40 根地线）扁平电缆传送控制和数据信号。目前使用的 IDE 接口有 ATA（或 Ultra DMA）33、66、100、133 等高速接口。

- SATA 接口

详见“主板”一节。

- SCSI 接口类型

SCSI（small computer system interface）接口是一种用于高速外设的外部接口适配器卡，传输标准有 Ultra 160 M SCSI（数据传输率达到 160 MB/s）、Ultra 320 M SCSI（数据传输率达到 320 MB/s）等。

③ FAT16、FAT32、NTFS、exFAT 、Ext4 等文件系统格式

FAT（file allocation table，文件分配表，是用来记录文件所在位置的表格，MS-DOS 6.x 及以下版本使用 FAT16，MS-DOS 7.10 及其以上版本均支持 FAT32。

FAT16 使用了 16 位的空间来表示每个扇区（sector）配置文件的情形，故称之为 FAT16。FAT16 由于受 16 位的限制，因此每超过一定容量的分区之后，它所使用的簇（cluster）大小就必须增加，以适应更大的磁盘空间。所谓簇就是磁盘空间的配置单位，就像图书馆内一格一格的书架一样。每个要存到磁盘的文件都必须配置足够数量的簇，才能存放到磁盘中。

FAT32 使用了 32 位的空间来表示每个扇区（sector）配置文件的情形。利用 FAT32 所能使用的单个分区，最大可达到 2TB（2 048 GB），而且各种大小的分区所能用到的簇的大小，也是恰如其分，上述两大优点，造就了硬盘使用上更有效率。分区与簇的大小汇总表如表 2-5 所示。

表 2-5　FAT16 与 FAT32 分区与簇的大小汇总表

| 分 区 大 小 | FAT16 簇大小 | FAT32 簇大小 |
|---|---|---|
| 16 MB～32 MB | 2 KB | 不支持 |
| 32 MB～127 MB | 2 KB | 512 B |
| 128 MB～255 MB | 4 KB | 512 B |
| 256 MB～259 MB | 8 KB | 512 B |
| 260 MB～511 MB | 8 KB | 4 KB |
| 512 MB～1 023 MB | 16 KB | 4 KB |
| 1 024 MB～2 047 MB | 32 KB | 4 KB |
| 2 048 MB～8 GB | 不支持 | 4 KB |
| 8 GB～16 GB | 不支持 | 8 KB |
| 16 GB～32 GB | 不支持 | 16 KB |
| 32 GB 以上 | 不支持 | 32 KB |

NTFS 是“新技术文件系统”的缩写。微软推出 NTFS 文件系统就是为了弥补 FAT 文件系统的一些不足，其中最大的改进是容错性和安全性的提高。NTFS 可以自动地修复磁盘错误而不会显示出错信息。NTFS 分区对用户权限作出了非常严格的限制，每个用户都只能按照系统赋予的权限进行操作，任何试图超越权限的操作都将被系统禁止，同时它还提供了容错结构日志，可以将用户的操作全部记录下来，从而保护了系统的安全。另外，NTFS 还具有文件级修

复及热修复功能，分区格式稳定，不易产生文件碎片等优点，这些都是其他分区格式所不能企及的。这些优点进一步增强了系统的安全性。因此，推荐使用 NTFS 格式。

exFAT（又名 FAT64）是一种特别适合于闪存驱动器的文件系统，最先从微软的 Windows Embedded CE 6.0 导入这种文件系统，再延伸到后来的 Windows Vista Service Pack 1 桌面操作系统中。由于 NTFS 文件系统有一些数据格式规定限制，因此对闪存驱动器而言，exFAT 文件系统显得更见优势。exFAT 比过去的 FAT 文件系统的优势在于：可扩展至更大磁盘，从 FAT32 的 32 GB 扩展到 256 TB；理论的文件大小限制为 $2^{64}$ B，而 FAT32 文件系统中单个文件的大小限制为 $2^{32}$ B（= 4 GB）；簇集大小最大可为每扇区 $2^{25}$ B，最大 32 MB；由于采用了空余空间寻址，空间分配和删除的性能得以改进；在单一文件夹内支持超过 $2^{16}$ 个文件；支持访问控制列表；支持 TFAT 文件系统（transaction-safe FAT）；提供给 OEM 的可定义参数可以使这个文件系统适应有不同特点的设备；时间戳使用 UTC 时间；比 NTFS 需要较少的磁盘空间开销。

Ext4 是一种针对 Ext3 系统的扩展日志式文件系统，是专门为 Linux 开发的原始的扩展文件系统（Ext 或 Extfs）的第 4 版。Ext4 增加了 48 位块地址，最大支持 1 EB 文件系统，和单个 16 TB 的文件。Ext4 引进了 Extent 文件存储方式，以取代 Ext2/3 使用的 block mapping 方式。Extent 指的是一连串的连续实体块（block），这种方式可以增加大型文件的效率并减少分裂文件。

④ 硬盘的常用术语及技术

- 主轴转速

主轴转速是硬盘内部传输率的决定因素之一，也是区别硬盘档次的重要标志。硬盘的转速多为 5 400 rpm（转/分）、7 200 rpm、10 000 rpm、15 000 rpm 等。7 200 rpm 的硬盘已经成为主流。

- 缓存

缓存是硬盘与外部总线交换数据的场所，缓存的容量与速度直接关系到硬盘的传输速度。它的容量由早期的 128 KB、256 KB、512 KB，2 MB 发展到现在的 8 MB、16 MB、32 MB 等规格。缓存是购买硬盘的一个主要的依据，现在主流硬盘的缓存一般都是 8 MB。

- 平均寻道时间

平均寻道时间（average seek time）是指磁头移动到数据所在磁道需要的时间，这是衡量硬盘机械能力的重要指标，一般在 5 ms～13 ms 之间。平均潜伏时间（average latency time）是指相应数据所在的扇区转到磁头下的时间，一般在 1 ms～6 ms 之间。平均访问时间（average access time）则是平均寻道时间与平均潜伏时间之和，它是最能够代表硬盘找到某一数据所用的时间的了。

- 数据传输率

数据传输率分为外部传输率（external transfer rate）和内部传输率（internal transfer rate）。通常也称外部传输率为突发数据传输率（burstdata transfer rate）或接口传输率，是指从硬盘的缓存中向外输出数据的速度。内部传输率也称最大或最小持续传输率（sustained transfer rate），是指硬盘在盘片上读写数据的速度，现在的主流硬盘大多在 20 MB/s～60 MB/s 之间。由于硬盘的内部传输率要小于外部传输率，所以内部传输率的高低才是评价一个硬盘整体性能的决定性因素，因此只有内部传输率才可以作为衡量硬盘性能的真正标准。一般来说，在硬盘的转速相同时，单碟容量越大则硬盘的内部传输率越大；在单碟容量相同时，转速高的硬盘内部传输率也高；在转速与单碟容量相差不多的情况下，新推出的硬盘处理技术先进，所以它的内部传输率也会较高。

- 单碟容量

单碟容量是指组成硬盘的每张盘片的容量，包括两个记录面，一般来说，单碟容量越大，硬盘读写速度越快。目前主流硬盘的单碟容量已经跨入 500 GB 时代，3 TB 容量的硬盘也已经面世。

（3）光存储介质

① CD 简介

1991 年，有全球 1500 家软件厂商加入的 Software Publishers Association 中的 Multimdeia PC Working Group 公布了第一代 MPC（multimedia personal computer）规格，带动了光盘出版品的流行。一张 CD 光盘的容量是 640 MB（或 700 MB），光驱的数据传输率为 150 KB/s（单倍速光驱），平均搜寻时间为 1 s。

② DVD 简介

DVD 是 Digital Video Disc（数字化视频光盘）的缩写。DVD 盘片因刻录技术改进，它的坑点变小，坑点的间距也缩小，在刻录时就可加大刻录的资料容量。单面单层的光盘容量达到 4.7 GB，其容量是 CD 的 7 倍左右；双层光盘的容量为 8.5 GB；双面单层的容量为 9.4 GB；双面双层的 DVD 光盘高达 17 GB。因为技术问题，并不是所有的驱动器都可以读取 DVD 光盘的数据，DVD 驱动器所发出的激光波长比 CD 驱动器的要短，采用的是红色半导体激光器。以后激光器将改为蓝色半导体激光器，进一步提高传输率。

③ BD 简介

蓝光光盘（blu-ray disc，BD）是 DVD 之后的下一代光盘格式之一，用以存储高品质的影音以及高容量的数据存储。需要注意的是，“蓝光光盘”此称谓并非本产品的官方正式中文名称，而是容易记住的非官方名称，其实它并没有正式中文名称。

蓝光光盘是由 SONY 及松下电器等企业组成的“蓝光光盘联盟”（blu-ray disc association，BDA）策划的次世代光盘规格，并以 SONY 为首于 2006 年开始全面推动相关产品。蓝光光盘的命名是由于其采用波长 405 nm 的蓝色激光光束来进行读写操作（DVD 采用 650 nm 波长的红光读写器，CD 则是采用 780 nm 波长的红光读写器）。一个单层的蓝光光盘的容量为 25 GB，足够录制一个长达 4 小时的高清晰影片。而双层的蓝光光盘容量为 50 GB，足够刻录一个长达 8 小时的高清晰影片。2010 年 6 月制定的 BDXL 规格，支持 100 GB 和 128 GB 的蓝光光盘。

④ 光驱的接口

光驱的接口均在其背面板上。光驱背面板上的接口如下：

- 音频信号输出连接器

这是双声道模拟音频信号的输出插座，通过一根四芯电缆把 CD-ROM 的立体声音频输出信号连接到任何一种立体声功放设备的音频输入端进行放音，通常是连接到声卡电路板上的音频输入插座上。连接时一定要注意接地（GND）、左声道（L）和右声道（R）线不要接反。新一代的 DVD 和 BD 光盘驱动器已经取消了此音频接口。

- 驱动方式选择跳线

这是光驱的 IDE 接口的主、从设备设置跳线。

● IDE 接口插座

这是光驱的数字数据与控制信号接口。

● 电源连接器

这是光驱的电源连接插座，+5 V 和 +12 V 分别供应电路和电机，如图 2-27 所示。

● SATA 接口

新一代的DVD和BD光盘驱动器采用SATA作为数据传输接口，相应电源接口也改用SATA样式，如图 2-28 所示。

图 2-27 光驱背面板上的 IDE 接口

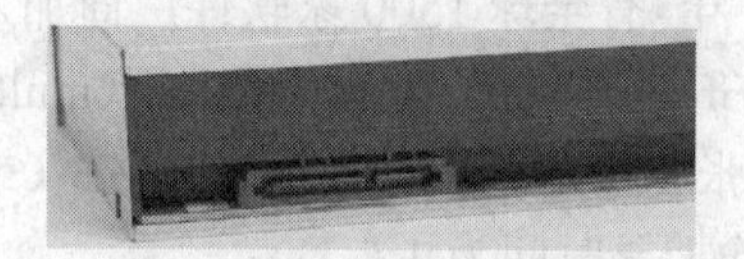

图 2-28 光驱背面板上的 SATA 接口

⑤ 光驱的技术指标和术语

单倍速光驱的传输率是 150 KB/s，寻道时间越小越好、缓冲区越大越好，数据缓冲区大的光驱在读取文件时的效果很明显。常见光驱的接口分 IDE 和 SATA 两种。同时光驱的传输模式很重要，主要有 PIO 模式和 UltraDMA 33（UDMA）模式，现在的高速光驱的 CPU 占用率很大，所以选择 UDMA 接口非常重要，UDMA 能够提高 I/O 系统的速度和减轻 I/O 系统运行时对 CPU 的占用率。常见的 52 × CD-ROM 光驱的数据传输率为 52 × 150 KB/s = 7800 KB/s。

（4）优盘

优盘是由用于存储数据的闪速存储器（flash memory）芯片和负责驱动 USB 接口的端口控制芯片两个部分组成。优盘的存储介质是闪速存储器，可重复擦写达 100 万次，防潮耐高低温（-40℃～+70℃）。它采用无机械装置、结构坚固、抗震性极强（实际使用时还是要避免剧烈碰撞）。优盘的特点是不用驱动器。优盘的接口为 USB，无需外接电源，支持热插拔。在 Windows 2000/XP/2003 环境下不需要驱动，即插即用。目前优盘的容量从 16 MB 直至 32 GB。某些优盘还提供了类似软盘的写保护，有一个嵌入内部的拨动开关，它可以控制对优盘的写操作。

现在包括具有加密、杀毒、启动、支持 GPRS、3G 无线上网、MP3 等功能的各种附属功能的优盘也已面世。

（5）固态硬盘

固态硬盘（solid state disk）是由控制单元和存储单元（FLASH 芯片）组成，简单地说就是用固态电子存储芯片阵列而制成的硬盘（目前最大容量为 32 GB）。固态硬盘的接口规范和定义、功能及使用方法上与普通硬盘的完全相同。新一代的固态硬盘普遍采用 SATA 2.0 接口及 SATA 3.0 接口。

固态硬盘拥有启动快、读取延迟小、碎片不影响读取时间、写入速度快、无噪声、发热量较低、不会发生机械故障、工作温度范围大、体积小、重量轻等优点，同时也具有成本高、容量低、易受外界影响、写入寿命有限、数据难以恢复、电池续航时间短等显著缺点。固态硬盘与传统硬盘优劣势对比如表 2-6 所示。

表 2-6　固态硬盘与传统硬盘优劣势对比

| 项　目 | 固 态 硬 盘 | 传 统 硬 盘 |
| --- | --- | --- |
| 容量 | 较小 | 大 |
| 价格 | 高 | 低 |
| 随机存取 | 极快 | 一般 |
| 写入次数 | SLC：10 万次；MLC：1 万次 | 无限制 |
| 盘内阵列 | 可 | 极难 |
| 工作噪声 | 无 | 有 |
| 工作温度 | 极低 | 较明显 |
| 防震 | 很好 | 较差 |
| 数据恢复 | 难 | 可以 |
| 重量 | 轻 | 重 |

### 6. 机箱、散热系统和电源

（1）机箱

机箱是用来承载主机设备的容器。机箱的作用有三个方面：首先，它提供空间给电源、主板、各种扩展板卡、软盘驱动器、光盘驱动器、硬盘驱动器等存储设备，并通过机箱内部的支撑、支架、各种螺丝或卡夹等连接部件将这些零配件固定在机箱内部，形成一个集约型的整体；其次，它坚实的外壳保护着板卡、电源及存储设备，能防压、防冲击、防尘，并且它还能发挥防电磁干扰、辐射的功能，起屏蔽电磁辐射的作用；再次，它还提供了许多便于使用的面板开关指示灯等，让操作者更方便地操纵微型计算机或观察微型计算机的运行情况。其主要技术指标有机箱结构、产品材质、机箱样式、仓位、扩展槽等。

① 机箱结构

机箱结构是指机箱在设计和制造时所遵循的主板结构规范标准。每种结构的机箱只能安装该规范所允许的主板类型。机箱结构与主板结构是相对应的关系。机箱结构一般也可分为 AT、Baby-AT、ATX、Micro ATX、LPX、NLX、Flex ATX、EATX、WATX 以及 BTX 等结构。

其中，AT 和 Baby-AT 是多年前的老机箱结构，现在已经淘汰；而 LPX、NLX、Flex ATX 则是 ATX 的变种，多见于国外的品牌机，国内尚不多见；EATX 和 WATX 则多用于服务器或工作站机箱；ATX 则是目前市场上最常见的机箱结构，扩展插槽和驱动器仓位较多，扩展槽数可多达 7 个，而 3.5 英寸和 5.25 英寸驱动器仓位也分别达到 3 个或更多，现在的大多数机箱都采用此结构；Micro ATX 又称 Mini ATX，是 ATX 结构的简化版，就是常说的“迷你机箱”，扩展插槽和驱动器仓位较少，扩展槽数通常在 4 个或更少，而 3.5 英寸和 5.25 英寸驱动器仓位也分别只有 2 个或更少，多用于品牌机；而 BTX 则是下一代的机箱结构。

各种结构的机箱只能安装与其相对应的主板（向下兼容的机箱除外，如 ATX 机箱除了可以安装 ATX 主板之外，还可以安装 Baby-AT、Micro-ATX 等结构的主板）。因此，在选购机箱时要根据自己的主板结构类型来选购，以免出现购买回来的机箱却无法使用的情况。

② 产品材质

产品材质是指制造机箱所使用的主要材料。一个机箱的好与坏很大程度上是由它的材质所决定的。劣质和优质的主要区别就在其产品材质和用料程度上。机箱的主要用料就是钢板，一个品质优良的机箱，应该使用耐按压镀锌钢板制造。并且钢板的厚度会在 1 mm 以上，更好的机箱甚至使用 1.3 mm 以上的钢板制造，钢板的品质是衡量一只机箱优与劣的重要指标，直接决定着机箱质量的好坏。产品材质不好的劣质机箱因为其稳固性较差，使用时会产生摇晃等问题，这会损坏硬盘等主机配件，影响其使用寿命；而且电磁屏蔽性能也差，这对用户的身心健康有害。

③ 机箱样式

机箱样式是指机箱的外观样式，其基本形式是立式和卧式两种。其他外形各异的机箱也基本上是从这两种形式发展变化出来的，如刀片式服务器机箱和机柜式机箱等。

卧式机箱在电脑出现之后的相当长的一段时间以内占据了机箱市场的绝大部分份额，卧式机箱外形小巧，对于整台电脑外观的一体感也比立式机箱强，而且因为显示器可以放置于机箱上面，占用空间也少。但与立式机箱相比，卧式机箱的缺点也非常明显：扩展性能和通风散热性能都差，这些缺点也导致了在主流市场中卧式机箱逐渐被立式机箱所取代。

立式机箱（有时又被称为塔式）的扩展性能和通风散热性能要比卧式机箱好得多。立式机箱按照外观大小又可分为全高、3/4 高、半高、Micro-ATX 等类型。全高机箱扩充性较强，空间较大，适用于服务器使用。半高以及 3/4 高机箱扩充性适中，空间较为宽敞适合台式计算机使用。而 Micro-ATX 机箱扩充性较差，空间较小，只适用于追求外观的品牌机使用。

④ 仓位

仓位是指机箱内部的内置驱动器安装位置，分为 3.5 英寸驱动器仓位和 5.25 英寸驱动器仓位两种。其中，3.5 英寸仓位主要用于安装软驱、硬盘等驱动器，而 5.25 英寸仓位则主要用于安装各种光盘驱动器，如 CD-ROM、DVD-ROM、CD-RW、COMBO 驱动器以及 DVD 刻录机等。不同的机箱在仓位数量方面的区别也是比较大的。一般机箱的仓位数量是和它的体积相关的，体积越大的机箱所能提供的仓位也就越多。仓位的多少是机箱扩展性能的一个重要指标，更多的仓位可以为日后的机器升级带来很大的方便，如安装双硬盘或多硬盘，加装刻录机，加装 MO 磁光盘机、LS120 驱动器、ZIP 驱动器、硬盘抽取盒等。而且，更多的仓位所带来的更多的机箱前面板数量，还可以用于安装特殊用途的前面板设备，如读卡器等。

⑤ 扩展槽

扩展槽是指机箱后部与主板所对应的用于安装各种扩展板卡的插槽。不同的机箱在扩展槽数量方面的区别也是比较大的。一般机箱的扩展槽数量也是和它的体积相关的，体积越大的机箱所能提供的扩展槽也就越多。一般情况下，普通 ATX 机箱（如图 2-29 所示）可提供多达 7 个扩展槽，而 Micro-ATX 机箱则最多只提供 4 个扩展槽。扩展槽数量的多少也是衡量机箱扩展性能的一个重要指标，更多的扩展槽可以为日后的机器升级带来很大的方便，可以安装更多的扩展板卡而实现更多的功能或增强性能，如加装显示卡、声卡、网卡、内置 Modem 卡、各种扩展接口卡（如 PCI 转 USB 接口卡、IDE 硬盘加速卡、RAID 卡、SCSI 卡、PCI 转 PCMCIA 接口卡、PCI 转 IEEE1394 接口卡等）、电视卡、各种视频采集卡等。

图 2-29　ATX 机箱

（2）散热系统

计算机部件中大量使用集成电路。众所周知，高温是集成电路的大敌。高温不但会导致系统运行不稳，使用寿命缩短，甚至有可能使某些部件烧毁。导致高温的热量不是来自计算机外，而是计算机内部，或者说是集成电路内部。散热器的作用就是将这些热量吸收，然后发散到机箱内或者机箱外，保证计算机部件的温度正常。多数散热器通过和发热部件表面接触，吸收热量，再通过各种方法将热量传递到远处（如机箱内的空气中），然后机箱将这些热空气传到机箱外，完成计算机的散热。

散热器的种类非常多，CPU、显示卡、主板芯片组、硬盘、机箱、电源甚至光驱和内存都会需要散热器，这些不同的散热器是不能混用的，而其中我们最常接触的就是 CPU 的散热器。依照从散热器带走热量的方式，可以将散热器分为主动散热和被动散热。前者常见的是风冷散热器，而后者常见的就是散热片。进一步细分散热方式，可以分为风冷、热管、液冷、半导体制冷、压缩机制冷等。

（3）电源

计算机属于弱电产品，也就是说部件的工作电压比较低，一般在正负 12 V 以内，并且是直流电。而普通的市电为 220 V（有些国家为 110 V）交流电，不能直接在计算机部件上使用。因此计算机和很多家电一样需要一个电源部分，负责将普通市电转换为计算机可以使用的电压，一般安装在计算机内部。

计算机电源的工作原理属于模拟电路，负载对电源输出质量有很大影响，因此计算机最重要的一个指标就是功率，这就是我们常说的足够功率的电源才能提供纯净的电压。

① 电源规范

ATX 规范是 1995 年 Intel 公司制定的主板及电源结构标准。ATX 电源规范经历了 ATX 1.1、ATX 2.0、ATX 2.01、ATX 2.02、ATX 2.03 和 ATX 12 V 系列等阶段。

从 P4 开始，电源规范开始使用 ATX 12 V 1.0 版本，它与 ATX 2.03 的主要差别是改用 + 12 V 电压为 CPU 供电，而不再使用之前的 + 5 V 电压。这样加强了 + 12 V 输出电压，将获得比 + 5 V 电压大许多的高负载性，以此解决 P4 处理器的高功耗问题。其中最突出的变化是首次为 CPU 增加了单独的 4 针电源接口，利用 + 12 V 的输出电压单独向 P4 处理器供电。此外，ATX 12 V 1.0 规范还对涌浪电流峰值、滤波电容的容量、保护电路等做出了相应规定，确保了电源的稳定性。Intel 在 2003 年 4 月，发布了新的 ATX 12 V 1.3 规范。新规范除再次加强电源的 + 12 V 输出能力外，为保证输出线路的安全，避免损耗，特意制定了单路 + 12 V 输出不得大于 240 A 的限制。而考虑到环保节能的需要，ATX 12 V 1.3 规范中还规定了电源的满载转换效率必须达到 68%以上，这就要求电源厂商必须通过加装 PFC 电路来实现。同时新规范还为当时崭露头角的 SATA 硬盘提供了专门的供电接口。

2005 年，随着 PCI Express 的出现，带动显示卡对供电的需求，因此 Intel 推出了电源 ATX 12 V 2.0 规范。这一次，Intel 选择增加第二路 + 12 V 输出的方式，来解决大功耗设备的供电问题。电源将采用双路 + 12 V 输出，其中一路 + 12 V 仍然为 CPU 提供专门的供电输出。而另一路 + 12 V 输出则为主板和 PCI-E 显卡供电，以满足高性能 PCI-E 显示卡的需求。由于采用了双路 + 12 V 输出，连接主板的主电源接口也从原来的 20 针增加到 24 针，分别由 12 × 2 的主电源和 2 × 2 的 CPU 专用电源接口组成。虽然接口连接在了一起，但两路 + 12 V 电源在布线上是完全分开，独立输出的。这样高版本的电源可以将主电源24针分成20+4两个部分，兼容使用20针主电源接口的旧主板。除此之外，ATX 12 V 2.0规范还将电源满载转换效率的标准提升至80%以上，进一步达到环保节能的要求，并再次加强了+12 V的电流输出能力。在制订了ATX 12 V 2.0规范后，Intel又在其基础上进行了ATX 12 V 2.01、ATX 12 V 2.03等多个版本的小修改，主要提高了+5 VSB的电流输出要求。2006年5月起，Intel又推出了ATX 12 V 2.2规范，相比之下，新版本并没有太大变化，主要是进一步提高了最大供电功率。

选购电源的时候应该尽量选择更高规范版本的电源。首先高规范版本的电源完全可以向下兼容。其次新规范的12 V、5 V、3.3 V等输出的功率通常更适合当前计算机配件的功率需求。例如，ATX 12 V 2.0规范在即使总功率相同的情况下，将更多的功率分配给12V输出，减少了3.3 V和5 V的功率输出，更适合最新的计算机配件的需求。此外高规范版本的电源直接提供了主板、显卡、硬盘等硬件所需的电源接口，而无需额外的转接。当然，也有例外的时候，比如一套旧的系统，并且恰巧对3.3 V和5 V的功率要求非常高，那么这时也许需要购买旧规范的电源。

80Plus计划是由美国能源署出台，Ecos Consulting负责执行的一项旨在节能的方案。80Plus是民间出资，为未来环境改善，与节省能源而建立的一项严格标准。通过80Plus认证的产品，出厂后会带有80Plus认证标识，通过80Plus的产品具有节能、环保、效率高等特点，是以后电子产品的发展趋势。

② 主要输出接口

电源的主要输出接口是指电源给主板、显示卡、硬盘、光驱、软驱等设备提供了哪些供电接口。首先是主板上的主供电接口，以前主板的主供电接口是20针的，而从ATX 12 V 2.0规范开始，很多主板开始使用24针的主供电接口，显然购买带有24针主供电接口的电源更合适。当然，为了解决向下兼容的问题，大部分2.0电源主供电接口都采用“分离式”设计或附送一条24pin→20pin的转换接头，这样设计非常体贴。

此外，现在很多计算机使用了SATA硬盘，但是旧的硬盘和多数光驱还是传统的D型供电接口，所以选购同时带有多个SATA设备供电接口和D型供电接口的电源就不用再添加转接头了。

很多主板除了主供电接口外，还可能需要4针，甚至8针的独立供电接口，通常用于给CPU辅助供电。并且有些耗电量巨大的PCI-E显示卡也可能需要一个6针的辅助供电接口。如果是两个显示卡的计算机，可能需要两个6针的辅助供电接口。

在选购电源的时候，显然带有越丰富的接口越好，这样在连接各种硬件的时候会很方便，不会出现无法连接或者接口数量不够的情况。如果在购买前无法确定电源带有哪些接口，建议选择符合更高电源规范的电源，比如现在比较新的规范是ATX 2.3版本，高规范版本的电源（如图2-30所示）通常带有更丰富的电源接口。此外，如果已经出现缺少电源接口的情况，也可以通过买一些转接头来获得缺少的接口，当然前提是电源的供电功率要足够大。

图2-30　ATX电源

**7. 外部设备**

（1）键盘

键盘（keyboard）是微型计算机系统的最基本的输入设备（如图2-31所示），用户通过它输入操作命令和文本数据。键盘通过一条四芯电缆、通用的5针大键盘插头或通用的6针小键盘插头与主板的大键盘插座或 PS/2 接口相连。键盘输入信号直接送到主板的键盘处理器芯片，实现系统对键盘输入数据的接收处理。

图 2-31　键盘

一般台式计算机键盘的分类可以根据击键数、按键工作原理、键盘外形分类。

键盘的按键数曾出现过 83 键、93 键、96 键、101 键、102 键、104 键、107 键等。104 键的键盘是在 101 键键盘的基础上为 Windows 9x 平台增加了三个快捷键（有两个是重复的），所以也被称为 Windows 键盘。但在实际应用中习惯使用 Windows 键的用户并不多。在某些需要大量输入单一数字的系统中还有一种小型数字录入键盘，基本上就是将标准键盘的小键盘独立出来，以达到缩小体积、降低成本的目的。

常规的键盘有机械式按键和电容式按键两种，在工控机键盘中还有一种轻触薄膜按键的键盘。机械式键盘是最早被采用的结构，一般类似金属接触式开关的原理使触点导通或断开，具有工艺简单、维修方便、手感一般、噪声大、易磨损的特性，大部分廉价的机械键盘采用铜片弹簧作为弹性材料，铜片易折易失去弹性，使用时间一长故障率升高，现在已基本被淘汰，取而代之的是电容式键盘。它是基于电容式开关的键盘，原理是通过按键改变电极间的距离产生电容量的变化，暂时形成振荡脉冲允许通过的条件。理论上这种开关是无触点非接触式的，磨损率极小甚至可以忽略不计，也没有接触不良的隐患，具有噪声小，容易控制的特点，可以制造出高质量的键盘，但工艺较机械结构复杂。还有一种用于工控机的键盘为了完全密封采用轻触薄膜按键，只适用于特殊场合。目前已有专业的微型计算机外部设备制造厂商生产的都为符合人体工学原理的键盘，在外形上大多与传统键盘大相径庭，从生理的角度考虑让手腕与手臂肌腱、神经与韧带的压力降到最低的设计。目前主流的一款设计是将整个键盘从中间分成左右两个部分，使用者在使用时手腕的角度会微微向下并向两侧倾斜，键盘的设计引导使用者以触摸方式打字，形成最自然的按键姿势，同时降低了疲劳度。

不管键盘形式如何变化，基本的按键排列还是保持基本不变，可以分为主键盘区，数字辅助键盘区、F 键功能键盘区、控制键区，对于多功能键盘还增添了快捷键区。键盘电路板是整个键盘的控制核心，它位于键盘的内部，主要承担按键扫描识别、编码和传输接口的工作。键盘的接口有 AT 接口、PS/2 接口和最新的 USB 接口。

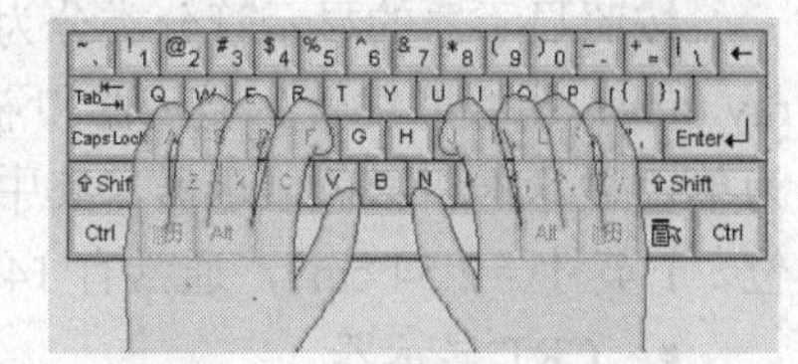


图 2-32　键盘的按键姿势

键盘的外形分为标准键盘和人体工程学键盘，人体工程学键盘是在标准键盘上将指法规定（按键姿势如图 2-32 所示）的左手键区和右手键区这两大板块左右分开，并形成一定角度，使操作者不必有意识的夹紧双臂，保持一种比较自然的形态，这种设计的键盘被微软公司命名为自然键盘（natural keyboard）。对于习惯盲打的用户可以有效减少左右手键区的误击率，如字母“G”和“H”。有的人体工程学键盘还有意加大常用键如空格键和回车键的面积，在键盘的下部增加护手托板，给以前悬空的手腕以支持点，减少由于手腕长期悬空导致的疲劳。这些都可以视为人性化的设计。

常规键盘具有 CapsLock（字母大小写锁定）、NumLock（数字小键盘锁定）、ScrollLock（滚动锁定）三个指示灯，用来指示键盘的当前状态。

（2）鼠标

鼠标可分为光学机械式鼠标和光学鼠标两大类。

从历史来说，鼠标的出现次序为机械鼠标、光机械鼠标和光鼠标。由于机械式鼠标精度有限、传输速度慢及寿命短，所以基本上已被淘汰，并被同样价廉的光机械鼠标取而代之。光机械鼠标已经普及到我们生活中的每一台微型计算机中，但它无法避免机械磨损造成的损害。光鼠标诞生最晚，其中又分两种：旧式的光鼠标需要使用专门的光栅做鼠标垫，不够方便，光栅磨损后也会影响精度；新式的光鼠标采用一种名为“光眼”的新型光学引擎，精确度更高、可靠性更好。

机械鼠标的主要技术参数为 CPI，而光鼠标则在此基础上还包括刷新率、CMOS、像素处理能力等。鼠标利用 CPI（每英寸测量次数，count per inch）这个指标来标识其分辨率（即定位精度)。以往这一指标被表示为 DPI（每英寸点数，dots per inch)，相对而言 CPI 的表达更为准确。机械鼠标的分辨率多为 300 CPI，而光鼠标的分辨率是 600 CPI，即每移动一英寸可反馈 600 个不同的坐标，即定位的最小距离是 1/600 英寸。

采样率、扫描频率、帧速率等反映鼠标光学系统的采样率。光电传感器发出光线照射工作表面，并以一定的频率捕捉工作表面的快照，交由数字信号处理器（DSP）分析和比较这些快照的差异，最终做出鼠标移动方向的判断。很显然，刷新率决定了图像的连贯性，其越高则在一定的时隙内获得的信息将越充分、图像越连贯，帧之间的对比也更有效和准确，从而鼠标的反应将更加快捷、准确和稳健（不易受到干扰）。

光学引擎的成像系统由光源、镜头（具有一定放大倍率）和 CMOS 晶阵构成，决定了成像特性，其中对鼠标性能有影响的包括：光学放大倍率、CMOS 晶阵像素数。

从鼠标的发展历史上看，最早出现于普通 PC 的鼠标采用的均为串行接口设计（梯形 9 针接口)，后来串口鼠标逐渐被采用新技术的 PS/2 接口鼠标所取代，随着即插即用理论和无线技术的应用，采用 USB 接口的鼠标和无线鼠标成为发展趋势。

（3）显示器

① 显示器的分类

按照显示器的显示管分类分为传统的显示器，也就是采用电子枪产生图像的 CRT（cathode ray tube，阴极射线管）显示器和液晶显示器（liquid crystal display，LCD)。按显示色彩分类分为单色显示器和彩色显示器，其中单色显示器已经成为历史。按显示屏幕大小分类（以英寸单位，1 英寸 = 2.54 cm)，通常有 14 英寸、15 英寸、17 英寸、20 英寸或者更大。

- CRT 显示器

CRT 显示器的显示系统和电视机类似，主要部件是显像管（电子枪)。在彩色显示器中，通常是 3 个电子枪，显示管的屏幕上涂有一层荧光粉，电子枪发射出的电子击打在屏幕上，使被击打位置的荧光粉发光，从而产生了图像，每一个发光点又由“红”、“绿”、“蓝”三个小的发光点组成，这个发光点也就是一个像素。由于电子束是分为 3 条的，它们分别射向屏幕上的这三种不同的发光小点，从而在屏幕上出现绚丽多彩的画面，显示器显示画面是由显示卡来控制的。

- 液晶显示器及分类

早在 19 世纪末，奥地利植物学家就发现了液晶，即液态的晶体，也就是说一种物质同时具备了液体的流动性和类似晶体的某种排列特性。在电场的作用下，液晶分子的排列会产生变化。从而影响到它的光学性质，这种现象叫做电光效应。利用液晶的电光效应，英国科学家制造了第一块液晶显示器即 LCD。今天的液晶显示器中广泛采用的是定线状液晶，如果我们从微观去观察它，会发现它特别像棉花棒。与传统的 CRT 相比，LCD 不但体积小，厚度薄（目前 14.1 英寸的整机厚度可做到只有 5 cm），重量轻、耗能少（1～10 μW/cm$^2$）、工作电压低（1.5~6 V）且无辐射，无闪烁并能直接与 CMOS 集成电路匹配。

常见的液晶显示器分为 TN-LCD、STN-LCD、DSTN-LCD 和 TFT-LCD 四种，其中前三种基本的显示原理都相同，只是分子排列顺序不同而已。而 TFT-LCD 采用的是与 TN 系列 LCD 截然不同的工作原理，目前微型计算机上采用的都是这种液晶显示器。其工作原理是采用两夹层，中间填充液晶分子，夹层上部为 FET 晶体管。夹层下部为共同电板，在光源设计上要用“背透式”照射方式，在液晶的背部设置类似日光灯的光管。光源照射时由下而上透出，借助液晶分子传导光线，透过 FET 晶体管层，晶体分子会扭转排列方向产生透光现象，影像透过光线显示在屏幕上，到下一次产生通电之后分子的排列顺序又会改变，再显示出不同影像。

LCD 显示器的性能指标主要有：是真彩还是伪彩、显示颜色的数量（也称色度，CRT 显示器不存在这个问题）、分辨率、像素的点距、刷新频率、观察屏幕视角等。

LCD 的色彩层次比较丰富，TFT 显示器一般有 64 K（16 位）种颜色和 16 M（24 位）种颜色，色彩十分鲜艳，而 DSTN 显示器只有 256 K 种颜色。

LCD 的分辨率与 CRT 显示器不同，一般不能任意调整，它是由厂家设置的。

LED 显示器也属于液晶显示器的一种，LED 液晶技术是一种高级的液晶解决方案，它用 LED 代替了传统的液晶背光模组。高亮度，而且可以在寿命范围内实现稳定的亮度和色彩表现。更宽广的色域（超过 NTSC 色域），实现更艳丽的色彩。实现 LED 功率控制很容易，不像 CCFL 的最低亮度存在一个门槛。因此，无论在明亮的户外还是全黑的室内，用户都很容易把显示设备的亮度调整到最佳的状态。在以 CCLF 冷阴极荧光灯作为背光源的 LCD 中，其中不能缺少的一个主要元素就是汞（水银），而这种元素是对人体有害的。因此，众多液晶面板生产厂商都在无汞面板生产上投入了很多的精力，无汞工艺不但使它无毒健康而且比其他产品更加环保、节能。

- 液晶显示器的和传统显示器的比较

虽然产品构造和显示原理都不尽相同，液晶显示器（LCD）和传统 CRT 显示器的共同目的都是达到优良的显示效果，现在我们对 CRT 和 TFT 液晶显示器作一比较。

结构和产品体积：传统的 CRT 显示器必须通过电子枪发射电子束到屏幕，因而显像管的管就不能太短，当屏幕增大时也必须加大体积；TFT 则通过显示屏上的电子板来改变分子状态，以达到显示目的，即使屏幕加大，它只需将水平面积增大即可，而体积却不会有很大增加，而且要比 CRT 显示器轻很多，同时 TFT 由于功耗只用于电板和驱动 IC 上，因而耗电量较小。

辐射和电磁干扰：传统的显示器由于采用电子枪发射电子束打到屏幕产生辐射源。虽然现在有一些先进的技术可将辐射降到最小，但仍然不能完全消除。TFT 液晶显示器则不必担心这一点。至于电磁波的干扰，TFT 液晶显示器只有来自驱动电路的少量电磁波，只要将外壳严格密封就可使电磁波不外泄，而 CRT 显示器为了散热不得不在机体上打出散热孔，所以必定会产生电磁干扰。

屏幕平坦度和分辨率：TFT 液晶一开始就采用纯平面的玻璃板，所以平坦度要比大多数 CRT 显示器好得多，当然现在有了纯平面的 CRT 彩色显示器。在分辨率上，TFT 却远不如 CRT 显示器，虽然从理论上讲它可提供更高的分辨率，但事实却不是这样。

显示效果：传统 CRT 显示器是通过电子枪打击荧光粉进行显示，因而亮度比液晶的透光式显示要好得多，在可视角度上 CRT 也要比 TFT 好一些，在显示反应速度上，CRT 与 TFT 相差无几。

② 显示器的技术指标

- 点距

若你仔细观察报纸上的黑白照片，会发现它们是由很多小点组成。显示器上的文本或图像也是由点组成的，屏幕上点越多越密，则分辨率越高。屏幕上相邻两个同色点（比如两个红色点）的距离称为点距，常见点距规格有 0.31 mm、0.28 mm、0.25 mm 等。显示器点距越小，在高分辨率下越容易取得清晰的显示效果。一部分显示管采用了孔状荫罩的技术，显示图像精细准确，适合 CAD/CAM；另一些采用条状荫罩的技术，色彩明亮适合艺术创作。

- 像素和分辨率

分辨率指屏幕上像素的数目，像素是指组成图像的最小单位，即上面提到的发光点。比如，640 × 480 的分辨率是说在水平方向上有 640 个像素，在垂直方向上有 480 个像素。为了控制像素的亮度和色彩深度，每个像素需要很多个二进制位来表示，如果要显示 256 种颜色，则每个像素至少需要 8 位（1 个字节）来表示，即 $2^8$ 等于 256；当显示真彩色时，每个像素要用 3 个字节存储。每种显示器均有多种供选择的分辨率模式，能达到较高分辨率的显示器的性能较好。目前 22 寸以上的显示器最高分辨率一般可以达到 1 920 × 1 080。

- 扫描频率

电子束采用光栅扫描方式，从屏幕左上角一点开始，向右逐点进行扫描，形成一条水平线；到达最右端后，又回到下一条水平线的左端，重复上面的过程；当电子束完成右下角一点的扫描后，形成一帧。此后，电子束又回到左上方起点，开始下一帧的扫描。这种方法也就是常说的逐行扫描显示。而隔行扫描指电子束在扫描时每隔一行扫一线，完成一屏后再返回来扫描剩下的线，这与电视机的原理一样。隔行扫描的显示器比逐行扫描的显示器闪烁得更明显，也会让使用者的眼睛更疲劳。完成一帧所花时间的倒数叫垂直扫描频率，也叫刷新频率，如 60 Hz、75 Hz 等。

### 2.3.2 微型计算机组装应用案例

本节以组装一台 Intel Core2 Duo E6300 系列微型计算机为例来说明微型计算机组装的过程。首先要在主板上安装 CPU、散热器，然后将主板安装在机箱里，接下来安装硬盘、光驱、电源和内存，最后安装显示卡，收尾工作是连接各种线缆。详细的步骤如下。

#### 1. 安装 CPU

用适当的力向下微压固定 CPU 的压杆，同时用力往外推压杆，使其脱离固定卡扣，如图 2-33 所示。

压杆脱离卡扣后，便可以顺利地将压杆拉起，如图 2-34 所示。

图 2-33　CPU 安装第 1 步

图 2-34　CPU 安装第 2 步

将固定处理器的金属盖向压杆反方向提起，如图 2-35 所示。完全打开的 LGA 775 插槽，如图 2-36 所示。

图 2-35　CPU 安装第 3 步

图 2-36　CPU 安装第 4 步

处理器的正确安装方向，如图 2-37 所示。把处理器装入 LGA 775 插槽，没有翘起的地方即可，如图 2-38 所示。

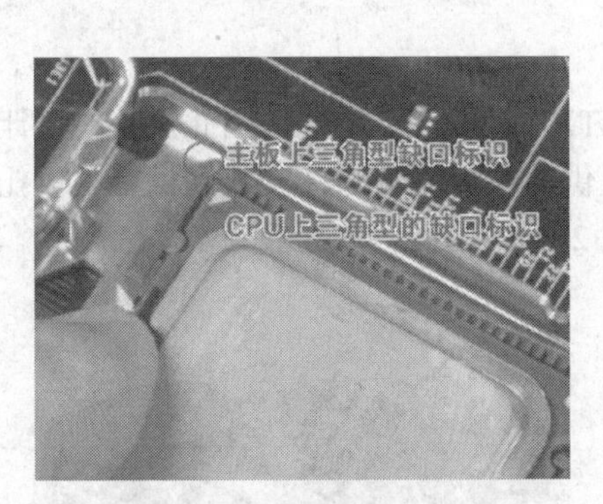


图 2-37　CPU 安装第 5 步

图 2-38　CPU 安装第 6 步

压下金属盖使其固定处理器，这一步无须用力，让金属盖自然下落到合适位置即可，如图 2-39 所示。

反方向微用力扣下 LGA 775 插槽的压杆，到位后压杆会被卡住，不会自己弹起，如图 2-40 所示。

正确安装处理器后的样子如图 2-41 所示。

图 2-39　CPU 安装第 7 步

图 2-40　CPU 安装第 8 步

图 2-41　CPU 安装完毕

### 2. 安装散热器

将散热器的四角对准主板相应的位置，然后用力压下四角扣具即可。有些散热器采用了螺丝设计，因此在安装时还要在主板背面相应的位置安放螺丝，如图 2-42 所示。将散热风扇接到主板的供电接口上（主板上的标识字符为 CPU_FAN），如图 2-43 所示。

图 2-42　散热器安装第 1 步

图 2-43　散热器安装第 2 步

### 3. 安装主板

安装主板隔离螺柱。目前，大部分主板为 ATX 或 MATX 结构，因此机箱的设计一般都符合这种标准。在安装主板之前，要先将机箱所提供的主板隔离螺柱安放到机箱主板托架上与主板安装孔相对应的位置，一般是安装 6 颗，如图 2-44 和图 2-45 所示。

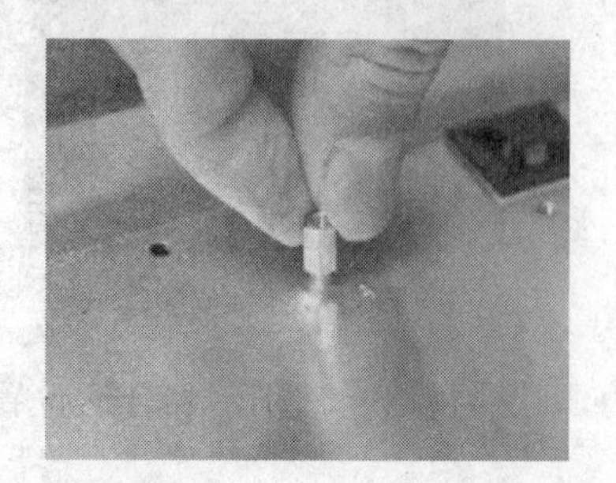

图 2-44　主板安装第 1 步

图 2-45　主板安装第 2 步

确定机箱安放到位，可以通过机箱背部的主板挡板来定位，如图 2-46 所示。拧紧螺丝，固定好主板。在装主板固定螺丝时，注意每颗螺丝不要一开始就拧紧，应该等全部螺丝安装到位后，再将每颗螺丝拧紧，这样做的好处是随时可以对主板的位置进行调整，并且可以防止主板受力不均匀而导致变形，如图 2-47 所示。安装完毕的主板如图 2-48 所示。

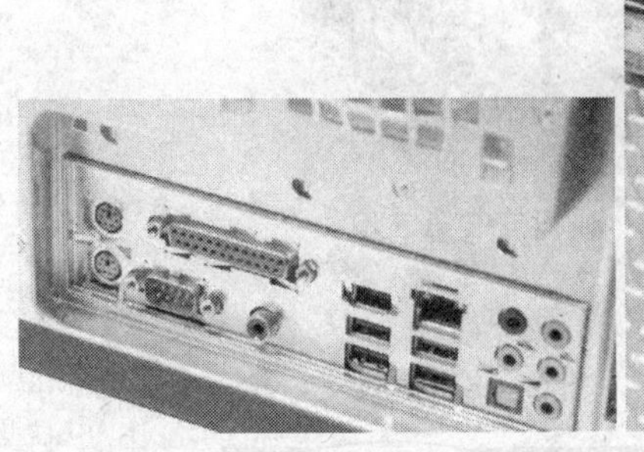

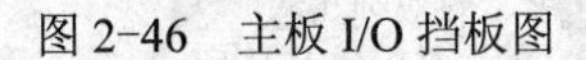

图 2-46　主板 I/O 挡板图

图 2-47　主板安装第 3 步

图 2-48　安装完毕的主板

**4. 安装硬盘**

对于普通的机箱，只需要打开机箱两侧的两块侧面板，再将硬盘放入机箱的硬盘托架上，拧紧螺丝使其固定即可。现在很多机箱还使用了可拆卸的 3.5 英寸硬盘托架，可以在只打开机箱一侧面板的情况下安装硬盘，这样安装硬盘就更加简单。

如图 2-49 所示，拉动机箱中固定 3.5 英寸硬盘托架的扳手。取下 3.5 英寸硬盘托架，如图 2-50 所示。将硬盘装入托架中，如图 2-51 所示。

拧紧硬盘固定螺丝，如图 2-52 所示。将硬盘托架重新装入机箱，并将固定扳手拉回原位固定好硬盘托架，如图 2-53 所示。

图 2-49　硬盘安装第 1 步

图 2-50　硬盘安装第 2 步

图 2-51　硬盘安装第 3 步

安装光驱的方法与安装硬盘的方法大致相同，对于普通的机箱，只需要将机箱 4.25 英寸托架前的面板拆除，并将光驱将入对应的位置，拧紧螺丝即可。

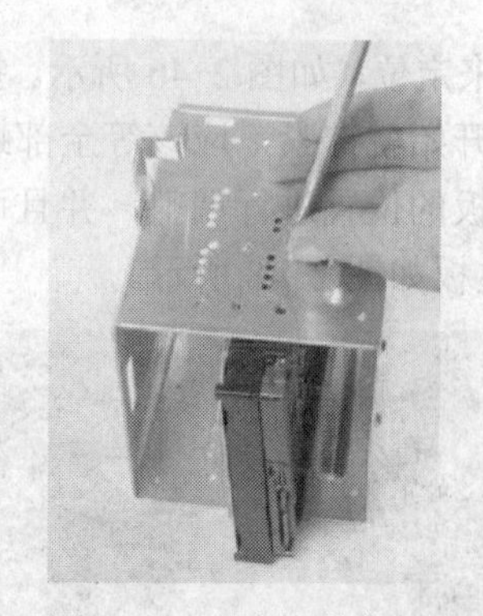

图 2-52　硬盘安装第 4 步

图 2-53　硬盘安装第 5 步

### 5. 安装电源

安装电源的过程如图 2-54、图 2-55、图 2-56、图 2-57、图 2-58 所示。

图 2-54　电源安装第 1 步

图 2-55　电源安装第 2 步

图 2-56　电源安装第 3 步

图 2-57　电源安装第 4 步

图 2-58　电源安装第 5 步

### 6. 安装内存

安装内存的过程如图 2-59、图 2-60、图 2-61 所示。

图 2-59　内存安装第 1 步

图 2-60　内存安装第 2 步

### 7. 安装显示卡

安装显示卡的方法如图 2-62 所示。

图 2-61　内存安装第 3 步

图 2-62　安装显示卡

### 8. 收尾工作

首尾工作包括连接各种数据线缆，包括机箱跳线。ATX 跳线如图 2-63 所示。图 2-64 是硬盘指示灯的两芯接头跳线，1 线为红色。在主板上，这样的插针通常标着 IDE LED 或 HDD LED 的字样，连接时要红线对 1。这条线接好后，当微型计算机在读写硬盘时，机箱上的硬盘灯会亮。这个指示灯只能指示 IDE 硬盘，对 SCSI 硬盘不行。图 2-65 这个 3 芯插头是电源指示灯的跳线，使用 1、3 位，1 线通常为绿色。在主板上，插针通常标记为 Power，连接时注意绿色线对应于第一针（+）。

图 2-63　ATX 跳线

图 2-64　HDD 跳线

图 2-65　POWER 跳线

### 9. 基本 CMOS 的设置

对一台新组装的计算机，要对 CMOS 做一些设置，以便能正常使用。

主板的 CMOS 记录计算机的日期、时间、硬盘参数、软驱情况及其他的高级参数。CMOS 能把这些信息保存下来，即使关机它们也不会丢失，所以以后不必对它重新设置，除非想改变计算机的配置或意外情况导致 CMOS 内容丢失。

当开机后屏幕显示自检画面时，马上按一下 Delete 键，就进到了 CMOS 设置的主菜单。

图 2-66 是 Phoenix-Award BIOS 的设置画面。下面介绍一下主菜单的功能。

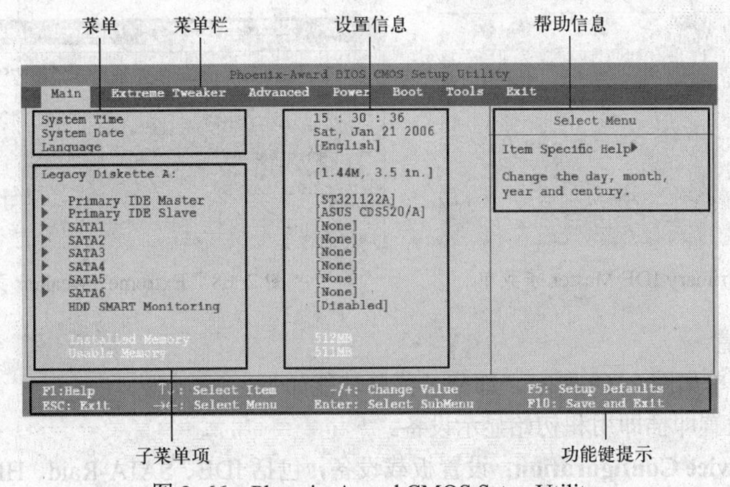


图 2-66　Phoenix-Award CMOS Setup Utility

**Main**：基本信息设置。

**Extreme Tweaker**：超频设置。

**Advanced**：系统高级设置。

**Power**：高级电源管理设置。

**Boot**：启动设置。

**Tools**：其他参数和功能。

**Exit**：退出 BIOS 设置。

在这里只介绍几个必要的设置。

（1）基本设置

Main 菜单项包含硬件的基本设置情况，如图 2-66 所示，子菜单功能如下。

**System Time [xx:xx:xx]**：设置时间。

**System Date [Day xx/xx/xxxx]**：设置日期。

**Language [English]**：设置语言。

**Legacy Diskette A [1.44M, 3.5 in.]**：设置软驱类型。

**Primary IDE Master/Slave**：设置 IDE 硬盘或光驱，打开这个子菜单，出现如图 2-67 所示画面，显示当前的 IDE 设备信息和设置。其中 PIO Mode 和 UDMA Mode 表示 IDE 设备的接口方式，一般选 Auto 即可。

**HDD SMART Monitoring [Disabled]**：设置硬盘的 SMART 自检功能。

**Installed Memory [xxx MB]**：显示已安装的物理内存的容量。

**Usable Memory [xxx MB]**：显示可用内存容量。

（2）超频设置

Extreme Tweaker 菜单如图 2-68 所示，部分子菜单功能如下。

**System Clocks**：设置 PCI-E 设备的频率，主板基础频率。

**FSB & Memory Config**：设置总线频率和内存参数。

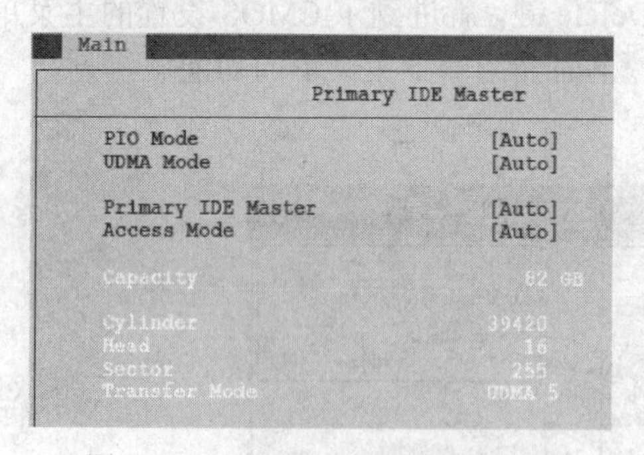


图 2-67　Primary IDE Master 子菜单

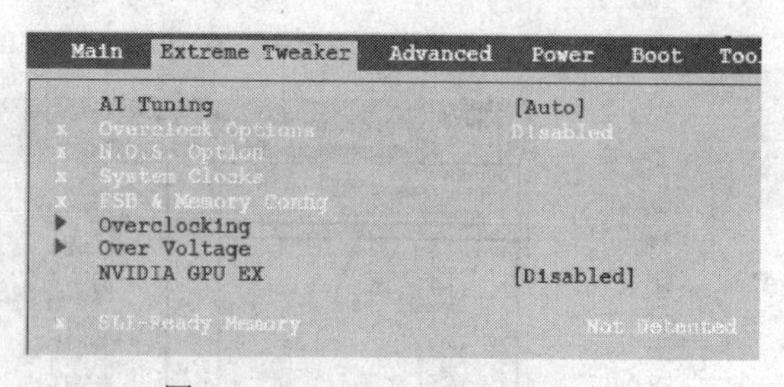


图 2-68　Extreme Tweaker 菜单

（3）高级设置

Advanced 菜单如图 2-69 所示，部分子菜单功能如下。

**PCIPnP**：设置即插即用和初始显示设备。

**Onboard Device Configuration**：设置板载设备，包括 IDE、SATA-Raid、HD-Audio、LAN、

IEEE 1394 等。

**USB Configuration**：设置 USB 设备。

（4）电源管理和硬件监控

Power 菜单如图 2-70 所示，子菜单功能如下。

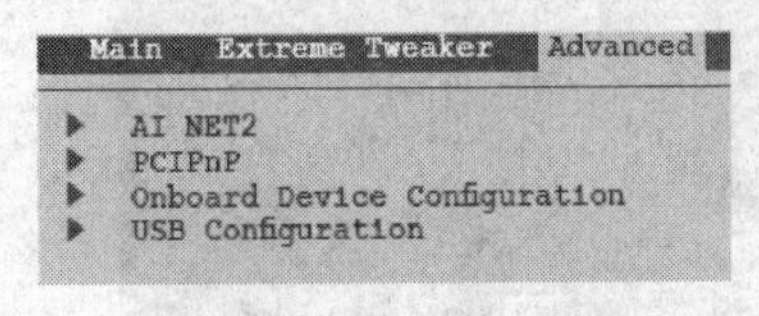


图 2-69 Advanced 菜单

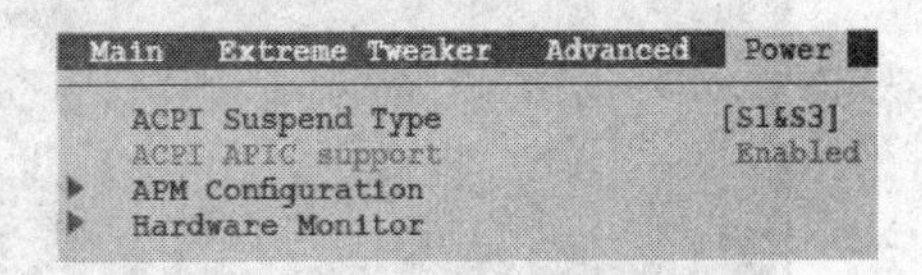


图 2-70 Power 菜单

**ACPI Suspend Type [S1&S3]**：显示高级电源管理类型。

**ACPI APIC support [Enabled]**：用于高级电源管理 APIC 支持。

**APM Configuration**：设置高级电源管理。

**Hardware Monitor**：用于硬件检测，包括电源电压、风扇转速、环境温度等。

（5）启动顺序设置和安全设置

Boot 菜单如图 2-71 所示，子菜单功能如下。

**Boot Device Priority**：设置系统开机启动顺序。

**Removable Drives**：设置可移动媒体设备顺序。

**Hard Disk Drives**：设置硬盘顺序。

**CDROM Drives**：设置光驱顺序。

**Boot Settings Configuration**：设置启动选项。

**Security**：设置安全密码。

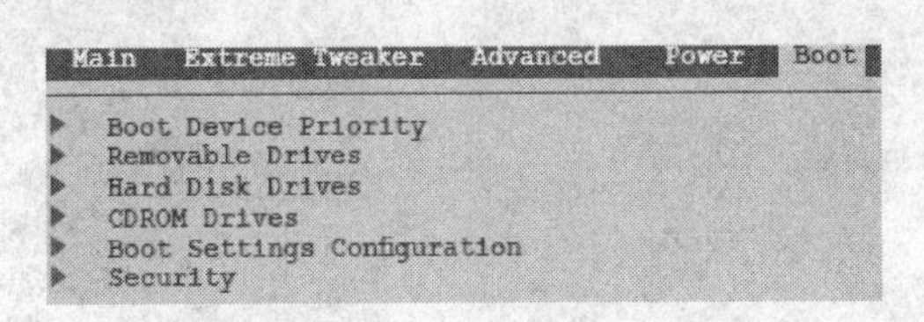


图 2-71 Boot 菜单

### 2.3.3 微型计算机软件的安装

#### 1. Windows 7 操作系统的安装

当微型计算机硬件组装完毕，并且 CMOS 设置好了之后，我们就可以在裸机上安装操作系统了，本章以安装 Windows 7 版本为例。

将 Windows 7 操作系统光盘放入光盘驱动器，启动微型计算机，稍后会看到如图 2-72 所示界面。

这里需要用户选择安装语言和键盘布局，单击“下一步”按钮继续。

在图 2-73 中，可以查看安装 Windows 7 操作系统的“须知”，或者修复已有的 Windows 7 系统，单击“现在安装”按钮继续。

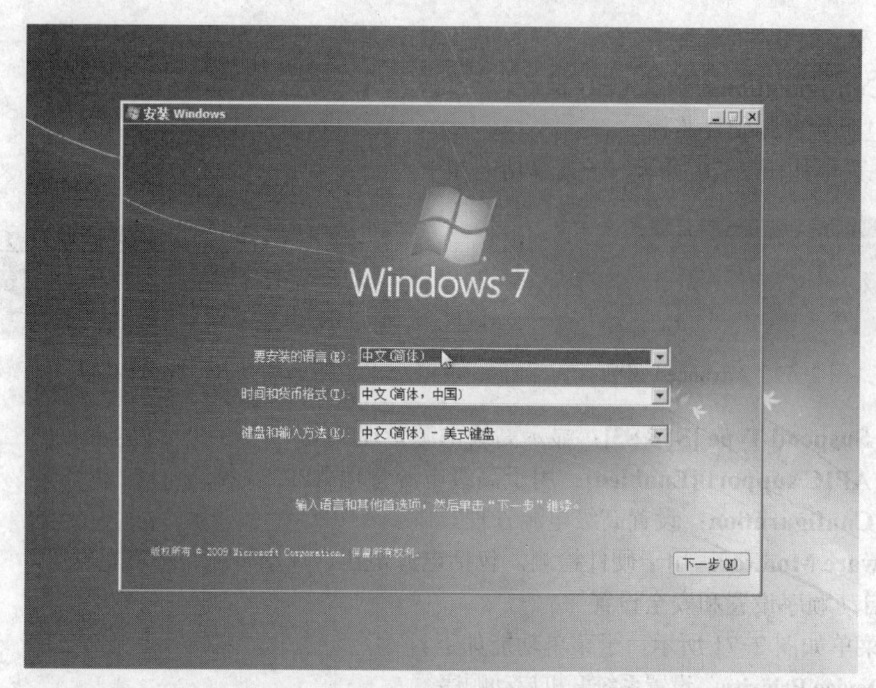


图 2-72　Windows 7 的安装第 1 步

图 2-73　Windows 7 的安装第 2 步

如图 2-74 所示，阅读 Microsoft 软件许可条款，选中“我接受许可条款”复选框，单击“下一下”按钮继续。

如图 2-75 所示，询问用户是全新安装 Windows 7 操作系统还是从旧有的 Windows 系统升级。因为此处演示的是在裸机上安装操作系统，所以选择全部安装即“自定义（高级）”选项。

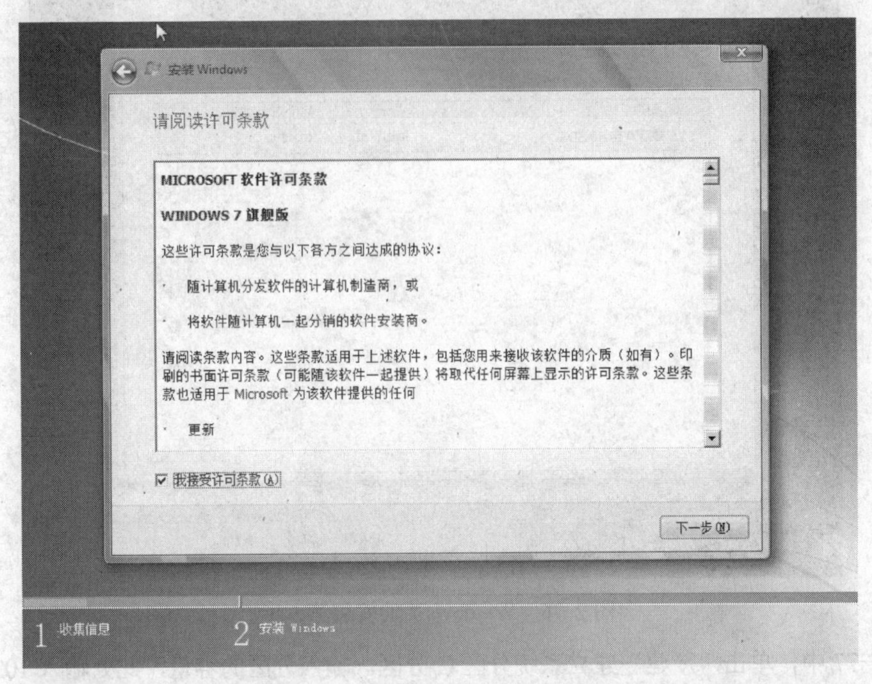


图 2-74　Windows 7 的安装第 3 步

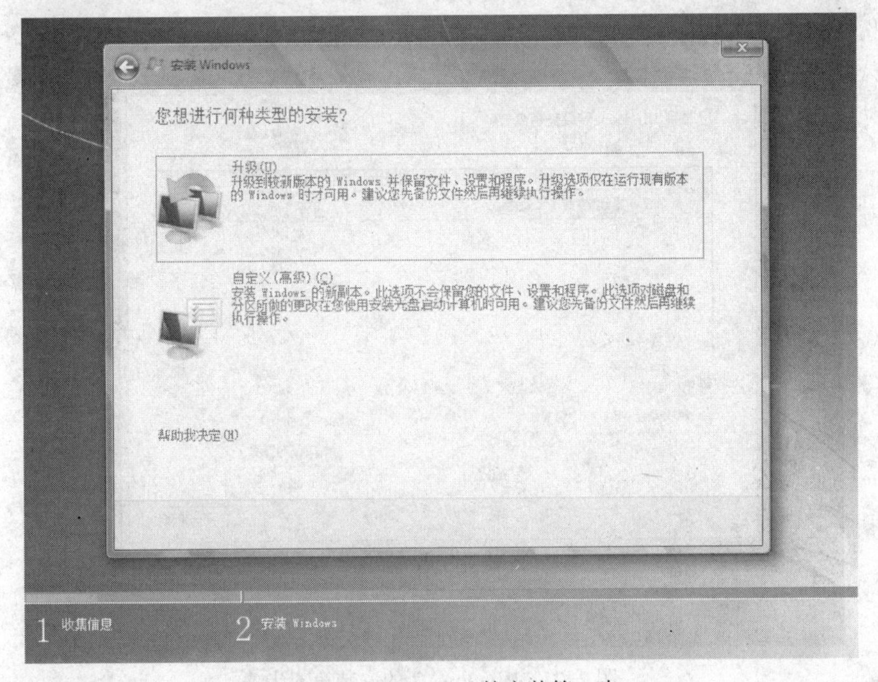


图 2-75　Windows 7 的安装第 4 步

图 2-76 显示的是微型计算机硬盘的分区状况，这是一块新硬盘，上面还没有分区，现在要划分硬盘分区，单击“驱动器选项（高级）”开始分区。

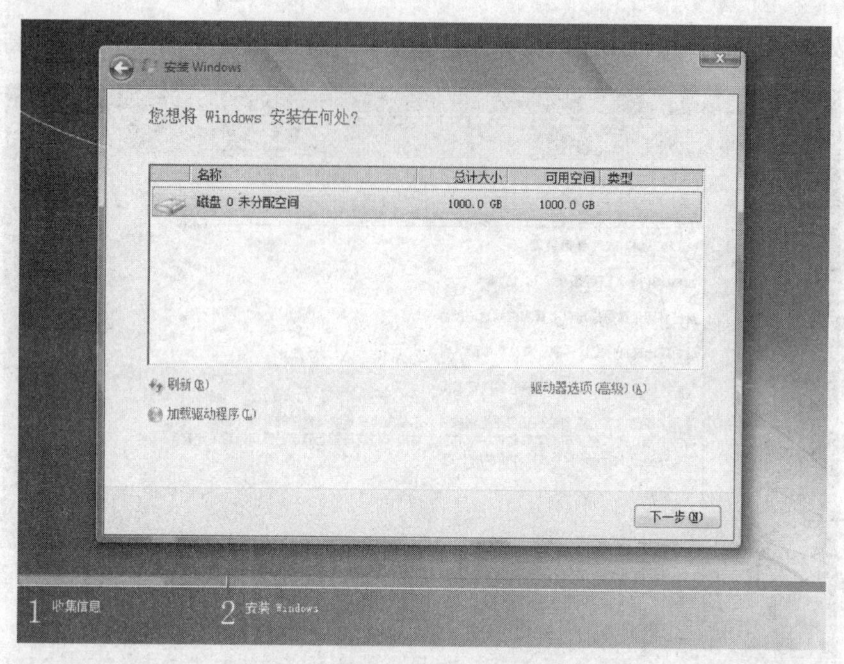


图 2-76　Windows 7 的安装第 5 步

如图 2-77 中，单击“新建”建立系统分区 C 分区。输入分区的容量，此处输入 102 400 MB，然后单击“下一步”按钮继续。

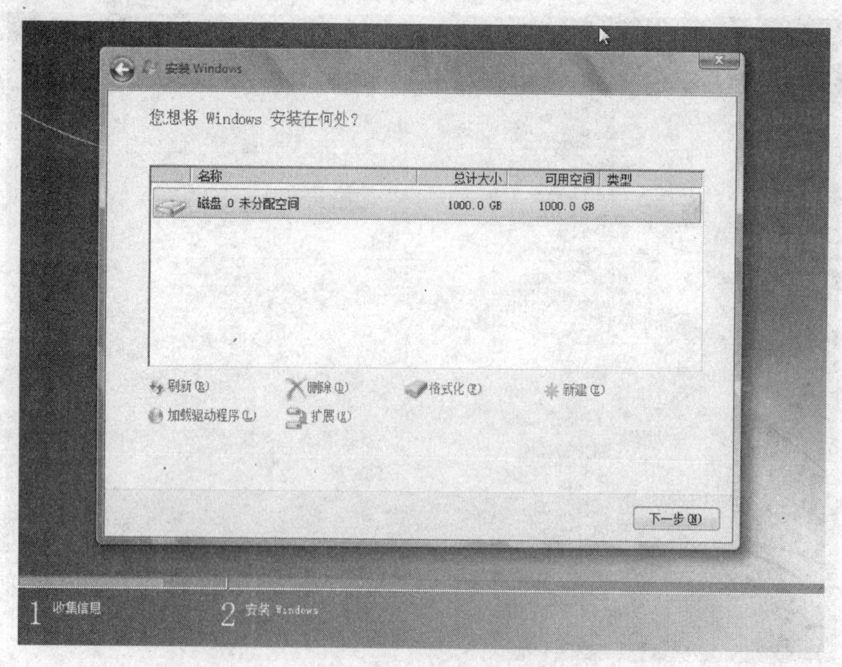


图 2-77　Windows 7 的安装第 6 步

如图 2-78 所示，Windows 7 需要建立一个额外的系统保留分区，容量是 100 MB，单击“确定”按钮继续。

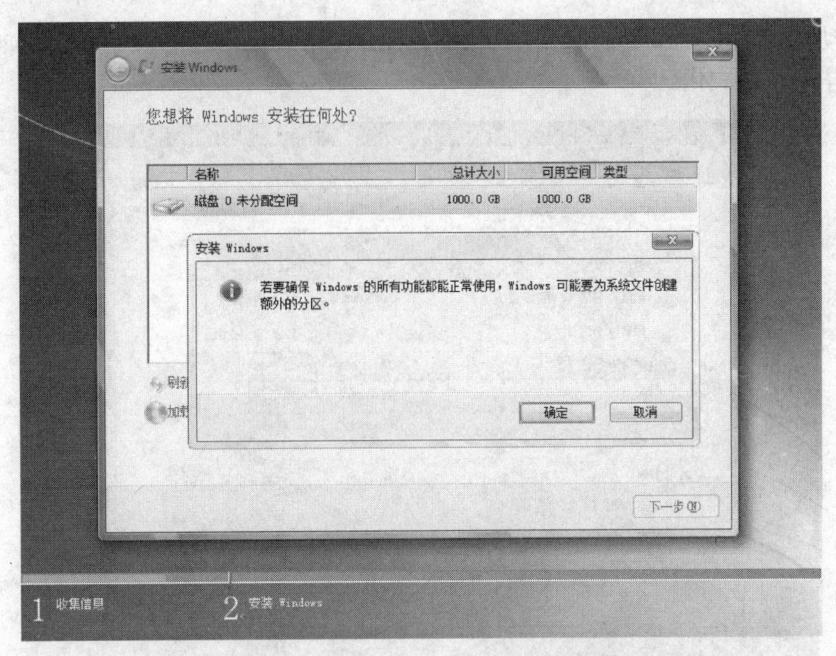


图 2-78　Windows 7 的安装第 7 步

如图 2-79 所示，“磁盘 0 分区 2”是为 Windows 7 建立的“C 分区”，单击“磁盘 0 未分配空间”，单击“新建”继续建立磁盘的其他分区。

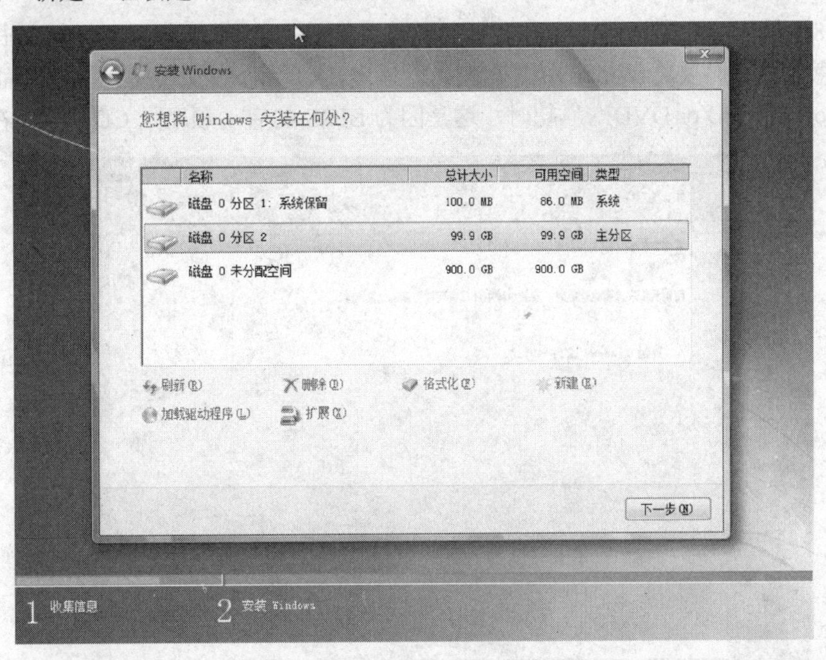


图 2-79　Windows 7 的安装第 8 步

如图 2-80 所示，磁盘共建立了 3 个分区，第一个是操作系统保留分区，容量固定，第二个是用户的系统盘 C 分区，第三个是用户数据分区，注意，第一、二分区会自动格式化，第三个分区不会自动格式化，此时可单击“格式化”进行分区格式化，也可以等 Windows 7 操作系统全部安装完毕后再格式化。

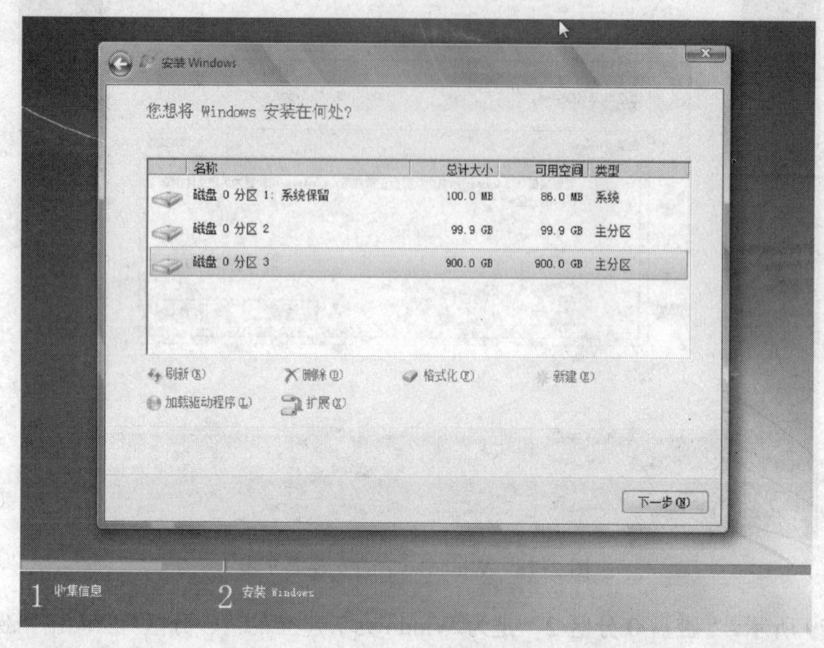


图 2-80　Windows 7 的安装第 9 步

如图 2-81 所示，格式化完毕，开始复制操作系统的文件到 C 分区。复制完毕，重新启动计算机。注意，重启时要将 Windows 7 安装光盘弹出，启动后再放入或者不弹出而等待“Press any key to boot from CD or DVD…”超时，这是因为 BIOS 的启动顺序是 CD-ROM 在硬盘之前。

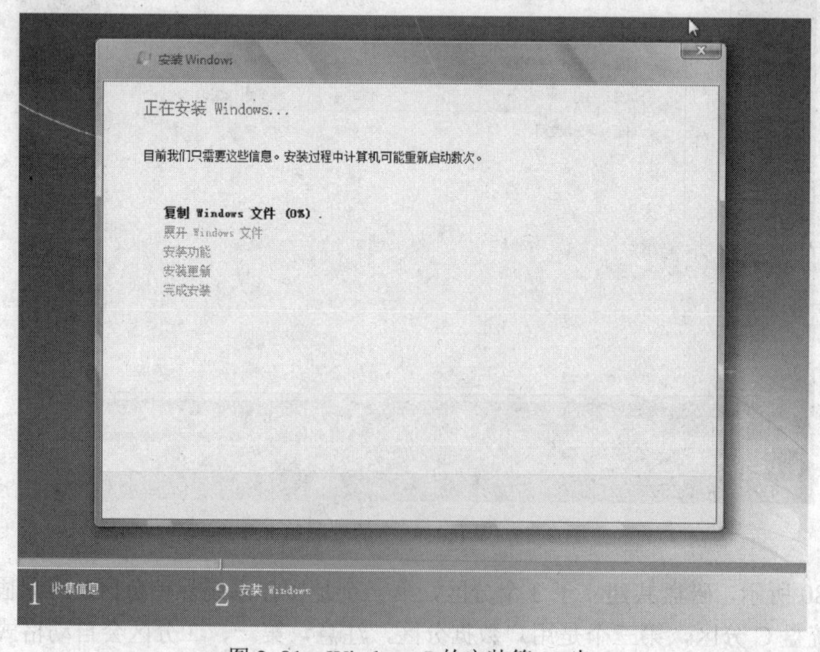


图 2-81　Windows 7 的安装第 10 步

如图 2-82 所示，第一次重启后的界面，稍候会第二次重启。

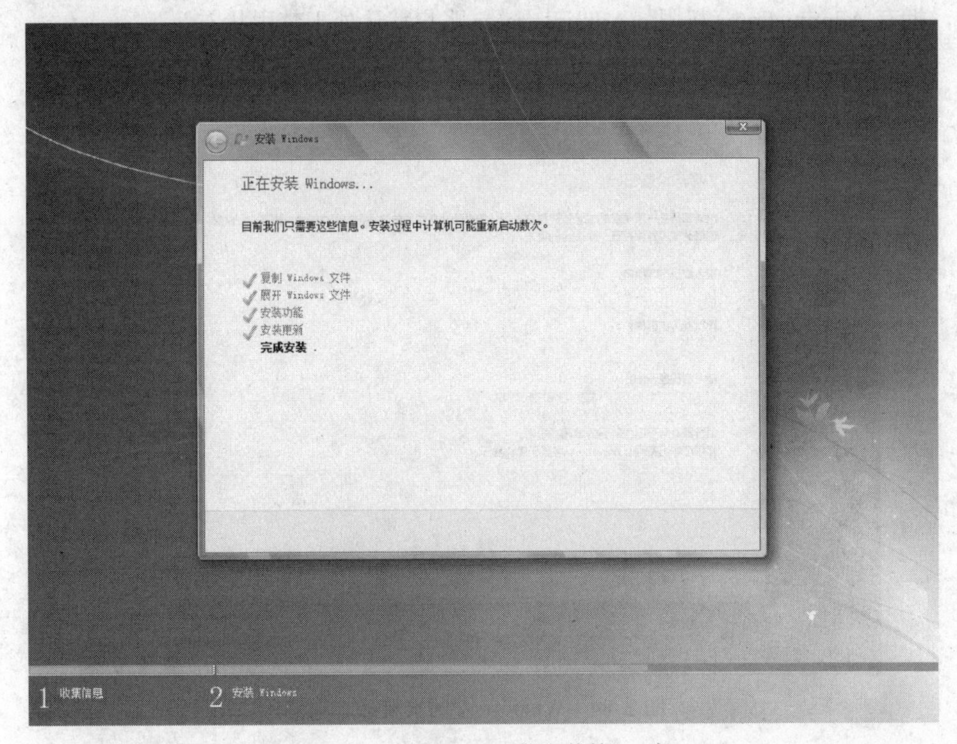


图 2-82　Windows 7 的安装第 11 步

如图 2-83 所示，第二次重启后提示输入用户名和计算机的网络名。

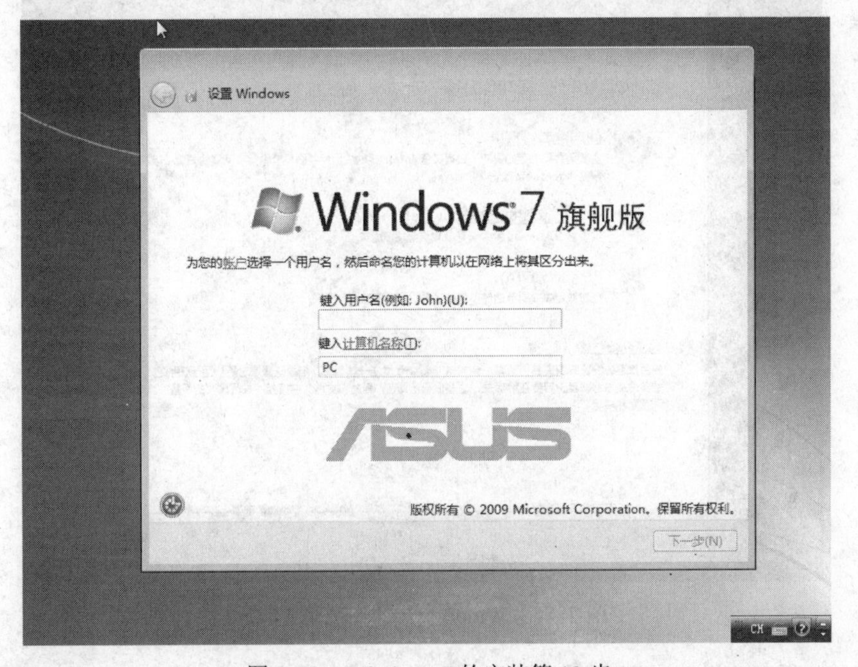


图 2-83　Windows 7 的安装第 12 步

如图 2-84 所示，设置账户密码。账户就是图 2-83 中输入的用户名，此用户属于 Administrators 用户组，拥有 Administrator 权限。Administrator 账户默认处于禁用状态。

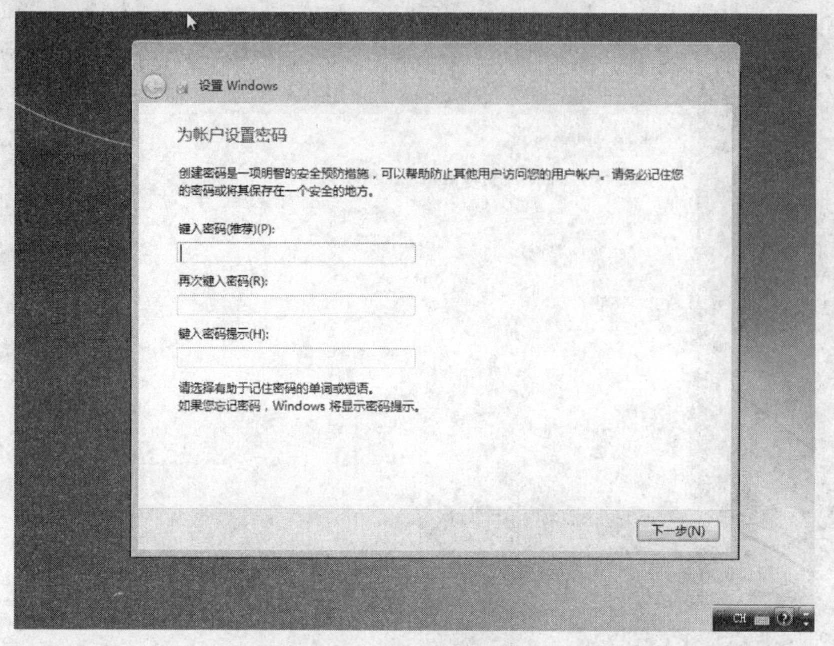


图 2-84　Windows 7 的安装第 13 步

如图 2-85 所示，设置 Windows 更新选项。

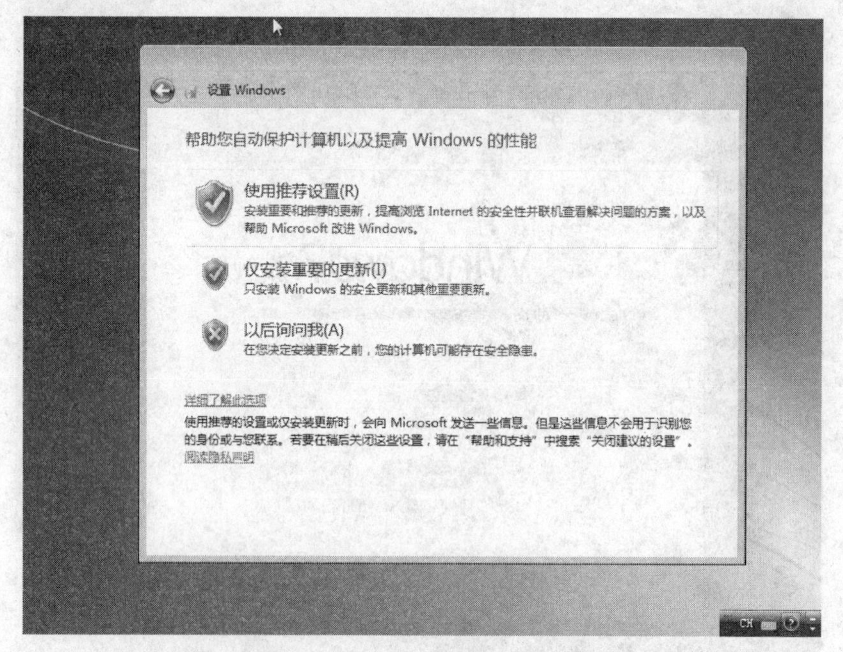


图 2-85　Windows 7 的安装第 14 步

如图 2-86 所示，设置时区和时间。

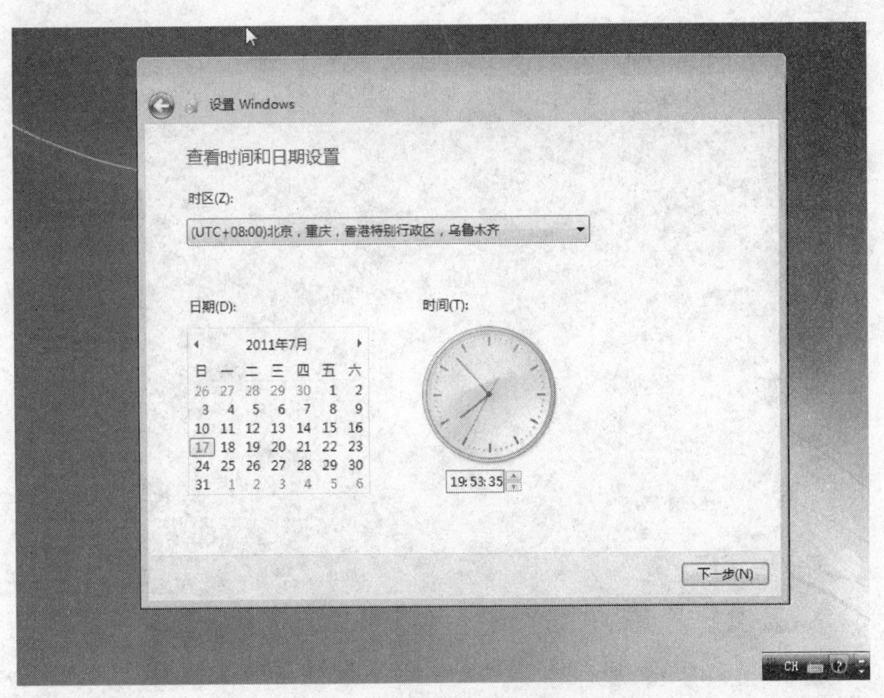


图 2-86　Windows 7 的安装第 15 步

如图 2-87 所示，设置计算机连入的局域网网络类型。

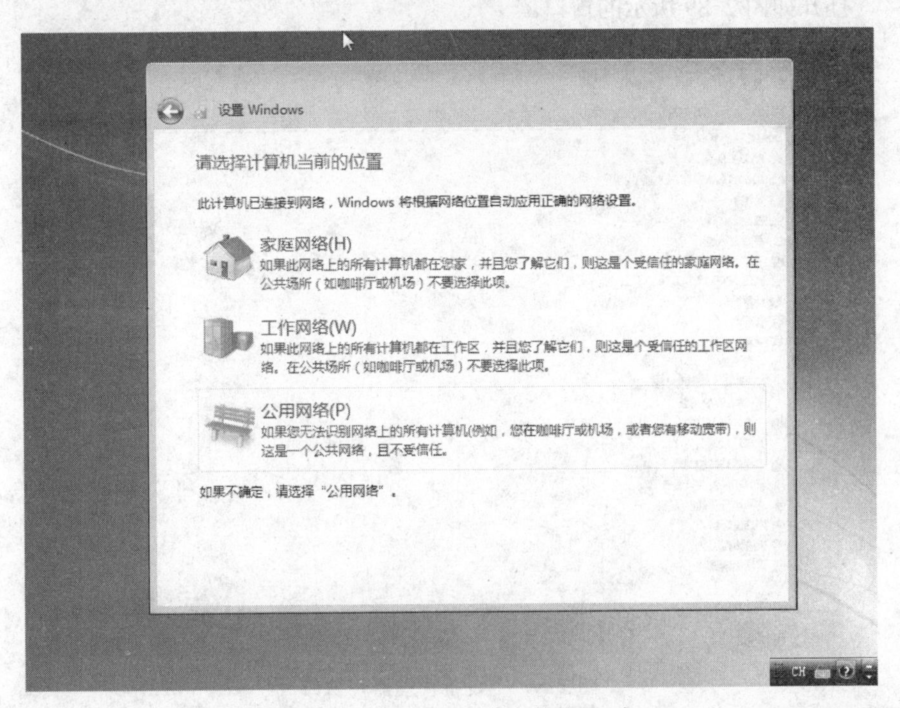


图 2-87　Windows 7 的安装第 16 步

Windows 7 操作系统安装完毕的用户界面如图 2-88 所示。

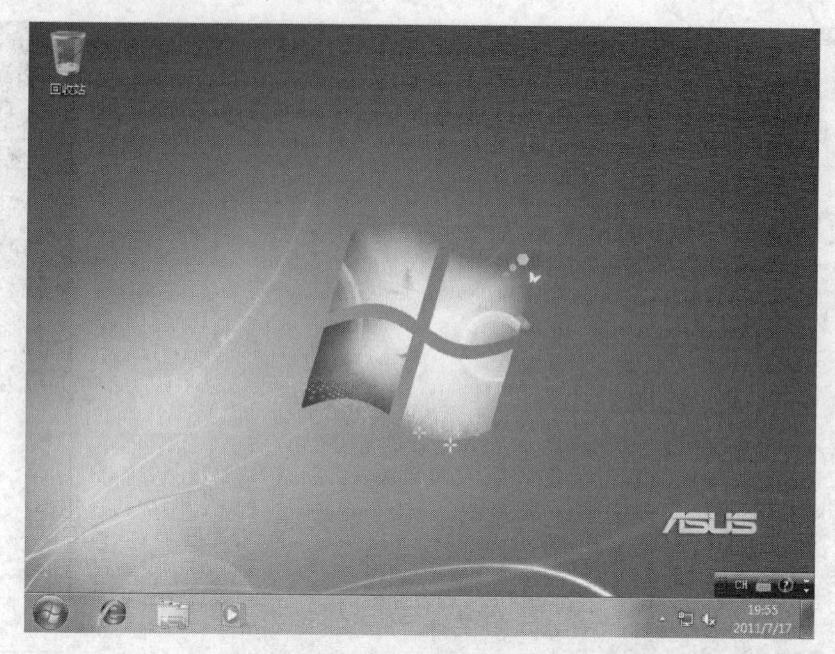


图 2-88　Windows 7 的安装第 17 步

## 2. 驱动程序的安装

单击“开始菜单”，右键单击“我的电脑”，选择“属性”菜单，在左侧的列表栏中选择“设备管理器”，打开如图 2-89 所示的窗口。

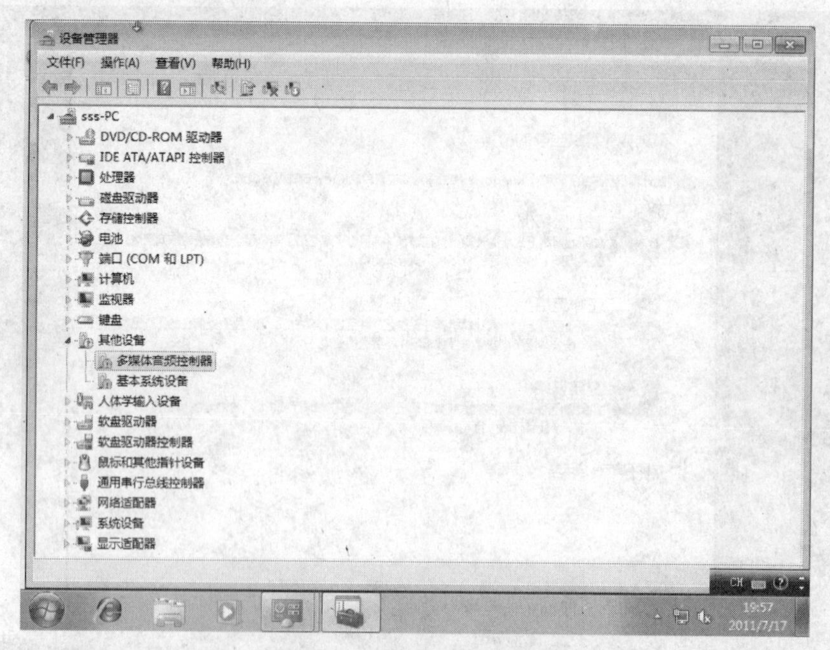


图 2-89　“设备管理器”窗口

一般的硬件驱动，Windows 7 能够识别并安装，较新的或非主流硬件，Windows 7 不能识别，如图 2-89 所示，有两个设备打了“叹号”，表示未安装硬件驱动程序。

一般情况下，硬件的随机光盘都有驱动程序的自动安装程序，直接执行它就可顺利完成硬件驱动程序的安装。但个别情况下，硬件厂商只提供了驱动而无安装程序，这样我们就不得不手动安装硬件设备驱动程序了。下面以安装图 2-89 中打“叹号”的“多媒体音频控制器”为例进行说明。双击打“叹号”的“多媒体音频控制器”，弹出如图 2-90 所示对话框。

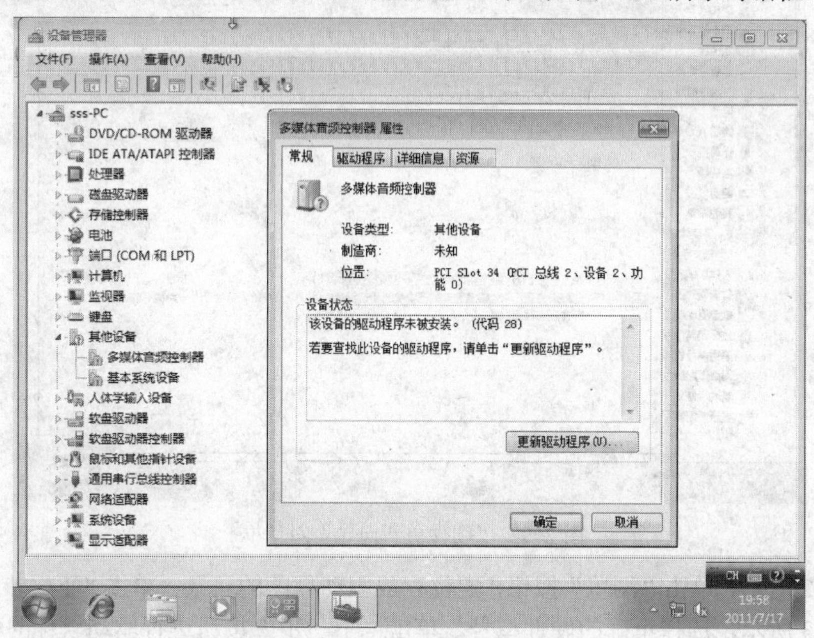


图 2-90 “设备属性”窗口

单击“更新驱动程序”按钮，打开硬件更新向导对话框，如图 2-91 所示。

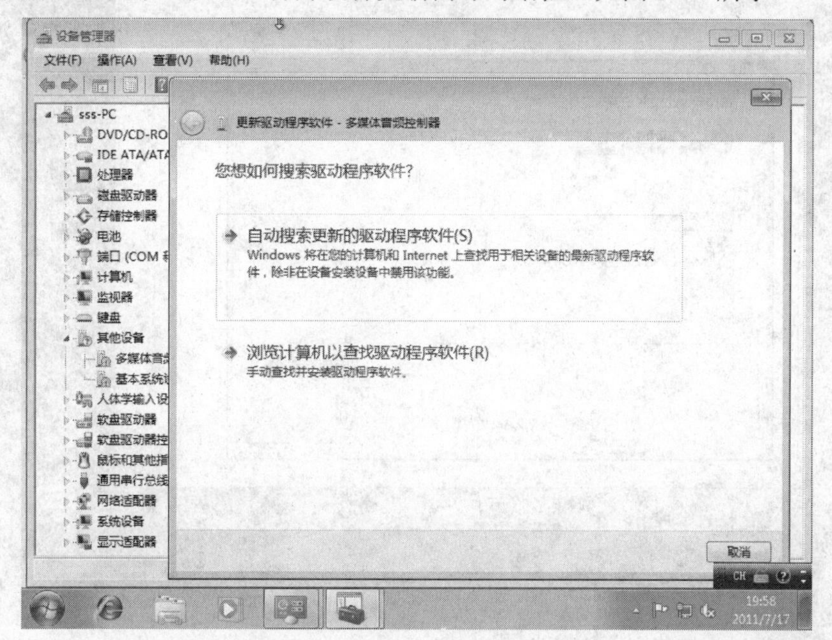


图 2-91 硬件更新向导对话框

选择第二项“浏览计算机以查找驱动程序软件”，单击“下一步”按钮，如图 2-92 所示。

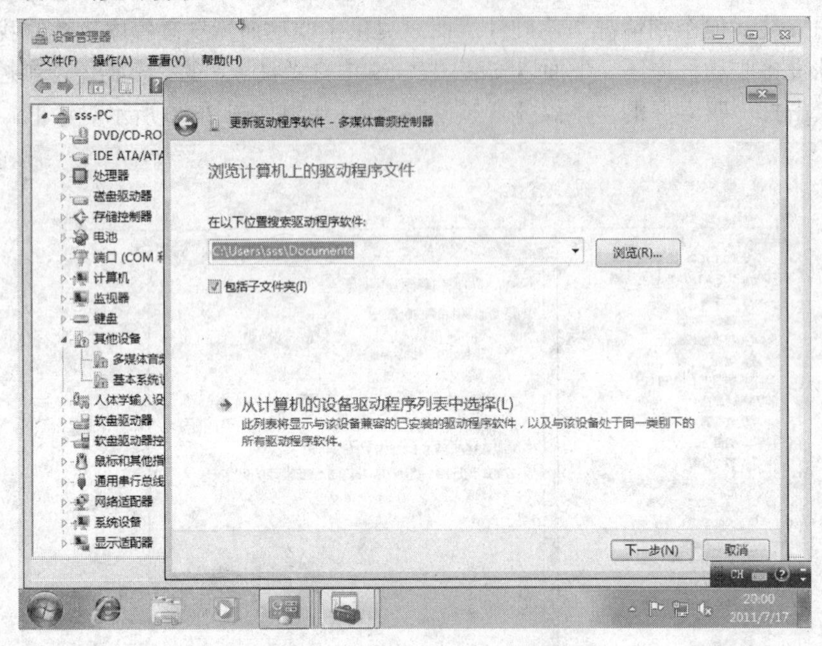


图 2-92 “硬件更新向导”对话框

如图 2-92 所示，单击“浏览”按钮，定位存放驱动程序的目录。单击“下一步”按钮继续。如图 2-93 所示，选择正确的硬件型号，单击“下一步”按钮进行驱动软件的安装。

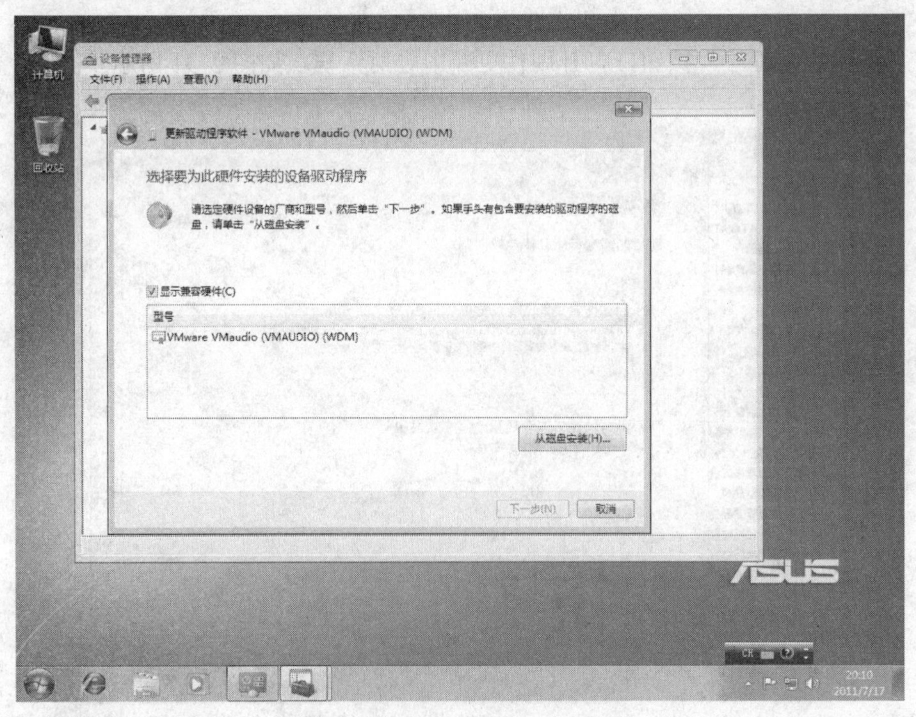


图 2-93 硬件更新向导对话框

将所有打“叹号”的设备安装驱动后，设备管理器的状态如图 2-94 所示。每个分支都是折叠的，没有打“叹号”的设备和未知设备。这就表明设备驱动一切正常。

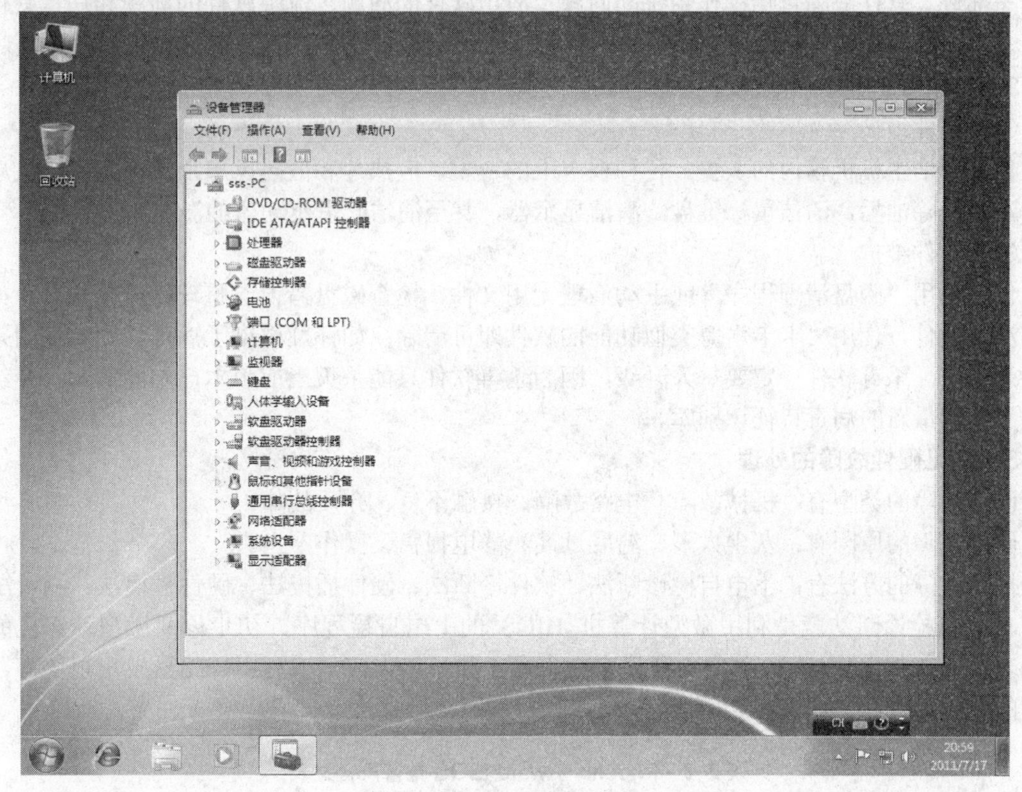


图 2-94　设备管理器的状态

### 3. 其他软件的安装

关于其他软件的安装，包括安全软件、办公软件、工具软件等，此处不再赘述。

## 2.3.4　微型计算机故障检测与维护

### 1. 微型计算机故障检测与维护总的原则

（1）未雨绸缪，安装时考虑维护

从硬件角度讲，在组装电脑时，记录下各个配件的品牌、型号、主板的 BIOS 编号和驱动程序的版本等，以备升级和维护时使用。

从软件角度，在为硬盘分区时就要考虑到维护的方便。原则上要将程序和数据分离。程序存放在系统盘中，数据和“我的文档”放到其他硬盘分区中。

（2）常用常新，使用时定期维护

在使用微型计算机的过程中，由于主机各部件长时间地处于工作状态或受环境的影响，主机内部会积累大量的灰尘，会影响微型计算机的正常工作，甚至烧毁电路等，所以微型计算机的日常维护是很重要的。

（3）一旦出现故障，按照先软后硬的原则解决问题

微型计算机中出现故障，应首先考虑是软件问题，因为硬件故障在故障的总比例中只是很小的一部分。软件故障包括操作系统的问题、应用软件的问题、流氓软件的问题和病毒软件的问题。出现故障后要分析故障出现前后的情形，耐心细致地逐个排查，逐渐积累解决经验。

**2. 日常维护**

（1）硬件维护

包括清洁主机机箱内的灰尘、各种板卡上的灰尘、散热片和散热风扇上的灰尘，给风扇加润滑油、清除油垢，清洁鼠标键盘，清洁显示器，甚至清洁光盘驱动器的激光头透镜等。

（2）软件维护

包括使用“磁盘清理程序”或手动清理无用文件、检查磁盘错误、整理磁盘碎片等。如怀疑有流氓软件，使用“卡卡”等类似功能的软件即可清除；如怀疑感染了病毒，则要使用杀毒软件杀灭它。杀毒软件一定要每天升级，因为杀毒软件只能杀灭当前版本已知的病毒，升级就是为了维持最新的病毒特征识别库。

**3. 常见硬件故障的处理**

硬件故障的类型有：机械故障、电路故障、接触不良、介质故障。

硬件故障的原因有：灰尘太多、温度过高、静电损害、操作不当。

排除故障的方法有：上电自检诊断法、软件诊断法、硬件插拔法、硬件替换法、测量法。

上电自检诊断法就是利用微型计算机 BIOS 的上电自检程序，初步诊断微型计算机的故障。若某一部件发生故障，BIOS 程序会在屏幕上显示错误信息或利用蜂鸣器发出报警声，报警声的含义如表 2-7 和表 2-8 所示。

表 2-7 Phoenix-Award BIOS 报警声含义表

| 报警声 | 含义 |
| --- | --- |
| 1 声短 | 系统正常启动 |
| 2 声短 | 常规错误，进入 BIOS 设置程序重新设置错误的选项 |
| 1 声长 1 声短 | 内存或主板出错，重新插拔内存条 |
| 1 声长 2 声短 | 显示错误，检查显示卡及显示器的连接 |
| 1 声长 3 声短 | 键盘控制器错 |
| 1 声长 9 声短 | BIOS 损坏 |
| 不断长响 | 内存接触不良或内存坏 |
| 不停一直响 | 显示卡及显示器的连接不良 |
| 重复短响 | 电源不正常 |
| 高频率长响 | CPU 过热 |

表 2-8 AMI BIOS 的报警声及其含义

| 报警声 | 含义 |
| --- | --- |
| 1 声响 | 内存刷新失败 |
| 2 声响 | 内存 ECC 校验错 |

续表

| 报 警 声 | 含 义 |
|---|---|
| 3 声响 | 内存前 64 KB 检查失败 |
| 4 声响 | 校验时钟错 |
| 5 声响 | CPU 出错 |
| 6 声响 | 键盘控制器错 |
| 7 声响 | CPU 意外中断错 |
| 8 声响 | 显示缓存读写失败 |
| 9 声响 | BIOS 校验错 |
| 10 声响 | CMOS 关机注册读写出错 |
| 11 声响 | Cache 存储错 |
| 1 声长 3 声短 | 内存检测出错 |
| 1 声长 8 声短 | 显示系统测试错 |
| 高频率长响 | CPU 过热 |

软件诊断法是利用各种专业的检测软件对微型计算机的软硬件进行测试，以此找到一些由于运行不稳定而引起的微型计算机故障。

硬件插拔法主要用来解决一些接触不良的故障，通过将主板上的 CPU、内存条、显示卡、IDE 或 SATA 数据线等可插拔的部件拔出后，观察部件之间相互接触的金手指或接头有无氧化、变形或短针等。然后再安装回去，上电观察故障是否消失。如果经过上述处理故障消失，则可认定故障存在于刚刚插拔的部件上。使用插拔法可以迅速确定故障位置。

硬件替换法是将怀疑损坏的部件换成同类的完好部件，经过替换可以迅速地排除故障。注意事项是①头脑清醒，条理清楚，千万不可带电操作，反复确认无误后方可加电；②防止静电损害；③尽量用同一种型号的部件替换，总之不能影响硬件环境，否则产生的故障现象不一样，无法说明问题。

测量法是专业人员使用专业的测量工具进行的，不适用于普通用户。

## 2.4 本章小结

本章对计算机系统进行了概括性介绍，主要介绍计算机系统的硬件组成和软件组成、计算机中的数制与编码、计算机组装与维护。

计算机系统由硬件系统和软件系统组成。计算机的硬件系统由运算器、控制器、存储器、输入设备和输出设备五部分组成；计算机的软件系统分为系统软件和应用软件。系统软件是管理、监控和维护计算机资源的软件是计算机必备的软件，应用软件是为了解决各种实际问题而设计的程序。

计算机中使用二进制来表示数据，其运算规则简单，易于实现。计算机的数据表示，是本章的重点和难点，掌握好二进制与十进制、十六进制、八进制之间的相互转换以及数值型数据的定点和浮点表示方法，对后续计算机课程的学习是很有益处的。

本章还介绍了微型计算机的各个组成部件的相关知识，并列举了一个微型计算机组装的实例。此外，介绍了在裸机上安装 Windows XP 操作系统以及微型计算机故障检测与维护等内容。

## 习　题

1．计算机由哪几部分组成？各部分的作用是什么？

2．简述计算机的工作原理。

3．存储器的容量单位有哪些？相互间的关系如何？

4．试说明软件系统和系统软件的区别。

5．试说明机器语言、汇编语言和高级语言的特点。

6．进行下列数的数制转换。

（1）$(217)_D = (\quad\quad)_B = (\quad\quad)_H = (\quad\quad)_O$

（2）$(57.625)_D = (\quad\quad)_B = (\quad\quad)_H = (\quad\quad)_O$

（3）$(2A3E)_H = (\quad\quad)_B = (\quad\quad)_O$

（4）$(670)_O = (\quad\quad)_H = (\quad\quad)_D$

（5）$(1010111001)_B = (\quad\quad)_O = (\quad\quad)_H$

（6）$(101011.11011)_B = (\quad\quad)_O = (\quad\quad)_H$

7．试写出十进制数 51 和−67 的 16 位原码、反码和补码。

8．简述计算机的构成和各部分的功能。

9．简述主流 CPU 的类型、封装形式和插座。

10．简述 DDR2、DDR3 的种类、特点和作用。

11．微型计算机系统有哪几类总线？

12．简述主流硬盘的规格、特点、技术指标和类型参数。

13．简述显示器、显示卡、电源、键盘、鼠标等设备的特点和评价手段。

# 第3章 操作系统基础

操作系统（operating system，OS）是负责对计算机硬件直接控制及管理的系统软件。操作系统是计算机软件系统中最重要、最基本的系统软件。操作系统是直接控制和管理计算机系统硬件和软件资源，合理地安排计算机的工作流程，方便用户充分而有效地利用计算机资源的程序集合。计算机拥有硬件及软件资源，要对这些资源进行统一管理、调度及分配，必须要有相应的管理程序，操作系统就是具有这一功能的管理程序。

计算机系统由硬件系统和软件系统组成，与之对应，计算机系统的资源包括硬件资源和软件资源两大部分。硬件资源包括中央处理器（CPU），存储器（主存储器和各种辅助存储器）和各种输入输出设备。软件资源又称为信息资源，包括各种程序、数据、程序库、数据库系统和共享文件等，存放在存储器中供用户使用。操作系统就是要建立用户与计算机之间的接口而为裸机配置的一种系统软件。

## 3.1 操作系统概述

操作系统是系统软件的核心，是扩充裸机的第一层系统软件，其他软件都在操作系统支持下工作。若操作系统遭到破坏，计算机就无法正常工作，甚至根本不能工作。操作系统又是用户和计算机的接口，每个用户都是通过操作系统来使用计算机的。用户通过操作系统使用计算机，计算机又通过操作系统将信息反馈给用户。每个程序都要通过操作系统获得必要的资源以后才能执行。例如，程序执行前必须获得内存资源才能装入，程序执行要依靠处理器，程序在执行时需要调用子程序或者使用系统中的文件，执行过程中可能还要使用外部设备输入输出数据，这些工作都是由操作系统完成的，操作系统将根据用户的需要，合理而有效地进行资源分配。

操作系统的主要部分驻留在主存储器中，通常把这部分称为系统的内核或者核心。从资源管理的角度来看，操作系统的功能分为处理机管理、存储管理、设备管理、文件管理等。

处理机管理负责调度 CPU 资源。在多道程序的环境中，处理机分配的主要对象是进程（进程是指程序在并发环境下的一次运行过程），操作系统通过进程调度选择一个合适的进程分配处理机。进程管理包括进程控制、进程同步与互斥、处理机调度、进程通信、死锁检测和处理等。存储管理包括内存分配、内存保护、地址映射和内存扩充等。设备管理包括缓冲管理、设备分配、设备驱动、设备独立性和虚拟设备等。文件管理包括文件存储空间管理、目录管理和文件保护管理等。

### 3.1.1 操作系统的地位和历史

**1. 操作系统的地位**

操作系统是计算机系统中的最重要、最基本的系统软件。从资源管理的观点来看，它是计算机系统中的资源管理器（程序），它负责对系统的硬、软件资源实施有效的控制和管理，提高系统资源的利用率。从方便用户使用的观点来看，操作系统是一台虚拟机，它是计算机硬件的首次扩充，掩盖了硬件操作的细节，使用户或程序员与硬件细节隔离，从而方便了用户的使用。

计算机系统是分层次的，最低层是未配置任何软件的硬件裸机，硬件之上是软件，软件又分为若干层次，最低层是操作系统。操作系统是覆盖在裸机之上的第一层软件，它直接控制、管理各种硬件资源。所以操作系统是整个计算机系统的控制管理中心。OS 作为接口的层次示意图如图 3-1 所示。

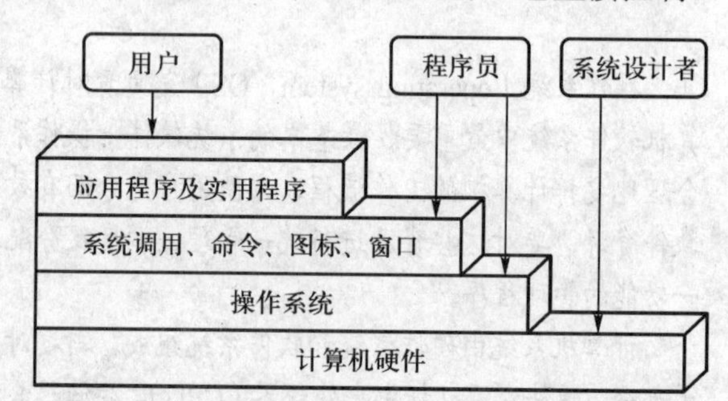

图 3-1 OS 作为接口的层次示意图

一个计算机系统可以看成是由硬件和软件按层次结构组成的系统，自底向上各层是：硬件层、操作系统层、语言处理程序层、应用程序层。

① 一般用户的观点来看，操作系统是用户与计算机硬件系统之间的接口。用户并不直接与计算机硬件打交道，而是通过操作系统提供的命令、系统功能调用以及图形化接口来使用计算机。

② 从资源管理的观点来看，操作系统是计算机资源的管理者。处理机的分配和控制，内存的分配和回收，I/O 设备的分配和处理，文件的存取、共享和保护工作都是由操作系统完成的。

③ 从虚拟机的观点来看，操作系统是扩充裸机功能的软件。在裸机（即没配置任何软件的计算机系统）上覆盖了操作系统后，裸机将变成一台功能更强大、使用更方便的虚拟机。

④ 从任务组织的观点来看，操作系统是计算机工作流程的组织者。它负责在众多作业间切换处理机，并协调它们的推进速度，从而进一步提高系统的性能。

**2. 操作系统的历史**

操作系统的历史在某种意义上来说也是计算机的历史。操作系统提供对硬件控制的调用和应用程序所必需的功能。

（1）背景

早期的计算机没有操作系统。用户有单独的机器，用户会带着记录有程序和数据的卡片（punch card）或较后期的打孔纸带去操作机器。程序读入机器后，机器就开始工作直到程序停止。由于程序难免有误，所以机器通常都会中途崩溃。程序一般通过控制板的开关和状态灯来调试。

后来，机器引入帮助程序输入输出等工作的代码库，这是现代操作系统的起源。然而，机器每次只能执行一件任务。在英国剑桥大学，这些任务的磁带从前是排成一排挂在衣钩上的，衣钩的颜色代表任务的优先级。

概念意义上的操作系统和通俗意义上的操作系统差距越来越大。通俗意义上的操作系统为了方便而把最普通的包和应用程序的集合包括在操作系统内。随着操作系统的发展，一些功能更强的“第二类”操作系统软件也被包括进去。在今天，如果操作系统没有图形界面和各种文件浏览器，则它已经不能称为一个真正的操作系统了。

（2）大型计算机时代

早期的操作系统非常多样化，生产商生产出针对各自硬件的系统。每一个操作系统都有不同的命令模式、操作过程和调试工具，即使它们来自同一个生产商。最能反映这一状况的是，厂家每生产一台新的机器都会配备一套新的操作系统。这种情况一直持续到20世纪60年代，IBM公司开发了System/360系列机器。尽管这些机器在性能上有明显的差异，但是它们有统一的操作系统——S/360。S/360的成功陆续地催化出MFT、MVT、SVS、MVS、MVS/XA、MVS/ESA、S/390和z/S。

（3）小型计算机和UNIX的崛起

UNIX操作系统是由AT&T公司开发出来的。由于它的早期版本是完全免费的，可以轻易获得并随意修改，所以它得到了广泛的接受。后来，它成为开发小型计算机操作系统的起点。由于早期的广泛应用，它已经成为的操作系统的典范。

（4）个人计算机时代

微处理器的发展使计算机的应用普及至中小企业和个人爱好者。而计算机的普及又推动了硬件公共接口的发展（如S-100，SS-50，Apple II，ISA和PCI总线），并逐渐地要求有一种“标准”的操作系统去控制它们。在这些早期的计算机中，主要的操作系统是8080/8085/Z-80 CPU用的Digital Research’s CP/M-80，它建立在数码设备公司Digital Research几个操作系统的基础上，主要针对PDP-11架构。在此基础上又产生了MS-DOS（或IBM公司的PC-DOS）。这些计算机在ROM（只读存储器）都有一个小小的启动程序，可以把操作系统从磁盘装载到内存。

随着显示设备和处理器成本的降低，很多操作系统都开始提供图形用户界面，如UNIX提供的X Window一类的系统、Microsoft Windows系统、苹果公司的Mac系统和IBM公司的OS/2等。

（5）Internet时代的Free OS

1984年，自由软件的倡导者Richard Stallman组织发起了GNU计划，他的目标是创建一套完全自由的操作系统。1993年，Linus Torvalds将Linux奉献给了自由软件，从而使Free OS进入了一个新的阶段，衍生出大量的Linux发行版，进一步促进了计算机的普及和发展。

（6）Microsoft Windows

Microsoft 开发的 Windows 是目前世界上用户最多、且兼容性最强的操作系统。最早的Windows操作系统从1985年就推出了。改进了Microsoft以往的命令、代码系统Microsoft DOS（MS-DOS）。Microsoft Windows是彩色界面的操作系统，支持键盘、鼠标功能。默认的平台是由任务栏和桌面图标组成的。

### 3.1.2 操作系统的功能

#### 1. 操作系统的目标

操作系统是计算机系统中具有一定功能的软件系统。操作系统的目标是方便用户使用计算机系统和提高计算机系统资源利用率。给计算机系统的功能扩展提供支撑平台，使之在追加新的服务和功能时更容易而不影响原有服务与功能。

① 方便性：操作系统使计算机系统更易于使用。

② 有效性：操作系统使计算机资源的使用更有效，即使资源的利用率更高。

③ 可扩充性：操作系统必须能方便地开发、测试和引进新的系统功能，以适应计算机硬件和体系结构的迅速发展以及应用不断扩大的要求。

④ 开放性：操作系统必须能提供统一开放的环境，以使其应用在不同的系统中具有可移植性，并使不同的系统能够通过网络进行集成，从而能正确、有效地协同工作。

**2. 接口功能**

（1）作业级接口

作业：用户上机所做的一系列顺序相关的工作。一道作业由若干顺序相关的作业步骤构成。例如，上机编程要经历如图 3-2 所示的步骤。

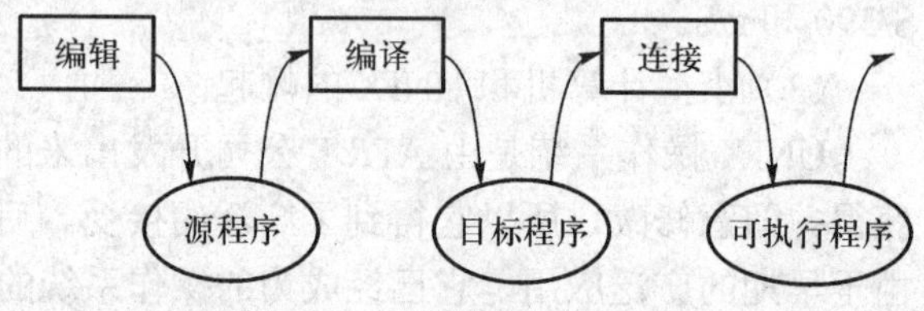

图 3-2　上机编程主要步骤

以上作业的工作流程要由用户按自己的需求进行控制，因此要提供给用户控制作业工作流程的手段，这是由操作系统提供的，称为作业级接口。作业级接口由一组用户可直接使用控制作业运行的命令和命令解释器构成。该接口又可进一步分为联机用户接口和脱机用户接口。

（2）程序级接口

操作系统提供的程序级接口由一组系统功能调用命令以及完成这些命令的程序模块组成。为方便用户编程，提高编程效率，规范编程，操作系统提供了完成某些通用功能的程序，供用户在开发应用程序时调用。不同的操作系统提供了不同的系统功能调用以及调用方式，如 DOS 系统功能调用主要是进行硬件驱动，以软中断 INT 21H 的方式提供。

Windows 中的系统功能调用要比 DOS 丰富，且层次要高，不只局限于硬件驱动，以用户可在编程语言中使用的应用编程接口函数的方式提供，称为 API（Application Programming Interface）。使用 Windows 的 API 函数，可以提高编程效率，并规范 Windows 环境下的编程，如可开发具有统一风格的应用程序窗口界面，这会使得软件用户能很快熟悉该软件的窗口界面而不必重新学习。

**3. 资源管理**

计算机系统中的资源包括硬件资源和软件资源。

硬件资源有：处理机、存储器、外部设备。

软件资源有：程序和数据。

（1）处理机管理

处理机的任务是运行程序，我们把程序在某个数据对象上的一次运行过程称为进程，处理机管理又称为进程管理。

在单处理机系统中，程序有两种运行方式：单道程序顺序执行，多道程序并发执行。

单道程序顺序执行：要执行的多个程序按一定次序依次执行，一个程序运行完毕才能运行下一个程序，即在一个程序运行期间不插入运行其他程序。这种运行方式的优点是实现简单，不需要在多个进程之间进行转换；缺点是资源利用率低。

多道程序并发执行：在内存中同时存放多道程序，按一定策略调度多道程序交叉运行，形成“微观上串行、宏观上并行”的情况。这使得处理机和设备可以并行工作，当某个进程在进行输入输出操作时，可以同时有另一个进程在处理机上进行计算。

（2）存储管理

计算机系统采用了冯·诺依曼提出的存储程序原理，即把要运行的程序先一次性存放在存储器中，然后由处理机自动从存储器中依次取出程序指令运行，处理机的运行过程就是不断地取指令、执行指令循环往复的过程，每次取一条指令，执行一条指令。存储器是计算机系统中的重要资源与处理机一起称为计算机系统中的主机。

在多道程序环境中，要在内存中同时存放多道程序，则必须对内存进行合理管理以保证程序的顺利运行，并提高内存的利用率。

操作系统提供的存储管理功能包括：内存分配、地址转换、内存保护、内存扩充等。

（3）设备管理

设备管理的任务是：接受用户程序提出的I/O请求，为用户程序分配I/O设备；使CPU和I/O设备并行操作，提高CPU和I/O设备的利用率；提高I/O速度，方便用户程序使用I/O设备。为完成以上任务，操作系统的设备管理子系统应该具有设备分配、缓冲管理、设备驱动、设备无关性等功能。

设备无关性又称设备独立性，即用户编写的应用程序与实际使用的物理设备无关。用户编写的应用程序中不直接指定使用哪台具体的物理设备，而是使用操作系统提供的逻辑设备，然后由操作系统把用户程序中使用的逻辑设备映射到具体的物理设备，实施具体的I/O操作。这样做的一个明显好处是用户应用进程的运行不取决于某台具体物理设备的状态，而由操作系统为其分配一台合适的设备完成I/O操作，这样会避免出现有设备可用但进程却无法运行的情况。

（4）文件管理

计算机系统中的软件资源（程序和数据的集合）不是一次性用品，不是用了一次后就再也不用了，而是要反复利用的，因此要永久保存（相对于内存的暂时存储而言）起来，如银行中的存贷款数据、学校的学籍管理软件中的学籍数据等。软件资源以文件的形式存放在外部存储介质中，供用户反复使用。

操作系统中对文件进行管理的子系统称为文件系统，文件系统的任务是：为用户提供一种简便的、统一的存取和管理文件的方法（对用户而言，按名存取是一种简便的存取文件的手段）；实现文件的共享；维护文件的秘密和安全。

文件管理功能包括：文件存储空间的管理、目录管理、文件操作、文件的存取权限控制。

根据以上所述操作系统的功能，我们可以给操作系统下一个描述性的定义：操作系统是一个软件系统，它控制和管理计算机系统内各种硬件和软件资源，提供用户与计算机系统之间的接口。

### 3.1.3 操作系统的发展过程

#### 1. 无操作系统时代

在无操作系统时代，人们采用手工方式使用计算机，用户一个挨一个地轮流使用计算机。

每个用户的工作过程大致是：先把程序纸带（或卡片）装到输入机上，然后启动输入机把程序和数据输入计算机存储器，接着利用控制台开关启动程序开始执行。计算结束，用户取走打印出来的结果，并卸下纸带。

在这个过程中，需要人工装卸纸带、人工控制程序运行。手工操作速度相对于计算机的运行速度而言是很慢的，因此在使用计算机完成某一工作的整个过程中，手工操作时间占了很大的比例，而计算机运行时间所占比例较小，这就形成了明显的人机矛盾，致使计算机资源利用率很低，从而使计算机工作效率很低。在早期计算机运行速度较慢的时候，这种状况还是可以容忍的。

**2. 单道批处理系统**

单道批处理系统在当时称为监督程序，是操作系统的雏形。监督程序常驻内存，在它的控制下，实现了作业的自动过渡，从而去掉了原先作业过渡时的手工操作。此时，出现了汇编语言、高级语言编程工具。每一种语言编译程序（如汇编语言或某种高级语言的编译程序)、实用程序（如链接程序）都作为监督程序的子例程，当需要用到它们时由监督程序进行调用。

操作员把一批作业装到输入设备上（纸带输入机/卡片阅读机)，然后由监督程序控制把这批作业输入到磁带上，之后在监督程序的控制下，使这批作业一个接一个的连续执行，直至磁带上的所有作业运行完毕。

**3. 多道批处理系统**

为了进一步提高资源利用率，从而最终提高系统吞吐量（系统在单位时间内完成的总工作量)，在60年代中期引入了多道程序并发执行技术，从而形成了多道批处理系统。多道程序并发执行的基本思想是：在内存中同时存放多道程序，在操作系统的控制下交替执行。在多道批处理系统中，用户提交的作业都先存放在外存中并排成一个队列（称为后备队列)，然后由作业调度程序按一定的策略从后备队列中选择若干作业调入内存，使它们并发运行，从而共享系统中的各种资源，提高资源利用率，最终提高系统吞吐量。

**4. 分时系统**

在分时系统中，虽然若干用户通过各自的终端共享一台主机，但是在操作系统的管理下，每个用户都感觉自己在独占一台主机。分时系统采用的策略是：基于主机的高速运行，分时为终端用户服务。即主机按一定次序轮流为各终端用户服务，每个用户一次仅使用主机很短的一段时间（称为时间片，毫秒级)，在分得的时间片内若用户没有完成工作则暂时中断，将处理机分配给下一个用户。虽然在一个用户使用主机时其他用户处于等待状态，但是等待的时间很短，用户感觉不到，从而每个用户的各次请求都能得到快速响应，给每个用户的印象是“自己独占一台计算机”。

**5. 实时操作系统**

实时：指对随机发生的外部事件做出及时的相应并对其进行处理。所谓事件是指来自与计算机系统相连接的设备所提出的服务要求和采集数据。“实时”是“立即”的意思。典型的实时操作系统包括过程控制系统、信息查询系统和事务处理系统。实时系统是较少有人为干预的监督和控制系统。其软件依赖于应用的性质和实际使用的计算机的类型。实时系统的基本特征是事件驱动设计，即当接到某种类型的外部信息时，由系统选择相应的程序去处理。

当把计算机用于生产过程的控制，形成以计算机为中心的控制系统时，系统要求能实时采集现场数据，并对所采集的数据进行及时处理，进而自动地控制相应的执行机构，使某些参数（如温度、压力、方位等）能按预定的规律变化。类似地，也可将计算机用于武器的控制，如火炮自动控制系统、飞机的自动驾驶系统以及导弹的制导系统等。通常把要求进行实时控制的系统称为实时控制系统。

通常，我们把要求对信息进行实时处理的系统，称为实时信息处理系统。该系统由一台或多台主机通过通信线路连接成百上千个远程终端，计算机接收从远程终端发来的服务请求，对数据进行检索和处理，并及时将结果反馈给用户。典型的实时信息处理系统有：飞机订票系统、情报检索系统等。实时系统的特征有：及时性、可靠性。

### 3.1.4 操作系统的分类

通常可按计算机的体系结构、运行环境、功能以及服务对象等对操作系统来分类。尽管分类方法多样，但操作系统均属于下列操作系统之一或它们的组合。

**1. 单用户操作系统**

其基本特征是在一台处理机上只能支持一个用户程序的运行，系统的全部资源都提供给该用户使用。目前多数微机上运行的操作系统都属于单用户操作系统。例如，MS-DOS 就是一个典型的单用户微机操作系统，它由三个模块和一个引导程序组成。

**2. 批处理系统**

批处理技术是指在系统中配置一个监督程序，并在该监督程序的控制下，能够对一批作业自动进行处理的一种技术。其基本特征是“批量”，它把系统的处理能力即作业的吞吐量作为主要目标，同时也兼顾作业的周转时间。在批处理系统中，从作业的提交到作业完成大体上分为提交、后备、执行和完成四个阶段。

（1）单道批处理系统：早期采用批处理技术的系统，由于在内存中只能存放一道作业，因而称为单道批处理系统，而其中的监督程序就是操作系统的雏形。

单道批处理系统的处理过程是：首先，操作员将若干个待处理的作业合成一批输入并传送到外存，然后将它们逐个送入内存并投入运行。具体处理是由批处理系统将其中的一个作业调入内存并使之运行，只有一道作业处于运行状态。运行完成或出现错误而无法再进行下去时，输出有关信息并调入下一个作业运行。如此反复处理，直至这一批作业全部处理完毕为止。通过脱机输入和作业的自动过渡，单道批处理系统提高了机器资源的利用率。

单道批处理系统具有以下的特征：

① 自动性：磁带上的一批作业能自动地、逐个地依次运行，无需人工干预。

② 顺序性：作业完成的顺序与它们进入内存的顺序以及作业在磁带上的顺序一致。

③ 单道性：内存中仅能存放一道作业。

（2）多道批处理系统

单道批处理操作系统大大减少了人工操作的时间，提高了机器的利用率。但是对于某些作业来说，当它发出输入/输出请求后，CPU 必须等待 I/O 操作的完成。这就意味着机器空闲，特别是因为 I/O 设备的低速性，从而使机器的利用率很低。为了改善 CPU 的利用率，引入了多道程序设计技术。

在单道批处理操作系统中引入多道程序设计技术就形成了多道批处理操作系统。在多道批处理操作系统中，不仅在主存中可同时有多道作业运行，而且作业可随时（不一定集中成批）被调入系统，并存放在外存中形成作业队列。然后由操作系统按一定的原则从作业队列中调入一个或多个作业进入主存运行。多道批处理操作系统一般用于计算中心的较大型计算机系统中。

多道批处理系统具有以下特征：

① 多道性：内存中可同时存放多个作业。

② 调度性：需通过作业调度从外存中选取若干个作业装入内存，还需通过进程调度在内存的多个作业中分配CPU。

③ 无序性：通常，作业调度的次序与作业在外存中的次序无关，作业完成的次序与作业进入内存的次序也无关。

多道程序设计技术和批处理技术的应用，使多道批处理系统具有资源利用率高和系统吞吐量大的优点。但是，多道批处理系统将用户和计算机操作员分开，而且用户作业要排队，依次进行处理，故又存在用户无法直接与自己的作业进行交互和作业的平均周转时间（指作业从进入系统开始，直至作业完成并退出系统为止所经历的平均时间）较长的缺点。

**3. 分时系统**

为了解决批处理系统无法进行人机交互的问题，并使多个用户（包括远程用户）能同时使用昂贵的主机资源，又引入了分时系统。

分时系统是指在一台主机上连接有多个带显示器和键盘的终端，同时允许多个用户通过自己的终端以交互方式使用计算机，共享主机中的资源。

分时系统的关键问题是使用户能与自己的作业进行交互，或者说，它追求的主要目标是系统能及时响应用户的终端命令。为此，系统中采用了分时技术，即把处理机的时间划分成很短的时间片，轮流地分配给各个终端作业使用。若在分配给它的时间片内，作业仍没执行完，它也必须将CPU交给下一个作业使用，并等下一轮得到CPU时再继续执行。这样，系统便能及时地响应每个用户的请求，从而使每个用户都能及时地与自己的作业交互。

实现分时操作系统有下述几种方法：

（1）简单分时操作系统

在简单分时操作系统中，内存中只有一道程序作为现行作业，其他作业仍在外存上。为使系统能及时响应用户请求，规定每个作业在运行一个时间片的时间后便暂停运行，由系统将它调至外存（调出），再从外存上选一个作业装入内存（调进），作为下一个时间片的现行作业投入运行。若在不太长的时间内能使所有的作业都运行一个时间片，即在指定时间内每个用户作业都一定能运行，这就能使终端用户与自己的作业进行交互，从而保证每个用户请求都能获得及时响应。

（2）具有“前台”和“后台”的分时操作系统

为了改善系统性能，引入了所谓“前台”和“后台”的概念。这里，把内存划分为“前台”和“后台”两部分。“前台”存放按时间片调出/调进的作业流，其工作方式同前；“后台”部分存放批处理作业。仅当“前台”正在调进/调出或无调进/调出作业流时，才运行“后台”的批处理作业，并给它分配更长的时间片。

（3）基于多道程序设计的分时操作系统

为进一步改善系统性能，在分时操作系统中引入多道程序设计技术。在内存中可同时装入多道程序，每道程序无固定位置，对小作业可多装入几道程序，对一些较大作业则少装入几道程序。系统把所有具备运行条件的作业排成一个队列，使它们依次地获得一个时间片来运行。当系统中除了有终端型用户作业外，还有批处理作业时，应赋予终端型作业较高的优先权，并将它们排成一个高优先权队列，而将批处理作业另外排成一个队列。平时轮转运行高优先权队列的作业，以保证终端用户的请求能获得及时响应，仅当该队列为空时，才运行批处理队列中的作业。

分时系统具有以下特征：

① 多路性：一台主机上连有多个终端，能同时为多个用户服务。

② 独立性：各个用户像独占主机一般，独立工作，互不干扰。

③ 及时性：系统按人们所能接受的等待时间及时响应用户的请求。

④ 交互性：能进行广泛的人机交互。

**4. 实时系统**

实时系统是指系统能及时（或即时）响应外部事件的请求，在规定的时间内完成对该事件的处理，并控制所有实时任务协调一致地运行，实时的含义是指计算机对于外来信息能够以足够快的速度进行处理，并在被控制对象允许的时间范围内作出快速响应。实时操作系统可以分成如下两类：

（1）实时控制系统

通常是指以计算机为中心的生产过程控制系统，又称为计算机控制系统。在这类系统中，要求实时采集现场数据，并对它们进行及时处理，进而自动地控制相应的执行机构，使某参数（如温度、压力、流量等）能按预定规律变化或保持不变，以达到保证产品质量、提高产量的目的。

（2）实时信息处理系统

通常是指对信息进行实时处理的系统。这类系统要求及时接收从终端（包括远程终端）发来的服务请求，按请求的内容对信息进行检索和处理，并在很短的时间内为用户做出正确的回答。典型的实时信息处理系统有证券交易系统、飞机订票系统和情报检索系统等。

实时系统与分时系统特征的比较：

① 多路性：实时信息处理系统与分时系统一样具有多路性，即系统能同时为多个终端用户服务；而实时控制系统也具有多路性，它主要表现在系统经常对多路的现场信息进行采集，以及对多个对象或多个执行机构进行控制。

② 独立性：实时信息处理系统与分时系统一样具有独立性，每个终端用户可独立地向实时系统提出服务请求，彼此互不干扰；而实时控制系统对信息的采集和对象的控制也能独立进行、彼此互不干扰，因此也具有独立性。

③ 及时性：实时信息处理系统对及时性的要求与分时系统类似，都是以人所能接受的等待时间来确定的；而实时控制系统的及时性通常高于分时系统，它是以控制对象所能接受的等待时间来确定的，一般要求秒级、毫秒级甚至微秒级的响应时间。

④ 交互性：实时信息处理系统虽然也具有交互性，但其交互性通常不及分时系统，这里人

与系统的交互，仅限于访问系统中某些特定的专用服务程序。它不像分时系统那样能向终端用户提供数据处理、资源共享等多方面的服务。

⑤ 可靠性：分时系统也要求系统可靠，但相比之下，实时系统则要求系统高度可靠。因为任何差错都可能带来巨大的经济损失，甚至无法预料的灾难性后果。因此，在实时系统中，常采用多级容错措施来保障系统和数据的安全性。

实时系统的主要特点是专用性强、种类多，而且用途各异。应用实时系统通常应考虑实时时钟管理、连续人机对话、过载防护、高可靠性四个方面的问题。

批处理操作系统、分时操作系统和实时操作系统是三种基本的操作系统类型。如果一个操作系统兼有批处理、分时处理和实时处理系统三者或其中两者的功能，那就形成了通用操作系统。

#### 5. 网络操作系统

网络操作系统就是在计算机网络环境下具有网络功能的操作系统。

① 计算机网络就是一个数据通信系统，它把地理上分散的计算机和终端设备连接起来，达到数据通信和资源共享的目的。

② 网络操作系统应具有通常操作系统具有的处理机管理、存储管理、设备管理和文件管理的功能，还应具有实现网络中各结点之间的通信，实现网络中硬、软件资源共享，提供多种网络服务软件，提供网络用户的应用程序接口等功能。

#### 6. 分布式操作系统

① 分布式计算机系统是由多台计算机组成的系统。在系统中，任意两台计算机之间可以利用通信来交换信息，各台计算机之间无主次之分；系统中的资源为系统中的所有用户共享，若干台计算机可以相互合作共同完成同一个任务。

② 分布式系统的主要特点是各结点的自治性、资源共享的透明性、各结点的协同性、系统的坚定性。

③ 分布式操作系统的主要缺点是系统状态的不精确性、控制机构的复杂性以及通信开销会引起性能的下降。

#### 7. 并行操作系统

多处理机系统是由多台处理机组成的计算机系统。多处理机系统可分成两大类：基于共享存储的多处理机系统（也称为紧耦合多处理机系统）和基于分布存储的多处理机系统（也称为松耦合多处理机系统)。多处理机系统也称为并行计算机系统，它所使用的操作系统称为并行操作系统。

### 3.1.5 操作系统的特性

虽然不同操作系统具有各自的特点，但它们都具有以下 4 个基本特性。

#### 1. 并发

并发性和并行性是既相似又有区别的两个概念。并行性是指两个或多个事件在同一时刻发生；而并发性是指两个或多个事件在同一时间间隔内发生。在多道程序环境下，并发性是指宏观上在一段时间内有多道程序在同时运行。但在单处理机系统中，每一时刻仅能执行一道程序，故微观上这些程序是在交替执行。程序的并发执行能有效改善系统资源的利用率，但会使系统复杂化，因此，操作系统必须具有控制和管理各种并发事件的能力。

2. 共享

资源共享是指系统中的硬件和软件资源不再为某个程序所独占，而是供多个用户共同使用。并发和共享是操作系统的两个最基本的特性，二者之间互为存在条件。一方面，资源的共享是以程序的并发执行为条件的，若系统不允许程序的并发执行，自然不存在资源共享问题；另一方面，若系统不能对资源共享实施有效的管理，也必将影响到程序的并发执行，甚至根本无法并发执行。

3. 虚拟

在操作系统中，虚拟是指把一个物理上的实体变为若干个逻辑上的对应物，前者是实际存在的，后者是虚的，只是用户的一种感觉。例如，在操作系统中引入多道程序设计技术后，虽然只有一个 CPU，每次只能执行一道程序，但通过分时使用，在一段时间间隔内，宏观上这台处理机能同时运行多道程序。它给用户的感觉是每道程序都有一个 CPU 在为它服务。亦即，多道程序设计技术可以把一个物理上的 CPU 虚拟为多个逻辑上的 CPU。

4. 不确定性

在操作系统中，不确定性有两种含义。

① 程序执行结果是不确定的，即对同一程序，使用相同的输入，在相同的环境下运行却可能获得完全不同的结果，亦即程序是不可再现的。

② 多道程序环境下程序的执行是以异步方式进行的，换言之，每个程序在何时执行，多个程序间的执行顺序以及完成每道程序所需的时间都是不确定的，因而也是不可预知的。

### 3.1.6 操作系统的组织结构

操作系统是一个大型的系统软件，其内部的组织结构已经历了四代的变革。

1. 整体式系统

该设计模式是把操作系统组织成一个过程（模块）集合，任一个过程可以调用其他过程。其优点是不强调信息的隐蔽，而且过程之间的调用不受任何约束。操作系统内部不存在任何结构，因此也叫无结构操作系统。采用这种结构的操作系统不仅调试和维护不方便，而且其可读性和可扩充性都较差。

2. 模块化结构

模块化结构中采用了模块化程序设计技术，将操作系统按其功能划分成若干个具有一定独立性和大小的模块，并规定好各模块间的接口，使得它们之间能够交互，对较大的模块还可进一步细化为若干个子模块。采用这种结构可加速操作系统的研制过程。操作系统设计的正确性高、可适应性好，但模块的划分和接口的规定较困难，而且模块间还存在着复杂的依赖关系，使操作系统结构变得不够清晰。

3. 分层式结构

分层式结构操作系统的设计思想是：按照操作系统各模块的功能和相互依存关系，把系统中的模块分为若干层次，其中任一层（除底层模块）都建立在它下面一层的基础上，每一层仅使用其下层所提供的服务。

分层式结构是对模块化结构的一种改进，它将操作系统中的模块按调用次序以及其他一些原则划分为若干个层次，每一层代码只能使用较低层代码提供的功能和服务，并采用自底向上或自顶向下增添软件的方法来研制操作系统。由它将模块之间的复杂依赖关系改为单向依赖关系，并消除了某些循环依赖关系，因此能使操作系统结构变得非常清晰，从而使系统的调试和验证更方便，正确性更高。

**4. 微内核结构**

微内核的主要思想是：在操作系统内核中只留下一些最基本的功能，而将其他服务尽可能地从内核中分离出去，用若干个运行在用户态下的进程（即服务器进程）来实现，形成所谓的“客户/服务器”模式。普通用户进程（即客户进程）可通过内核向服务器进程发送请求，以取得操作系统的服务。采用微内核结构，不仅提高了系统的灵活性和可扩充性，还增加了系统的可靠性。微内核结构的另一个优点是它比较适用于分布式系统。

在现代 OS 的设计中，常常还融入面向对象的程序设计技术。它利用被封装的数据结构和一组对数据结构进行操作的过程来表示系统中的某个资源，这样可使资源的管理因一致而简化。当前广泛使用的 Windows 操作系统，就采用了微内核的结构，同时融入了面向对象的程序设计技术。

微内核结构是 20 世纪 90 年代发展起来的。其基本思想是：把操作系统中的基本功能模块组织为微内核，其他功能模块尽量放到核外，通过调用微内核来实现。微内核结构是对传统内核的提炼，它有如下优点：简化内核代码维护工作，结构灵活，安全性高，方便移植。

现代操作系统从内部结构来分析，通常包括内核和核外两部分。

（1）操作系统的内核

操作系统在整体上处于硬件与应用程序之间，其顶层是应用程序。操作系统的内核是对硬件的首次扩充，是实现操作系统各项功能的基础。操作系统内核部分是指在系统保护好的运行环境，所以它将一些与硬件密切相关的模块、运行频率较高的模块、关键性的数据结构以及公共的基本操作模块等纳入内核，并使之常驻内存，以提高操作系统的效率。传统操作系统的内核常见的功能模块有：进程、线程及其管理，存储管理，设备管理和文件系统。

操作系统的内核有两种组织形式：

强内核：是基于传统的集中式操作系统的内核结构。其系统调用是通过陷入内核实现的，在内核完成所需要的服务，最后返回结果给用户程序。

微内核：是一种新的结构组织形式。它体现了操作系统结构设计的新思想。微内核的设计目标是使操作系统的内核尽可能小，使其他所有操作系统服务都放在核外。微内核几乎不做工作，仅仅提供 4 种服务：进程间通信机制、某些存储管理、有限的低级进程管理和调度、低级 I/O。微内核的优点是灵活性好、开放性好和扩充性好。未来的发展趋势很可能是微内核逐步占据统治地位，而强内核最终会消失或者演变成微内核系统。微内核技术与客户-服务器模式的结合是网络操作系统、分布式操作系统的新形式，Windows NT 就是这种结合的一个良好范例。

（2）操作系统的核外

操作系统的核外（或外壳）为用户提供各种操作命令（UNIX 把它们称为 Shell 命令）和程序设计环境。核外由 Shell 解释程序、支持程序设计的各种语言（如 C、Pascal 和 BASIC 等）、编译程序和解释程序、实用程序和系统库等组成。

## 3.2 Windows 操作系统基础

Windows 原意是“视窗”的意思，Windows 系统出现之前，电脑上看到的只是枯燥的字幕和数字（DOS 磁盘操作系统），Microsoft 公司开发的“视窗”系统，使我们对电脑的应用更直接，更亲密，更方便。

### 3.2.1 Windows 系统发展

Microsoft 公司从 1983 年开始研制，最初的研制目标是在 MS-DOS 的基础上提供一个多任务的图形用户界面 。第一个版本的 Windows 1.0 于 1985 年问世，它是一个具有图形用户界面的系统软件。1987 年推出了 Windows 2.0 版，最明显的变化是采用了相互叠盖的多窗口界面形式。但这一切都没有引起人们的关注，直到 1990 年推出的 Windows 3.0 是一个重要的里程碑，它以压倒性的商业成功确定了 Windows 系统在 PC 领域的垄断地位。现今流行的 Windows 窗口界面的基本形式也是从 Windows 3.0 开始确定的。1992 年为改进 Windows 3.0 存在的缺点推出了 Windows 3.1，为程序开发提供了强大的窗口控制能力，使 Windows 环境下运行的应用程序具有了风格统一、操纵灵活、使用简便的用户界面。

Windows 操作系统家族是 Microsoft 公司的核心产品之一，其产品还包括 Windows 95、Windows 98、Windows Me 等桌面型操作系统以及 Windows NT、Windows 2000 服务器操作系统。Windows 2000 专业版启动界面如图 3-3 所示。

Windows 2000 有 4 个版本：Professional、Server、Advanced Server 和 Datacenter Server。

Windows XP 是 Microsoft 公司发布的一款视窗操作系统，启动界面如图 3-4 所示。

图 3-3　Windows 2000 专业版启动界面

图 3-4　Windows XP 启动界面

Windows Server 2003 是目前 Microsoft 公司推出的使用最广泛的服务器操作系统。

之后是全新的 Windows Vista（以前代号为 Longhorn）。人们可以在 Windows Vista 上对下一代应用程序（如 WinFX、Avalon、Indigo 和 Aero）进行开发创新。Windows Vista 是目前最安全可信的 Windows 操作系统，其安全功能可防止最新的威胁，如蠕虫、病毒和间谍软件。启动界面如图 3-5 所示。

图 3-5　Windows Vista 启动界面

Windows Server 2008 代表了下一代 Windows Server 操作系统。使用 Windows Server 2008，IT 专业人员对其服务器和网络基础结构的控制能力更强，从而可重点关注关键业务需求。Windows Server 2008 通过加强操作系统和保护网络环境，提高了安全性。通过加快 IT 系统的部署与维护，使服务器和应用程序的合并与虚拟化更加简单，并提供直观管理工具。Windows Server 2008 还为 IT 专业人员提供了灵活性。Windows Server 2008 为服务器和网络基础结构奠定了最好的基础。

Windows 7 是微软的新一代操作系统。Microsoft 公司面向公众发布 Windows 7 客户端 Beta 1 测试版，启动界面如图 3-6 所示。

在刚刚发布的 Windows 7 RC 版本中，桌面如图 3-7 所示，已经集成 DirectX 11 和 Internet Explorer 8。

图 3-6　Windows 7 启动界面

图 3-7　Windows 7 RC 中文版界面

DirectX 11 作为 3D 图形接口，不仅支持未来的 DX11 硬件，还向下兼容当前的 DirectX 10 和 10.1 硬件。DirectX 11 增加了新的计算 Shader 技术，可以允许 GPU 从事更多的通用计算工作，而不仅仅是 3D 运算，这可以鼓励开发人员更好地将 GPU 作为并行处理器使用。

① 更加简单：Windows 7 让搜索和使用信息更加简单，包括本地、网络和互联网搜索功能，直观的用户体验将更加高级，还会整合自动化应用程序提交和交叉程序数据透明性。

② 更加安全：Windows 7 包括改进的安全和功能合法性，还会把数据保护和管理扩展到外围设备。Windows 7 将改进基于角色的计算方案和用户账户管理，在数据保护和坚固协作的固有冲突之间搭建沟通桥梁，同时也会开启企业级的数据保护和权限许可。

③ 更好的连接：Windows 7 进一步增强移动工作能力，无论何时、何地，任何设备都能访问数据和应用程序，开启坚固的特别协作体验，无线连接、管理和安全功能将会扩展。性能和当前功能以及新兴移动硬件将得到优化，多设备同步、管理和数据保护功能将被拓展。

④ 更低的成本：Windows 7 帮助企业优化它们的桌面基础设施，具有无缝操作系统、应用程序和数据移植功能，并简化 PC 供应和升级，进一步朝完整的应用程序更新和补丁方面努力。Windows 7 还将包括改进的硬件和软件虚拟化体验，并将扩展 PC 自身的 Windows 帮助和 IT 专业问题解决方案。

⑤ 其他功能：有部分功能本来是为 Vista 而设计的，如 Windows PowerShell 和 Windows FS，虽然他们也会是 Windows 7 的基础部分，但是它们可能会在完成之后才单独发布。现在 Windows PowerShell 已单独发放出来。

Windows 7 有 Sandbox（沙盒）功能接近于在开发 Longhorn 系统时的 Alpha/White Box，所

有非管理代码将会在沙盒系统中运行，这样接入外界将被操作系统控制。对底层的访问将被从沙盒内部禁止，同样还有对文件系统、硬件抽象层（HAL）以及完全内存地址的直接访问。所有对外部应用程序、文件和协议的请求都将被操作系统管理，任何恶意行为都将被立刻中止。如果这一方法成功，它预示着极强的安全和保障。如果恶意软件能被有效地锁在一个玻璃盒中的话，那么它事实上不可能对系统造成任何伤害。

### 3.2.2 Windows 7 应用

#### 1. 文件与文件夹的创建、更名和删除

文件数目较多时，应分门别类存放，如建立如图 3-8 所示的个人文件管理文件夹（以“班级”为文件夹名）。

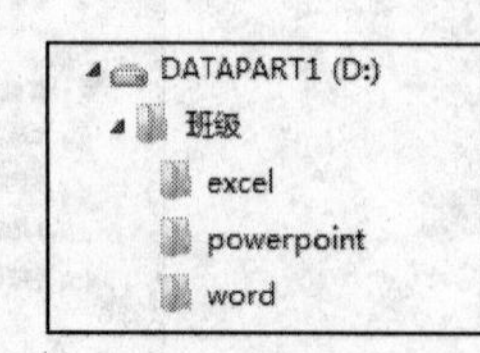


图 3-8 文件夹

**注意：**文件夹尽量不要建在 C 盘，因为 C 盘为系统盘。

操作步骤如下：

① 在桌面上双击“计算机”图标，进入“资源管理器”窗口，如图 3-9 所示。

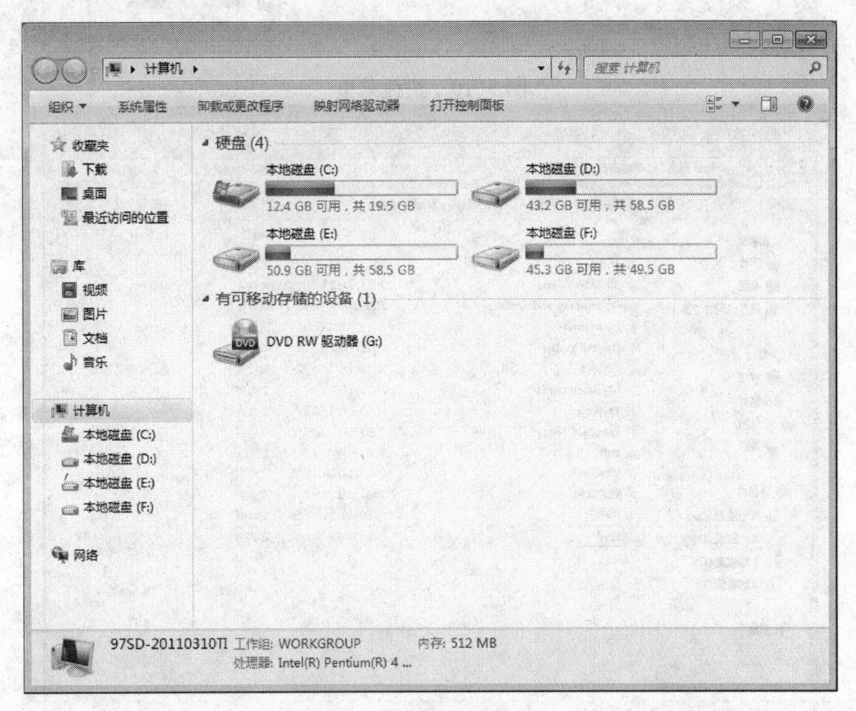


图 3-9 “资源管理器”窗口

② 选择 D 盘，在右窗格的空白处单击右键，在快捷菜单中单击“新建”|“文件夹”命令，如图 3-10 所示。

③ 在“新建文件夹”的方框中输入“班级”，并按 Enter 键，如图 3-11 所示。注意，如果“新建文件夹”方框已不处于输入状态，不能输入名称，可以右击方框，在弹出的快捷菜单中单击“重命名”命令，即可再输入文件夹名。

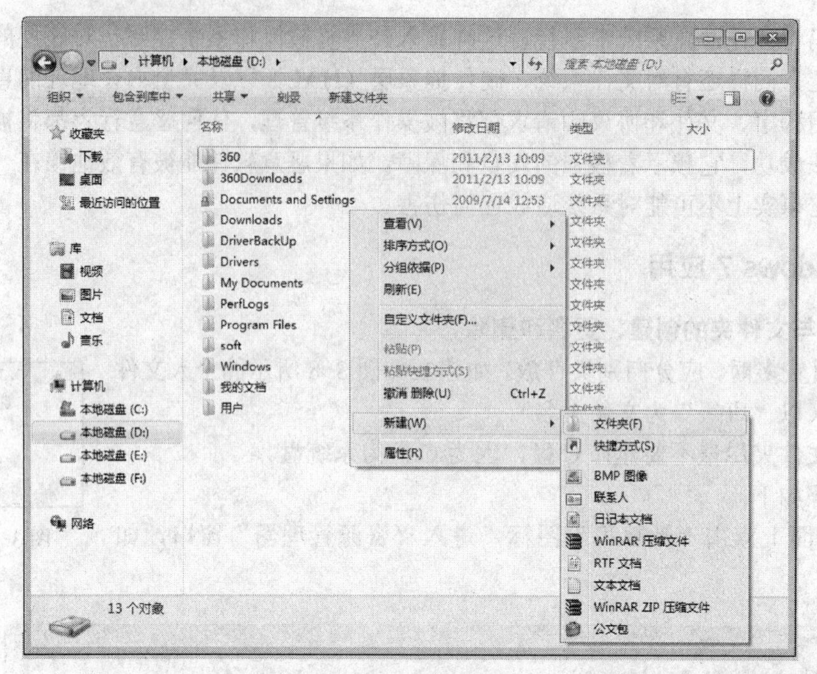


图 3-10　快捷菜单

图 3-11　重命名

④ 在资源管理器的左窗格中选中刚建立的文件夹“班级”，用前面的方法逐个建立子文件夹“word”、“excel”、“powerpoint”，如图 3-12 所示。

文件和文件夹的更名和删除：

① 打开文件夹 D：\班级\powerpoint，右击该文件夹，弹出如图 3-13 所示的快捷菜单，单

击“重命名”命令，即可改变该文件名。

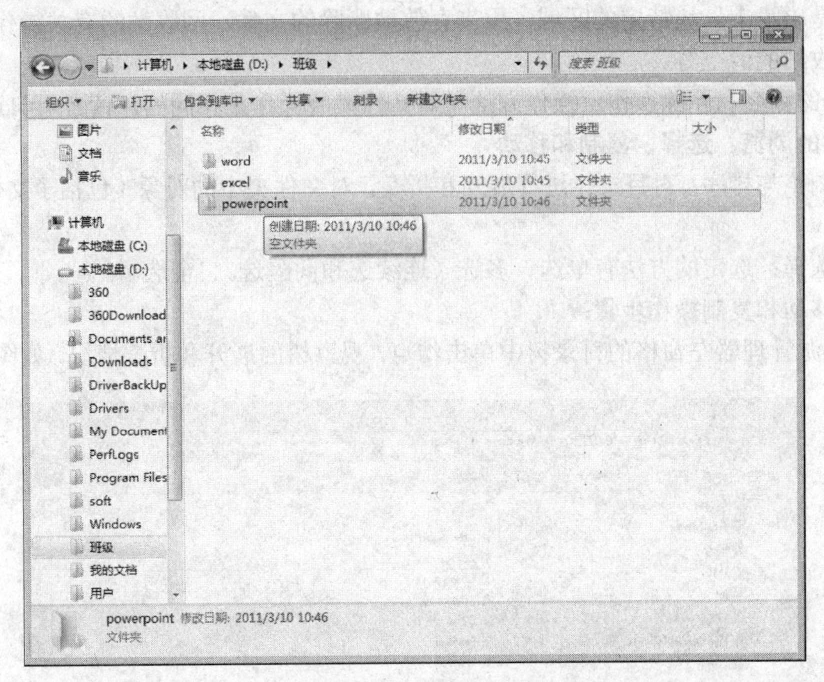


图 3-12　建立子文件夹

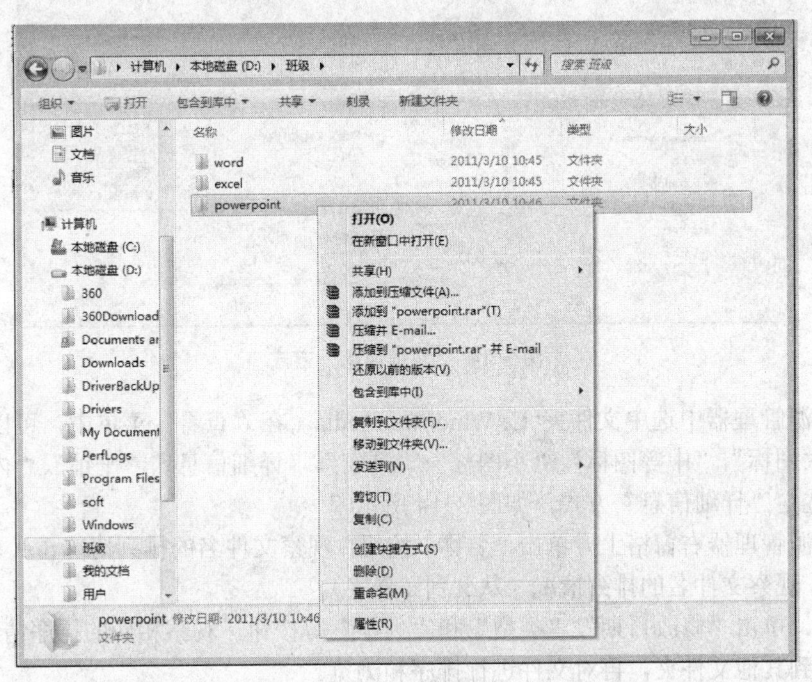


图 3-13　删除功能

② 在图 3-13 中，如单击“删除”命令，即可删除文件；选中文件后按 Delete 键也可以删除文件。这样删除的文件将进入“回收站”，如果需要还可以还原。如果不想让文件进入“回收站”，

则可以按住 Shift 键，再进行删除操作，这样文件将被永久删除，不能恢复。

回收站是磁盘上一块特定的区域，用来存放被删除的文件。回收站的有关操作主要有文件的还原、回收站的清空等。

③ 文件的更名和删除操作，操作方法和对文件夹的操作是相同的，读者可自己试验。

**2. 文件的浏览、选择、复制和移动**

文件的浏览与排序：对目录树进行展开和折叠，对文件夹中的对象（包括子文件夹和文件）进行排序。

对象的选择：选定的方法有单选、多选（连续选和间隔选）、全选。

对象的移动和复制操作步骤：

① 在资源管理器左窗格的目录树中单击结点，观察树的展开和折叠情况，如图 3-14 所示。

图 3-14 “详细信息”方式

② 在资源管理器中选中文件夹 C:\Windows\Media，在“查看”菜单中，可以看到有“超大图标”、“大图标”、“中等图标”、“小图标”、“列表”、“详细信息”、“平铺”、“内容”等 8 种查看方式，选定“详细信息”方式，如图 3-14 所示。

③ 在资源管理器右窗格上方单击“名称”按钮，观察文件名的排列情况（从 a 到 z 升序），再单击一次，观察文件名的排列情况（从 z 到 a 降序）。

④ 同样，单击“修改日期”、“类型”和“大小”等按钮，观察相应的排序情况。

⑤ 定位到其他文件夹，再对文件进行排序和浏览。

文件的选择：

在资源管理器中，选中文件夹 C:\Windows\Media。

① 选定单个文件。在资源管理器右窗格中，单击一个文件夹或文件，该对象被选中。

② 选定连续文件。要选定连续的多个对象，可单击第一个对象，再按住 Shift 键，单击最后一个对象，如图 3-15 所示。

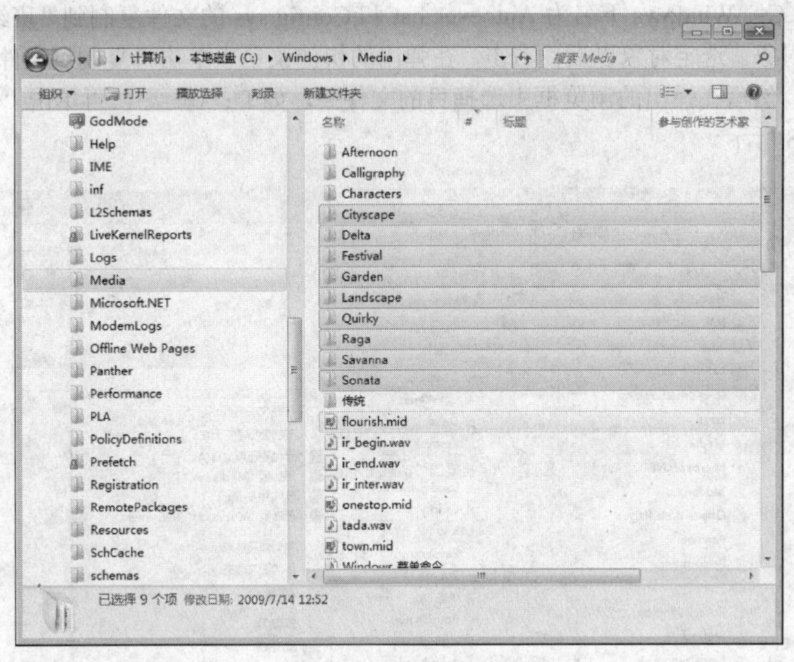


图 3-15 连续选文件

③ 选定不连续文件。要选定不连续的多个对象，可按住 Ctrl 键，再单击各个对象，如图 3-16 所示。

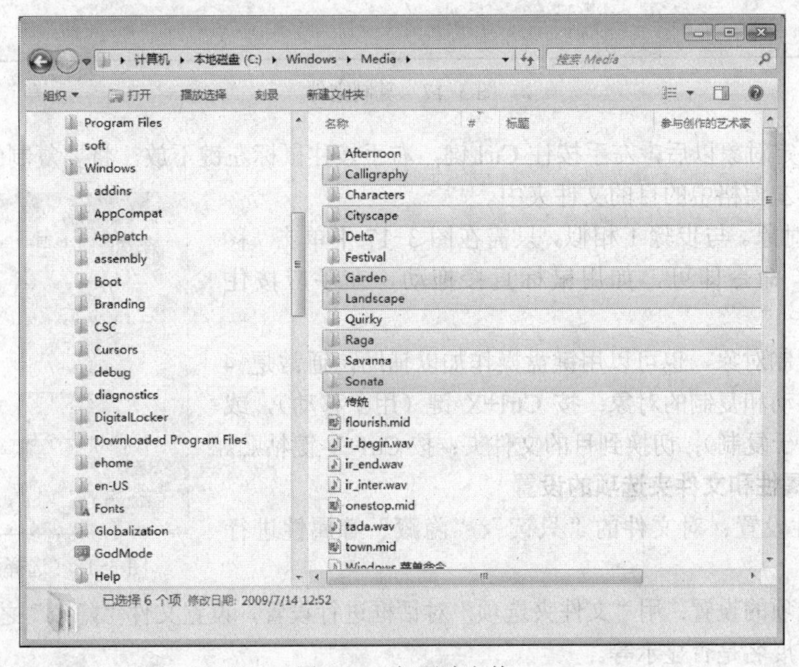


图 3-16 间隔选文件

④ 选定全部文件。单击“组织”|“全选”命令，

文件的复制和移动：

将文件夹 C：\Windows 下名为 Autoexec.bat 和 Config.sys 的文件复制到“班级”文件夹中。

① 复制对象。选定对象以后，右击，在弹出的快捷菜单中单击“复制到文件夹”命令，如图 3-17 所示。然后在弹出的浏览框中选择目的文件夹，如 D：\班级\，再单击“复制”按钮即可，如图 3-18 所示。

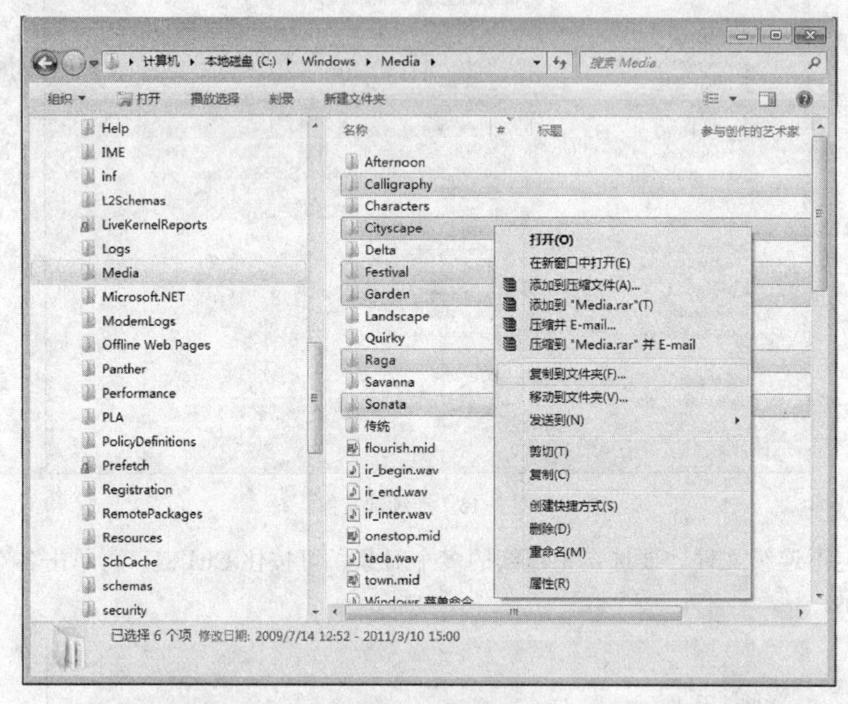


图 3-17　复制文件

也可在选定对象以后，左手按住 Ctrl 键，右手按住鼠标左键不放，将要复制的对象直接拖到资源管理器左窗格中的目的文件夹中。

② 移动对象。与步骤 1 相似，只需在图 3-17 中单击“移动到文件夹”命令即可，如用鼠标直接拖动，左手应按住 Shift 键。

移动和复制对象，也可以用键盘操作加以辅助，通常是 4 步：选定要移动和复制的对象；按 Ctrl+X 键（用于移动），或 Ctrl+C 键（用于复制）；切换到目的文件夹；按 Ctrl+V 键粘贴。

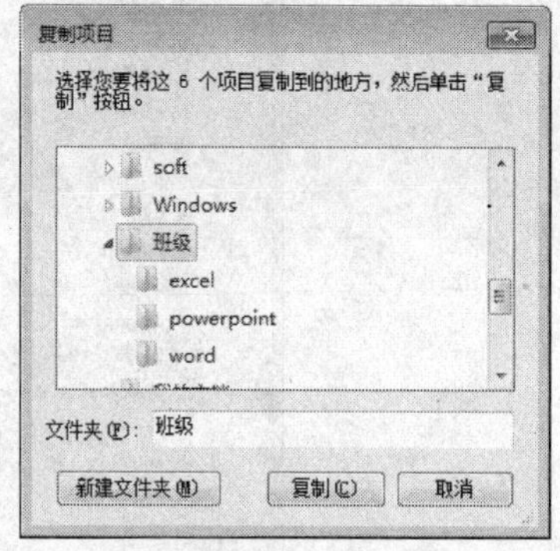


图 3-18　选择目的文件夹

### 3. 文件属性和文件夹选项的设置

文件属性设置：对文件的“只读”、“隐藏”等属性进行设置。

文件夹选项的设置：用“文件夹选项”对话框进行设置，设置文件“隐藏”之后是否显示，文件路径和扩展名是否显示等。

将“班级”文件夹中的文件 Config.sys 设置为“只读”属性，操作步骤如下。

① 在资源管理器右窗格中，右击文件 D: \班级\ Config.sys，弹出如图 3-19 所示的对话框，选择“只读”复选框，再单击“确定”按钮。

② 打开此文件并进行修改，当再次存盘时，屏幕会弹出“另存为”对话框（如图 3-20 所示），必须换一个名字或换一个位置才能保存。所以，“只读”属性有效地保护了原文件。

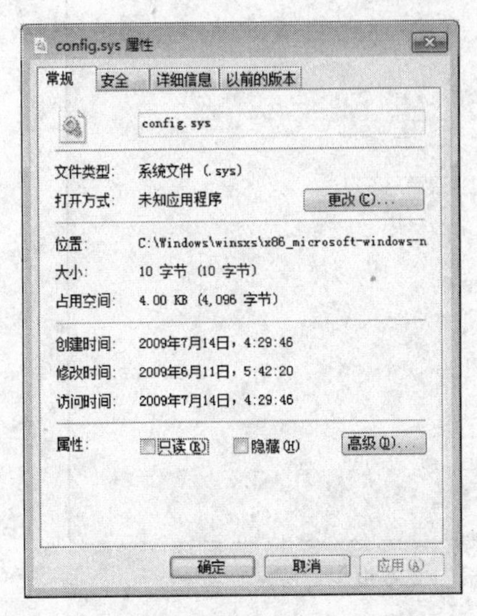


图 3-19　Config.sys 属性设置

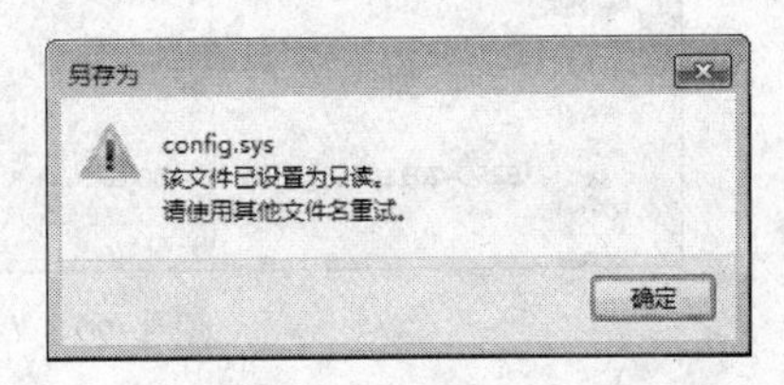


图 3-20　“另存为”对话框

③ 在资源管理器菜单中，单击“组织”|“文件夹和搜索选项”命令，弹出“文件夹选项”对话框，选择“查看”选项卡，如图 3-21 所示。

④ 选择“不显示隐藏的文件、文件夹或驱动器”单选按钮，取消选中“隐藏已知文件类型的扩展名”复选框，单击“确定”按钮退出。

⑤ 在资源管理器中观察各类文件是否都带上了扩展名。

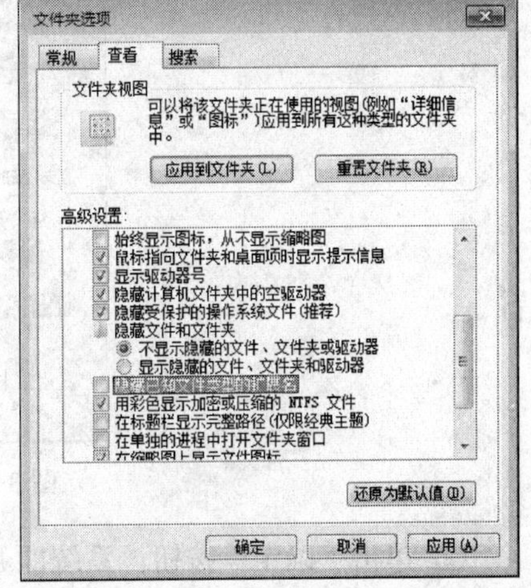


图 3-21　“文件夹选项”对话框

#### 4. 文件的搜索操作

搜索本计算机内的指定文件，并存入前面任务中所建立的“班级”文件夹内。

下面以在 C 盘中搜索以 autoexec.*为文件名的全部文件为例进行描述。

操作步骤：

① 在资源管理器上方右侧的“搜索计算机”文本框中输入 autoexec，如图 3-22 所示，系统将在计算机中自动筛选。如想更改搜索位置，则单击“自定义”命令，在弹出的“选择搜索位置”对话框中选择搜索位置，本例中选择本地磁盘（C:），如图 3-23 所示。

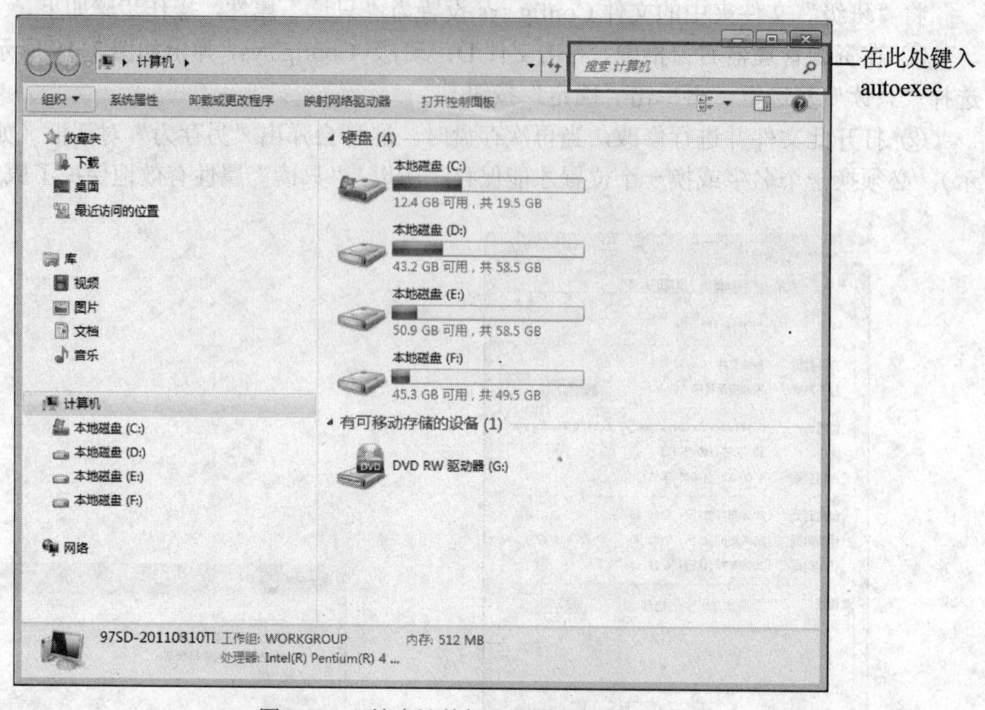


图 3-22 “搜索计算机”文本框

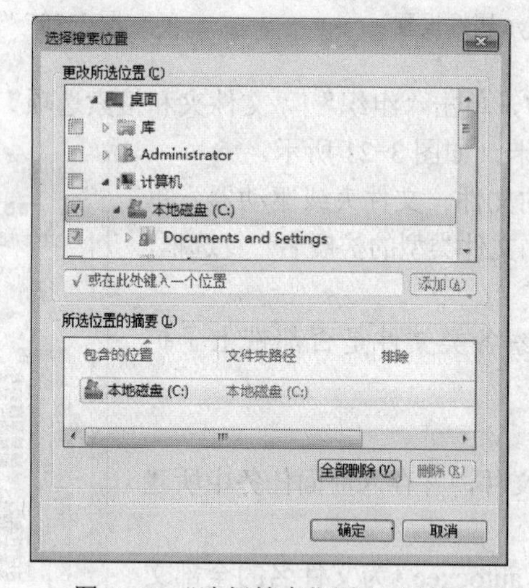


图 3-23 “选择搜索位置”对话框

② 单击“确定”按钮，系统即开始搜索名为 autoexec.*的文件，搜到的文件均列在右窗格中，如图 3-24 所示。

**5. 创建快捷方式**

快捷方式提供了打开应用程序的快捷方便的工具。本任务让读者深入理解快捷方式的本质，掌握建立快捷方式的方法。文件和文件夹都可以建立快捷方式，主要有两种方法。

① 创建桌面快捷方式。例如，在桌面建立画图程序（mspaint.exe）的快捷方式。

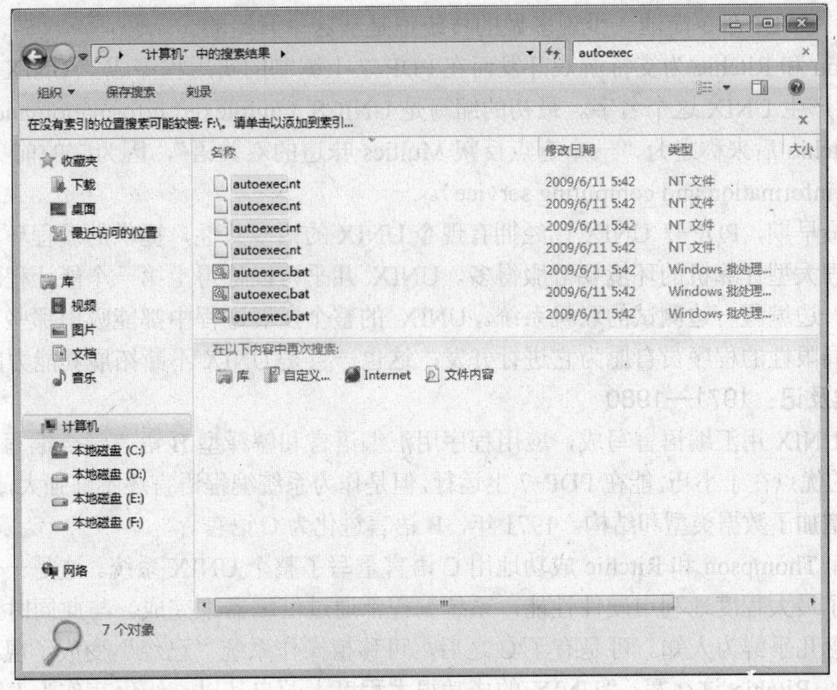


图 3-24　搜索结果

② 创建快捷方式的一般方法。例如，在文件夹 D：\班级中建立画图程序（mspaint.exe）的快捷方式。

## 3.3　UNIX 操作系统基础

UNIX 是一个操作系统的“家族”。UNIX 操作系统从一个非常简单的操作系统发展成为性能先进、功能强大、使用广泛的操作系统，并成为事实上的多用户、多任务操作系统标准。

### 3.3.1　UNIX 发展简史

#### 1. UNIX 的起源及历史：1969—1995

UNIX 的祖辈是小而简单的兼容分时系统 CTSS（compatible time-sharing system），也算是曾经实施过的分时系统的第一代或者第二代了。

UNIX 的父辈是颇具开拓性的 Multics 项目，该项目试图建立一个具备众多功能的操作系统，能够很漂亮地支持大群用户对大型计算机的交互式分时使用。可是，Multics 设计得太完美了，最后因不堪自身重负而崩溃了。但 UNIX 却正是从它的废墟中破壳而出的。

#### 2. 创世纪：1969—1971

UNIX 于 1969 年诞生于贝尔实验室的计算机科学家 Ken Thompson 的头脑中。那时最强大的机器所拥有的计算能力和内存还不如现在一个普通的手机。所谓的大硬盘容量也不超过 1 MB。视频显示终端才刚刚起步，6 年以后才得到广泛应用。最早分时系统的标准交互设备就是 ASR-33

电传打字机。UNIX 命令简洁、少说多做的传统正是从这里开始的。

Thompson 和 Ritchie 为支持游戏开发而在 PDP-7 上编制的实用程序成了 UNIX 的核心。直到 1970 年才产生 UNIX 这个名字。最初的缩写是 UNICS（uniplexed information and computing service），Ritchie 后来称之为“一个有点反叛 Multics 味道的双关语”，因为它的前身是 Multics（multiplexed information and computing service）。

即使在最早期，PDP-7 UNIX 已经拥有现今 UNIX 的诸多共性，提供的编程环境也比当时读卡式批处理大型计算机的环境要舒服得多。UNIX 几乎可以称得上第一个能让程序员直接坐在机器旁，一边编程一边测试的联机系统。UNIX 的整个发展进程中都能吸引那些不堪忍受其他操作系统局限性的程序员自愿为它进行开发，这也一直是 UNIX 不断拓展其能力的模式。

#### 3. 出埃及记：1971—1980

最初的 UNIX 用汇编语言写成，应用程序用汇编语言和解释型 B 语言混合编写。

B 语言的优点在于小巧，能在 PDP-7 上运行，但是作为系统编程语言还不够强大，所以 Dennis Ritchie 给它增加了数据类型和结构。1971 年，B 语言进化为 C 语言。

1973 年，Thompson 和 Ritchie 成功地用 C 语言重写了整个 UNIX 系统。这是一个大胆的举措，那时为了最大程度地利用硬件性能，系统编程都通过汇编器来完成。与此同时，可移植操作系统的概念几乎鲜为人知。可是有了 C 之后，可移植操作系统“已经”变成了现实。

1979 年，Ritchie 这么写：“UNIX 的成功很大程度上源自其以高级语言作为表述方式所带来的可读性、可改性和可移植性。”

UNIX 产业也初露端倪。1978 年，第一个 UNIX 公司（the santa cruz operation，SCO）成立，同年售出第一个商用 C 编译器。

1980 年，西雅图一家还不起眼的软件公司——Microsoft 公司也加入到 UNIX 游戏中，他们把 AT&T 版本移植到微机上，取名为 XENIX 来销售。但是 Microsoft 公司把 UNIX 作为一个产品的热情并没有持续多久。

#### 4. TCP/IP 和 UNIX 内战：1980—1990

在 UNIX 的发展过程中，加州大学伯克利分校很早就成为被关注的焦点。

加州大学伯克利分校早在 1974 年就开始了对 UNIX 的研究，而 Ken Thompson 利用 1975—1976 年的年休在此教学，更对 UNIX 的研究注入了强劲活力。

1977 年，当时还默默无闻的加州大学伯克利毕业生 Bill Joy 管理的实验室发布了第一版 BSD。

到 1980 年，加州大学伯克利分校成了为这个 UNIX 变种积极作贡献的高校子网的核心。有关伯克利 UNIX（包括 vi 编辑器）的创意和代码不断从伯克利反馈到贝尔实验室。

1980 年，美国国防部高级研究计划局（defense advanced research projects agency，DARPA）需要请人在 UNIX 环境下的 VAX 机上实现全新的 TCP/IP 协议栈。

在 1983 年 TCP/IP 实现随 Berkeley 4.2 版发布之前，UNIX 对网络的支持一直是最薄弱的。早期的以太网实验不尽如人意。贝尔实验室开发了一个难看但还能用的工具 UUCP，可在普通电话线上通过调制解调器来传送软件。UUCP 可以在分布很广的机器之间转发邮件，并且（在 1981 年 Usenet 发明后）支持 Usenet。

1981 年，Microsoft 公司同 IBM 就新型 IBM PC 达成了历史性交易。比尔·盖茨从西雅图计算机产品公司（SCP）买下了 QDOS（quick and dirty operating system）。

1983 年，在 DEC 公司取消 PDP-10 的后继机型的“木星”（Jupiter）开发计划后，运行 UNIX 的 VAX 机器开始代之成为主流的互联网机器，直到被 Sun 工作站取代。到 1985 年，已有 25% 左右的 VAX 用上了 UNIX。更主要的是，MIT（Massachusetts Institute of Technology）人工智能实验室以 PDP-10 为中心的黑客文化的消亡激发了 Richard Stallman 开始编制 GNU——一个完全自由的 UNIX 克隆版本。

到 1983 年，IBM PC 可使用不下 6 种 UNIX 通用操作系统：uNETix、Venix、Coherent、QNX、Idis 和运行在 Sritek PC 子板上的移植版本，但是 System V 和 BSD 版本仍然没有 UNIX 移植。IBM PC 上的这些 UNIX 通用操作系统无一取得显著的商业成功，但表明了市场迫切需要运行 UNIX 的低价硬件。

1985 年，Intel 第一枚 386 芯片下线了。它具有用平面地址空间寻址 4 G 内存的能力。笨拙的 8086 和 286 的段寻址旋即废弃。这意味着占据主导地位的 Intel 家族终于有了一款无需作出痛苦妥协就能运行 UNIX 的微处理器。

**5. 反击帝国：1991—1995**

1990 年，William Jolitz 把 BSD 移植到了 386 机器上。

1991 年 8 月，当时默默无闻的芬兰大学生 Linus Torvalds 宣布了 Linux 项目。据称 Torvalds 最主要的激励是学校里用的 Sun UNIX 太贵了。Torvalds 还说，要是早知道有 BSD 项目，他就会加入 BSD 组而不是自己做一个。但是 386-BSD 直到 1992 年早些时候才下线，而此时 Linux 第一版已经发布好几个月了。

又过了两年，经历了 1993—1994 年的互联网大爆炸，Linux 和开源 BSD 的真正重要性才为整个 UNIX 世界所了解。但不幸的是，对 BSD 支持者来说，AT&T 对 BSDI（赞助 Jolitz 移植的创业公司）的诉讼消耗了大量时间，使一些关键的 Berkeley 开发者转向了 Linux。

与此前各种版本的 UNIX 开发相比，Linux 和 BSD 的开发相当不同。它们植根于互联网，依赖分布式开发和 Larry Wall 的 patch 工具，通过 Email 和 Usenet 新闻组招募开发者。因此，当互联网服务提供商的业务于 1993 年因通信技术的变革和 Internet 骨干网的私有化而扩展时，Linux 和 BSD 也得到了巨大的推动力。

到 1993 年末，Linux 已经具备了 Internet 能力和 X 系统。整套 GNU 工具包从一开始就内置其中，以提供高质量的开发工具。除了 GNU 工具，Linux 好像一个魅力聚宝盆，囊括了 20 年来分散在十几种专有 UNIX 平台上的开源软件之精华。尽管当时 Linux 内核还是测试版（0.99），但稳定性已经让人刮目相看。Linux 上软件之多、质量之高，已经达到一个产品级操作系统的水准。

1995 年，SCO 从 Novell 手中买下了 UNIX Ware（以及使用最初 UNIX 源码的权利）。

1996 年，X/Open 和 OSF 合并，创立了一个大型 UNIX 标准组。

2000 年，SCO 把 UNIX Ware 和原创的 UNIX 源码包出售给了 Caldera（一家 Linux 发行商）。整个产业变迁终告结束。但 1995 年后，UNIX 的故事就成了开源运动的故事。

**6. 黑客的起源和历史：1961—1995**

与 UNIX 传统的历史交织在一起的则是另一种隐性文化，一种更难归类的文化。这种文化与 UNIX 文化交叠，部分源于它处。人们把这种文化称为“黑客文化”，从 1998 年起，这种文化已经很大程度上和计算机行业所称的“开源运动”重合了。

UNIX 传统、黑客文化以及开源运动间的关系微妙而复杂。三种隐性文化背后往往是同一群人。但是，从 1990 年以来，UNIX 的故事很大程度上成了开源世界的黑客们改变规则、从保守的专有 UNIX 厂商手中夺取主动权的故事。因此，今天 UNIX 身后的历史，有一半就是黑客的历史。

（1）游戏在校园的林间：1961—1980

黑客文化的根源可以追溯到 1961 年，这一年 MIT 购买了第一台 PDP-10 小型计算机：最早的一种交互式且并非天价的计算机，因此吸引了一帮好奇的学生摆弄这台设备。

1969 年后，MIT AI 实验室和斯坦福、BBN 公司、卡耐基·梅隆大学以及其他顶级计算机科学研究实验室通过早期的 ARPANET 联上了网。研究人员和学生第一次尝到了快速网络联接消除了地域限制的甜头，一种类似共享文化的东西开始成形。

协作式开发和源码共享是 UNIX 程序员的法宝。

（2）互联网大融合与自由软件运动：1981—1991

1983 年后，随着 BSD 植入了 TCP/IP，UNIX 文化和 ARPANET 文化开始融合。既然两种文化都由同一类人构成，一旦沟通环节到位，两种文化的融合就水到渠成。

ARPANET 黑客学到了 C 语言，用起了管道、过滤器和 Shell 之类的行话。UNIX 程序员学到了 TCP/IP，也开始互称“黑客”。

1983 年，木星项目的取消虽然葬送了 PDP-10 的前途，却加速了两种文化融合的进程。到 1987 年，这两种文化已经完全融合在一起。

（3）Richard M. Stallman

Richard M. Stallman 早在 20 世纪 70 年代晚期就已经证明他是当时最有能力的程序员之一。Emacs 编辑器就是他众多发明中的一项。对他来说，1983 年木星项目的取消仅仅只是宣告了麻省理工学院人工智能实验室文化的最终解体。Richard M. Stallman 觉得自己被逐出了黑客的伊甸园，他把这一切都归咎于专有软件。

1983 年，Richard M. Stallman 创建了 GNU 项目，致力于编一个完全自由的 OS。实现一个仿 UNIX 操作系统成了他追求的战略目标。

1985 年，Richard M. Stallman 发表了 GNU 宣言。在宣言中，他有意从 1980 年之前的 ARPANET 黑客文化价值中创造出一种意识形态——包括前所未见的政治伦理主张、自成体系而极具特色的论述以及激进的改革计划。Richard M. Stallman 的目标是将后 1980 的松散黑客群变成一台有组织的社会化机器以达到一个单纯的革命目标。

Richard M. Stallman 宣言引发的争论至今仍存于黑客文化中。Richard M. Stallman 这个魅力超凡又颇具争议的人物本身已经成为了一个文化英雄。

（4）通用公共许可证（GPL）

为了追求这个目标，Richard M. Stallman 将“自由软件”（free software）这一术语大众化，这是将整个黑客文化的产品进行标识的首次尝试。他撰写了“通用公共许可证”（general public license，GPL）。

GPL 是一种描述，也是为黑客进行文化标识的一个尝试。在 Richard M. Stallman 之前，黑客文化中的人们彼此当做“同路人”，说着同样的行话，但没人费神去争辩“黑客”是什么或者应该是什么。在他之后，黑客文化更加有自我意识。

（5）Linux 和实用主义者的应对：1991—1998

1991 至 1995 年间，Linux 从概念型的 0.1 版本内核原型，发展成为能够在性能和特性上均可媲美专有 UNIX 的操作系统，并且在连续正常工作时间等重要统计数据上打败了这些 UNIX 中的绝大部分。1995 年，Linux 找到了自己的杀手级应用——开源的 Web 服务器 Apache。

由于 Apache 出众的稳定和高效，很快运行 Apache 的 Linux 机器成了全球 ISP 平台的首选。约 60%的网站选用 Apache，轻松击败了另两个主要的专有型竞争对手。

**7. 开源运动：1998 年及之后**

到 1998 年 Mozilla 源码公布的时候，黑客社区其实算是一个众多派系或部落的松散集合，包括了 Richard M. Stallman 的自由软件运动、Linux 社区、Perl 社区、Apache 社区、BSD 社区、X 开发者、互联网工程工作组（IETF）和很多其他组织。这些派系相互交叠，一个开发者很可能同时隶属两个或更多组织。一个部落的凝聚力可能来自他们维护的代码库，或是一个或多个有着超凡影响力的领导者，或是一门语言、一个开发工具，或是一个特定的软件许可，或是一种技术标准，或是基础结构某个部分的管理组织。

1995 年后，Linux 扮演了一个特殊的角色：既是社区内多数软件的统一平台，又是黑客中最被认可的品牌。Linux 社区随之显现了兼并其他部落的倾向——甚至包括争取并吸纳一些专有 UNIX 相关的黑客派系。整个黑客文化开始凝聚在一个共同目标周围：尽力推动 Linux 和集市（bazaar）开发模式向前发展。这是因为后 1980 黑客文化已经深深植根于 UNIX，新目标成了 UNIX 传统争取胜利的不成文纲要。

Netscape 开放源码和 Linux 的新近崛起产生的激励效应远远超越了 UNIX 社区和黑客文化。许多其他（比如 Java）开发者喜欢上了开源运动中的新生事物，于是就像此前跟随 Netscape 加入 Java 一样，又跟随它加入了 Linux 和开源运动。开源行动的积极分子热烈欢迎来自各个领域的“移民”，老一辈 UNIX 人也开始认同“新移民”的梦想。

UNIX 系统的演变综述：自从 1969 年出生以来，至今它已经历了一个从开发、发展、不断演变和获得广泛应用以致逐渐成为工作站等小型计算机以上的标准操作系统的演变过程。1972 年开始，UNIX 系统已移植到 PDP-10 系列机上；1974 年正式发表在美国计算机学会杂志 ACM 上；1975 年发表的第 6 版中引入多道技术；1979 年，贝尔实验室将其移植到类似于 IBM 370 的 32 位机 Interdata 8/32 上，从而公布了得到西部电气公司正式承认的 UNIX 第 7 版。1980 年贝尔实验室公布了为 VAX-11/780 机编写的操作系统 UNIX 32 V。1982 年，AT&T 又相继公布了 UNIX System E 的 3.0、4.0 和 5.0 等版本。从此，UNIX 系统的发展走上了以 AT&T 和加州大学伯克利分校二者为主开发的道路。1983 年 AT&T 推出了 UNIX System V 和几种微处理器上的 UNIX。同年，加州大学伯克利分校公布了 BSD 4.2 版。1984 年，IBM 公司公布了 IBM PC 上的 UNIX。1985 年 Microsoft 将 UNIX 改造为用于 16 位 PC 机的操作系统 Xenix。1985 年，Cray 公司公布了用于超大型机的 UNIX 系统。1986 年，UNIX System V 发展到了它的修订版 Res 2.1 和 Res 3.0；BSD 4.2 升级到 BSD4.3；Sunmicro 公司开发了基于 BSD 4.2/4.3 的 Sun 工作站操作系统 SunOS 和 Solaris。MIT 又在 UNIX 的基础上，开发出了近年来已成为工作站图形界面标准的 X Window 系统。至此各大型厂家的小型计算机以上的系统大都配置 UNIX 或类 UNIX 的操作系统。

## 3.3.2 UNIX 系统的标准化

在 UNIX 系统不断发展的背景下，美国 IEEE（Institute of Electrical and Electronics Engineers，电气和电子工程师学会）组织成立了 POSIX（Portable Operating System Interface，可移植操作系统接口标准）委员会专门从事 UNIX 的标准化工作。

POSIX 委员会完成了 UNIX 系统标准化，并按其定义重新实现 UNIX。标准 UNIX 意味着一个可以运行 UNIX 应用软件的平台，它为用户提供一个标准的用户界面，而不在于系统内部如何实现，如图 3-25 所示。

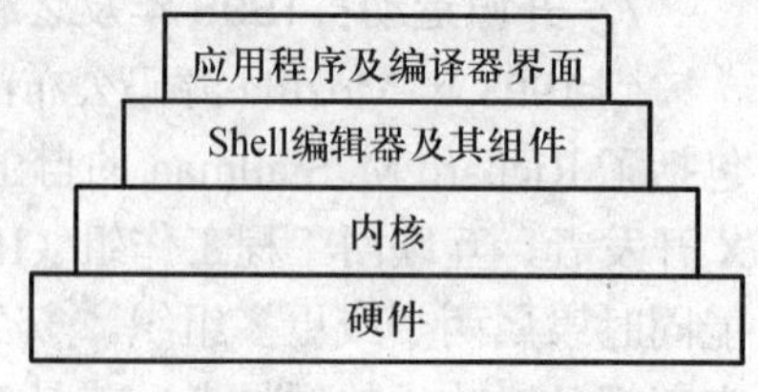


图 3-25 UNIX 系统层次结构模型

在标准化基础上，UNIX System V Res 4.0 版以及 BSD 4.3 版等统一了用户界面的 UNIX 操作系统相继推出，使 UNIX 系统的开发工作进入了一个新的阶段：

① 面向对象设计思想的引入。

② 商用系统：IBM AIX、Sun Solaris、SCO UNIX OpenServer、HP UX。

③ Linux（百种以上）：RedHat，Fedora，Slackware，SUSE，Turbo，红旗等。

### 1. UNIX 系统的特点

① UNIX 系统是一个可供多用户同时操作的会话式分时操作系统。

② 两种用户友好界面或接口：命令和系统调用。

③ UNIX 系统具有一个可装卸的分层树形结构文件系统。该文件系统具有使用方便和搜索简单等特点。

④ UNIX 系统把所有外部设备都当做文件，并分别赋予它们对应的文件名。

⑤ UNIX 系统核心程序的绝大部分源代码和系统上的支持软件都用 C 语言编写，且 UNIX 系统是一个开放式系统。

⑥ 丰富的开发工具、强大的网络功能和稳定的系统性能。

### 2. UNIX 系统结构

UNIX 系统结构可分为三层：最内层为 UNIX 核心（kernel）；最外层是用户程序，如图 3-26 所示；中间层则是 Shell 命令解释层、实用程序、库函数等。

### 3. Linux 系统概述

（1）Linux 的发展简史

Linux 是 Linus Torvalds 在基于教学用 UNIX 系统 Minix 上发展起来的。Linus Torvalds 被称为 Linux 之父。在学习和开发过程中，非常努力，借助网络进行交流、学习。Linus Torvalds 最初想将该系统命名为 FreeX，但根据 Ari Lemke 的建议，将该系统命名为 Linux。这也是对 Linus Torvalds 的纪念。

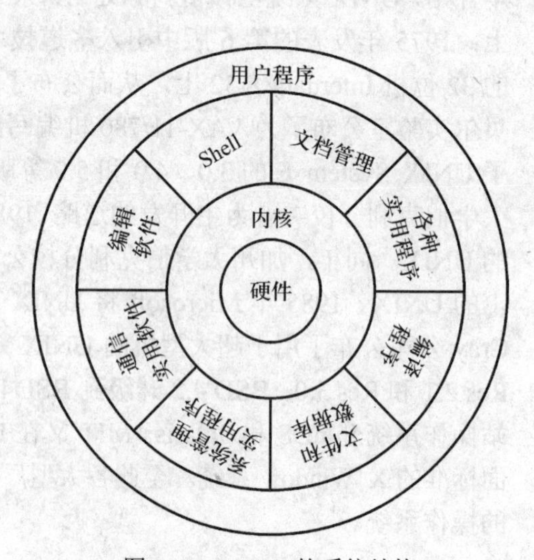


图 3-26 UNIX 的系统结构

（2）Linux 的开放源代码规则

① 任何人可以免费使用该操作系统，但不得将其作为商品出售。

② 任何人可以对该操作系统进行修改，但必须将其修改以源代码形式公开。

③ 如不同意以上规定，任何人无权对其进行复制或从事任何行为。

（3）软件发放的三种形式

① 商业软件（commercial software）：先购买后使用，典型代表是 Microsoft 的 Windows。

② 共享软件（share software）：先试用后付费，通常不提供源代码，到期未购买仍在继续使用者被认为是侵权。

③ 自由软件（free software）：在发布时向用户提供源代码。通常用户通过网络等多种渠道而得到发布版本。如果用户付费的话，将得到完美的服务和文档。

4. GNU GPL

它们是由 Richard M. Stallman 于 1983 年公开发起的，目标是创建一套完全自由的与 UNIX 兼容的操作系统。为了保证 GNU 软件可自由地“使用、复制、修复、修改和发布”，所有 GNU 软件必须遵守 GNU 的通用公共许可证 GPL（GNU general public license，GNU GPL）。

GNU GPL 创造性地提出了“反版权”（copyleft），这是一个不同于商业软件“版权所有”（copyright）的法律概念，它不否认版权，也不反对发布软件时收取费用或取得利益。它的核心是必须把发布者的一切权利给予接受者。必须保证接受者能同时或通过其他渠道得到源程序，并将 GNU GPL 条款附加到软件的版权声明中，使接受者知道自己的权利。GNU GPL 本身也是受法律保护的版权声明。

5. Linux 的发展

从 0.12 版始，Torvalds 把 Linux 奉献给了自由软件，奉献给了 GNU。铸就了自由软件也包括 Linux 的辉煌。

现在，全球计算机厂商的巨头们都纷纷感受到了 Linux 的魅力：IBM、HP、DELL、ORACLE、Intel 都提供了对 Linux 的支持，Linux 走进了很多大型公司和企业。

6. Linux 操作系统的特点

Linux 是兼容绝大部分 UNIX 标准、具有 UNIX 风格和特点的操作系统。其最大的优势是遵循 GNU GPL，是开放式源代码的自由软件，是计算机爱好者自己的操作系统。Linux 具有 X-window 桌面系统，兼有 Windows 风格。

7. Linux 的技术特点

① 自由开放的 Linux 代码。

② 强大的图形操作界面。

③ 强大的网络功能。

④ 真正多用户多任务的操作系统。

⑤ 支持多种硬件平台的操作系统。

⑥ 完整的开发平台。

8. Linux 的发行版本介绍

Linux 继承了 UNIX 版本的特点，版本号比较长。Linux 内核版本号由 3 组数字构成，以“.”分隔。以 Linux 2.4.24 为例，第一组是主版本号；第二组是次版本号，说明主版本的第几次重大更新，偶数代表稳定版本，奇数表示测试版本，稳定版本只修改错误不增加功能，测试版本会不断地增加功能，直到经测试形成稳定版本；第三组是当前版本的错误修订次数。

#### 9. Linux 系统结构

Linux 是在 UNIX 系统基础上发展起来的，Linux 系统结构参见 UNIX 系统：多用户，多任务，支持多线程；支持动态链接库；支持嵌入式、组件开发。

#### 10. Linux 发行套件

Linux 的基础是内核，发行版内容包括：安装程序、内核系统、管理工具、开发系统等。发布光盘上包括几百个软件包，按功能分有：系统安装与系统引导管理程序、用户界面、X Window、系统管理、网络与网络服务、文件和打印服务、应用程序、开发工具、娱乐与多媒体等。

#### 11. 目前常见的 Linux 版本

Linux 版本在百种以上，常见的有：Red Hat Linux、Mandarke Linux、Debian Linux、SUSE Linux、Slackware Linux、红旗 Linux、冲浪 XteamLinux、Turbo Linux 等

#### 12. Linux 应用简介

Linux 应用包括：办公系统，互联网，多媒体、娱乐与游戏，图形和图像处理，网络服务，数据库，编程与开发等。

### 3.3.3 UNIX 操作系统的特点

UNIX 是目前最流行的操作系统之一，最初的 UNIX 系统是用汇编语言编写的。1973 年，Ritchie 又用 C 语言重写了 UNIX。

#### 1. UNIX 系统的特点

① UNIX 是一个多用户、多任务的操作系统，每个用户都可同时执行多个进程，系统中的进程数目在逻辑上不受限制。

② 提供了精选的、丰富的系统功能，其中许多功能在实现思想上有其独到之处，且是高效的。

③ 该系统用高级语言编写，使系统具有易读、易懂、易修改、易移植等一系列优点，且系统代码十分紧凑。

④ 提供了良好的用户界面。该系统提供一种命令程序设计语言 Shell 作为用户界面；同时提供了系统调用作为用户程序与系统的接口。这些界面既能为用户提供各种服务，又相当简洁。

⑤ 在 UNIX 系统中使用了树形结构的文件系统，它具有良好的安全性、保密性和可维护性，在文件系统的实现方法上，也有较多创新。

⑥ 系统提供了多种通信机制，以满足各种进程通信的需要。

⑦ 在存储管理上，为提高内存利用率，提供了进程对换存储管理方式和请求调页的存储管理方式，以实现虚拟存储器。

#### 2. UNIX 系统核心体系结构

整个 UNIX 系统可分成两大部分：第一部分是由用户程序和系统提供的服务构成的所谓核外程序，形成了良好的系统环境；第二部分是操作系统，又称为核心，其中两个最主要的部分是

文件子系统和进程控制子系统，如图 3-27 所示。

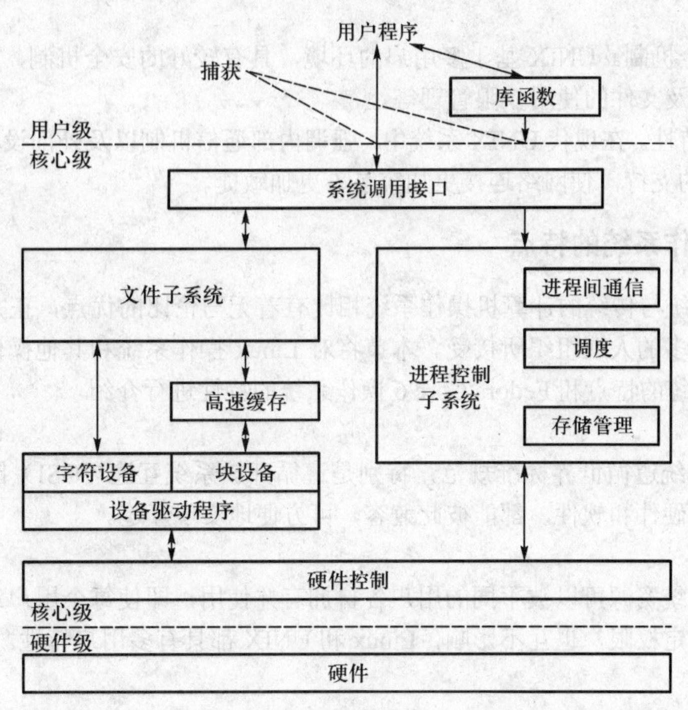


图 3-27 UNIX 核心的框图

用户程序可以通过高级语言的程序库或低级语言的直接系统调用进入核心。核心中的进程控制子系统负责进程同步、进程间通信、进程调度和存储管理。文件子系统管理文件，包括分配文件存储空间、控制对文件的存取以及为用户检索数据。文件子系统通过一个缓冲机制同设备驱动部分交互作用。设备管理、进程管理及存储管理通过硬件控制接口与硬件交互作用。

**3. UNIX 系统的主要特性**

① 用简单的设计技术和方法去完成较复杂、较全面的功能。UNIX 系统中，所采用的最基本的设计思想是将复杂的问题进行分解，用最简单、最基本的功能模块的堆积、联合、组装来解决复杂的问题。

② 支持多用户多任务的运行。采用多用户分时多任务调度管理策略，支持一个用户多种请求，支持几百个用户同时进行数据处理。

③ 文件系统可以随意装卸。文件系统是可以裁剪的，可根据需要构筑独特的文件系统并使其应用于某个硬件设备，使用时加载、用完后卸载，同时具备良好的安全性。

④ 具备良好的开放性和可移植性。可移植性是指软件系统在不同的硬件平台上通过简单的重新编译即可运行，将操作系统从一个平台转移到另一个平台仍然能按其自身的方式运行的能力。开放性是指操作系统提供开放的编程模式，使用户能够根据领域的特性优化（增加或修改）操作系统的支撑机制。

⑤ 强大的命令功能。用一个简单的命令可以完成其他操作系统需要花费时间编辑程序来

实现的功能。一条复合型命令可以完成别的操作系统需要花费几条到几十条命令才能完成的功能。

⑥ 完善的安全机制。UNIX 基于多用户的环境，具有较好的安全机制，包括用户的管理、系统结构的保护以及文件的使用权限管理等。

⑦ 具备网络特性。在现代 UNIX 系统中，强调内部通信机制以及外部设备的易接入性，增加对 TCP/IP 协议的支持，使网络连接更加容易、更加敏捷。

### 3.3.4 Linux 操作系统的特点

Linux 操作系统与传统的计算机操作系统相比有着无与伦比的优点，正是这些优点才使它迅速发展，并被更多的人或组织所接受。本节将对 Linux 操作系统和其他操作系统进行比较，并对 Linux 操作系统的特点和 Fedora Core 6 操作系统的特性进行介绍。

#### 1. 开放性

开放性是指系统遵循世界标准规范，特别是遵循开放系统互连（OSI）国际标准。凡遵循国际标准所开发的硬件和软件，都能彼此兼容，可方便地实现互连。

#### 2. 多用户

多用户是指系统资源可以被不同的用户各自拥有并使用，即使每个用户对自己的资源（如文件、设备）有特定权限，也互不影响，Linux 和 UNIX 都具有多用户特性。

#### 3. 多任务

多任务是现代计算机最主要的一个特点，它是指计算机同时执行多个程序，而且各个程序的运行相互独立。Linux 操作系统使每一个进程平等地访问 CPU。由于 CPU 的处理速度非常快，其结果是启动的应用程序看起来好像是在并行运行。事实上，从 CPU 执行的一个应用程序中的一组指令到 Linux 调用 CPU，与再次运行这个程序之间只有很短的时间延迟，用户是感觉不出来的。

#### 4. 友好的用户界面

Linux 向用户提供了两种界面：用户界面和系统调用界面。Linux 的传统用户界面基于文本的命令行界面，即 Shell。它既可以联机使用，又可以存储在文件上脱机使用。Shell 有很强的程序设计能力，用户可方便地用它编写程序，从而为用户扩充系统功能提供了更高级的手段。Linux 还提供了图形用户界面，它利用鼠标、菜单和窗口等设施，给用户呈现一个直观、易操作、交互性强的友好图形化界面。

#### 5. 设备独立性

设备独立性是指操作系统把所有外部设备统一当做文件来看，只要安装它们的驱动程序，任何用户都可以像使用文件那样操作并使用这些设备，而不必知道它们的具体存在形式。设备独立性的关键在于内核的适应能力，其他的操作系统只允许一定数量或一定种类的外部设备连接，因为每一个设备都是通过其与内核的专用连接独立地进行访问的。Linux 是具有设备独立性的操作系统，它的内核具有高度的适应能力，随着更多程序员加入 Linux 编程，会有更多硬件设备加入到各种 Linux 内核和发行版本中。

#### 6. 丰富的网络功能

完善的内置网络是 Linux 的一大特点，Linux 在通信和网络功能方面优于其他操作系统。其他操作系统不包含如此紧密的内核和结合在一起的联接网络的能力，也没有内置这些联网特性。而 Linux 为用户提供了完善的、强大的网络功能。

#### 7. 可靠的安全性

Linux 操作系统采取了许多安全措施，包括对读、写操作进行权限控制，带保护的子系统，审计跟踪和内核授权，这为用户提供了必要的安全保障。

#### 8. 良好的可移植性

可移植性是指将操作系统从一个平台转移到另一个平台，使它仍然能按其自身的方式运行的能力。Linux 是一款具有良好可移植性的操作系统，能够在微型计算机以及大型计算机的任何环境中和平台上运行。该特性为 Linux 操作系统在不同计算机平台与其他任何机器进行准确而有效的通信提供了保障，不需要另外增加特殊的通信接口。

#### 9. X Window 系统

X Window 系统是用于 UNIX 机器的一个图形系统，该系统拥有强大的界面功能，并支持许多应用程序，是业界标准界面。

#### 10. 内存保护模式

Linux 使用处理器的内存保护模式来避免进程访问分配给系统内核或者其他进程的内存。对于系统安全来说，这是一个主要的贡献。

#### 11. 共享程序库

共享程序库是一个程序工作所需要的例程的集合，有许多标准库同时被多于一个进程使用，因此用户觉得需要将这些库的程序载入内存一次，而不是一个进程一次，通过共享程序库使这些成为可能，因为这些程序库只有当进程运行的时候才被载入，所以它们被称为动态链接库。

### 3.3.5 安装 Fedora Core 6

安装 Fedora Core 6 系统不是十分困难，但在安装时需要注意某些事项。对于硬件驱动程序的安装，Fedora Core 6 可以自动检测到硬件的型号并安装相应的驱动程序，当然并不是所有的硬件都可以自动安装驱动。本节将详细介绍该操作系统的安装步骤及注意事项。

由于 Fedora Core 6 系统是免费的，用户可以以多种形式获取安装程序。可以在其官方网站中下载到相应版本 Fedora 的镜像文件，网址为：http://www.fedora.redhat.com。

Fedora Core 6 Linux 操作系统的安装方式可以分为 3 种：从硬盘安装、从光盘安装和网络安装。用户可以根据自身实际情况来选择合适的安装方式。如果使用的计算机是一台工作站，那么用户可以选择以网络方式进行安装；如果使用的是个人计算机，用户可以选择从光盘安装或从硬盘安装。

#### 1. 硬盘安装

在 Windows 操作系统下，将前面下载到的 6 个安装镜像文件复制到硬盘中，再启动计算机进入 DOS 方式，然后将当前工作目录切换到 Linux 安装程序所在的目录中，根据 Linux 安装程序的提示进行逐步安装。从硬盘安装方式，需要 Linux 与 Windows 共存，相比其他的安装方式需要一些特别的设置。

#### 2. 网络安装

网络安装方式可以选择从 FTP 或 HTTP 站点安装，不过就个人计算机而言，一般是选择从硬盘安装或光盘安装，本书主要介绍从光盘安装方式。

**3. 光盘安装**

从光盘安装操作系统，是个人计算机中的常用方式，本书在介绍安装 Linux 操作系统时同样采取从光盘安装。首先启动计算机，同时按 Delete 键，进入到 BIOS 下，设置第一启动驱动器为 CD-ROM，对于该步骤不同的主板应该选择不同的位置，用户可参照主板说明书进行设置。

设置完毕，保存并退出 BIOS，计算机重新启动，Fedora Core 6 的安装光盘可以自动引导计算机进入 Fedora Core 6 的安装界面。下面就从安装界面开始逐步介绍。

为了便于初学者学习安装方法，用户可以直接按 Enter 键，进入到 Linux 的图形安装界面。当用户按 Enter 键后，安装程序开始进行一系列检测。

系统检测完毕后，进入 Fedora Core 6 的媒体检查界面，如图 3-28 所示。此项检查需要花费一些时间（取决于 CD 驱动器的速度），但能确保 CD-ROM 内容的完整性。该检查能帮助阻止来自 CD-ROM 上篡改了内容的恶意软件的安装，如果此时单击 OK 按钮，则开始对安装文件的检查，如图 3-29 所示。

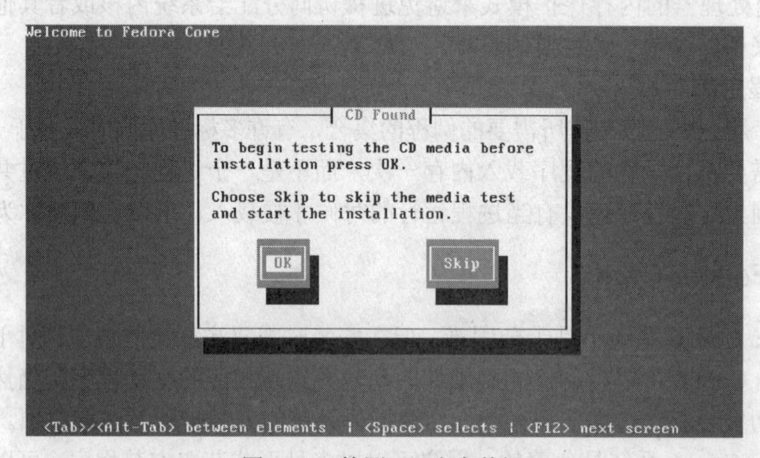


图 3-28　检测 CD 光盘数据

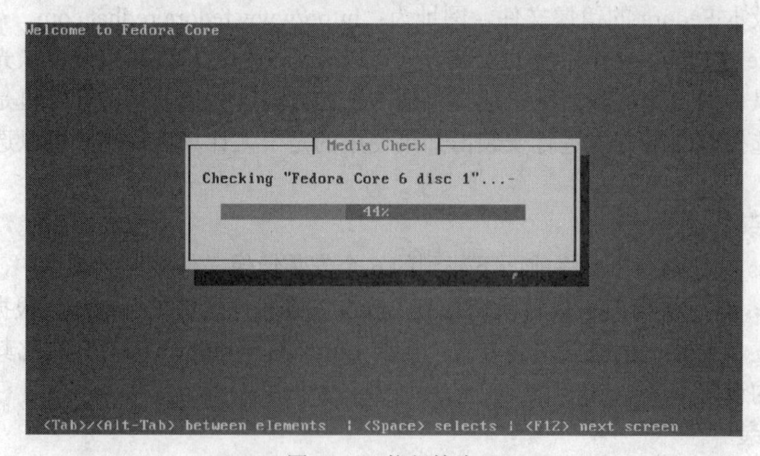


图 3-29　执行检查

当检测完毕后，开始执行安装程序。如果用户单击了 Skip 按钮，可以跳过媒体检查，直接进入到安装程序界面，如图 3-30 所示。

图 3-30　图形安装程序界面

图 3-30 显示了 Fedora Core 6 的安装程序界面，在该安装程序的欢迎界面里，安装信息是英文的。此时，单击 Next 按钮进入安装程序语言设置界面，设置 Linux 显示语言，如图 3-31 所示。

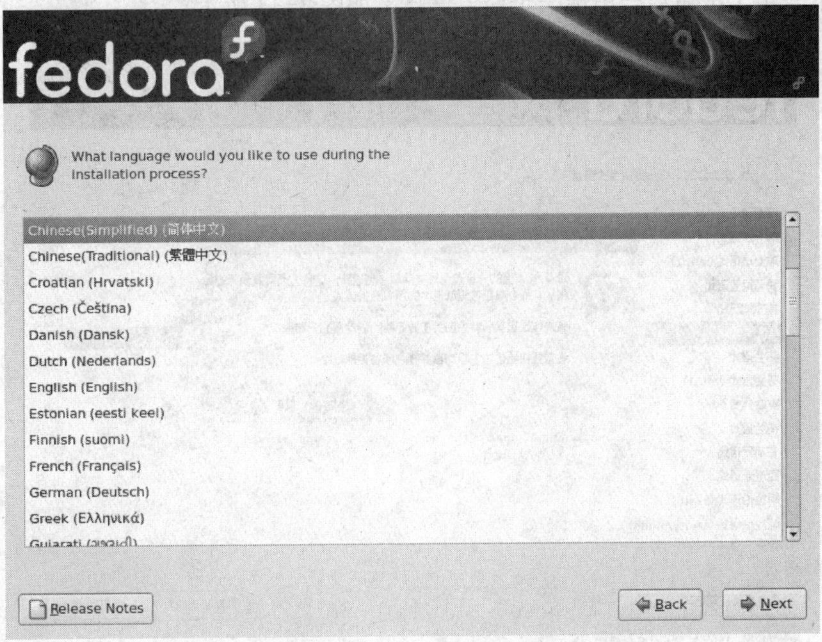

图 3-31　语言设置界面

在列表框中选择 Chinese（Simplified）（简体中文）选项，这样用户就选择了简体中文的安装模式，并在安装完毕的 Fedora Core 6 操作系统中同样为中文界面。Frdora Core 6 提供了多种语言，用户可根据自身情况选择不同的语言。选择完毕后，单击 Next 按钮进入键盘设置界面，如图 3-32 所示。

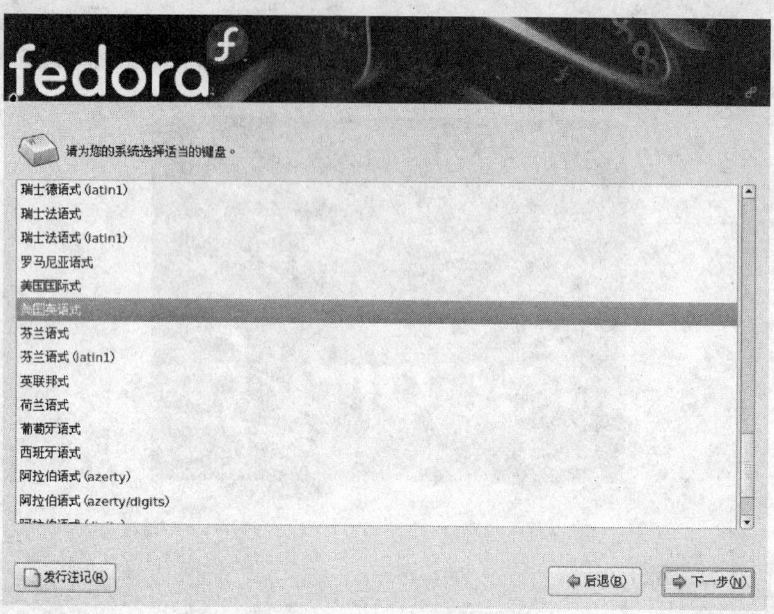

图 3-32　键盘设置界面

由于用户前面选择了简体中文模式，安装信息已经转换到中文模式。在图 3-32 的界面中，用户为系统选择适当的键盘，直接使用默认的“美国英语式”选项即可，然后单击“下一步”按钮。

单击“下一步”按钮后会出现一个警告信息，如图 3-33 所示。

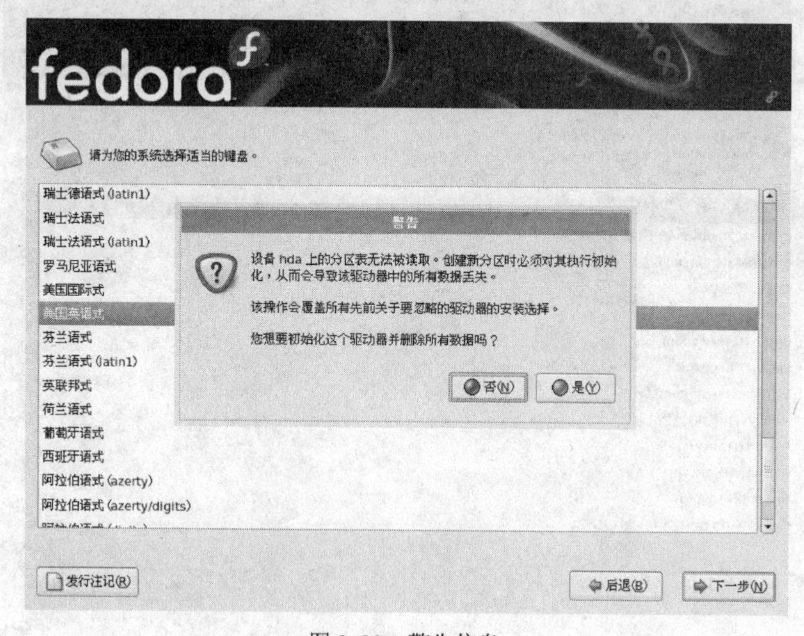


图 3-33　警告信息

用户可直接单击“警告”对话框中的“是”按钮即可。安装程序进入到系统分区界面，如图 3-34 所示。

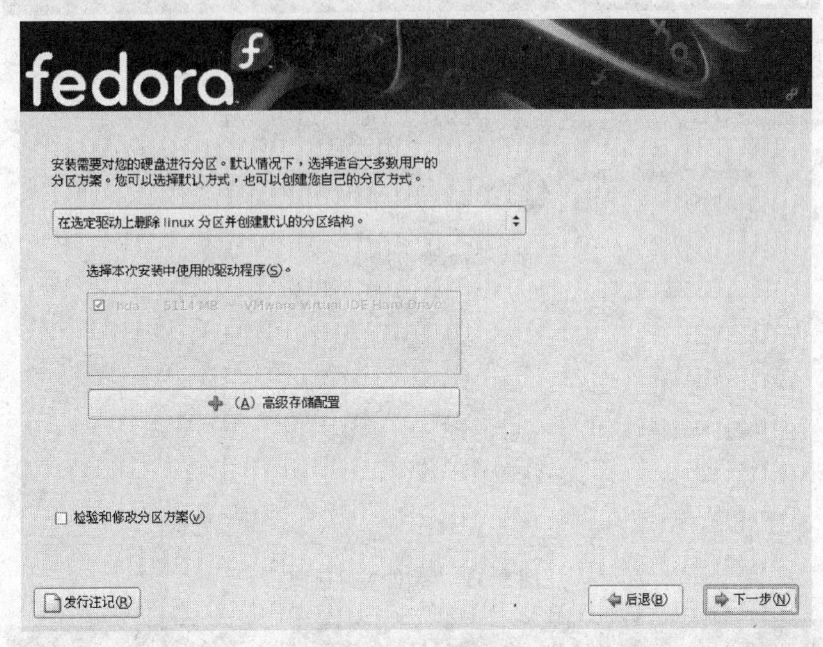


图 3-34　系统分区

安装程序需要对用户的硬盘进行分区，在图 3-34 的下拉列表框中提供了 4 种不同的分区模式：

① 在选定磁盘上删除所有分区并创建默认分区结构。

② 在选定驱动上删除 Linux 分区并创建默认的分区结构。

③ 使用选定驱动器中空余空间并创建默认分区结构。

④ 建立自定义的分区结构。

在安装时选择了“在选定驱动上删除 Linux 分区并创建默认的分区结构”选项，在该界面中用户还可以启用复选框“检验和修改分区方案”，来查看和更改分区方案中更多的信息。单击“下一步”按钮，此时会弹出“警告”对话框，如图 3-35 所示。

“警告”对话框中提示用户，已经选择了要在选定驱动器内删除所有 Linux 分区（包括所有数据），询问用户是否继续执行该项操作，单击“是”按钮，然后安装界面进入到磁盘分区界面，如图 3-36 所示。

Fedora Core 6 系统最少需要两个分区，一个用于安装 Fedora Core 6 系统，容量要大一些，另一个用来做 swap（交换分区）使用，如图 3-36 所示。在 Fedora Core 6 中每个分区都必须指定一个挂载点（mount point），如果用户忘记对挂载点的设置，那么在安装系统时会提示用户进行设置。

如果想要使 Linux 系统正常工作，必须挂载 Linux 系统。目录可以记录文件名和文件数据的相关信息。此外，目录也可以与文件系统产生对应的入口点，该入口点就被称为挂载点。例如，在安装 Fedora Core 6 时将磁盘分为几个部分，主要将/与/home 设定为两个分区的挂载点。假设/接在/dev/hda1 上面，而/home 接在/dev/hda2 上面，也就是说/home 下的所有子目录，使用的都是/dev/hda2 分区的数据。

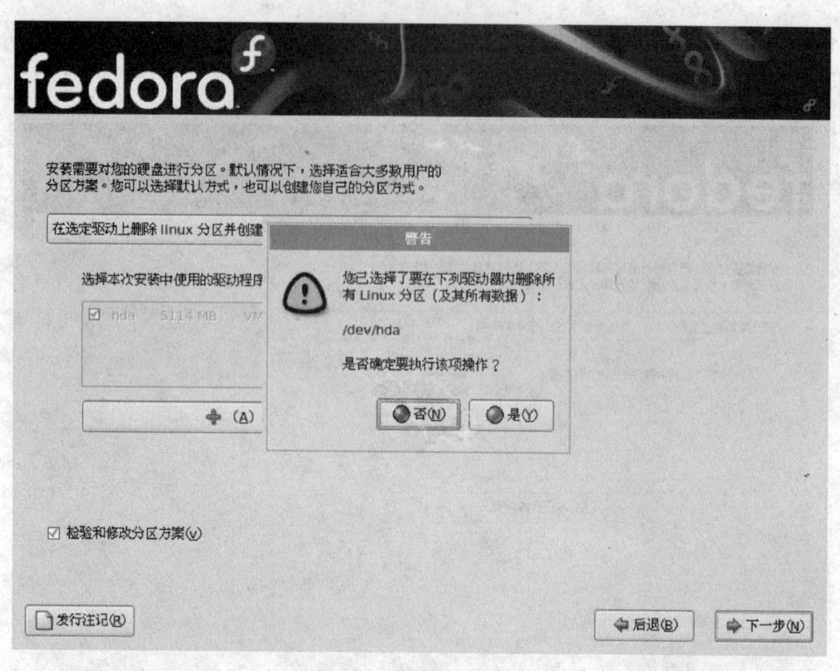


图 3-35 “警告”对话框

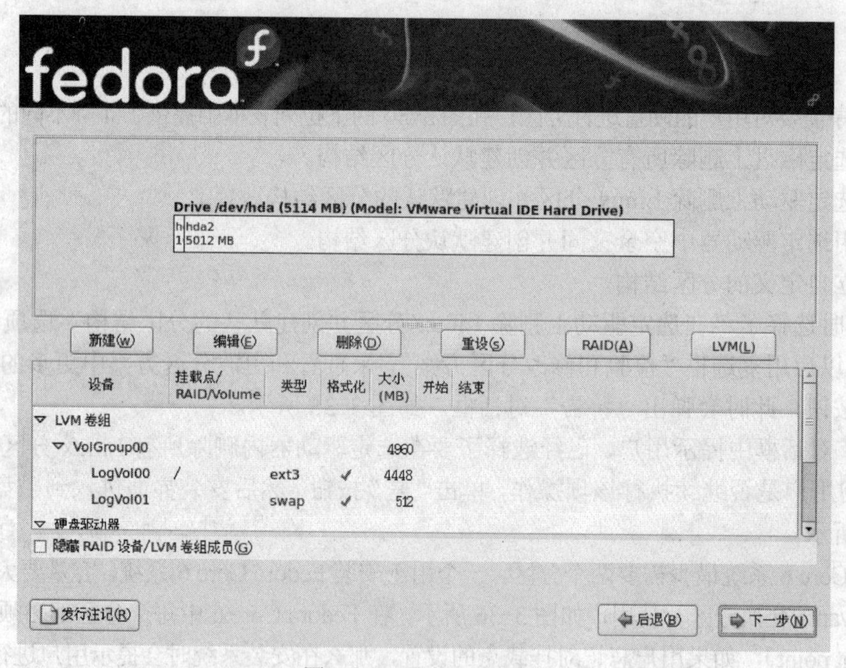


图 3-36 磁盘分区界面

在磁盘分区界面中，用户还可以创建新的分区，单击图 3-36 中的“新建”按钮，打开“添加分区”对话框，如图 3-37 所示。

在该对话框中用户可以对添加的分区进行设置，如挂载点、文件系统类型、大小和其他选项等。可供选择的挂载点有以下几种。

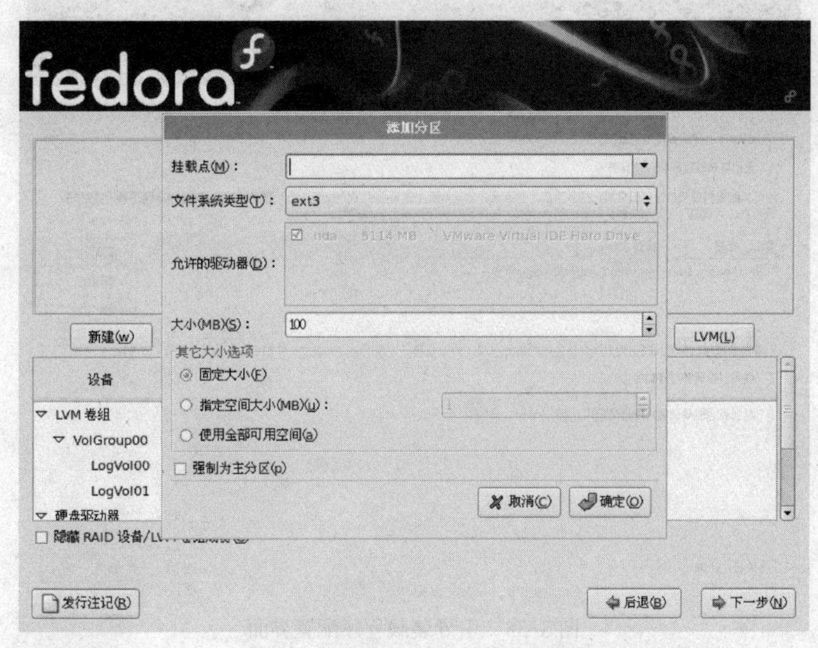


图 3-37 “添加分区”对话框

① /根目录。

② /home 是用户 home 目录所在地，多用户各自的数据分别单独保存在这个目录里，这个分区的大小取决于有多少用户。如果多用户共同使用一台计算机，这个分区是完全必要的。单用户可以创建/home 分区。

③ /tmp 用来存放临时文件的分区。对于多用户系统或者网络服务器来说是必要的。这样即使程序运行时生成大量的临时文件，或者用户对系统进行了错误的操作，文件系统的其他部分仍然是安全的，因为文件系统的这一部分仍然跟随着读写操作，所以它通常会比其他部分更快地发生问题，避免用户进一步进行误操作。

④ /var/log 是系统日志记录分区。一般多用户系统或者网络服务器要建立这个分区，因为设立了这个分区，即使系统的日志文件出现了问题，它们也不会影响到操作系统的主分区。

⑤ /usr 是操作系统存放软件的分区。

⑥ /bin 是存放标准系统实用程序的分区。

⑦ /dev 是存放设备文件的分区。

⑧ /opt 是存放可选的安装软件的分区。

⑨ /sbin 是存放标准系统管理文件的分区。

设置完新分区后，单击“添加分区”对话框的“确定”按钮，返回到磁盘分区界面，然后单击“下一步”按钮进入引导装载程序配置界面，如图 3-38 所示。

在图 3-38 所示的界面中，要求选择引导装载程序引导 Fedora。如果用户选择从软盘、商业引导工具、DOS 分区或网络引导时，安装程序允许用户选择无引导装载程序。当用户选择“GRUB 引导装载程序将会被安装在/dev/hda 上”，GRUB 通常安装在计算机中第一个 IDE 磁盘的 MBR 上，但也能安装在 Linux 引导分区的第一个扇区上，甚至不安装到硬盘上。

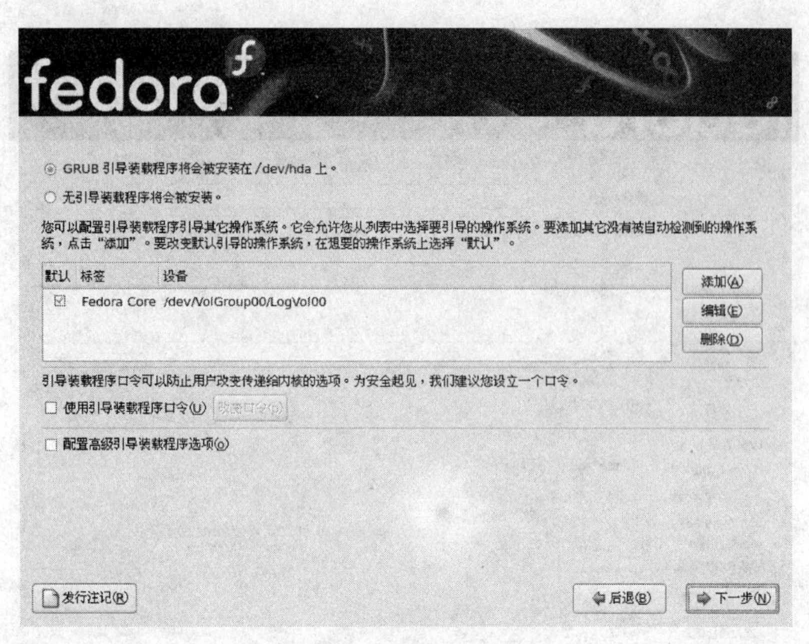


图 3-38　引导装载程序配置界面

用户也要为引导装载程序设置口令，当用户需要设置该口令时可以启用“使用引导装载程序口令”复选框，在弹出的“输入引导装载程序口令”对话框中输入口令，最后单击“确定”按钮，如图 3-39 所示。

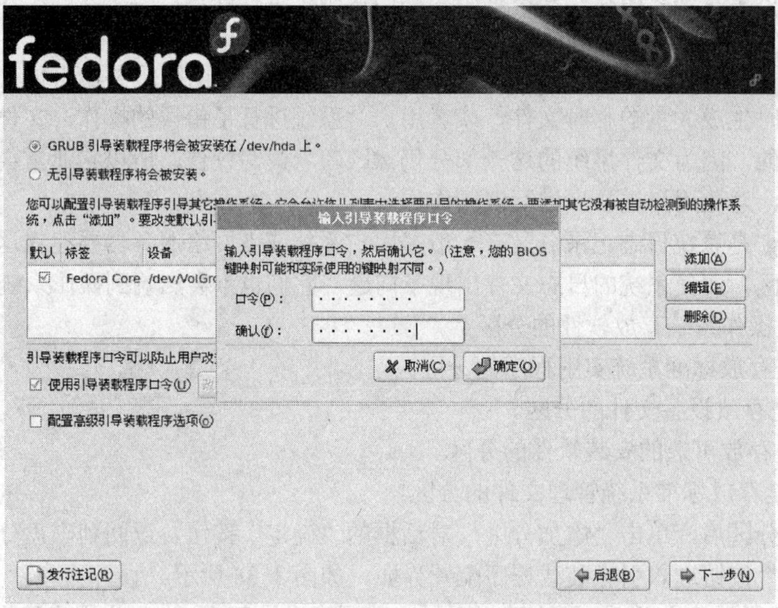

图 3-39　添加引导口令

如果用户启用“配置高级引导装载程序选项”复选框，需要在引导之前传递一些参数给 Linux 内核。内核参数用来允许或禁止引导时的各种 Linux 功能。如果用源代码安装 Linux 内核，会在

/usr/src/linux/Documen-tation 目录下的 kernel-parameters.txt 文件中发现有 200 多个不同内核参数的文档。

单击“下一步”按钮，进入网络设置界面，对网络相关信息进行设置，如图 3-40 所示。如果用户的计算机安装了网卡，安装程序会询问网络配置细节，此时可以让安装程序自动配置网络。可以选择利用 DHCP 自动设置接口信息，还可以单击图 3-40 中的“编辑”按钮，用户可以手工输入 IP 地址、主机名或网关地址以及 DNS 信息。设置完毕，单击“下一步”按钮进入设置时区界面，如图 3-41 所示。

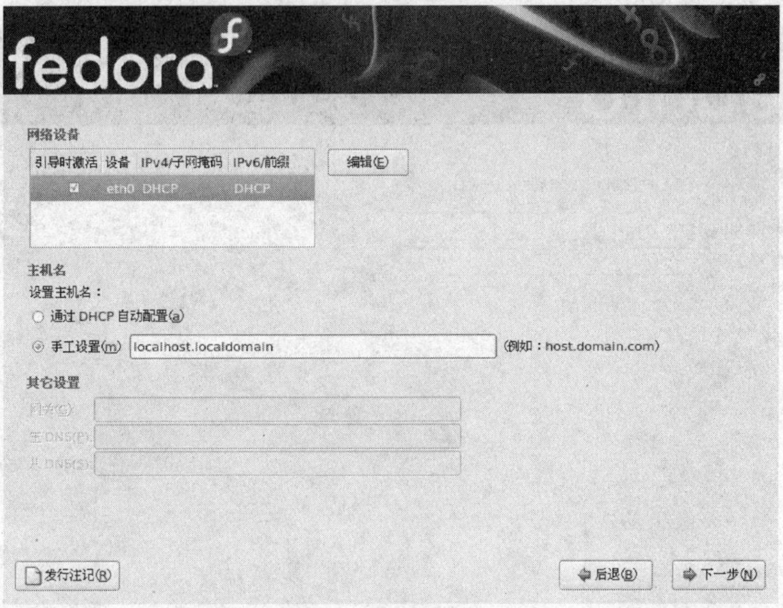

图 3-40 网络设置

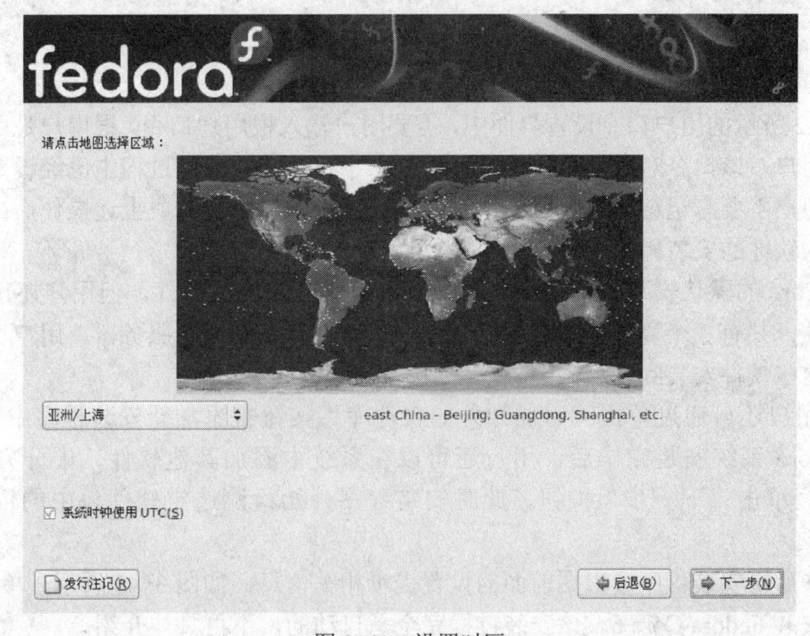


图 3-41 设置时区

在使用计算机时有两个“时钟”：一个是硬件时钟，由计算机硬件和后援电池维持；另一个是系统时间，引导时钟设置，并由 Linux 内核使用。启用“系统时钟使用 UTC”复选框，设置计算机硬件时钟为UTC的优点是允许Linux系统时间很容易地根据计算机地理位置和所在时区进行设置，国内用户可以选择时区下拉列表框中“亚洲/上海”选项，并单击“下一步”按钮，进入到用户口令设置界面，如图 3-42 所示。

图 3-42　设置根用户口令

在图 3-42 所示的用户口令设置界面中，需要用户输入根用户口令，根用户是用来管理系统的最高权限用户。该口令对大小写敏感，至少 8 个字符。前面安装过程中已经设置了引导装载程序口令，用户不要忘记这些口令，并保存好已经设置的口令。完成上述操作后，单击“下一步”按钮进入软件的安装界面，如图 3-43 所示。

Fedora Core 的默认安装包括了一些用于一般互联网应用的软件，但用户还可以选择安装一些其他软件，共有 3 个复选框，分别是：办公、软件开发和网络服务器。用户可以同时选择它们，并将这些软件安装到计算机中。

另外，用户还可通过单击“添加额外的软件库”按钮来添加新安装程序中没有的软件，在 Fedora Core 系统安装完毕后，用户还可以在系统中添加其他软件，十分方便。完成软件的选择后，单击“下一步”按钮，此时安装程序开始检测选定软件包中的依赖关系，如图 3-44 所示。

检查完毕后，安装程序会根据前面的设置提示相关信息，如图 3-45 所示。单击“下一步”按钮，开始安装 Fedora Core 6。该安装过程完全是自动的，不再具体介绍。

fedora

Fedora Core 的默认安装包括一系列用于一般互联网应用的软件。您希望您的系统可以支持的额外功能是什么？

☑ 办公
☐ 软件开发
☐ 网络服务器

请选择您的软件安装所需要的存储库。

☐ Fedora Extras

(A) 添加额外的软件库

软件的定制可以现在进行，也可以在安装后使用软件管理应用程序来完成。

◉ 稍后定制(I)　○ 现在定制(C)

发行注记(R)　后退(B)　下一步(N)

图 3-43　选择安装软件

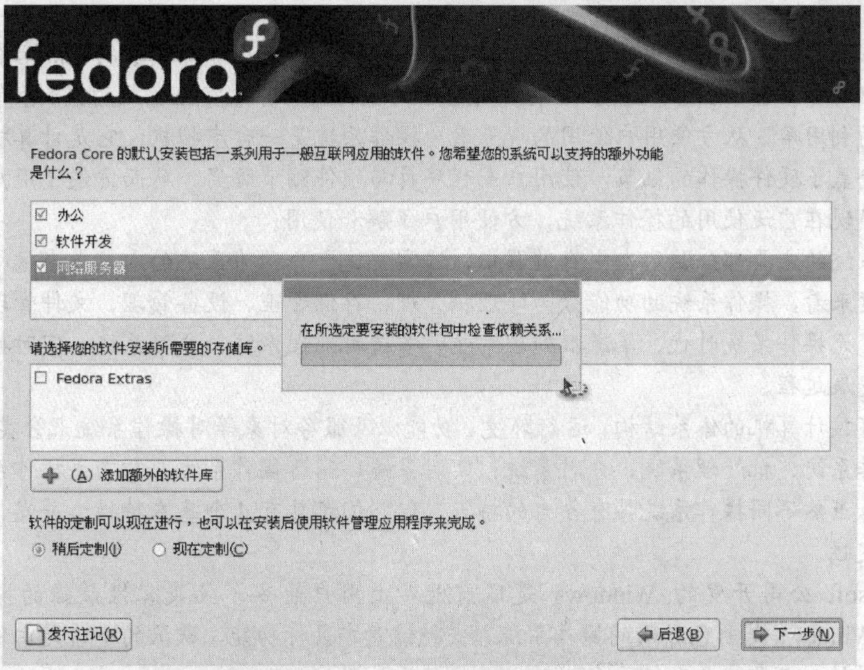

fedora

Fedora Core 的默认安装包括一系列用于一般互联网应用的软件。您希望您的系统可以支持的额外功能是什么？

☑ 办公
☑ 软件开发
☑ 网络服务器

在所选定要安装的软件包中检查依赖关系...

请选择您的软件安装所需要的存储库。

☐ Fedora Extras

(A) 添加额外的软件库

软件的定制可以现在进行，也可以在安装后使用软件管理应用程序来完成。

◉ 稍后定制(I)　○ 现在定制(C)

发行注记(R)　后退(B)　下一步(N)

图 3-44　检查选定安装的软件包

图 3-45　提示信息

# 3.4　本 章 小 结

操作系统是计算机系统中的最重要、最基本的系统软件。从资源管理的观点来看，它是计算机系统中的资源管理器（程序）；它负责对系统的硬、软件资源实施有效的控制和管理，提高系统资源的利用率。从方便用户使用的观点看，操作系统是一台虚拟机；它是计算机硬件的首次扩充，掩盖了硬件操作的细节，使用户或程序员与硬件细节隔离，从而方便了用户的使用。本章介绍了现在广泛使用的操作系统，方便用户了解和使用。

操作系统的主要部分驻留在主存储器中，通常把这部分称为系统的内核或者核心。从资源管理的角度来看，操作系统的功能分为处理机管理、存储管理、设备管理、文件管理等。操作系统经历了无操作系统时代、单道批处理系统、多道批处理系统、分时系统、实时操作系统等几个主要发展过程。

通常可按计算机的体系结构、运行环境、功能以及服务对象等对操作系统来分类，可分为：单用户操作系统、批处理系统、分时系统、实时系统、网络操作系统、分布式操作系统和并行操作系统。虽然不同操作系统具有各自的特点，但它们都具有 4 个基本特性：并发、共享、虚拟、不确定性。

Microsoft 公司开发的 Windows 是目前世界上用户最多、且兼容性最强的操作系统。Microsoft Windows 是彩色界面的操作系统，支持键盘、鼠标功能，默认的平台是由任务栏和桌面图标组成的。本章主要介绍了 Windows 7 操作系统的应用。

UNIX 是一个操作系统的"家族"。UNIX 操作系统从一个非常简单的操作系统发展成为性能先进、功能强大、使用广泛的操作系统，并成为事实上的多用户、多任务操作系统标准。本章介绍了 Fedora Core 6 Linux 操作系统的安装。

## 习　　题

**一、选择题**

1．操作系统是一种________。

A．通用软件　　B．系统软件　　C．应用软件　　D．软件包

2．实时操作系统必须在________内处理完来自外部的事件。

A．响应时间　　B．周转时间　　C．被控对象规定时间　　D．调度时间

3．操作系统的________管理部分负责对进程进行调度。

A．主存储器　　B．控制器　　C．运算器　　D．处理机

4．一个计算机系统，采用多道程序设计技术后，使多道程序实现了________。

A．微观上并行　　B．宏观上并行

C．微观上和宏观上并行　　D．微观上和宏观上串行

5．一个计算机系统可以认为由以下四个层次构成，而我们所说的裸机是指________。

A．硬件层　　B．操作系统层　　C．语言处理程序层　　D．应用程序层

6．操作系统是对________进行管理的软件。

A．软件　　B．硬件　　C．计算机资源　　D．应用程序

**二、简答题**

1．操作系统的主要目标是什么？

2．操作系统有哪些基本功能？

3．试说明现代操作系统的基本特征是什么？

# 第4章 办公软件

使用办公软件能帮助办公人员得心应手地处理日常办公事务，提高工作效率。Microsoft 公司的 Office 2007 以其全新的用户界面、稳定安全的文件格式、无缝高效的沟通协作功能，方便的使用方法受到广大用户的青睐，本章基于 Microsoft Office 2007 介绍办公软件的使用。

## 4.1 字处理软件

Word 2007 是一个功能强大的文档处理软件。它既能够制作各种简单的商务和个人文档，又能满足专业人员制作用于印刷的版式复杂的文档。Word 2007 继承了 Windows 友好的图形界面，可方便地进行文字、图形、图像和数据处理，制作具有专业水准的文档。用户需要充分掌握 Word 2007 的基本操作，为以后的学习打下牢固基础，使办公过程更加轻松、方便。

### 4.1.1 Word 2007 窗口的组成与基本操作

#### 1. Word 2007 窗口的组成

启动 Word 2007 后，将打开如图 4-1 所示的工作界面。该界面主要由 Office 按钮、快速访问工具栏、功能选项卡和功能区、标题栏、文档编辑区及状态栏和视图栏等部分组成。

（1）Office 按钮

Office 按钮是 Word 2007 新增的功能按钮，位于界面左上角。单击 Office 按钮，将弹出 Office 菜单（如图 4-2 所示），在其中选择相应命令后即可执行相应操作。Word 2007 的 Office 菜单中包含了一些常见的命令，例如新建、打开、保存和发布等。

（2）快速访问工具栏

Word 2007 的快速访问工具栏中包含最常用操作的快捷按钮，方便用户使用。在默认状态中，快速访问工具栏中包含 3 个快捷按钮，分别为“保存”按钮、“撤销”按钮、“恢复”按钮。图 4-3 为根据用户的需求进行自定义的快速访问工具栏。

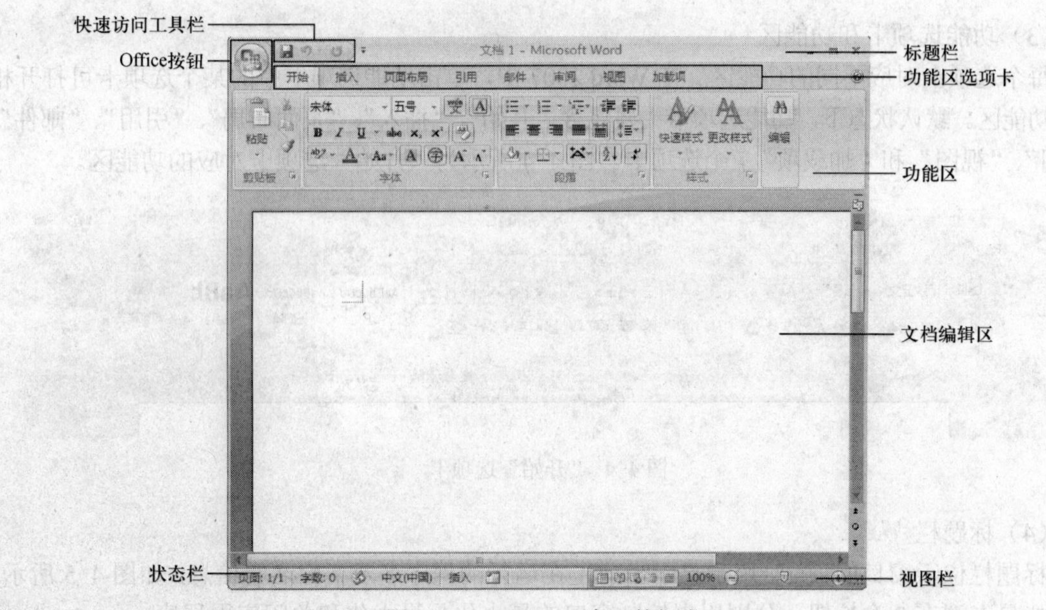


图 4-1　Word 2007 窗口的组成

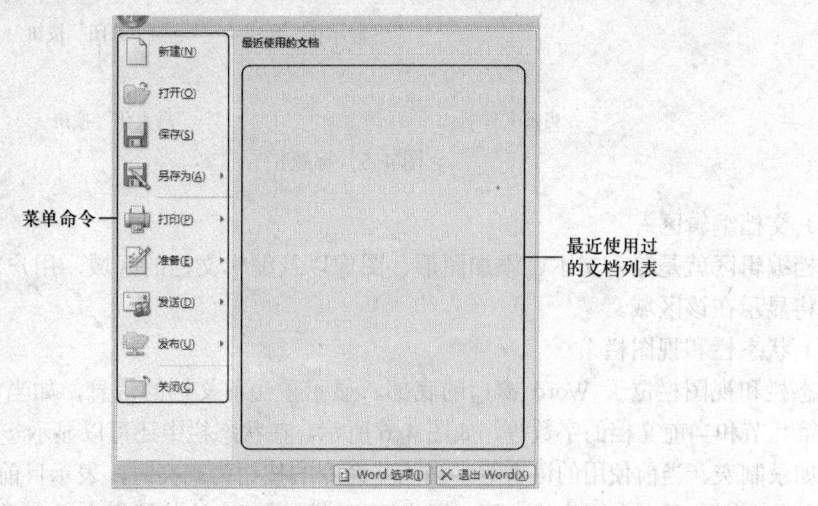


图 4-2　Office 菜单

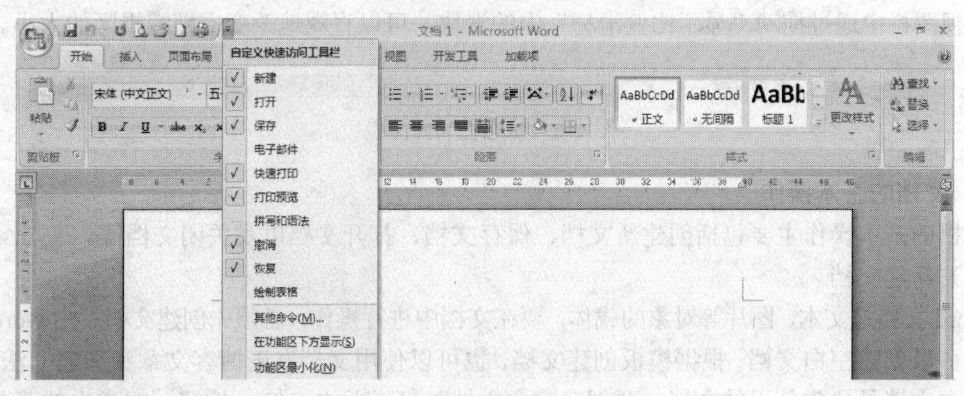


图 4-3　自定义的快速访问工具栏

（3）功能选项卡和功能区

每个选项卡对应不同的功能区。在 Word 2007 中，单击功能选项卡中的某个选项卡可打开相应的功能区。默认状态下，功能选项卡主要包含“开始”、“插入”、“页面布局”、“引用”、“邮件”、“审阅”、“视图”和“加载项”7 个选项卡。图 4-4 所示为“开始”选项卡对应的功能区。

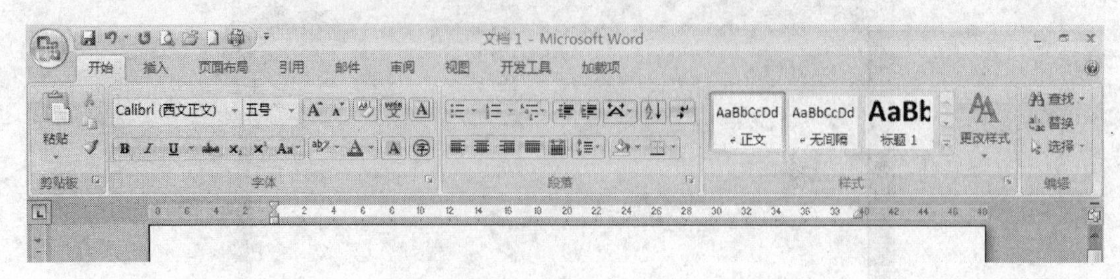


图 4-4 “开始”选项卡

（4）标题栏

标题栏位于窗口的顶端，用于显示当前正在运行的程序名及文件名等信息，如图 4-5 所示。标题栏最右端有 3 个按钮，分别用来控制窗口的最小化、最大化和关闭应用程序。

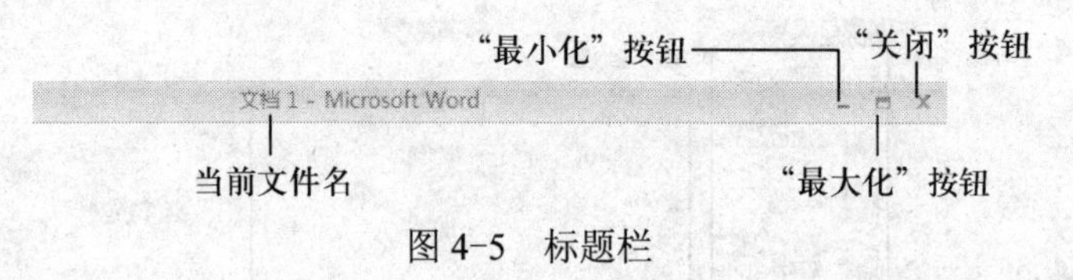


图 4-5 标题栏

（5）文档编辑区

文档编辑区就是输入文本、添加图形、图像以及编辑文档的区域，用户对文本进行的操作结果都将显示在该区域。

（6）状态栏和视图栏

状态栏和视图栏位于 Word 窗口的底部，显示了当前文档的信息，如当前显示的文档是第几页、第几节和当前文档的字数等，如图 4-6 所示。在状态栏中还可以显示一些特定命令的工作状态，如录制宏、当前使用的语言等，当这些命令的按钮为高亮时，表示目前正处于工作状态，若变为灰色，则表示未在工作状态下，用户还可以通过双击这些按钮来设定对应的工作状态。另外，在视图栏中通过拖动“显示比例滑杆”中的滑块，可以直观地改变文档编辑区的大小。

图 4-6 状态栏和视图栏

**2. 文档的基本操作**

文档的基本操作主要包括创建新文档、保存文档、打开文档以及关闭文档等。

（1）新建文档

Word 文档是文本、图片等对象的载体，要在文档中进行操作，必须先创建文档。在 Word 2007 中不仅可以创建空白文档、根据模板创建文档，也可以使用文档发表博客文章和新建书法字帖。

空白文档是最常使用的文档。要创建空白文档，可以单击 Office 按钮，在弹出的菜单中选择“新建”命令，打开“新建文档”对话框，在“空白文档和最近使用的文档”列表框中选择“空白文档”选项，单击“创建”按钮即可，如图 4-7 所示。

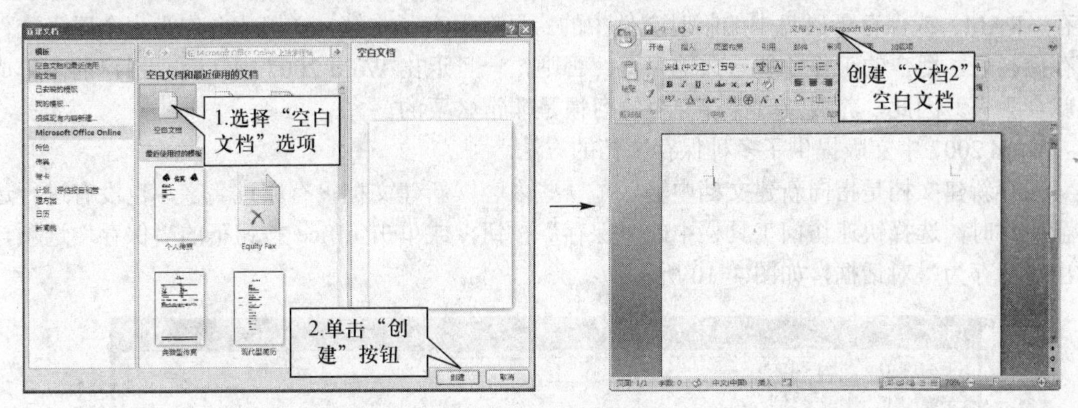


图 4-7　新建空白文档

Word 2007 提供了许多模板样式，如“平衡传真”、“平衡信函”和“凸窗简历”等。使用它们可以快速创建带有样式和内容的文档，为用户节省工作时间。

新建博客文章是 Word 2007 的新增功能。用户可以使用 Word 2007 制作博客文档，然后上传到博客中，并对其进行管理。使用该功能的便捷之处在于不需要登录博客网站来编写博客。

使用 Microsoft Office Word 2007 提供的“书法字帖”功能，可以灵活地创建字帖文档，自定义字帖中的字体颜色、网格样式、文字方向等，然后将它们打印出来，这样就可以获得符合自己的书法字帖，从而提高自己的书法造诣。

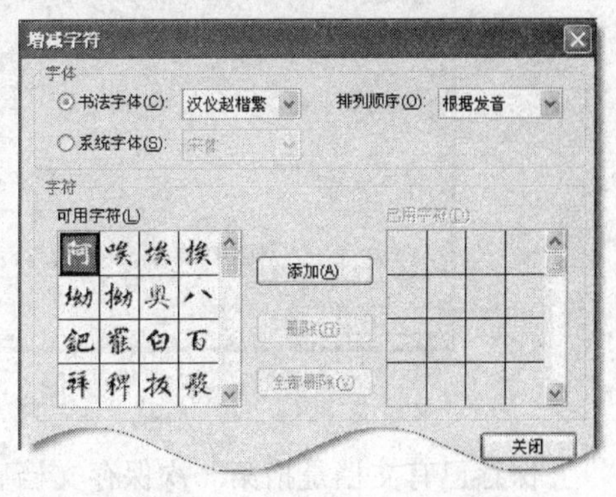


图 4-8 “增减字符”对话框

单击 Office 按钮，执行“新建”命令。在“新建文档”对话框中选择“书法字帖”。单击“创建”按钮，打开“增减字符”对话框，如图 4-8 所示。在“书法字体”列表或“系统字体”列表中，选择要使用的字体类型；在“可用字符”列表中，选择要制作字帖的文字内容；单击“添加”按钮，添加到“已用字符”中；单击“关闭”按钮，将选择的字符添加到文档中，同时打开“书法”工具栏。图 4-9 为书法字帖的文档效果。

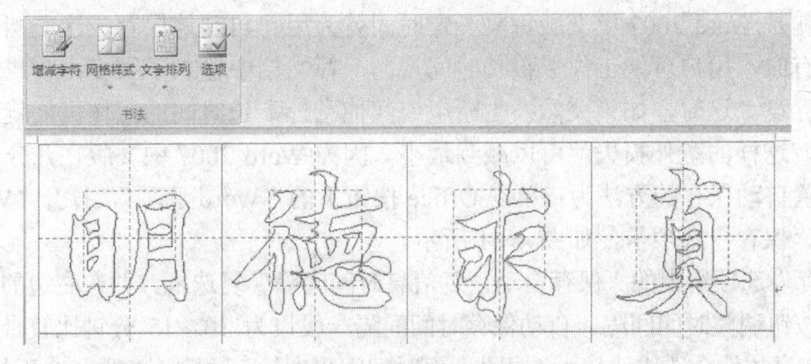


图 4-9　书法字帖

（2）保存文档

保存文档的操作十分重要。当正在编辑某个 Word 文档时，所建立的文档是驻留在计算机内存（RAM）或保存于磁盘上的临时文件中的。只有保存了文档，文档才会作为一个磁盘文件被存储起来，用户的工作才能永久地保存。否则，一旦退出 Word 2007 中文版，用户的工作成果就会丢失。因此，养成及时保存文档的习惯是非常必要的。

Word 2007 中文版提供了多种保存文档的方法。

保存新建文档是指向新建文档中输入了一些内容，新建文档没有取过名字，也没有进行过存盘操作时，选择快速访问工具栏中的“保存”按钮，或单击 office 按钮下的“保存”选项，弹出“另存为”对话框，如图 4-10 所示。

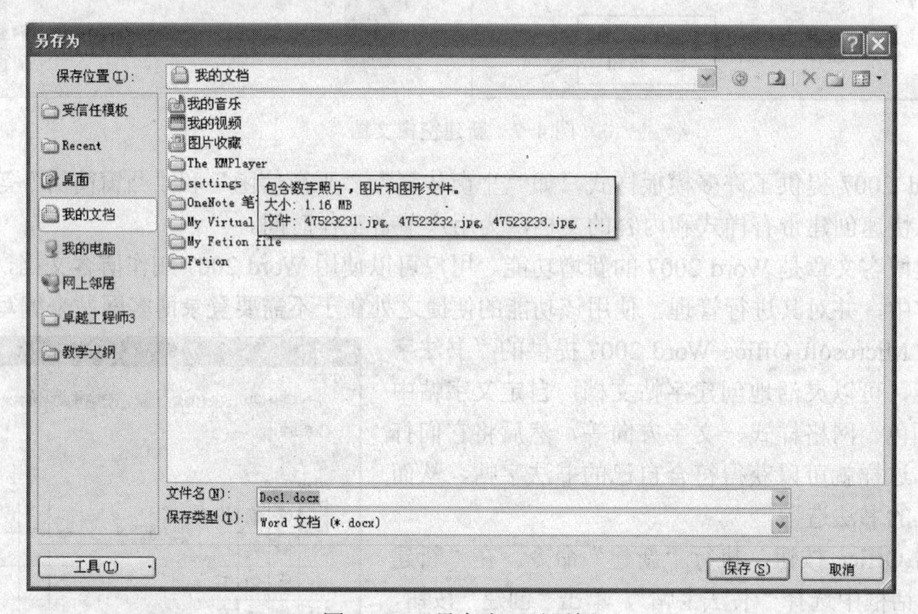


图 4-10 “另存为”对话框

保存已有文档是指第一次保存文档后，文档就有名字了。如果用户又对这个文档做了修改，单击“保存”按钮后，修改后的文档的内容就会被保存下来，而修改前的内容就被覆盖了。

如果既想保存修改后的文档，又不想覆盖修改前的内容，用户可以选择 office 按钮下的“另存为”选项进行换名保存。

自动保存就是 Word 2007 中文版每隔一定时间就为用户自动地保存一次文档。这是一项很有用的功能。有时，用户可能工作了很长时间，向一篇文档中输入了很多内容或对其做了很大的修改却没有存盘。这时，如果突然发生断电或其他意外，长时间的工作可能就付诸东流了。有了自动保存，这样的意外损失就可以减到最小，因为 Word 2007 中文版在几分钟以前已经保存过文档。设置自动保存的方法为：单击 Office 按钮下的“Word 选项”，打开“Word 选项”对话框，并单击“保存”选项卡，如图 4-11 所示。

选中“保存”选项组中的“保存自动恢复信息时间间隔”复选框，并在右边的文本框中输入或用右侧微调按钮调整时间间隔。自动保存时间间隔一般设为 10～15 分钟比较合适。因为时间间隔太长，意外事故就会造成比较大的损失；而时间间隔太短，频繁的存盘又会干扰用户的工作。

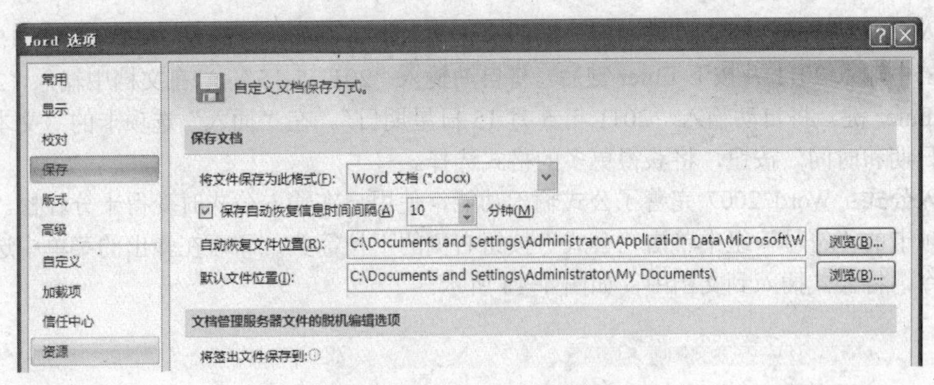


图 4-11 “Word 选项”对话框的保存选项卡

（3）打开与关闭文档

打开与关闭文档是 Word 的一项最基本的操作，编辑文档之前需要打开文档，而编辑并保存文档之后则需要关闭文档。

### 3. 文本的编辑

创建新文档后，就可以选择合适的输入法输入文档的内容，并对其进行编辑操作，如选择、修改、复制、查找和替换等。

（1）输入文本

当新建一个文档后，在文档的开始位置将出现一个闪烁的光标，称之为“插入点”。在 Word 文档中输入的任何文本，都将在插入点处出现。定位了插入点的位置后，选择一种输入法，即可开始文本的输入。

**输入符号：**使用键盘可以输入如@、#、$、%等符号，但也有符号是不能用键盘直接输入的。此时可以用插入符号或插入特殊符号的方法来输入，如图 4-12、图 4-13 所示。

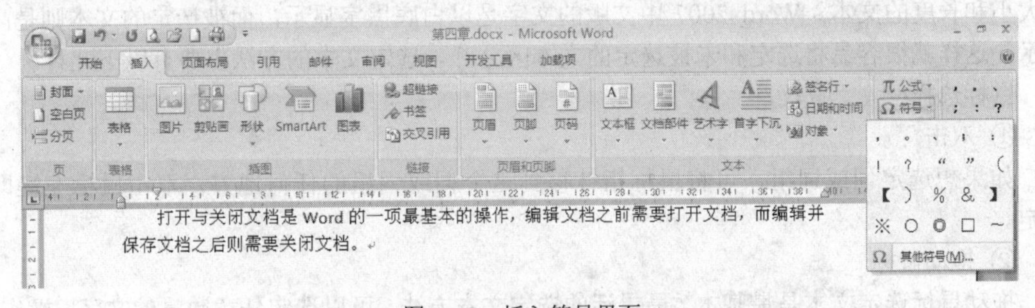


图 4-12 插入符号界面

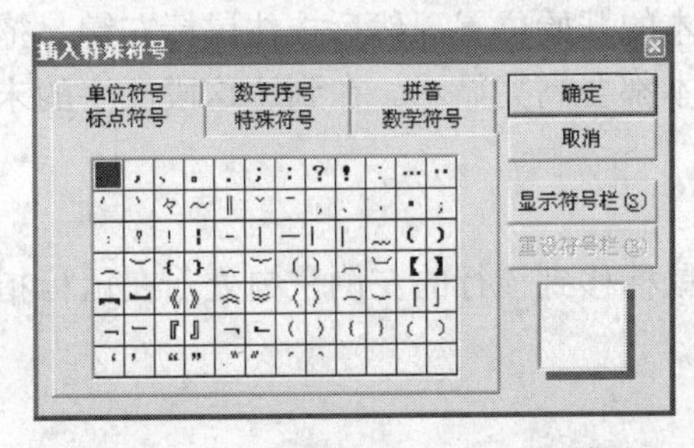


图 4-13 “插入特殊符号”对话框

**输入日期**：Word 2007 提供当前日期的快速输入法。例如，今天是 2011 年 5 月 15 日，那么在文档中输入 2011 并按下 Enter 键后，将自动输入“2011-5-15”，当在文档中输入“2011 年”并按下 Enter 键，将自动输入“2011 年 5 月 15 日星期日”。在“插入”选项卡的“文本”组中单击“日期和时间”按钮，将获得更多的格式选择。

**输入公式**：Word 2007 完善了公式输入功能，使用户在输入公式时变得十分轻松。在“插入”选项卡的“符号”组中单击“公式”按钮右侧的下拉箭头，即可在弹出的菜单中选择常用公式命令，将公式插入到文档中，如图 4-14 所示。

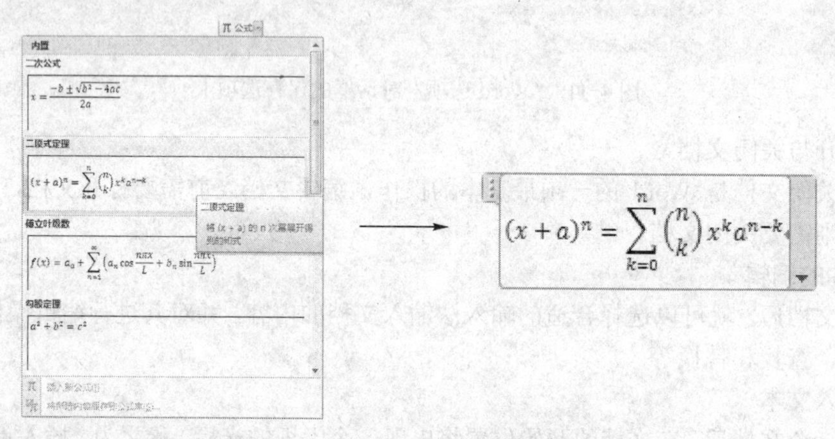


图 4-14　公式插入

（2）编辑文本

（a）选择文本

修改文本前，通常需要选择文本。在 Word 2007 中使用鼠标或键盘等多种方法可以选取任意大小和长度的文本。Word 2007 中文版的文字是以白底黑字显示，而被选定的文本则是高亮显示，这样就很容易将选定和未被选定的文本区分开。选定文本的方法主要有以下几种。

鼠标选择：

① 双击

如果想选定词或词组，可将鼠标指针移到这个词或词组的任何地方，双击鼠标左键即可选定。

② 拖动鼠标

拖动鼠标选定文本是最基本、最灵活的选定文本方法，可以选定任意数量的文字。操作时，先把鼠标指针放到要选定文本的开始位置，然后按住鼠标左键，拖动鼠标经过这段文本。在这个过程中，被拖动经过的文本都会高亮显示。在到达这段文字的末尾时，松开鼠标左键，这段文字就被选定了。

③ 选定一行文本

要选定某一行文本，将鼠标移到该行的左侧空白处，在鼠标指针形状变为指向右上方的箭头后单击即可。

④ 选定多行文本

将鼠标指针移动到段落的左侧空白区，在鼠标指针形状变为指向右上方的箭头后，按住鼠标左键向上或向下拖动鼠标即可。

⑤ 选定矩形区域（列优先选定）

将鼠标指针移动到要选定文本块的左上角，然后按住 Alt 键并拖动鼠标，拖动鼠标所经过的文本就会被选定。

⑥ 选定一个段落

用鼠标在段落的任意位置三击，或者在段落左侧空白区双击，可选定一个段落。

⑦ 选定整个文档

用鼠标在文档左侧空白区三击，或者选择“编辑”菜单的“全部选定”命令可选定整个文档。

键盘选择：

Word 2007 中文版提供的键盘选定功能非常强大，使用组合键也可以组成很多选定文本的方法，具体的操作方法如表 4-1 所示。

**表 4-1　用组合键选定文本**

| 将要选定的范围扩展到 | 操　作 |
| --- | --- |
| 右侧一个字符 | Shift+右箭头 |
| 左侧一个字符 | Shift+左箭头 |
| 单词结尾 | Ctrl+Shift+右箭头 |
| 单词开始 | Ctrl+Shift+左箭头 |
| 行尾 | Shift+End |
| 行首 | Shift+Home |
| 下一行 | Shift+下箭头 |
| 上一行 | Shift+上箭头 |
| 段尾 | Shift+ Ctrl+下箭头 |
| 段首 | Shift+ Ctrl+上箭头 |
| 下一屏 | Shift+PageDown |
| 上一屏 | Shift+PageUp |
| 文档结尾 | Shift+ Ctrl+End |
| 文档开始 | Shift+ Ctrl+Home |
| 包含整篇文档 | Ctrl+A |

选择格式相似的文本：“开始”选项卡中的“编辑”组的“选定”选项可以智能地选定格式相似的文本，效果如图 4-15 所示，要求选定前光标置于其中的任一段落。

（b）修改文本

① 插入

在文档的任意位置插入新的文字是编辑文本中最常用的操作，在 Word 2007 中实现起来也非常容易。只要把光标移动到想要插入文本的位置，然后输入文本即可。

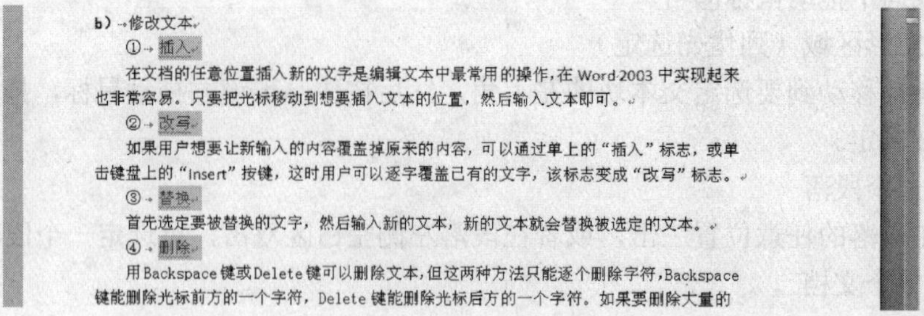

b) 修改文本

① 插入

在文档的任意位置插入新的文字是编辑文本中最常用的操作，在 Word 2003 中实现起来也非常容易。只要把光标移动到想要插入文本的位置，然后输入文本即可。

② 改写

如果用户想要让新输入的内容覆盖掉原来的内容，可以通过单击单上的“插入”标志，或单击键盘上的“Insert”按键，这时用户可以逐字覆盖已有的文字，该标志变成“改写”标志。

③ 替换

首先选定要被替换的文字，然后输入新的文本，新的文本就会替换被选定的文本。

④ 删除

用 Backspace 键或 Delete 键可以删除文本，但这两种方法只能逐个删除字符，Backspace 键能删除光标前方的一个字符，Delete 键能删除光标后方的一个字符。如果要删除大量的

图 4-15 “选定格式相似的文本”效果

② 改写

如果用户想要让新输入的内容覆盖掉原来的内容，可以通过单击状态栏上的“插入”标志，或单击键盘上的 Insert 按键，这时用户可以逐字覆盖已有的文字，该标志变成“改写”标志。

③ 替换

首先选定要被替换的文字，然后输入新的文本，新的文本就会替换被选定的文本。

④ 删除

用 Backspace 键或 Delete 键可以删除文本，但这两种方法只能逐个删除字符，Backspace 键能删除光标前方的一个字符，Delete 键能删除光标后方的一个字符。如果要删除大量的文字，首先要选定所要删除的文本，然后按下 Backspace 键或 Delete 键。

⑤ 移动

在编辑文档时，有时需要把一段文字移动到另外一个位置。移动的方法有两种。

方法一：首先选定要移动的文字，将鼠标指针指向被选定的文本，待鼠标指针变成指向左上的箭头时，按下鼠标左键并拖动，此时鼠标箭头的旁边会有竖线，用来指示将要移到的位置，拖动到合适的位置后松开鼠标左键，文字就被移到新的位置了。

方法二：选定要移动的文字后，单击“开始”选项卡的“剪贴板”组的“剪切”按钮，将插入点放置在要移到的位置，单击“粘贴”按钮。

⑥ 复制

复制操作和移动操作很相似，也有两种方法。

方法一：选定要复制的文字后，按住 Ctrl 键将选定的文本拖动到要复制的位置松开鼠标左键即可（在拖动时会看到鼠标尾部的小方框中有个“+”号，表示进行的是复制操作）。

方法二：选定要复制的文字后，单击“开始”选项卡的“剪贴板”组的“复制”按钮，然后将插入点放置到要复制的位置，单击“粘贴”按钮。

（c）撤销和恢复操作

编辑文档时，Word 2007 会自动记录最近执行的操作，因此当操作错误时，可以通过撤销功能将错误操作撤销。如果误撤销了某些操作，还可以使用恢复操作将其恢复。

① 撤销

如果用户执行了误操作，撤销功能可以帮助用户恢复。单击快速访问工具栏的“撤销”按钮，可撤销上一步的操作；单击此按钮右边的向下的三角，打开下拉式列表，找到需要回到的位置，可撤销多步操作。

② 重复

用户可以通过单击快速访问工具栏的“重复”按钮来重复刚执行的操作。

③ 恢复

“恢复”按钮的功能与“撤销”按钮正好相反，它可以恢复被撤销的操作。

（d）查找和替换文本

在文档中查找某一个特定内容，或在查找到特定内容后将其替换为其他内容，是一项费时费力又容易出错的工作。Word 2007 提供了查找与替换功能，使用该功能可以非常轻松、快捷地完成操作。

① 查找文本

在“开始”选项卡上的“编辑”组中，单击“查找”按钮，获得如图 4-16 所示的对话框。在“查找内容”文本框中，输入要搜索的文本。单击“查找下一处”按钮，可以查找单词或短语的每个实例。

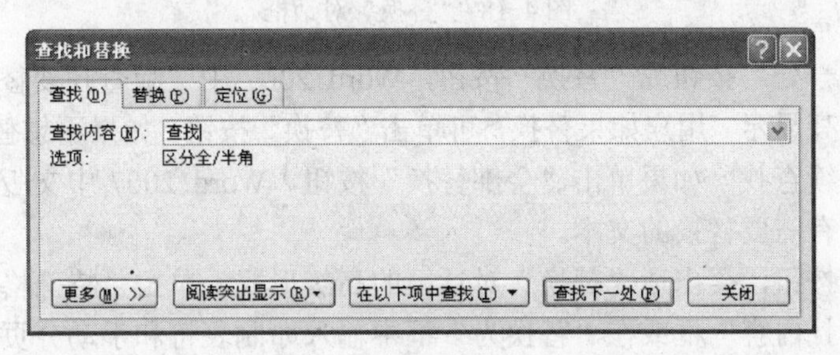


图 4-16 “查找和替换”对话框

单击“查找和替换”对话框中的“更多”按钮，对话框就会变成如图 4-17 所示的样子。在“搜索范围”列表框中列出了“向下”、“向上”和“全部”三项，还有 10 个复选框，用来限制查找内容的形式。

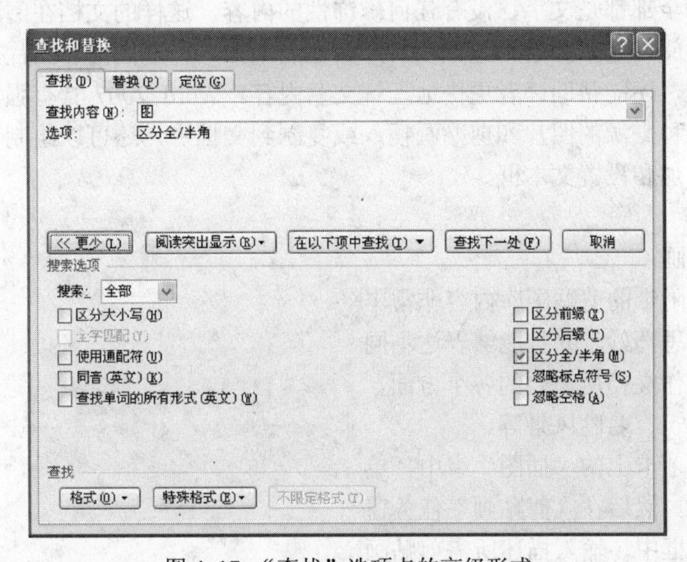


图 4-17 “查找”选项卡的高级形式

② 替换文本

替换文本功能可以用一段文本替换文档中指定的文本。比如，可以用“存储”来替换文档中的“存贮”。要执行替换功能，按下面的步骤操作。

在“开始”选项卡上的“编辑”组中，单击“替换”按钮，会出现如图 4-18 所示的对话框。在“查找内容”框中，输入要搜索的文本“存贮”。在“替换为”框中，输入替换文本“存储”。

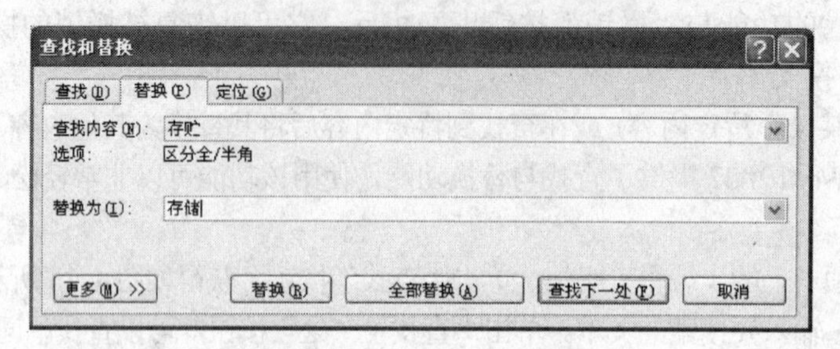


图 4-18 “替换”对话框

单击“查找下一处”按钮或“替换”按钮，Word 2007 中文版查找要替换的文本，找到后会选中该文本并高亮显示。用户如果替换，可单击“替换”按钮；如果不想替换，可以单击“查找下一处”按钮继续查找。如果单击“全部替换”按钮，Word 2007 中文版将不再等待用户确认而自动替换掉所有需要替换的文本。

单击“更多”按钮，会出现“替换”对话框的高级形式，单击“特殊格式”按钮选择所需的项目，可以“查找内容”框或在“替换为”框中输入如制表符和手动分页符等特殊字符和文档元素。单击“格式”按钮，可以搜索、替换或删除字符格式。例如，可以搜索特定的单词或短语并更改字体颜色，或搜索特定的格式（如加粗）并进行更改。要搜索带有特定格式的文本，请在“查找内容”框中输入文本。要仅查找格式，此框保留空白。

**4. 图形、图片的编辑**

如果一篇文章全部都是文字，没有任何修饰性的内容，这样的文档在阅读时不仅缺乏吸引力，而且会使读者阅读起来劳累不堪。在文章中适当地插入一些图形和图片，不仅会使文章、报告显得生动有趣，还能帮助读者更快地理解文章内容。Word 2007 具有强大的绘图和图形处理功能，可以将多种来源的图片和剪贴画插入或复制到文档中，还可以绘制和编辑形状、使用和设置艺术字、添加和设置文本框。

（1）插入图片

（a）插入剪贴画

Word 2007 所附带的剪贴画库内容非常丰富，设计精美、构思巧妙，并且能够表达不同的主题，适合于制作文档所需要的各个方面，如地图、人物、建筑、名胜风景等。

在“插入”选项卡上的“插图”组中，单击“剪贴画”按钮。然后在“剪贴画”任务窗格的“搜索”文本框中，输入描述所需剪贴画的单词或词组，或输入剪贴画文件的全部或部分文件名，单击“搜索”按钮。在结果列表中，单击剪贴画将其插入。其过程如图 4-19 所示。

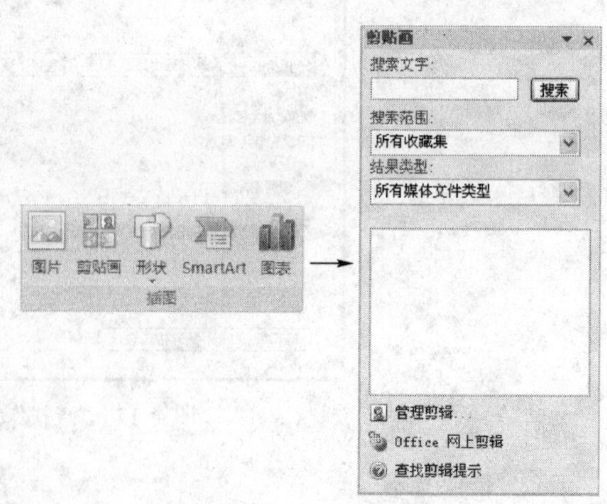


图 4-19 插入剪贴画

（b）插入来自文件的图片

在 Word 2007 中除了可以插入剪贴画，还可以从磁盘的其他位置中选择要插入的图片文件。这些图片文件可以是 Windows 的标准 BMP 位图，也可以是其他应用程序所创建的图片，如 CorelDRAW 的 CDR 格式矢量图片，JPEG 压缩格式的图片，TIFF 格式的图片等。“插入图片”对话框如图 4-20 所示。

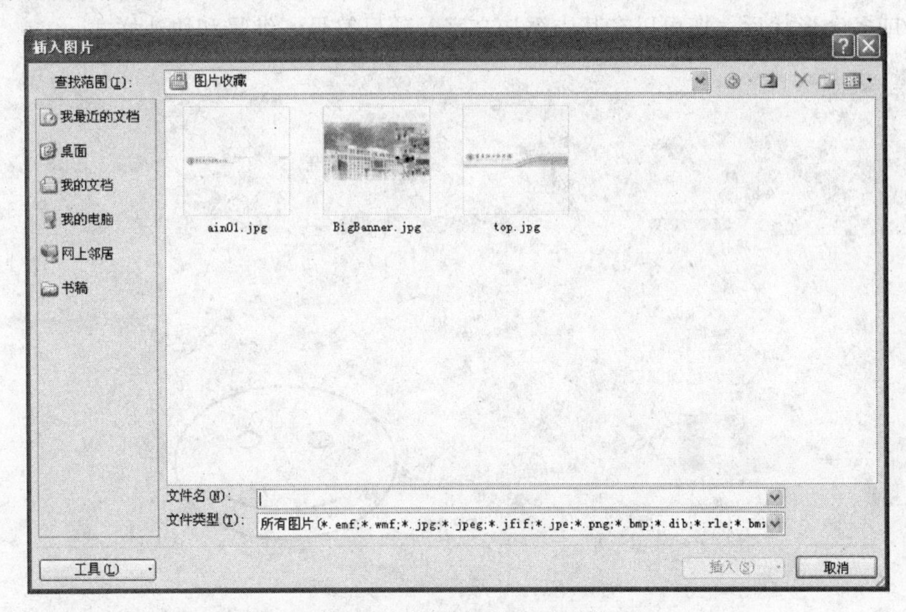


图 4-20 “插入图片”对话框

选中插入的图片，选择图片工具中的“格式”选项卡，就可以对图片进行各种编辑，如缩放、移动、复制、设置样式和排列方式，并且可以调整色调、亮度和对比度等，如图 4-21 所示。

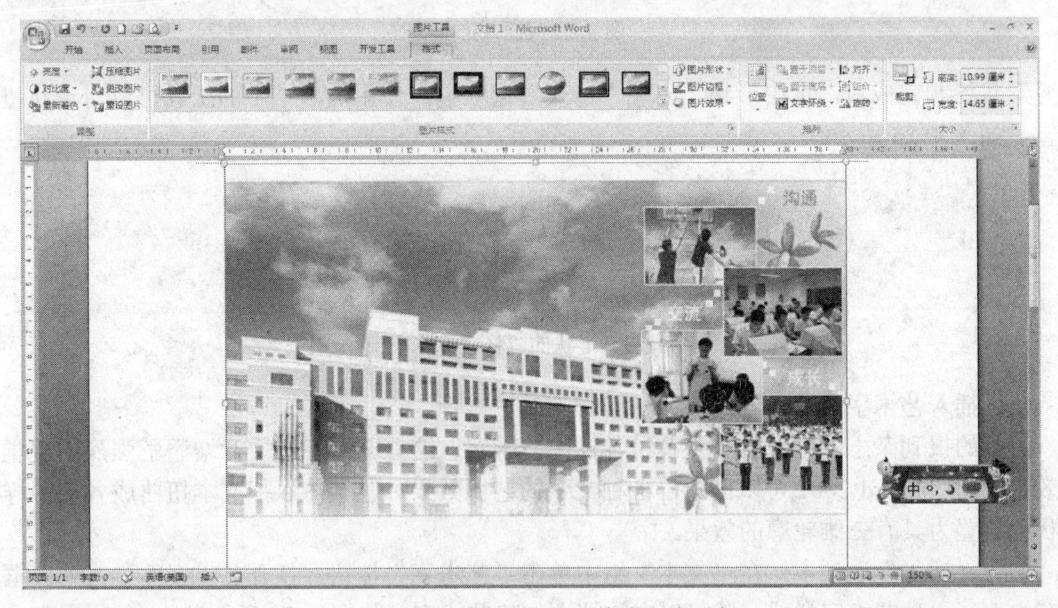


图 4-21 图片工具中的“格式”选项卡

（2）插入形状

可以向 Word 2007 文档添加一个形状或者合并多个形状以生成一个绘图或一个更为复杂的形状。可用形状包括线条、基本几何形状、箭头、公式形状、流程图形状、星、旗帜和标注。

打开“插入”选项卡，在“插图”组中单击“形状”按钮，将弹出形状命令菜单。在弹出的菜单中选择需要的图形工具按钮，拖动鼠标即可在文档中绘制相应的图形，如图 4-22 所示。添加一个或多个形状后，您可以在其中添加文字、项目符号、编号和快速样式。

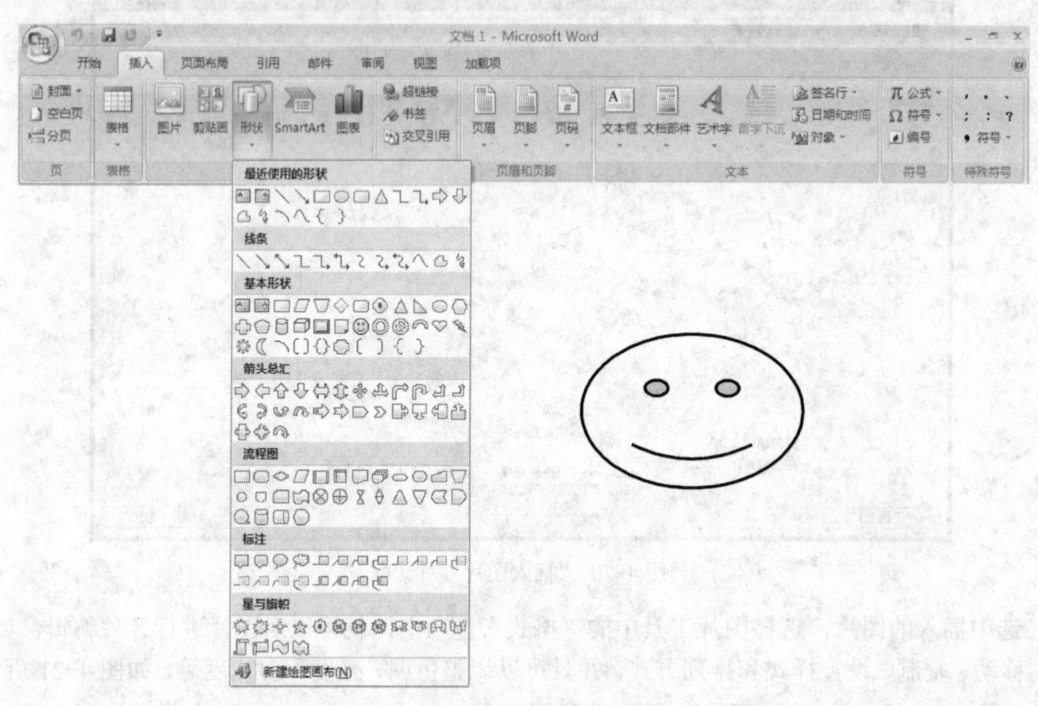


图 4-22　插入形状

形状绘制完成后，选中形状，出现“格式”选项卡，使用选项卡中的工具可以对形状进行编辑，如图 4-23 所示。

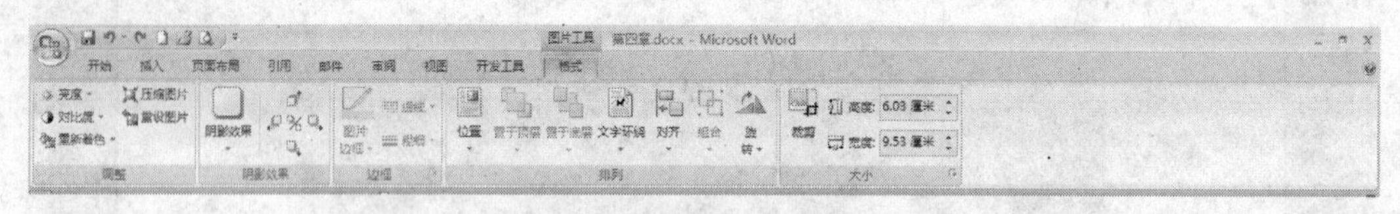


图 4-23　形状的“格式”选项卡

（3）插入艺术字

流行的报刊杂志上常常会看到各种各样的艺术字，这些艺术字给文章增添了强烈的视觉冲击效果。使用 Word 2007 可以创建出各种文字的艺术效果，甚至可以把文本扭曲成各种各样的形状或设置为具有三维轮廓的效果。

选择“插入”选项卡，在“文本”组中单击“艺术字”按钮，打开艺术字库样式列表框，在其中选择一种艺术字样式，就可以在文档中创建艺术字，如图 4-24 所示。

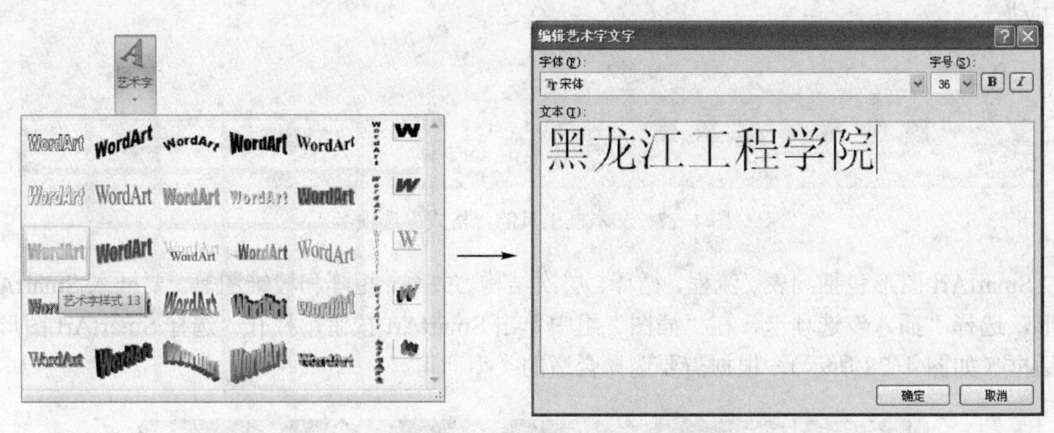


图 4-24　插入艺术字

创建好艺术字后，如果对艺术字的样式不满意，可以对其进行编辑修改。选择艺术字即会出现艺术字工具的“格式”选项卡，使用选项卡中的工具按钮可以对艺术字进行各种设置，如图 4-25 所示。

图 4-25　艺术字工具的“格式”选项卡

（4）插入文本框

在 Word 2007 中，文本框可置于页面中的任何位置，用来建立特殊的文本，并且可以设置文本框的边框、颜色、版式和大小等格式。

选择“插入”选项卡，在“文本”组中单击“文本框”按钮，在“内置”中选择一种文本框样式，就可以在文档中插入文本框。如图 4-26 所示。

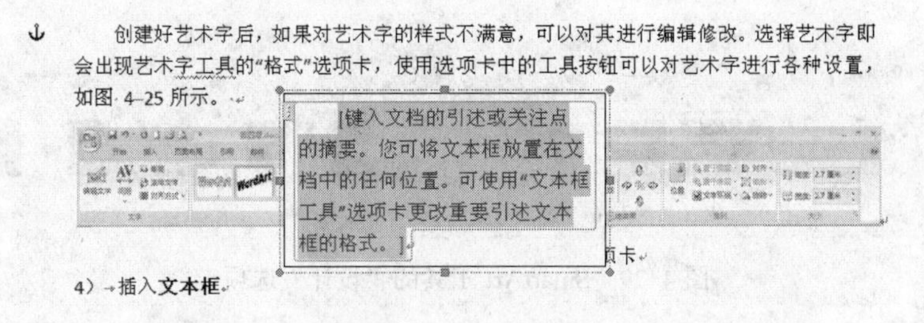


图 4-26　插入文本框

选择文本框即会出现文本框工具的“格式”选项卡，使用选项卡中的工具按钮可以对文本框进行各种设置，如图 4-27 所示。

（5）SmartArt 图形

Word 2007 提供了 SmartArt 图形的功能，用来说明各种概念性的内容，并可使文档更加形象生动。

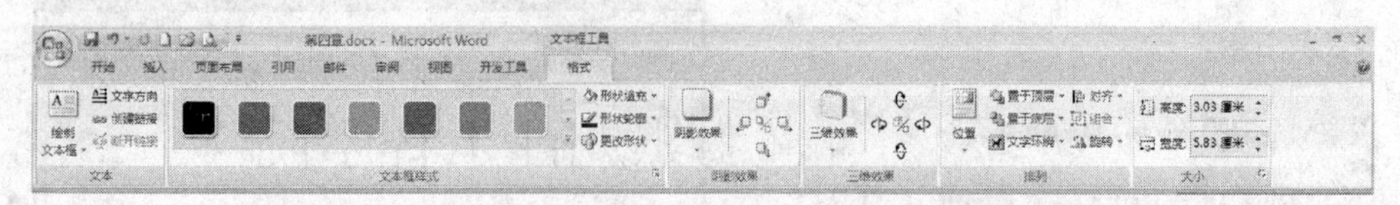


图 4-27　文本框工具的“格式”选项卡

SmartArt 图形包括列表、流程、循环、层次结构、关系、矩阵和棱锥图等。要插入 SmartArt 图形，选择“插入”选项卡，在“插图”组中单击 SmartArt 按钮，打开“选择 SmartArt 图形”对话框（如图 4-28 所示），根据需要选择合适的类型即可。

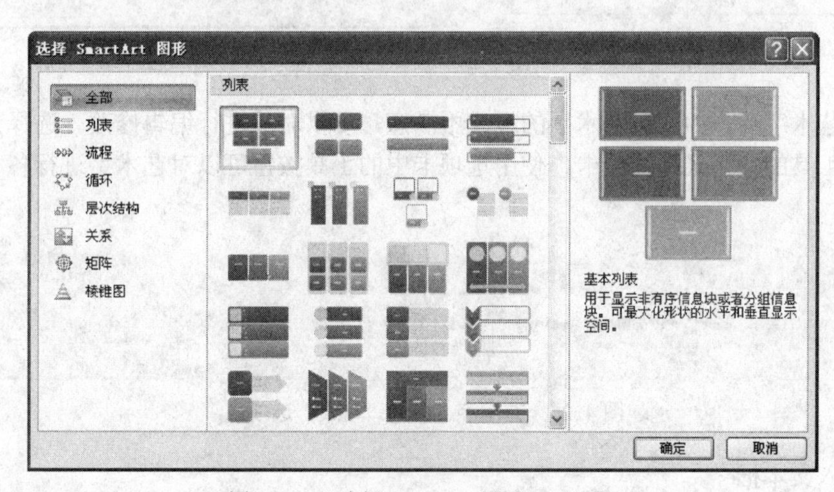


图 4-28　“选择 SmartArt 图形”对话框

插入 SmartArt 图形后，如果对预设的效果不满意，则可以在 SmartArt 工具的“设计”和“格式”选项卡中对其进行编辑操作，如添加和删除形状，套用形状样式和更换图标类型等，如图 4-29、图 4-30 所示。

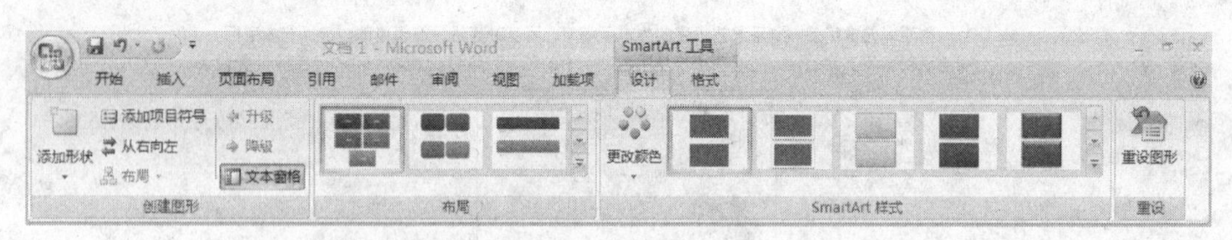


图 4-29　SmartArt 工具的“设计”选项卡

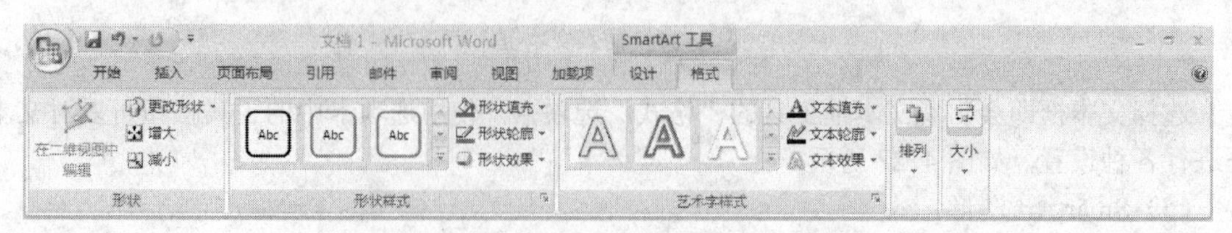


图 4-30　SmartArt 工具的“格式”选项卡

## 4.1.2 文档的排版与打印

在 Word 文档中，文字是组成段落的最基本内容，输入完文本内容后就可以对其进行格式化操作，而设置文本样式是实现快速编辑文档的有效操作。掌握设置文字格式与文本样式的方法后，即可创建层次分明，结构清晰的文档。

### 1. 设置文字格式

在 Word 文档中输入的文字默认字体为“宋体”，默认字号为“五号”，为了使文档更加美观、条理更加清晰，通常需要对文字进行格式化操作。

（1）使用功能区设置

在功能区打开“开始”选项卡，使用“字体”组中提供的按钮即可设置文字格式，如图 4-31 所示。

（2）使用对话框设置

打开“开始”选项卡，单击“字体”对话框启动器，打开“字体”对话框即可设置，如图 4-32 所示。其中“字体”选项卡可以设置字体、字形、字号等，“字符间距”选项卡可以调整文字之间的间隔距离。

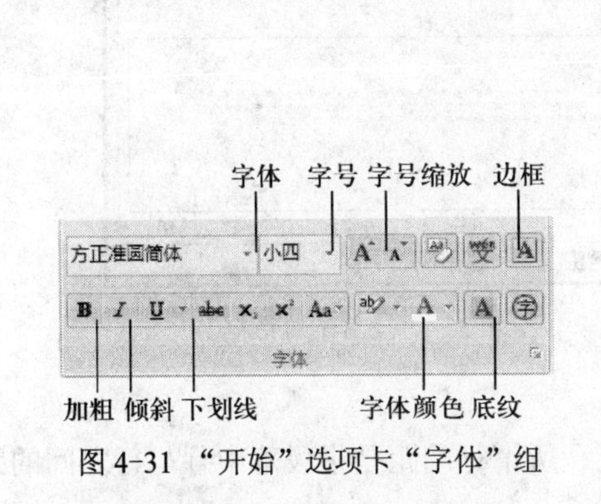


图 4-31 “开始”选项卡“字体”组

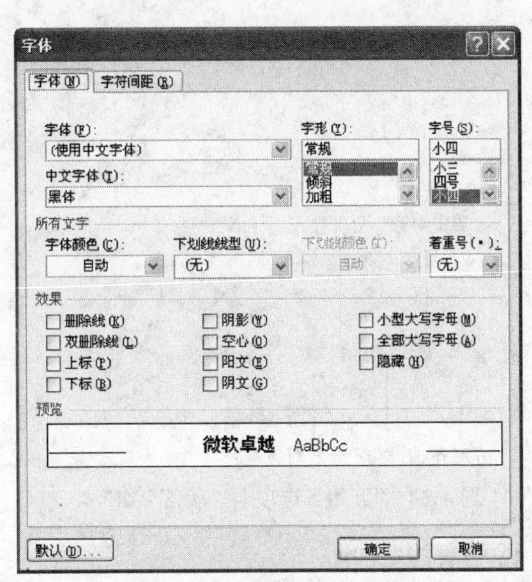


图 4-32 “字体”对话框

（3）使用浮动工具栏设置

选中要设置格式的文字，此时选中文字区域的右上角将出现如图 4-33 所示的浮动工具栏，使用工具栏提供的按钮进行设置。

图 4-33 浮动工具栏

### 2. 设置段落格式

段落是构成整个文档的骨架，它由正文、图表和图形等加上一个段落标记构成。段落的格式化包括段落对齐、段落缩进、段落间距设置等。

（1）设置段落对齐方式

段落对齐指文档边缘的对齐方式，包括两端对齐、居中对齐、左对齐、右对齐和分散对齐，如图 4-34 所示。

（2）设置段落缩进

段落缩进是指段落中的文本与页边之间的距离。Word 2007 中共有 4 种格式：左缩进、右缩进、悬挂缩进和首行缩进。

左缩进：设置整个段落左边界的缩进位置。

右缩进：设置整个段落右边界的缩进位置。

悬挂缩进：设置段落中除首行以外的其他行的起始位置。

首行缩进：设置段落中首行的起始位置。

打开“开始”选项卡，单击“段落”对话框启动器，打开“段落”对话框（如图 4-35 所示）即可设置。

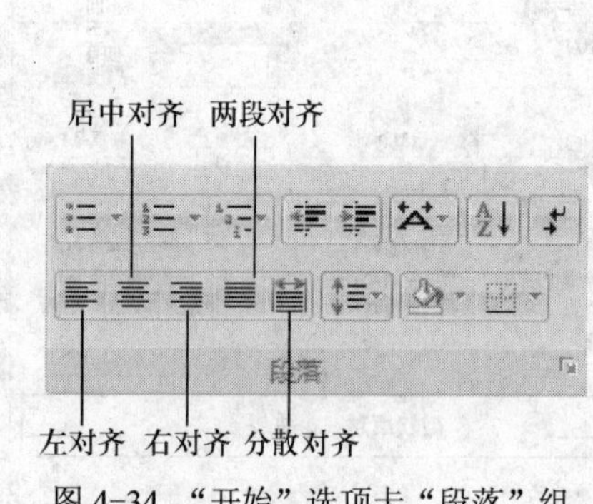


图 4-34 “开始”选项卡“段落”组

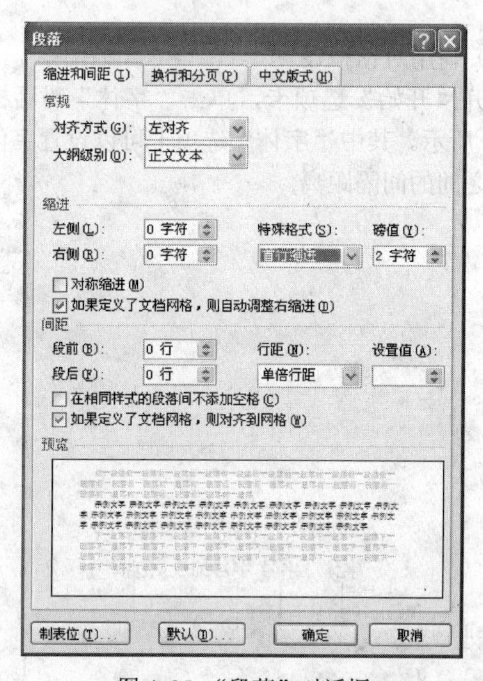


图 4-35 “段落”对话框

（3）设置段落间距

段落间距的设置包括文档行间距与段间距的设置。所谓行间距是指段落中行与行之间的距离；所谓段间距，就是指前后相邻的段落之间的距离。

选定要修改的文字，在“开始”选项卡上的“段落”组中，单击“行距”，单击“2.0”或其他行距选项。

段间距的设置采用如图 4-35 所示的对话框进行设置。

**3. 设置项目符号和编号**

使用项目符号和编号列表，可以对文档中并列的项目进行组织，或者将顺序的内容进行编号，以使这些项目的层次结构更清晰、更有条理。Word 2007 提供了 7 种标准的项目符号和编号，并且允许用户自定义项目符号和编号。

(1) 自动添加项目符号和编号

您可以快速给现有文本行添加项目符号或编号，或者 Word 可以在您输入文本时自动创建列表。默认情况下，如果段落以星号或数字“1.”开始，Word 会认为您在尝试开始项目符号或编号列表。如果不想将文本转换为列表，可以单击出现的“自动更正选项”按钮，如图 4-36 所示。

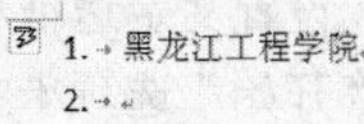

1.→黑龙江工程学院
2.→

图 4-36 自动添加项目符号和编号

(2) 添加项目符号和编号

除了使用 Word 2007 的自动添加项目符号和编号功能，也可以在输入文本之后，选中要添加项目符号或编号的段落，单击“开始”选项卡，在“段落”组中单击“项目编号”按钮，为每段添加项目编号，单击“项目符号”按钮依次为各段编号，如图 4-37 所示。

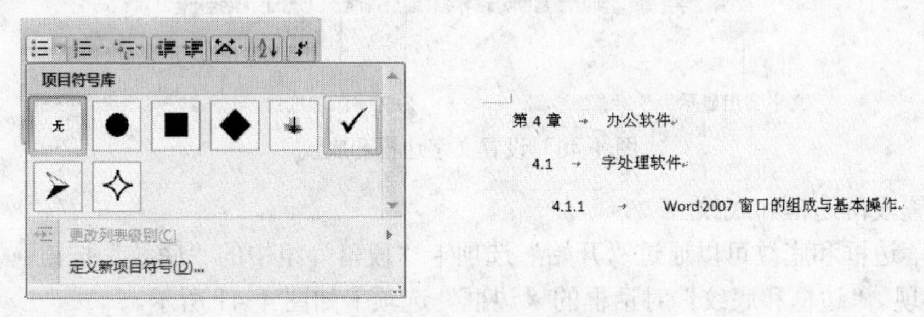


图 4-37 项目符号库

(3) 自定义项目符号和编号

在 Word 2007 中，除了可以使用提供的 7 种项目符号和编号之外，还可以自定义项目符号样式和编号，如图 4-38 所示。

(4) 多级列表

在“开始”选项卡上的“段落”组中，单击“多级列表”旁边的箭头。单击所需的多级列表样式，使用多级列表，单击定义新多级列表，会出现如图 4-39 所示对话框，得到对应的多级列表。

图 4-38 自定义项目符号样式

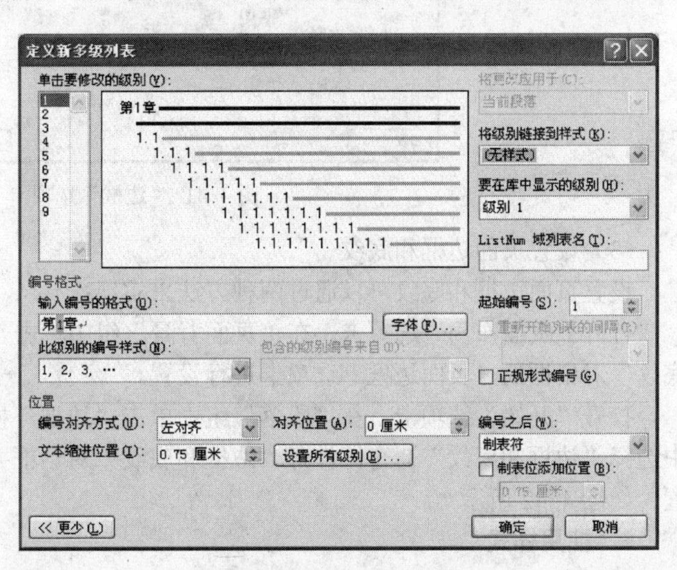


图 4-39 自定义多级列表

#### 4. 设置边框和底纹

在进行文字处理时，可以在文档中添加各种各样的边框和底纹（包括文字边框和底纹，段落边框和底纹以及页面边框和底纹），以增加文档的生动性和实用性。

（1）设置文字边框和底纹

在“开始”选项卡的“字体”组中使用“字符边框”按钮、“字符底纹”按钮和“以不同颜色突出显示文本”按钮可为文字添加边框和底纹，使文档重点内容更为突出，如图 4-40 所示。

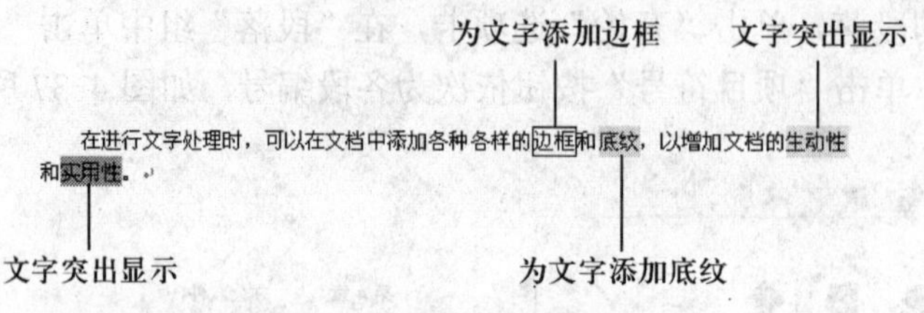


图 4-40　设置文字边框和底纹

（2）设置段落边框和底纹

设置段落边框和底纹可以通过“开始”选项卡“段落”组中的“底纹”按钮和“边框”按钮来实现。“边框和底纹”对话框的“边框”选项卡如图 4-41 所示。

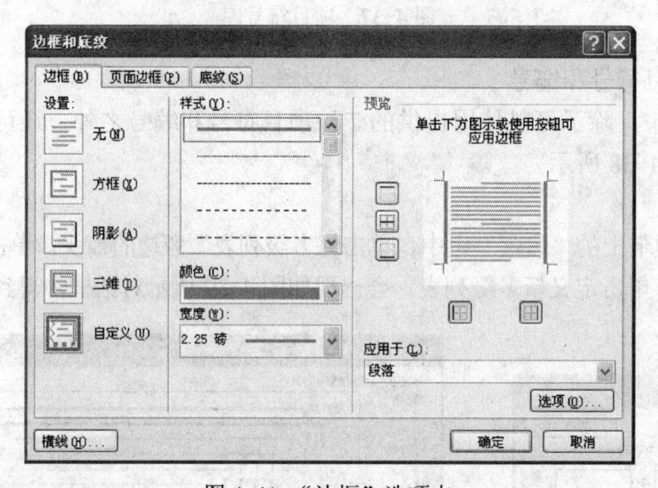


图 4-41　“边框”选项卡

（3）设置页面边框和底纹

设置页面边框和底纹可以通过两种方法来实现：

打开“页面布局”选项卡，在“页面背景”组中单击“页面边框”按钮，打开“边框和底纹”对话框的“页面边框”选项卡进行设置。

打开“开始”选项卡，在“段落”组中单击“边框”按钮右侧的下拉箭头，在弹出的菜单中选择“边框和底纹”命令，打开“边框和底纹”对话框并切换到“页面边框”选项卡进行设置，如图 4-42 所示。

#### 5. 使用样式

“样式”就是应用于文档中的文本、表格和列表的一套格式特征，它能迅速改变文档的外观。

当 Word 提供的内置样式和需要应用的样式不相符，就可以对内置样式进行修改，甚至重新定义样式，以创建自定义样式的文档。

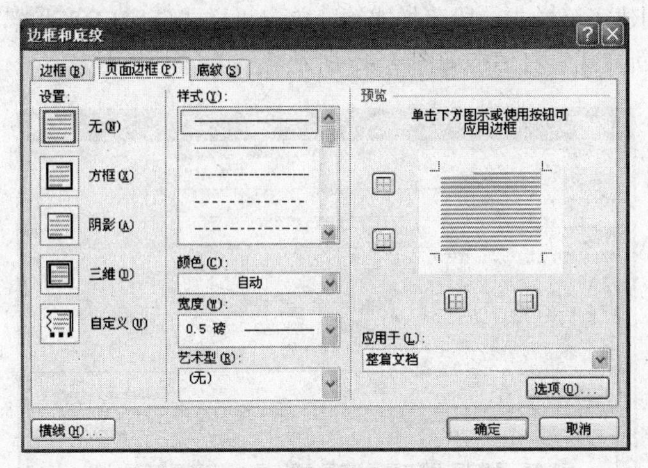

图 4-42 “页面边框”选项卡

（1）在文本中应用样式

在 Word 中新建文档都是基于一个模板，而 Word 默认的模板是 Normal 模板，该模板中内置了多种样式，可以将其应用于文档中。同样，也可以打开已经设置好样式的文档，将其应用于文本中，内置样式如图 4-43 所示。

（2）修改样式

如果某些内置样式无法完全满足某组格式设置的要求，则可以在内置样式的基础上进行修改。这时可在“样式”窗格中单击样式选项旁的下拉箭头，在弹出的菜单中选择“修改”命令，并在打开的“修改样式”对话框中进行更改，如图 4-44 所示。

图 4-43 内置样式

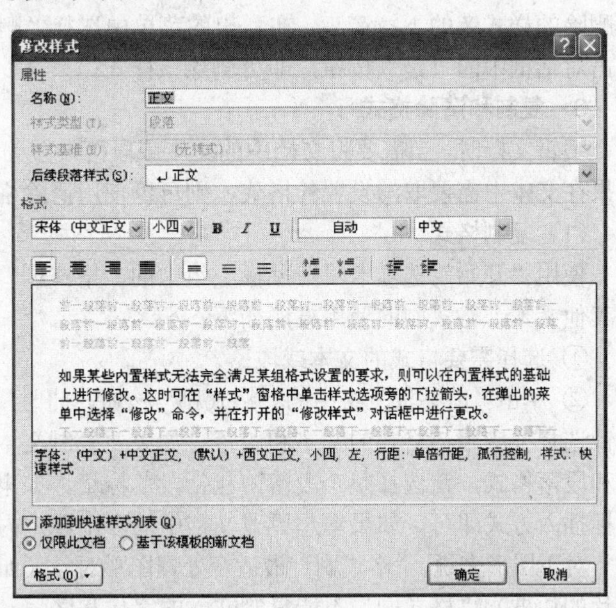

图 4-44 “修改样式”对话框

（3）创建样式

如果现有文档的内置样式与所需样式相去甚远，则创建一个新样式会更有效率。根据需求的不同，可以分别创建字符样式、段落样式等。单击“样式”窗口启动器，选择“建新样式”按钮建新样式，“建新样式”对话框如图 4-45 所示。

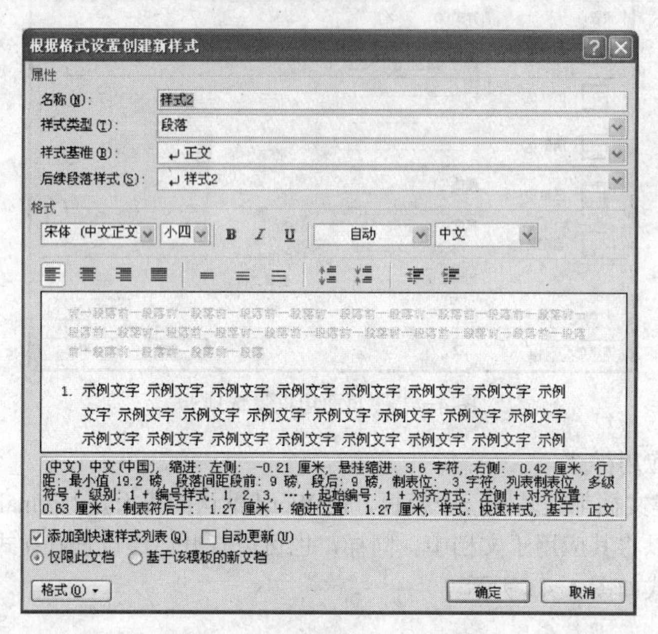


图 4-45 “建新样式”对话框

（4）删除样式

在 Word 2007 中无法删除模板的内置样式。删除自定义样式时，在“样式”窗格中单击需要删除的样式旁的下拉箭头，在弹出的菜单中选择“删除”命令，将打开“确认删除”对话框，单击对话框中的“是”按钮，即可删除该样式。

**6. 复制和清除格式**

编辑文档时，当需要将文档中的文本或段落设置为相同的格式时，可以使用复制格式操作。如果在文本中需要取消设置的格式，则可以使用清除格式操作。

（1）复制格式

使用“开始”选项卡“剪贴板”组中的“格式刷”按钮，可以快速将当前文本的格式复制给其他文本。格式刷的使用方法如下：

① 选择需要格式的文本或段落。

② 单击“剪贴板”组中的“格式刷”按钮，此时鼠标指针变为画笔形状，用该形状的鼠标指针选择要应用该格式的文本和段落。如果要复制文本格式，请选择文本部分。如果要复制文本和段落格式，请选择整个段落，包括段落标记。如果只复制段落格式且只复制到一个段落，光标插入方式即可。如果您想更改文档中的多个选定内容的格式，双击“格式刷”按钮。

对于图形来说，“格式刷”最适合处理图形对象（如自选图形），可以从图片中复制格式（如图片的边框）。“格式刷”不能复制文本的字体和字号。

（2）清除格式

“开始”选项卡“字体”组中的“清除格式”按钮可以帮助用户清除文本中的格式。选择要清除格式的文本或段落，在“字体”组中单击“清除格式”按钮即可。

**7．设置页面版式**

默认情况下创建的 Word 2007 文档具有固定的页面大小、页面版式和中文版式。为了使用户创建的文档更具特色，可以在文档中设置页面格式，如添加页眉页脚、添加页码、设置水印效果等。另外 Word 2007 提供了具有中文特色的排版方式，如首字下沉、带圈字符、分栏排版等，使用这些功能也可以使文档看上去更加美观。

（1）设置页面大小

在编辑文档时，直接用标尺就可以快速设置页边距、版面大小等，但是这种方法不够精确。如果需要制作一个版面要求较为严格的文档，可以使用“页面设置”对话框来精确设置版面、装订线位置、页眉、页脚等内容。

在文档中选择“页面布局”选项卡，在“页面设置”组中，单击“页面设置”对话框启动器，就可以打开“页面设置”对话框，该对话框包括 4 个选项卡，如图 4-46 所示。为了满足不同用户的需求，可以使用“页面设置”对话框设置出各种大小不一的文档。

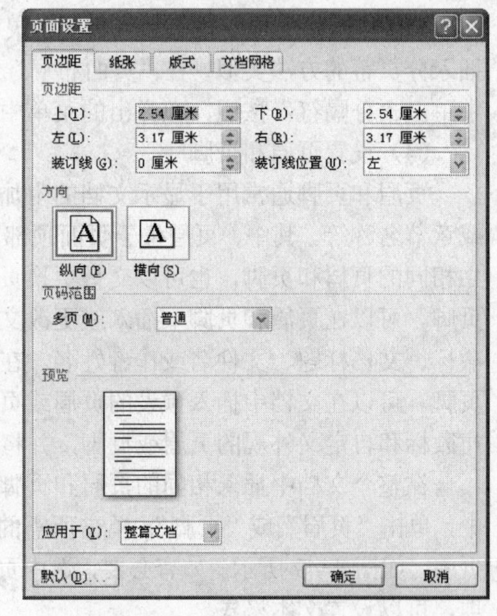


图 4-46 “页面设置”对话框

（2）添加页码

页码就是给文档每页所编的号码，便于读者阅读和查找。页码可以添加在页面顶端、页面底端和页边距等地方。

要在文档中插入页码，可以选择“插入”选项卡，在“页眉和页脚”组中，单击“页码”按钮，在弹出的菜单中选择页码的位置和样式，如图 4-47 所示。

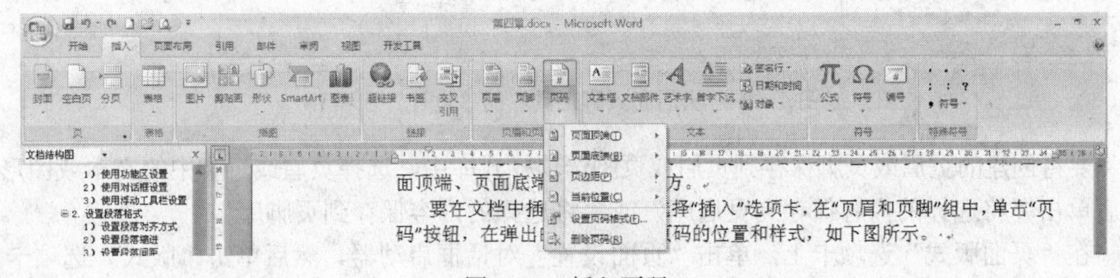

图 4-47 插入页码

在文档中，如果需要使用不同于默认格式的页码，例如 i 或 a 等，就需要对页码的格式进行设置。选择“设置页码格式”选项，如图 4-48 所示。

（3）插入分页符和分节符

使用默认模板编辑一个文档时，Word 将整个文档作为一个大章节来处理。但在一些特殊情况下，如要求前后两页或一页中的两部分之间有不同的格式要求时，操作起来就会相当不便，此时就可以使用分页符或分节符，然后再进行操作。

分页符是标记一页终止并开始下一页的点。在 Word 2007 中，可以很方便地插入分页符。在需要另起一页的位置，选择“插入”选项卡中“页”组的“分页”按钮，即可完成分页。或者在“页面布局”选项卡的“页面设置”组中单击“分隔符”按钮，在弹出的菜单中选择“分页符”命令。

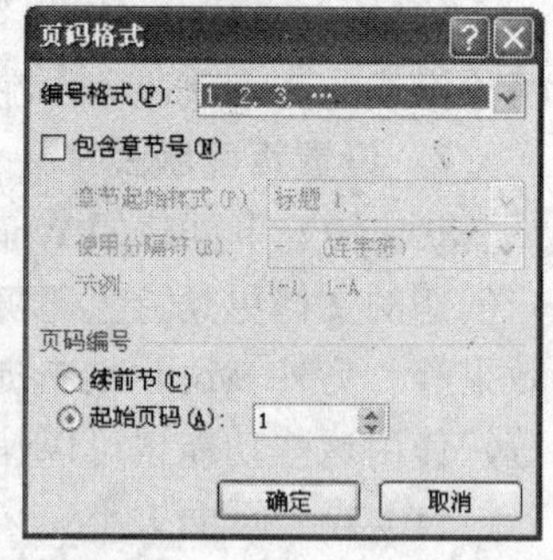

图 4-48 “页码格式”对话框

如果把一个较长的文档分成几节，就可以单独设置每节的格式和版式，从而使文档的排版和编辑更加灵活。插入分节符的方法与插入分页符的方法类似，在“页面布局”选项卡的“页面设置”组中单击“分隔符”按钮，在弹出的菜单中选择需要的“分节符”命令即可。

（4）设置页眉和页脚

页眉和页脚通常用于显示文档的附加信息，例如页码、日期、作者名称、单位名称、徽标或章节名称等。其中，页眉位于页面顶部，而页脚位于页面底部。Word 可以给文档的每一页建立相同的页眉和页脚，也可以交替更换页眉和页脚，即在奇数页和偶数页上建立不同的页眉和页脚。可以在页眉和页脚中插入或更改文本或图形。例如，可以添加页码、时间和日期、公司徽标、文档标题、文件名或作者姓名。在不分节的简单文档中，可以插入、更改和删除页眉和页脚。可以在文档中插入预设的页眉或页脚并轻松地更改页眉和页脚设计。还可以创建带有公司徽标和自定义外观的页眉或页脚，并将新的页眉或页脚保存到样式库中。

在整个文档中插入相同的页眉和页脚的方法是：在“插入”选项卡上的“页眉和页脚”组中，单击“页眉”或“页脚”。单击所需的页眉或页脚设计，页眉或页脚即被插入到文档的每一页中，如图 4-49 所示。如有必要，选中页眉或页脚中的文本，然后使用微型工具栏上的格式选项，可以设置文本格式。

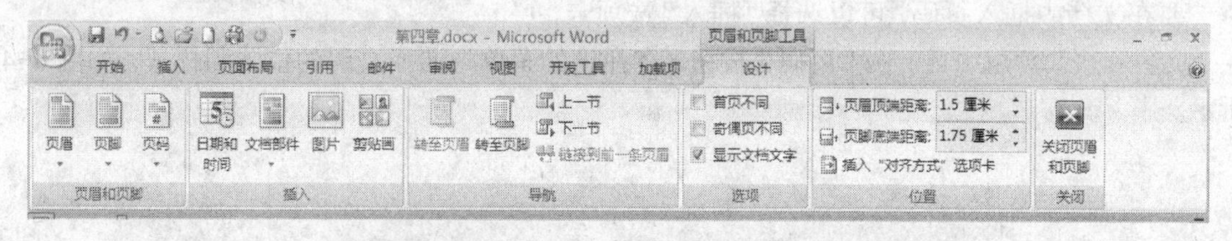

图 4-49 “页眉和页脚工具”的“设计”选项卡

要将创建的页眉或页脚保存到页眉或页脚选项样式库中，选择页眉或页脚中的文本或图形，然后单击“将选择的内容保存到页眉库”或“将选择的内容保存到页脚库”。

在“页面版式”选项卡上，单击“页面设置”对话框启动器，然后单击“版式”选项卡，选中“页眉和页脚”下的“首页不同”复选框，页眉和页脚即被从文档的首页中删除。选中“奇偶页不同”复选框，即可在偶数页上插入用于偶数页的页眉或页脚，在奇数页上插入用于奇数页的页眉或页脚。

在页面视图中，可以在页眉页脚与文档文本之间快速切换。只要双击灰显的页眉页脚或灰显的文本即可。

对整篇文档进行分节，多个节的文档中可以在每一节插入、更改和删除不同的页眉和页脚。节是文档的一部分，可在其中设置某些页面格式选项，可更改如行编号、列数或页眉和页脚等属性。

在“设计”选项卡的“导航”组中，单击“链接到前一节页眉”按钮，以便断开新节中的页眉和页脚与前一节中的页眉和页脚之间的连接，同时 Word 2007 不在页眉或页脚的右上角显示“与上一节相同”。然后更改本节现有的页眉或页脚，或创建新的页眉或页脚。在“页眉和页脚”选项卡的“导航”组中，单击“上一节”或“下一节”移到要更改的页眉或页脚。

（5）设置页面背景

给文档加上丰富多彩的背景，可以使文档更加生动和美观。在 Word 2007 中不仅可以给文档添加页面颜色，还可以制作出水印背景效果。

Word 2007 提供了 40 多种颜色作为预设的颜色，可以选择这些颜色作为文档背景，也可以自定义其他颜色作为背景。在“页面布局”选项卡的“页面背景”组中单击“页面颜色”按钮，在弹出的菜单中选择颜色并可实时预览效果。

如果只用一种颜色作为背景色，有时显得过于单调。Word 2007 提供了多种文档背景效果，例如，渐变背景效果、纹理背景效果、图案背景效果及图片背景效果等，如图 4-50 所示。

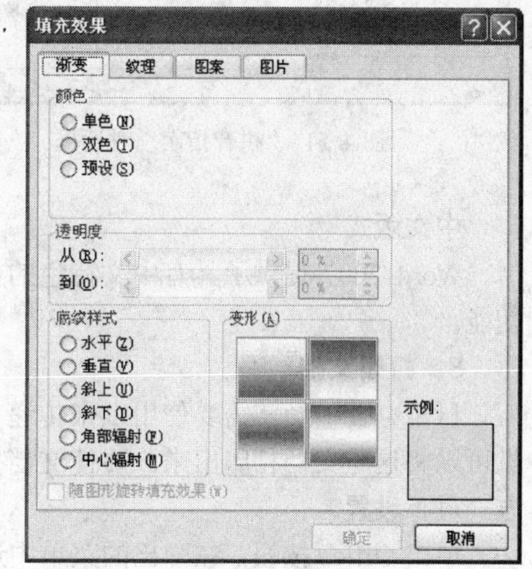


图 4-50 填充效果

所谓水印，是指印在页面上的一种透明的花纹。水印可以是一幅图画、一个图表或一种艺术字体。当用户在页面上创建水印以后，它在页面上是以灰色显示的，成为正文的背景，从而起到美化文档的作用。在“页面布局”选项卡的“页面背景”组中单击“水印”按钮，在弹出的菜单中选择相应选项。

（6）中文版式设置

一般报刊杂志都需要创建带有特殊效果的文档，这就需要使用一些特殊的排版方式。Word 2007 提供了多种特殊的中文版式设置，例如，首字下沉、带圈字符、合并字符、双行合一、分栏排版等。

首字下沉是报刊杂志中较为常用的一种文本修饰方式，使用该方式可以很好地改善文档的外观。单击要以首字下沉开头的段落，该段落必须含有文字，在“插入”选项卡上的“文字”组中，单击“首字下沉”，单击“下沉”或“悬挂”。

带圈字符是指在编辑文字时，有时候要输入一些特殊的文字，像圆圈围绕的数字等，在 Word 2007 中可以使用带圈字符功能，轻松地制作出各种带圈字符。选定需要带圈的文字，在“开始”选项卡上的“字体”组中，单击“带圈字符”按钮，选择合适的样式即可。

拼音指南是指 Word 2007 提供的拼音指南功能，可对文档内的任意文本添加拼音，添加的拼音位于所选文本的上方，并且可以设置拼音的对齐方式。选定需要拼音的文字，在“开始”选项卡上的“字体”组中，单击“拼音指南”按钮，出现如图 4-51 所示的对话框，一次最多只能选定 30 个字符并自动标记拼音。

**分栏排版**

在阅读报刊杂志时，常常发现许多页面被分成多个栏目。这些栏目有的是等宽的，有的是不等宽的，从而使得整个页面布局显示更加错落有致，更易于阅读。Word 2007 具有分栏功能，用户可以把每一栏都作为一节对待，这样就可以对每一栏单独进行格式化和版面设计。首先选定待分栏的文字在“页面布局”选项卡上的“页面设置”组中，单击“分栏”按钮，选择适当的样式即可。分栏后的效果如图 4-52 所示。

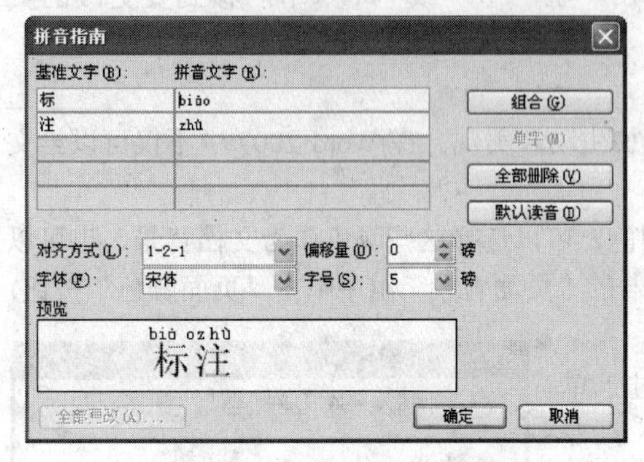


图 4-51 “拼音指南”对话框

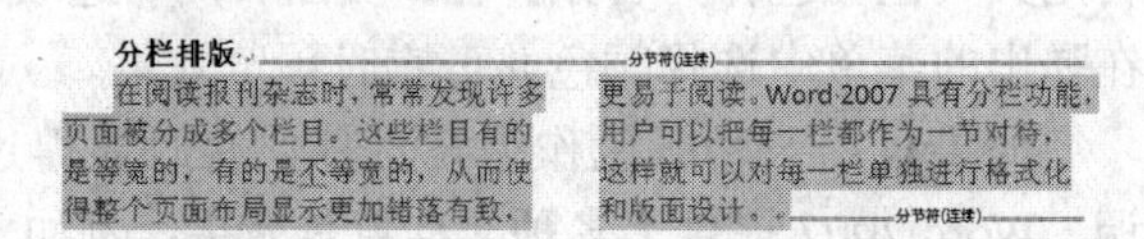


图 4-52 分栏排版

**中文版式**

Word 2007 提供了具有中文特色的中文版式功能，包括纵横混排、合并字符和双行合一等功能。

**8. 打印文档**

日常办公中经常需要使用纸张传递文档信息或是长期保存纸质文档，添加了打印机的计算机可以将这些文档打印出来。要使文档按照用户所设想的效果打印，则需要对打印选项和打印方式进行设置。

单击 Office 按钮，在弹出的菜单中选择“打印”|“打印预览”命令即可进入当前文档的打印预览状态，如图 4-53 所示。

图 4-53 “打印预览”选项卡

对文档的预览效果没有疑义后，即可开始打印。用户可以设置打印属性，管理要打印的文档。打印文档可以直接单击 Office 按钮打开菜单，单击“打印”选项，打开“打印”对话框来进行相关设置，如图 4-54 所示。

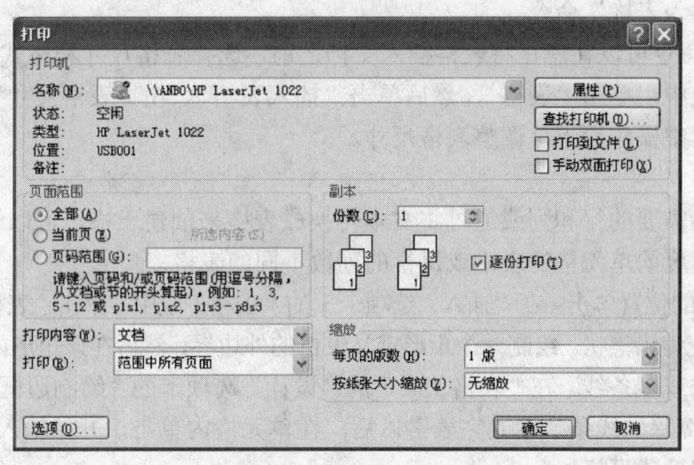


图 4-54 “打印”对话框

在此对话框中，用户可以完成以下工作。

① 设置打印份数。

② 打印部分文档或选定的文档。

③ 设置双面打印，先打印奇数页，然后提示取出打好的纸张，翻过面来放入纸盒逆页序再打印偶数页。

④ 打印到文件。如果计算机上没有连接打印机，可以选择将文档打印到一个文件上。

⑤ 缩放。设置每页的版数，或是“按纸张大小缩放”将文档打印到其他大小的纸面上去。

⑥ 打印文档属性或其他信息。在“打印内容”输入框中选择可以打印文档的属性信息或其他信息，如备注信息、域代码信息、隐藏文字或图形对象等。

### 4.1.3 表格的处理

Word 2007 中文版提供了强大的表格处理功能。下面详细讨论 Word 2007 中文版的制表与表格操作。

#### 1. 创建表格

在 Word 2007 中，可以通过从一组预先设好格式的表格（包括示例数据）中选择，或通过选择需要的行数和列数来插入表格。您可以将表格插入到文档中或将一个表格插入到其他表格中以创建更复杂的表格。

（1）使用表格模板创建表格

可以使用表格模板插入基于一组预先设好格式的表格。表格模板包含示例数据，可以帮助您预览添加数据时表格的外观。

在要插入表格的位置单击，在“插入”选项卡的“表格”组中，单击“表格”，指向“快速表格”，再单击需要的模板，使用所需的数据替换模板中的数据。

（2）使用“表格”菜单

在要插入表格的位置单击，在“插入”选项卡的“表格”组中，单击“表格”，然后在“插入表格”下，拖动鼠标以选择需要的行数和列数。

（3）使用“插入表格”命令

“插入表格”命令可以让您在将表格插入文档之前，选择表格尺寸和格式。在“插入”选项卡上的“表格”组中，单击“表格”，然后单击“插入表格”。在“表格尺寸”下，输入列数和行数。在“自动调整操作”下，调整表格尺寸。

（4）绘制表格

可以通过绘制需要的行和列或通过将文本转换成表格来创建表格，可以绘制复杂的表格，如绘制包含不同高度的单元格的表格或每行的列数不同的表格。

在要创建表格的位置单击，在“插入”选项卡上的“表格”组中，单击“表格”，然后单击“绘制表格”，指针会变为铅笔状。绘制一个矩形定义表格的外边界，然后在该矩形内绘制列线和行线。

要擦除一条线或多条线，在“表格工具”的“设计”选项卡的“绘制边框”组中，单击“擦除”，然后单击要擦除的线条。绘制完表格以后，在单元格内单击，开始输入或插入图形。

（5）将文本转换成表格

将表格转换为文本时，用分隔符标识文字分隔的位置，或在将文本转换为表格时，用分隔符标识新行或新列的起始位置。转换前先插入分隔符（如逗号或制表符），以指示将文本分成列的位置。使用段落标记指示要开始新行的位置。例如，在某个一行上有两个单词的列表中，在第一个单词后面插入逗号或制表符，以创建一个两列的表格。

选择要转换的文本，在“插入”选项卡上的“表格”组中，单击“表格”，然后单击“文本转换成表格”。在“文本转换成表格”对话框的“文字分隔符”下，单击要在文本中使用的分隔符对应的选项，选择需要的任何其他选项即可。

**2. 表格的基本操作**

要真正完成一个表格，还需在表格中填入内容（文字、数字或图形等），并对填入的内容进行必要的格式化处理和编排。

（1）输入文本

向表格中插入文本和在文档中别的地方输入文本一样简单。不过，如果此时光标尚不在表格中，则用户应该先将光标移到要输入文本的地方后直接输入。如果在一个单元中输入文本时按 Enter 键，Word 2007 中文版只是在同一个单元格内开始一个新的段落。可以将每个单元格视为一个小文档，从而可以对它进行文档的各种编辑和排版，可以向一个表格中输入任意长度的文本，甚至可以使一个单元格的文本长度超过一页。

（2）在表格中移动

用鼠标在表格中移动非常简单，用户只需将鼠标指针移动到希望光标进入的单元格上单击一下即可。用键盘在表格中移动的操作如表 4-2 所示。

**表 4-2 使用键盘在表格中移动的操作**

| 目　　的 | 方　　法 |
| --- | --- |
| 移至后一单元格 | Tab 键 |
| 移至前一单元格 | Shift+Tab |
| 移至上一行 | 向上箭头键 |
| 移至下一行 | 向下箭头键 |

续表

| 目　　的 | 方　法 |
| --- | --- |
| 移至本行的第一个单元格 | Alt+Home |
| 移至本行的最后一个单元格 | Alt+End |
| 移至本列的第一个单元格 | Alt+PageUp |
| 移至本列的最后一个单元格 | Alt+PageDown |
| 在本单元格开始一个新段落 | Enter 键 |
| 在表格末添加一行 | 在最后一行的最后一个单元格后按下 Tab 键 |
| 在位于文档开头的表格之前添加文本 | 光标移到第一行第一个单元格前按 Enter 键 |

（3）选定表格

Word 2007 中文版提供了多种选定表格单元格的方法，如表 4-3 所示。

**表 4-3　在表格中选定文本**

| 目　　的 | 操　　作 |
| --- | --- |
| 选定一个单元格 | 用鼠标单击该单元格左边界 |
| 选定一行 | 用鼠标单击该行的左侧 |
| 选定一列 | 用鼠标单击该列顶端边界处 |
| 选定多个单元格、多行或多列 | 在要选定的单元格、行或列上拖动鼠标；或者先选定某一单元格、行或列，然后在按下 Shift 键同时单击其他单元格、行或列 |
| 选定下一个单元格中的文本 | 按下 Tab 键 |
| 选定前一个单元格中的文本 | 按下 Shift+Tab 键 |
| 选定整个表格 | 单击表格左上角的✥符号 |

（4）添加行或列

在要插入单元格处的右侧或上方的单元格内单击，在“表格工具”下的“版式”选项卡上，单击“行和列”对话框启动器。单击“活动单元格右移”，插入单元格，并将该行中所有其他的单元格右移；单击“活动单元格下移”，插入单元格，并将现有单元格下移一行，表格底部会添加一新行；单击“整行插入”，在单击的单元格上方插入一行；单击“整列插入”，在单击的单元格左侧插入一列。

在“表格工具”下的“布局”选项卡上，单击“行和列”组中的“在上方插入”，在单元格上方添加一行；单击“行和列”组中的“在下方插入”，在单元格下方添加一行；单击“行和列”组中的“在左侧插入”，在单元格左侧添加一列；单击“行和列”组中的“在右侧插入”，在单元格右侧添加一列。

（5）行高、列宽调整

由于调整行高和列宽的操作完全相同，因此将以列宽的调整为例讲述。

可以利用标尺和鼠标重新调整列宽。将鼠标指针移到对应于要改变这一列的水平标尺的左边界或右边界上，待它变成两边箭头形状，按住鼠标左键并拖动鼠标在水平标尺上移动，待虚线位于需要的新列边界处，松开鼠标左键即完成列宽重调。或者可直接将鼠标移动到要改变列宽的表格竖线上，当鼠标指针变为两边箭头形状时，按下鼠标左键，拖动鼠标，就可以改变列宽。如果用户只想改变一列中一个或几个单元格的宽度，而不改变列中其余单元格的宽度时，必须先选定单元格，然后用鼠标改变整列列宽的方法来调整。

调整行高的方法和调整列宽的方法类似，用户可以参照上述方法进行。

（6）单元格的拆分与合并

合并单元格可以将同一行或同一列中的两个或多个表格单元格合并为一个单元格。例如，可以在水平方向上合并多个单元格，以创建横跨多个列的表格标题。

通过单击单元格的左边缘，然后将鼠标拖过所需的其他单元格，可以选择要合并的单元格。在“表格工具”下，在“版式”选项卡上的“合并”组中，单击“合并单元格”即可。

拆分单元格的方法是：在单个单元格内单击，或选择多个要拆分的单元格，在“表格工具”下，在“版式”选项卡上的“合并”组中，单击“拆分单元格”，输入要将选定的单元格拆分成的列数或行数。

（7）删除单元格

通过单击要删除的单元格的左边缘来选择该单元格。在“表格工具”下，单击“版式”选项卡，在“行和列”组中，单击“删除”，再单击“删除单元格”。单击“右侧单元格左移”，删除单元格，并将该行中所有其他的单元格左移；单击“下方单元格上移”，删除单元格，并将该列中剩余的现有单元格每个上移一行，该列底部会添加一个新的空白单元格；单击“删除整行”，删除包含单击的单元格在内的整行；单击“删除整列”，删除包含单击的单元格在内的整列。

删除行：选择要删除的行，在“表格工具”下，单击“版式”选项卡，在“行和列”组中，单击“删除”，再单击“删除行”。

删除列：选择要删除的列，在“表格工具”下，单击“版式”选项卡，在“行和列”组中，单击“删除”，再单击“删除列”。

（8）拆分表格

拆分表格，顾名思义，就是将一个表格拆分为两个表格。其操作方法如下：

将光标定位于要将表格拆分的位置，即要成为拆分后第二个表格的第一行处。在“表格工具”下，单击“版式”选项卡，在“合并”组单击“拆分表格”即可。

**3. 表格格式化**

所谓表格格式，指的是表格边框、底纹、颜色、字体和文字对齐方式等综合组成的表格修饰效果。表格格式化的作用除了美化表格外，还能使表格内容清晰整齐，并能在一定程度上起到排版的作用。

（1）使用“表格样式”设置整个表格的格式

创建表格后，可以使用“表格样式”来设置整个表格的格式。将指针停留在每个预先设置好格式的表格样式上，可以预览表格的外观。

在要设置格式的表格内单击，在“表格工具”下，单击“设计”选项卡，在“表格样式”组中，将指针停留在每个表格样式上，直至找到要使用的样式为止。要查看更多样式，请单击“其他”箭头，单击样式可将其应用到表格。

在“表格样式选项”组中，选中或清除每个表格元素旁边的复选框，以应用或删除选中的样式。

(2) 边框线

首先选择需要设定边框的表格或部分单元格，在“表格工具”下，单击“设计”选项卡，在“表格样式”组中，单击“边框”，然后单击预定义边框集之一，或是单击“边框和底纹”，单击“边框”选项卡，然后选择需要的选项。单击“无边框”则删除整个表格的表格边框，如图 4-55 所示。

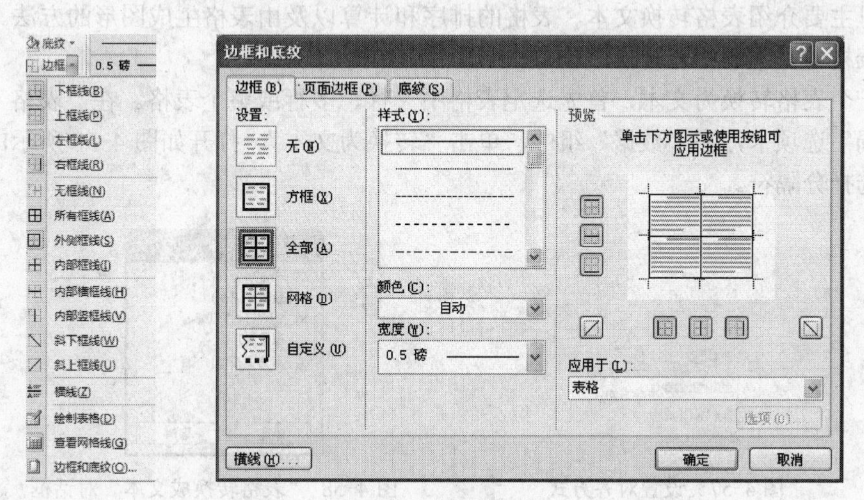


图 4-55　设置边框线

(3) 底纹

首先选择需要添加底纹的表格或部分单元格，在“表格工具”下，单击“设计”选项卡，在“表格样式”组中，单击“底纹”，然后单击颜色集之一，或是单击“边框和底纹”，单击“底纹”选项卡，然后选择需要的选项，如图 4-56 所示。

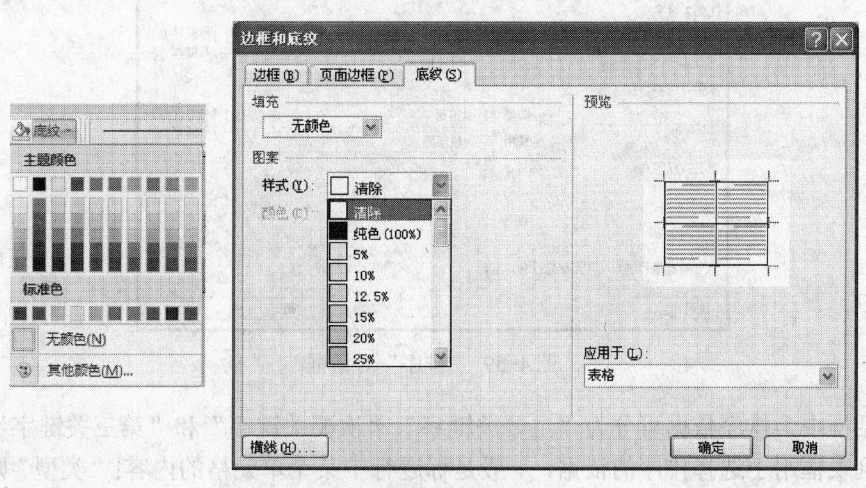


图 4-56　设置底纹

（4）表格对齐方式

由于表格中每个单元格相当于一个小文档，因此能对选定的单个单元格、多个单元格、行、列里的文档进行文档的对齐操作，包括“左对齐”、“两端对齐”、“居中”、“右对齐”和“分散对齐”5 种对齐方式。表格还提供了另外一些对齐工具，对水平排列的文本和垂直排列的文本提供了 9 种对齐方式。在“表格工具”下，单击“布局”选项卡，在“对齐方式”组中，单击适合的对齐方式即可，如图 4-57 所示。

**4. 表格其他操作**

在这里主要介绍表格转换文本、表格的排序和计算以及由表格生成图形的方法。

（1）表格与文本的相互转换

要将一个表格转换为文本，首先选定表格中一行、多行或整个表格。在“表格工具”下，单击“布局”选项卡，在“数据”组中，单击“转换为文本”，打开如图 4-58 所示的对话框，根据需要选择分隔符。

图 4-57 设置对齐方式

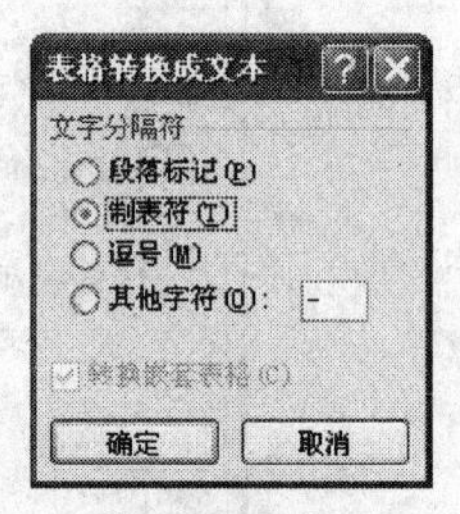


图 4-58 “表格转换成文本”对话框

（2）表格的排序

用户经常要建立一些有顺序的表格，以便于使用和浏览。首先将光标停留在表格中的任何位置（或者选中要排序的行或列）。在“表格工具”下，单击“布局”选项卡，在“数据”组中，单击“排序”，打开如图 4-59 所示的对话框。

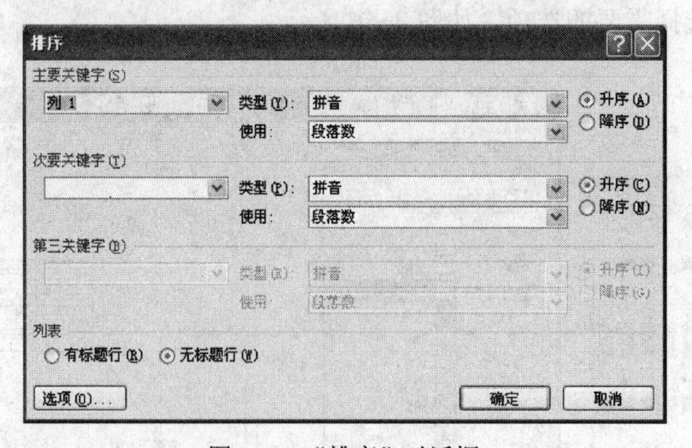


图 4-59 “排序”对话框

在对话框中，排序依据可分为“主要关键字”、“次要关键字”和“第三关键字”三级，关键字下拉列表框用于选择排序的依据，一般是标题行中某个单元格的内容；“类型”则用于指定关键字的值的类型；“升序”和“降序”两个单选按钮用于选择排序的方式，可根据要求选择。

（3）表格计算

Word 2007 中文版提供了计算功能，可完成部分计算操作。首先将光标置于放置计算结果的单元格中，然后在“表格工具”下，单击“布局”选项卡，在“数据”组中，单击“公式”，打开如图 4-60 所示的对话框。

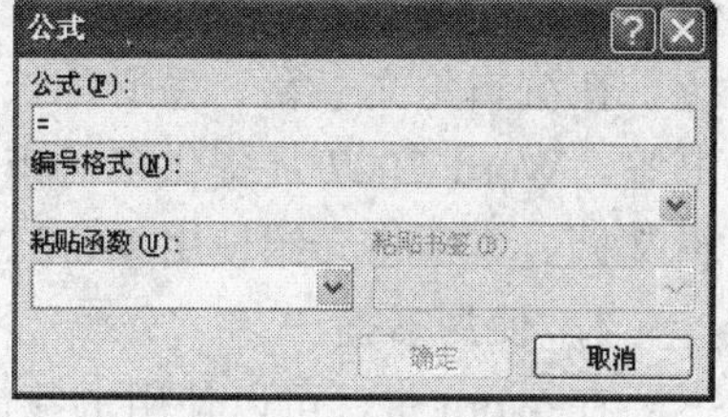


图 4-60 “公式”对话框

对话框中“公式”文本框用于设置计算所用的公式。公式可以用“粘贴函数”下拉列表框中所列的函数。被计算的数据可以直接输入，也可以输入数据所在的单元格间接引用数据。

单元格表示为 A1,B2 等，其中字母表示列号，数字表示行号。函数需要使用多个单元格中的数据时，各单元格之间用逗号分开，如“=AVERAGE(B2,B3,B4)”表示对 B2、B3、B4 三个单元格求平均值。用冒号连接两个单元格可以表示以这两个单元格为对角的矩形区域，如“=AVERAGE(B2:C4)”表示对 B2 到 C4 的单元格求平均值。“编号格式”下拉列表框则用于设置计算结果的数字格式。各选项设置完毕后，单击“确定”按钮。

按行或列求和时，可以使用系统的默认公式“SUM(LEFT)”或“SUM(ABOVE)”，公式的计算范围是：从距离插入点所在位置最近的单元格直至遇到空单元格或包含文字的单元格。

（4）重复表格标题

当处理大型表格时，它将被分割成几页。可以对表格进行调整，以便确认表格标题显示在每页上。重复的表格标题只在页面视图中和打印文档时可见。

设置重复表格标题的方法是：首先选择标题行，该选择必须包含表格的第一行。然后在“表格工具”下的“版式”选项卡上的“数据”组中，单击“重复标题行”即可。

（5）图表

使用表格表达数据虽然直观明了，但是有时又显得枯燥、无新意，这时如果将数据制作成图表，则能更为一目了然地读取和分析数据。使用 Word 2007 可以轻松地创建具有专业外观的图表。

在“插入”选项卡的“插图”组中单击“图表”按钮，打开“插入图表”对话框，如图 4-61 所示，选择需要的图表样式后，在调用的 Excel 表格中输入数据，即可创建需要的图表。

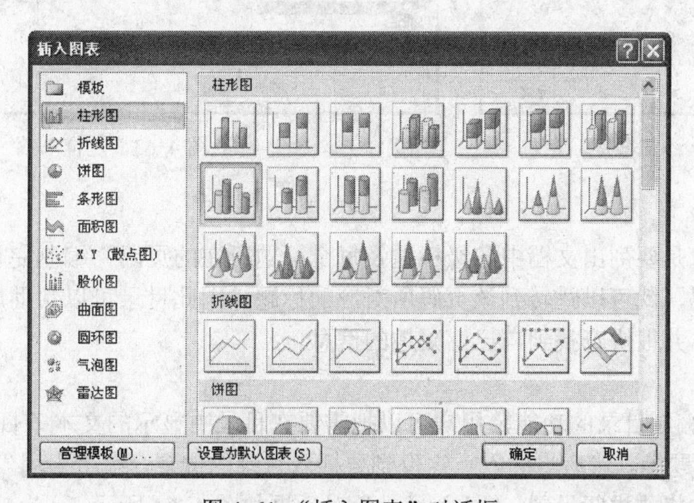


图 4-61 “插入图表”对话框

创建图表后，功能区将显示图表工具的“设计”、“布局”和“格式”选项卡，使用选项卡中的工具可以对图表进行加工，使图表更加美观。

### 4.1.4 高效排版

在编辑论文书籍、手册等长文档时，为了快速查看到需要的内容，可以为文档创建目录或书签。Word 2007 还提供多种审阅功能，如使用批注、使用字数统计等，帮助用户更便捷地编辑文档。本章将介绍使用 Word 2007 编辑长文档的相关技巧，以便高效排版。

#### 1. 使用书签

在 Word 中，可以使用书签命名文档中指定的点或区域，以识别章、表格等对象的开始处，或者定位需要工作的开始位置和结束位置等。

（1）添加书签

使用 Word 2007 可以在文档中的指定区域内插入若干个书签标记，以方便用户查阅文档中的相关内容。在“插入”选项卡的“链接”组中单击“书签”按钮，打开“书签”对话框，如图 4-62 所示，定义书签名，单击“添加”按钮即可。

（2）定位书签

在长文档中定义书签之后，可以使用两种方法来定位，以便快速查找到它。一种是利用“定位”对话框来定位书签；另一种是使用“书签”对话框来定位书签。在“开始”选项卡的“编辑”组中单击“查找”按钮，打开“定位”选项卡，“定位”对话框如图 4-63 所示。

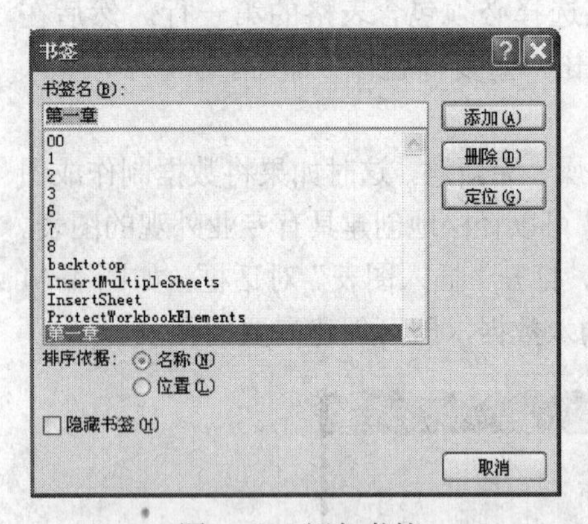


图 4-62 添加书签

图 4-63 定位书签

#### 2. 使用目录

目录的作用就是要列出文档中各级标题及每个标题所在的页码，编制完目录后，只需要单击目录中某个页码，就可以跳转到该页码所对应的标题。因此目录可以帮助用户迅速了解整个文档讨论的内容，并很快查找到自己感兴趣的信息。

（1）创建目录

Word 有自动编制目录的功能，用户可以把需要在目录中显示的文本条目设置为 1 级标题、2 级标题或 3 级标题等。然后将插入点定位到要插入目录的位置，在“引用”选项卡的“目录”组中对目录显示的格式进行设置。“插入目录”对话框如图 4-64 所示。

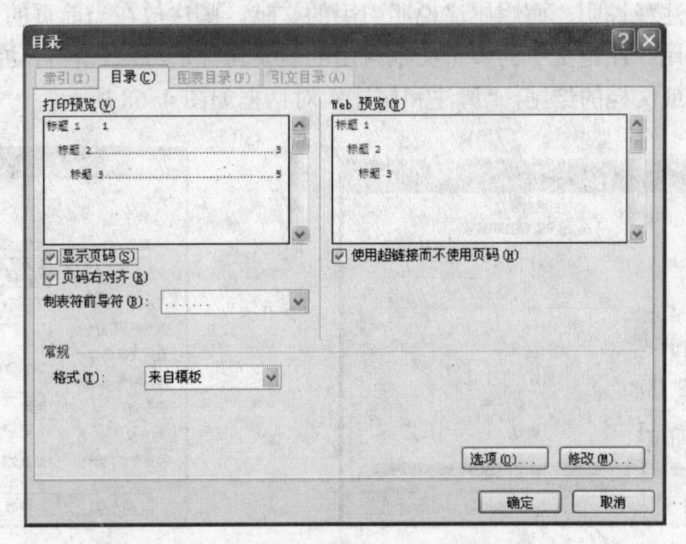


图 4-64 “插入目录”对话框

（2）更新目录

当创建了一个目录后，如果再次对文档进行编辑，那么目录中标题和页码都有可能发生变化，因此必须更新目录。在“引用”选项卡的“目录”组中单击“更新目录”按钮，或是在目录域的任意位置单击右键，在快捷菜单中选择“更新域”，出现如图 4-65 所示的对话框。

**3. 使用题注**

在 Word 2007 中，插入表格、图表、公式或其他项目时，可以自动添加题注，为这些项目分别进行序号自动编排，发生变化时自动更新域即可。在“引用”选项卡的“题注”组中单击“插入题注”按钮，出现如图 4-66 所示的对话框。

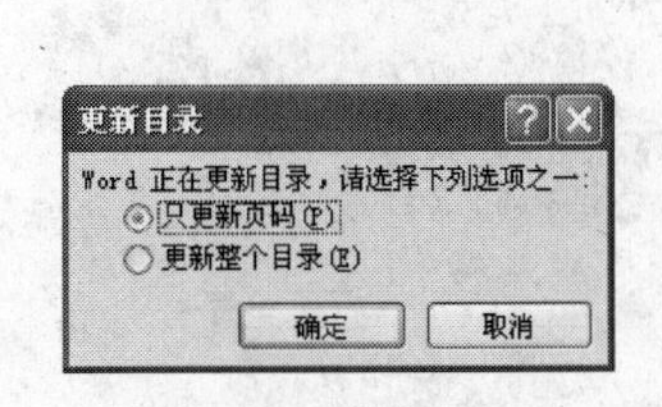


图 4-65 更新目录

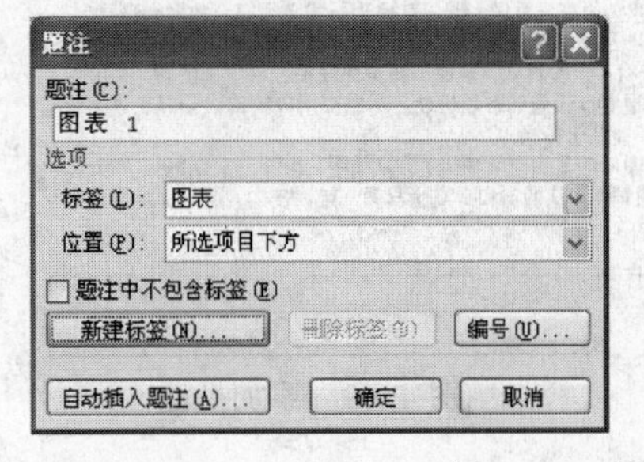


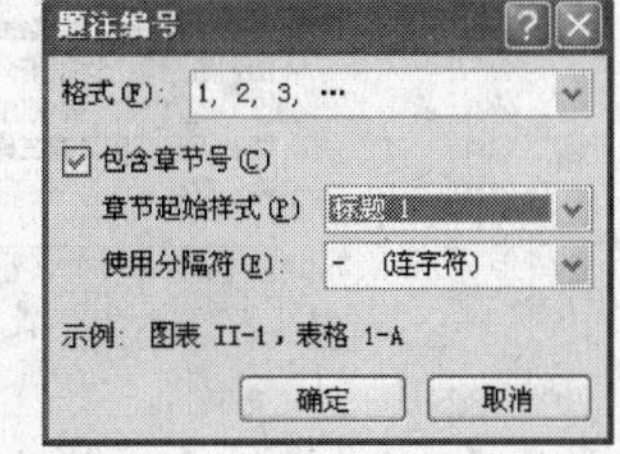


图 4-66 插入题注

在对话框中可以新建标签，定义编号，编号格式可以按某一标题开始重新编号，插入图题图序方法是：章标起始样式为“标题 1”，新建标签“图”，题注编号按照图 4-66 所示设置，在“引用”选项卡的“题注”组中单击“交叉引用”按钮，出现如图 4-67 所示的对话框，选择引用题注即插入。

**4. 使用脚注和尾注**

脚注和尾注用于在打印文档中为文档的文本提供解释、批注以及相关的参考资料。可用脚注对文档内容进行注释说明，而用尾注说明引用的文献。脚注放在当前页的下方，尾注放在节的结尾或文档的结尾。在论文中的参考文献采用的就是尾注的方法进行自动编号，并按出现的顺序列在节的结尾或文档的结尾，“脚注和尾注”对话框如图 4-68 所示。

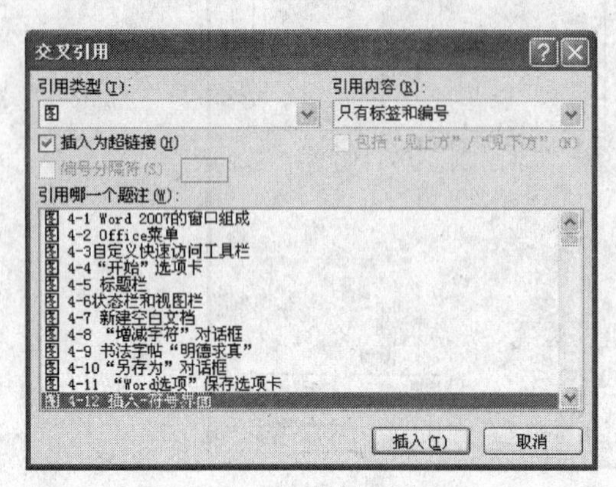


图 4-67 “交叉引用”对话框

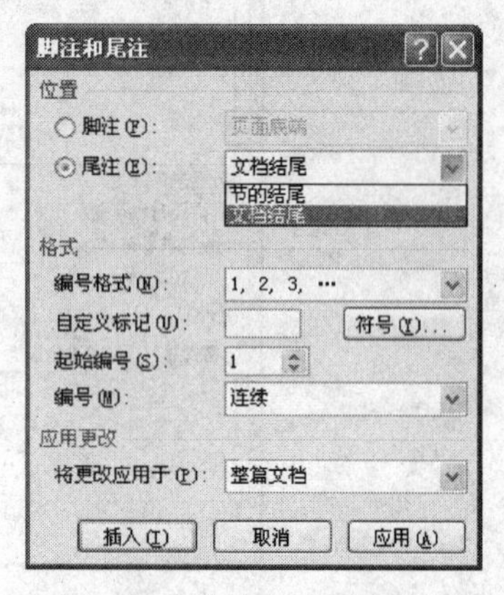


图 4-68 “脚注和尾注”对话框

**5. 使用批注**

批注是指审阅读者给文档内容加上的注解或说明，或者是阐述批注者的观点。在上级审批文件、老师审批论文或作业时非常有用。在“引用”选项卡的“批注”组中单击“新建批注”按钮，即可插入批注。在文档中添加批注时，可以显示一个批注框，在其中输入内容即可，如图 4-69 所示。插入批注后，用户还可以对其进行编辑修改、设置批注格式和删除批注。

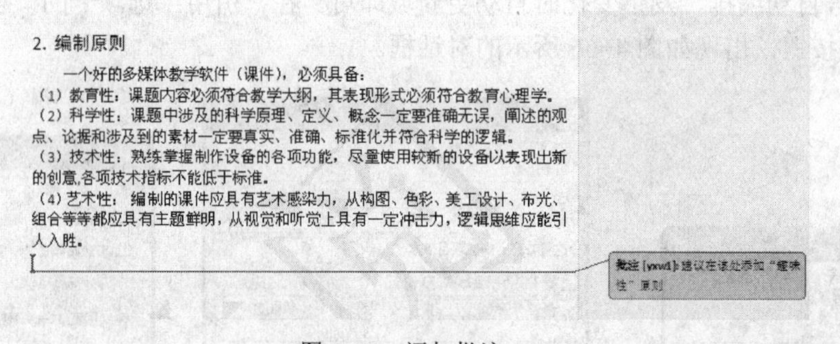


图 4-69　添加批注

**6. 拆分窗口**

当需要在一篇很长的 Word 文档的两个位置来回进行操作时，反复上下翻页显然不方便，这时可以使用“拆分”功能，将 Word 文档的整个窗口拆分为两个窗口，帮助用户达到快速编辑的目的。在“视图”选项卡的“窗口”组中单击“拆分”按钮，选择合适的位置单击即完成拆分，结果如图 4-70 所示。

**7. 定位文档**

在 Word 中用户可以使用快速定位功能方便地将插入点定位到某一位置，“定位”对话框如图 4-71 所示。

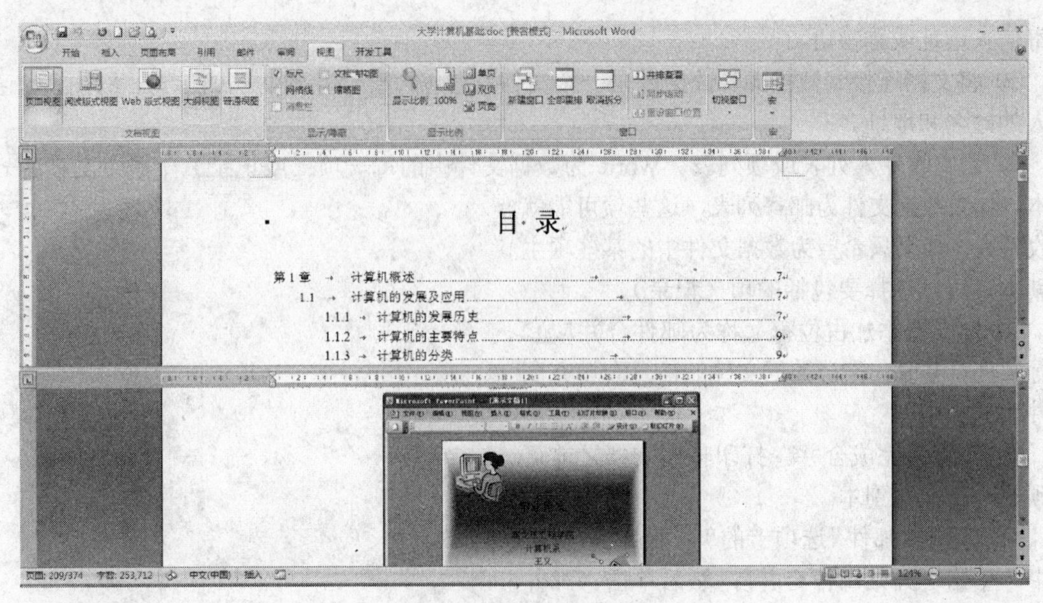


图 4-70　拆分窗口

### 8. 统计字数

在 Word 中用户可以使用字数统计功能方便地统计某一段、某一页或某一篇文章的字数。状态栏可以实时看到字数统计，也可以在“审阅”选项卡的“校对”组中单击“字数统计”按钮，显示如图 4-72 所示对话框查阅统计详细信息。

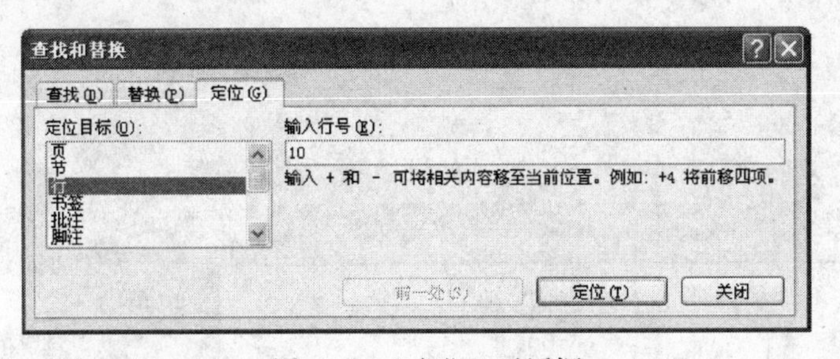


图 4-71　“定位”对话框

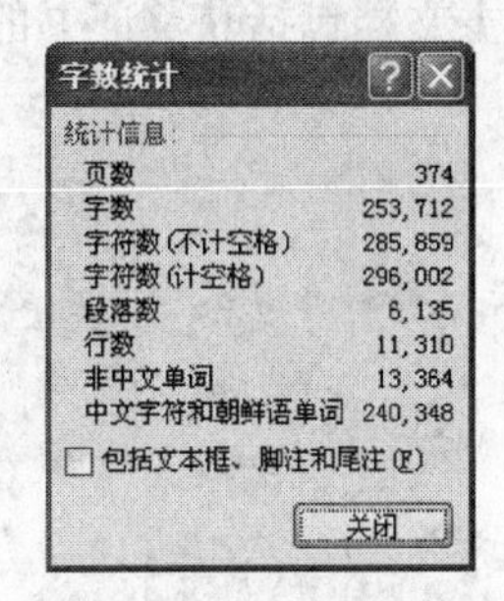


图 4-72　“字数统计”对话框

## 4.1.5　邮件合并

邮件合并是 Word 中最为实用、节约时间的特性之一，如果你想要批量打印准考证、成绩单、某竞赛的获奖证书或任何需要批量发送的邮件，这项功能能够帮助你节约大量的时间。Word 2007 专为邮件合并设计了一个选项卡，使用邮件合并功能创建一组文档（如一个寄给多个客户的套用信函或一个地址标签页），每个信函或标签含有同一类信息，但内容各不相同。例如，在致客户的多个信函中，可以对每个信函进行个性化，称呼每个客户的姓名。每个信函或标签中的唯一信息都来自数据源中的条目。

邮件合并过程需要执行以下几个步骤：

① 设置主文档。主文档包含的文本和图形会用于合并文档的所有版本。例如，套用信函中

的寄信人地址或称呼语。

② 将文档连接到数据源。数据源是一个文件，它包含要合并到文档的信息。例如，信函收件人的姓名和地址。

③ 调整收件人列表或项列表。Word 为数据文件中的每一项（或记录）生成主文档的一个副本。如果数据文件为邮寄列表，这些项可能就是收件人。如果只希望为数据文件中的某些项生成副本，可以选择要包括的项（记录）。

④ 向文档添加占位符（称为邮件合并域）。执行邮件合并时，来自数据文件的信息会填充到邮件合并域中。

⑤ 预览并完成合并。打印整组文档之前可以预览每个文档副本。

可以使用“邮件”选项卡的“开始邮件合并”组中，单击“开始邮件合并”，然后单击“邮件合并分步向导”，如图 4-73 所示，然后按照向导提示完成邮件合并。

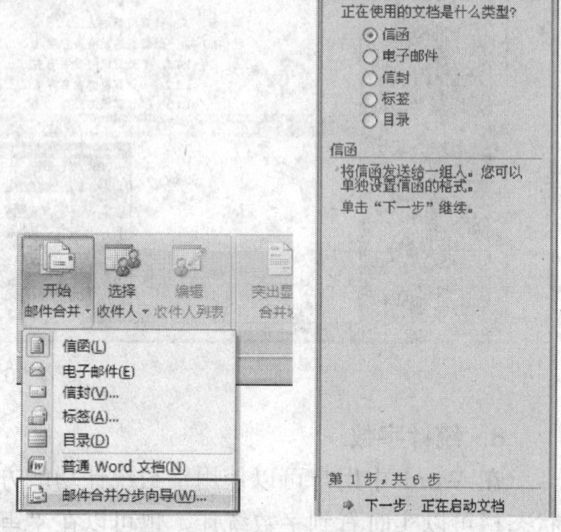


图 4-73　邮件合并分步向导

接下来我们以制作某竞赛获奖证书为例来介绍邮件合并的步骤：

（1）设置主文档

主文档包括获奖证书的主要内容，如图 4-74 所示。

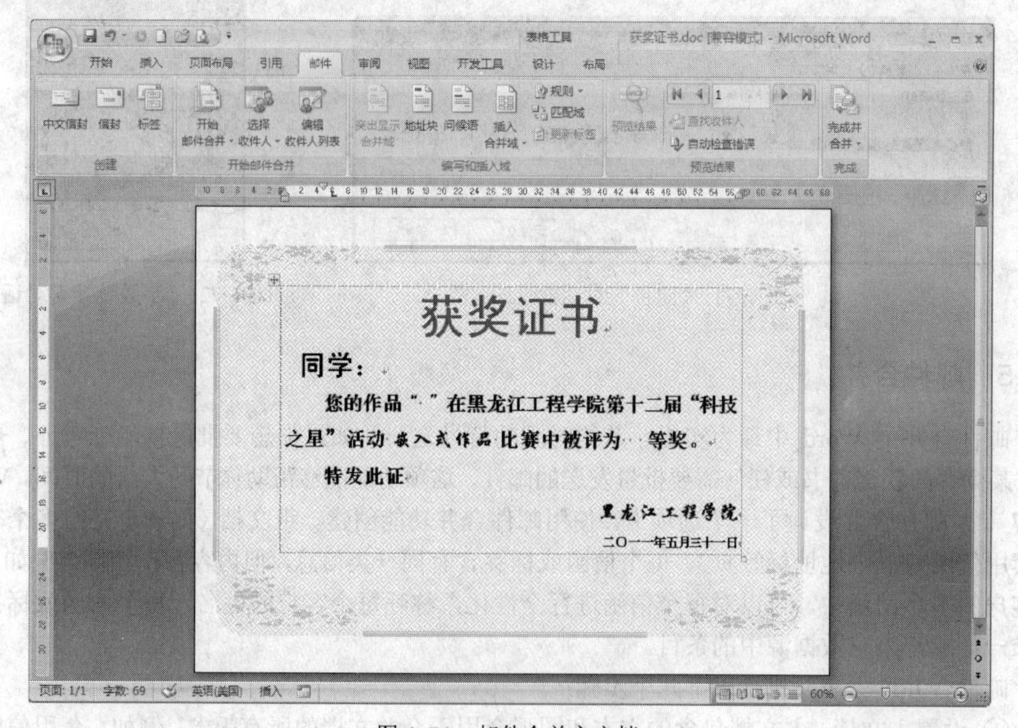


图 4-74　邮件合并主文档

（2）将文档连接到数据源

要将信息合并到主文档，必须将文档连接到数据源或数据文件。如果还没有数据文件，则可在邮件合并过程中创建一个数据文件。在本例中以已有 Excel 工作表为例，工作表内容如图 4-75 所示。在“邮件”选项卡上的“开始邮件合并”组中，单击“选择收件人”。单击“使用现有列表”，然后在“选择数据源”对话框中选择数据文件。

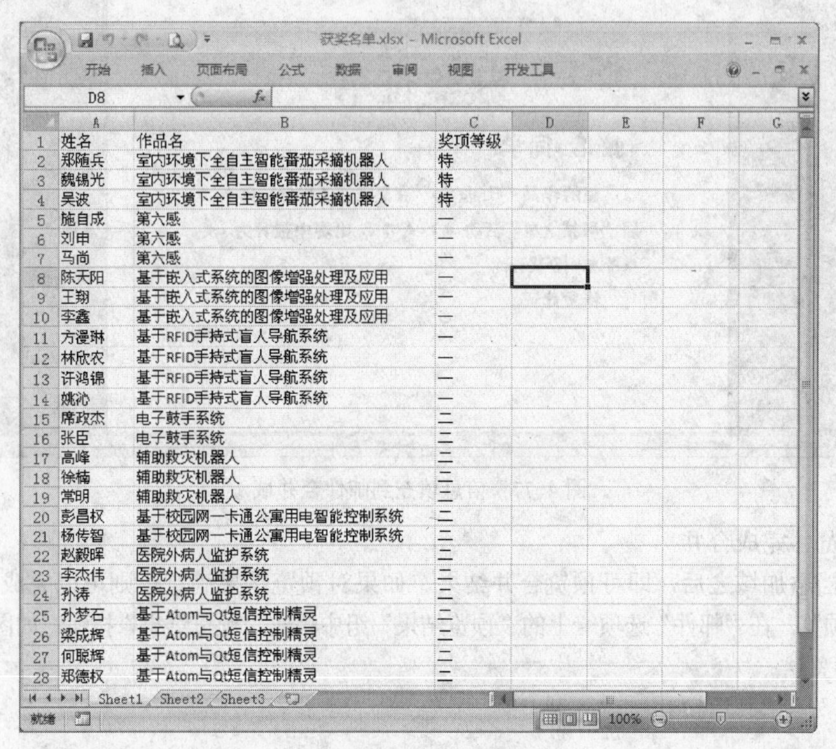

|  | A | B | C |
|---|---|---|---|
| 1 | 姓名 | 作品名 | 奖项等级 |
| 2 | 郑随兵 | 室内环境下全自主智能番茄采摘机器人 | 特 |
| 3 | 魏锡光 | 室内环境下全自主智能番茄采摘机器人 | 特 |
| 4 | 吴波 | 室内环境下全自主智能番茄采摘机器人 | 特 |
| 5 | 施自成 | 第六感 | 一 |
| 6 | 刘申 | 第六感 | 一 |
| 7 | 马尚 | 第六感 | 一 |
| 8 | 陈天阳 | 基于嵌入式系统的图像增强处理及应用 | 一 |
| 9 | 王翔 | 基于嵌入式系统的图像增强处理及应用 | 一 |
| 10 | 李鑫 | 基于嵌入式系统的图像增强处理及应用 | 一 |
| 11 | 方漫琳 | 基于RFID手持式盲人导航系统 | 一 |
| 12 | 林欣农 | 基于RFID手持式盲人导航系统 | 一 |
| 13 | 许鸿锦 | 基于RFID手持式盲人导航系统 | 一 |
| 14 | 姚沁 | 基于RFID手持式盲人导航系统 | 一 |
| 15 | 席政杰 | 电子鼓手系统 | 二 |
| 16 | 张臣 | 电子鼓手系统 | 二 |
| 17 | 高峰 | 辅助救灾机器人 | 二 |
| 18 | 徐楠 | 辅助救灾机器人 | 二 |
| 19 | 常明 | 辅助救灾机器人 | 二 |
| 20 | 彭昌权 | 基于校园网一卡通公寓用电智能控制系统 | 二 |
| 21 | 杨传智 | 基于校园网一卡通公寓用电智能控制系统 | 二 |
| 22 | 赵毅晖 | 医院外病人监护系统 | 二 |
| 23 | 李杰伟 | 医院外病人监护系统 | 二 |
| 24 | 孙涛 | 医院外病人监护系统 | 二 |
| 25 | 孙梦石 | 基于Atom与Qt短信控制精灵 | 二 |
| 26 | 梁成辉 | 基于Atom与Qt短信控制精灵 | 二 |
| 27 | 何聪辉 | 基于Atom与Qt短信控制精灵 | 二 |
| 28 | 郑德权 | 基于Atom与Qt短信控制精灵 | 二 |

图 4-75　数据源文件内容

（3）调整收件人列表或项列表

如果是批量发送邮件需要完成此步骤，本例略过。

（4）向文档添加占位符

占位符（如地址和问候语）称为邮件合并域。Word 中的域与所选数据文件中的列标题对应。

在主文档中，单击希望插入域的位置，使用“邮件”选项卡上的“编写和插入域”组。单击“插入合并域”，如图 4-76 所示，在适当的位置单击相应的合并域，来自数据文件的信息会填充到邮件合并域中，如图 4-77 所示。

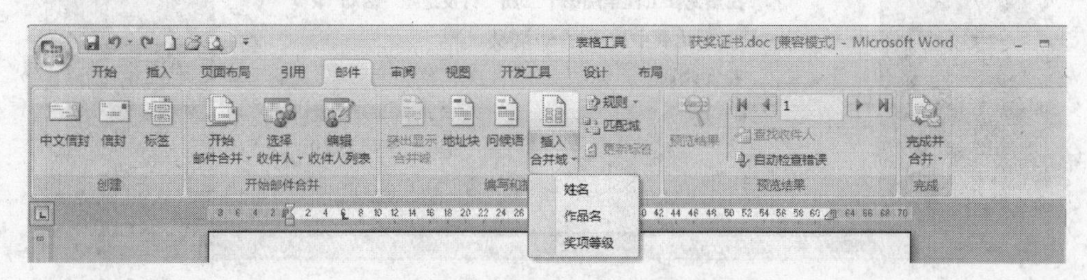


图 4-76　“插入合并域”菜单

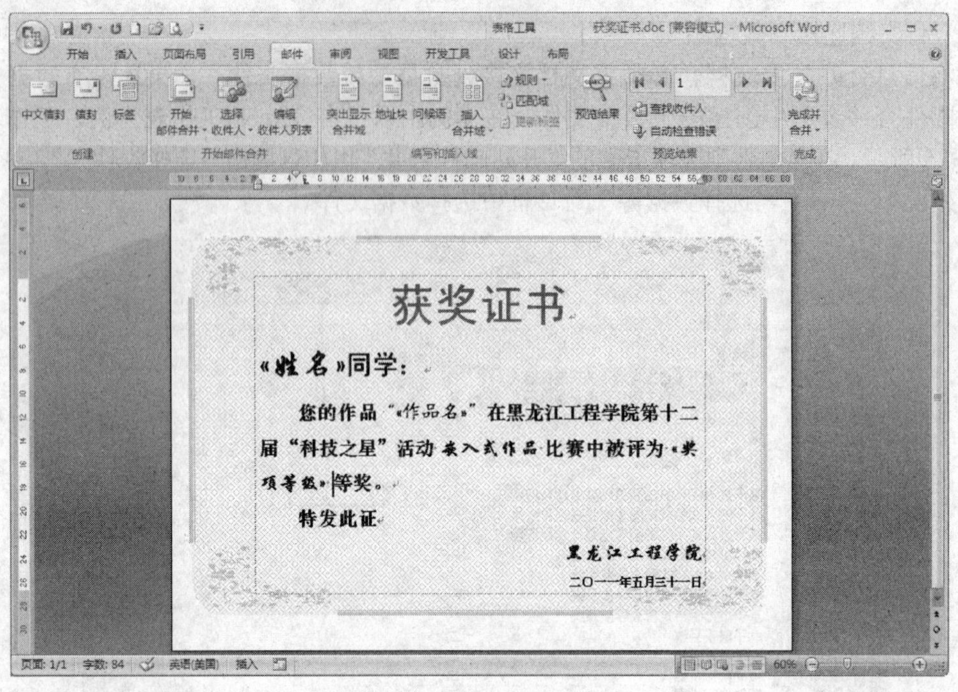


图 4-77　信息填充到邮件合并域

（5）预览并完成合并

向主文档添加域之后，即可预览合并结果。如果对预览结果满意，则可以完成合并。

要进行预览，在“邮件”选项卡上的“预览结果”组中单击“预览结果”按钮，如图 4-78 所示。

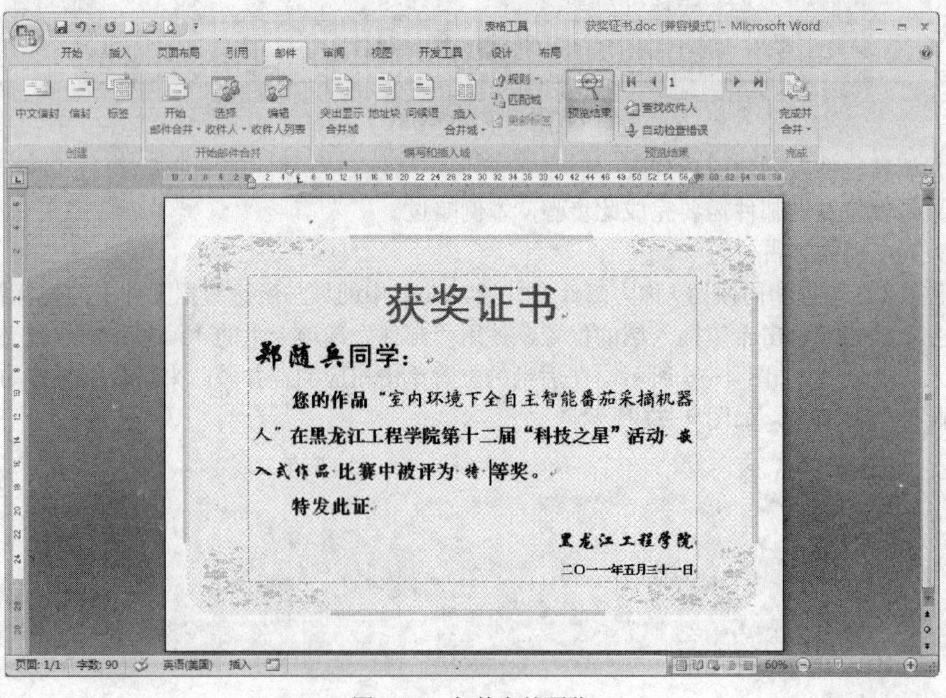


图 4-78　邮件合并预览

通过使用“预览结果”组中的“下一记录”和“上一记录”按钮，逐页预览合并文档。可以打印合并文档，也可以对其分别进行修改。在“邮件”选项卡上的“完成”组中，单击“完成并合并”，然后单击“编辑单个文档”，如图 4-79 所示。

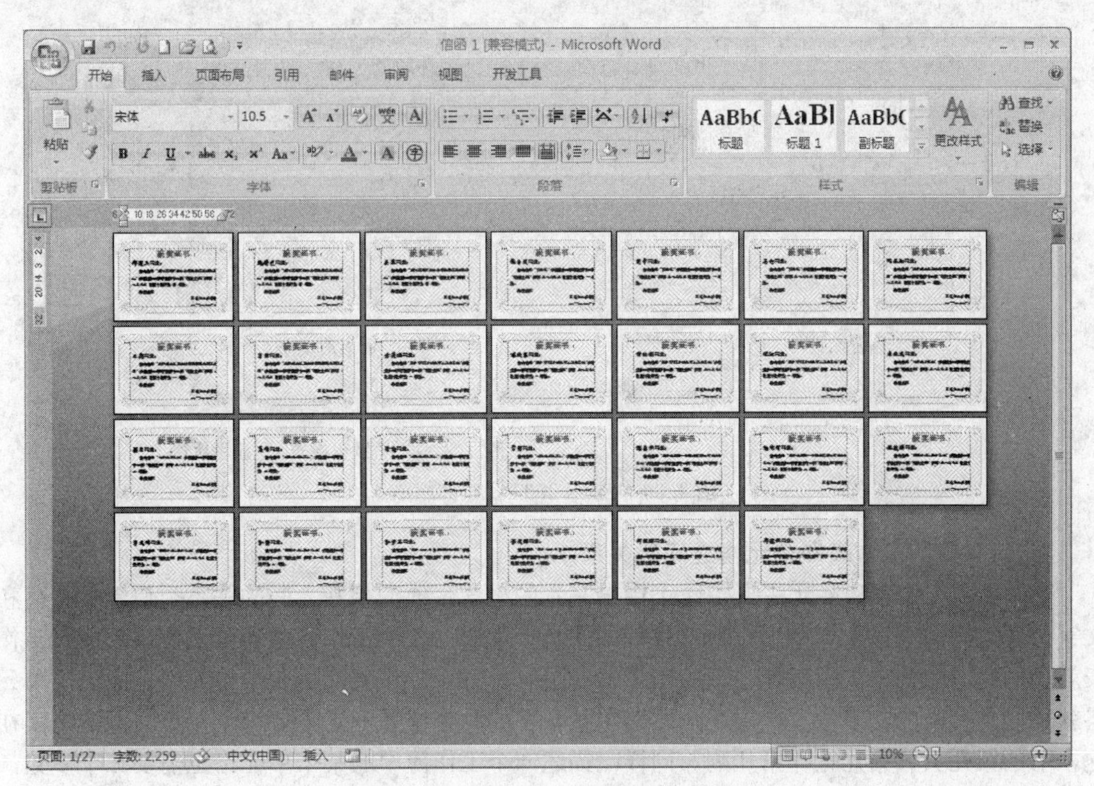


图 4-79　邮件合并为单个信函文档

# 4.2　电子表格软件

Excel 2007 是目前最强大的电子表格制作软件之一，它不仅具有强大的数据组织、计算、分析和统计功能，还可以通过图表、图形等多种形式对处理结果加以形象地显示，更能够方便地与 Office 2007 其他组件相互调用数据，实现资源共享。在使用 Excel 2007 制作表格前，首先应掌握它的基本操作，包括使用工作簿、工作表以及单元格的方法。

## 4.2.1　Excel 2007 窗口的组成与基本操作

### 1. Excel 2007 窗口的组成

和以前的版本相比，Excel 2007 的工作界面颜色更加柔和，更贴近于 Windows Vista 操作系统。Excel 2007 的工作界面主要由 Office 按钮、标题栏、快速访问工具栏、功能区、编辑栏、工作表格区、滚动条和状态栏等元素组成。

Excel 2007 工作界面中，除了包含与其他 Office 软件相同界面元素外，还有许多其他特有的组件，如数据编辑栏、工作表格区、工作表标签、行号与列标等，如图 4-80 所示。

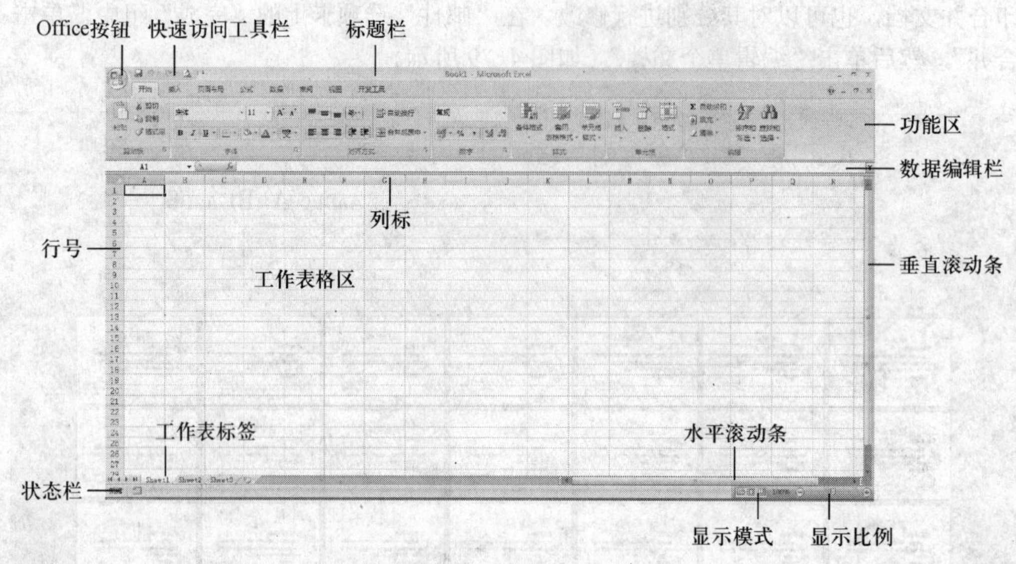


图 4-80　Excel 2007 窗口的组成

## 2. 工作簿、工作表和单元格之间的关系

工作簿、工作表和单元格是 Excel 中最基本的概念，他们相互之间的关系类似于书、页和文字位置之间的关系。一个工作簿文件就如同是一本书；一个工作簿由若干工作表组成，工作表就如同是书中的一页，工作表名相当于书的页码；每个工作表又由若干单元格构成，而单元格就如同是书中的文字位置。描述一本书中某个字的具体位置一定需要三个参数，即这个字在这本书的第几页、第几行、第几列。同样，描述一个工作簿中的某个单元格也需要三个参数，即哪个工作表、哪一行、哪一列。因此，可以把工作簿看成是三维表，而每个工作表则是一张二维表，工作表由行列坐标指示的若干单元格构成，单元格是组成工作簿的基本元素。工作簿、工作表和单元格之间的关系如图 4-81 所示。

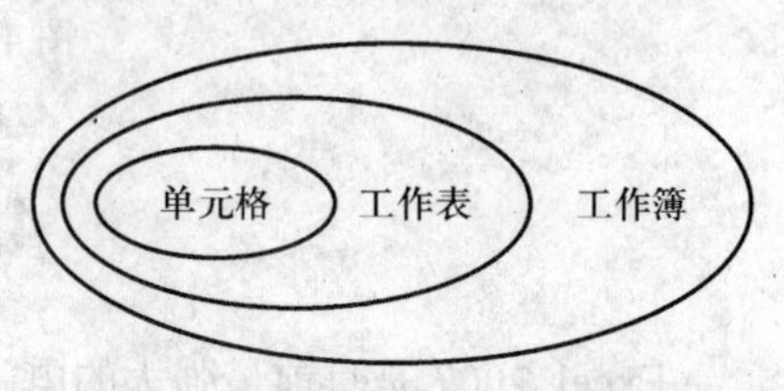


图 4-81　工作簿、工作表和单元格之间的关系

（1）工作簿

工作簿即 Excel 中用来存储和处理数据的文件，扩展名为.xls。每个工作簿可以包含一个或多个工作表，并且最多可以包含 255 个工作表。当用户启动 Excel 后，窗口标题栏显示的是一个默认的工作表，名称为 Book1，并且一个工作簿包含 3 个默认的工作表，分别为 Sheet 1，Sheet 2 和 Sheet 3，单击其中一个标签就会切换到该工作表中。

（2）工作表

工作表又称为电子表格，是工作簿的重要组成部分。用户可以使用工作表对数据进行组织和分析，还可以同时在多张工作表中进行操作，并对不同工作表的数据进行汇总计算。工作表是由单元格组成的，每一张工作表是由 1 000 000×16 000 个单元格组成的。Excel 的主要工作都是围绕着工作表进行的，每张工作表都有一个相应的工作表标签，工作表标签上显示的就是该工作表的名称，只需单击工作表的标签即可将该工作表切换为当前工作表。

（3）单元格

单元格是工作表中的最基本单位，是行和列交叉处形成的白色长方格。纵向称为列，列标用字母表示；横向称为行，行号用数字表示。Excel 2007 支持每个工作表中最多有 1 000 000 行和 16 000 列。单元格位置用列标和行号来表示。

在 Excel 2007 的操作中，单元格的宽度和长度及单元格中的字符串大小可以根据用户需要进行改变，而且每张工作表只有一个单元格是活动单元格。如果选定的是一个单元格区域，则显示为白色，即“活动单元格”。

**3. 工作簿的基本操作**

在 Excel 2007 中，工作簿是保存 Excel 文件的基本单位，它的基本操作包括新建、保存、关闭、打开和保护等。

（1）创建工作簿

启动 Excel 2007 后，系统首先显示 Excel 窗口，并自动建立一个名为 Book1 的空工作簿，用户还可以通过“新建工作簿”对话框（如图 4-82 所示）来创建新的工作簿。Excel 允许创建多个工作簿，它将按照新建工作簿的顺序，分别赋予新工作簿一个临时的文件名，如 Book1、Book2、Book3 等，保存工作簿时再重新命名。

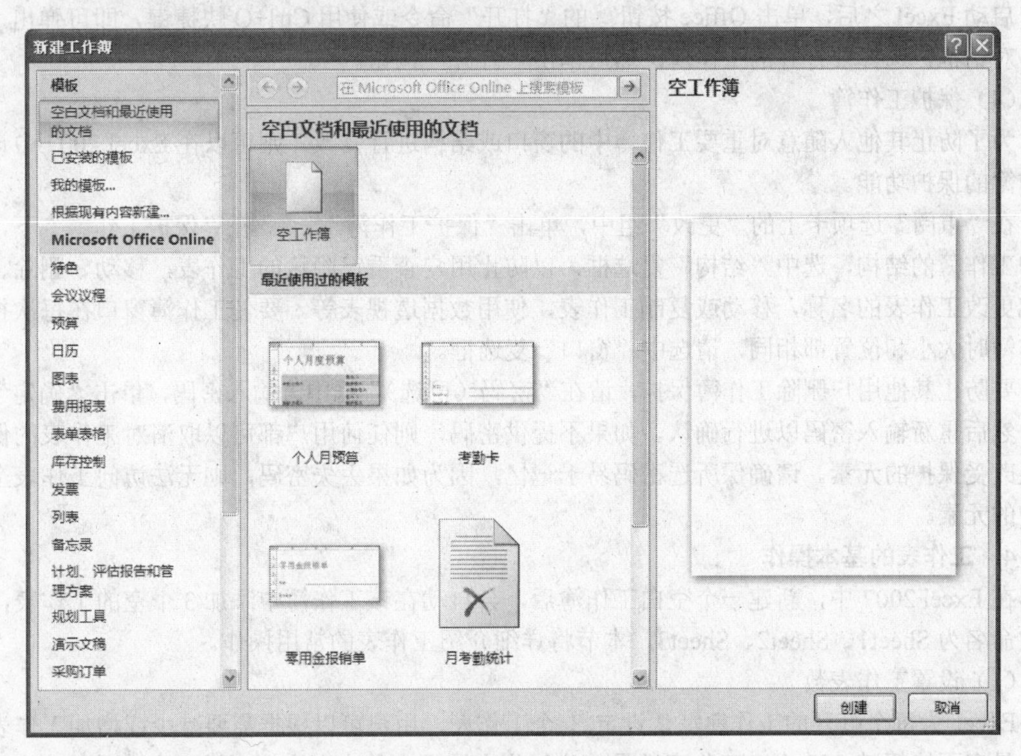


图 4-82 “新建工作簿”对话框

（2）保存工作簿

在对工作表进行操作时，应记住经常保存 Excel 工作簿，以免由于一些突发状况而丢失数据。

新工作簿的保存可以在快速访问工具栏中单击“保存”按钮，或单击 Office 按钮，然后单击“保存”命令。如果把当前编辑的工作簿换名保存，需要单击 Office 按钮的“另存为”命令，然后会弹出一个“另存为”对话框。在对话框的“保存位置”可以打开下拉列表，从中选择需要的磁盘及文件夹，系统默认是当前盘的 My Documents 文件夹。在对话框下方的“文件名”栏中输入一个新的文件名，因为 Excel 2007 文件的扩展名默认是.xlsx，因此可以省略。如果需要更改保存的文件类型，可以打开“保存类型”下拉列表，选择其中的任何一种类型。输入完毕后单击“保存”按钮或按 Enter 键。

换名工作簿的保存是把当前正在编辑的工作簿用另外一个新的文件名保存在磁盘上，不破坏磁盘原文件内容，可起到工作簿备份的作用，同时，当前窗口打开的是这个新保存的工作簿。

已命名的工作簿如不需换名保存，可以单击快速访问工具栏中“保存”按钮，系统不会出现任何对话框，而是直接保存到原来的工作簿中，以旧内容代替新内容，当前编辑状态保持不变。在工作中要注意随时使用 Ctrl+S 快捷键保存工作的成果。

（3）打开工作簿

当工作簿被保存后，即可在 Excel 2007 中再次打开该工作簿。打开工作簿的最直接的方法是双击创建的 Excel 文件图标。

启动 Excel 之后，单击 Office 按钮的“打开”命令或使用 Ctrl+O 快捷键，即可弹出“打开”对话框，选择要打开的工作簿，然后单击“打开”按钮。

（4）保护工作簿

为了防止其他人随意对重要工作簿中的窗口或结构进行修改，则可以在 Excel 2007 中设置工作簿的保护功能。

在“审阅”选项卡上的“更改”组中，单击“保护工作簿”。在“保护工作簿”下，要保护工作簿的结构，选中“结构”复选框，以防止用户查看已隐藏的工作表，移动、删除、隐藏或更改工作表的名称，移动或复制工作表，使用数据透视表等。要使工作簿窗口在每次打开工作簿时大小和位置都相同，请选中“窗口”复选框。

要防止其他用户删除工作簿保护，请在“密码（可选）”框中，输入密码，单击“确定”按钮，然后重新输入密码以进行确认。如果不提供密码，则任何用户都可以取消对工作表的保护并更改受保护的元素。请确保所选密码易于记忆，因为如果丢失密码，则无法访问工作表上受保护的元素。

**4. 工作表的基本操作**

在 Excel 2007 中，新建一个空白工作簿后，会自动在该工作簿中添加 3 个空的工作表，并依次命名为 Sheet1、Sheet2、Sheet3，本节将详细介绍工作表的常用操作。

（1）设置工作表数

Excel 为每个打开的工作簿默认设定 3 个工作表，用户可以根据需要减少或增加工作表数量，最多不能超过 255 个，工作表数量的增加将占用更大的内存空间。设定方法是单击 Office 按钮的“Excel 选项”，在系统弹出的“Excel 选项”对话框中单击“常规”选项卡，如图 4-83 所示。在常用选项卡中的“新工作簿时”区域中的“包含的工作表”栏里输入数字，然后单击“确定”按钮。

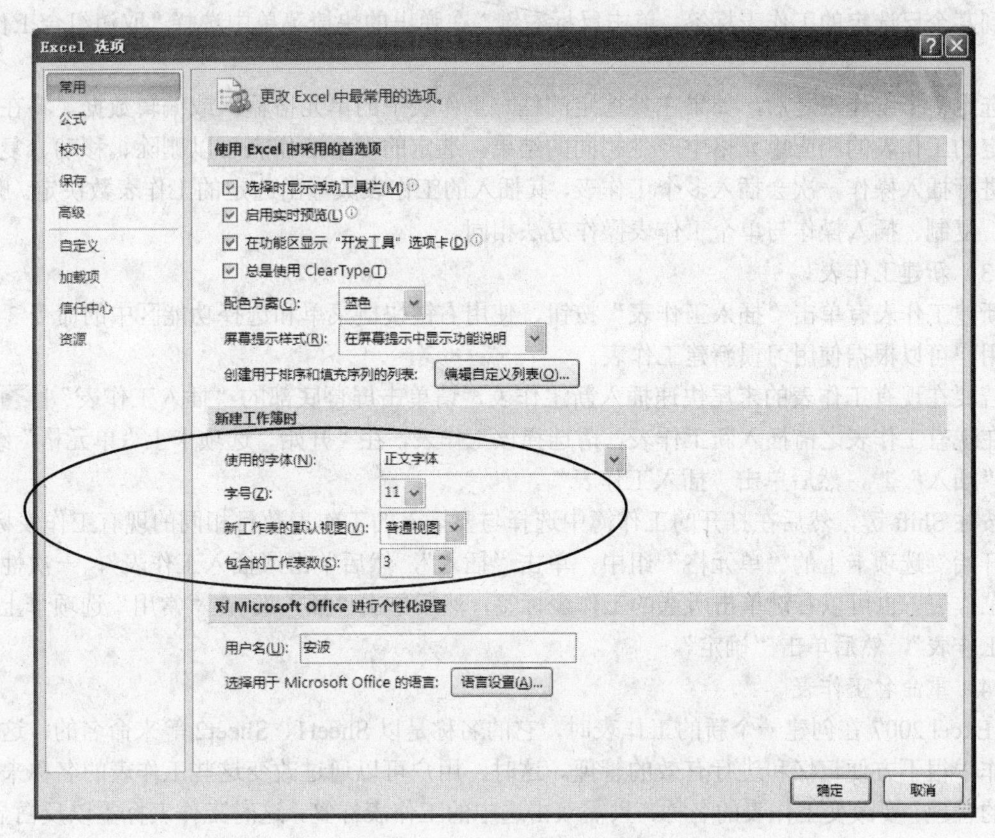


图 4-83 “Excel 选项”对话框

另外，还可以设置单元格数据的默认字体、字号和新工作表的默认视图。

(2) 选定工作表

由于一个工作簿中往往包含多个工作表，因此操作前需要选定工作表。选定工作表的常用操作包括以下 4 种。

① 选定一张工作表：用鼠标左键单击标签栏中的工作表标签。如果选择的工作表标签没有出现在标签栏中，可使用工作表标签滚动按钮进行前后翻页，使它出现在标签栏中。被选定的工作表标签背景为白色，未被选定的工作表标签背景为灰色。工作表标签栏中的按钮如图 4-84 所示。

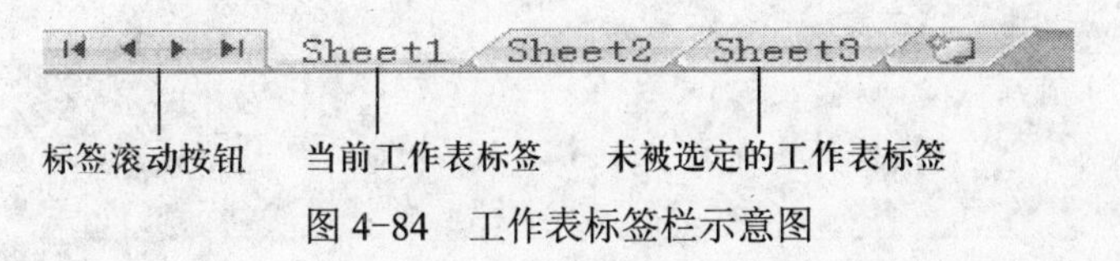


图 4-84 工作表标签栏示意图

② 选定多个工作表：在工作表标签栏中，单击某工作表标签，按住 Shift 键不放，再单击另一个工作表标签，释放 Shift 键，两个被单击的工作表标签之间的所有标签都被选定，即选定连续多个工作表。如果先按住 Ctrl 键不放，再用鼠标单击工作表标签，可选定非连续的多个工作表标签。取消多个工作表的选定可以用鼠标左键单击未被选定的工作表标签，或者把鼠标指

针移到某个已选定的工作表标签，单击鼠标右键，在弹出的快捷菜单中选择“取消组合工作表”选项。

选定多个工作表之后，如果在被选定的任一工作表中的单元格输入或编辑数据，将在所有被选定的工作表的相应单元格中产生相同的结果。选定的多个工作表可以删除、移动、复制，如果进行插入操作一次会插入多个工作表，其插入的工作表数量由选定的工作表数决定。删除、移动、复制、插入操作与单个工作表操作方法相同。

（3）新建工作表

新建工作表有单击“插入工作表”按钮、使用右键快捷菜单和选择功能区中的命令 3 种方式，用户可以根据使用习惯新建工作表。

若要在现有工作表的末尾快速插入新工作表，请单击屏幕底部的“插入工作表”；若要在现有工作表之前插入新工作表，请选择该工作表，在“开始”选项卡上“单元格”组中，单击“插入”，然后单击“插入工作表”。

按住 Shift 键，然后在打开的工作簿中选择与要插入的工作表数目相同的现有工作表标签。在“开始”选项卡上的“单元格”组中，单击“插入”，然后单击“插入工作表”，一次性插入多个工作表。也可以右键单击所选的工作表标签，然后单击“插入”。在“常用”选项卡上，单击“工作表”，然后单击“确定”。

（4）重命名工作表

Excel 2007 在创建一个新的工作表时，它的名称是以 Sheet1、Sheet2 等来命名的，这在实际工作中很不方便记忆和进行有效的管理。这时，用户可以通过改变这些工作表的名称来进行有效的管理。要改变工作表的名称，只需双击选中的工作表标签，这时工作表标签以反白显示，在其中输入新的名称并按下 Enter 键即可，如图 4-85 所示。

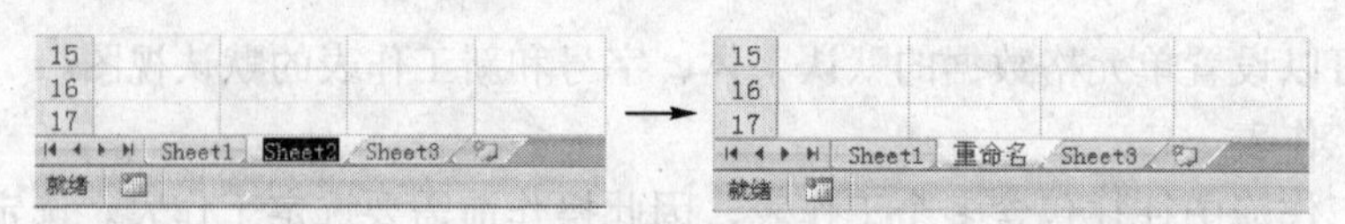


图 4-85　重命名工作表

（5）删除工作表

有时根据实际工作的需要，可能要从工作簿中删除不再用的工作表。删除工作表的方法与插入工作表的方法一样，只是选择的命令不同，如图 4-86 所示。

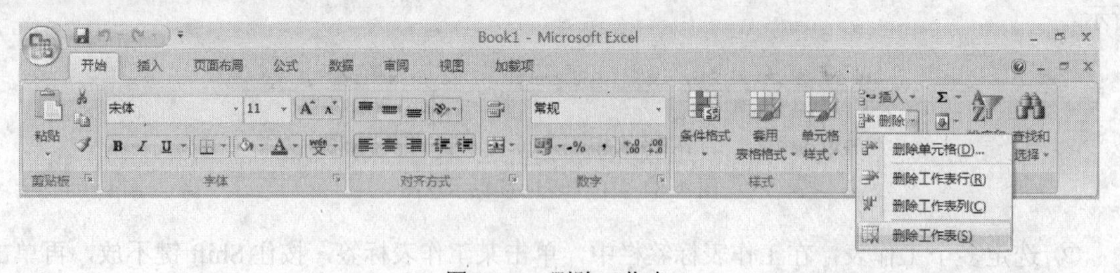


图 4-86　删除工作表

（6）移动和复制工作表

在使用 Excel 2007 进行数据处理时，经常把描述同一事物相关特征的数据放在一个工作表中，而把相互之间具有某种联系的不同事物安排在不同的工作表或不同的工作簿中，这时就需要在工作簿内或工作簿间移动或复制工作表。

① 在工作簿内部移动或复制工作表：选定某工作表标签并按住鼠标左键沿水平方向拖动，这时空心箭头鼠标指针的头部出现一张小纸片标志，同时标签栏顶部也会出现一个倒置的黑色三角形，在鼠标移动过程中，黑色三角形以跳跃方式依次定位在两个标签之间的交界处，当释放鼠标左键后，被选定的标签就会插入到该位置，以实现工作表的顺序重新排列。

② 在工作簿间移动或复制工作表：首先打开两个工作簿，选择“视图”选项卡的重排命令，使两个工作簿标签栏都显示在 Excel 窗口，然后从一个工作簿标签栏中选定并拖动工作表标签至另一个工作簿标签栏的某位置，释放鼠标左键，即可实现工作簿之间的工作表移动。复制工作表与移动工作表的操作基本相同，只是在选定某工作表标签之后，按住 Ctrl 键不放再拖动鼠标，即可完成工作簿内部或工作簿之间的工作表复制。

（7）保护工作表

在 Excel 2007 中，除了可以设置保护工作簿的窗口与结构外，还可以具体设置工作表的密码与允许的操作，达到保护工作表的目的。“保护工作表”选项如图 4-87 所示。

（8）隐藏和显示工作表

对工作表进行保护后，虽然没有正确的密码不能对工作表进行操作，但还可以对工作表进行查看。如果不愿意被其他用户查看工作表，即可将工作表隐藏，待需要用时再将其显示。隐藏和显示工作表操作如图 4-88 所示。

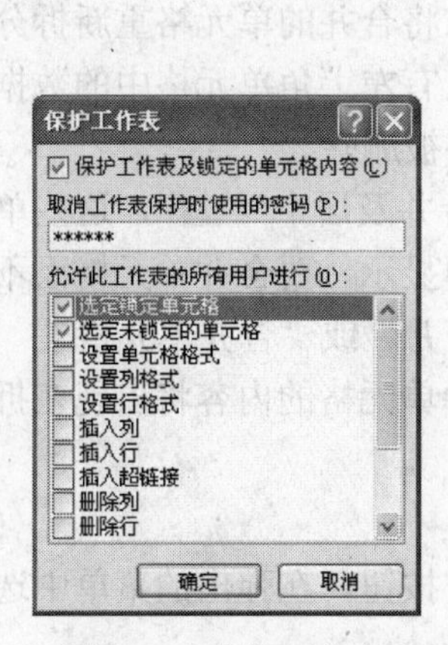


图 4-87　保护工作表

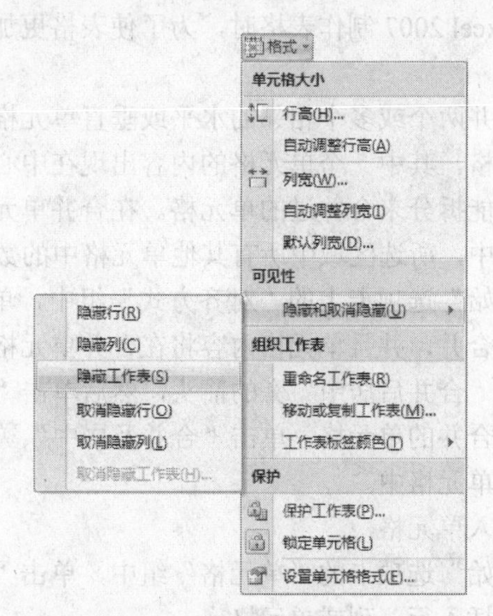


图 4-88　隐藏和显示工作表

5. 单元格的基本操作

单元格是构成电子表格的基本元素，对表格输入和编辑数据就是对单元格输入和编辑数据。本节主要学习单元格的基本操作，如单元格的选择、插入、行高与列宽设置、拆分与合并、删除以及保护等。

（1）选定单元格

Excel 启动之后，光标自动定位在第一个工作表 Sheet1 的 A1 单元格，称为活动单元格，即当前接收输入数据的单元格，它的周围呈现黑色边框。

① 活动单元格的选定：用鼠标左键单击某单元格，光标就会立即移到那个单元格，使其变成活动单元格。使用键盘的上、下、左、右光标移动键可以移动光标到某一单元格。如果先按住 Ctrl 键不放，再按光标移动键，光标就会按键头指示的方向，跳过中间所有的空单元格而定位到下一个非空单元格，使用这种方法可以把光标移到最后一行或最后一列。PgUp 键和 PgDn 键可以进行上翻屏和下翻屏。

② 单元格区域的选定：可以用鼠标左键单击起始单元格，然后按住鼠标左键不放，拖动鼠标至终止单元格，释放左键，两个单元格所围成的矩形区域被选定。也可以单击起始单元格，按住 Shift 键不放，再单击终止单元格。如果选定不连续的单元格，可先按住 Ctrl 键不放，然后再用鼠标一个区域一个区域的选定。

③ 选中整行整列单元格的操作十分简单，只需在工作表上单击对应的行号或列号即可。如果希望同时选中多个整行或整列，可以借助 Ctrl 键或 Shift 键，其作用与选中多个单元格类似。

④ 有时需要对工作表进行全局性的修改，例如需要改变工作表中所有字符的大小或字形，或者改变所有单元格的大小，此时就需要同时选中工作表中的全部单元格。单击全选按钮或按 Ctrl + A 快捷键，即可选中工作表中所有的单元格。

（2）合并与拆分单元格

使用 Excel 2007 制作表格时，为了使表格更加专业与美观，常常需要将一些单元格合并或者拆分。

当您合并两个或多个相邻的水平或垂直单元格时，这些单元格就成为一个跨多列或多行显示的大单元格，其中一个单元格的内容出现在中心。可以将合并的单元格重新拆分成多个单元格，但是不能拆分未合并过的单元格。在合并单元格中只有左上角单元格中的数据将保留在合并的单元格中，所选区域中所有其他单元格中的数据都将被删除。

在“开始”选项卡上的“对齐方式”组中，单击“合并及居中”，这些单元格将在一个行或列中合并，并且单元格内容将在合并单元格中居中显示。要合并单元格而不居中显示内容，请单击“合并后居中”旁的箭头，然后单击“跨越合并”或“合并单元格”。

要拆分合并的单元格，单击“合并及居中”。合并单元格的内容将出现在拆分单元格区域左上角的单元格中。

（3）插入单元格

在“开始”选项卡的“单元格”组中，单击“插入”按钮，在弹出的菜单中选择命令即可在工作表中插入行、列或单元格。

（4）设置行高和列宽

在向单元格输入文字或数据时，常常会出现这样的现象：有的单元格中的文字只显示了一半；有的单元格中显示的是一串＃号，而在编辑栏中却能看见对应单元格的数据。其原因在于单元格的宽度或高度不够，不能将这些字符正确显示。因此，需要对工作表中的单元格高度和宽度进行适当的调整。

（5）删除单元格

当不再需要工作表中的数据时，可以首先选定放置这些数据的行、列、单元格或单元格区域，按下 Delete 键将它们删除。但是按下 Delete 键仅清除单元格内容，而在工作表中留下空白单元格。如果需要把放置数据的行、列、单元格或单元格区域也删除，需要使用“开始”选项卡“单元格”组的“删除”按钮来执行。

（6）保护单元格

为了防止其他人擅自改动单元格中的数据，可以将一些重要的单元格锁定。在 Excel 2007 中可以设定单元格不能被锁定、编辑、显示计算公式等，这可以达到保护单元格的目的。

### 4.2.2 工作表的编辑

使用 Excel 2007 创建工作表后，首先需要在单元格中输入数据，然后对工作表进行格式化操作，使其更加美观。Excel 2007 提供了丰富的格式化命令，利用这些命令可以具体设置工作表与单元格的格式，帮助用户创建更加美观的工作表。

**1. 输入数据**

创建完电子表格后就可以在工作表的单元格中输入数据。用户可以像在 Word 文档中一样，在电子表格中手动输入文字、符号、日期和数字等，也可以使用电子表格的自动填充功能快速填写有规律的数据。

（1）“设置单元格格式”对话框

在表格中手动输入数据的方法主要有 3 种，即在数据编辑栏中输入、在单元格中输入和选定单元格输入。

① 在数据编辑栏中输入：选定要输入数据的单元格，将鼠标光标移动到数据编辑栏处单击，将插入点定位到编辑栏中，然后输入内容。

② 在单元格中输入：双击要输入数据的单元格，将插入点定位到该单元格内，然后输入内容。

③ 选定单元格输入：选定要输入数据的单元格，直接输入内容即可。

（2）快速填充数据

在制作表格时，有时需要输入一些相同或有规律的数据。如果手动依次输入这些数据，会占用很多时间。Excel 2007 针对这类数据提供了自动填充功能，可以大大提高输入效率。

**2. 使用来自文件的图片和剪贴画**

工作表中主要可以插入两种来源的图片，一种是来自本地磁盘的图片，另一种是应用程序自带的剪贴画，用户可以根据需要选择图片来源。

使用插图工具可以在工作表中插入已有的图片文件。Excel 2007 支持目前几乎所有的常用图片格式，如 BMP、JPG、GIF、PNG 以及 Windows 位图等。

Excel 2007 自带很多剪贴画，在“插入”选项卡的“插图”组中单击“剪贴画”按钮，打开“剪贴画”任务窗格，在搜索的剪贴画列表中单击需要的剪贴画，即可将其插入到工作表中。

**3. 使用艺术字**

要在工作表中突出表现文本内容，可以将其设置为艺术字。在 Excel 2007 中预设了多种样式的艺术字。此外，用户也可以根据需要自定义艺术字样式。

4. 使用形状

在 Excel 2007 中，在“插入”选项卡的“插图”组中单击“形状”按钮，可以打开“形状”菜单，单击菜单中相应的命令按钮，可以绘制常见的图形，如直线、箭头、矩形和椭圆等。

5. 使用 SmartArt 图形

在工作表中插入 SmartArt 图形可便于演示流程、循环、关系以及层次结构的信息。在创建 SmartArt 图形之前，可以对需要显示的数据进行分析，如需要通过 SmartArt 图形传达的内容、要求的特定外观等，直到找到最适合目前数据的图解的布局为止。

### 4.2.3 工作表排版与打印

1. 设置单元格格式

在 Excel 2007 中，对工作表中的不同单元格数据，可以根据需要设置不同的格式，如设置单元格数据类型、文本的对齐方式和字体、单元格的边框和底纹等。

（1）设置数字格式

默认情况下，数字以常规格式显示。当用户在工作表中输入数字时，数字以整数、小数方式显示。此外，Excel 还提供了多种数字显示格式，如数值、货币、会计专用、日期格式以及科学记数等。在“开始”选项卡的“数字”组中，可以设置这些数字格式。若要详细设置数字格式，则需要在“设置单元格格式”对话框的“数字”选项卡中操作。

（2）设置字体格式

为了使工作表中的某些数据醒目和突出，也为了使整个版面更为丰富，通常需要对不同的单元格设置不同的字体。在“开始”选项卡的“字体”组中，使用相应的工具按钮可以完成简单的字体设置，也可以使用“设置单元格格式”对话框的“字体”选项卡进行设置。“字体”组用来设置字体格式的命令按钮如图 4-89 所示。

（3）设置对齐方式

所谓对齐，是指单元格中的内容在显示时相对单元格上下左右的位置。默认情况下，单元格中的文本靠左对齐，数字靠右对齐，逻辑值和错误值居中对齐。此外，Excel 还允许用户为单元格中的内容设置其他对齐方式，如合并后居中、旋转单元格中的内容等，如图 4-90 所示。

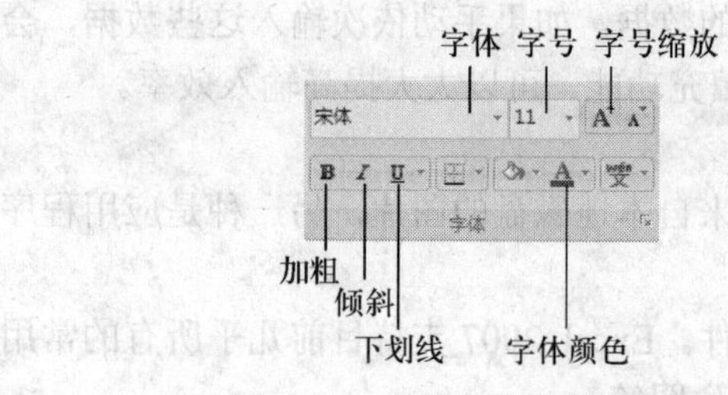


图 4-89 设置字体格式的命令按钮

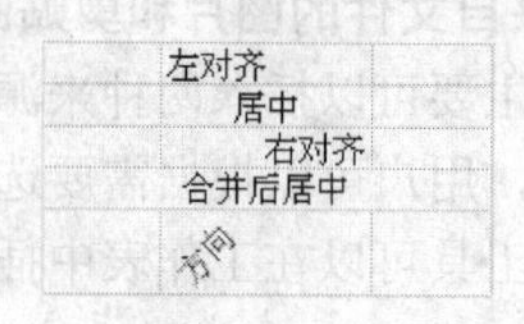


图 4-90 对齐方式

（4）设置边框和底纹

默认情况下，Excel 并不为单元格设置边框，工作表中的框线在打印时并不显示出来。但在一般情况下，用户在打印工作表或突出显示某些单元格时，都需要添加一些边框以使工作表更美观和容易阅读。应用底纹和应用边框一样，都是为了对工作表进行形象设计。使用底纹为特定的单元格加上色彩和图案，不仅可以突出显示重点内容，还可以美化工作表的外观。“边框”选项卡如图 4-91 所示。

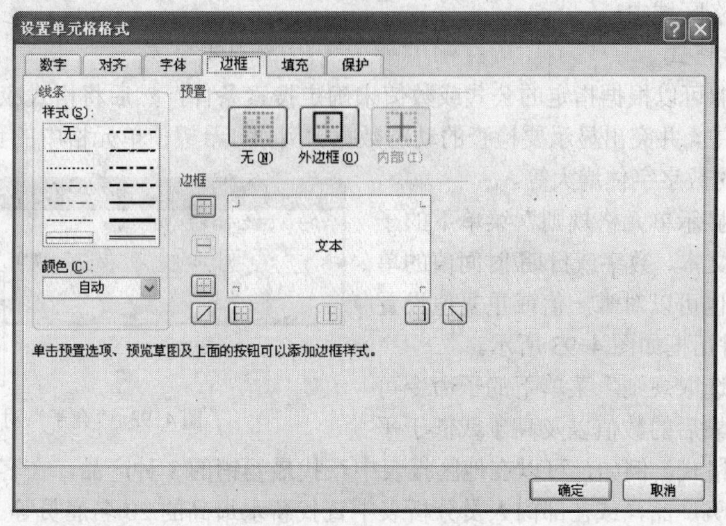


图 4-91 “边框”选项卡

### 2. 套用单元格样式

样式就是字体、字号和缩进等格式设置特性的组合，将这一组合作为集合加以命名和存储。应用样式时，将同时应用该样式中所有的格式设置指令。

（1）套用内置单元格样式

如果要使用 Excel 2007 的内置单元格样式，可以首先选定需要套用样式的单元格或单元格区域，然后在“样式”组中的“单元格样式”菜单中进行设置，如图 4-92 所示。

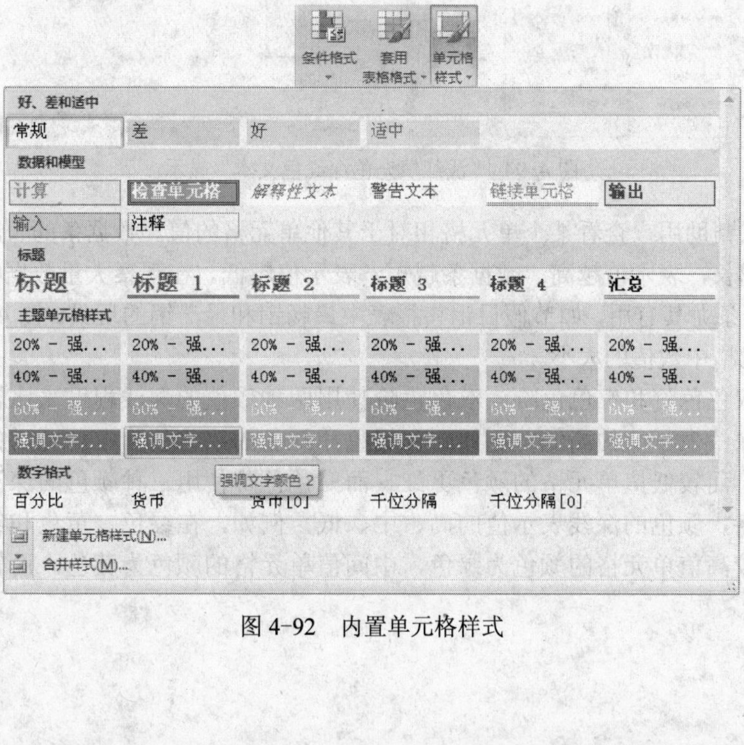

图 4-92 内置单元格样式

（2）自定义单元格样式

除了套用内置的单元格样式外，用户还可以创建自定义的单元格样式，并将其应用到指定的单元格或单元格区域中。

**3. 使用条件格式**

条件格式功能可以根据指定的公式或数值来确定搜索条件，然后将格式应用到符合搜索条件的选定单元格中，并突出显示要检查的动态数据。例如，希望使单元格中的负数用红色显示，超过 1 000 以上的数字字体增大等。

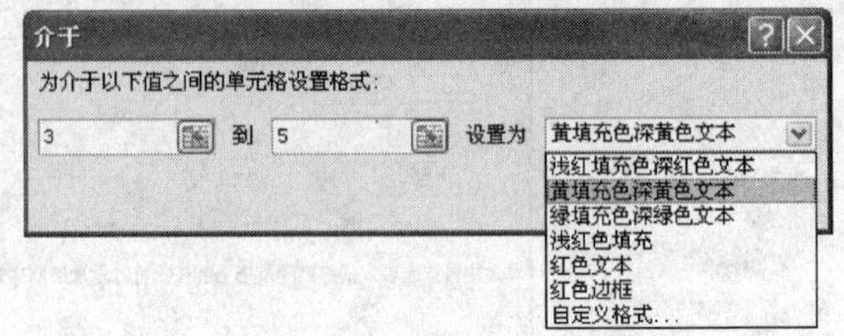


图 4-93 “介于”对话框

使用“突出显示单元格规则”菜单下的子命令可以对包含文本、数字或日期/时间值的单元格设置格式，也可以对唯一值或重复值设置格式。“介于”对话框如图 4-93 所示。

使用“项目选取规则”菜单下的子命令可以对排名靠前或靠后的数值以及高于或低于平均值的数值设置格式。例如，可以在地区报表中查找最畅销的 3 种产品，在客户调查表中查找最不受欢迎的 20%产品，或在部门人员分析表中查找薪水最高的 20 名雇员等。图 4-94 所示为以“浅红填充色深红色文本”显示最大的 10 项值。

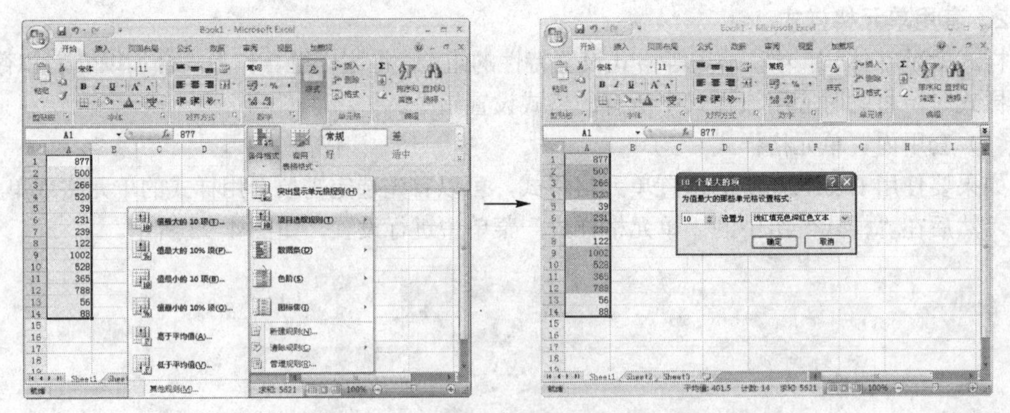

图 4-94 “浅红填充色深红色文本”显示

数据条可以帮助用户查看某个单元格相对于其他单元格的值。数据条的长度代表单元格中的值。数据条越长，表示值越高；数据条越短，表示值越低。在观察大量数据的较高值和较低值时，使用数据条尤其有用，如节假日销售报表中最畅销和最滞销的玩具。图 4-95 所示为使用数据条显示单元格中数值的大小。

色阶包括双色色阶和三色色阶。双色色阶使用两种颜色的深浅程度来比较某个区域的单元格，颜色的深浅表示值的高低。例如，在绿色和红色的双色色阶中，可以指定较高值单元格的颜色更绿，而较低值单元格的颜色更红。而三色色阶使用三种颜色的深浅程度来比较某个区域的单元格，颜色的深浅表示值的高、中、低。例如，在绿色、黄色和红色的三色色阶中，可以指定较高值单元格的颜色为绿色，中间值单元格的颜色为黄色，而较低值单元格的颜色为红色。

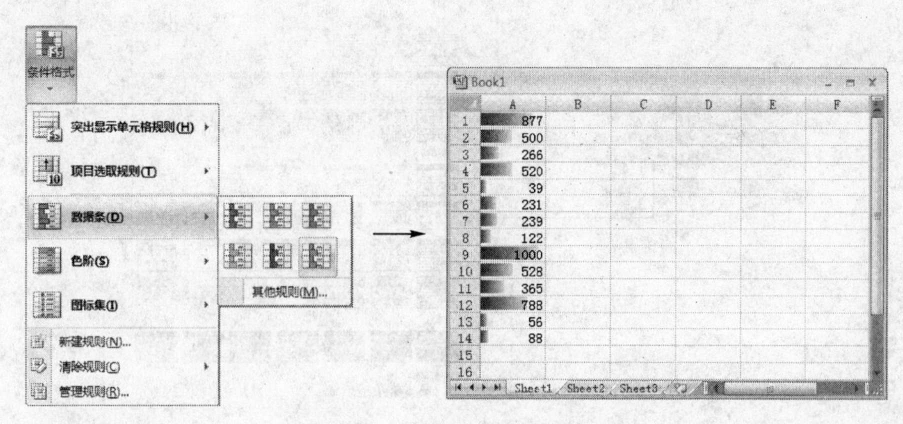


图 4-95　使用数据条显示

使用图标集可以对数据进行注释，并可以按阈值将数据分为 3 到 5 个类别。每个图标代表一个值的范围。例如，在三向箭头图标集中，红色的上箭头代表较高值，黄色的横向箭头代表中间值，绿色的下箭头代表较低值。图 4-96 所示为使用四向箭头表示数据的大小。

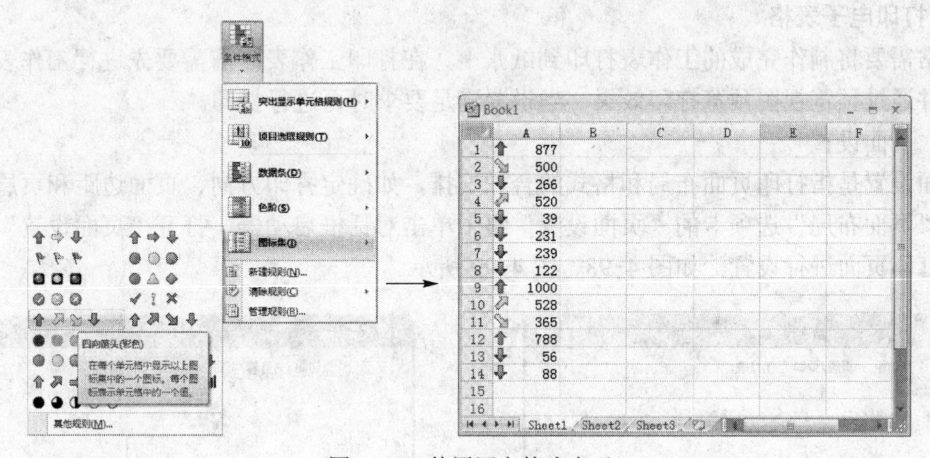


图 4-96　使用四向箭头表示

**4．套用表格样式**

在 Excel 2007 中，除了可以套用单元格样式外，还可以整个套用工作表样式，节省格式化工作表的时间。在“样式”组中，单击“套用表格格式”按钮，弹出“工作表样式”菜单，如图 4-97 所示。

**5．使用页眉和页脚**

页眉是自动出现在第一个打印页顶部的文本，而页脚是显示在每一个打印页底部的文本，本节将介绍如何创建页眉和页脚。

（1）添加页眉和页脚

页眉和页脚在打印工作表时非常有用，通常可以将有关工作表的标题放在页眉中，而将页码放置在页脚中。如果要在工作表中添加页眉或页脚，需要在“插入”选项卡的“文本”组中进行设置。

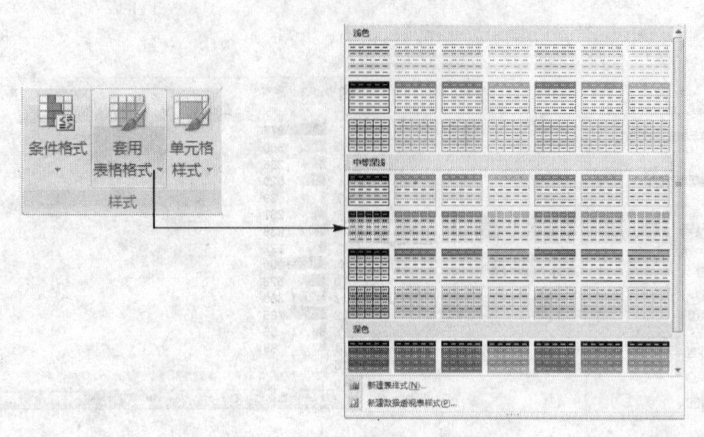


图 4-97 “套用表格格式”按钮

（2）插入设计元素

在工作表的页眉或页脚中，还可以根据需要插入各种元素，包括页码、页数、当前时间、文件路径以及图片等。这些项目都可以通过“设计”选项卡的“页眉和页脚元素”组中的按钮来完成。

**6. 打印电子表格**

通常需要将制作完成的工作表打印到纸张上，在打印工作表之前需要先进行工作表的页面设置，并通过预览视图预览打印效果，当设置满足要求时再进行打印。

（1）页面设置

页面设置是指打印页面布局和格式的合理安排，如确定打印方向、页面边距和页眉与页脚等。在“页面布局”选项卡的“页面设置”组中单击对话框启动器，打开“页面设置”对话框即可对打印页面进行设置，如图 4-98、图 4-99 所示。

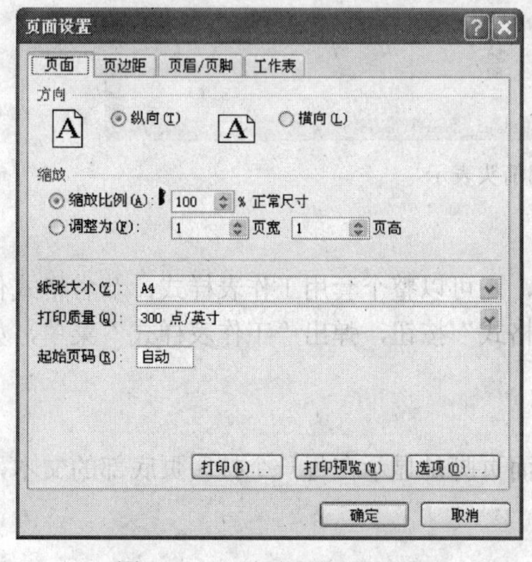


图 4-98 “页面设置”对话框

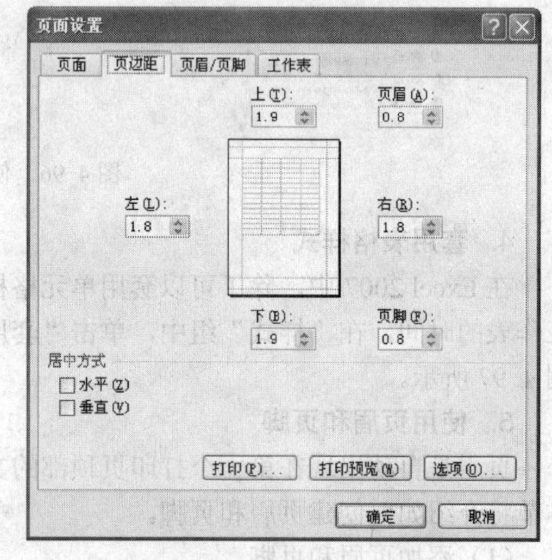


图 4-99 “页边距”选项卡

（2）打印预览

页面设置完毕后，可以在预览视图下查看打印预览效果。打印预览的方法很简单：单击

Office 按钮，在弹出的菜单中选择“打印”|“打印预览”命令，即可进入打印预览视图，同时在功能区打开“打印预览”选项卡，如图 4-100 所示。

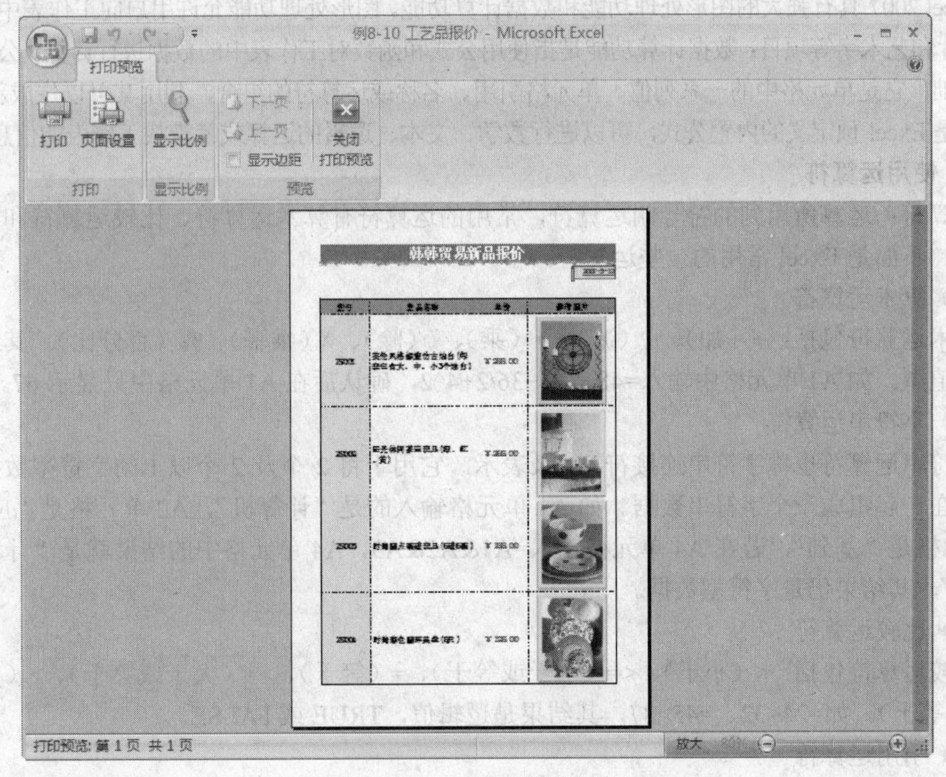


图 4-100 “打印预览”选项卡

（3）打印

对预览效果满意后，可以在“打印预览”选项卡的“打印”组中单击“打印”按钮或在 Office 菜单下选择“打印”|“打印”命令，在打开的“打印内容”对话框中按需要设置后，单击“确定”按钮进行打印。“打印内容”对话框如图 4-101 所示。

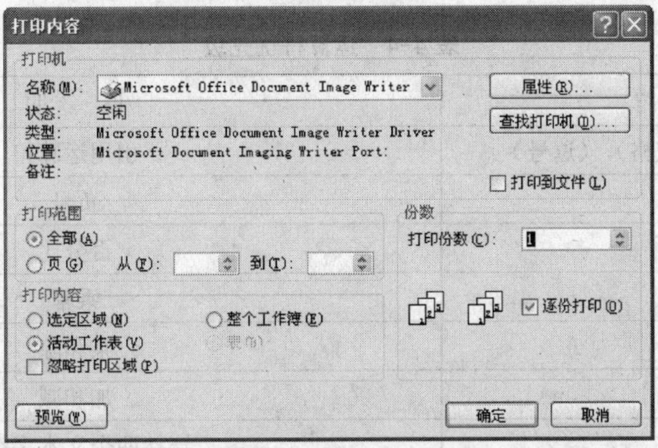

打印内容
打印机
名称(M): Microsoft Office Document Image Writer
属性(R)...
状态: 空闲
查找打印机(D)...
类型: Microsoft Office Document Image Writer Driver
位置: Microsoft Document Imaging Writer Port:
备注:
打印到文件(L)
打印范围
全部(A)
页(G) 从(F): 到(T):
份数
打印份数(C): 1
打印内容
选定区域(N)
整个工作簿(E)
活动工作表(V)
表(B)
忽略打印区域(I)
逐份打印(O)
预览(W)
确定
取消

图 4-101 “打印内容”对话框

### 4.2.4 公式与函数

Excel 2007 具有强大的图形处理功能和数据计算功能。图形处理功能允许用户向工作表中添加图形、图片和艺术字等项目；数据计算功能是指使用公式和函数对工作表中的数据进行计算。公式是函数的基础，它是单元格中的一系列值、单元格引用、名称或运算符的组合，利用其可以生成新的值。函数则是 Excel 预定义的内置公式，可以进行数学、文本、逻辑的运算或者查找工作表的信息。

**1. 使用运算符**

运算符：运算所用到的符号叫运算符，常用的运算符有算术运算符、比较运算符和字符串运算符。下面是 Excel 常用的一些运算符。

（1）算术运算符

算术运算符包括：+（加）、–（减）、*（乘）、/（除）、^（乘幂）、%（百分比）。其运算结果为数值型。如 A1 单元格中输入=48+7*3–36/2+4^2，确认后在 A1 单元格中只显示 67。

（2）字符串运算符

字符串运算符也称字符串连接符，用&表示。它用于将 2 个及 2 个以上的字符型数据按顺序连接在一起组成一个字符串数据。如 A1 单元格输入的是“计算机”，A2 单元格是“应用”，A3 单元格是“基础”，若在 A4 单元格输入=A1&A2&A3，A4 单元格中的结果就是“计算机应用基础”，其结果仍是字符型数据。

（3）比较运算符

比较运算符包括：<（小于）、<=（小于或等于）、=（等于）、>=（大于或等于）、>（大于）、<>（不等于）。如=24<32、=45>87，其结果是逻辑值，TRUE 或 FALSE。

（4）引用运算符

引用运算符也称区域运算符，用冒号表示。它实际是两个地址之间的分隔符，表示地址的引用范围。如 A1：B3，它表示以 A1 为左上角，B3 为右下角所围成的矩形单元格区域。

一个或多个运算符连接运算量而形成的式子叫公式。如果公式中同时用到多个运算符，Excel 2007 将会依照运算符的优先级来依次完成运算。如果公式中包含相同优先级的运算符，例如公式中同时包含乘法和除法运算符，则 Excel 将从左到右进行计算。Excel 2007 中的运算符优先级如表 4–4 所示。其中，运算符优先级从上到下依次降低。

**表 4–4 运算符优先级**

| 运 算 符 | 说 明 |
| --- | --- |
| :（冒号）　（单个空格），（逗号） | 引用运算符 |
| – | 负号 |
| % | 百分比 |
| ^ | 乘幂 |
| * 和 / | 乘和除 |
| +和– | 加和减 |
| & | 连接两个文本字符串 |
| =，<，>，<=，>=，<> | 比较运算符 |

### 2. 使用公式

在工作表中输入数据后，可通过 Excel 2007 中的公式对这些数据进行自动、精确、高速的运算处理。在学习应用公式时，首先应掌握公式的基本操作，包括输入、修改、显示、复制以及删除等。

（1）输入公式

公式可直接在单元格中或在编辑栏中输入。首先单击待输入公式的单元格，然后在单元格中或在编辑栏中输入“=”和公式的内容。输入完毕回车确认，计算结果即自动记入该单元格内，编辑栏中的公式消失。如要再查看公式内容，可双击该单元格，公式即重复出现，再回车，又返回计算结果。

在公式中如需使用函数，可单击编辑栏左端框旁的向下箭头，从弹出的常用函数列表中选定所需要的函数，即出现该函数的对话框（帮助信息称“公式选项板”）。在对话框上部参数框中输入必要的参数，对话框底部即显示出计算结果，再回车确认，计算结果即记入选定的单元格内。如果常用函数列表中没有所需要的函数，可单击“其他函数”项，屏幕弹出“插入函数”对话框，再从中选择所需要的函数。

输入数组公式与输入单值公式方法基本相同。首先单击待输入公式的单元格，如要求给出多个结果需单击待输入公式的单元格区域；然后输入公式，系统将自动为公式加上大括号；最后按 Ctrl + Shift + Enter 组合键结束操作，计算结果即显示在选定的单元格内。

（2）编辑公式

如要修改公式，需先单击包含待修改公式的单元格，然后在编辑栏中进行修改，被公式引用的所有单元格都以彩色显示在公式单元格中，使用户很容易发现哪个单元格引用错了，修改后回车确认。公式中如果引用了单元格行列号，将会自动按修改后的行列号重新计算，得出新的结果。如要修改公式中的函数，必须同时修改函数的参数。修改数组公式，可单击编辑栏，大括号自动消失，修改后按 Ctrl + Shift + Enter 组合键结束操作。

要移动公式，也需先单击包含待移动公式的单元格，然后将鼠标指针指向选定区域的边框，按住鼠标左键将其拖至目标区域左上角的单元格，放开鼠标，即替换了目标区域的全部数据。复制公式与移动公式操作基本相同，只在拖动选定区域时需按住 Ctrl 键。

还需指出，移动公式单元格引用不改变；复制公式，单元格绝对引用也不改变，但单元格相对引用将会改变。如果复制的不是公式而是计算的结果，则需在粘贴时使用“选择性粘贴”选择“数值”。

删除公式也要先单击包含待删除公式的单元格，然后按 Delete 键即可删除。如要删除数组公式，需先单击数组区域中任一单元格，然后在“开始”选项中“编辑”组的“查找和选择”菜单中，按下“定位条件”选项，从其对话框中选择“当前数组”项，再按 Delete 键删除。

（3）公式的复制

公式的复制和单元格或单元格区域数据的复制操作方法是相同的。不同的是，公式中含有单元格地址或单元格区域地址时，由于引用方式的不同，将会对公式复制的结果产生不同的影响。

① 相对地址

相对地址是用列号和行号直接表示的地址，如 A1、B6、H30 等。如果把某个单元格中的公式移到另一个单元格时，在原单元格内公式中的地址在新单元格中保持不变。如果复制单元格中的公式，在复制的新单元格中，公式中的地址将作相应的变化，如 C1 单元格的公式是=A1+B2，如果把 C1 单元格公式移到 C2，C2 单元格公式仍是=A1+B2。若把 C1 单元格公式复制到 C2，C2 单元格中的公式会变成=A2+B3。这是由于把 C1 单元格公式复制到 C2 单元格的过程中，行号加了 1，由此引起公式中的行号也自动加 1。若将 C1 单元格公式复制到 E5 单元格，E5 单元格中的公式就是=C5+D6，列号与行号分别在原来的基础上加了 C1 至 E5 的差值。

② 绝对地址

在列号或行号前加$符号的地址称为绝对地址。它的最大特点是在操作过程中公式中的地址始终保持不变，相对地址和绝对地址可以混合使用，如=$A$4−$B$6、=$F7+H10 等。

③ 混合引用

如果把单元格或单元格区域的地址表示为部分是相对引用，部分是绝对引用，如行号为相对引用、列号为绝对引用，或者行号为绝对引用、列号为相对引用，这种引用称为混合引用，如$A3、$A3:B$3。

④ 跨工作表的地址表示

在当前工作表的单元格中引用其他工作表中的单元格地址，首先要输入被引用的工作表名和一个叹号，然后再输入那个工作表的单元格地址，如当前工作表 A3 单元格输入公式=A1+Sheet2!A2，在 A3 单元格中显示的就是当前工作表的 A1 与 Sheet2 工作表的 A2 单元格中的数相加后产生的结果。引用当前工作表的单元格地址可以省略工作表名。

（4）公式插入时的出错提示

① 错误值的含义

#####!　　输入或计算结果的数值太长，单元格容纳不下。

# VALUE!　　使用了错误的参数，或运算对象的类型不对。

# DIV / 0!　　公式中除数为 0，或引用了空单元格，或引用了包含 0 值的单元格。

# NAME?　　公式中使用了不能识别的单元格名称。

# N /A　　公式或函数中没有可用的数值。

# REF!　　单元格引用无效。

# NUM!　　公式或函数中某一数字有问题。

# NULL!　　对两个不相交的单元格区域引用使用了交叉引用运算符（空格）。

② 常见的错误

（a）圆括号（）未成对出现，二者缺一。

（b）引用单元格区域使用了不正确的运算符，应使用冒号（:）。

（c）缺少必选的参数，或输入了多余的参数。

（d）在函数中使用的嵌套函数不符合要求。

（e）引用工作簿或工作表的名称中含有非字母字符，但未加单引号。

（f）外部引用缺少工作簿名称和路径。

（g）公式中输入数字不应加格式，不应带货币符号和千分位点等。

### 3. 使用函数

Excel 2007将具有特定功能的一组公式组合在一起以形成函数。与直接使用公式进行计算相比较，使用函数进行计算的速度更快，同时减少了错误的发生。函数一般包含3个部分：等号、函数名和参数，如=SUM(A1:A10)，表示对A1:A10单元格区域内所有数据求和。

（1）求和函数SUM

求和函数表示对选择单元格或单元格区域进行加法运算，其函数语法结构为SUM(number1, number2,⋯)，如图4-102、图4-103所示。

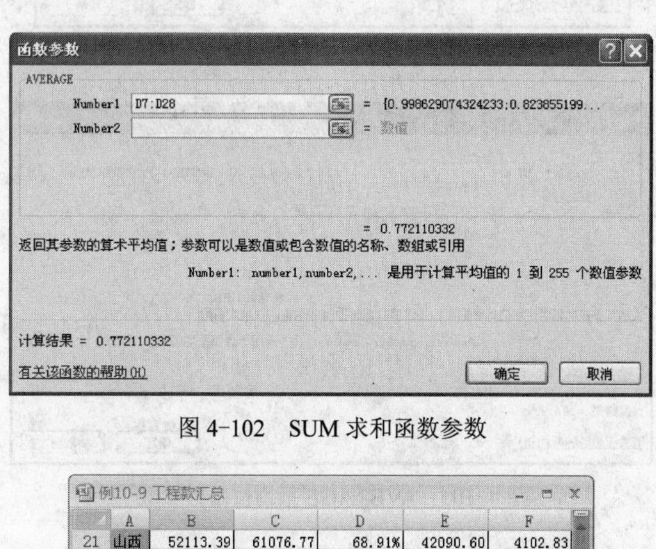


图4-102 SUM求和函数参数

例10-9 工程款汇总

| | A | B | C | D | E | F |
|---|---|---|---|---|---|---|
| 21 | 山西 | 52113.39 | 61076.77 | 68.91% | 42090.60 | 4102.83 |
| 22 | 广东 | 103056.24 | 232083.41 | 80.75% | 187399.85 | 44356.28 |
| 23 | 四川 | 86639.32 | 103537.58 | 70.10% | 72579.00 | 9159.84 |
| 24 | 吉林 | 26907.88 | 33288.44 | 73.75% | 24550.77 | 4105.53 |
| 25 | 江西 | 15329.61 | 24166.81 | 72.51% | 17524.02 | 3070.11 |
| 26 | 内蒙古 | 42226.87 | 47241.56 | 62.00% | 29287.73 | 1891.10 |
| 27 | 广西 | 17395.96 | 26907.05 | 64.76% | 17425.43 | 5824.93 |
| 28 | 福建 | 22553.56 | 31629.82 | 57.14% | 18072.63 | 5143.62 |
| 29 | 合计 | 699593.61 | | | | |
| 30 | | | | | | |
| 31 | | | | | | |
| 32 | | | | | | |

解决比例 Sheet2 Sheet3

图4-103 SUM求和函数结果

（2）条件函数IF

条件函数可以实现真假值的判断，它根据逻辑计算的真假值返回两种结果。该函数的语法结构为：IF(Logical_test,Value_if_true,Value_if_false)。其中，Logical_test表示计算结果为TRUE或FALSE的任意值或表达式；Value_if_true表示当Logical_test为TRUE值时返回的值；Value_if_false表示当Logical_test为FALSE值时返回的值。IF条件函数参数如图4-104所示。

（3）平均值函数AVERAGE

平均值函数可以将选择的单元格区域中的平均值返回到需要保存结果的单元格中，其语法结构为：AVERAGE(number1,number2,⋯)。AVERAGE平均值函数参数如图4-105所示。

函数参数
IF
Logical_test
M7>65.00%
= TRUE
Value_if_true
"是"
= "是"
Value_if_false
"否"
= "否"
= "是"
判断是否满足某个条件，如果满足返回一个值，如果不满足则返回另一个值。
Logical_test 是任何可能被计算为 TRUE 或 FALSE 的数值或表达式。
计算结果 = 是
有关该函数的帮助(H)
确定
取消

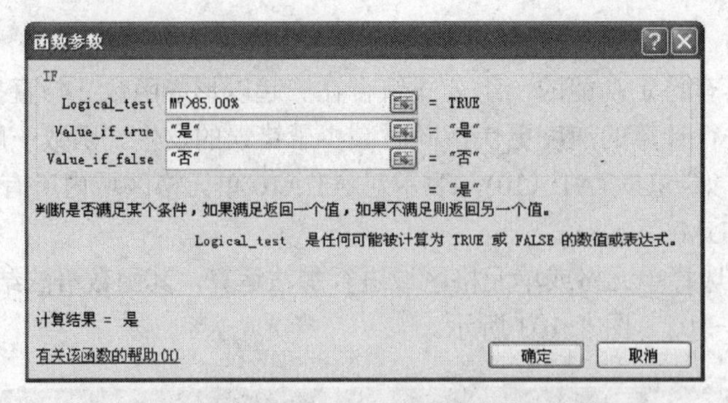

图 4-104　IF 条件函数参数

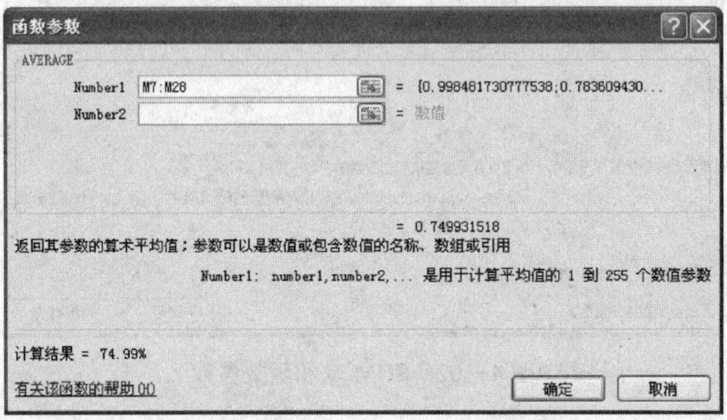

函数参数
AVERAGE
Number1
M7:M28
= {0.998481730777538;0.783609430...
Number2
= 数值
= 0.749931518
返回其参数的算术平均值；参数可以是数值或包含数值的名称、数组或引用
Number1: number1,number2,... 是用于计算平均值的 1 到 255 个数值参数
计算结果 = 74.99%
有关该函数的帮助(H)
确定
取消

图 4-105　AVERAGE 平均值函数参数

### 4.2.5　图表显示数据

使用 Excel 2007 对工作表中的数据进行计算、统计等操作后，得到的计算和统计结果还不能很好地显示出它的发展趋势或分布状况。为了解决这一问题，Excel 2007 将各种数据建成统计图表，这样就能够更好地使所处理的数据直观地表现出来。在 Excel 2007 中还可以创建数据透视表与数据透视图，帮助用户更方便地分析表格中的数据。

**1. 图表概述**

为了能更加直观的表达表格中的数据，可将数据以图表的形式表示。通过图表可以清楚地了解各个数据的大小以及数据的变化情况，方便对数据进行对比和分析。

（1）图表的基本类型

Excel 2007 自带有各种各样的图表，如柱形图、折线图、饼图、条形图、面积图、散点图等，这些图表各有优点，适用于不同的场合。

（2）图表的基本元素

Excel 2007 包含两种样式的图表，一种是嵌入式图表，另一种是图表工作表。嵌入式图表就是将图表看做是一个图形对象，并作为工作表的一部分进行保存，如图 4-106 所示。

**2. 创建图表**

使用 Excel 2007 可以方便、快速地建立一个标准类型或自定义类型的图表。选择包含要用于图表的单元格，打开“插入”选项卡，在“插图”组中选择需要的图表样式，即可在工作表

中插入图表，操作如图 4-107 所示。

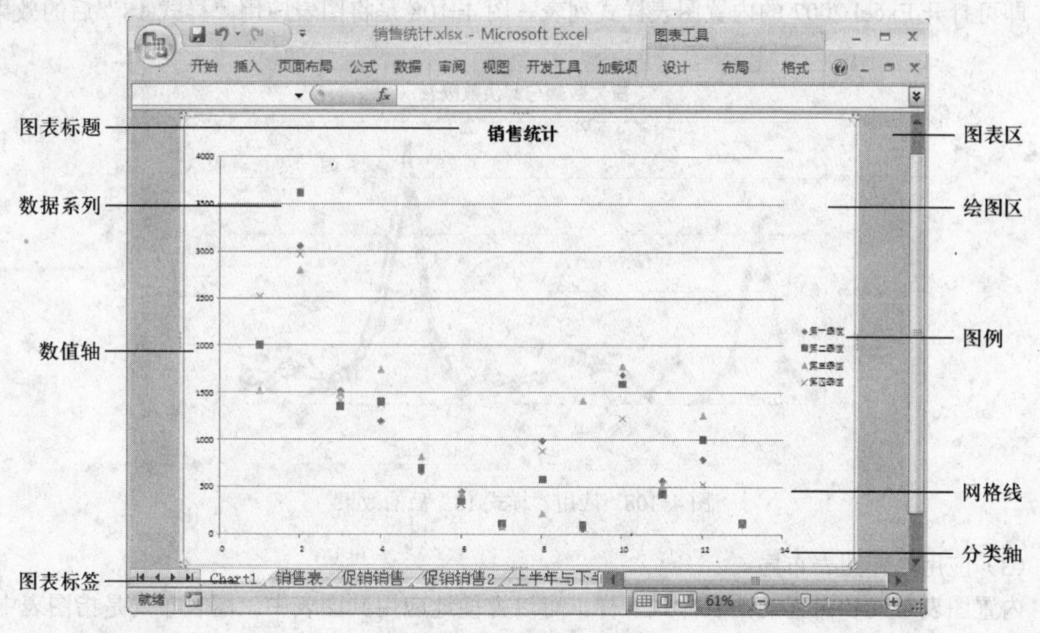


图 4-106 图表的基本元素

### 3. 修改图表

图表创建完成后，不仅可以对图表默认的位置、大小、图表元素位置等进行修改，还可以修改图表中的数据。

（1）设置图表大小

与设置图片、剪贴画等对象一样，设置图表大小的常用方法也有两种：一种是拖动图表外边框放大图表尺寸，另一种是使用“形状高度”和“形状宽度”微调框进行准确设置。

（2）修改图表数据

图表创建完成后，图表中的数据与工作表中的数据是动态联系的。也就是说，当修改工作表中的数据时，图表中的数据系列或相应数据也会随之改变。

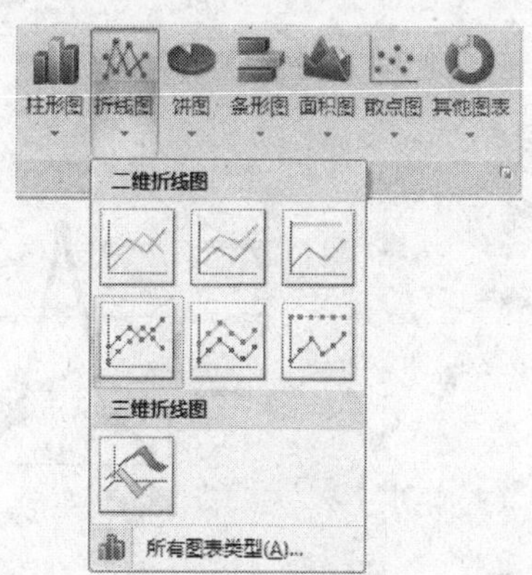


图 4-107 插入图表

### 4. 美化图表

创建图表时，功能区将显示图表工具的“设计”、“布局”和“格式”选项卡。用户可以使用这些选项卡的命令设置图表，使图表更为美观。

（1）设置图表标题

图表标题是对图表内容的总概括。默认情况下，创建的图表不包括标题，但用户可以为任何类型的图表添加标题。

（2）应用内置图表样式

创建图表后，可以将 Excel 2007 的内置图表样式快速应用到图表中，无需手动添加或更改图表元素的相关设置。

选定图表区，打开“图表工具”的“设计”选项卡，在“图表样式”组中单击“其他”按钮，即可打开 Excel 2007 的内置图表样式列表。图 4-108 是将图表应用“样式 18”后的效果。

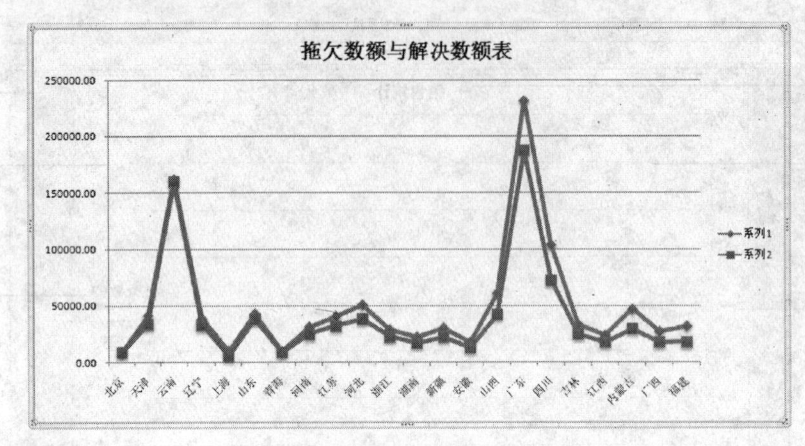


图 4-108　应用“样式 18”后的效果

（3）应用内置图表布局

内置图表布局和内置的图表样式一样，可以方便地应用到图表中。图表布局是指图表中各元素之间的排列方式。

选定图表区，打开“图表工具”的“设计”选项卡，在“图表布局”组中单击“其他”按钮，即可打开 Excel 2007 的内置图表布局列表。图 4-109 是将图 4-109 所示的图表应用“布局 3”。

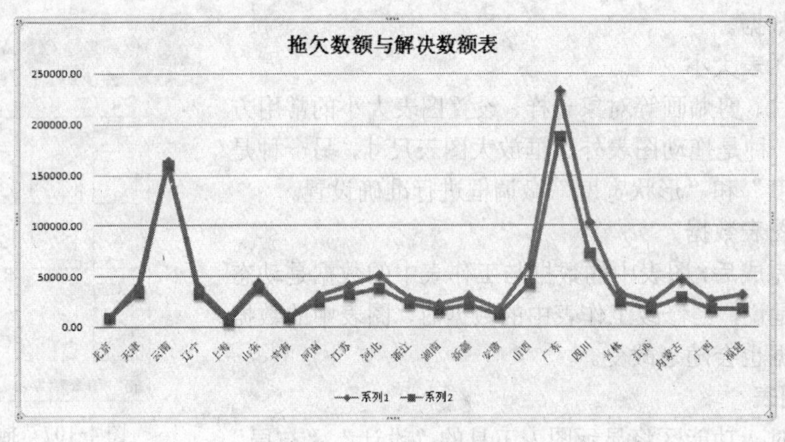


图 4-109　应用“布局 3”

（4）设置坐标轴格式

图表通常有两个用于对数据进行度量和分类的坐标轴，即垂直轴（数值轴或 $y$ 轴）和水平轴（分类轴或 $x$ 轴）。三维图表还具有竖坐标轴（系列轴或 $z$ 轴），以便能够根据图表的深度绘制数据，如图 4-110 所示。雷达图没有水平轴，而饼图和圆环图没有任何坐标轴。

（5）设置数据系列格式

Excel 2007 提供了自定义系列格式功能，可以对系列的线型、填充颜色、阴影、三维格式等作出设置。设置数据系列格式如图 4-111 所示。

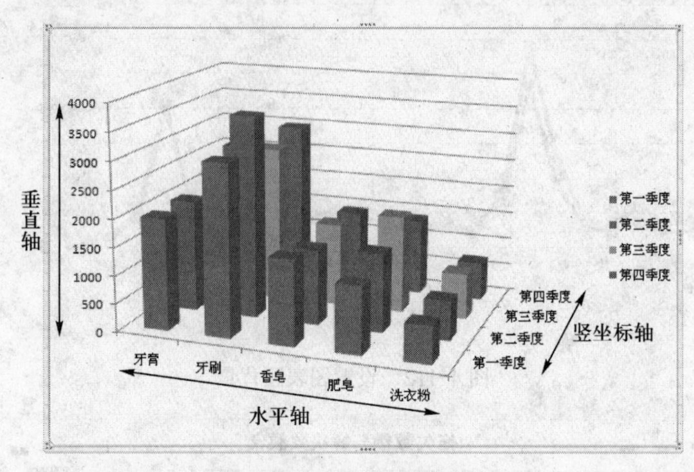


图 4-110　三维图表坐标轴

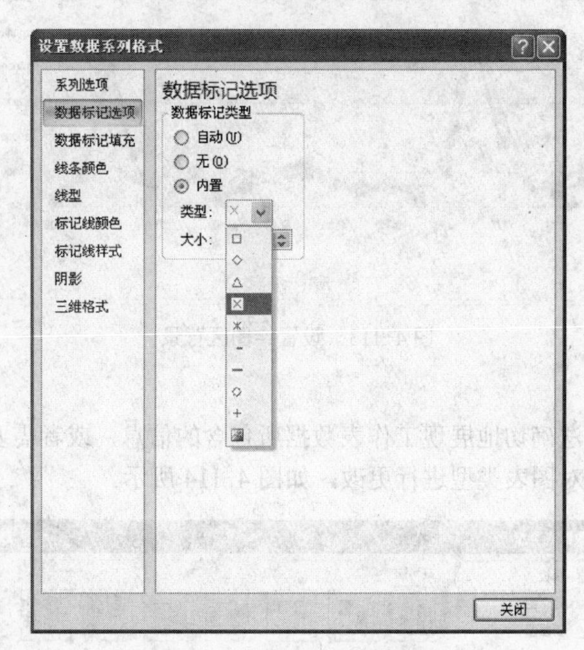


图 4-111　设置数据系列格式

（6）设置图表区背景与绘图区背景

图表区是包括所有图表元素在内的区域。绘图区要根据图表类型来定义，在二维图表中，垂直轴和水平轴之间的所有数据系列为绘图区；而在三维图表中，绘图区不仅包括所有数据系列、还包括刻度线、坐标轴标签以及坐标轴标题。图 4-112 和图 4-113 为设置后的效果。

（7）设置图例格式

图例用于标识图表中的数据系列或分类指定的图案或颜色。用户可以修改图例名称，也可以设置图例的填充样式等。

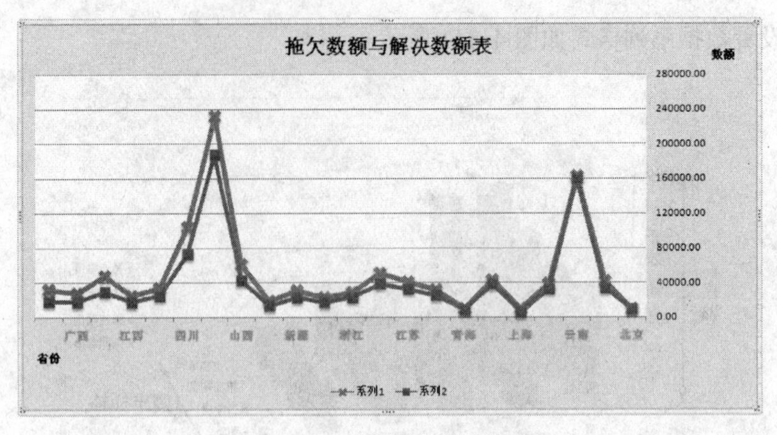


图 4-112　设置图表区背景

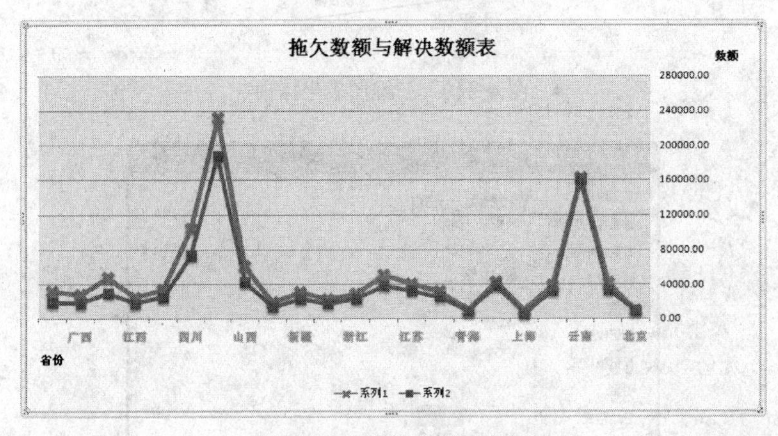


图 4-113　设置绘图区背景

（8）更改图表类型

如果图表的类型无法确切地展现工作表数据所包含的信息，或者需要其他指定图表类型来表示当前数据，就需要对图表类型进行更改，如图 4-114 所示。

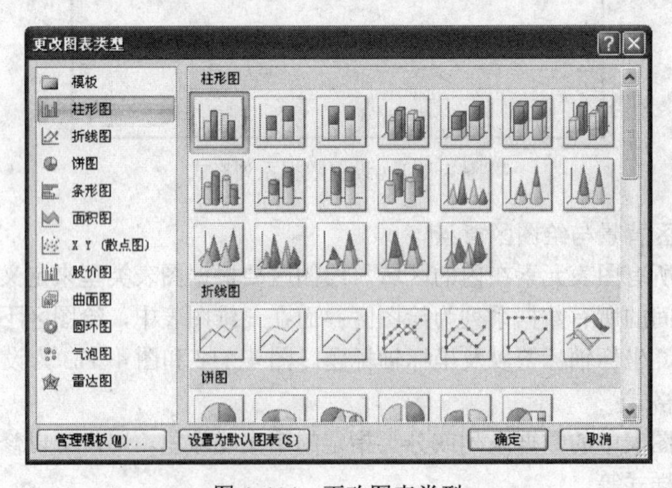


图 4-114　更改图表类型

### 4.2.6 数据的分析和管理

Excel 2007与其他的数据管理软件一样，拥有强大的排序、检索和汇总等数据管理方面的功能。Excel 2007不仅能够通过记录单来增加、删除和移动数据，而且能够对数据清单进行排序、筛选、汇总等操作。

**1. 数据排序**

数据排序是指按一定规则对存储在工作表中的数据进行整理和重新排列。数据排序可以为数据的进一步管理作好准备。Excel 2007的数据排序包括简单排序、高级排序等。

（1）简单排序

如果需要对工作表中的数据按某一字段进行排序时，可利用Excel的简单排序功能完成。简单排序的基本操作分为两种：

① 使用“升序”按钮或“降序”按钮进行排列。

② 使用“排序”对话框中的“主要关键字”下拉列表框进行排列。

（2）高级排序

数据的高级排序是指按照多个条件对数据清单进行排序，这是针对简单排序后仍然有相同数据的情况进行的一种排序方式。如图4-115所示，在经过排序后，第14与15行中的中标价相同，如果要再次排序，则还需再添加一个排序条件。

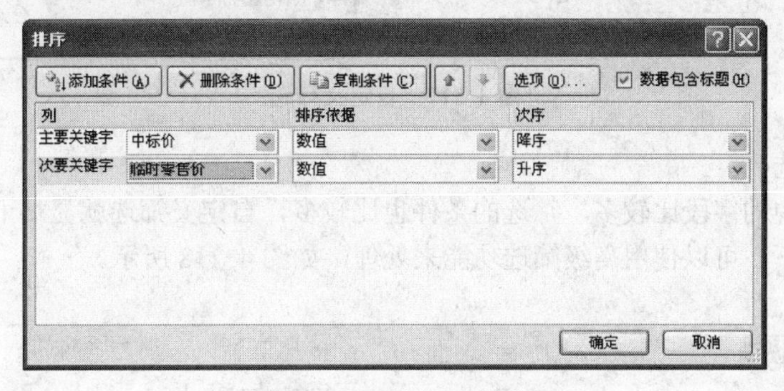


图4-115 “排序”对话框

**2. 数据筛选**

数据筛选功能是一种用于查找特定数据的快速方法。经过筛选后的数据只显示包含指定条件的数据行，以供用户浏览、分析。Excel 2007的数据筛选功能包括自动筛选、自定义筛选和高级筛选等3种方式。

（1）自动筛选

自动筛选为用户提供了在具有大量记录的数据清单中快速查找符合某种条件记录的功能。使用自动筛选功能筛选记录时，字段名称单元格右侧显示下拉箭头，使用其中的下拉菜单可以设置自动筛选的条件，如图4-116所示。

（2）自定义筛选

使用Excel 2007中自带的筛选条件，可以快速完成对数据的筛选操作。但是当自带的筛选条件无法满足需要时，也可以根据需要自定义筛选条件，如图4-117所示。

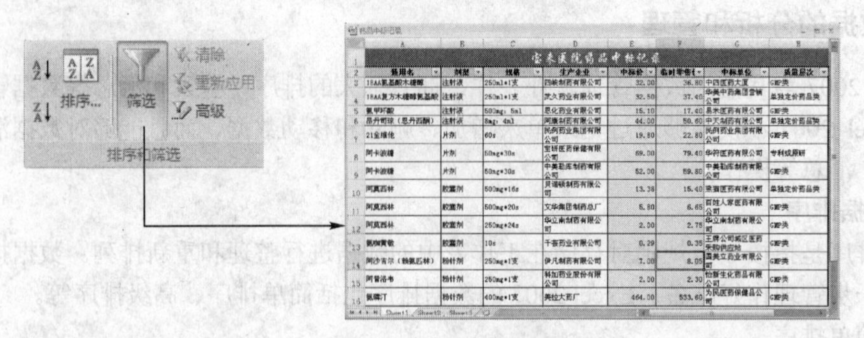


图 4-116　自动筛选

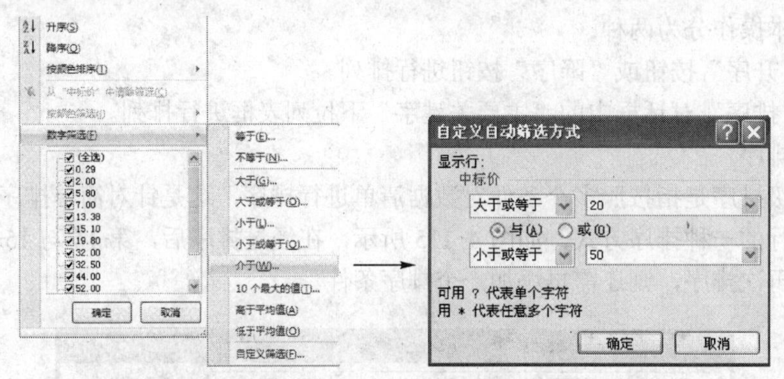


图 4-117　自定义筛选

（3）高级筛选

如果工作表中的字段比较多，筛选的条件也比较多，自定义筛选就显得十分麻烦。在筛选条件较多的情况下，可以使用高级筛选功能来处理，如图 4-118 所示。

药品中标记录

| | A | B | C | D | E |
|---|---|---|---|---|---|
| 10 | 阿莫西林 | 胶囊剂 | 500mg*16s | 贝诺顿制药有限公司 | 13.38 |
| 11 | 阿莫西林 | 胶囊剂 | 500mg*20s | 文华集团制药总厂 | 5.80 |
| 12 | 阿莫西林 | 胶囊剂 | 250mg*24s | 华立南制药有限公司 | 2.00 |
| 13 | 氨咖黄敏 | 胶囊剂 | 10s | 千芸药业有限公司 | 0.29 |
| 14 | 阿沙吉尔（赖氨匹林） | 粉针剂 | 250mg*1支 | 伊凡制药有限公司 | 7.00 |
| 15 | 阿昔洛韦 | 粉针剂 | 250mg*1支 | 科加药业股份有限公司 | 2.00 |
| 16 | 氨磷汀 | 粉针剂 | 400mg*1支 | 美拉大药厂 | 464.00 |
| 17 | | | | | |
| 18 | | | | | |
| 19 | 中标价 | 临时零售价 | 质量层次 | | |
| 20 | >5 | <20 | GMP类 | | |
| 21 | | | | | |
| 22 | | | | | |
| 23 | | | | | |
| 24 | | | | | |

Sheet1　Sheet2　Sheet3

图 4-118　高级筛选

### 3. 分类汇总

分类汇总是对数据清单进行数据分析的一种方法。分类汇总对数据库中指定的字段进行分类，然后统计同一类记录的有关信息。统计的内容可以由用户指定，也可以统计同一类记录的记录条数，还可以对某些数值段求和、求平均值、求极值等。

Excel 2007 可以在工作表中自动计算分类汇总及总计值。用户只需指定要进行分类汇总的数据项、待汇总的数值和用于计算的函数即可，如图 4-119 所示。

药品中标记录

| | A | B | C | D | E | F | G | H |
|---|---|---|---|---|---|---|---|---|
| 1 | 宝来医院药品中标记录 | | | | | | | |
| 2 | 通用名 | 剂型 | 规格 | 生产企业 | 中标价 | 临时零售价 | 中标单位 | 质量层 |
| 3 | 18AA氨基酸木糖醇 | 注射液 | 250ml*1支 | 四峡制药有限公司 | 32.00 | 36.80 | 中四医药大厦 | GMP类 |
| 4 | 18AA复方木糖醇氨基酸 | 注射液 | 250ml*1支 | 武久药业有限公司 | 32.50 | 37.40 | 华美中药集团营销公司 | 单独定价药 |
| 5 | 氨甲环酸 | 注射液 | 500mg: 5ml | 恩化药业有限公司 | 15.10 | 17.40 | 易米医药有限公司 | GMP类 |
| 6 | 昂丹司琼（恩丹西酮） | 注射液 | 8mg: 4ml | 阿康制药有限公司 | 44.00 | 50.60 | 中天制药有限公司 | 单独定价药 |
| 7 | | 注射液 平均值 | | | 30.90 | | | |
| 8 | 21金维他 | 片剂 | 60s | 民例药业集团有限公司 | 19.80 | 22.80 | 民例药业集团有限公司 | GMP类 |
| 9 | 阿卡波糖 | 片剂 | 50mg*30s | 宝研医药保健有限公司 | 69.00 | 79.40 | 华符医药有限公司 | 专利或原研 |
| 10 | 阿卡波糖 | 片剂 | 50mg*30s | 中美勒库制药有限公司 | 52.00 | 59.80 | 中美勒库制药有限公司 | GMP类 |
| 11 | | 片剂 平均值 | | | 46.93 | | | |
| 12 | 阿莫西林 | 胶囊剂 | 500mg*16s | 贝诺顿制药有限公司 | 13.38 | 15.40 | 熊猫医药有限公司 | 单独定价药 |
| 13 | 阿莫西林 | 胶囊剂 | 500mg*20s | 文华集团制药总厂 | 5.80 | 6.65 | 百姓人家医药有限公司 | GMP类 |
| 14 | 阿莫西林 | 胶囊剂 | 250mg*24s | 华立南制药有限公司 | 2.00 | 2.75 | 华立南制药有限公司 | GMP类 |
| 15 | 氨咖黄敏 | 胶囊剂 | 10s | 千芸药业有限公司 | 0.29 | 0.35 | 王牌公司城区医药采购供应站 | GMP类 |
| 16 | | 胶囊剂 平均值 | | | 5.37 | | | |
| 17 | 阿沙吉尔（赖氨匹林） | 粉针剂 | 250mg*1支 | 伊凡制药有限公司 | 7.00 | 8.05 | 国美立药业有限公司 | GMP类 |
| 18 | 阿昔洛韦 | 粉针剂 | 250mg*1支 | 科加药业股份有限公司 | 2.00 | 2.30 | 怡新生化药品有限公司 | GMP类 |
| 19 | 氨磷汀 | 粉针剂 | 400mg*1支 | 美拉大药厂 | 464.00 | 533.60 | 为民医药保健品公司 | GMP类 |
| 20 | | 粉针剂 平均值 | | | 157.67 | | | |
| 21 | | 总计平均值 | | | 54.21 | | | |
| 22 | | | | | | | | |

Sheet1 Sheet2 Sheet3

图 4-119　自动计算分类汇总

为了方便查看数据，可将分类汇总后暂时不需要使用的数据隐藏起来，减小界面的占用空间。当需要查看隐藏的数据时，可再将其显示，如图 4-120 所示。

### 4. 数据透视表与数据透视图

Excel 2007 提供了一种简单、形象、实用的数据分析工具——数据透视表及数据透视图。使用它可以生动、全面地对数据清单重新组织和统计。

（1）创建数据透视表

数据透视表是一种对大量数据快速汇总和建立交叉列表的交互式表格，它不仅可以转换行和列以查看源数据的不同汇总结果，也可以显示不同页面以筛选数据，还可以根据需要显示区域中的细节数据。数据透视表如图 4-121 所示。

宝来医院药品中标记录

| 通用名 | 剂型 | 规格 | 生产企业 | 中标价 | 临时零售价 | 中标单位 | 质量层次 |
|---|---|---|---|---|---|---|---|
| | 注射液 平均值 | | | 30.90 | | | |
| | 片剂 平均值 | | | 46.93 | | | |
| | 胶囊剂 平均值 | | | 5.37 | | | |
| 阿沙吉尔（赖氨匹林） | 粉针剂 | 250mg*1支 | 伊凡制药有限公司 | 7.00 | 8.05 | 国美立药业有限公司 | GMP类 |
| 阿昔洛韦 | 粉针剂 | 250mg*1支 | 科加药业股份有限公司 | 2.00 | 2.30 | 怡新生化药品有限公司 | GMP类 |
| 氨磷汀 | 粉针剂 | 400mg*1支 | 美拉大药厂 | 464.00 | 533.60 | 为民医药保健品公司 | GMP类 |
| | 粉针剂 平均值 | | | 157.67 | | | |
| | 总计平均值 | | | 54.21 | | | |

图 4-120　分类汇总后暂时隐藏数据

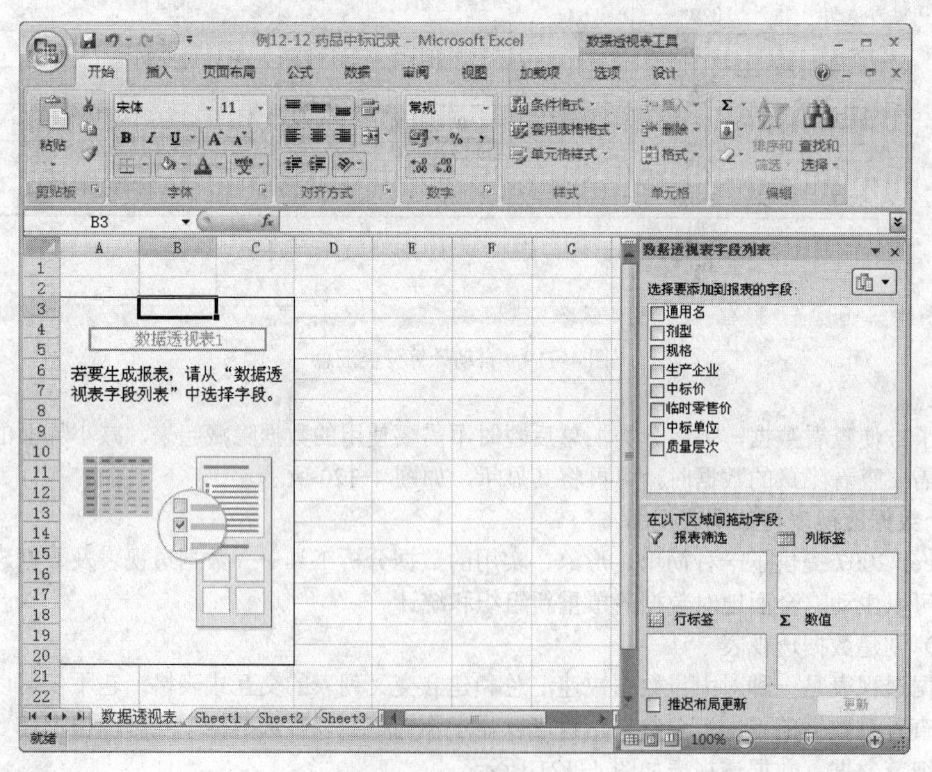


图 4-121　数据透视表

（2）创建数据透视图

数据透视图可以看做是数据透视表和图表的结合，它以图形的形式表示数据透视表中的数据。在 Excel 2007 中，可以根据数据透视表快速创建数据透视图，更加直观地显示数据透视表中的数据，方便用户对其进行分析。数据透视图如图 4-122 所示。

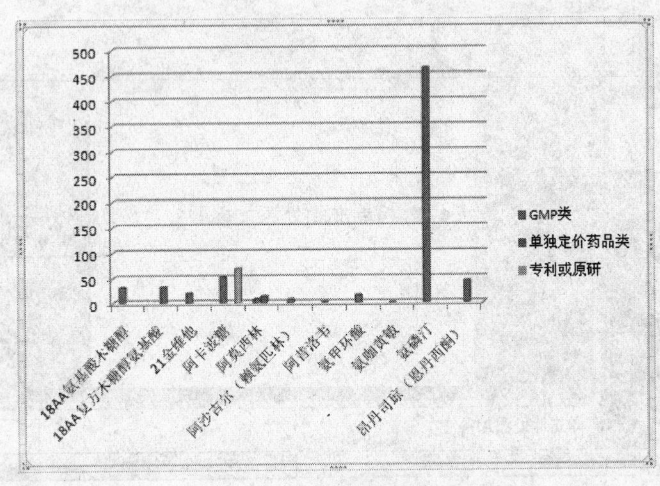


图 4-122　数据透视图

## 4.3　演示文稿软件

PowerPoint 是一款专门用来制作演示文稿的应用软件，使用它可以制作出集文字、图形、图像、声音以及视频等多媒体元素于一身的演示文稿，让信息以更轻松、更高效的方式表达出来。

PowerPoint 2007 是最为常用的多媒体演示软件。在向观众介绍一个计划工作或一种新产品时，只要事先使用 PowerPoint 做一个演示文稿，就会使阐述过程变得简明而清晰，从而更有效地与他人沟通。只有在充分了解基础知识后，才可以更好地使用 PowerPoint 2007。本章将介绍 PowerPoint 2007 的基础知识。

### 4.3.1　PowerPoint 2007 窗口的组成与基本操作

#### 1. 工作界面和视图模式

PowerPoint 2007 是 Microsoft Office 2007 软件包中的一种制作演示文稿的办公软件。本节主要介绍其工作界面和视图模式。

（1）工作界面

启动 PowerPoint 2007 应用程序后，将看到如图 4-123 所示的工作界面。PowerPoint 2007 的界面不仅美观实用，而且与 PowerPoint 前期版本相比，各个工具按钮的摆放更方便于用户的操作。

（2）视图模式

PowerPoint 2007 提供了普通视图、幻灯片浏览视图、备注页视图和幻灯片放映 4 种视图模式，每种视图都包含有该视图下特定的工作区、功能区和其他工具。用户可以在功能区中选择

"视图"选项卡，然后在"演示文稿视图"组中选择相应的按钮即可改变视图模式。

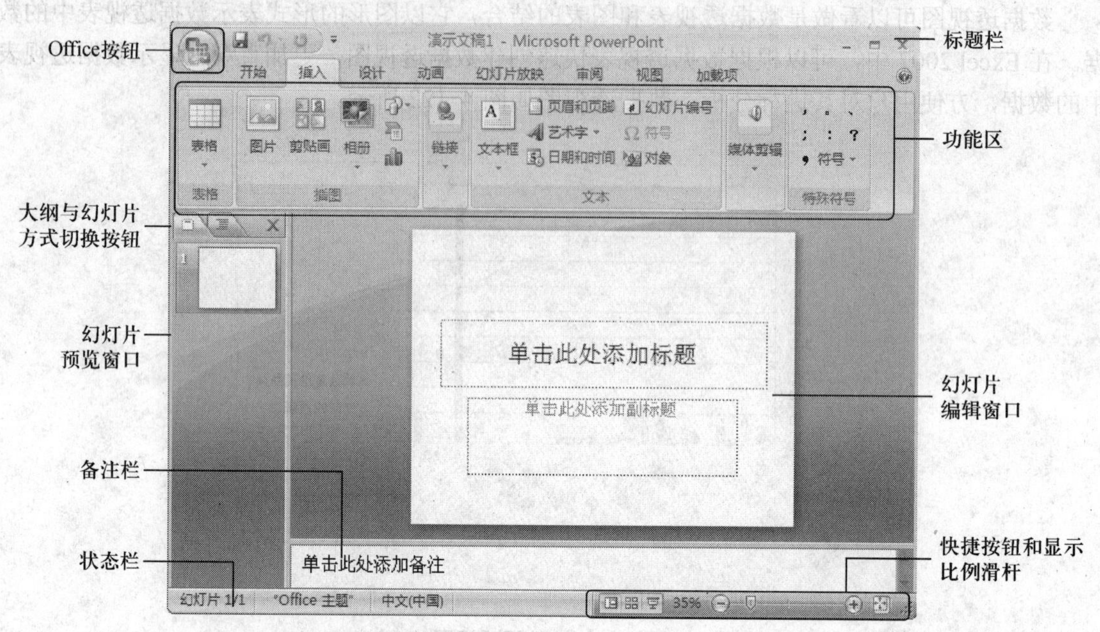


图 4-123　PowerPoint 2007 的工作界面

### 2. 创建演示文稿

在 PowerPoint 中，存在演示文稿和幻灯片两个概念，使用 PowerPoint 制作出来的整个文件叫演示文稿。而演示文稿中的每一页叫做幻灯片，每张幻灯片都是演示文稿中既相互独立又相互联系的内容。在 PowerPoint 2007 中，可以使用多种方法来创建演示文稿，如使用模板和根据现有文档等方法创建。

（1）创建空演示文稿

空演示文稿是一种形式最简单的演示文稿，没有应用模板设计、配色方案以及动画方案，可以自由设计。启动 PowerPoint 自动创建空演示文稿，也可以使用 Office 按钮创建空演示文稿。

（2）创建带有模板的演示文稿

模板是一种以特殊格式保存的演示文稿，一旦应用了一种模板后，幻灯片的背景图形、配色方案等就都已经确定，所以套用模板可以提高创建演示文稿的效率。可以根据现有模板创建演示文稿、根据自定义模板创建演示文稿或是使用 Office Online 模板创建演示文稿。

（3）根据现有内容创建演示文稿

如果用户想使用现有演示文稿中的一些内容或风格来设计其他的演示文稿，就可以使用 PowerPoint 的"根据现有内容新建"功能。要根据现有内容新建演示文稿，只需在"新建演示文稿"对话框中选择"根据现有内容新建"命令，然后在打开的"根据现有演示文稿新建"对话框中选择需要应用的演示文稿文件，单击"新建"按钮即可。

### 3. 保存演示文稿

演示文稿制作完成后，可以将其制作成果永久地保存下来，供以后使用或再次编辑。保存操作包括常规保存和加密保存两种。

（1）常规保存

在进行文件的常规保存时，可以在快速访问工具栏中单击“保存”按钮，也可以单击 Office 按钮，在弹出的菜单中选择“保存”命令。当用户第一次保存该演示文稿时，将打开如图 4-124 所示的“另存为”对话框，供用户选择保存位置和命名演示文稿。

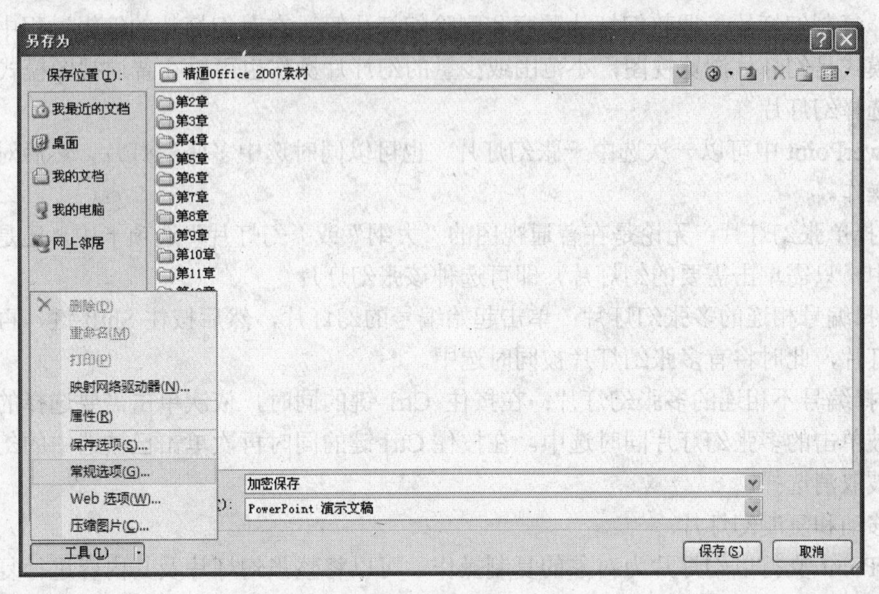


图 4-124 “另存为”对话框

（2）加密保存

加密保存可以防止其他用户在未授权的情况下打开或修改演示文稿，以此加强文档的安全性。操作过程如图 4-124、图 4-125 所示。

**4. 制作幻灯片**

使用模板新建的演示文稿虽然都有一定的内容，但这些内容要构成用于传播信息的演示文稿还远远不够，这就需要对其中的幻灯片进行制作，如新建幻灯片、输入文本等。

在启动 PowerPoint 2007 后，PowerPoint 会自动建立一张新的幻灯片，随着制作过程的推进，需要在演示文稿中添加更多的幻灯片。要添加新幻灯片，可以选择“开始”选项卡的“幻灯片”组中“新建幻灯片”菜单。操作过程如图 4-126 所示。

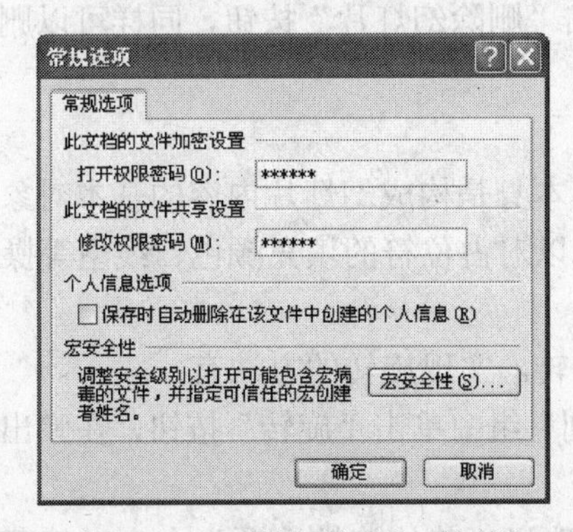


图 4-125 “常规选项”对话框

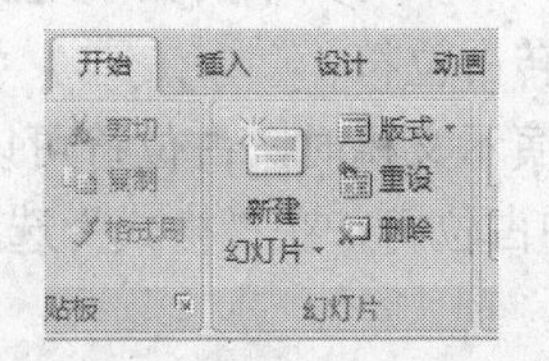


图 4-126 新建幻灯片

### 4.3.2 幻灯片的编辑

#### 1. 编辑幻灯片

在 PowerPoint 中，幻灯片作为一种对象，和一般对象一样可以对其进行编辑操作，例如选择幻灯片、复制幻灯片、调整幻灯片顺序和删除幻灯片等。在对幻灯片的编辑过程中，最为方便的视图模式是幻灯片浏览视图，小范围或少量的幻灯片操作也可以在普通视图模式下进行。

（1）选择幻灯片

在 PowerPoint 中可以一次选中一张幻灯片，也可以同时选中多张幻灯片，然后对选中的幻灯片进行操作。

① 选择单张幻灯片：无论是在普通视图的“大纲”或“幻灯片”选项卡中，还是在幻灯片浏览视图中，只需单击需要的幻灯片，即可选种该张幻灯片。

② 选择编号相连的多张幻灯片：单击起始编号的幻灯片，然后按住 Shift 键，再单击结束编号的幻灯片，此时将有多张幻灯片被同时选中。

③ 选择编号不相连的多张幻灯片：在按住 Ctrl 键的同时，依次单击需要选择的每张幻灯片，此时被单击的多张幻灯片同时选中。在按住 Ctrl 键的同时再次单击已被选中的幻灯片，则该幻灯片被取消选择。

（2）移动和复制幻灯片

PowerPoint 支持以幻灯片为对象的复制操作，可以将整张幻灯片及其内容进行复制。选中需要复制的幻灯片，在“开始”选项卡的“剪贴板”组中单击“复制”按钮。在需要插入幻灯片的位置单击，然后在“开始”选项卡的“剪贴板”组中单击“粘贴”按钮。

（3）调整幻灯片顺序

在制作演示文稿时，如果需要重新排列幻灯片的顺序，就需要移动幻灯片。移动幻灯片可以用到“剪切”按钮和“粘贴”按钮，其操作步骤与使用“复制”和“粘贴”按钮相似。

（4）删除幻灯片

删除多余的幻灯片，是快速地清除演示文稿中大量冗余信息的有效方法，其方法主要有以下几种：

① 选中要删除的幻灯片，按 Delete 键。

② 右键单击要删除的幻灯片，从弹出的快捷菜单中选择“删除幻灯片”命令。

③ 在“开始”选项卡的“幻灯片”组中单击“删除幻灯片”按钮，同样可以删除选中的幻灯片。

#### 2. 编辑占位符

占位符是包含文字和图形等对象的容器，其本身是构成幻灯片内容的基本对象，具有自己的属性。用户可以对其中的文字进行操作，也可以对占位符的填充颜色、线型等操作。

（1）旋转占位符

在设置演示文稿时，占位符可以任意角度旋转。实现旋转的方法有：

① 选中占位符，在“格式”选项卡的“排列”组中单击“旋转”按钮，在弹出的菜单中选择相应命令。

② 单击“旋转”按钮后，在弹出的菜单中选择“其他旋转选项”命令，打开“大小和位

置”对话框。在“尺寸和旋转”选项区域中设置“旋转”属性值。

（2）对齐占位符

用户可以通过选择相应命令来左对齐、右对齐、左右居中或横向分布多个占位符。在幻灯片中选中多个占位符，在“格式”选项卡的“排列”组中单击“对齐”按钮，在弹出的菜单中进行设置即可。

（3）设置占位符格式

占位符的形状设置包括“形状填充”、“形状轮廓”和“形状效果”。通过设置占位符的形状，可以自定义内部纹理、渐变样式、边框颜色、边框粗细、阴影效果、反射效果等。占位符“形状效果”如图 4-127 所示。

**3. 使用图片**

在演示文稿中插入图片，可以更生动形象地阐述其主题和要表达的思想。在插入图片时，要充分考虑幻灯片的主题，使图片和主题和谐一致。

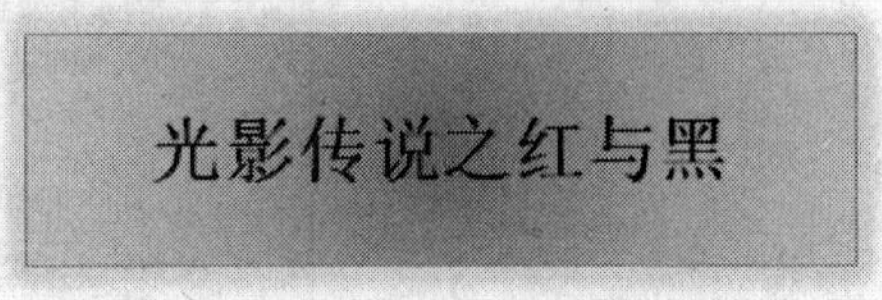

光影传说之红与黑

图 4-127　占位符“形状效果”

（1）插入剪贴画

PowerPoint 2007 附带的剪贴画库内容非常丰富，所有的图片都经过专业设计，它们能够表达不同的主题，适合于制作各种不同风格的演示文稿。在“插入”选项卡的“插图”组中单击“剪贴画”按钮，打开“剪贴画”窗格。

（2）插入来自文件的图片

用户除了插入 PowerPoint 2007 附带的剪贴画之外，还可以插入文件中的图片。这些图片可以是 BMP 位图，也可以是由其他应用程序创建的图片，以及从因特网下载的或通过扫描仪及数码相机输入的图片等。

**4. 使用形状**

PowerPoint 2007 提供了功能强大的绘图工具，利用绘图工具可以绘制各种线条、连接符、几何图形、星形以及箭头等复杂的图形。

（1）绘制形状

在功能区切换到“插入”选项卡，在“插图”组单击“形状”按钮，在弹出的菜单中选择需要的形状绘制图形即可。

（2）编辑图形

在 PowerPoint 中，可以对绘制的图形进行个性化的编辑。和编辑图片操作一样，在进行设置前，应首先选中该图形。对图形最基本的编辑包括旋转图形、对齐图形、层叠图形和组合图形等。

**5. 使用艺术字**

艺术字是一种特殊的图形文字，常被用来表现幻灯片的标题文字。既可对其设置其字号、加粗、倾斜等效果，也可以像图形对象那样设置它的边框、填充等属性，还可以对其进行大小调整、旋转或添加阴影、三维效果等。

在“插入”功能区的“文本”组中单击“艺术字”按钮，打开艺术字样式列表。单击需要的样式，即可在幻灯片中插入艺术字。

用户在插入艺术字后，如果对艺术字的效果不满意，可以对其进行编辑修改。选中艺术字，在“格式”选项卡的“艺术字样式”组中单击对话框启动器，在打开的“设置文本效果格式”对话框中进行编辑即可，如图 4-128 所示。

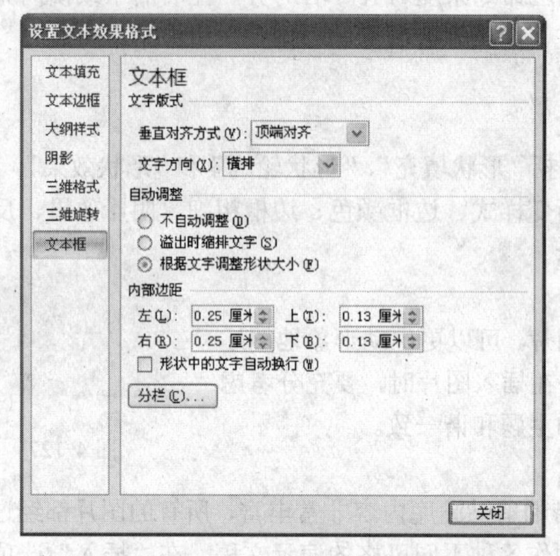


图 4-128 “设置文本效果格式”对话框

### 6. 使用文本框

文本框是一种可移动、调整大小的文字或图形容器，特性与占位符非常相似。使用文本框，可以在幻灯片中放置多个文字块，可以使文字按不同的方向排列，可以打破幻灯片版式的制约，实现在幻灯片中的任意位置添加文字信息的目的。

### 7. 使用 SmartArt 图形

使用 SmartArt 图形可以非常直观地说明层级关系、附属关系、并列关系、循环关系等各种常见关系，而且制作出来的图形漂亮精美，具有很强的立体感和画面感。使用 SmartArt 图形如图 4-129 所示。

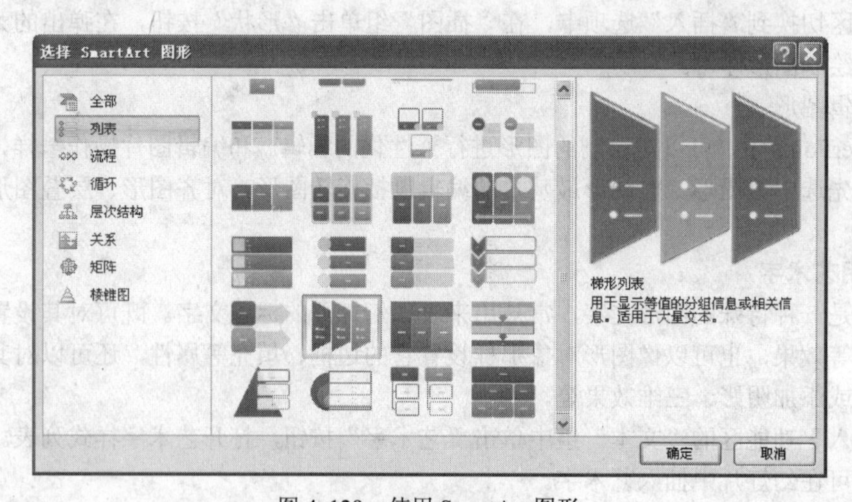


图 4-129 使用 SmartArt 图形

8. **使用表格**

使用 PowerPoint 制作一些专业型演示文稿时，通常需要使用表格。例如，销售统计表、个人简历表、财务报表等。表格采用行列化的形式，它与幻灯片页面文字相比，更能体现内容的对应性及内在的联系。

（1）自动插入表格

PowerPoint 提供了两种在幻灯片中自动插入表格的方法，一种是“插入”选项卡“表格”按钮插入，通过鼠标的拖曳选择合适的行数和列数，释放鼠标即可得到相应的表格；另一种是选择“插入”选项卡“表格”组的“表格”菜单中选择“插入表格”命令，输入需要的行数和列数。

（2）手动绘制表格

当插入的表格并不是完全规则时，也可以直接在幻灯片中绘制表格。绘制表格的方法很简单，只要在“插入”选项卡“表格”组的“表格”菜单中选择“绘制表格”命令，鼠标指针将变为画笔形状，此时可以在幻灯片中进行绘制。

（3）设置表格格式和样式

插入到幻灯片中的表格不仅可以像文本框和占位符一样被选中、移动、调整大小及删除，还可以为其添加底纹、设置边框样式、应用阴影效果等。除此之外，用户还可以对单元格进行编辑，如拆分、合并、添加行、添加列、设置行高和列宽等。

9. **使用图表**

与文字数据相比，形象直观的图表更容易让人理解，它以简单易懂的方式反映了各种数据关系。PowerPoint 附带了一种 Microsoft Graph 的图表生成工具，它能提供各种不同的图表来满足用户的需要，使得制作图表的过程简便而且自动化。

（1）插入图表

插入图表的方法与插入图片、影片、声音等对象的方法类似，在功能区显示“插入”选项卡，在“插图”组中单击“图表”按钮即可。单击该按钮，将打开“插入图表”对话框（如图 4-130 所示），该对话框提供了 11 种图表类型，每种类型可以分别用来表示不同的数据关系。

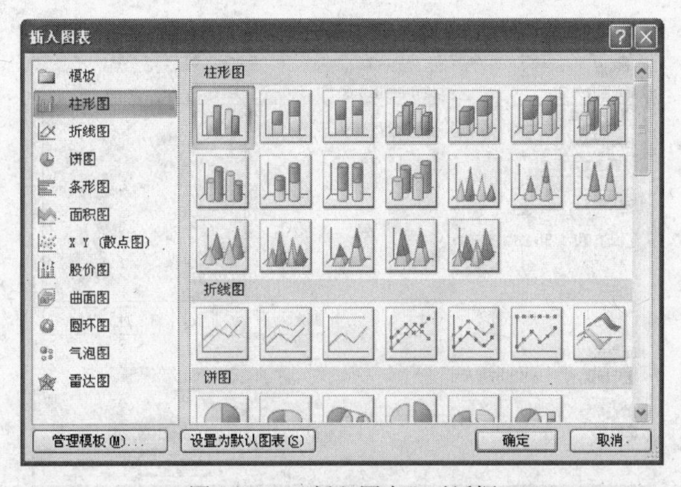


图 4-130 “插入图表”对话框

（2）编辑与修饰图表

在 PowerPoint 中创建的图表，不仅可以像其他图形对象一样进行移动、调整大小，还可以设置图表的颜色、图表中某个元素的属性等。

**10. 使用多媒体剪辑**

在 PowerPoint 2007 中可以方便地插入影片和声音等多媒体对象，使用户的演示文稿从画面到声音，多方位地向观众传递信息。

（1）插入声音

在制作幻灯片时，用户可以根据需要插入声音，以增加向观众传递信息的通道，增强演示文稿的感染力。插入声音文件时，需要考虑到在演讲时的实际需要，不能因为插入的声音影响演讲及观众的收听。可以插入剪辑管理器中的声音、文件中的声音，也可以设置声音属性。

（2）插入影片

PowerPoint 2007 中的影片包括视频和动画，用户可以在幻灯片中插入的视频格式有十几种，而可以插入的动画则主要是 GIF 动画。PowerPoint 支持的影片格式会随着媒体播放器的不同而有所不同。在 PowerPoint 中插入视频及动画的方式主要有从剪辑管理器插入和从文件插入两种。

**11. 使用相册**

随着数码相机的普及，使用计算机制作电子相册的用户越来越多，当没有制作电子相册的专门软件时，使用 PowerPoint 也能轻松制作出漂亮的电子相册。在商务应用中，电子相册同样适用于介绍公司的产品目录，或者分享图像数据及研究成果。

（1）创建相册

在幻灯片中创建相册时，只要在“插入”选项卡的“插图”组中单击“相册”按钮，在弹出的菜单中选择“新建相册”命令，显示如图 4-131 所示的对话框，然后从本地磁盘的文件夹中选择相关的图片文件插入即可。在插入相册的过程中可以更改图片的先后顺序、调整图片的色彩明暗对比与旋转角度，以及设置图片的版式和相框形状等。

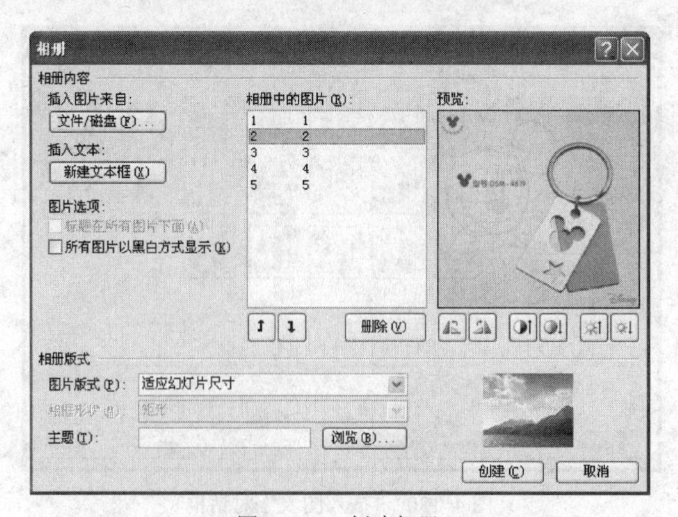


图 4-131　创建相册

（2）编辑相册

对于建立的相册，如果不满意它所呈现的效果，可以单击“相册”按钮，在弹出的菜单中选择“编辑相册”命令，打开“编辑相册”对话框（如图 4-132 所示）重新修改相册顺序、图片版式、相框形状、演示文稿设计模板等相关属性。设置完成后，PowerPoint 会自动帮助用户重新整理相册。

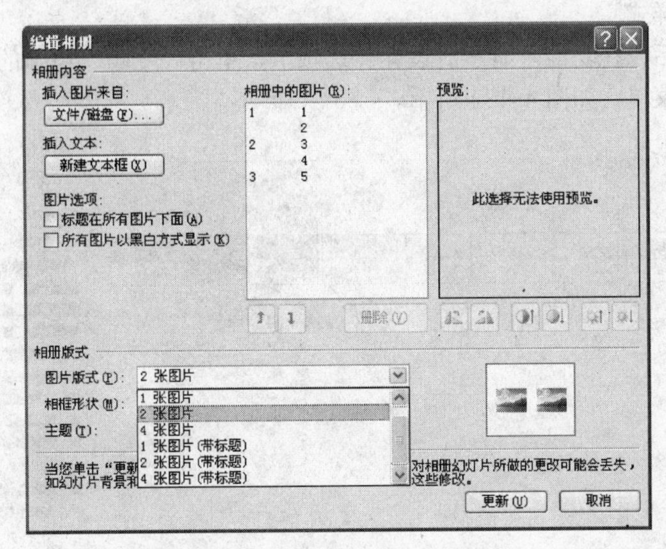


图 4-132 “编辑相册”对话框

## 4.3.3 演示文稿的外观和动画效果

在设计幻灯片时，可以使用 PowerPoint 提供的预设格式，如设计模板、主题样式、动画方案等，轻松地制作出具有专业效果的演示文稿；还可以加入动画效果，在放映幻灯片时，产生特殊的视觉或声音效果；还可以加入页眉和页脚等信息，使演示文稿的内容更为全面。

### 1. 设置背景

为幻灯片设置背景可以使幻灯片更加美观。PowerPoint 2007 提供了几种背景色样式，供用户快速应用。如果对提供的样式不满意，还可以自定义其他的背景，如渐变色、纹理或图案等。

（1）套用背景样式

应用现有背景样式的具体操作方法为：打开需要套用背景样式的演示文稿，单击“设计”选项，在“背景”工具栏中单击“背景样式”按钮，在弹出的列表框中选择一种填充样式，即可将其应用到演示文稿中，如图 4-133 所示。

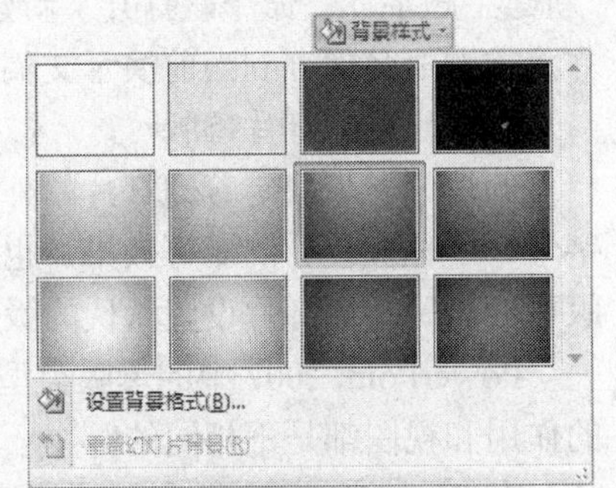


图 4-133 背景样式

（2）自定义背景

当用户不满足于 PowerPoint 提供的背景样式时，可以在背景样式菜单中选择“设置背景格式”命令，打开“设置背景格式”对话框，在该对话框中可以设置背景的填充样式、渐变以及纹理格式等。

## 2. 应用主题

PowerPoint 2007 为每种设计模板提供了几十种内置的主题颜色，用户可以根据需要选择不同的颜色来设计演示文稿。这些颜色是预先设置好的协调色，自动应用于幻灯片的背景、文本线条、阴影、标题文本、填充、强调和超链接。PowerPoint 2007 的背景样式功能可以控制母版中的背景图片是否显示，以及控制幻灯片背景颜色的显示样式。

（1）套用主题样式

应用设计模板后，在功能区显示“设计”选项卡，单击“主题”组中的“颜色”按钮，将打开“主题颜色”菜单，如图 4-134 所示。

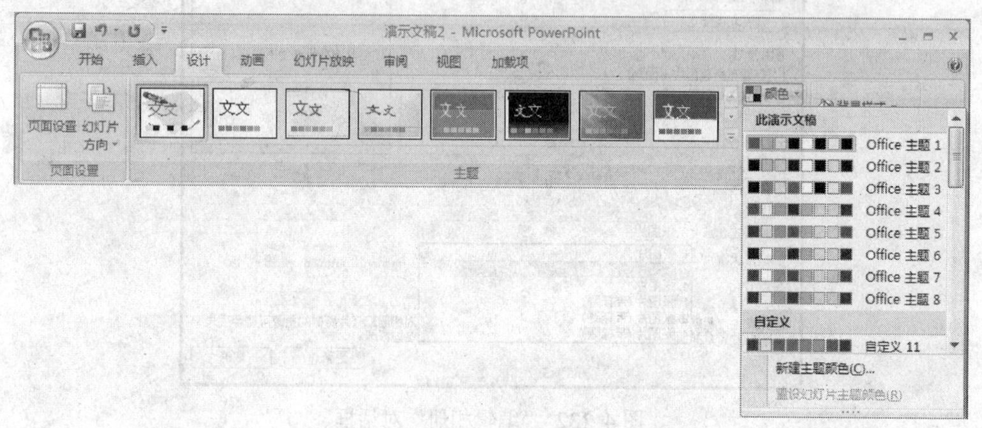


图 4-134　主题颜色

（2）自定义主题

如果对系统自带的主题不满意，还可以自定义配色方案和字体，方法如下：

在演示文稿中打开“设计”选项卡，单击“主题”组中的“颜色”按钮，在弹出的菜单中选择“新建主题颜色”命令，打开“新建主题颜色”对话框，在对话框中为幻灯片中的文字、背景、超链接等定义颜色，并将新建的主题命名保存到当前演示文稿中。

在“主题”组中单击“字体”按钮，在弹出的内置字体命令中选择一种字体类型，或选择“新建主题字体”命令，打开“新建主题字体”对话框。在对话框中定义幻灯片中文字的字体，并将主题命名保存到当前演示文稿中。

（3）设置幻灯片母版

幻灯片母版决定着幻灯片的外观，用于设置幻灯片的标题、正文文字的样式，包括字体、字号、字体颜色、阴影等效果，也可以设置幻灯片的背景、页眉页脚等。也就是说，幻灯片母版可以为所有幻灯片设置默认的版式。

PowerPoint 2007 中的母版类型分为幻灯片母版、讲义母版和备注母版 3 种类型，不同母版的作用和视图都是不相同的。

在 PowerPoint 2007 中创建的演示文稿都带有默认的版式，这些版式一方面决定了占位符、文本框、图片、图表等内容在幻灯片中的位置，另一方面决定了幻灯片中文本的样式。在幻灯片母版视图中，用户就可以按照需要设置母版版式，如图 4-135 所示。

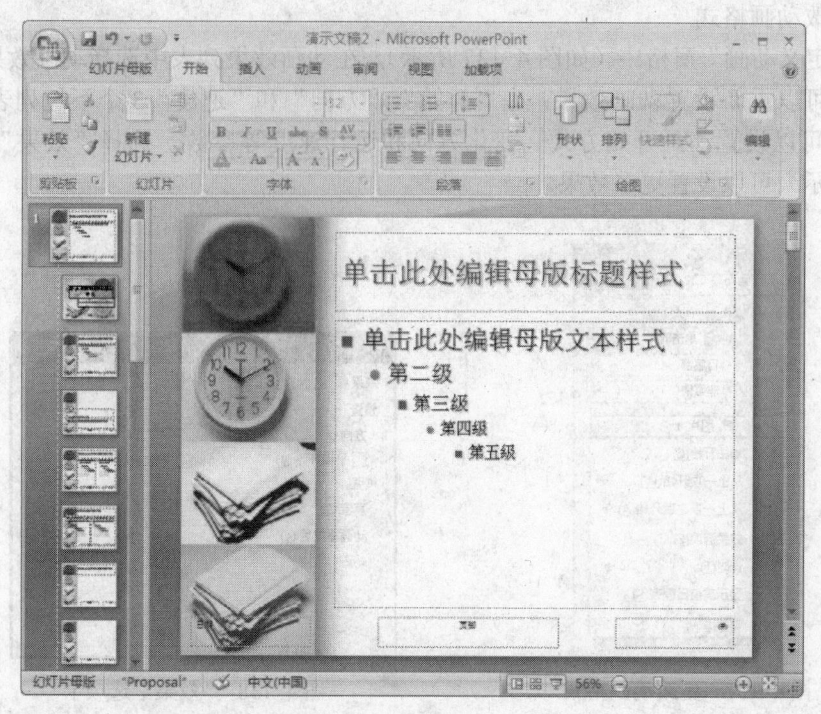


图 4-135　设置幻灯片母版

### 3. 设置幻灯片切换动画

幻灯片切换效果是指一张幻灯片如何从屏幕上消失，以及另一张幻灯片如何显示在屏幕上的方式。幻灯片切换方式可以是简单地以一个幻灯片代替另一个幻灯片，也可以使幻灯片以特殊的效果出现在屏幕上。可以为一组幻灯片设置同一种切换方式，也可以为每张幻灯片设置不同的切换方式。

### 4. 设置自定义动画

在 PowerPoint 中，除了幻灯片切换动画外，还包括自定义动画。所谓自定义动画，是指为幻灯片内部各个对象设置的动画，它又可以分为项目动画和对象动画。其中项目动画是指为文本中的段落设置的动画，对象动画是指为幻灯片中的图形、表格、SmartArt 图形等设置的动画。

选中对象后，在“动画”选项卡的“动画”组中单击“自定义动画效果”按钮，打开“自定义动画”窗格，如图 4-136 所示。在窗格中单击“添加效果”按钮，在弹出的菜单中选择“进入”、“强调”和“退出”子菜单中的命令，即可为对象添加不同的动画效果。

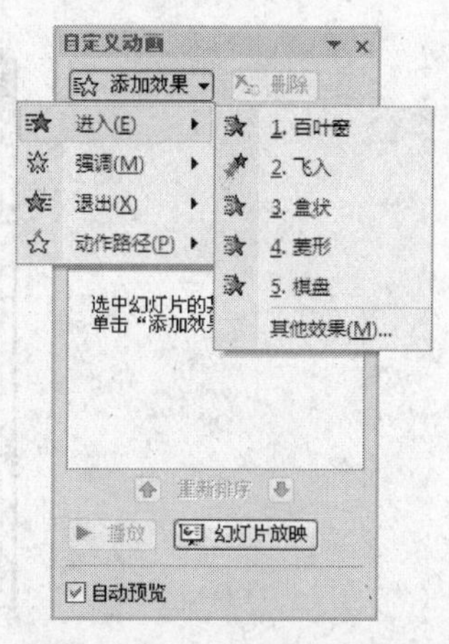


图 4-136　自定义动画效果

### 5. 设置动画选项

当为对象添加了动画效果后，该对象就应用了默认的动画格式。这些动画格式主要包括动画开始运行的方式、变化方向、运行速度、延时方案、重复次数等。为对象重新设置动画选项可以在“自定义动画”窗格中完成。

（1）更改动画格式

在“自定义动画”窗格中（如图 4-137 所示），在动画效果列表中选择动画效果，单击“更改”按钮，可以重新设置动画效果；在“开始”、“方向”和“速度”3 个下拉列表框中选择需要的命令，可以设置动画开始方式、变化方向和运行速度等参数。选择“效果”选项卡（如图 4-138 所示）可以设置更多效果。

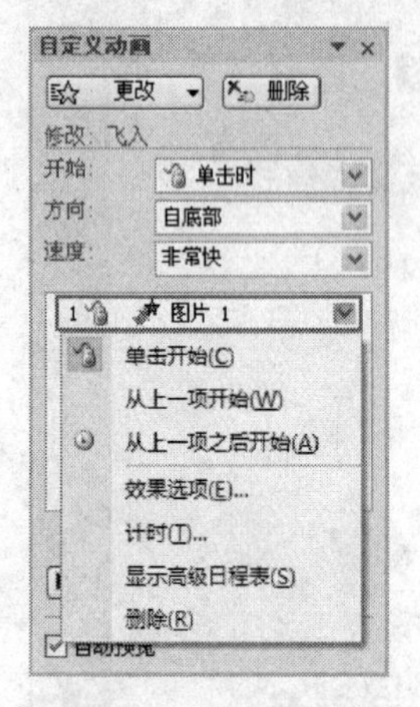


图 4-137　更改动画格式

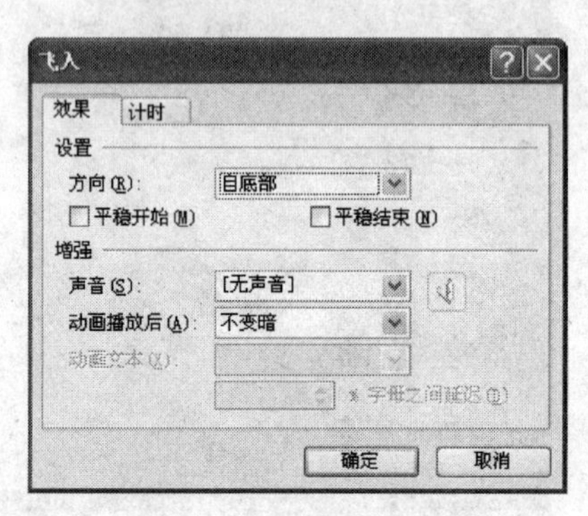


图 4-138　“效果”选项卡

（2）调整动画播放顺序

在给幻灯片中的多个对象添加动画效果时，添加效果的顺序就是幻灯片放映时的播放顺序。当幻灯片中的对象较多时，难免在添加效果时使动画顺序产生错误，这时可以在动画效果添加完成后，再对其进行重新调整。

### 6. 添加页眉和页脚

在制作幻灯片时，用户可以利用 PowerPoint 2007 提供的页眉页脚功能，为每张幻灯片添加相对固定的信息，如在幻灯片的页脚处添加页码、时间、公司名称等内容。“页眉和页脚”对话框如图 4-139 所示。

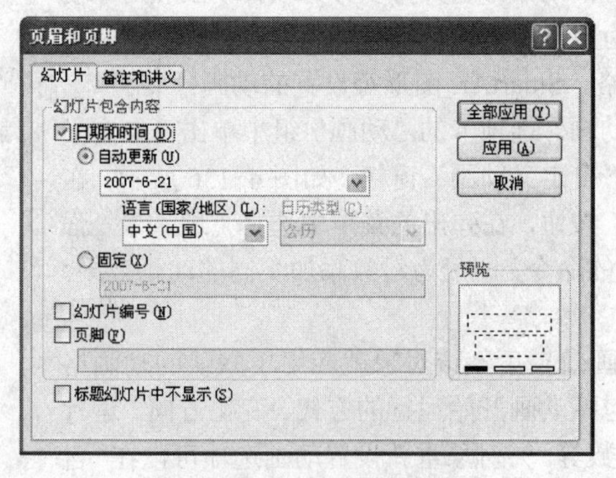


图 4-139　添加页眉和页脚

## 4.3.4 演示文稿的放映、打印与发布

PowerPoint 2007 提供了多种放映和控制幻灯片的方法，如正常放映、计时放映、录音放映、跳转放映等。用户可以选择最为理想的放映速度与放映方式，使幻灯片放映结构清晰、节奏明快、过程流畅。另外，可以将制作完成的演示文稿进行打包或发布。本节将介绍交互式演示文稿的创建方法、幻灯片放映方式的设置以及演示文稿的发布和打包。

### 1. 创建交互式演示文稿

在 PowerPoint 中，用户可以为幻灯片中的文本、图形、图片等对象添加超链接或者动作。当放映幻灯片时，可以在添加了动作的按钮或者超链接的文本上单击，程序将自动跳转到指定的幻灯片页面，或者执行指定的程序。演示文稿不再是从头到尾播放的线性模式，而是具有了一定的交互性，能够按照预先设定的方式，在适当的时候放映需要的内容，或做出相应的反映。

（1）添加超链接

超链接是指向特定位置或文件的一种链接方式，可以利用它指定程序的跳转位置。超链接只有在幻灯片放映时才有效，当鼠标移至超链接文本时，鼠标将变为手形指针。在 PowerPoint 中，超链接可以跳转到当前演示文稿中的特定幻灯片、其他演示文稿中特定的幻灯片、自定义放映、电子邮件地址、文件或网页上。“插入超链接”对话框如图 4-140 所示。

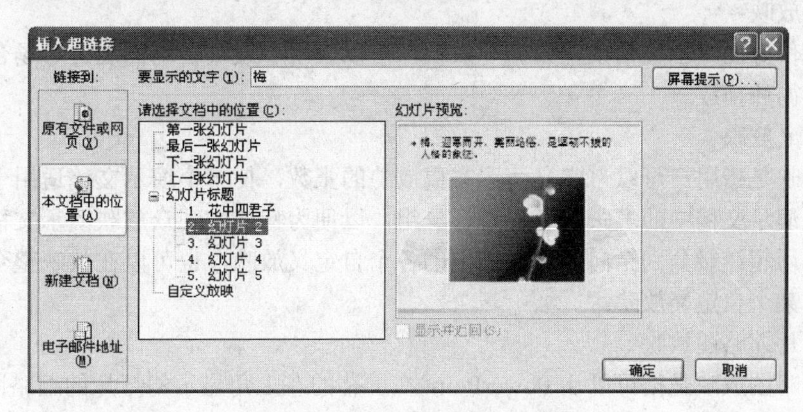


图 4-140 “插入超链接”对话框

（2）添加动作按钮

动作按钮是 PowerPoint 中预先设置好的一组带有特定动作的图形按钮，这些按钮被预先设置为指向前一张、后一张、第一张、最后一张幻灯片、播放声音及播放电影等链接，应用这些预置好的按钮，可以实现在放映幻灯片时跳转的目的。动作按钮效果如图 4-141 所示。

图 4-141 添加动作按钮

### 2. 幻灯片放映方式

PowerPoint 2007 提供了多种演示文稿的放映方式，最常用的是幻灯片页面的演示控制，主要有幻灯片的定时放映、连续放映、循环放映、自定义放映及幻灯片缩略图放映。

（1）定时放映

用户在设置幻灯片切换效果时，可以设置每张幻灯片在放映时停留的时间，当等待到设定的时间后，幻灯片将自动向下放映。设置幻灯片切换效果如图 4-142 所示。

图 4-142　设置幻灯片切换效果

（2）连续放映

为当前选定的幻灯片设置自动切换时间后，再单击“全部应用”按钮，为演示文稿中的每张幻灯片设定相同的切换时间，这样就实现了幻灯片的连续自动放映。

需要注意的是，由于每张幻灯片的内容不同，放映的时间可能不同，所以设置连续放映的最常见方法是通过“排练计时”功能完成。用户也可以根据每张幻灯片的内容，在“幻灯片切换”窗格中为每张幻灯片设定放映时间。

（3）循环放映

用户将制作好的演示文稿设置为循环放映，可以应用于展览会场的展台等场合，让演示文稿自动运行并循环播放。

（4）自定义放映

自定义放映是指用户可以自定义演示文稿放映的张数，使一个演示文稿适用于多种观众，即可以将一个演示文稿中的多张幻灯片进行分组，以便为特定的观众放映演示文稿中的特定部分。用户可以用超链接分别指向演示文稿中的各个自定义放映，也可以在放映整个演示文稿时只放映其中的某个自定义放映。

（5）幻灯片缩略图放映

幻灯片缩略图放映是指可以让 PowerPoint 在屏幕的左上角显示幻灯片的缩略图，从而方便在编辑时预览幻灯片效果，如图 4-143 所示。

**3. 放映演示文稿**

幻灯片放映时，用户除了能够实现幻灯片切换动画、自定义动画等效果，还可以使用绘图笔在幻灯片中绘制重点，书写文字等。此外，可以通过“设置放映方式”对话框设置幻灯片的放映时的屏幕效果。在幻灯片放映之前，需要进行放映前的准备，如进行录制旁白，排练计时等操作。

（1）录制和删除旁白

在 PowerPoint 中可以为指定的幻灯片或全部幻灯片添加录音旁白。使用录制旁白可以为演示文稿增加解说词，在放映状态下主动播放语音说明。录制旁白操作过程如图 4-144 所示。

（2）排练计时

当完成演示文稿内容制作之后，可以运用 PowerPoint 的排练计时功能来排练整个演示文稿放映的时间。在排练计时的过程中，演讲者可以确切了解每一页幻灯片需要讲解的时间，以及整个演示文稿的总放映时间，效果如图 4-145 所示。

图 4-143　幻灯片缩略图放映

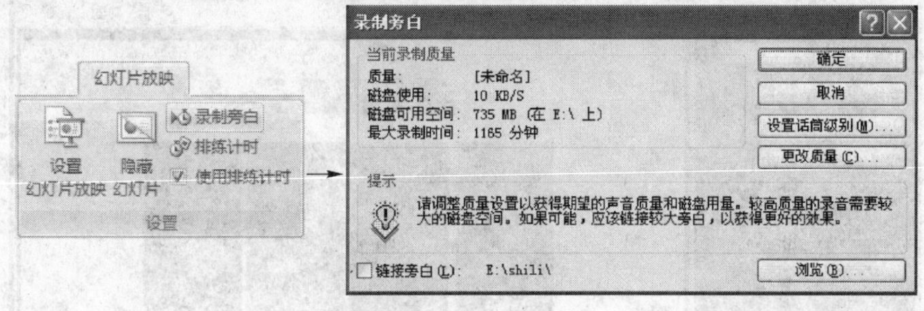


图 4-144　录制旁白

（3）开始放映幻灯片

完成放映前的准备工作后就可以开始放映幻灯片了。常用的放映方法为“从头开始放映”和“从当前幻灯片开始放映”。

① 从头开始放映：按下 F5 键或者在“幻灯片放映”选项卡的“开始放映幻灯片”组中单击“从头开始”按钮。

② 从当前幻灯片开始放映：在状态栏的幻灯片视图切换按钮区域中单击“幻灯片放映”按钮，或者在“幻灯片放映”选项卡的“开始放映幻灯片”组中单击“从当前幻灯片开始”按钮。

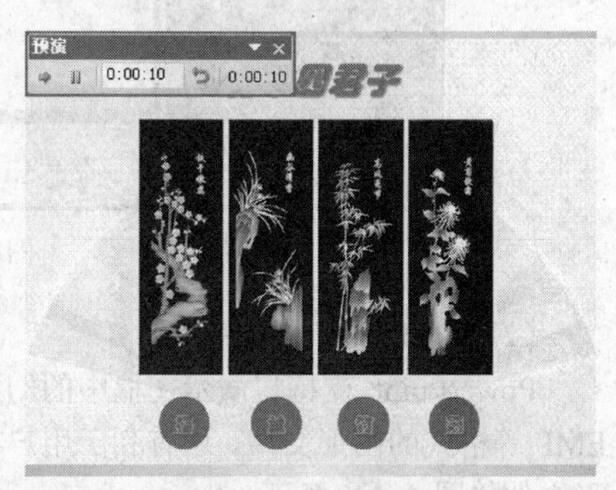


图 4-145　排练计时

（4）放映过程中的控制

在放映过程中，用户可以根据需要依次放映、通过快捷菜单调整放映顺序或为重点内容做上标记等。

### 4. 打包演示文稿

PowerPoint 2007 中提供了“打包成 CD”功能（如图 4-146 所示），在有刻录光驱的计算机上可以方便地将制作的演示文稿及其链接的各种媒体文件一次性打包到 CD 上，轻松实现演示文稿的分发或转移到其他计算机上进行演示。

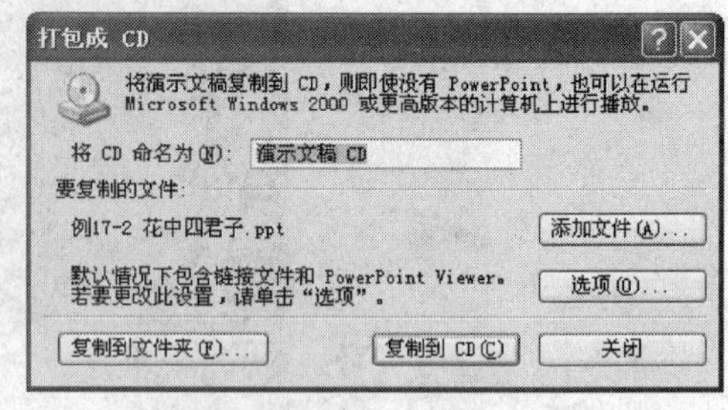


图 4-146 “打包成 CD”功能

### 5. 输出演示文稿

用户可以将演示文稿输出为其他形式，以满足用户多用途的需要。在 PowerPoint 中，可以将演示文稿输出为网页、多种图片格式、幻灯片放映以及 RTF 大纲文件。

（1）输出为网页

使用 PowerPoint 可以方便地将演示文稿输出为网页文件（如图 4-147 所示），再将网页文件直接发布到局域网或 Internet 上供用户浏览。

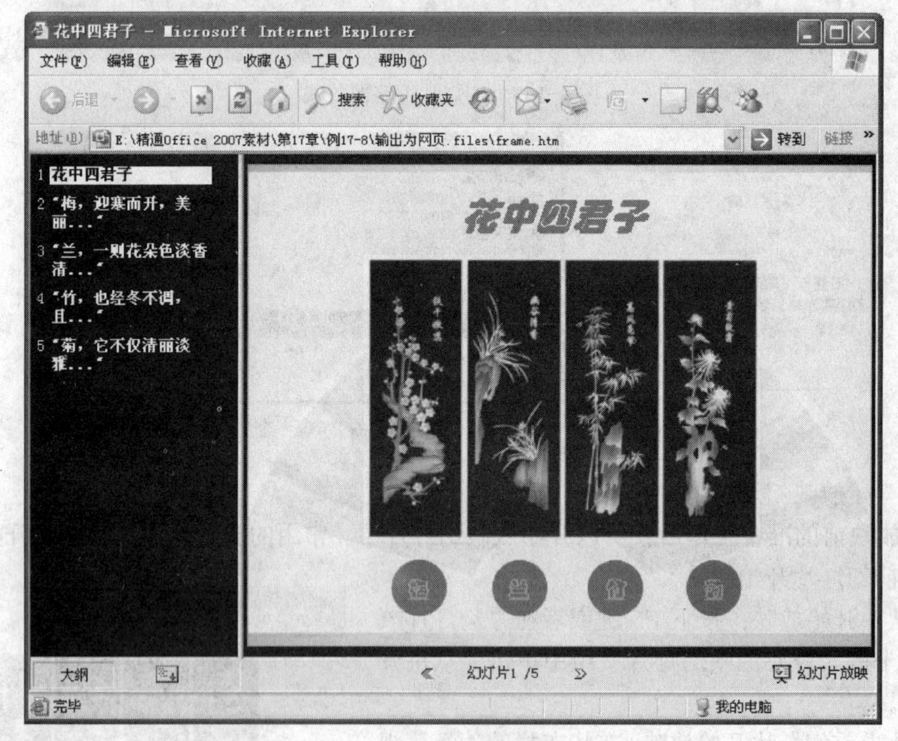


图 4-147 输出为网页

（2）输出为图形文件

PowerPoint 支持将演示文稿中的幻灯片输出为 GIF、JPG、PNG、TIFF、BMP、WMF 及 EMF 等格式的图形文件。这有利于用户在更大范围内交换或共享演示文稿中的内容。输出为图形文件如图 4-148 所示。

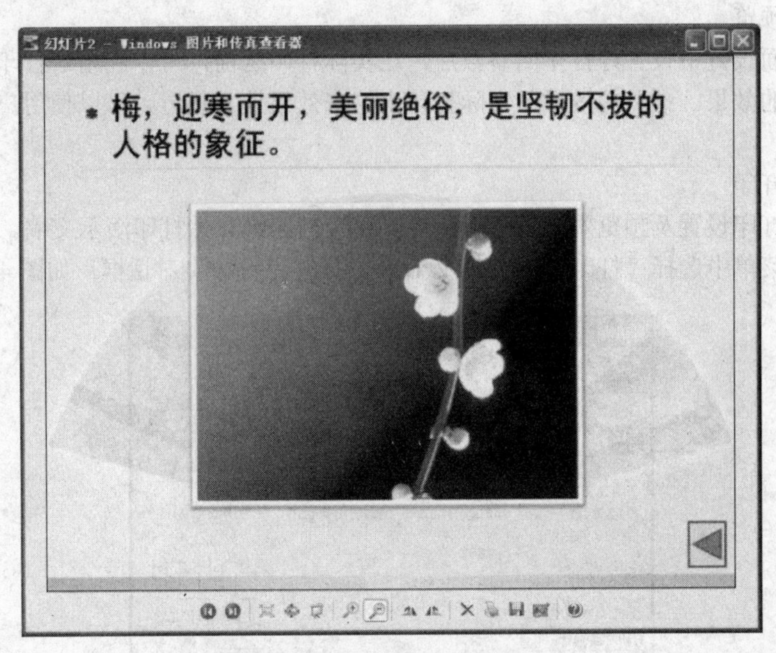


图 4-148 输出为图形文件

（3）输出为幻灯片放映及大纲文件

在 PowerPoint 中经常用到的输出格式是幻灯片放映和大纲。幻灯片放映是将演示文稿保存为总是以幻灯片放映的形式打开演示文稿，每次打开该类型文件，PowerPoint 会自动切换到幻灯片放映状态，而不会出现 PowerPoint 编辑窗口。PowerPoint 输出的大纲文件是按照演示文稿中的幻灯片标题及段落级别生成的标准 RTF 文件，可以被其他文字处理软件（如 Word）打开或编辑。

### 6. 打印演示文稿

在 PowerPoint 中可以将制作好的演示文稿通过打印机打印出来。在打印时，根据不同的目的将演示文稿打印为不同的形式，常用的打印形式有幻灯片、讲义、备注和大纲视图。

（1）页面设置

在打印演示文稿前，可以根据自己的需要对打印页面进行设置，使打印的形式和效果更符合实际需要。在“设计”选项卡的“页面设置”组中单击“页面设置”按钮，在打开的“页面设置”对话框（如图 4-149 所示）中对幻灯片大小、编号和方向进行设置。

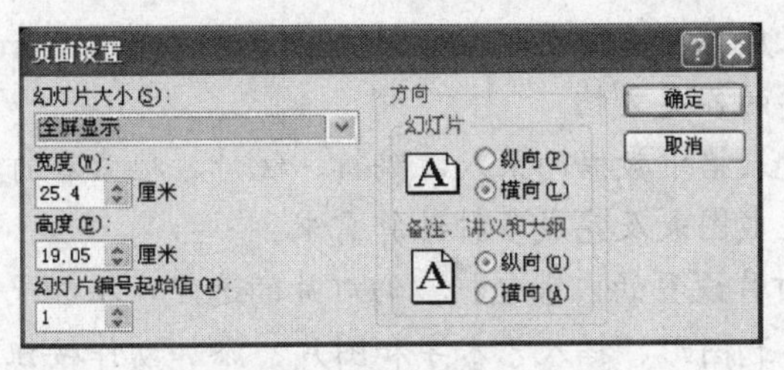


图 4-149 “页面设置”对话框

（2）打印预览

用户在页面设置中设置好打印的参数后，在实际打印之前，可以利用“打印预览”功能先预览一下打印的效果。预览的效果与实际打印出的来效果非常相近，可以使用户避免不必要的损失。

（3）开始打印

对当前的打印设置及预览效果满意后，可以连接打印机开始打印演示文稿。单击 Office 按钮，在弹出的菜单中选择“打印”|“打印”命令，打开“打印”对话框，如图 4-150 所示。

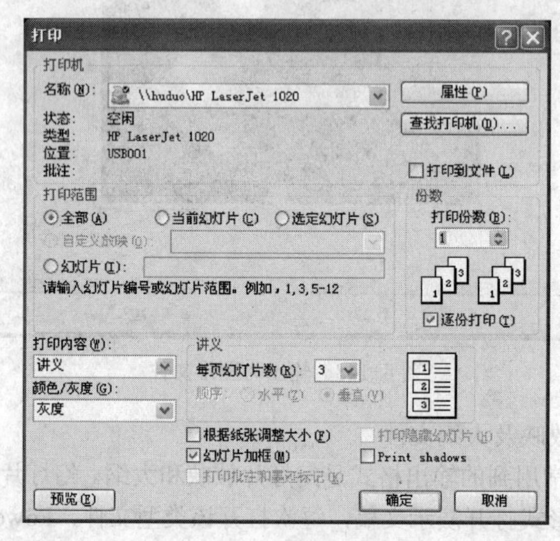


图 4-150 “打印”对话框

## 4.4 本 章 小 结

Microsoft Office 2007 包含三大组件：Word 2007、Excel 2007 和 PowerPoint 2007，一般说来，Word 2007 主要用来进行文本的输入、编辑、排版、打印等工作；Excel 2007 主要用来进行有繁重计算任务的预算、财务、数据汇总等工作；PowerPoint 2007 主要用来制作演示文稿和幻灯片等。我们也可以将这些组件结合在一起使用，从而创建适用于不同场合的专业的、生动的、直观的文档。

首先从 Word 2007 中文版基本的文档编辑技术入手，内容涉及高级排版、表格制作、图文混排及样式与模板等高级应用。通过学习，可以循序渐进地掌握 Word 2007 的一些实用操作技术，制作出满足实际需要的各类文档。

Excel 2007 能完成对表格中数据的录入、编辑、统计、检索和打印等多项工作。利用提供的公式和函数，它还能生成图表及完成多种计算需求。

PowerPoint 2007 幻灯片设置的内容包括：幻灯片的选定，添加或删除幻灯片、撤销和重做等基本编辑技术；添加自选图形、插入艺术字和图片、添加动作按钮、插入影片和声音；设置幻灯片放映方式和如何设置放映时间；演示文稿打包与打印。

# 习　题

1．Word 2007 主要有哪些功能？
2．Word 2007 主要有哪几种视图？分别应用在哪些场合？
3．Word 2007 字符格式排版包含哪些内容？
4．Word 2007 段落格式排版包含哪些内容？
5．如何在 Word 2007 中插入艺术字？
6．试用 Word 2007 为你所在的学校或单位制作一期简报。
7．Excel 2007 有哪些主要功能？
8．简述 Excel 2007 中工作簿、工作表、单元格的概念及相互之间的关系。
9．Excel 2007 数据有哪几种数据类型？分别如何输入？
10．公式中单元格的引用有哪几种？并简述其实际意义。
11．简述 Excel 2007 如何生成图表。
12．简述 Excel 2007 中有哪些数据分析和管理功能。
13．简述 PowerPoint 2007 的主要功能？
14．简述幻灯片有几种视图方式？不同视图之间的区别？
15．如何进行幻灯片切换？
16．简述演示文稿的几种放映方式？
17．如何在幻灯片中插入影片和声音？
18．如何设置幻灯片放映时间？
19．简述演示文稿打包的过程？
20．如何设定幻灯片动作按钮？
21．简述设置动画效果的过程？

# 第5章 计算机网络

## 5.1 计算机网络概述

目前，我们正处于利用技术延伸和加强以人为本的网络的关键转折时期。Internet的全球化速度已超乎所有人的想象。社会、商业、政治以及人际交往的方式正紧随这一全球性网络的发展而快速演变。在下一个开发阶段中，革新者们将以 Internet 作为努力的起点，创造旨在利用网络功能的新产品和新服务。随着开发人员不断地挑战极限，Internet的网络互联功能亦将在这些产品和服务中扮演越来越重要的角色。

### 5.1.1 什么是计算机网络

计算机网络是计算机和通信技术这两大现代技术密切结合的产物。它代表了当代计算机体系结构发展的一个极其重要的方向。计算机网络技术包括了硬件、软件、网络体系结构和通信技术。

在本章为了方便图示的描述，在这里采用当前通用的 Cisco 网络设备表示符号来描述图示中的各种设备，如图5-1所示。

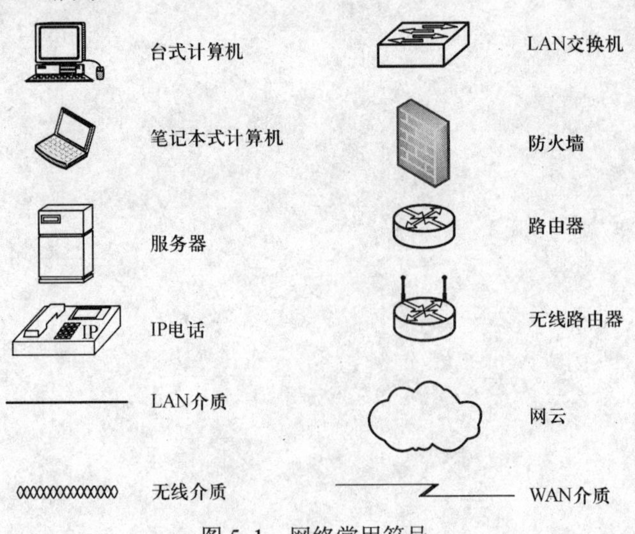


图5-1　网络常用符号

什么是计算机网络？计算机网络就是把一些具有自治功能的通信设备用某些通信介质有机的互联起来，目的是为了实现软硬件及数据的资源共享。图 5-2 给出了一个典型的计算机网络示意图。

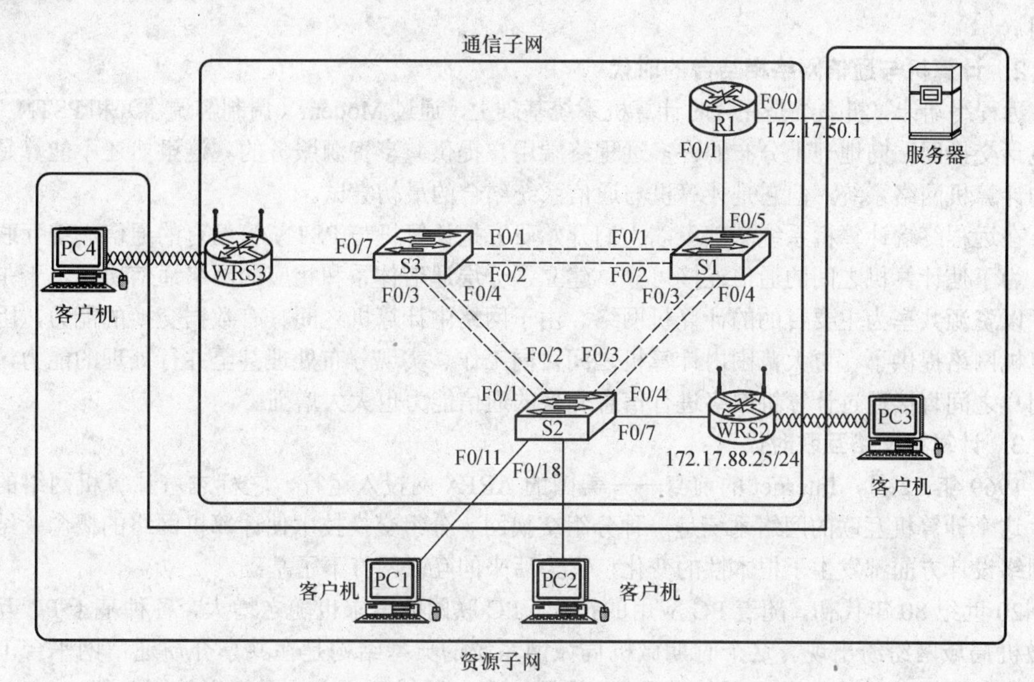


图 5-2 计算机网络示意图

计算机网络最主要的三个特点是：

① 一个计算机网络可以包含有多台具有“自治”功能的通信设备。所谓的“自治”是指这些设备本身具有独立的可以对数据进行加工处理的能力。因此，通常将这些通信设备称为主机（host），在网络中又叫做结点或站点。一般网络中的共享资源（即硬件资源、软件资源和数据资源）均分布在这些计算机中，这一点是和分时操作系统的核心区别。超市的收银系统本质上是分时系统，因为其每个结点不能单独工作。

② 构成计算机网络时需要使用通信的手段，把有关的通信设备有机地连接起来。所谓的“有机地连接”是指连接时彼此必须遵循某种约定和规则。这些约定和规则就是通信协议，简称协议。

③ 实现资源共享，包括硬件资源，软件资源和数据资源是计算机网络的目的。

在图 5-2 中可以看到计算机网络可以分成两部分：通信子网和资源子网。通信子网指的是由交换机和路由器等通信设备连接而成，主要充当网络数据传输桥梁的中间设备。通信子网不提供网络资源的共享，只是为数据传输提供支持。资源子网指的是由最终的接入结点组成，它们是网络共享资源的提供者和享有者。如图 5-2 所示，其中的客户机和服务器组成了资源子网。

### 5.1.2 计算机网络的发展

#### 1. 面向哑终端的分时系统时代

在计算机时代早期，众所周知的巨型计算机时代，计算机世界被分时系统所统治。分时系统允许用户通过只含显示器和键盘的哑终端来使用主机。哑终端很像 PC，但没有它自己的 CPU、内存和硬盘。靠哑终端，成百上千的用户可以同时访问主机。分时操作系统将主机时间分成时间片，给用户分配时间片。时间片很短，会使用户产生错觉，以为主机完全为他所用。

**2. 计算机与通信网络相结合的时代**

远程终端计算机系统是在分时计算机系统基础上，通过 Modem（调制解调器）和 PSTN（公用电话交换网）向地理上分布的许多远程终端用户提供共享资源服务的。这虽然还不能算是真正的计算机网络系统，但它是计算机与通信系统结合的最初尝试。

在远程终端计算机系统基础上，人们开始研究把计算机与 PSTN 等已有的通信系统互联起来。为了使计算机之间的通信连接可靠，建立了分层通信体系和相应的网络通信协议，于是诞生了以资源共享为主要目的的计算机网络。由于网络中计算机之间具有数据交换的能力，因此计算机网络提供了在更大范围内计算机之间协同工作、实现分布处理甚至并行处理的能力，联网用户之间直接通过计算机网络进行信息交换的通信能力也大大增强。

**3. 计算机网络互联时代**

1969 年 12 月，Internet 的前身——美国的 ARPA 网投入运行，它标志着计算机网络的兴起。这个计算机互联的网络系统是一种分组交换网。分组交换技术使计算机网络的概念、结构和网络设计方面都发生了根本性的变化，它为后来的互联网打下了基础。

20 世纪 80 年代初，随着 PC 应用的推广，PC 联网的需求也随之增大，各种基于 PC 互联的微机局域网纷纷出现。这个时期微机局域网系统的典型结构是在共享介质通信网平台上的共享文件服务器结构，即为所有联网 PC 设置一台专用的可共享的网络文件服务器。PC 是一台“麻雀虽小，五脏俱全”的小计算机，每个 PC 用户的主要任务仍在自己的 PC 机上运行，仅在需要访问共享磁盘文件时才通过网络访问文件服务器，体现了计算机网络中各计算机之间的协同工作。由于使用了较 PSTN 速率高得多的同轴电缆、光纤等高速传输介质，使 PC 网上访问共享资源的速率和效率大大提高。这种基于文件服务器的微机网络对网内计算机进行了分工：PC 面向用户，微机服务器专用于提供共享文件资源。所以它实际上就是一种客户-服务器模式。

计算机网络系统是非常复杂的系统，计算机之间相互通信涉及许多复杂的技术问题，为实现计算机网络通信，计算机网络采用的是分层解决网络技术问题的方法。但是，由于存在不同的分层网络系统体系结构，它们的产品之间很难实现互联。为此，国际标准化组织（ISO）在 1984 年正式颁布了开放系统互连（OSI）模型，使计算机网络体系结构实现了标准化。

**4. 互联网时代**

进入 20 世纪 90 年代，计算机技术、通信技术以及建立在计算机和网络技术基础上的计算机网络技术得到了迅猛的发展。特别是 1993 年美国宣布建立国家信息基础设施后，使计算机网络进入了一个崭新的阶段。目前，全球以美国为核心的高速计算机互联网络即 Internet 已经形成，Internet 已经成为人类最重要的、最大的知识宝库。而美国政府又分别于 1996 年和 1997 年开始研究发展更加快速可靠的第 2 代互联网（Internet 2）和下一代互联网（next generation Internet）。可以说，网络互联和高速计算机网络正成为最新一代的计算机网络的发展方向。

### 5.1.3 计算机网络的分类

计算机网络可以根据不同的角度进行分类，最常见的分类方法是按照网络的作用域和拓扑结构。

**1. 按作用域划分**

网络中计算机设备之间的距离可近可远，即网络覆盖地域面积可大可小。按照联网的计算机之间的距离和网络覆盖面的不同，一般分为局域网（local area network，LAN）、城域网（metropolitan area network，MAN）、广域网（wide area network，WAN）和因特网（Internet）。LAN 相当于某厂、校的内部电话网，MAN 犹如某地只能拨通市话的电话网，WAN 好像国内直拨电话网，因特网则类似于国际长途电话网。

（1）局域网

局域网，顾名思义就是局部区域的计算机网络。在局域网中，计算机及其他互连设备的分布范围一般在有限的地理范围内，因此，局域网的本质特征是分布距离短、数据传输速度快。

局域网的分布范围一般在几公里以内，最大距离不超过 10 公里，它是一个部门或单位组建的网络。LAN 是在小型计算机和微型计算机大量推广使用之后才逐渐发展起来的计算机网络。一方面，LAN 容易管理与配置；另一方面，LAN 容易构成简洁整齐的拓扑结构。局域网速率高，延迟小，因此，网络站点往往可以对等地参与对整个网络的使用与监控。再加上 LAN 具有成本低、应用广、组网方便和使用灵活等特点，因此，深受广大用户的欢迎，LAN 是目前计算机网络技术中，发展最快也是最活跃的一个分支。

（2）城域网

这种网络一般来说是在一个城市，但不在同一地理小区范围内的计算机互连。这种网络的连接距离可以在 10～100 km。MAN 与 LAN 相比扩展的距离更长，连接的计算机数量更多，在地理范围上可以说是 LAN 网络的延伸。

在一个大型城市中，一个 MAN 网络通常连接着多个 LAN 网络，如连接政府机构的 LAN、医院的 LAN、电信的 LAN、公司企业的 LAN 等。由于光纤连接的引入，使 MAN 中高速的 LAN 互连成为可能。

（3）广域网

广域网是在一个广泛地理范围内所建立的计算机通信网，广域网覆盖的地理范围很大，可以从几十千米到几万千米，其范围可以超越城市和国家甚至全球，因而对通信的要求及复杂性都比较高。

（4）因特网

互联网又因其英文单词 Internet 的谐音，又称为“因特网”。在互联网应用快速发展的今天，它已是我们每天都要打交道的一种网络，无论从地理范围，还是从网络规模来讲它都是最大的一种网络，就是我们常说的 Web、WWW 和“万维网”等。从地理范围来说，它可以是全球计算机的互连，这种网络的最大的特点就是不定性，整个网络的计算机每时每刻随着人们网络的接入在不断变化。当您连在互联网上的时候，您的计算机可以算是互联网的一部分，但当您断开互联网的连接时，您的计算机就不属于互联网了。但它的优点也是非常明显的，就是信息量大，传播广，无论你身处何地，只要连入互联网你就可以对任何可以用户发出你的信函和广告。

因特网（也称国际互联网）其实并不是一种具体的物理网络技术，而是将不同的物理网络技术，按某种协议统一起来的一种高层技术。因特网是广域网与广域网、广域网与局域网、局域网与局域网进行互连而形成的网络。它采用的是局部处理与远程处理、有限地域范围的资源共享与广大地域范围的资源共享相结合的网络技术。目前，世界上发展最快、也是最热门的网络就是Internet。它是世界上最大的、应用最广泛的网络。

**2. 按网络的拓扑结构**

计算机连接的方式叫做网络拓扑结构（topology）。设计一个网络的时候，应根据自己的实际情况选择正确的拓扑方式。每种拓扑都有它自己的优点和缺点。

目前常用的计算机网络拓扑结构有4种。它们是总线拓扑结构、环状拓扑结构、星状拓扑结构和网状拓扑结构。

（1）总线拓扑结构

在总线拓扑结构中，使用单根传输线路（总线）作为传输介质，所有网络结点都通过接口，串接在总线上。在总线拓扑结构中，每一个结点发送的信号都在总线中传送，并被网络上其他结点所接收，但是，任何时刻只能有一个结点使用公用总线传送信息。一个网段之内的所有结点共享总线的带宽和信道。因而总线的带宽成为网络的瓶颈，网络的效率也随着结点数目的增加而急剧下降。

总线网络使用一定长度的电缆，也就是必要的高速通信链路将设备（如计算机和打印机）连接在一起。设备可以在不影响系统中其他设备工作的情况下从总线中取下。总线网络中最主要的实现就是局域网，它目前已经成为局域网的标准。连接在总线上的设备都通过检查总线上传送的信息来发现发给自己的数据，只有与地址相符的设备才能接受信息，其他设备即使收到，也只是忽略。当两个设备想在同一时间内发送数据时，局域网上将发生碰撞现象，使用一种叫做带碰撞检测的载波侦听多址访问（CSMA/CD）的协议可以将碰撞的负面影响降到最低。

这种结构具有费用低、数据端用户入网灵活、站点或某个端用户失效不影响其他站点或端用户通信的优点。缺点是一次仅能有一个端用户发送数据，其他端用户必须等待到获得发送权，介质访问获取机制较复杂。

（2）环状拓扑结构

环状网，正如名字所描述的那样，是使用一个连续的环将每台设备连接在一起。它能够保证一台设备上发送的信号可以被环上其他所有的设备都看到。在简单的环状网中，网络中任何部件的损坏都将导致系统出现故障，这样将阻碍整个系统进行正常工作。而具有高级结构的环状网则在很大程度上改善了这一缺陷。

环状结构的特点是，每个端用户都与两个相邻的端用户相连，因而存在着点到点链路，但总是以单向方式操作，于是便有上游端用户和下游端用户之称。例如，用户$N$是用户$N$+1的上游端用户，$N$+1是$N$的下游端用户。如果$N$+1端需将数据发送到$N$端，则几乎要绕环一周才能到达$N$端。

环上传输的任何信息都必须穿过所有端点，因此，如果环的某一点断开，环上所有端间的通信便会终止。为克服这种网络拓扑结构的脆弱，每个端点除与一个环相连外，还连接到备用环上，当主环故障时，自动转到备用环上。

环状网络的一个例子是令牌环网，在令牌环网中，拥有“令牌”的设备允许在网络中传输数据。这样可以保证在某一时间内网络中只有一台设备可以传送信息。

（3）星状拓扑结构

星状结构是最古老的一种连接方式，大家每天都使用的电话就属于这种结构，如图 5-3 所示，处于中心位置的网络设备称为交换机（switch）。

这种结构便于集中控制，因为端用户之间的通信必须经过中心站。由于这一特点，也带来了易于维护和安全等优点。端用户设备因为故障而停机时也不会影响其他端用户间的通信。但这种结构非常不利的一点是，中心系统必须具有极高的可靠性，因为中心系统一旦损坏，整个系统便趋于瘫痪。对此中心系统通常采用双机热备份，以提高系统的可靠性。

（4）网状拓扑结构

网状拓扑结构主要指各结点通过传输线连接起来，并且每一个结点至少与其他两个结点相连。网络内部两个设备之间包含有多条路由。网状拓扑结构具有较高的可靠性，但其结构复杂，实现起来费用较高，不易管理和维护，不常用于局域网。如图 5-4 网状拓扑结构所示，由 R1 到 R3 有多条路可走。

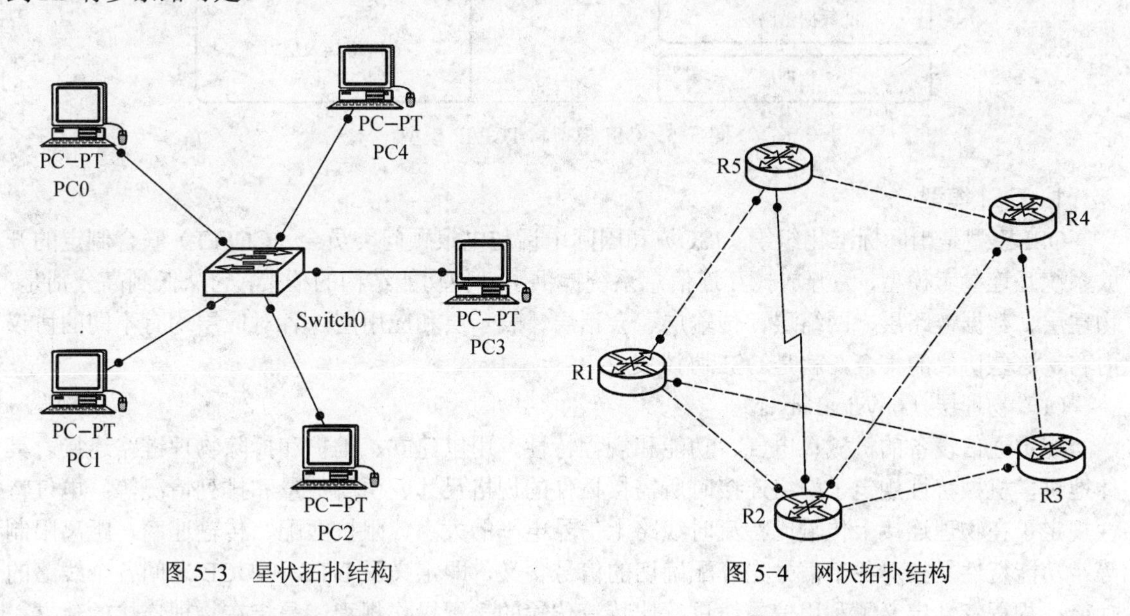


图 5-3　星状拓扑结构　　图 5-4　网状拓扑结构

### 5.1.4　计算机网络体系结构

计算机网络是一个非常复杂的系统，需要解决的问题很多并且性质各不相同。所以，在 ARPANET 设计时，就提出了“分层”的思想，所谓分层设计方法，就是按照信息的流动过程将网络的整体功能分解为一个个的功能层，不同机器上的同等功能层之间采用相同的协议，同一机器上的相邻功能层之间通过接口进行信息传递。即将庞大而复杂的问题分为若干较小的易于处理的局部问题。

1974 年美国 IBM 公司按照分层的方法制定了系统网络体系结构 SNA（system network architecture）。现在 SNA 已成为世界上较广泛使用的一种网络体系结构。

一开始，各个公司都有自己的网络体系结构，就使得各公司自己生产的各种设备容易互连成网，有助于该公司垄断自己的产品。但是，随着社会的发展，不同网络体系结构的用户迫切要求能互相交换信息。为了使不同体系结构的计算机网络都能互连，国际标准化组织（ISO）于 1977 年成立专门机构研究这个问题。1978 年 ISO 提出了“异种机连网标准”的框架结构，这就是著名的开放系统互连（OSI）模型，如图 5-5 所示。

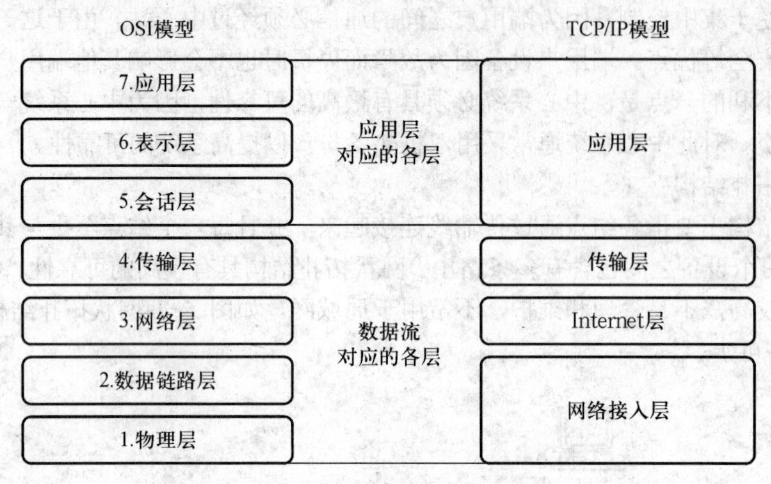


图 5-5　OSI 模型和 TCP/IP 模型

### 1. OSI 模型

OSI 模型是国际标准化组织（ISO）和国际电话与电报顾问委员会（CCITT）联合制定的开放系统互连参考模型，为开放式互连信息系统提供了一种功能结构的框架，它从低到高分别是：物理层、数据链路层、网络层、传输层、会话层、表示层和应用层。各对应层均有不同的协议内容，这些协议的集合，就是 OSI 协议集。

（1）物理层（physical layer）

规定通信设备的机械、电气、功能和规程特性，用以建立、维护和拆除物理链路连接。具体地讲，机械特性规定了网络连接时所需接插件的规格尺寸、引脚数量和排列情况等；电气特性规定了在物理连接上传输比特流时线路上信号电平的大小、阻抗匹配、传输速率、距离限制等；功能特性是指对各个信号先分配确切的信号含义，即定义了 DTE 和 DCE 之间各个线路的功能；规程特性定义了利用信号线进行比特流传输的一组操作规程，是指在物理连接的建立、维护、交换信息时，DTE 和 DCE 双方在各电路上的动作系列。在这一层，数据的单位称为比特（bit）。物理层的主要设备：中继器、集线器。

（2）数据链路层（data link layer）

在物理层提供比特流服务的基础上，建立相邻结点之间的数据链路，通过差错控制提供数据帧（frame）在信道上无差错的传输，并进行各电路上的动作系列。数据链路层在不可靠的物理介质上提供可靠的传输。该层的作用包括：物理地址寻址、数据的成帧、流量控制、数据的检错、重发等。在这一层，数据的单位称为帧（frame）。数据链路层主要设备：二层交换机、网桥。

（3）网络层（network layer）

在计算机网络中进行通信的两台计算机之间可能会经过很多个数据链路，也可能还要经过很多通信子网。网络层的任务就是选择合适的网间路由和交换结点，确保数据及时传送。网络层将数据链路层提供的帧组成数据包，包中封装有网络层包头，其中含有逻辑地址信息——源站点和目的站点的网络地址。

如果你在谈论一个 IP 地址，那么你是在处理第 3 层的问题，这是“数据包”问题，而不是第 2 层的“帧”。IP 是第 3 层问题的一部分，此外还有一些路由协议和地址解析协议（ARP）。有关路由的一切事情都在第 3 层处理。地址解析和路由是第 3 层的重要任务。网络层还可以实现拥塞控制、网际互连等功能。在这一层，数据的单位称为数据包（packet）。网络层协议的代表包括：IP、IPX、RIP、ARP、RARP、OSPF 等。网络层主要设备：路由器

（4）传输层（transport layer）

TCP 的数据单元称为段（segment）而 UDP 协议的数据单元称为数据报（datagram）。这个层负责获取全部信息，因此，它必须跟踪数据单元碎片、乱序到达的数据包和其他在传输过程中可能发生的危险。第 4 层为上层提供端到端（最终用户到最终用户）的透明的、可靠的数据传输服务。所谓透明的传输是指在通信过程中传输层对上层屏蔽了通信传输系统的具体细节。在这一层，数据的单位称为报文（message）。传输层协议的代表包括：TCP、UDP、SPX 等。

（5）会话层（session layer）

这一层也可以称为会晤层或对话层，在会话层及以上的高层次中，数据传送的单位不再另外命名，统称为报文。会话层不参与具体的传输，它提供包括访问验证和会话管理在内的建立和维护应用之间通信的机制，如服务器验证用户登录便是由会话层完成的。

（6）表示层（presentation layer）

这一层主要解决用户信息的语法表示问题。它将欲交换的数据从适合于某一用户的抽象语法，转换为适合于 OSI 系统内部使用的传送语法，即提供格式化的表示和转换数据服务。数据的压缩和解压缩，加密和解密等工作都由表示层负责。例如图像格式的显示，就是由位于表示层的协议来支持的。

（7）应用层（application layer）

应用层为操作系统或网络应用程序提供访问网络服务的接口。

应用层协议的代表包括：Telnet、FTP、HTTP、SNMP 等。

**2. TCP/IP 模型**

TCP/IP（Transmission Control Protocol/Internet Protocol）协议是 Internet 最基本的协议，简单地说，就是由网络层的 IP 协议和传输层的 TCP 协议组成的。TCP/IP 协议定义了通信设备如何连入因特网，以及数据如何在它们之间传输的标准。

TCP/IP 协议并不完全符合 OSI 的七层参考模型。TCP/IP 协议采用了 4 层的结构，每一层都呼叫它的下一层所提供的网络来完成自己的需求。

（1）应用层

应用程序间沟通的层，如简单电子邮件传送协议（SMTP）、文件传输协议（FTP）、远程登录协议（TELNET）等。

（2）传输层

在此层中，它提供了结点间的数据传送服务，如传输控制协议（TCP）、用户数据报协议（UDP）等，TCP 和 UDP 给数据包加入传输数据并把它传输到下一层中，这一层负责传送数据，

并且确定数据已被送达并接收。

（3）互连网络层

负责提供基本的数据封装传送功能，让每一块数据包都能够到达目的主机（但不检查是否被正确接收），如 IP 协议。

（4）网络接口层

对实际的网络媒体的管理，定义如何使用实际网络（如 Ethernet、serial line 等）来传送数据。

# 5.2 网络互连设备

## 5.2.1 双绞线

绞合电缆可以消除多余的信号。如果将电路中的两条电线紧密排列，则外部电磁场在每条电线中产生的干扰相同。线对绞合是为了保证两条电线尽可能紧密放置。如果常见干扰出现在双绞线电线中，接收器可采用相等的相反信号方式来处理，这样可以有效对消外源电磁干扰产生的信号，如图 5-6 所示。

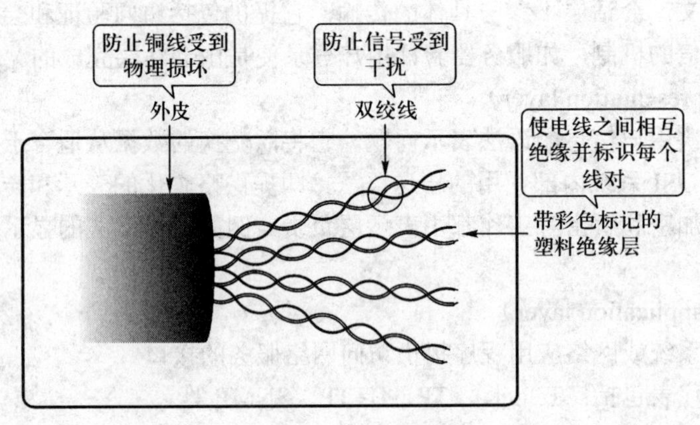


图 5-6　双绞线示意图

双绞线（twisted pair）是综合布线工程中最常用的一种传输介质。双绞线是目前最常见的一种传输介质，尤其在星状网络拓扑中，双绞线是必不可少的布线材料。双绞线采用了一对互相绝缘的金属导线互相绞合的方式来抵御一部分外界电磁波的干扰。把两根绝缘的铜导线按一定密度互相绞在一起，可以降低信号干扰的程度，每一根导线在传输中辐射的电磁波会被另一根线上发出的电磁波抵消，“双绞线”的名字也是由此而来。它的特点就是价格便宜，所以被广泛应用。双绞线可分为非屏蔽双绞线（UTP）和屏蔽双绞线（STP）两大类。这两者的差别是在于双绞线内是否有一层金属隔离膜。STP 双绞线内有一层金属隔离膜，在数据传输时可减少电磁干扰，所以它的稳定性较高，价格比 UTP 双绞线略贵。而 UTP 双绞线内则没有这层金属隔离膜，所以它的稳定性较差。

通过 RJ-45 连接器连接的 UTP 布线是网络设备之间常见的连接，如带有路由器和网络交换机等中间设备的计算机网络。每条双绞线两头都必须通过安装 RJ-45 连接器（俗称水晶头）才能与网卡和集线器（或交换机）相连接。RJ-45 连接器的一端连接在网卡上的 RJ-45 接口，另一端连接在集线器或交换机上的RJ-45接口。RJ-45非屏蔽双绞线连接器有8根连针，在10 Base-T标准中，仅使用 4 根，即第 1 对双绞线使用第 1 针和第 2 针，第 2 对双绞线使用第 3 针和第 6 针（第 3 对和第 4 对备用）。

### 5.2.2 同轴电缆

同轴电缆（coaxial cable）的得名与它的结构相关。同轴电缆也是局域网中最常见的传输介质之一。它用来传递信息的一对导体是按照一层圆筒式的外导体套在内导体（一根细芯）外面，两个导体间用绝缘材料互相隔离，外层导体和中心轴芯线的圆心在同一个轴心上，所以叫做同轴电缆，如图 5-7 所示，同轴电缆之所以设计成这样，也是为了防止外部电磁波干扰信号的传递。

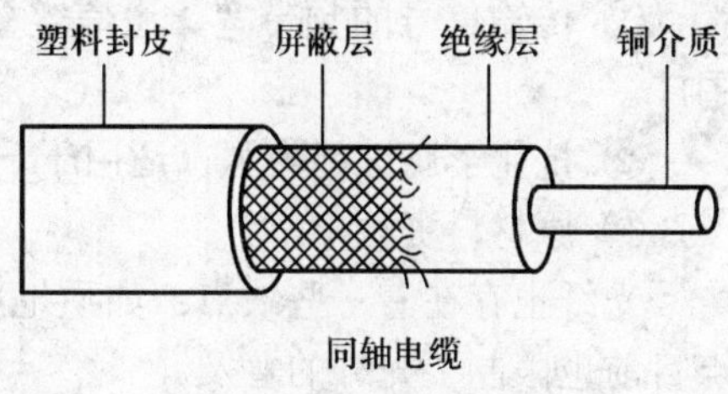

图 5-7　同轴电缆示意图

广泛使用的同轴电缆有两种：一种为 50 Ω（指沿电缆导体各点的电磁电压对电流之比）同轴电缆，用于数字信号的传输，即基带同轴电缆；另一种为 75 Ω 同轴电缆，用于宽带模拟信号的传输，即宽带同轴电缆。同轴电缆以单根铜导线为内芯，外裹一层绝缘材料，外覆密集网状导体，最外面是一层保护性塑料。金属屏蔽层能将磁场反射回中心导体，同时也使中心导体免受外界干扰，故同轴电缆比双绞线具有更高的带宽和更好的噪声抑制特性。

现行以太网同轴电缆的接法有两种——直径为 0.4 cm 的 RG-11 粗缆采用凿孔接头接法，直径为 0.2 cm 的 RG-58 细缆采用 T 型头接法。粗缆要符合 10 Base-5 介质标准，使用时需要一个外接收发器和收发器电缆，单根最大标准长度为 500 m，可靠性强，最多可接 100 台计算机，两台计算机的最小间距为 2.5 m。细缆按 10 Base-2 介质标准直接连到网卡的 T 型头连接器（即 BNC 连接器）上，单段最大长度为 185 m，最多可接 30 个工作站，最小站间距为 0.5 m。

### 5.2.3 光纤

光缆使用玻璃或塑料光纤将光脉冲从源设备导至目的设备。通过光缆传输时，比特会被编码成光脉冲。光缆能够传送很高的原始数据带宽速率。目前，大多数传输标准都尚未接近该介质的潜在带宽，如图 5-8 所示。

**1. 光纤的通信原理**

光纤通信的主要组成部件有光发送机、光接收机和光纤，在进行长距离信息传输时还需要中继机。通信中，由光发送机产生光束，将表示数字代码的电信号转变成光信号，并将光信号导入光纤，光信号在光纤中传播，在另一端由光接收机负责接收光纤上传出的光信号，并进一步将其还原成为发送前的电信号。

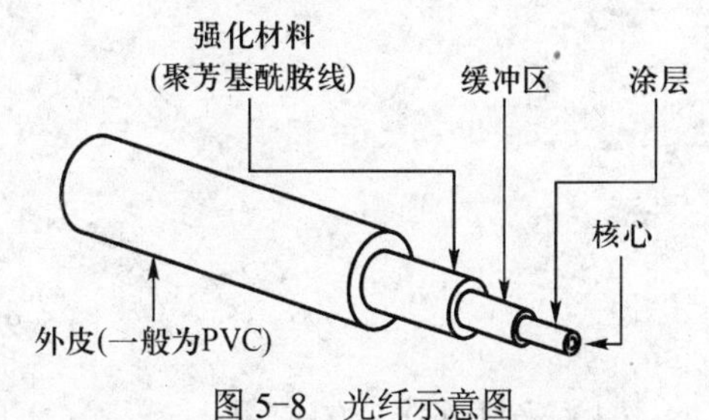

图 5-8　光纤示意图

为了防止长距离传输而引起的光能衰减，在大容量、远距离的光纤通信中每隔一定的距离需设置一个中继机。在实际应用中，光缆的两端都应安装有光纤收发器，光纤收发器集成了光发送机和光接收机的功能，既负责光的发送也负责光的接收。

2. 光纤的结构

光纤和同轴电缆相似，只是没有网状屏蔽层，中心是光传播的玻璃芯。在多模光纤中，芯的直径是 15～50 μm，大致与人的头发粗细相当，而单模光纤芯的直径为 8～10 μm。芯外面包围着一层折射率比芯低的玻璃封套，以使光纤保持在芯内。最外面的是一层薄的塑料外套，用来保护封套。光纤通常被扎成束，外面有外壳保护。纤芯通常是由石英玻璃制成的横截面积很小的双层同心圆柱体，它质地脆，易断裂，因此需要外加保护层。

3. 光纤通信的特点

与铜质电缆相比较，光纤通信明显具有其他传输介质无法比拟的优点。

① 传输信号的频带宽，通信容量大，信号衰减小，传输距离长，抗干扰能力强，应用范围广。

② 抗化学腐蚀能力强，适用于一些特殊环境下的布线。

③ 原材料资源丰富。

光纤也存在着一些缺点：如质地脆，机械强度低，切断和连接中技术要求较高等，这些缺点目前也限制了光纤的普及。

4. 光缆连接器

只要连接设备（集线器、交换机或网卡）具有光纤连接接口，就可使用一段已制作好的光纤跳线进行连接，连接方法和双绞线与网卡及集线器的连接相同。然而，与双绞线不同，光纤的连接器具有多种不同的类型，而不同类型的连接器之间又无法直接进行连接，如图 5-9 所示。

直通式光纤(ST)连接器广泛用于多模光纤

用户连接器(SC)广泛用于单模光纤

单模LC连接器

多模LC连接器

双芯多模LC连接器

图 5-9　常见光纤介质连接器

（1）光纤连接器的作用

光纤链路的连接可以分为永久性连接和活动性连接两种。在永久性连接中大多采用熔接法、粘接法或固定连接器来实现；而活动性连接一般采用活动连接器来实现。许多中小型局域网用户和网络的边缘连接一般都属于活动性连接，而永久性连接一般由专业网络公司完成。

在活动性连接中需要使用光纤活动连接器（俗称活接头），也称为光纤连接器。通过光纤连接器，可以连接两根光纤或光缆以及相关的设备，目前已经广泛应用在光纤传输线路、光纤配线架、光纤测试仪器和仪表中。

（2）光纤连接器的分类和特点

根据不同的标准，光纤连接器可以分为不同的类型。按传输媒介的不同可分为单模光纤连接器和多模光纤连接器；按结构的不同可分为 FC、SC、ST、D4、DIN、Biconic、MU、LC 和 MT 等；按连接器的插针端面可分为 FC、PC（UPC）和 APC；按光纤芯数分有单芯、多芯。在实际应用过程中，按照光纤连接器结构的不同来区分。

FC、SC 或者 ST 的连接方式是主要的传统的光缆链路连接方式，目前仍然在大量使用。这些光缆的连接方式简单方便，所连接的每条光缆都是可以独立使用的。

① FC 型光纤连接器。FC（ferruleconnector）型光纤连接器外部采用金属套，紧固方式为螺丝扣。最早，FC 类型的连接器，采用的陶瓷插针的对接端面是平面接触方式。此类连接器结构简单，操作方便，制作容易，但光纤端面对微尘较为敏感。后来，该类型连接器有了改进，采用对接端面呈球面的插针（PC），而外部结构没有改变，使得插入损耗和回波损耗性能有了较大幅度的提高。

② SC 型光纤连接器。SC 型光纤连接器外壳呈矩形，所采用的插针与耦合套筒的结构尺寸与 FC 型完全相同，其中插针的端面多采用 PC 或 APC 型研磨方式；紧固方式是采用插拔销闩式，不需旋转。此类连接器价格低廉，插拔操作方便，抗压强度较高，安装密度高。

③ ST 型光纤连接器。ST 型光纤连接器外壳呈圆形，所采用的插针与耦合套筒的结构尺寸与 FC 型完全相同，其中插针的端面多采用 PC 或 APC 型研磨方式。紧固方式为螺丝扣。此类连接器适用于各种光纤网络，操作简便，且具有良好的互换性。

新的光缆连接器叫做 SFF（small form factor），一般将其称为微型光缆连接器。

### 5.2.4 无线介质

可以在自由空间利用电磁波发送和接收信号进行通信就是无线传输。地球上的大气层为大部分无线传输提供了物理通道，就是常说的无线传输介质。无线传输所使用的频段很广，人们现在已经利用了好几个波段进行通信。紫外线和更高的波段目前还不能用于通信。无线通信的方法有无线电波、微波、蓝牙和红外线。

四种常用数据通信标准可适用于无线介质，如图 5-10 所示。

① 标准 IEEE 802.11：通常也称为 Wi-Fi，是一种无线 LAN（WLAN）技术，它采用带碰撞避免的载波侦听多址访问（CSMA/CA）过程使用竞争或非确定系统。

② 标准 IEEE 802.15：无线个域网（WPAN）标准，通常称为“蓝牙”，采用装置配对过程进行通信，距离为 1～100 m。

③ 标准 IEEE 802.16：通常称为 WiMax（全球微波接入互操作性），采用点到多点拓扑结构，提供无线宽带接入。

④ 全球移动通信系统（GSM）：包括可启用第 2 层通用分组无线业务（GPRS）协议的物理层规范，提供通过移动电话网络的数据传输。

无线介质的标准和类型

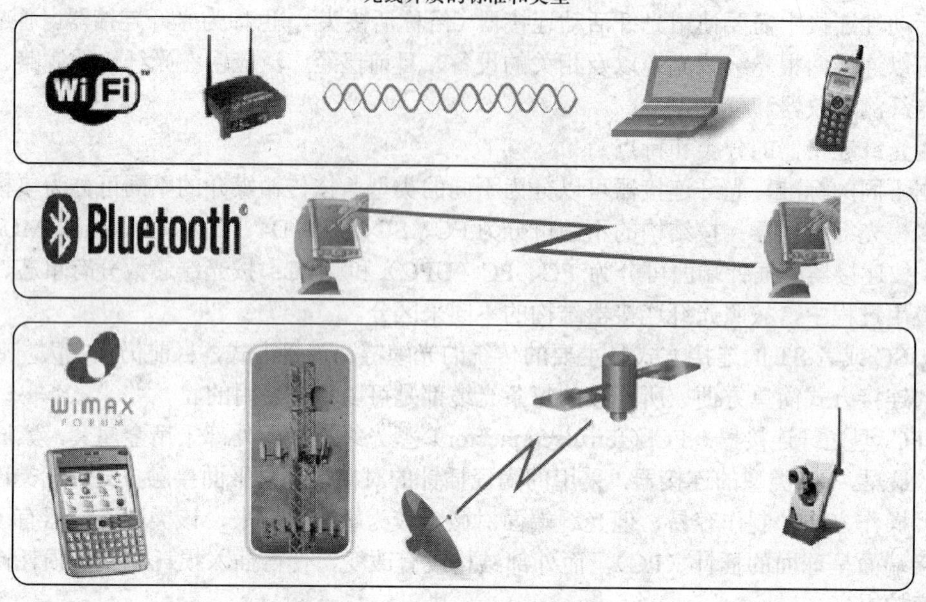


图 5-10 常见无线介质的类型

常见的无线数据实施能使设备通过 LAN 以无线方式连接。通常，无线 LAN 要求具备下列网络设备。

无线接入点（AP）：集中用户的无线信号，并常使用铜缆连接到现有基于铜介质的网络基础架构，如局域网。

无线适配器（NIC）：能够为每台网络主机提供无线通信，如图 5-11 所示。

图 5-11 无线接入点和无线适配器

随着技术的发展，许多 WLAN 标准应运而生。在购买无线设备时要格外注意，必须确保它的兼容性和互操作性。标准包括以下几种。

① IEEE 802.11a：工作频段为 5 GHz，速度高达 54 Mb/s。由于此标准的工作频率较高，因此它的覆盖面积较小、透过建筑物体的效率较低。据此标准工作的设备不能和下文所描述的基于 802.11b 和 802.11g 标准的设备互操作。

② IEEE 802.11b：工作频段为 2.4 GHz，速度高达 11 Mb/s。实施该标准的设备相距较远，它比基于 802.11a 标准的设备具有更好的透过建筑物体的能力。

③ IEEE 802.11g：工作频段为 2.4 GHz，速度高达 54 Mb/s。实施该标准的设备可以在和 802.11b 相同的射频和范围内工作，但有 802.11a 标准的带宽。

④ IEEE 802.11n：IEEE 802.11n 标准目前正在起草中。提议的标准规定频率为 2.4 GHz 或 5 GHz。预计数据速率为 100～210 Mb/s、距离长达 70 m。

### 5.2.5 集线器——物理层互连设备

集线器（hub）属于数据通信系统中的基础设备，它和双绞线等传输介质一样，是一种不需任何软件支持或只需很少软件管理的硬件设备。它被广泛应用到各种场合。集线器工作在局域网（LAN）环境，像网卡一样，应用于 OSI 参考模型第一层，因此又被称为物理层设备。集线器内部采用了电器互联，当维护 LAN 的环境是逻辑总线或环状结构时，完全可以用集线器建立一个物理上的星状或树状网络结构。在这方面，集线器所起的作用相当于多端口的中继器。其实，集线器实际上就是中继器的一种，其区别仅在于集线器能够提供更多的端口服务，所以集线器又叫多口中继器。

集线器实质上是一个中继器，而中继器的主要功能是对接收到的信号进行整形再生放大，使被衰减的信号再生（恢复）到发送时的状态，以扩大网络的传输距离，而不具备信号的定向传送能力。

集线器为共享式带宽，连接在集线器上的任何一个设备发送数据时，其他所有设备必须等待，此设备享有全部带宽，通信完毕，再由其他设备使用带宽。正因此，集线器连接了一个冲撞域的网络。所有设备相互交替使用。共享式局域网存在的主要问题是所有用户共享带宽，每个用户的实际可用带宽随网络用户数的增加而递减。这是因为当信息繁忙时，多个用户都可能同时“争用”一个信道，而一个通道在某一时刻只允许一个用户占用，所以大量用户经常处于监测等待状态，致使信号在传送时产生抖动、停滞或失真，严重影响了网络的性能。

集线器不能判断数据包的目的地和类型，所以如果是广播数据包也依然转发，而且所有设备发出数据以广播方式发送到每个接口，这样集线器也连接了一个广播域的网络。

当一个集线器提供的端口不够时，一般有以下两种拓展用户数目的方法。

**1. 堆叠**

堆叠是解决单个集线器端口不足问题的一种方法，但是因为堆叠在一起的多个集线器还是工作在同一个环境下，所以堆叠的层数也不能太多。然而，市面上许多集线器以其堆叠层数比其他品牌的多作为卖点，如果遇到这种情况，要区别对待：一方面可堆叠层数越多，一般说明集线器的稳定性越高；另一方面可堆叠层数越多，每个用户实际可享有的带宽则越小。

**2. 级连**

级连是在网络中增加用户数的另一种方法，但是此项功能的使用一般是有条件的，即集线器必须提供可级连的端口，此端口上常标为 Uplink 或 MDI 的字样，用此端口与其他的集线器进行级连。如果没有提供专门的端口而必须要进行级连时，连接两个集线器的双绞线在制作时必须要进行错线。

### 5.2.6 交换机——数据链路层互连设备

集线器就是一种共享设备，它本身不能识别目的地址，当同一局域网内的主机 A 给主机 B 传输数据时，数据包在以集线器为架构的网络上是以广播方式传输的，由每一台终端通过验证数据包头的地址信息来确定是否接收。也就是说，在这种工作方式下，同一时刻网络上只能传输一组数据帧，如果发生碰撞还得重试，这种方式就是共享网络带宽。

交换机（switch）是一种用于电信号转发的网络设备。它可以为接入交换机的任意两个网络结点提供独享的电信号通路。最常见的交换机是局域网交换机。

交换机工作在数据链路层（第2层），稍微高端一点的交换机都有一个操作系统来支持，和集线器一样主要用于连接计算机等网络终端设备。交换机比集线器更加先进，允许连接在交换机上的设备并行通信，好比高速公路上的汽车并行行使一般，设备间通信不会再发生冲突，因此交换机打破了冲撞域，交换机每个接口是一个冲撞域，不会与其他接口发生通信冲突。

**1. 交换机的原理**

交换机拥有一条很高带宽的背部总线和内部交换矩阵。交换机的所有的端口都挂接在这条背部总线上，控制电路收到数据包以后，处理端口会查找内存中的地址对照表以确定目的 MAC（网卡的硬件地址）的 NIC（网卡）挂接在哪个端口上，通过内部交换矩阵迅速将数据包传送到目的端口，目的 MAC 若不存在则广播到所有的端口，接收端口回应后交换机会“学习”新的地址，并把它添加入内部 MAC 地址表中。

使用交换机也可以把网络分段，通过对照 MAC 地址表，交换机只允许必要的网络流量通过交换机。通过交换机的过滤和转发，可以有效减少冲突域，但它不能划分网络层广播，即广播域。

交换机在同一时刻可进行多个端口对之间的数据传输。每一端口都可视为独立的网段，连接在其上的网络设备独自享有全部的带宽，无须同其他设备竞争使用。当结点 A 向结点 D 发送数据时，结点 B 可同时向结点 C 发送数据，而且这两个传输都享有网络的全部带宽，都有着自己的虚拟连接。假使这里使用的是 10 Mb/s 的局域网交换机，那么该交换机这时的总流通量就等于 2 × 10 Mb/s = 20 Mb/s，而使用 10 Mb/s 的共享式集线器时，一个集线器的总流通量也不会超出 10 Mb/s。

总之，交换机是一种基于 MAC 地址识别，能完成封装转发数据包功能的网络设备。交换机可以“学习”MAC 地址，并把其存放在内部地址表中，通过在数据帧的始发者和目标接收者之间建立临时的交换路径，使数据帧直接由源地址到达目的地址。

**2. 交换机的三种交换方式**

（1）直通式（cut through）

直通方式的局域网交换机可以理解为在各端口间是纵横交叉的线路矩阵电话交换机。它在输入端口检测到一个数据包时，检查该包的包头，获取包的目的地址，启动内部的动态查找表转换成相应的输出端口，在输入与输出交叉处接通，把数据包直通到相应的端口，实现交换功能。由于不需要存储，延迟非常小、交换非常快，这是它的优点。它的缺点是，因为数据包内容并没有被局域网交换机保存下来，所以无法检查所传送的数据包是否有误，不能提供错误检测能力。由于没有缓存，不能将具有不同速率的输入/输出端口直接接通，而且容易丢包。

（2）存储转发（store & forward）

存储转发方式是计算机网络领域应用最为广泛的方式。它把输入端口的数据包先存储起来，然后进行循环冗余码校验（CRC），在对错误包处理后才取出数据包的目的地址，通过查找表转换成输出端口送出包。正因如此，存储转发方式在数据处理时延时大，这是它的不足，但是它可以对进入交换机的数据包进行错误检测，有效地改善网络性能。尤其重要的是它可以支持不同速度的端口间的转换，保持高速端口与低速端口间的协同工作。

（3）碎片隔离（fragment free）

这是介于前两者之间的一种解决方案。它检查数据包的长度是否够 64 个字节，如果小于 64 字节，说明是假包，则丢弃该包；如果大于 64 字节，则发送该包。这种方式也不提供数据校验。它的数据处理速度比存储转发方式快，但比直通式慢。

### 5.2.7 路由器——网络层互连设备

首先得知道什么是路由。所谓“路由”，是指把数据从一个地方传送到另一个地方的行为和动作，而路由器正是执行这种行为动作的机器，它的英文名称为 Router，是一种连接多个网络或网段的网络设备，它能将不同网络或网段之间的数据信息进行“翻译”，以使它们能够相互“读懂”对方的数据，从而构成一个更大的网络。

路由器主要有以下几种功能：

① 网络互连，路由器支持各种局域网和广域网接口，主要用于互连局域网和广域网，实现不同网络互相通信。

② 数据处理，提供包括分组过滤、分组转发、优先级、复用、加密、压缩和防火墙等功能。

③ 网络管理，路由器提供包括配置管理、性能管理、容错管理和流量控制等功能。

路由器的一个作用是连通不同的网络，另一个作用是选择信息传送的线路。选择通畅快捷的近路，能大大提高通信速度，减轻网络系统通信负荷，节约网络系统资源，提高网络系统畅通率，从而让网络系统发挥出更大的效益来。

从过滤网络流量的角度来看，路由器的作用与交换机和网桥非常相似。但是与工作在网络物理层，从物理上划分网段的交换机不同，路由器使用专门的软件协议从逻辑上对整个网络进行划分。例如，一台支持 IP 协议的路由器可以把网络划分成多个子网段，只有指向特殊 IP 地址的网络流量才可以通过路由器。对于每一个接收到的数据包，路由器都会重新计算其校验值，并写入新的物理地址。因此，使用路由器转发和过滤数据的速度往往要比只查看数据包物理地址的交换机慢。但是，对于那些结构复杂的网络，使用路由器可以提高网络的整体效率。路由器的另外一个明显优势就是可以自动过滤网络广播。从总体上说，在网络中添加路由器的整个安装过程要比即插即用的交换机复杂很多。

一般说来，异构网络互联与多个子网互联都应采用路由器来完成。

路由器的主要工作就是为经过路由器的每个数据帧寻找一条最佳传输路径，并将该数据有效地传送到目的站点。由此可见，选择最佳路径的策略即路由算法是路由器的关键所在。为了完成这项工作，在路由器中保存着各种传输路径的相关数据——路径表（routing table），供路由选择时使用。路径表中保存着子网的标志信息、网上路由器的个数和下一个路由器的名字等内容。路由表可以是由系统管理员固定设置好的，也可以由系统动态修改，可以由路由器自动调整，也可以由主机控制。

#### 1. 静态路由表

由系统管理员事先设置好固定的路由表称之为静态（static）路由表，一般是在系统安装时就根据网络的配置情况预先设定的，它不会随未来网络结构的改变而改变。

**2. 动态路由表**

动态（dynamic）路由表是路由器根据网络系统的运行情况而自动调整的路由表。路由器根据路由选择协议（routing protocol）提供的功能，自动学习和记忆网络运行情况，在需要时自动计算数据传输的最佳路径。

路由器（router）是一种负责寻径的网络设备，它在互连网络中从多条路径中寻找通信量最少的一条网络路径提供给用户通信。路由器用于连接多个逻辑上分开的网络，为用户提供最佳的通信路径。路由器利用路由表为数据传输选择路径，路由表包含网络地址以及各地址之间距离的清单。路由器使用最少时间算法或最优路径算法来调整信息传递的路径，如果某一网络路径发生故障或堵塞，路由器可选择另一条路径，以保证信息的正常传输。路由器可进行数据格式的转换，成为不同协议网络之间互连的必要设备。

# 5.3 局域网简介

## 5.3.1 局域网概述

局域网（local area network，LAN）是在一个局部的地理范围内（如一个学校、工厂和机关内），将各种计算机、外部设备和数据库等互相连接起来组成的计算机通信网。它可以通过数据通信网或专用数据电路与远方的局域网、数据库或处理中心相连接，构成一个大范围的信息处理系统。局域网可以实现文件管理、应用软件共享、打印机共享、扫描仪共享、工作组内的日程安排、电子邮件和传真通信服务等功能。局域网是封闭型的，可以由办公室内的两台计算机组成，也可以由一个公司内的上千台计算机组成。

局域网的早期版本使用同轴电缆在总线拓扑结构中连接计算机。每台计算机都直接连接到主干。这些早期版本称为粗网（10Base-5）和细网（10Base-2）。

10Base-5 或粗网使用同轴粗缆，可以连接 500 m 的距离而不需要信号中继器。10Base-2 或细网使用同轴细缆，直径比粗网小，也更灵活，但连接距离只有 185 m。

早期的局域网之所以能够迁移到当代以及未来的局域网，其根本原因是第 2 层帧的结构实际上没有发生任何变化。物理介质、介质访问和介质控制都发生了演变，并且还将继续演变，而局域网帧的帧头和帧尾基本上保持不变。

早期的局域网部署在低带宽 LAN 环境中，其中可以访问 CSMA（后来是 CSMA/CD）管理的共享介质。除了数据链路层的逻辑总线拓扑，局域网还使用物理总线拓扑。随着 LAN 的逐渐扩大和 LAN 服务对于基础设施的要求不断提高，这种拓扑面临的问题越来越难解决。

最初的同轴粗缆和同轴细缆等物理介质被早期的 UTP 类电缆所取代。与同轴电缆相比，UTP 电缆使用更简便、重量更轻、成本更低。

物理拓扑也改为使用集线器的星状拓扑。集线器可以集中连接，也就是说，它可以容纳一组节点，让网络将它们当成一台设备。当某个帧到达一个端口时，就会复制到其他端口，使 LAN 中的所有网段都接收该帧。在这种总线拓扑中使用集线器，任何一条电缆故障都不会中断整个网络，因此提高了网络的可靠性，其变化如图 5-12 所示。

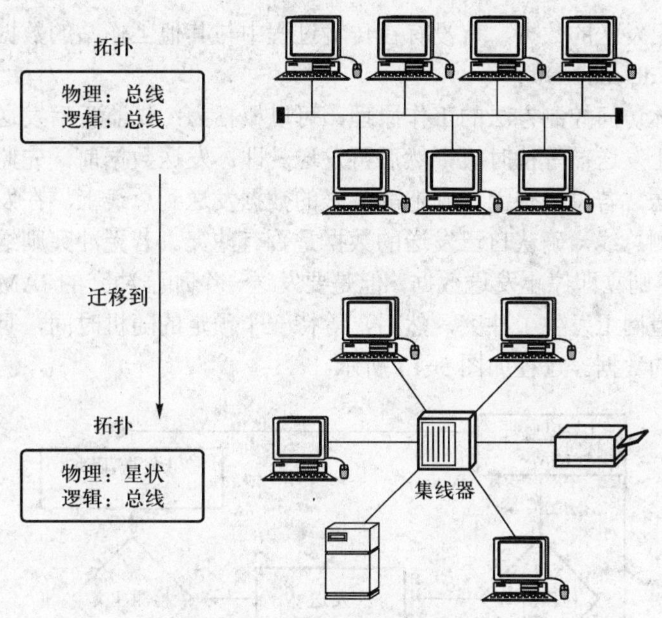


图 5-12　早期局域网的变化图

### 5.3.2　传统局域网协议——CSMA/CD 协议

最开始以太网只有 10 Mb/s 的吞吐量，它所使用的是 CSMA/CD（带有冲突检测的载波侦听多址访问）的访问控制方法，通常把这种最早期的 10 Mb/s 以太网称之为标准以太网。以太网主要有两种传输介质，那就是双绞线和同轴电缆。所有的以太网都遵循 IEEE802.3 标准，下面列出的是 IEEE802.3 的一些以太网标准，在这些标准中前面的数字表示传输速度，单位是 Mb/s，最后的一个数字表示单段网线长度（基准单位是 100 m），Base 表示“基带”的意思，Broad 代表“带宽”。

- 10Base-5 使用粗同轴电缆，最大网段长度为 500 m，基带传输方法。
- 10Base-2 使用细同轴电缆，最大网段长度为 185 m，基带传输方法。
- 10Base-T 使用双绞线电缆，最大网段长度为 100 m。
- 1Base-5 使用双绞线电缆，最大网段长度为 500 m，传输速度为 1 Mb/s。
- 10Broad-36 使用同轴电缆（RG-59/UCATV），最大网段长度为 3 600 m，是一种宽带传输方式。
- 10Base-F 使用光纤传输介质，传输速率为 10 Mb/s。

CSMA/CD（carrier sense multiple access with collision detection）是指带碰撞检测的载波侦听多址访问。所谓载波侦听（carrier sense），意思是网络上各个工作站在发送数据前都要检测总线上有没有数据传输。若有数据传输（称总线为忙），则不发送数据；若无数据传输（称总线为空），立即发送准备好的数据。所谓多址访问（multiple ccess）意思是网络上所有工作站收发数据共同使用同一条总线，且发送数据是广播式的。所谓冲突（collision），意思是若网上有两个或两个以上工作站同时发送数据，在总线上就会产生信号的混合，从而辨别不出真正的数据是什么，这种情况称数据碰撞又称冲突。为了减少碰撞发生后的影响。工作站在发送数据过程中还要不停地检测自己发送的数据，有没有在传输过程中与其他工作站的数据发生碰撞，这就是碰撞检测（collision detection）。

CSMA/CD 媒体访问控制方法的工作原理，可以概括为：先监听后发送，边监听边发送；一旦冲突，立即停止发送；等待时机，然后再发送。即：发送数据前，先监听总线是否空闲。若总线忙，则不发送。若总线空闲，则把准备好的数据发送到总线上。在发送数据的过程中，工作站边发送边检测总线，确认自己发送的数据是否有冲突。若无冲突则继续发送直到发完全部数据；若有冲突，则立即停止发送数据，但是要发送一个加强冲突的 JAM 信号，以便使网络上所有工作站都知道网上发生了冲突，然后，等待一个预定的随机时间，且在总线为空闲时，再重新发送未发完的数据。过程如图 5-13 所示。

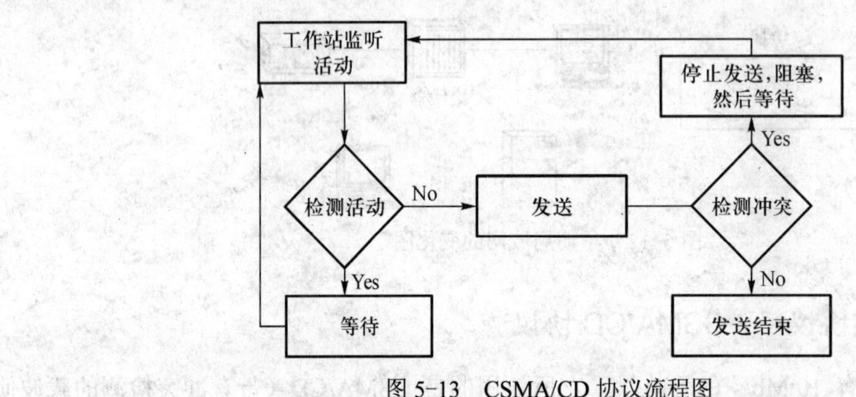


图 5-13　CSMA/CD 协议流程图

随着更多的设备加入以太网，帧的冲突量大幅增加。当通信活动少时，偶尔发生的冲突可由 CSMA/CD 管理，因此性能很少甚至不会受到影响。但是，当设备数量和随之而来的数据流量增加时，冲突量的上升就会给用户体验带来明显的负面影响。

### 5.3.3　快速以太网及高速以太网

传统标准的以太网技术已难以满足日益增长的网络传输速度需求。在 1993 年 10 月以前，对于要求 10 Mb/s 以上数据流量的 LAN 应用，只有光纤分布式数据接口（FDDI）可供选择，但它是一种价格非常昂贵的、基于 100 Mp/s 光缆的 LAN。1993 年 10 月，GrandJunction 公司推出了世界上第一台快速以太网集线器 Fastch10/100 和网络接口卡 FastNIC100，快速以太网技术正式得以应用。IEEE 802 工程组确定了 100 Mb/s 以太网的各种标准，如 100Base-TX、100Base-T4、MII、中继器、全双工等标准进行了研究。1995 年 3 月 IEEE 宣布了 IEEE802.3u，100Base-T 快速以太网标准（fast Ethernet），就这样开始了快速以太网的时代。

与原来在 100 Mb/s 带宽下工作的 FDDI 相比，快速以太网具有许多的优点，最主要体现在快速以太网技术可以有效地保障用户在布线基础设施上的投资，它支持 3、4、5 类双绞线以及光纤的连接，能有效的利用现有的设施。

100 Mb/s 快速以太网标准又分为：100Base-TX、100Base-FX、100Base-T4 三个子类。

1. 100Base-TX

100Base-TX 是一种使用 5 类数据级无屏蔽双绞线或屏蔽双绞线的快速以太网技术。它使用两对双绞线，一对用于发送，一对用于接收数据。在传输中使用 4B/5B 编码方式，信号频率为 125 MHz。符合 EIA586 的 5 类布线标准和 IBM 的 SPT1 类布线标准。使用同 10Base-T 相同的 RJ-45 连接器。它的最大网段长度为 100 m。它支持全双工的数据传输。

### 2. 100Base-FX

100Base-FX 是一种使用光缆的快速以太网技术，可使用单模和多模光纤（62.5 μm 和 125 um）。多模光纤连接的最大距离为 550 m，单模光纤连接的最大距离为 3 000 m。在传输中使用 4B/5B 编码方式，信号频率为 125 MHz。它使用 MIC/FDDI 连接器、ST 连接器或 SC 连接器。它的最大网段长度为 150 m、412 m、2 000 m 或更长至 10 km，这与所使用的光纤类型和工作模式有关，它支持全双工的数据传输。100Base-FX 特别适合于有电气干扰的环境、较大距离连接或高保密环境等情况下的使用。

### 3. 100Base-T4

100Base-T4 是一种可使用 3、4、5 类无屏蔽双绞线或屏蔽双绞线的快速以太网技术。它使用 4 对双绞线，3 对用于传送数据，1 对用于检测冲突信号。在传输中使用 8B/6T 编码方式，信号频率为 25 MHz，符合 EIA586 结构化布线标准。它使用与 10Base-T 相同的 RJ-45 连接器，最大网段长度为 100 米。

常用的局域网协议如图 5-14 所示。

| 以太网类型 | 带宽 | 电缆类型 | 双工 | 最大距离 |
|---|---|---|---|---|
| 10Base-5 | 10 Mb/s | 同轴粗缆 | 半 | 500 m |
| 10Base-2 | 10 Mb/s | 同轴细缆 | 半 | 185 m |
| 100Base-TX | 10 Mb/s | 3 类/5 类 UTP | 半 | 100 m |
| 100Base-TX | 100 Mb/s | 5 类 UTP | 半 | 100 m |
| 100Base-FX | 200 Mb/s | 5 类 UTP | 全 | 100 m |
| 100Base-FX | 100 Mb/s | 多模光纤 | 半 | 400 m |

图 5-14 常用局域网协议对比图

## 5.3.4 局域网的组建

我们以图 5-15 所示的局域网为例，阐述组建该网络所需的过程和步骤。

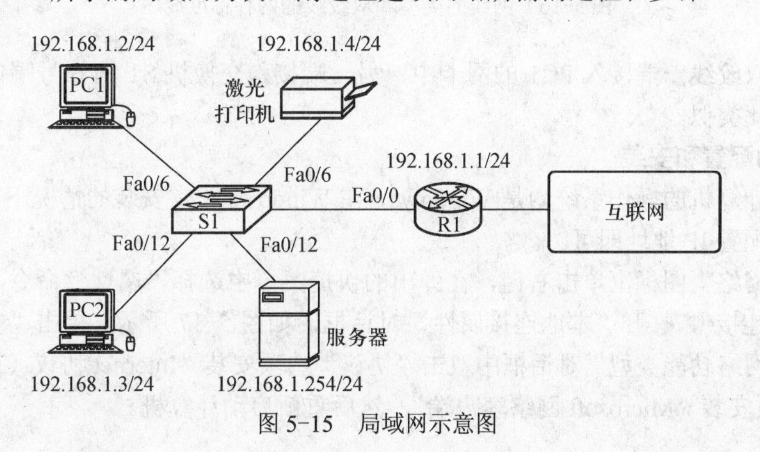


图 5-15 局域网示意图

在这个示意图中，我们设定局域网内共有 4 台设备，分别为 PC1、PC2、服务器、网络激光打印机。它们的 IP 地址分别为 192.168.1.2、192.168.1.3、192.168.1.4、192.168.1.254。该局域网通过路由器 R1 连入互联网，该网络的网关为 R1 的 Fa0/0 端口，其 IP 地址为 192.168.1.1。

### 1. 制作网线

由图 5-15 所知，该局域网采用星状拓扑结构，采用交换机和双绞线的模式，在该图中 Fa0/6 表示的是交换机 S1 的第 6 个局域网接口，其模式为双绞线模式。

水晶头的线序有两种，分别为 T568A、T568B。若网线的两端均为 T568A 或 T568B 则称该网线为直通电缆，若网线的两端分别为 T568A 和 T568B 则称该网线为交叉电缆。直通电缆用于链接异构设备，比如用于链接交换机和 PC、交换机和路由器。交叉电缆用于连接同构设备，比如用于连接 PC 与 PC、交换机与交换机、路由器与路由器、PC 与路由器。

T568A 的线序为：绿白、绿、橙白、蓝、蓝白、橙、棕白、棕。

T568B 的线序为：橙白、橙、绿白、蓝、蓝白、绿、棕白、棕。

连接 PC1 与交换机 S1 的 6 号端口的是双绞线，由图 5-16 知应采用直通电缆。

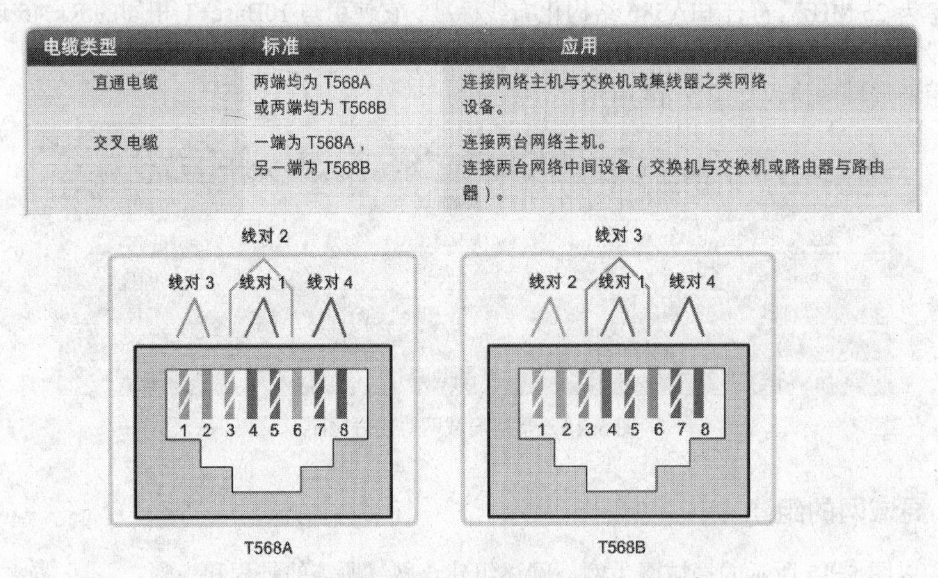

| 电缆类型 | 标准 | 应用 |
|---|---|---|
| 直通电缆 | 两端均为 T568A<br>或两端均为 T568B | 连接网络主机与交换机或集线器之类网络设备。 |
| 交叉电缆 | 一端为 T568A，<br>另一端为 T568B | 连接两台网络主机。<br>连接两台网络中间设备（交换机与交换机或路由器与路由器）。 |



图 5-16　网线的类型和双绞线的两种标准线序

把掐好的双绞线一端接入 PC1 的网卡中，另一端接入交换机 S1 的 6 号端口中即可。其他网线的连接与此类似。

### 2. 协议的配置和安装

假定每台计算机的操作系统均是 Windows，在 Windows 正常安装的情况下，只要正确添加网卡的协议和配置 IP 地址即可。

在桌面“网络”图标上单击右键，在弹出的快捷菜单中选择“属性”命令，在打开的窗口中单击“本地连接”，打开“本地连接属性”对话框，如图 5-17 所示。单击“安装”按钮，在弹出的“选择网络功能类型”对话框中双击“协议”选项安装“Internet 协议（TCP/IP）”、双击“客户端”选项安装“Microsoft 网络客户端”，然后重新启动计算机。

正常安装相关协议后，在“本地连接属性”对话框中选中“Internet 协议（TCP/IP）”选项，单击“属性”按钮，出现 IP 地址配置信息，如图 5-18 所示。

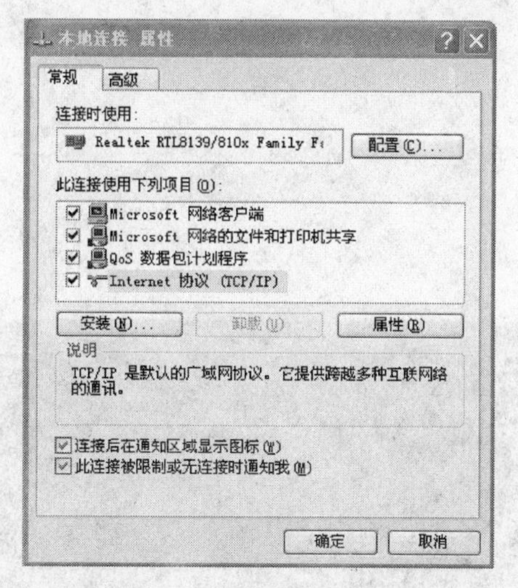

图 5-17 本地连接属性

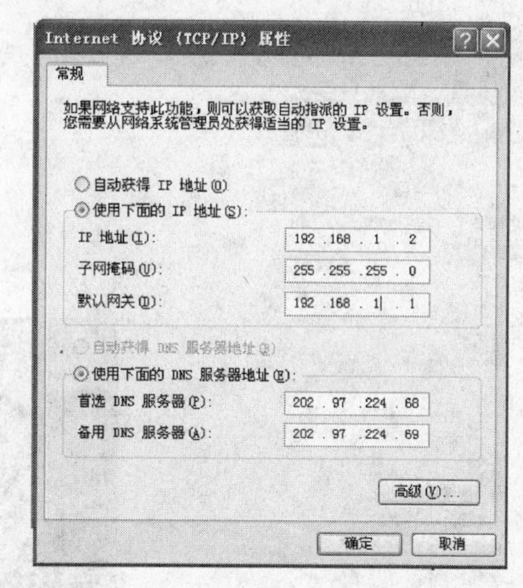

图 5-18 Internet 协议（TCP/IP）属性

正确填写 IP 地址、子网掩码、默认网关、DNS 服务器即可。按照同样的方法设置局域网中的每一台计算机。

### 3. 工作组的设置

局域网中的计算机应同属于一个工作组，才能相互访问。

在桌面“计算机”图标上单击右键，在弹出的快捷菜单中选择“属性”命令。在弹出的窗口中单击“计算机名”右侧的“更改设置”按钮，打开“系统属性”对话框。单击“计算机名”选项卡，并单击“更改”按钮，打开“计算机名称更改”对话框，如图 5-19 所示。在“隶属于”选项组中单击“工作组”选项，并在下面的文本框中输入工作组的名称，同时填写计算机名。按照同样的方法设置局域网中的每一台计算机，并使每台计算机的计算机名各不相同。

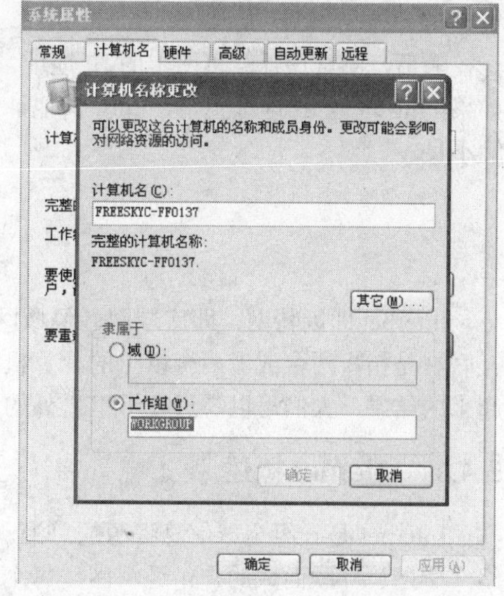

图 5-19 工作组和计算机名设置

### 4. 网络连通测试

（1）搜索计算机

首先，任选网中的一台计算机，在“开始”菜单的“运行”中输入要搜索主机的 IP 地址，如\\127.0.0.1，如图 5-20 所示。

（2）使用 Ping 命令

首先，任选局域网中的一台计算机，选择“开始”|“所有程序”|“附件”|“命令提示符”命令，进入“命令提示符”窗口。

接着，测试该计算机自己的 TCP/IP 协议是否在工作或者 TCP/IP 协议是否安装正确，输入“ping 127.0.0.1”，如图 5-21 所示。

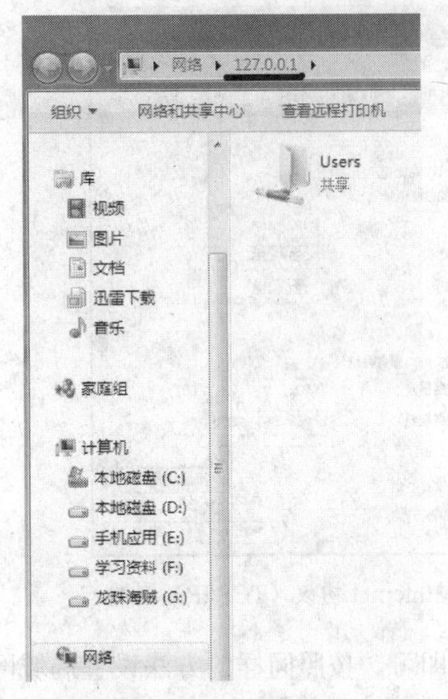


图 5-20　搜索计算机

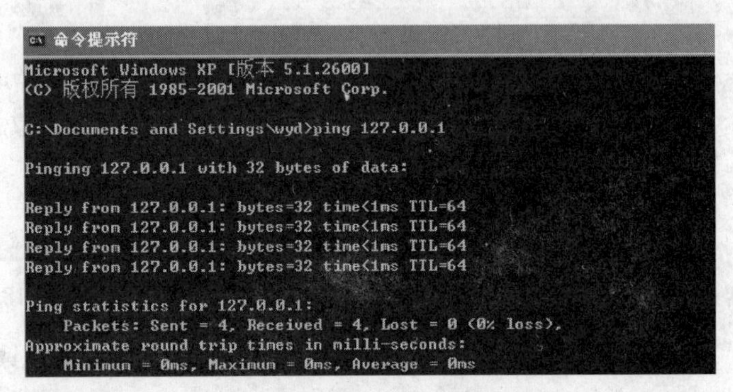


图 5-21　使用 Ping 命令结果图

随后，测试该计算机网卡的 IP 地址，即 Ping 该计算机网卡的 IP 地址，如 Ping 本机地址。如果 Ping 本地 IP 地址正常，Ping 其他计算机不响应，可能是网线有问题，或者网卡和网线接触不良。

## 5.4　Internet 简介

Internet 即因特网，即广域网、局域网及单机按照一定的通信协议组成的国际计算机网络。互联网是指将两台或者两台以上的计算机终端、客户端、服务端通过信息技术的手段互相联系起来的结果，人们可以与远在千里之外的朋友相互发送邮件、协同工作、共同娱乐。

### 5.4.1　Internet 概述

Internet 是一组全球信息资源的总汇。有一种粗略的说法，认为 Internet 是由于许多小的网络（子网）互联而成的一个逻辑网，每个子网中连接着若干台计算机（主机）。Internet 以相互交流信息资源为目的，基于一些共同的协议，并通过许多路由器和公共互联网连接而成，它是一个信息资源和资源共享的集合。计算机网络只是传播信息的载体，而 Internet 的优越性和实用性则在于本身。Internet 最高层域名分为机构性域名和地理性域名两大类，目前主要有 14 种机构性域名。

1995 年 10 月 24 日，联合网络委员会通过了一项有关决议：将互联网定义为全球性的信息系统。

① 把全球性的唯一的地址从逻辑上连接在一起。这个地址是建立在互联网协议（IP）或今后其他协议基础之上的。

② 可以通过传输控制协议和互联协议（TCP/IP），或者今后其他接替的协议或与互联协议（IP）兼容的协议来进行通信。

③ 可以让公共用户或者私人用户使用高水平的服务。这种服务是建立在上述通信及相关的基础设施之上的。

实际上由于互联网是划时代的，它不是为某一种需求设计的，而是一种可以接受任何新的需求的总的基础结构。你也可以从社会、政治、文化、经济、军事等各个层面去解释理解其意义和价值。

互联网迄今为止的发展，完全证明了网络的传媒特性。一方面，作为一种狭义的小范围的、私人之间的传媒，互联网是私人之间通信的极好工具。在互联网中，电子邮件始终是使用最为广泛也最受重视的一项功能。由于电子邮件的出现，人与人的交流更加方便，更加普遍了。另一方面，作为一种广义的、宽泛的、公开的、对大多数人有效的传媒，互联网通过大量的、每天至少有几千人甚至几十万人访问的网站，实现了真正的大众传媒的作用。互联网可以比任何一种方式都更快、更经济、更直观、更有效地把一个思想或信息传播开来。

### 5.4.2 TCP/IP 协议

TCP/IP 不是一个简单的协议，而是一组专业化的协议族，包括 TCP、IP、UDP、ARP、ICMP 以及其他的一些被称为子协议的协议。TCP/IP 的前身是由美国国防部在 20 世纪 60 年代末期开发的高级研究计划署网络（ARPANET）。由于低成本以及在多个不同平台间通信的可靠性，TCP/IP 迅速发展并开始流行。它实际上是一个关于因特网的标准，迅速成为局域网的首选协议。

对应于 OSI 模型的七层结构，TCP/IP 模型可被大致分为四层。

① 应用层：大致对应于 OSI 模型的应用层和表示层，借助于协议如 Winsock API、FTP（文件传送协议）、TFTP（普通文件传送协议）、HTTP（超文本传送协议），SMTP（简单邮件传送协议）以及 DHCP（动态主机配置协议），应用程序通过该层利用网络。

② 传输层：大致对应于 OSI 模型的会话层和传输层，包括 TCP（传输控制协议）以及 UDP（用户数据报协议），这些协议负责提供流控制、错误校验和排序服务。所有的服务请求都使用这些协议。

③ 互连网络层：对应于 OSI 模型的网络层，包括 IP（网际协议）、ICMP（因特网控制消息协议）、IGMP（因特网组报文协议）以及 ARP（地址解析协议）。这些协议处理信息的路由以及主机地址解析。

④ 网络接口层：大致对应于 OSI 模型的数据链路层和物理层。该层处理数据的格式化以及将数据传输到网络电缆。

网络中的每个节点必须有一个唯一的称之为地址的标识号。网络可以识别两类地址：逻辑和物理（或 MAC）地址。MAC 地址被嵌入进一个设备的网络接口卡中，因而是不可变的，但逻辑地址依赖于协议标准所制定的规则。在 TCP/IP 协议族中，IP 协议是负责逻辑编址的核心。因此，在 TCP/IP 网络中地址有时也被称为 IP 地址，IP 地址依据非常特定的参数进行分配和使用。

每个 IP 地址是一个唯一的 32 位数，被分割成 4 组，每组用句号分开，如 192.168.1.1。一个 IP 地址包含两类信息：网络和主机。第一个八位组标识网络类。存在三种类型的网络：A 类、B 类以及 C 类。表 5-1 总结了 TCP/IP 网络通用的三种类型。

表 5-1　常用的 IP 网络类型

| 类　别 | 开始的 8 位 | 网 络 数 目 | 每个网络中的主机数 |
| --- | --- | --- | --- |
| A | 1～126 | 126 | 16 777 214 |
| B | 128～191 | >16 000 | 65 534 |
| C | 192～233 | >2 000 000 | 254 |

#### 1. A 类 IP 地址

一个 A 类 IP 地址是指，在 IP 地址的四段号码中，第一段号码为网络号码，剩下的三段号码为本地计算机的号码。如果用二进制表示 IP 地址的话，A 类 IP 地址就由 1 字节的网络地址和 3 字节主机地址组成，网络地址的最高位必须是“0”。A 类 IP 地址中网络的标识长度为 7 位，主机标识的长度为 24 位，A 类网络地址数量较少，可以用于主机数为 1 600 多万台的大型网络。

A 类 IP 地址范围 1.0.0.1～126.255.255.254（二进制表示为：00000001 00000000 00000000 00000001～01111110 11111111 11111111 11111110）。

A 类 IP 地址的子网掩码为 255.0.0.0，每个网络支持的最大主机数为 $256^3-2=16\,777\,214$ 台。

#### 2. B 类 IP 地址

一个 B 类 IP 地址是指，在 IP 地址的四段号码中，前两段号码为网络号码，剩下的两段号码为本地计算机的号码。如果用二进制表示 IP 地址的话，B 类 IP 地址就由 2 字节的网络地址和 2 字节的主机地址组成，网络地址的最高位必须是“10”。B 类 IP 地址中网络的标识长度为 14 位，主机标识的长度为 16 位，B 类网络地址适用于中等规模的网络，每个网络所能容纳的计算机数为 6 万多台。

B 类 IP 地址范围 128.1.0.1～191.254.255.254（二进制表示为：10000000 00000001 00000000 00000001～10111111 11111110 11111111 11111110）。

B 类 IP 地址的子网掩码为 255.255.0.0，每个网络支持的最大主机数为 $256^2-2=65\,534$ 台。

#### 3. C 类 IP 地址

一个 C 类 IP 地址是指，在 IP 地址的四段号码中，前三段号码为网络号码，剩下的一段号码为本地计算机的号码。如果用二进制表示 IP 地址的话，C 类 IP 地址就由 3 字节的网络地址和 1 字节的主机地址组成，网络地址的最高位必须是“110”。C 类 IP 地址中网络的标识长度为 21 位，主机标识的长度为 8 位，C 类网络地址数量较多，适用于小规模的局域网络，每个网络最多只能包含 254 台计算机。

C 类 IP 地址范围 192.0.1.1～223.255.254.254（二进制表示为：11000000 00000000 00000001 00000001～11011111 11111111 11111110 11111110）。

C 类 IP 地址的子网掩码为 255.255.255.0，每个网络支持的最大主机数为 256−2=254 台。

### 5.4.3　Internet 的主要应用

网络应用日新月异，功能日益强大，图 5-22 是我国 2009—2010 年度网络应用情况对比图。

| | 2010年 | | 2009年 | | |
|---|---|---|---|---|---|
| 应用 | 用户规模（万） | 使用率 | 用户规模（万） | 使用率 | 增长率 |
| 搜索引擎 | 37453 | 81.9% ↑ | 28134 | 73.3% | 33.1% |
| 网络音乐 | 36218 | 79.2% ↓ | 32074 | 83.5% | 12.9% |
| 网络新闻 | 35304 | 77.2% ↓ | 30769 | 80.1% | 14.7% |
| 即时通信 | 35258 | 77.1% ↑ | 27233 | 70.9% | 29.5% |
| 网络游戏 | 30410 | 66.5% ↓ | 26454 | 68.9% | 15.0% |
| 博客应用 | 29450 | 64.4% ↑ | 22140 | 57.7% | 33.0% |
| 网络视频 | 28398 | 62.1% ↓ | 24044 | 62.6% | 18.1% |
| 电子邮件 | 24969 | 54.6% ↓ | 21797 | 56.8% | 14.6% |
| 社交网站 | 23505 | 51.4% ↑ | 17587 | 45.8% | 33.7% |
| 网络文学 | 19481 | 42.6% ↑ | 16261 | 42.3% | 19.8% |
| 网络购物 | 16051 | 35.1% ↑ | 10800 | 28.1% | 48.6% |
| 论坛/BBS | 14817 | 32.4% ↑ | 11701 | 30.5% | 26.6% |
| 网上银行 | 13948 | 30.5% ↑ | 9412 | 24.5% | 48.2% |
| 网上支付 | 13719 | 30.0% ↑ | 9406 | 24.5% | 45.9% |
| 网络炒股 | 7088 | 15.5% ↑ | 5678 | 14.8% | 24.8% |
| 微博 | 6311 | 13.8% | – | – | – |
| 旅行预订 | 3613 | 7.9% → | 3024 | 7.9% | 19.5% |
| 团购 | 1875 | 4.10% | – | – | – |

图 5-22　网络应用对比图

从图 5-22 中可以看出目前互联网应用主要集中在以下几方面。

**1. 信息获取**

（1）搜索引擎

搜索引擎（search engine）是指根据一定的策略、运用特定的计算机程序从互联网上搜集信息，在对信息进行组织和处理后，为用户提供检索服务，将用户检索相关的信息展示给用户的系统。

搜索引擎已经成为网民上网的主要入口，而互联网门户的地位也由传统的新闻门户网站向搜索引擎网站过渡。

常见的搜索引擎网站主要有 www.baidu.com 等。

（2）网络新闻

网络新闻是突破传统的新闻传播概念，在视、听、感方面给受众全新的体验。它将无序化的新闻进行有序的整合，并且大大压缩了信息的厚度，让人们在最短的时间内获得最有效的新闻信息。不仅如此，未来的网络新闻将不再受传统新闻发布者的限制，受众可以发布自己的新闻，并在短时间内获得更快的传播，而且新闻将成为人们互动交流的平台。网络新闻将随着人们认识的提高向着更深的层次发展，这将完全颠覆网络新闻的传统概念。

互联网已经发展成为网民获取新闻资讯的主要媒介之一。随着网络技术和应用的飞速发展，新闻传播机制的变革加快。其一，手机上网、微博等新兴网络媒体的快速发展，为用户上传信息提供了便捷的渠道，推动了互联网用户产生内容的快速增长，网络新闻的来源更加丰富；其二，网民获取新闻资讯的渠道更加多样。其三，社交网络凭借用户间的交互性，在新闻资讯传播中发挥重要作用，提高了新闻传播的速度、广度和深度。随着新闻传播渠道的更加多元和高度融合，网络新闻内容的生产和消费行为快速扩展，未来网络新闻市场将更加繁荣。

常见的新闻网站主要有：www.news.sina.com.cn、www.news.sohu.com。

**2. 商务交易**

（1）网络购物

网上购物，就是通过互联网检索商品信息，并通过电子订购单发出购物请求，然后填上私人支票账号或信用卡的号码，厂商通过邮购的方式发货，或是通过快递公司送货上门。国内的网上购物，一般付款方式是款到发货（直接银行转账，在线汇款）。担保交易（淘宝支付宝，百度百付宝，腾讯财付通等），货到付款等。

2010年，政府出台了一系列的鼓励和规范文件，对网络购物的扶植和促进力度明显加大。市场层面，传统企业加速进军网络零售市场，带动了网货市场的繁荣和服务水平升级；伴随着团购等新型业态迅速兴起，网上商品的价格优势深入人心，也开辟了餐饮、健身等服务型商品的网销渠道；经营了近十年的B2C企业也在2010年迎来了首轮上市，电商企业的服务能力和影响力进一步提升，网购的优势得到进一步凸显，有力地推动了网络购物用户规模的高速增长。

常见的网络购物网站主要有：www.taobao.com、www.360buy.com。

（2）团购

团购就是团体购物，指的是认识的或者不认识的消费者联合起来，来加强与商家的谈判能力，以求得最优价格的一种购物方式。根据薄利多销、量大价优的原理，商家可以给出低于零售价格的团购折扣和单独购买得不到的优质服务。团购作为一种新兴的电子商务模式，通过消费者自行组团、专业团购网站、商家组织团购等形式，提升用户与商家的议价能力，并极大程度地获得商品让利，引起消费者及业内厂商、甚至是资本市场关注。团购的商品价格更为优惠，尽管团购还不是主流消费模式，但它所具有的影响力已逐渐显露出来。现在团购的主要方式是网络团购。截至2010年年底，几乎所有中国互联网巨头都已涉足团购行业。团购网站作为互联网业界盈利与增强用户黏性的有效工具，迅速普及，推动了团购行业的发展。

常见的网络团购网站主要有：www.lashou.com、www.meituan.com。

（3）网上支付

网上支付是电子支付的一种形式，它是通过第三方提供的与银行之间的支付接口进行的即时支付方式，这种方式的好处在于可以直接把资金从用户的银行卡中转账到网站账户中，汇款马上到账，不需要人工确认。客户和商家之间可采用信用卡、电子钱包、电子支票和电子现金等多种电子支付方式进行网上支付，采用在网上电子支付的方式节省了交易的开销。

一是网络购物依然是网民接受网上支付的重要渠道，网络购物市场的火爆拉动网上支付快速发展。二是除了传统网络购物外，航空、保险、基金等行业都开始积极布局网上支付。这些行业资金流转量更大，是网上支付的进一步拓展加深发展。三是手机支付作为网上支付的重要组成部分，推动网上支付快速发展。各主流网上支付服务提供商、银行及运营商都在加大对手机支付的投入，2010年9月1日起施行的手机预付卡实名制及3G用户的快速增长都推动了手机支付快速发展。

**3. 交流沟通**

（1）即时通信

即时通信（instant messaging，IM）是一个终端服务，允许两人或多人使用网络即时的传递文字信息、档案、语音与视频交流。

即时通信是一个终端连往一个即时通信网路的服务。即时通信不同于 E-mail，它的交谈是即时的，显示联络人名单以及联络人是否在线上。

即时通信软件让您可以快速建立好友名单。一旦您设定好友名单，您就可以看到此刻有哪些好友正在线上。假如您欲交谈的好友正在线上，您就能够通过网络文字、语音或视频，简单而快速的与好友进行即时交谈。假如对方目前不在线，您仍然可以送出文字信息，对方将会在下次上线时看到离线留言。

受欢迎的即时通信软件包括 OICQ、MSN Messenger 等。

（2）博客

博客（Blog）一词源于 Weblog（网络日志），是一种十分简易的个人信息发布方式。让任何人都可以像免费电子邮件的注册、写作和发送一样，完成个人网页的创建、发布和更新。如果把论坛（BBS）比喻为开放的广场，那么博客就是你的开放空间。可以充分利用超文本链接、网络互动、动态更新的特点，在你不停息的网上航行中，精选并链接全球互联网中最有价值的信息、知识与资源；也可以将你个人工作过程、生活故事、思想历程、闪现的灵感等及时记录和发布，发挥您个人无限的表达力；更可以以文会友，结识和汇聚朋友，进行深度交流沟通。

博客是一种通常由个人管理、不定期发表新文章的网站。博客上的文章通常根据发表时间，以倒序方式由新到旧排列。许多博客专注在特定的课题上提供评论或新闻，其他则被作为个人的日记。一个典型的博客结合了文字、图像、其他博客或网站的链接及其他与主题相关的媒体。能够让读者以互动的方式留下意见，是许多博客的重要要素。大部分的博客内容以文字为主，仍有一些博客专注在艺术、摄影、视频、音乐、播客等各种主题。博客是社会媒体网络的一部分。

（3）微博

微博，即微博客（MicroBlog）的简称，是一个基于用户关系的信息分享、传播以及获取平台，用户可以通过 Web、WAP 以及各种客户端组建个人社区，以 140 字左右的篇幅更新信息，并实现即时分享。最早也是最著名的微博是美国的 twitter，根据相关公开数据，截至 2010 年 1 月份，该产品在全球已经拥有 7 500 万注册用户。2009 年 8 月份中国最大的门户网站新浪网推出“新浪微博”内测版，成为国内门户网站中第一家提供微博服务的网站，微博正式进入中文上网主流人群的视野。微博凭借平台的开放性、终端扩展性、内容简洁性和低门槛等特性，在网民中快速渗透，发展成为一个重要的社会化媒体。具体体现在：其一，微博成为网民获取新闻时事、人际交往、自我表达、社会分享以及社会参与的重要媒介；其二，微博成为社会公共舆论、企业品牌和产品推广、传统媒体传播的重要平台。

微博作为快速发展的新兴网络应用，对互联网产业将产生深远影响。第一，微博正在发展成为重要的新闻源，使新闻媒体的传播形态发生变化；第二，微博与即时通信、博客、社交网站用户的高度重合，将对其他社交网络应用市场产生较大影响。同时，将加快社交网络的平台化发展；第三，微博信息的即时性、碎片化等特征，将加快实时搜索等网络服务的技术开发和应用。

（4）电子邮件

电子邮件的工作过程遵循客户-服务器模式。每份电子邮件的发送都要涉及发送方与接收方，发送方构成客户端，而接收方构成服务器，服务器含有众多用户的电子信箱。发送方通过邮件客户程序，将编辑好的电子邮件向 SMTP 服务器发送。SMTP 服务器识别接收者的地址，并向管理该地址的 POP3 服务器发送消息。POP3 服务器将消息存放在接收者的电子信箱内，并告知接收者有新邮件到来。接收者通过邮件客户程序连接到服务器后，就会看到服务器的通知，进而打开自己的电子信箱来查收邮件。

通常 Internet 上的个人用户不能直接接收电子邮件，而是通过申请 ISP 主机的一个电子信箱，由 ISP 主机负责电子邮件的接收。一旦有用户的电子邮件到来，ISP 主机就将邮件移到用户的电子信箱内，并通知用户有新邮件。因此，当发送一封电子邮件给另一个客户时，电子邮件首先从用户计算机发送到 ISP 主机，再到 Internet，再到收件人的 ISP 主机，最后到收件人的计算机。

ISP 主机起着“邮局”的作用，管理着众多用户的电子信箱。每个用户的电子信箱实际上就是用户所申请的账户名。每个用户的电子邮件信箱都要占用 ISP 主机一定容量的硬盘空间，由于这一空间是有限的，因此用户要定期查收和阅读电子信箱中的邮件，以便腾出空间来接收新的邮件。

电子邮件在发送与接收过程中都要遵循 SMTP、POP3 等协议，这些协议确保了电子邮件在各种不同系统之间的传输。其中，SMTP 负责电子邮件的发送，而 POP3 则用于接收 Internet 上的电子邮件。

常见的提供电子信箱的网站是：www.126.com、www.163.com。

**4. 网络娱乐**

（1）网络游戏

网络游戏（online game）又称在线游戏，简称网游，指以互联网为传输媒介，以游戏运营商服务器和用户计算机为处理终端，以游戏客户端软件为信息交互窗口，旨在实现娱乐、休闲、交流和取得虚拟成就，具有相当可持续性的多人在线游戏。

（2）网络文学

网络文学指新近产生的以互联网为展示平台和传播媒介的，借助超文本链接和多媒体演绎等手段来表现的文学作品、类文学文本及含有一部分文学成分的网络艺术品。其中，以网络原创作品为主。

由于借助强大的网络媒介，网络文学具有多样性、互动性和知识产权保护困难的特点。其形式可以类似传统文学，也可以是博文、帖子等非传统文体。实时回复、实时评论和投票是网络文学的重要特征。由于网络文学传播的便捷，导致知识产权不易受到保护。

需要注意的是：网络文学与传统文学不是对立的两极，而是互相渗透的有机体系。不少传统文学通过电子化成为了网络文学的一部分；网络文学的作者也都接受过传统文学的熏陶。同时，网络文学通过出版进入了传统文学领域，并依靠网络巨大的影响力，成为流行文化的重要组成部分，进而影响到传统文学。

（3）网络视频

网络视频是指由网络视频服务商提供的、以流媒体为播放格式的、可以在线直播或点播的视频文件。网络视频一般需要独立的播放器，文件格式主要是基于 P2P 技术、占用客户端资源较少的 flv 流媒体格式。

常见的提供网络视频的主要客户端有：pplive、ppstream。

# 5.5 网页制作简介

## 5.5.1 HTML 语言

HTML（hypertext markup language）即超文本置标语言，是 WWW 的描述语言。HTML 语言的目的是为了能把存放在一台电脑中的文本或图形与另一台电脑中的文本或图形方便地联系在一起，形成有机的整体，人们不用考虑具体信息是在当前电脑上还是在网络的其他电脑上。只需使用鼠标在某一文档中点取一个图标，Internet 就会马上转到与此图标相关的内容上去，而这些信息可能存放在网络的另一台电脑中。HTML 文本是由 HTML 命令组成的描述性文本，HTML 命令可以说明文字、图形、动画、声音、表格、链接等。HTML 的结构包括头部（head）、主体（body）两大部分，其中头部描述浏览器所需的信息，而主体则包含所要说明的具体内容。

另外，HTML 是网络的通用语言，一种简单、通用的全置标语言。它允许网页制作人建立文本与图片相结合的复杂页面，这些页面可以被网上任何其他人浏览，无论使用的是什么类型的电脑或浏览器。

### 1. 基本结构

一个 HTML 文档是由一系列的元素和标签组成，元素名不区分大小写。HTML 用标签来规定元素的属性和它在文件中的位置。

HTML 超文本文档分文档头和文档体两部分，在文档头里，对这个文档进行了一些必要的定义，文档体中才是要显示的各种文档信息。

下面是一个最基本的 HTML 文档的代码：1-1.html

```
<html>
        <head>
                <title> 欢迎来到黑龙江工程学院 </title>
        </head>
        <body>
                <p>这是我的第一个网页,点击这里
                        <a href="http://www.hljit.edu.cn/">
                                进入黑龙江工程学院</a></p>
        </body>
</html>
```

（1）html 标签

html 标签是成对出现的，以<html>开始，以</html>结束

<html></html>在文档的最外层，文档中的所有文本和标签都包含在其中，它表示该文档是以超文本标识语言（HTML）编写的。

（2）head 标签

<head></head>是 HTML 文档的头部标签，在浏览器窗口中，头部信息是不被显示在正文中的，在此标签中可以插入其他标记，用以说明文件的标题和整个文件的一些公共属性。

（3）title 标签

<title>和</title>是嵌套在<head>头部标签中的，标签之间的文本是文档标题，它被显示在浏览器窗口的标题栏。

（4）body 标签

<body> </body>标记一般不省略，标签之间的文本是正文，是在浏览器要显示的页面内容。

**2. 扩展 HTML 语言**

XHTML 1.0 是一种在 HTML 4.0 基础上优化和改进的新语言，目的是基于 XML 应用。XHTML 是一种增强的 HTML，它的可扩展性和灵活性将适应未来网络应用更多的需求。XML 虽然数据转换能力强大，完全可以替代 HTML，但面对成千上万已有的基于 HTML 语言设计的网站，直接采用 XML 还为时过早。因此，在 HTML4.0 的基础上，用 XML 的规则对其进行扩展，得到了 XHTML。

XHTML 是当前 HTML 版的继承者。HTML 语法要求比较松散，这样对网页编写者来说，比较方便，但对于机器来说，语言的语法越松散，处理起来就越困难，对于传统的计算机来说，还有能力兼容松散语法，但对于许多其他设备，比如手机，难度就比较大。因此产生了由 DTD 定义规则，语法要求更加严格的 XHTML。大部分常见的浏览器都可以正确地解析 XHTML，即使老一点的浏览器，XHTML 作为 HTML 的一个子集，许多也可以解析。也就是说，几乎所有的网页浏览器在正确解析 HTML 的同时，可兼容 XHTML。当然，从 HTML 完全转移到 XHTML，还需要一个过程。与 CSS（cascading style sheet，层叠式样式表）结合后，XHTML 能发挥真正的威力；这使实现样式跟内容的分离的同时，又能有机地组合网页代码，在另外的单独文件中，还可以混合各种 XML 应用，如 MathML、SVG。从 HTML 到 XHTML 过渡的变化比较小，主要是为了适应 XML。最大的变化在于文档必须是良构的，所有标签必须闭合，也就是说开始标签要有相应的结束标签。另外，XHTML 中所有的标签必须小写。而按照 HTML 2.0 以来的传统，很多人都是将标签大写，这点两者的差异显著。

### 5.5.2 Dreamweaver 概述

**1. 窗口布局**

Dreamweaver MX 2004 提供了将全部元素置于一个窗口中的集成工作区。在集成工作区中，全部窗口和面板集成在一个应用程序窗口中。您可以选择面向设计人员的布局或面向手工编码人员的布局。首次启动 Dreamweaver 时，会出现一个工作区设置对话框，可以从中选择一种工作区布局。如果您不熟悉编写代码，请您选择“设计者”。如果您以后想更改工作区，可以使用编辑菜单“首选参数”对话框切换到一种不同的工作区。之后进入 Dreamweaver 工作界面，如

图 5-23 所示。

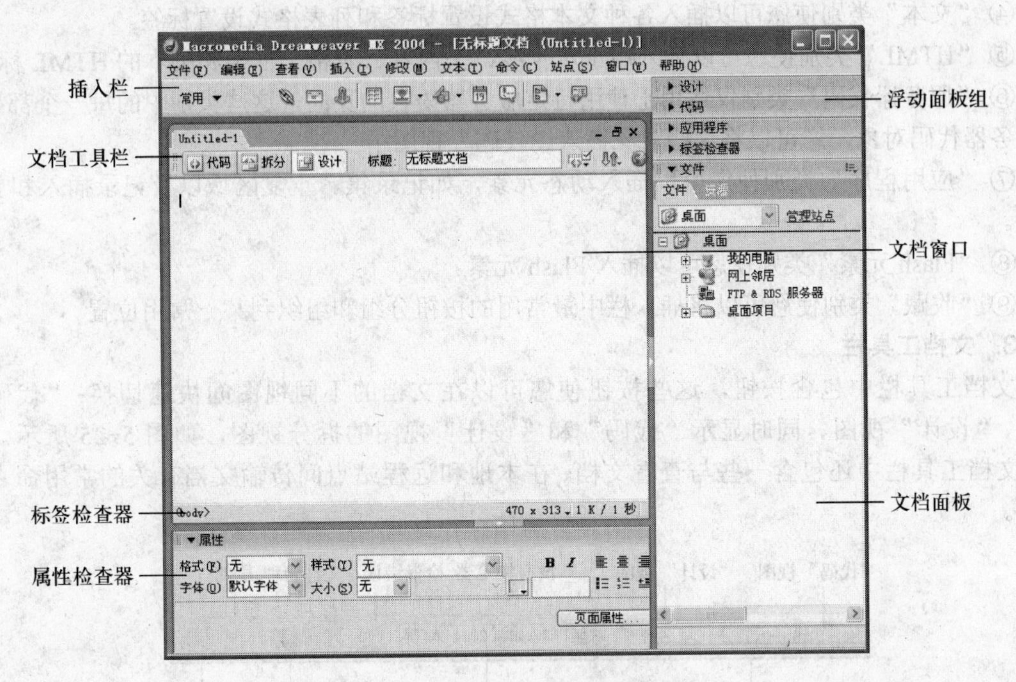


图 5-23 Dreamweaver 窗口布局图

## 2. 插入栏

插入栏（如图 5-24 所示）：包含用于将各种类型的对象（如图像、表格和层）插入到文档中的按钮。每个对象都是一段 HTML 代码，允许您在插入它时设置不同的属性。例如，您可以通过单击插入栏中的“表格”按钮插入一个表格。也可以不使用插入栏而使用“插入”菜单插入对象。

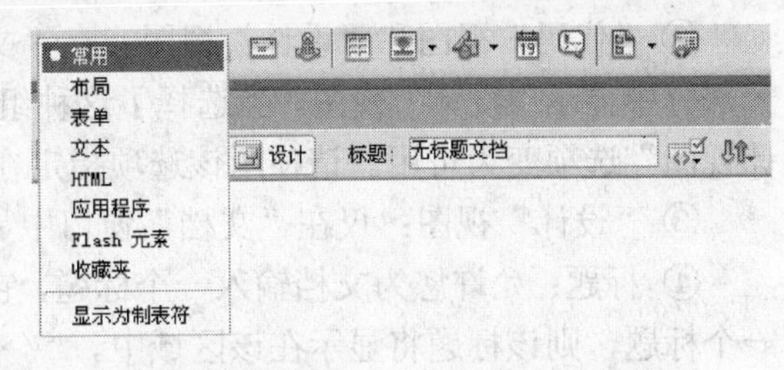


图 5-24 Dreamweaver 插入栏

插入栏包含用于创建和插入对象（如图像、表格和层）的按钮。当鼠标指针滚动到一个按钮上时，会出现一个工具提示，其中含有该按钮的名称。

某些类别具有带弹出菜单的按钮。从弹出菜单中选择一个选项时，该选项将成为该按钮的默认操作。例如，如果从“图像”按钮的弹出菜单中选择“图像占位符”，下次单击“图像”按钮时，Dreamweaver 会插入一个图像占位符。每当从弹出菜单中选择一个新选项时，该按钮的默认操作都会改变。

插入栏按以下的类别进行组织：

①“常用”类别使您可以创建和插入最常用的对象，如图像和表格。

②“布局”类别使您可以插入表格、div 标签、层和框架。您还可以从三个表格视图中进行选择：“标准”（默认）、“扩展表格”和“布局”。当选择“布局”模式后，您可以使用 Dreamweaver 布局工具——“绘制布局单元格”和“绘制布局表格”。

③“表单”类别包含用于创建表单和插入表单元素的按钮。

④“文本”类别使您可以插入各种文本格式设置标签和列表格式设置标签。

⑤“HTML”类别使您可以插入用于水平线、头内容、表格、框架和脚本的 HTML 标签。

⑥“服务器代码”类别仅适用于使用特定服务器语言的页面，这些类别中的每一个都提供了服务器代码对象，您可以将这些对象插入“代码”视图中。

⑦“应用程序”类别使您可以插入动态元素，如记录集、重复区域以及记录插入和更新表单。

⑧“Flash 元素”类别使您可以插入 Flash 元素。

⑨“收藏”类别使您可以将插入栏中最常用的按钮分组和组织到某一常用位置。

### 3. 文档工具栏

文档工具栏中包含按钮，这些按钮使您可以在文档的不同视图间快速切换：“代码”视图、“设计”视图、同时显示“代码”和“设计”视图的拆分视图，如图 5-25 所示。此外，文档工具栏中还包含一些与查看文档、在本地和远程站点间传输文档有关的常用命令和选项。

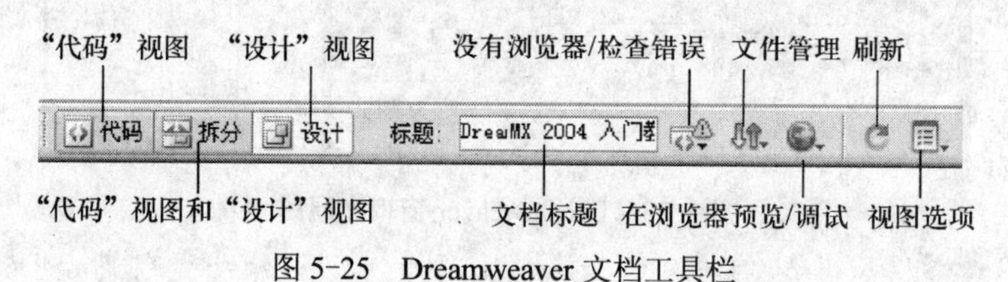


图 5-25　Dreamweaver 文档工具栏

以下对选项进行说明：

①“代码”视图：仅在“文档”窗口中显示“代码”视图。

②“代码”视图和“设计”视图　在“文档”窗口的一部分中显示“代码”视图，而在另一部分中显示“设计”视图。当选择了这种组合视图时，“视图选项”菜单中的“在顶部查看设计视图”选项变为可用。请使用该选项指定在“文档”窗口的顶部显示哪种视图。

③“设计”视图：仅在“文档”窗口中显示“设计”视图。

④ 标题：允许您为文档输入一个标题，它将显示在浏览器的标题栏中。如果文档已经有了一个标题，则该标题将显示在该区域中。

⑤ 没有浏览器/检查错误：使您可以检查跨浏览器兼容性。

⑥ 文件管理：显示“文件管理”弹出菜单。

⑦ 在浏览器中预览/调试：在浏览器中预览或调试文档。从弹出菜单中选择一个浏览器。

⑧ 刷新：当您在“代码”视图中进行更改后刷新文档的“设计”视图。

⑨ 视图选项：允许您为“代码”视图和“设计”视图设置选项。

### 4.“属性检查器”窗口

“属性检查器”窗口（如图 5-26 所示）：用于查看和更改所选对象或文本的各种属性。

### 5.“浮动面板组”窗口

“浮动面板组”窗口（如图 5-27 所示）是分组在某个标题下面的相关面板的集合。若要展开一个面板组，请单击组名称左侧的展开箭头；若要取消停靠一个面板组，请拖动该组标题条左边缘的手柄。

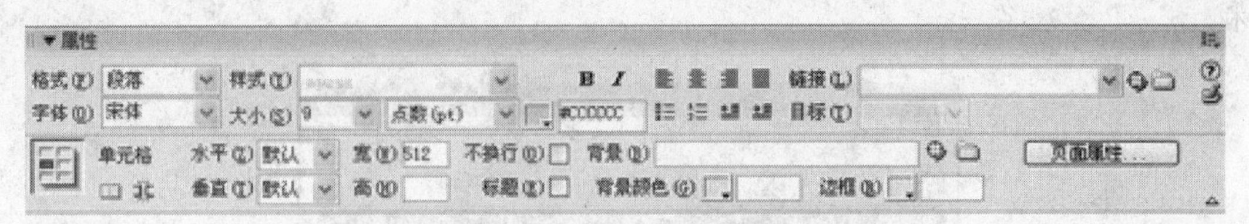


图 5-26　Dreamweaver“属性检查器”窗口

### 6. 设置站点

Web 站点是一组具有如相关主题、类似的设计、链接文档和资源。Dreamweaver MX 2004 是一个站点创建和管理工具，因此使用它不仅可以创建单独的文档，还可以创建完整的 Web 站点。创建 Web 站点的第一步是规划。为了达到最佳效果，在创建任何 Web 站点页面之前，应对站点的结构进行设计和规划。决定要创建多少页，每页上显示什么内容，页面布局的外观以及页面是如何互相链接起来的。

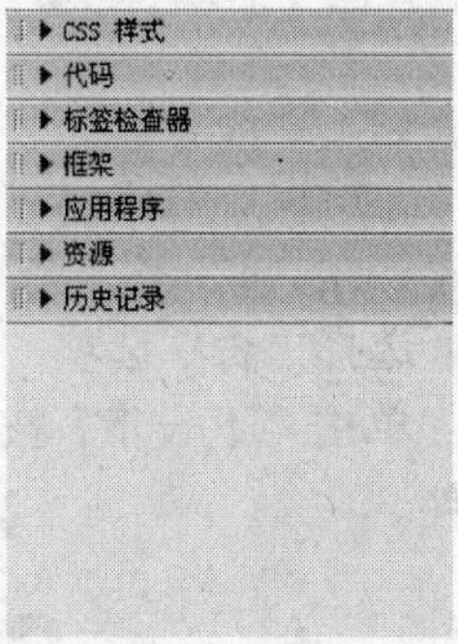

请执行以下操作：

（1）启动 Dreamweaver MX 2004

（2）启动“管理站点”

选择“站点”|“管理站点”。出现“管理站点”对话框。

（3）创建新站点

图 5-27　Dreamweaver“浮动面板组”窗口

在“管理站点”对话框中，单击“新建”按钮，然后从弹出式菜单中选择“站点”，出现“站点定义”对话框。如果对话框显示的是“高级”选项卡，则单击“基本”。出现“站点定义向导”的第一个界面，要求您为站点输入一个名称，如图 5-28 所示。

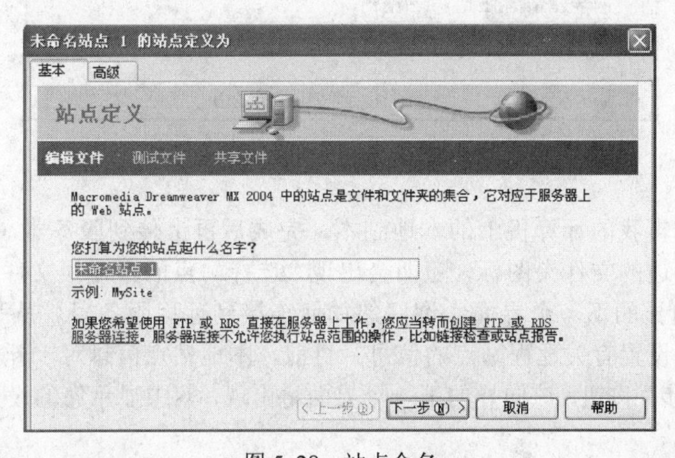


图 5-28　站点命名

在文本框中，输入一个名称以在 Dreamweaver MX 2004 中标识该站点，该名称可以是任何所需的名称。

单击“下一步”按钮，出现向导的下一个界面，如图 5-29 所示。询问您是否要使用服务器技术。

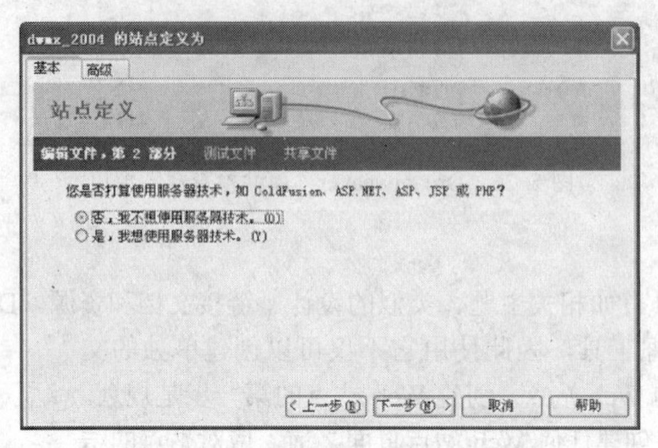

图 5-29　选择是否使用服务器技术

选择“否”选项，指示目前该站点是一个静态站点，没有动态网页。

单击“下一步”按钮，出现向导的下一个界面，如图 5-30 所示。询问您要如何使用您的文件。

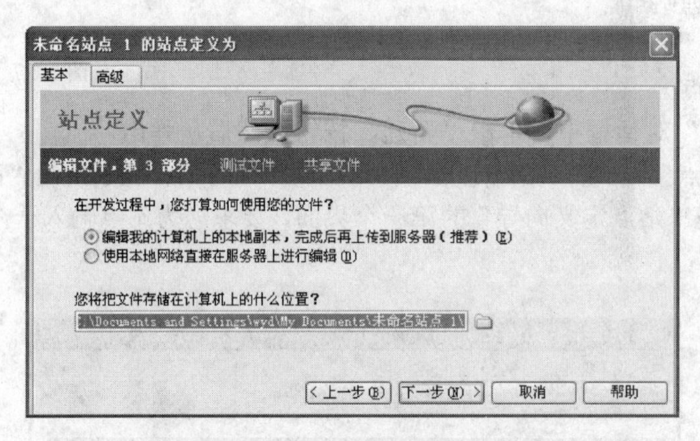

图 5-30　选择文件使用方式

选择标有“编辑我的计算机上的本地副本，完成后再上传到服务器（推荐）”的选项。单击下方文本框旁边的文件夹图标，随即会出现“选择站点的本地根文件夹”对话框。单击“下一步”，出现向导的下一个界面，询问您如何连接到远程服务器。从弹出式菜单中选择“无”，您可以稍后设置有关远程站点的信息。目前，本地站点信息对于开始创建网页已经足够了。单击“下一步”按钮，该向导的下一个界面将出现，其中显示您的设置概要，如图 5-31 所示。

单击“完成”按钮完成设置。随即出现“管理站点”对话框，显示您的新站点。单击“完成”按钮关闭“管理站点”对话框。

现在，已经为站点定义了一个本地根文件夹。下一步，可以编辑自己的网页了。

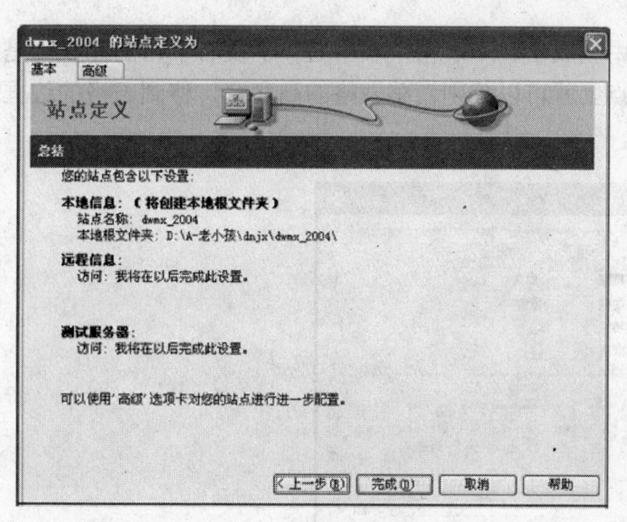


图 5-31　站点设置概要

### 5.5.3　Dreamweaver 页面制作

以下边的简单网页为例，叙述一下制作过程。简单网页如图 5-32 所示。

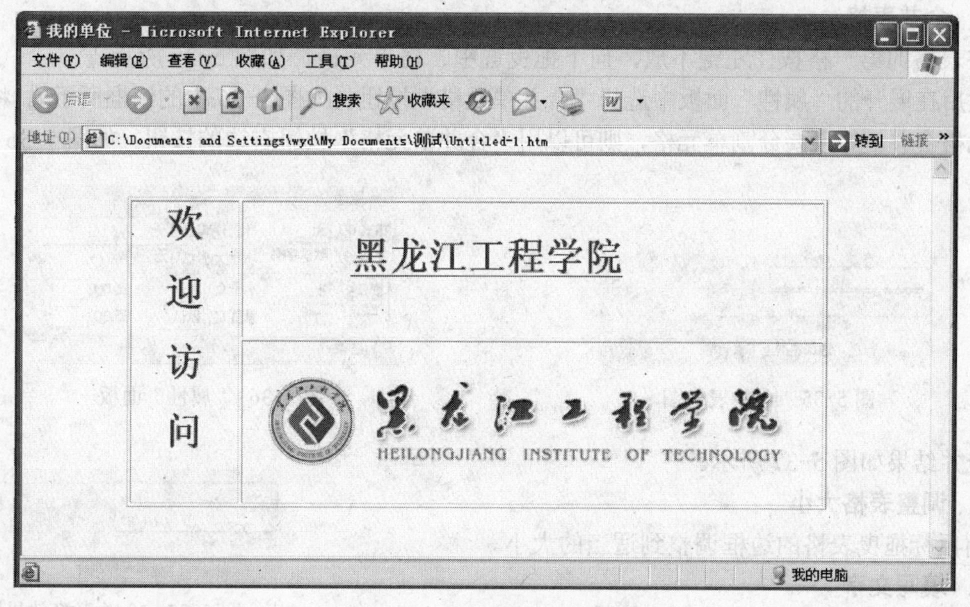


图 5-32　网页例子效果图

#### 1. 插入表格

在插入栏中选择按钮或选择菜单“插入”|“表格”命令，系统弹出“表格”对话框如图 5-33 所示。填写行数为 2，列数为 2，其余的参数都保留其默认值。

### 2. 调整表格

在编辑视图界面中生成了一个表格，表格右、下及右下角的黑色点是调整表格的高和宽的调整柄。当光标移到点上就可以分别调整表格的高和宽，移到表格的边框线上也可以调整，如图 5-34 所示。

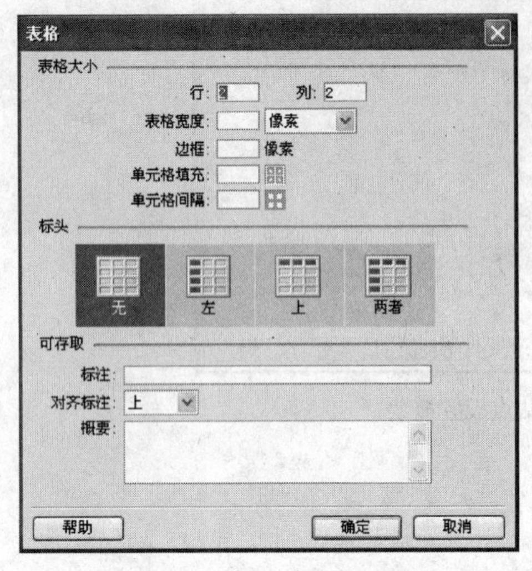


图 5-33 “表格”对话框

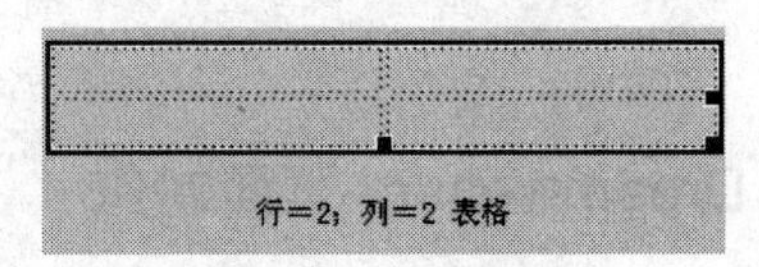


图 5-34 调整表格图

### 3. 合并表格

在表格的第一格按住左键不放，向下拖曳选中二格单元格，如图 5-35 所示。

然后在展开的“属性”面板中选择“合并单元格”按钮（如图 5-36 中的红框所示）。将表格的单元格合并。如果要分割单元格，则可以用“合并单元格”按钮右边的按钮，如图 5-36 所示。

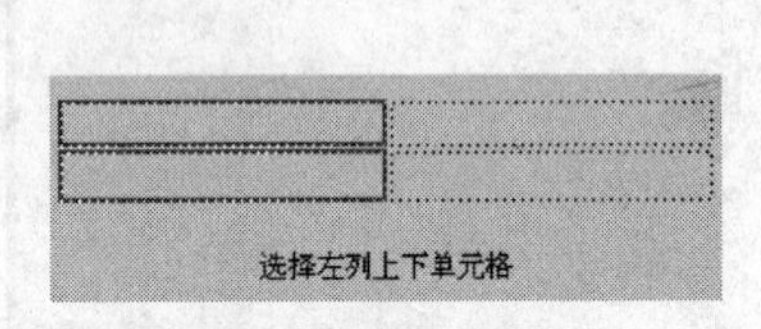


图 5-35 合并表格图

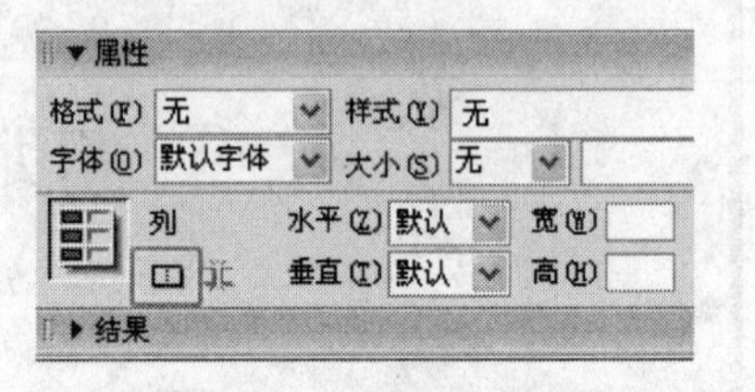


图 5-36 “属性”面板

合并结果如图 5-37 所示。

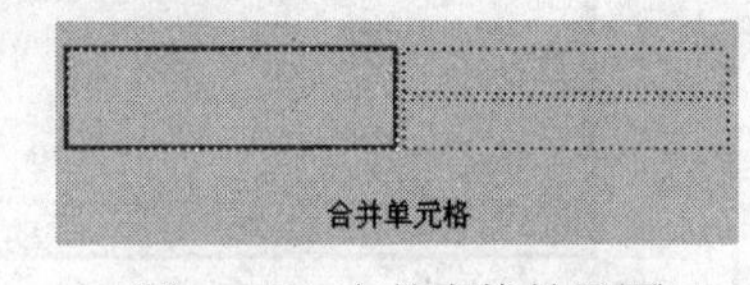


图 5-37 合并表格效果图

### 4. 调整表格大小

用鼠标拖曳表格的边框调整到适当的大小。

### 5. 填写文字

在左侧、上侧单元格中分别写入“欢迎访问”和“黑龙江工程学院”。

### 6. 填写链接地址

选中“黑龙江工程学院”在属性检查器中的链接处，填写黑龙江工程学院的网址 http://www.hljit.edu.cn，如图 5-38 所示。

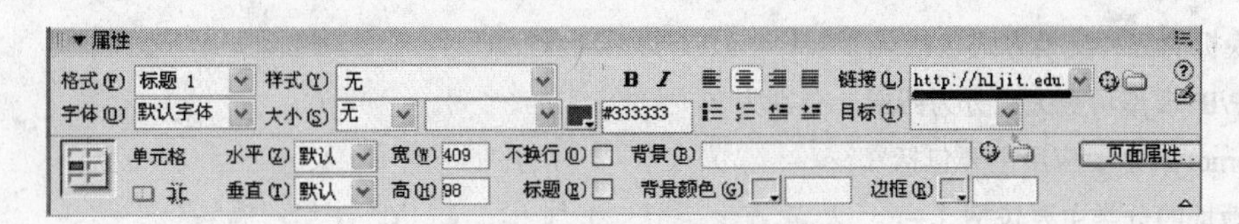


图 5-38 填写链接地址

**7. 插入图像**

选择以下任意一种方法：

（1）使用“插入”菜单

在“插入”菜单选“图像”命令，弹出“选择图像源文件”对话框，选中该图像文件，单击“确定”按钮。

（2）使用插入栏

单击插入栏的“图像”按钮，弹出“选择图像源文件”对话框，其余操作同上，如图 5-39 所示。

图 5-39 插入图像

（3）使用面板组“资源”面板

单击图像按钮，展开根目录的图片文件夹，选定该文件，用鼠标拖动至工作区合适位置。在右下的单元格内添加相应的图片，单击该图片，在属性检查器中添加网址，如图 5-40 所示。

完成后，保存页面，按 F12 键预览网页效果。

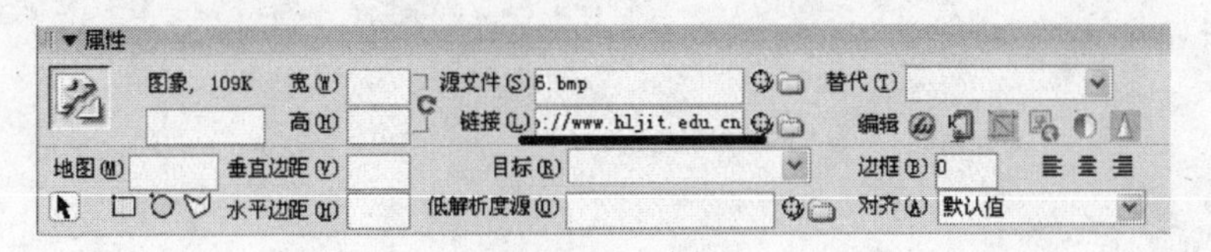


图 5-40 添加网址

## 5.6 本章小结

本章主要介绍了什么是计算机网络，计算机网络的分类和拓扑结构，以及网络互连时所用到的通信介质和网络设备，并着重介绍了局域网，传统局域网的网络协议——CSMA/CD 协议及快速以太网和高速以太网，并用一个实例来说明局域网的组建过程和测试手段。在 Internet 部分主要介绍了 TCP/IP 协议和 IP 地址的分类以及当前互联网的主要应用，还介绍了 HTML 语言和 Dreamweaver 的使用，并用一个实例阐述了网页制作的全过程。

## 习 题

**一、填空题**

1. 按照联网的计算机之间的距离和网络覆盖面的不同，一般分为（　　　）、（　　　）、（　　　）、（　　　）。

2. 交换机的三种交换方式包括（　　　）、（　　　）、（　　　）。

3. TCP/IP 模型可被大致分为四层，分别为（　　　）、（　　　）、（　　　）、（　　　）。

4. Internet 的主要应用主要包括（　　　）、（　　　）、（　　　）、（　　　）。

5. IP 地址的分类主要包括（　　　）、（　　　）、（　　　）。

**二、英译汉**

LAN、WAN、Internet、CSMA/CD、HTML、TCP/IP、SMTP、FTP、Telnet、GSM、GPRS、ICMP、IGMP、ARP。

**三、指出下列 IP 地址的类别**

192.168.1.1　　202.202.202.202　　10.10.10.10　　1.1.1.1　　66.66.66.66

123.123.123.123　　68.68.250.123　　172.18.15.15　　202.118.64.96

**四、简答题**

1. TCP/IP 模型可被大致分为四层，每层的功能分别是什么？

2. 什么是计算机网络，其主要的特点是什么？

3. IP 地址中 A、B、C 类地址的划分原则是什么，每类地址的范围和子网掩码各是什么？

4. Internet 的主要应用包括哪些？

# 第6章 多媒体技术基础

近年来，随着计算机的普及和计算机技术的发展，多媒体技术迅速崛起和发展起来，它是一门新兴的技术，也是当今信息技术领域发展最快、最活跃的技术，是新一代电子技术发展和竞争的焦点。它基于传统计算机技术，结合现代电子信息技术，使计算机具有综合处理图像、文字、声音和视频信息的能力，从而为计算机进入人类生活和生产的各个领域打开了方便之门，给人们的工作、生活带来了深刻变化。我们所说的多媒体，常常不只是说多媒体信息本身，而主要是指处理和应用它的一套技术。因此，多媒体就常常被当做多媒体技术的同义词。

本章主要介绍多媒体技术的基础知识、研究内容及发展方向，重点介绍多媒体图像技术、音频技术和视频技术，最后简单介绍Flash动画制作。

## 6.1 多媒体技术概述

### 6.1.1 多媒体技术的基本概念

20世纪80年代中后期开始，多媒体计算机技术成为人们关注的热点之一。多媒体技术是一种迅速发展的综合性电子信息技术，它给传统的计算机系统、音频和视频设备带来了方向性的变革，将对大众传媒产生深远的影响。多媒体计算机将加速计算机进入家庭和社会各个方面的进程，给人们的工作、生活和娱乐带来深刻的革命。

20世纪90年代以来，世界向着信息化社会发展的速度明显加快，而多媒体技术的应用在这一发展过程中发挥了极其重要的作用。多媒体改善了人类信息的交流，缩短了人类传递信息的路径。应用多媒体技术是20世纪90年代计算机应用的时代特征，也是计算机的又一次革命。

**1. 媒体**

在计算机和通信领域中，能够表示信息的文字、图形、声音、图像、动画等都可以称为媒体。从计算机和通信设备处理信息的角度来看，可以将自然界和人类社会原始信息存在的形式——数据、文字、有声的语言、音响、绘画、动画、图像（静态的照片和动态的电影、电视和录像）等，归结为三种最基本的媒体：声、图、文。

根据国际电报与电话顾问委员会（CCITT）的定义，媒体可分为5种类型，分别为感觉媒体、表示媒体、显示媒体、存储媒体和传输媒体。感觉媒体指的是用户接触信息的感觉形式，如视觉、听觉和触觉等。表示媒体则指的是信息的表示和表现形式，如图形、声音和视频等。显示媒体是表现和获取信息的物理设备，如显示器、打印机、扬声器、键盘和摄像机等。存储媒体是存储数据的物理设备，如磁盘、光盘、硬盘等。传输媒体是传输数据的物理设备，如电缆、光缆、电磁波等。一般来说，如不特别强调，我们所说的媒体指的就是表示媒体，因为作为多媒体系统来说，处理的主要还是各种各样的媒体表示和表现，其他的媒体类型也都要在多媒体系统中研究，但方法比较单一。

**2. 多媒体及分类**

多媒体中的“媒体”应该是指一种表达某种信息内容的形式，同理可以知道，我们所指的多媒体，应该是多种信息的表达方式或者是多种信息的类型，自然地，我们就可以用多媒体信息这个概念来表示包含文字信息、图形信息、图像信息和声音信息等不同信息类型的一种综合信息类型。所谓多媒体，是指能够同时采集、处理、编辑、存储和展示两个或以上不同类型信息媒体的技术，这些信息媒体包括文字、声音、图形、图像、动画和活动影像等。多媒体从不同角度有不同描述，是一个技术时代，是多种信息媒体的表现和传播形式。

从概念上准确地说，多媒体分为：视觉类媒体、听觉类媒体、触觉类媒体、活动媒体、抽象事实媒体。

（1）视觉类媒体：通过视觉传达信息的媒体，包括位图图像、矢量图形、视频图像、动画、符号、文字等。

① 位图图像：我们将所观察到的图像按行列进行数字化，将图像的每一点都数字化为一个值，所有的这些值就组成了位图图像。位图图像是所有视觉表示方法的基础。

② 矢量图形：是图像的抽象，它反映了图像上的关键特征，例如点、线、面等。图形的表示不直接描述图像的每一点，而是描述产生这些点的过程和方法，即用矢量来表示。

③ 视频图像：又称为动态图像，是一组图像按照时间的有序连续表现。视频的表示与图像序列、时间关系有关。

④ 动画：是动态图像的一种。与视频不同的是，动画采用的是计算机产生出来的图像或图形，而不像视频采用直接采集的真实图像。动画包括二维动画、三维动画、真实感三维动画等多种形式。

⑤ 符号：其中也包括文字和文本。由于符号是我们人类创造出来表示某种含义的，所以它与使用者的知识水平有关，是比图形更高一级的抽象。必须具有特定的知识，才能解释特定的符号，才能解释特定的文本（如语言），符号的表示是用特定值来表示的。

其他类型的视觉媒体形式，如用符号表示的数值、用图形表示的某种数据曲线、数据库的关系数据等。

（2）听觉类媒体：通过声音传达信息的媒体，包括波形声音、语音和音乐等。

① 波形声音：就是自然界中所有的声音，是声音数字化的基础。

② 语音：也可以表示为波形声音，但波形声音表示不出语言、语音学的内涵。语音是对讲话声音的一次抽象。

③ 音乐：与语音相比更规范一些，是符号化的声音。但音乐不能对所有的声音进行符号化。乐谱是符号化声音的符号组，表示比单个符号更复杂的声音信息内容。

（3）触觉类媒体：就是环境媒体，描述了环境中的一切特征与参数。当人们置身于该环境时，就向自身传递了与人相关的信息。

① 指点：包括间接指点和直接指点。通过指点可以确定对象的位置、大小、方向和方位，执行特定的过程和相应的操纵。

② 位置跟踪：为了与系统交互，系统必须了解参与者的身体动作，包括头、眼睛、手、四肢等部位的位置与运动方向，系统将这些位置与运动的数据转变为特定的模式，对相应的动作进行表示。

③ 力反馈与运动反馈：这与位置跟踪正好相反，是由系统向参与者反馈运动及力的信息，如触觉刺激、反作用力（如推门时的门重感觉）、运动感觉（如摇晃、振动）及温度等环境信息。这些媒体信息的表现必须借助于一定的电子、机械的伺服机构才能实现。

（4）活动媒体：是一种时间性媒体。在活动中包含学习和变换两个最重要的过程。

（5）抽象事实媒体：包括自然规律、科学事实及抽象数据等。它们代表的是一类外在形象的抽象事实。抽象事实类媒体必须借助于视觉媒体或听觉媒体才可以表达出来。

#### 3. 多媒体技术

多媒体技术是建立在数字化处理的基础上的。它不同于一般传统文件，是一个利用计算机技术的应用来整合各种媒体的系统。媒体依其属性的不同可分成文字、音频及视频。其中，文字可分为文字及数字，音频可分为音乐及语言，视频可分为静止图像、动画及影片等。其中包含的技术非常广，大致有计算机技术、超文本技术、光盘储存技术及影像绘图技术等。而计算机多媒体的应用领域也比传统多媒体更加广阔，如计算机辅助教学（computer aided instruction，CAI）、有声图书、商情咨询等，都是计算机多媒体的应用范围。

多媒体技术是指能够同时对两种或两种以上媒体进行采集、操作、编辑、存储等综合处理的技术。通常可以把多媒体看做是先进的计算机技术与视频、音频和通信等技术融为一体而形成的新技术或新产品。

概括起来可将其描述为：多媒体技术就是利用计算机技术把文字、图像、图形、动画、音频及视频等多种媒体综合一体化，使之建立起逻辑上的联系，并能够对它们进行获取、编码、编辑、处理，存储、传输和再现等操作。简单地说既计算机综合处理声、文、图、像信息，并具有集成性和交互性。

多媒体技术依赖于计算机的数字化和交互处理能力，它的关键是信息压缩技术和光盘存储技术。

### 6.1.2 多媒体技术的特点

多媒体技术强调的是交互式综合处理多种信息媒体（尤其是感觉媒体）的技术。从本质上来看，它具有信息载体的多样性、实时性、交互性和集成性等主要特点。

#### 1. 多样性

多样性是相对于计算机而言的，指的就是信息媒体的多样性和媒体处理方式的多样性。信息媒体的多样性指能综合处理文本、图形、图像、动画、音频及视频等多种信息。信息媒体多样性使计算机所能处理的信息范围从传统的数值、文字、静止图像扩展到声音和视频信息。对信息媒体的处理方式可分为一维、二维和三维等不同方式，例如文本属于一维媒体，图形属于二维或三维媒体。

多媒体技术的多样性又可称为多维化。把计算机所能处理的信息空间范围扩展和放大，而不再局限于数值、文本或是被特别对待的图形与图像，使人与计算机的交互具有更广阔、更自由的空间。人类对于信息的接收和产生主要是靠视觉、听觉、触觉、嗅觉和味觉。在这五个感觉空间中前三者占了95%以上的信息量。不过，计算机不能够达到人类的水平，计算机在许多方面必须要把人类的信息进行变形之后才可使用。多媒体是要把机器处理的信息多样化或多维化。多媒体的信息多维化不仅仅是指输入，而且还指输出，目前主要包括听觉和视觉两方面。但输入和输出并不一定都是一样的，对于应用而言，前者称为获取，后者称为表现。如果两者相同，则只能称之为记录和重放。如果对其进行变换、组合和加工，亦即我们所说的创作，则可以大大丰富信息的表现力和增强效果。

此外，多媒体技术的多样性还指把多媒体系统的各种设备与设施合成为一个整体，将所有能够处理各种媒体信息的高速并行的处理系统、大容量的存储、适合多媒体通道的输入设备（键盘、摄像机、话筒等）和输出设备（显示器、喇叭等）、宽带的通信网络接口以及适合多媒体信息传输的多媒体通信网络集成为一个整体。

### 2. 实时性

多媒体数据中的声音和视频图像数据都是与时间有关的信息，很多场合要求实时处理，如声音和视频图像信息的实时压缩、解压缩、传输与同步支持。另外，在交互操作、编辑、检索、显示等方面都要求有实时操作系统支持。因此，多媒体计算机系统要有很高的运算速度。

所谓实时性是指在多媒体系统中声音媒体和视频媒体是与时间密切相关的，从而决定了多媒体技术具有实时性，意味着多媒体系统在处理信息时有着严格的时序要求和很高的速度要求。

### 3. 交互性

在多媒体系统中，交互性是指用户可以与计算机的多种信息媒体进行交互操作，从而为用户提供更加有效地控制和使用信息的手段。用户可以主动地编辑、处理各种信息，也就是多媒体具有人机交互功能。

交互性是多媒体技术的关键特性，这也正是它和传统媒体最大的不同之处。这种改变，除了提供使用者按照自己的意愿来解决问题外，更可以借助这种交谈式的沟通来帮助学习、思考，作为系统的查询或统计，以达到增进知识及解决问题的目的，使人们获取和使用信息变被动为主动。交互性可以增加对信息的注意力和理解力，延长信息保留的时间。交互性将向用户提供更加有效地控制和使用信息的手段，同时也为应用开辟了更加广阔的领域。可以想象，交互性一旦被赋予了多媒体信息空间，可以带来多大的影响。人们能够从数据库中检索出某人的照片、声音以及一些文字材料，这便是多媒体的初级交互应用。通过交互特性使用户介入到信息过程中，而不仅仅是获取信息，这是中级交互应用水平。虚拟现实技术的发展及虚拟环境的实现，让人们完全进入到一个与信息环境一体化的虚拟信息空间，在该空间便可自由发挥，这就是高级的交互式应用。

### 4. 集成性

集成性是指以计算机为中心综合处理多种信息媒体的特性，多媒体的集成性主要表现在两个方面，信息媒体的集成和处理这些信息媒体的设备与软件的集成。信息媒体的集成包括信息的多通道统一获得，多媒体信息的统一组织与储存，多媒体信息表现合成等方面。硬件方面概括为高速、大容量、多通道、网络，具有能够处理多媒体信息的高速及并行 CPU 系统、大容量的存储、适合多媒体多通道的输入输出能力及带宽的通信接口。对于软件来说，应该有集成一体化的多媒体操作系统、适合于多媒体信息管理和使用的软件系统和创作工具、高效的各类应用软件等。总之，集成性能使多种不同形式的信息综合地表现某个内容，从而取得更好的效果。

多媒体技术的产生必然会带来计算机界的又一次革命，它标志着计算机将不仅仅作为办公室和实验室的专用品，而将进入家庭、商业、旅游、娱乐、教育等几乎所有的社会与生活领域；同时，它也将使计算机朝着人类最理想的方式发展，即视听一体化，彻底淡化人机界面的概念。

### 6.1.3 多媒体技术的研究内容

多媒体涉及的技术范围很广，技术很新，研究内容很深，是多种学科和多种技术交叉的领域。目前，多媒体技术研究的主要内容包括以下几个方面：多媒体数据压缩技术、多媒体数据存储技术、多媒体计算机硬件平台、多媒体计算机软件平台、多媒体数据库技术、超文本和超媒体技术、虚拟现实技术、人机交互技术、分布式多媒体技术。

#### 1. 多媒体数据压缩技术

在多媒体系统中，计算机要表示、传输和处理图形、图像、视频和音频等信息，由于涉及的各种媒体信息主要是非常规数据类型，如这些数据所需要的存储空间是十分巨大和惊人的，加上信息的品种多、实时性要求高，给数据的存储和传输以及加工处理都带来了巨大的压力。因此，在采用新技术增加 CPU 处理速度、存储容量和提高通信带宽的同时，还需研究高效的数据压缩技术。高效的压缩和解压缩算法是多媒体系统运行的关键。

#### 2. 多媒体数据存储技术

随着多媒体与计算机技术的发展，多媒体数据量越来越大，对存储设备的要求越来越高，数字化的多媒体信息虽然经过了压缩处理，但仍然包含大量的数据。因此，高效快速的存储设备是多媒体技术得以应用的基本部件之一。数字化数据存储可采用的介质有光盘、硬盘和磁带。光盘系统是目前较好的多媒体数据存储设备，它分为只读光盘（CD-ROM）、一次写入多次读出光盘（CD-WORM）、可擦写光盘（CD-RW）。

#### 3. 多媒体计算机硬件平台

多媒体计算机系统就是可以交互处理多媒体信息的计算机系统，因此，多媒体硬件平台除了普通 PC 所拥有的硬件设备外，大容量的光盘及驱动器、声卡、视频卡、压缩卡、TV 转换卡、多媒体通信设备以及大批具有多媒体功能的设备（如扫描仪、数码相机、彩色打印机、彩色绘图仪、电视机顶盒等）已配置到计算机系统中，构成多媒体计算机的硬件平台。

#### 4. 多媒体计算机软件平台

多媒体软件平台是指支持多媒体系统运行、开发的各类软件和开发工具及多媒体应用软件的总和。

多媒体软件平台主要包括多媒体操作系统、多媒体驱动软件、多媒体数据采集软件、多媒体数据库和多媒体编辑与创作工具等。计算机操作系统、面向对象技术、并行处理和复杂结构的分布处理技术等软件技术的发展，为多媒体软件平台的发展提供了很好的基础。

**5. 多媒体数据库技术**

多媒体数据库是一个由若干多媒体对象所构成的集合，这些数据对象按一定的方式被组织在一起，可为其他的应用所共享。

多媒体数据库管理系统则负责完成对多媒体数据库的各种操作和管理功能，包括对数据库的定义、创建、查询、访问、插入、删除等这样一些传统数据库功能；此外，还必须解决一些新的问题，如海量数据的存储功能、信息提取功能等。

**6. 超文本和超媒体技术**

超文本和超媒体技术是一种模拟人脑的联想记忆方式，是把一些信息块按需要用一定的逻辑顺序链接成非线性网状结构的信息管理技术。

超文本和超媒体技术非常适合于多媒体数据的组织和管理，用它可以方便地进行联想式检索和查询，因而应用广泛。超媒体起源于超文本，超文本将信息自然地相链接，而不像纸写文本那样将结构分层归类，它以这种方式实现对无顺序数据的管理。超文本系统允许作者将信息连在一起，建立穿过文档中大量相关文本的信息路径，注释已有的文本，以及向读者提供书目信息。直接的链接使读者可以将文档从一处移到另一处，就像读者在翻阅百科全书中的参考目录一样。超文本的使用能从整个文本多达千页的内容中快速、简便地搜寻和阅读所选的章节。超媒体是超文本的扩展，因为除了所含的文本外，这些电子文档也将包括任何可以以电子存储方式进行储存的信息，如音频、动画视频、图形或全运动视频等。

**7. 虚拟现实技术**

虚拟现实，就是采用计算机技术生成一个逼真的视觉、听觉、触觉及味觉等感官世界，用户可以直接用人的技能和智慧对这个生成的虚拟实体进行考察和操纵。这个概念包括三层含义：首先，虚拟现实是用计算机生成的一个逼真的实体，“逼真”就是要达到三维视觉、听觉和触觉等效果；其次，用户可以通过人的感官与这个环境进行交互；最后，虚拟现实往往要借助一些三维传感技术为用户提供一个逼真的操作环境。

**8. 人机交互技术**

人和计算机之间的交互是目前研究最多的问题之一。计算机能处理和表现越来越多的信息，因此人和计算机之间的交互便显得日益重要。人与计算机之间的信息交流有 4 种不同的形式，即人-人（通过计算机）、人-机、机-人和机-机。

**9. 分布式多媒体技术**

分布式多媒体技术是多媒体技术、网络通信技术、分布式处理技术、人机交互技术、人工智能技术和社会学等多种技术的集成。

分布式多媒体技术具有广泛应用，如计算机支持协同工作、远程教育、远程会议、分布式多媒体信息点播、分布式多媒体办公自动化及移动式多媒体系统等。

### 6.1.4 多媒体技术的发展趋势

多媒体技术将计算机与电视技术相结合，一方面实现“双向电视”；另一方面使计算机具有向人类提供综合声、文、图、像等各种信息服务的能力，从而使计算机进入人类生活的各个领域。分布式多媒体技术又进一步把电视的真实性、通信的分布性和计算机的交互性相结合，逐渐向人类提供全新的信息服务，使计算机、通信、新闻和娱乐等行业之间的差别正在缩小或消失。总而言之，多媒体技术正使信息的存储、管理和传输的方式产生根本性的变化，它影响到相关的每一个行业，同时也产生了一些新的信息行业。因此，多媒体技术的发展很可能是不拘一格、多种多样的，综合起来可以分成以下 4 个方面。

**1. 计算机的多媒体化**

多媒体信息处理逐步成为计算机体系结构中不可分割的一部分。现在的多媒体计算机主要以 PC 为平台。今后的发展，据许多专家推测包括两个方向：一是与家用计算机相结合，使计算机进入家电市场，甚至最后取代电视机；一是向高档发展，多媒体技术正在进入多种工作站，如数字视频接口（digital visual interface，DVI）技术已经移植在 Sun 工作站上。Microsoft 公司的主席比尔·盖茨提出了一个分阶段的方法。第一阶段应用计算机，第二阶段的计算机将能与电视机相竞争，从而替代电视机，不过它需要有全运动的电视图像。目前的 Intel 公司的 DVI 技术已实现了这一功能。但 DVI 技术还得降低成本和提高质量才能与电视机相竞争。对于多媒体个人计算机（multimedia personal computer，MPC），从实质上看，它主要是通过多媒体技术使计算机与 CD-ROM 相结合。CD-ROM 中可存储各种音响、视频、电子出版物和游戏程序，从而使 MPC 成为家庭中集娱乐、教育和游戏于一体的系统。将不必浪费钱财再去买学习机、游戏机、电子琴、手风琴、钢琴、电唱机、电视机等设备，使人们用最小的代价获得最满意、最实惠的全新享受。

**2. 音响和视频系统的智能化**

可以将一个交互式 CD-ROM 的放映系统与电视机相连接，把它作为一个 CD-ROM 放像机，而不是作为一台计算机上市的。这样把音响、视频设备与多媒体技术相结合将大幅度提高它们的性能。例如，采用 MPEG 标准算法的视频图像实时解压缩处理器使 CD-ROM 可存储经过压缩的信息，从而使容量提高几百倍到上千倍，甚至更高。

**3. 数字通信网络化**

通信是社会赖以存在和发展的基础，是社会生产的基本条件。社会进步和社会生产发展的水平在很大程度上受制于通信水平的发展。在过去的年代里，通信主要是单媒体的通信，如传真通信、语音通信等。进入 20 世纪 90 年代后，多媒体通信取代单媒体通信的呼声越来越高。在网络上存取传输多媒体信息是当前世界热门的开发领域。从目前的多媒体开发来看，推动数字通信技术发展的主要有 3 个因素：

① 功能强大而又经济的多媒体计算机系统取得了很大进展，因为多媒体数字通信需要有高速的计算和管理能力。

② 大容量和高性能的存储器取得很大进展，并且价格又在下降。

③ 高速的综合业务数字网络的进展，尤其是宽带 ISDN 标准的制定，促使异步传输模式（asynchronous transfer mode，ATM）相关技术的快速发展，并且早已成立了 ATM 协会，全世界已有近 300 个计算机和通信领域中的厂商加入了这个协会。

随着科学技术的迅速发展，当前世界经济正在由物质型经济转向知识型和信息型经济，通信的重要性更为突出。加之社会分工越来越细，人与人之间，单位与单位之间，企业与企业之间的依赖关系越来越多。很多问题，例如行政管理、工程设计、生产调度、报表编制、书刊编写等往往需要由若干位于不同区域、属于不同行业的个人或单位共同讨论和决策。在这种情况下，传统的体制也就需要形成网络化结构。因此，综合业务数字网就越来越受到人们的重视。把多媒体技术与广播电视及通信，特别是与综合业务数字网结合起来，使传统的无线通信和数据通信之间的界线逐渐消失，最终计算机、通信、大众传媒势必走向融合。

**4. 分布式多媒体技术与系统的实用化**

分布式多媒体技术是多媒体信息处理、网络技术以及分布式计算技术结合的产物，它将为人们提供全新的信息服务，其中包括多媒体电子邮件、实时电视会议、计算机支持协同工作（computer supported cooperative work，CSCW）、远程学习、电子报刊出版和虚拟现实等。这不仅极大地扩大了多媒体技术的应用领域，而且可以让人们遨游在计算机创造的世界里。从多媒体技术本身的发展来看，全数字化是必由之路（美国政府已计划于2006年在全国全面实现数字化电视）。因为只有这样才能真正对多媒体信息进行交互控制，才能在多媒体信息之间建立逻辑联系，融为一个整体。当前全数字化的代表是DVI技术，其他系统也正向数字化发展。可以预见，多媒体技术在以上各方面将会取得迅速发展，在不久的将来，多媒体将普及到人们工作和生活的方方面面，人们可以使用多媒体计算机系统作为终端设备，通过网络举行可视电话会议、视频会议、洽谈生意、进行娱乐和接受教育等。在不久的将来，多媒体技术将在中国医疗、水利、交通、海洋、远程监控等领域中得到应用，并且"人机交互大学课程"将会进入实用。到那时，人们的工作方式、生活方式、学习方式将会产生深刻的变革，多媒体技术的发展将是一幅绚丽多彩的画卷。

# 6.2 图像技术

## 6.2.1 图像的基础知识

图像技术是计算机应用中非常普遍的一种技术，不仅广泛应用于专业的美术设计、彩色印刷、排版、摄影等领域，而且也越来越受到广大普通电脑用户的喜爱。尤其是随着网络的发展和普及，随着网页制作的流行，对网页中的图像的处理要求也越来越高。

**1. 模拟图像和数字图像**

图像是对客观存在的物体的一种相似性的生动模仿或描述，是物体的一种不完全、不精确，但在某种意义上是适当的表示。图像所包含的内容很广，凡是记录在纸上的、拍摄在照片上的、显示在屏幕上的所有具有视觉效果的画面，都可以称为图像。根据记录方式的不同，图像可分为两大类：模拟图像和数字图像。

模拟图像是通过某种物理量（光、电）的强弱变化来记录图像上各点的灰度信息；数字图像则完全是用数字来记录图像灰度信息的，是一种可在计算机上显示、编辑、保存和输出的图像，是由大量0和1组合的、计算机唯一能够识别的数字式数据。因此，数字图像比模拟图像更易于保存，不会因保存时间过长而发生失真现象。

可以用计算机进行处理的只能是数字图像。现在一般提到的图像处理，若未加特别说明，就是指用计算机进行处理的数字图像，采用数字图像处理比直接对模拟图像进行处理更易于控制处理效果。实际上，任何一幅模拟图像都可以用A/D转换装置（如数字扫描仪等）将其转换为数字图像。

数字图像是图像的数字表示，像素是其最小的单位。数字图像的描述有：灰度图像、二值图像、彩色图像。灰度图像可由黑白照片数字化得到，或从彩色图像进行去色处理得到（256灰度级）。二值图像是灰度图像经过二值化处理后的结果，两个灰度级，只需用 1 b 表示。彩色图像的数据不仅包含亮度信息，还要包含颜色信息。彩色的表示方法是多样化的。

数字图像和模拟图像相比，主要有 3 个方面的优点：

① 再现性好。不会因存储、输出、复制等过程而产生图像质量的退化。

② 精度高。精度一般用分辨率来表示。从原理上来讲，可实现任意高的精度。

③ 灵活性大。模拟的图像只能实现线性运算，而数字处理还可以实现非线性运算。凡可用数学公式或逻辑表达式来表达的一切运算都可以实现。

**2. 数字图像的分类**

目前，计算机绘制的数字图像有两大类：一类为位图图像，另一类称为矢量图像。前者是以点阵形式描述图像的，后者是以数学方法描述的一种由几何元素组成的图像。一般说来，后者对图像的表达细致、真实，缩放后图像的分辨率不变，在专业级的图像处理中运用较多。

（1）位图图像

位图图像是目前最常用的图像表示方法，可用于任何图像。位图图像是指在空间和亮度上已经离散化了的图像，可以把一幅位图图像理解为一个矩阵，矩阵中的任一元素都对应图像上的一个点，在内存中对应于该点的值为它的灰度。这个数字矩阵的元素就称为像素，像素的灰度层次越多则图像越逼真。一般照片都是用位图图像来表示，它适合于做电视图像和动画等。图 6-1 为位图图像的例子。使用位图产生的图像比较细致，层次和色彩也比较丰富。

图 6-1　位图图像

位图图像的主要优点是只要有足够多的不同色彩的像素，就可以制作出比较复杂的图像，色彩丰富、清晰、美观、逼真，能很好地表现自然界的景象，并支持鼠标操作。显示位图图像要比显示矢量图形快，位图可装入内存直接显示。

位图图像的主要缺点是占用存储空间大，因为位图必须把屏幕上显示的每一个像素的信息存储起来。一般同样的一幅画，位图占用的空间往往要比矢量图多一至二倍，甚至好几倍。分辨率对位图图像的影响也是比较大的，分辨率的高低将直接影响位图图像的质量。在缩放和旋转时，图像容易失真。

（2）矢量图像

矢量图像是用指令形式存在的图像，用指令来描述图像中的直线、圆、弧、矩形及其形状和大小等，也可用更为复杂的形式表示图像中的曲面、光照、材质等效果。显示图像时从文件中读取指令并转化为屏幕上的形状。图 6-2 是几个矢量图像的例子。

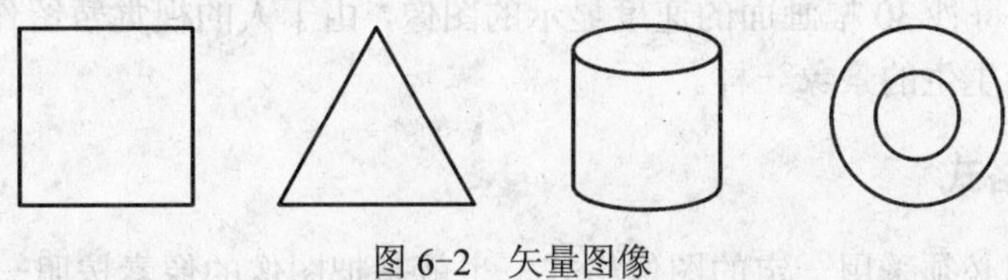

图 6-2　矢量图像

用来生成矢量图像的工具是一种通常称为 Draw（绘画）的程序，它要求以该程序已设计好的一些图元进行绘画，如点、线、平行四边形、圆、椭圆、弧线、扇形等。用户可以用这些小小的图元进行放大、缩小、旋转等各种操作，使其构成所需要的图形。矢量图像通常用于线条的绘制、报纸的版面设计、出版物的图形排版以及建筑绘图等。

著名的软件 AutoCAD 及 3DS 等均是矢量图形软件的代表。正是因为矢量图形是靠指令来生成的，具有容易控制的特点。所有的图形均可用数学来表达，所以我们可以用它来设计工程图及制作二维动画或三维动画。它也适合做建筑绘图和版面设计等。

矢量图像的主要优点是简单，操作方便，不需要对图像上每一点进行量化保存，只需让计算机知道所描绘对象的几何特征即可。可以对图中的每一个部分分别进行控制，在屏幕上任意地移动每一个小图元，并可以任意将该小图元进行放大、缩小、旋转、扭曲而不破坏整个图形的画面，矢量图像中的小图元覆盖在其他图元上时，依然能保持其特性。矢量图像需要的存储空间相对较小。

矢量图像的主要缺点是当图形复杂时，每调用一次花费时间相当多。因为它是通过执行指令一条一条地生成图形。尤其是在生成三维图形时除了要画线条外，还要处理光照、着色等效果，花费时间就更多了。也就是说，图形越复杂所花费的时间也就越多，越不容易实现。用矢量图形编辑软件不能对图片进行编辑，也不能使用鼠标画图。实际应用中往往是先用矢量方法生成图形，然后转换成位图来使用。

（3）位图与矢量图的区别

由于图像存储方法的截然不同，不同方法表示的图像其应用领域也不尽相同。位图适用于具有复杂的颜色、灰度或形状变化的图像，如照片、绘画和数字化的视频图像。计算机显示就采用位图格式，因而位图图像的计算机处理是有硬件基础的。与位图格式相比较，矢量格式适用于线型图，如计算机辅助设计（CAD）的图形和图像，只有简单的形状、灰度和颜色。

位图由计算机的内存位来组成，这些位定义图像中每个像素点的颜色和层次。位图可直接存入内存并在显示器上显示出来，其显示速度要比矢量图快得多，但位图占的内存空间要比矢量图大得多。矢量图像是用一系列的线和形描述的图像，也可以使用实心的或者有等级深浅的色彩填充一些区域，然而矢量图像的色彩梯度和表现力无论如何也不能与位图图像相比，位图图像可与原始图像达到几乎完全一致，而矢量图像则需经过人工处理。由于点阵和矢量两种不同的存储方法，其所用的文件格式也不同，如 BMP、PCX、GIF、PIC、TGA 等文件格式是用来存储位图图像的，而如 AutoCAD 的 DWC、DXF 以及 GDS 使用的 GRA 文件都是存储矢量图像的。

另外，图像按照工作方式来分可以分为静态图像和动态图像两种：静态图像就是只能一张张显示的图像，各张图像之间不连续也没有直接的关系，如照片；而动态图像指的是视频图像，即一串连续图像，在视觉上感觉连在一起快速显示的画面动了起来。其实这与电影、电视是同一个道理，电视是以每秒 30 幅画面的速度显示的图像，由于人的视觉暂留作用，看不出画面间的切换，好像见到活生生的景象一样。

### 6.2.2 图像文件格式

对数字图像处理必须采用一定的图像格式，也就是把图像的像素按照一定的方式进行组织和存储，把图像数据存储成文件就得到图像文件。图像文件格式决定了应该在文件中存放何种类型的信息，文件如何与各种应用软件兼容，文件如何与其他文件交换数据。不同的文件是以不同的格式存放的，常用的静态图像文件格式有 BMP、TIFF、JPG 等，而动态视频图像文件格式主要有 MPG、AVI 等。下面介绍几种常用的图像保存格式。

### 1. BMP 格式

BMP（bitmap，位图）是 Windows 操作系统中的标准图像文件格式，能够被多种 Windows 应用程序所支持。随着 Windows 操作系统的流行与丰富的 Windows 应用程序的开发，BMP 位图格式理所当然地被广泛应用。这种格式的特点是包含的图像信息较丰富，几乎不进行压缩，但由此导致了它与生俱生来的缺点，占用磁盘空间过大。

### 2. TIFF 格式

TIFF（tagged image file format，标记图像文件格式）是 Mac 中广泛使用的图像格式，最初是出于跨平台存储扫描图像的需要而设计的，它的特点是图像格式复杂、存储信息多。正因为它存储的图像细微层次的信息非常多，图像的质量也得以提高，故而非常有利于原稿的复制。TIFF 格式用于在应用程序之间和计算机平台之间交换文件。TIFF 是一种灵活的图像格式，被所有绘画、图像编辑和页面排版应用程序支持。几乎所有的桌面扫描仪都可以生成 TIFF 图像。而且 TIFF 格式还可加入作者、版权、备注以及自定义信息，存放多幅图像。TIFF 现在也是微机上使用最广泛的图像文件格式之一。

### 3. GIF 格式

GIF（Graphics Interchange Format，图形交换格式）是一种 LZW 压缩格式，用来最小化文件大小和电子传递时间。GIF 格式的特点是压缩比高，磁盘空间占用较少，所以这种图像格式迅速得到了广泛的应用。 最初的 GIF 只是简单地用来存储单幅静止图像，后来随着技术发展，可以同时存储若干幅静止图像进而形成连续的动画，使之成为当时支持 2D 动画为数不多的格式之一，目前 Internet 上大量采用的彩色动画文件多为这种格式的文件，也称为 GIF89a 格式文件。但 GIF 有个小小的缺点，即不能存储超过 256 色的图像。

### 4. JPEG 格式

JPEG 也是常见的一种图像格式，它由联合照片专家组（joint photographic experts group）开发并命名为 ISO 10918-1，JPEG 仅仅是一种俗称而已。JPEG 文件的扩展名为.jpg 或.jpeg，其压缩技术十分先进，它用有损压缩方式去除冗余的图像和彩色数据，获取极高的压缩率的同时能展现十分丰富生动的图像，换句话说，就是可以用最少的磁盘空间得到较好的图像质量。

同时 JPEG 还是一种很灵活的格式，具有调节图像质量的功能，允许使用不同的压缩比例对文件进行压缩。由于 JPEG 优异的品质和杰出的表现，它的应用也非常广泛。目前各类浏览器均支持 JPEG 这种图像格式，因为 JPEG 格式的文件尺寸较小，下载速度快，使得 Web 页有可能以较短的下载时间提供大量美观的图像，JPEG 同时也就顺理成章地成为网络上最受欢迎的图像格式。

### 5. JPEG 2000 格式

JPEG 2000 同样是由 JPEG 组织负责制定的，与 JPEG 相比，它具备更高压缩率以及更多新功能的新一代静态影像压缩技术。

JPEG 2000 作为 JPEG 的升级版，其压缩率比 JPEG 高约 30%。与 JPEG 不同的是，JPEG 2000

同时支持有损和无损压缩，而 JPEG 只能支持有损压缩。无损压缩对保存一些重要图片是十分有用的。JPEG 2000 的一个极其重要的特征在于它能实现渐进传输，即先传输图像的轮廓，然后逐步传输数据，不断提高图像质量，让图像由朦胧到清晰显示，而不必是像现在的 JPEG 一样，由上到下慢慢显示。

#### 6. PDF 格式

PDF（portable document format，可移植文档格式）用于 Adobe Acrobat，Adobe Acrobat 是 Adobe 公司用于 Windows、UNIX 和 DOS 系统的一种电子出版软件，目前十分流行。与 Postscript 页面一样，PDF 可以包含矢量和位图图形，还可以包含电子文档查找和导航功能。

#### 7. DICOM 文件格式

DICOM（digital imaging and communications in medicine，医学数字影像传输标准）是为各类医学图像数据的存档、传输和共享而起草和颁布的。DICOM 格式支持几乎所有的医学数字成像设备，例如 CT、MR、DR、超声、内窥镜、电子显微镜等，成为现代医学图像存储传输技术和医学影像学的主要组成部分。

#### 8. SVG 格式

SVG（scalable vector graphics，可缩放矢量图形）基于 XML（extensible markup language），由 World Wide Web Consortium（W3C）联盟开发的。严格来说它应该是一种开放标准的矢量图形语言，可让你设计激动人心的、高分辨率的 Web 图形页面。用户可以直接用代码来描绘图像，可以用任何文字处理工具打开 SVG 图像，通过改变部分代码来使图像具有互交功能，并可以随时插入到 HTML 中通过浏览器来观看。

它提供了目前网络流行格式 GIF 和 JPEG 无法具备的优势：可以任意放大图形显示，但绝不会以牺牲图像质量为代价；字在 SVG 图像中保留可编辑和可搜寻的状态；平均来讲，SVG 文件比 JPEG 和 GIF 格式的文件要小很多，因而下载也很快。可以相信，SVG 的开发将会为 Web 提供新的图像标准。

### 6.2.3 图像的采集和处理

通常图像的信息类型是模拟的，诸如照相、图片、电视、录像等，而计算机处理的图像则是数字的。模拟图像经过图像输入设备的采样和量化处理，就生成了数字图像。如何将一幅光学图像表示成一组数字，既不失真又便于计算机分析处理，这主要依靠图像的采样与量化。

#### 1. 图像的采集

对图像的处理是从采集开始的，这里说的采集是指利用各种方法将现实生活中的图形图像转换成计算机可识别、可编辑的图像。

获取图像的方法非常多，最简单的可以从 CD-ROM 的图像库中获取，也可以自己来捕捉。捕捉的方法主要有以下几种：

（1）使用专用制作软件来创建图像。对于具有一定绘画功底的专业人员，可通过图形图像软件绘制图形图像。这样的软件提供了许多在屏幕上创作图像的工具，如画笔、喷笔、滚筒、橡皮等，也提供了图形旋转、调色、模糊画面等工具，还提供了定义和剪裁画面的功能。

（2）利用扫描仪或数码相机从外部采集图像数据。使用扫描仪对图片、幻灯片或印刷品进行扫描，可迅速获取全彩色的数字化图像。使用数码照相机体积小，携带方便，可脱机拍摄需要的任何照片，然后将结果输入计算机。用扫描仪或数字化设备把平面图像转化为位图图像，扫描是从平面图中获取全彩色图像的最简单方法，不足之处是费时较多，如图 6-3 所示。

（3）从网络上或素材光盘上直接取得素材。Internet 上有许多的图像素材，各种格式的图像文件都有。网上的许多图像素材都直接提供了下载链接，可以直接下载。另外，音像出版社发行了大量的图像素材光盘，里面有丰富的图像材料，可以通过购买素材光盘来获取图像素材。

图 6-3　扫描仪

（4）利用屏幕抓图软件来捕获屏幕上显示的图像。屏幕抓图软件比较多，屏幕录像功能不仅可以记录屏幕的变化，还可以记录声音，并可自定义屏幕抓图区域，不仅可保存为 AVI 文件，还可保存为 EXE、SWF、ASF 等文件类型，可以设置多种参数，功能十分强大。

### 2. HyperSnap-DX 截图工具软件

HyperSnape-DX 是一个强大的屏幕截图工具，可以有选择的捕捉整个桌面或者是某个窗口甚至是指定的某个区域，可以将捕捉下来的文件插入到文档之中，制作出图文并茂的文档。它不仅能抓住标准桌面程序还能抓取 DirectX，3DFX Glide 游戏和视频或 DVD 屏幕图。HyperSnape-DX 可以保存并阅读 20 多种流行格式的图片，包括 BMP、GIF、TIFF、PCX 和 JPEG 格式等。GIF 格式存储时候可以在交错、透明背景或者最小化色盘中进行选择；JPEG 格式可存储为渐进式或者按照图形质量的要求设定压缩比。HyperSnape-DX 为不间断的屏幕抓取提供了“快速保存”的功能，另外，可以选择抓取时是否包含鼠标光标，内建文件浏览和裁剪工具，抓取图片后还可以使用该软件自带的图像和颜色工具直接对图片进行修改。可以用热键或自动计时器从屏幕上抓图。功能还包括：在所抓的图像中显示鼠标轨迹，收集工具，有调色板功能并能设置分辨率，还能选择从 TWAIN 装置中（扫描仪和数码相机）抓图。下面以 HyperSnap 6 为例简要介绍 HyperSnape-DX 截图工具软件。

（1）窗口介绍

HyperSnap 6 是一款运行于 Microsoft Windows 平台下的截图软件，该软件窗口主要由四部分构成，分别为：菜单栏、快捷图标、抓图预览区、状态提示，如图 6-4 所示。

（2）截图功能

HyperSnap 6 不仅有简单的全屏截取功能，它还能截取窗口，截取四边形，或者自己拖动大小来截图，并且能把正在播放的 DVD 或游戏画面截取下来，使用起来非常方便。HyperSnap 6 支持的图片格式非常多，可以把截取下来的图片存为各种各样的格式，甚至可以用来做图片转换软件。主要使用捕捉菜单来实现截图，下面详细介绍 HyperSnap 6 的图像截取功能。

第一项为全屏幕截取，当选择此命令时，HyperSnap 6 会自动地把自身缩小并隐藏，放到任务栏上去，截取操作后自身会复原，这样就可以在图像编辑区域中看到已经把整个屏幕都放进去了，但是在抓取的图像里面看不到 HyperSnap 6 它本身。

第三项是窗口或控件抓取功能。当选择此命令后，鼠标就成为选择框。移动鼠标，会自动地根据鼠标的移动来选择窗口，选择原则是同性质的部分会被认为是一个窗口。选择好后，单击鼠标左键即可，而单击鼠标右键取消抓取图像。

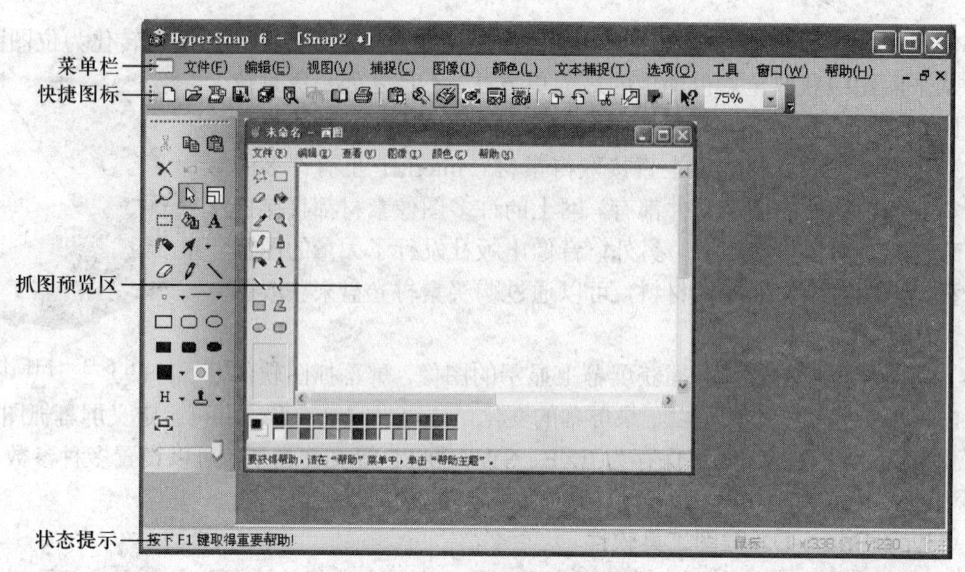


图 6-4　HyperSnap 6 窗口

第四项是整页滚动抓取功能。找到你需要截取的网页，按下 Ctrl+Shift+S 快捷键，这时候网页上出现一个黑框，鼠标指针的右下角有一个倒三角和下面三条横线的标识，表示可以直接点击鼠标左键进行截取了。默认情况下，点一次鼠标左键是把该网页的全部内容截取下来，如果只需要截取某一部分内容的话，在需要停止截取的地方按 Esc 键停止截取即可。

第六项是抓取活动窗口，如果 HyperSnap 6 本身是活动窗口，那它会抓取隐藏自己后的一个活动窗口，然后把它放到图像编辑区进行编辑。

第七项是抓取不带边框的活动窗口，同第六项功能相似，只是抓取后，它会把窗口的边框取掉，只留下编辑区域，比如说抓取记事本，HyperSnap 6 只会把文字区域放到图像编辑区里面，那些菜单和标题栏还有边框都会被去掉。

第八项是区域选择抓取，选取它后，鼠标变成十字形，用鼠标单击要抓取范围的一个角，它在屏幕上有一个放大区域，可以将选择的点看得很清楚。然后再在选取范围的另外一个角上单击鼠标左键，就成功地选取了所要的范围，如果想放弃抓取图像，只要单击鼠标右键即可。

第十项是移动上次区域抓取功能，是继续抓取上次区域大小的图像，选取后，桌面上会有一个同上一次抓取图像时大小相同的方框，移动鼠标，它会跟着鼠标移动，选择好区域后，单击鼠标左键即可。

第十三项是重复上次捕捉功能，选取后，程序会自动抓取与上一次抓取的范围相同的图像。

（3）图像处理功能

HyperSnap 6 功能强大，HyperSnap 6 不仅仅是一个抓图软件，同时它也是一个非常好的图像处理软件，它还在图像处理菜单下提供了剪裁、更改分辨率、比例缩放、自动修剪、镜像、旋转、修剪、马赛克、浮雕和尖锐等功能。

**3. 数字图像处理**

数字图像处理（digital image processing）又称为计算机图像处理，它是指将图像信号转换成数字信号并利用计算机对其进行处理的过程。数字图像处理最早出现于 20 世纪 50 年代，当时的电子计算机已经发展到一定水平，人们开始利用计算机来处理图形和图像信息。数字图像处理作为一门学科大约形成于20世纪60年代初期。早期图像处理的目的是改善图像的质量，它以人为对象，以改善人的视觉效果为目的。图像处理中，输入的是质量低的图像，输出的是改善质量后的图像，常用的图像处理方法有图像增强、复原、编码、压缩等。

图像理解虽然在理论方法研究上已取得不小的进展，但它本身是一个比较难的研究领域，存在不少困难，因人类本身对自己的视觉过程还了解甚少，因此计算机视觉是一个有待人们进一步探索的新领域。数字图像处理是一个非常大的概念，从应用的层面归纳起来，数字图像处理技术可以概括为以下几个方面。

① 像质改善：图像增强、锐化、平滑、校正、图像整饰、色彩处理。

② 图像分析：边缘检测、区域分割、特征抽取、纹理分析、图像匹配、模式识别。

③ 图像重建：通过对离散图像进行线性空间内查获线性空间滤波来重新获得连续图像。

④ 数据压缩：图像数字化、图像压缩编码、图像分形技术、图像小波理论。

从内容上，其主要包括对图像压缩与解压缩、数字图像格式的开发与应用、新的数字图像呈现技术、存储技术及传输技术（包括不同介质、系统、网络环境、不同的图像形态等）必要的协议及标准的开发等。具体内容包括：

（a）对数字图像编辑，包括基本的对图像进行剪切、粘贴、合并来修改图像内容。对于多媒体开发的应用层面来说，数字图像的处理更多的是关注对图像的编辑技术及其对应的应用软件。

把数字图像编辑软件分为 Microsoft 图像软件和专业平面图像处理软件，其中 Microsoft 图像软件包括 Windows 画图程序、Windows 映像程序、Windows 照片编辑器、Photo Draw、Paint Shop 等软件。专业平面图像处理软件包括 Photoshop、Corel Draw、Freehand、Illustrator 等软件。

（b）对图像进行声音的编配和处理。

（c）对图像的文件格式进行转换，使之符合需要。能够对图像进行加工处理的软件较多，最方便的是各种类型的图像文件格式用相应的软件进行处理，如 GIF 文件用 GIF Animator 工具进行处理，SWF 文件用 Flash 工具处理，AVI 文件用 Adobe Premiere 进行处理等。

（d）利用软件提供的各种特技，实现不同的艺术效果，如添加字幕、淡入淡出等。

**4. Photoshop 图像处理软件**

Photoshop 以其强大的图像处理功能和丰富的美术处理技巧，为众多专业人士所青睐。在图像处理方面，Photoshop 着重在效果处理上，即能对原始图像进行艺术加工，并有一定的绘图功能。Photoshop 能完成色彩修正，修饰缺陷，合成数字图像以及利用自带的滤镜功能创作各种艺术效果等。它被誉为目前世界上最优秀的图像处理软件。下面以 Photoshop 7.0 为例简要介绍 Photoshop 图像处理软件。

（1）窗口介绍

Photoshop 7.0 应用程序窗口由标题栏、菜单栏、工具箱、图像窗口、控制面板和状态栏等6部分组成，如图6-5所示。

（2）图像编辑

图像的基本变换包括图像尺寸的改变、几何形状的改变等。图像尺寸的改变可执行“图像”菜单中的“图像尺寸”命令，几何形状的改变可执行“编辑”菜单中的“变换”命令对选定图像进行缩放、旋转、斜切、透视变形。

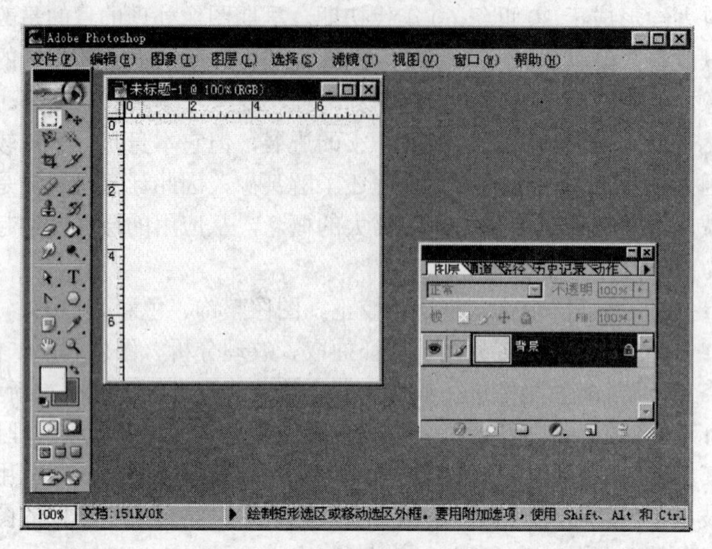

图 6-5　Photoshop 7.0 窗口

图像的合成离不开剪切、拷贝、粘贴等操作。这些操作同其他 Windows 应用软件一样，在 Photoshop 中有一个特殊的“粘贴入”命令，它可将剪贴板中的内容放置在选定区域内。

（3）图形绘制

Photoshop 提供了图形软件中绘制矢量图形的功能，Photoshop 工具箱中的形状工具是一种很有用的路径工具，用它可以轻松地绘制出各种常见的形状及其路径。

在工具箱中可选择不同的形状工具，它们是矩形工具、圆角矩形工具、椭圆工具、多边形工具、直线工具和自定形状工具，如图 6-6 所示。

形状工具的选项栏中提供了 3 种不同的绘图状态，从左到右分别是“形状图层”、“路径”和“填充像素”，如图 6-7 所示。

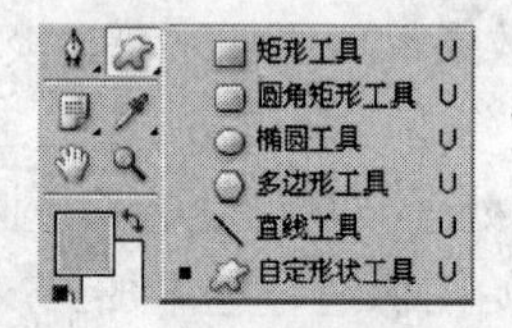


图 6-6　工具箱中的形状工具

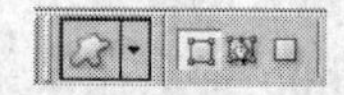

图 6-7　3 种不同的绘图状态

在工具箱中选择矩形工具，并在选项栏中单击向下的箭头会弹出其相应的选项调板用来对工具进行各种设定。设定完成后再次单击此三角可将弹出的调板关闭。

（4）选取画面

在工具箱中提供四种规则选取工具可以使用，包括矩形选取工具、椭圆选取工具、单行选取工具和单列选取工具。利用套索工具可以做不规则形状的选取，而不受限于矩形或圆形。魔术棒工具可以选取颜色相近的区域，如图 6-8 所示。

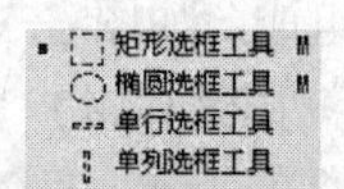


图 6-8　工具箱中的选取工具

（5）色彩调整

色彩调整在图像的修饰中是非常重要的一项内容，它包括对图像色调进行调节、改变图像的对比度等。在“图像”菜单下的“调整”子菜单中的命令都是用来进行色彩调整的命令，包括：Levels（色阶）、Auto Levels（自动色阶）、Auto Contrast（自动对比度）、Curves（曲线调节）、Color Balance（色彩调节）、Brightness/Contrast（亮度/对比度）、Hue/Saturation（色相/色彩饱和度）、Desaturation（去除彩色）、Replace Color（替换颜色）、Selective Color（选定颜色）、Channel Mixer（通道混合者）、Invert（反转）、Equalize（相等）、Threshold（阈值）、Posterize（色调分离）、Variations（变更）等。

（6）使用滤镜

利用 Photoshop 的滤镜功能很容易实现对图像进行各种特殊效果处理，使图像具有美学艺术创作效果。Photoshop 自带了丰富的滤镜效果，十几组之多，每组又有很多种，为我们的创意提供了强大的支持。除此之外，网络上还有其他的第三方软件作为 Photoshop 的插件可以使用，使 Photoshop 有了更大的魅力。

单击“滤镜”菜单，弹出下拉菜单。单击每组滤镜效果右边的小黑箭头会有子菜单，包括具体的滤镜效果。

（7）文字处理

Photoshop 提供的文字工具组中共有 4 种文字工具：横排文字工具、直排文字工具、横排文字蒙版工具、直排文字蒙版工具，如图 6-9 所示。

（8）使用路径

路径工具可以创建任意形状的路径，利用路径绘图或者形成选区进行选取图像。路径可以是闭合的，也可以是断开的。

在路径控制面板中可对勾画的路径进行填充路径、给路径加边、建立或删除路径等操作，还可方便地将路径变换为选区，如图 6-10 所示。

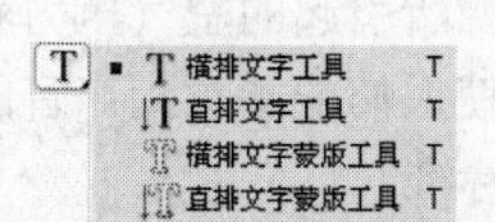


图 6-9　文字工具组

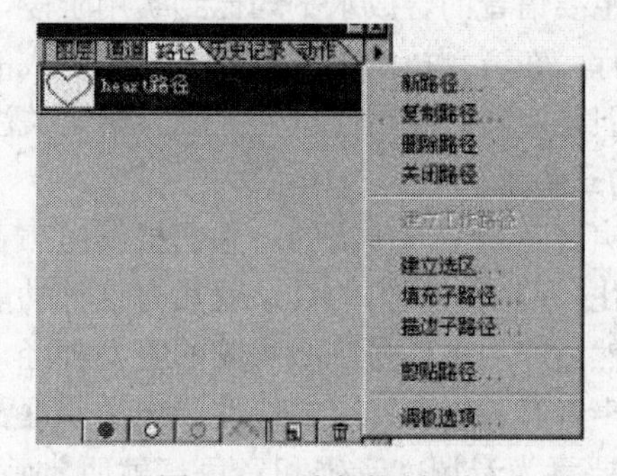


图 6-10　路径控制面板

（9）图层、通道、蒙版

图层的概念是把图像看做是一层层的叠加。类似于画家作画，先画远景作为背景，再画中间景，最后画近景。Photoshop 的图层，就像是在背景，中间景，近景之间加了一张透明的玻璃，对每个图层的操作就好像是在玻璃上操作，任何操作都不会影响其他图层。

换句话说就是，每个图层都可以独立于其他图层进行绘画、编辑、移动、删除等操作，而且各层的不透明度可以随时更改，图层的透明部分能显示其下一层图像，不透明部分则遮盖下一层的图像。图层的叠放顺序也可以调整，整体图像的外观是所有图层的总体体现。

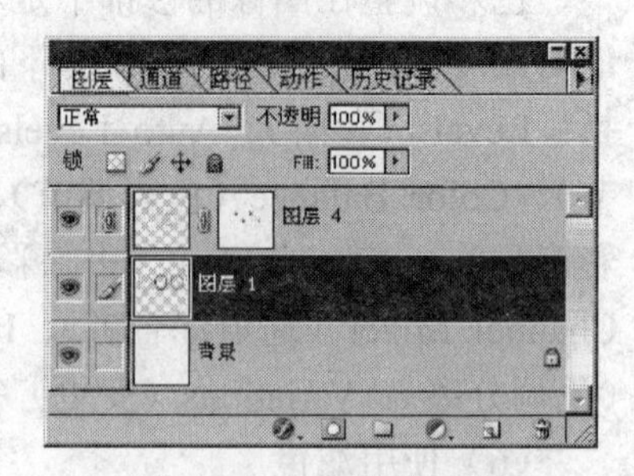

图 6-11　图层控制面板

对图层的操作主要通过“图层”菜单和图层控制面板来完成，如图 6-11 所示。

通道具有存放颜色信息以及建立和存储选择区域的作用。每幅图像都具有颜色信息通道，如 RGB 模式的图像都有内定的红、绿、蓝三个颜色信息通道以及一个用于编辑图像的复合通道。

蒙版是 Photoshop 处理图像很重要的一种高级技术，其主要用途有两个：一个是用来隔离和保护图像中的某一部分区域，使之不受编辑修改等操作影响，与建立选区的作用类似，可以将图像的修改局限在图像的某一区域中；另一个是控制不同图层之间的显示效果。Photoshop 的蒙版主要有两种模式：快速蒙版模式和图层蒙版模式。

# 6.3　音 频 技 术

## 6.3.1　音频的基础知识

音频技术发展较早，几年前一些技术已经成熟并产品化，甚至进入了家庭，如数字音响。音频技术主要包括四个方面：音频数字化、语音处理、语音合成及语音识别。音频数字化目前是较为成熟的技术，多媒体声卡就是采用此技术而设计的，数字音响也是采用了此技术取代传统的模拟方式而达到了理想的音响效果。音频处理包括范围较广，但主要方面集中在音频压缩上，目前最新的 MPEG 语音压缩算法可将声音压缩 6 倍。语音合成是指将正文合成为语言播放，目前国外几种主要语音的合成水平均已到实用阶段，汉语合成几年来也有突飞猛进的发展，实验系统正在运行。在音频技术中难度最大最吸引人的技术当属语音识别，虽然目前只是处于实验研究阶段，但是广阔的应用前景使之成为研究关注的热点之一。

### 1. 声音的三要素

自然界中声音是靠空气传播的。人们把发出声音的物体称为声源，声音在空气中能引起非常小的压力变化。例如，我们的耳朵就具有这种功能：声源所引起的空气压力变化，被耳朵的耳膜所检测，然后产生电信号刺激大脑的听觉神经，从而使人们能感觉到声音的存在。从听觉的角度来看，声音有其自身特有的特性、声学原理及质量标准。

声音的三要素为音调、音强和音色，就听觉特色而言，声音质量的高低主要取决于该三要素。

① 音调：代表了声音的高低，与声音的频率有关，频率高则音调高，频率低则音调低。

② 音强：又称响度，是声音的强度，取决于声音的幅度，即振幅的大小，通常说的“音量”也是指音强。

③ 音色：由混入基音的泛音所决定，每个基音又都有其固有的频率和不同音强的泛音，从而使得每个声音具有特殊的音色效果。

### 2. 声音的特性

从听觉的角度来看，声音有其自身特有的性质。

（1）声音的时效性

通常屏幕上的视觉信息（如文本、图像）可以根据需要进行保持，可以看到这些信息的显示，一直到它们移开为止。但声音信息不行，因为声音一产生很快就消失了，这就是声音的一个重要特性，即时效性。声音具有很强的时效性，没有时间也就没有声音，声音适合在一个时间段中表现。声音常常处于一种伴随状态，如伴音、伴奏等，起一种渲染气氛的作用。如果要重新听某个信息就必须重复声音。这样，就必须考虑到以机控或人控来实现声音重复的可能性，而且要能够实现多次重复。

由于声音的时效性，声音数据具有很强的前后相关性。比如，我们正在听一段句子，是不可能在句子的后半段听到句子的前面部分的，如果想再听前面有趣或遗漏的内容，只有用某些方式例如倒带或重新定位来重新开始。一般这种方式要花费较多的检索与播放时间，因而，数据量要大得多，实时性要求也比较高。例如，在目前的CAI软件设计中，通常要把一些较长的声音信息分成许多小的部分来存储，以减少搜索时间和不必要的重复播放时间。在CAI软件设计时，若采用面向对象的方法，以类似对象等结构方式来组织传播的声音，无疑会更加有利于对声音的安排。

（2）声音的连续谱特性

声音是一种弹性波，声音信号可以分成周期信号与非周期信号两类。周期信号即为单一频率音调的信号，其频谱是线性谱；而非周期信号包含一定频带的所有频率分量，其频谱是连续谱。真正的线性谱仅可从计算机或类似的声音设备中听到，这种声音听起来十分单调。其他声音信号或者属于完全的连续谱，如电路中的平滑噪声，听起来完全无音调；或者属于线性谱中混有一段段的连续谱成分，只不过这些连续谱成分比起那些线性谱成分来说要弱，使得整个声音还是表现出线性谱的有调特性，也正是这些连续谱成分使声音听起来饱满、生动，自然界的声音大多属于这一种。

（3）声音的方向感特性

声音依靠介质的振动进行传播，它使周围的介质（空气、液体、固体）产生振动，并以波的形式从声源向四周传播。人耳能够感觉到这种传播过来的振动，并能够判别出声音到达左右耳的相对时差、声音强度，然后经过大脑综合分析面判别出声音的方向以及由于空间使声音来回反射而造成声音的特殊空间效果。因此，现在的音响设备都在竭力模拟这种立体声效果和空间感效果。在现有的多媒体计算机环境中，声音的方向感特性也是试图要实现的需求之一。

### 3. 声音的质量

声音的质量简称“音质”，声音的质量与声音的频率范围有关。一般说来，频率范围越宽声音的质量就越高。在有些情况下，系统所提供的声音媒体并不能满足所需的频率宽度，这会对声音质量有影响。因此，要对声音质量确定一个衡量的标准。影响音质的因素很多，保真度、空间感、音响效果都是重要的指标。常见的有：

① 对于数字音频信号，音质的好坏与数据采样频率和数据位数有关。采样频率越低，位数越少，音质越差。

② 音质与声音还原设备有关，音响放大器和扬声器的质量能够直接影响重放的音质。

③ 音质与信号噪声比有关。

**4. 声音的表示方法**

声音是由空气振动产生的一种物理现象，是一种连续变化的模拟信号。声音有两个基本参数：频率和振幅。其中振幅表示声音的大小、强弱，频率表示信号每秒钟变化的次数。

**5. 声音的数字化**

人们是否都能听到音频信号，这主要取决于各个人的年龄和耳朵的特性。一般来说，人的听觉器官能感知的声音频率大约在 20～20 000 Hz 之间，在这种频率范围里感知的声音幅度大约在 0～120 dB 之间。除此之外，人的听觉器官对声音的感知还有一些重要特性，因此，多媒体计算机主要处理的是人类听觉范围内的可听声。

为了用计算机表示和处理声音，必须将声音进行数字化，声音数字化三要素如表 6-1 所示。用数字形式来表示声波，数字化了的声音叫做数字音频，它除了包含有自然界中所有的声音之外，还具有经过计算机处理的独特音色和特质。

表 6-1 声音数字化三要素

| 采样频率 | 量化位数 | 声道数 |
|---|---|---|
| 每秒钟抽取声波幅度样本的次数 | 每个采样点用多少二进制位表示数据范围 | 使用声音通道的个数 |
| 采样频率越高，声音质量越好，数据量也越大 | 量化位数越多，音质越好，数据量也越大 | 立体声比单声道的表现力丰富，但数据量翻倍 |

（1）模拟音频（analog audio）

自然的声音是连续变化的，它是一种模拟量，人类最早记录声音的技术是利用一些机械的、电的或磁的参数随着声波引起的空气压力的连续变化而变化来模拟和记录自然的声音，并研制了各种各样的设备，其中最普遍、人们最熟悉的要数麦克风了。当人们对着麦克风讲话时，麦克风能根据它周围空气压力的不同变化而输出相应连续变化的电压值，这种变化的电压值便是一种对人类讲话声音的模拟，是一种模拟量，称为模拟音频。它把声音的压力变化转化成电压信号，电压信号的大小正比于声音的压力。当麦克风输出的连续变化的电压值输入到录音机时，通过相应的设备将它转换成对应的电磁信号记录在录音磁带上，因而便记录了声音。但以这种方式记录的声音不利于计算机存储和处理，因为计算机存储的是离散的数字。要使得计算机能存储和处理声音，就必须将模拟音频数字化。

（2）数字化音频（digital audio）

数字化音频的获得是通过每隔一定的时间间隔测一次模拟音频的值（如电压）并将其数字化，这一过程称为采样，每秒钟采样的次数称为采样率。一般情况下，采样率越高，记录的声音就越自然；反之，若采样率太低，将失去原有声音的自然特性，这一现象称为失真。由模拟量变为数字量的过程称为模数转换。由上述可知，数字音频是离散的，而模拟音频是连续的，数字音频质量的好坏与采样率密切相关。计算机可以存储、处理和播放数字音频信息。但计算机要利用数字音频信息驱动喇叭发声，还必通过一个设备将离散的数字量再变为连续的模拟量（如电压等）的过程，这一过程称为数模转换。因此，在多媒体计算机环境中，要使计算机能记录和发出较为自然的声音，必须配备这样的设备。目前，在大多数个人多媒体计算机中，这些设备集成在一块卡上，这块卡称为声卡。

（3）数字音频的采样与量化

自然界的声音是一种模拟的音频信息，是连续量。而计算机只能处理离散的数字量，这就要求必须将声音数字化。音频信息数字化的优点是：传输时抗干扰能力强，存储时重放性能好，易处理，能进行数据压缩，可纠错，容易混合。要将音频信息数字化，其关键的步骤是采样、量化和编码。

采样指的是时间轴上连续的信号每隔一段时间间隔抽取出一个信号的幅度样本，把连续的模拟量用一个个离散的点来表示，使其成为时间上离散的脉冲序列。采样频率是每秒钟所抽取声波幅度值样本的次数，单位为 kHz。一般来说，采样频率越高声音失真越小，但相应的存储量也越大。因此需要根据不同的应用范围来选择采样频率。

音频采样包括两个重要的参数即采样频率和采样数据位数。采样频率即对声音每秒钟采样的次数，人耳听觉上限在 20 kHz 左右，目前常用的采样频率为 11 kHz，22 kHz 和 44 kHz 三种。采样频率越高音质越好，存储数据量越大。CD 唱片采样频率为 44.1 kHz，达到了目前最好的听觉效果。采样数据位数即每个采样点的数据表示范围，目前常用的有 8 位、12 位和 16 位三种。不同的采样数据位数决定了不同的音质，采样位数越高，存储数据量越大，音质也越好。CD 唱片采用了双声道 16 位采样，采样频率为 44.1 kHz，因而达到了专业级水平。

声音采样的过程为：声波→模拟信号→数字信号→保存为文件，如图 6-12 所示。

模拟信号通过采样后变成一个时间上离散的脉冲序列，但在脉冲幅度上仍会在其动态范围内连续变化。量化就是把这些在时间上离散的模拟信号无限多的幅度值用有限多的量化电平来表示，使其变为数字信号。量化时，每个幅度值通常会用最接近的量化电平来采样，这个电平也称为量化等级。量化后，连续变化的电平幅值就会被有限个量化等级所取代。从信号质量方面考虑，量化级数越大则量化误差越小，量化后的信号越接近原信号，但同时会造成信号数据量增大，因此量化位数的选取要权衡各方面因素综合考虑。

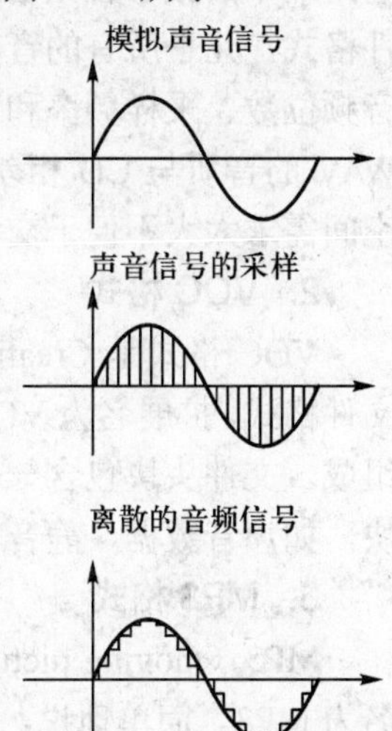

图 6-12　声音数字化过程

具体地说，量化指将采样得到的样本值在幅值上以一定的级数离散化，将幅值分成若干等级，再用足够的二进制位对量化的等级进行表示，之后把落入某个等级内的样本值归为一类，并用相同的量化二进制数来表示。

将采样后得到的音频信息数字化的过程称为量化。因此，量化也可以看做是在采样时间内测量模拟信息值的过程。在日常生活中，我们也可以找到量化的例子，假设有两个电压表分别连到模拟信号源上，其中一个为模拟电压表，另一个为数字电压表。对于模拟电压表，测量的精度取决于仪表本身的精确度，以及测量者眼睛的识别率。对于数字电压表度量精度取决于仪表的有效位数。当然，我们可以通过增加数字电压表的位数来提高精度，但不管怎样，对一个数字系统而言其精度总是有限的。因此，任何一个数字系统量化后的结果与模拟量之间总存在误差。对于一个音频数字化系统而言也是如此，所以，量化的精度也是影响音频质量的一个重要因素。

编码指的是把量化后的信号转换成代码的过程，也就是将已经量化的信号幅值用二进制数码表示。编码后，每一组二进制数码代表一个采样的量化等级，然后把它们排列起来，得到由二进制脉冲组成的信息流。数码率又称比特率，是单位时间内传输的二进制序列的位数，通常用 kbps 为单位。显然，采样频率越高，量化位数越大，数码率就越高，所需要的传输带宽就越宽。常见的如电话质量的音频信号采用 8 kHz 采样，8 b 量化，数码率为 64 kb/s；AM 广播采用 16 kHz 采样，14 b 量化，数码率为 224 kb/s；CD 音频标准为 48 kHz、44.1 kHz、32 kHz 采样，16 b 量化，每声道数码率为 705.6～768 kb/s。

### 6.3.2 音频文件的格式

要在计算机内播放或是处理音频文件，也就是要对音频文件进行数模转换，这个过程同样由采样和量化构成，人耳所能听到的声音频率为 20 Hz～20 kHz，因此音频文件格式的最大带宽是 20 kHz，故而采样频率需要介于 40～50 kHz 之间，而且对每个样本需要更多的量化位数。音频数字化的标准是每个样本 16 位-96 dB 的信噪比，采用线性脉冲编码调制 PCM，每一量化步长都具有相等的长度。在音频文件的制作中，正是采用这一标准。在多媒体技术中音频文件格式主要有以下几种。

#### 1. WAV 格式

WAV 格式是 Microsoft 公司开发的一种声音文件格式，也叫波形声音文件，扩展名为.WVA。它是最早的数字音频格式，由于 Microsoft 公司的影响力，目前也成为一种通用性的数字声音文件格式，几乎所有的音频处理软件都支持 WAV 格式。WAV 格式支持许多压缩算法，支持多种音频位数、采样频率和声道，采用 44.1 kHz 的采样频率，速率 88 kb/s，16 位量化位数，因此 WAV 的音质与 CD 相差无几，也是目前 PC 上广为流行的声音文件格式，但 WAV 格式对存储空间需求太大不便于交流和传播。

#### 2. VOC 格式

VOC 格式是 Creative 公司的波形音频文件格式，也是声霸卡（sound blaster）使用的音频文件格式，扩展名为.VOC。每个 VOC 文件由文件头块（header block）和音频数据块（data block）组成。文件头块包含一个版本标识号和一个指向数据块起始的指针。数据块分成各种类型的字块，如声音数据、静音、标识、ASCII 码文件、重复的结束、重复以及终止标志、扩展块等。

#### 3. MP3 格式

MP3（moving picture experts group audio layer 3）。是现在最流行的声音文件格式，其扩展名为.MP3。简单地说，MP3 就是一种音频压缩技术，将音乐以 1:10 甚至 1:12 的压缩率，压缩成容量较小的文件。能够在音质丢失很小的情况下把文件压缩到更小的程度。因此，该格式的特点是压缩比高、文件数据量小、音质好，能够在个人计算机和 MP3 播放机上进行播放。某些多媒体平台软件和算法语言都支持 MP3 格式，被广泛应用在互联网和可视电话通信等许多领域，但和 CD 相比，它的音质不能令人完全满意。

#### 4. MIDI 格式

MIDI（music instrument digital interface，乐器数字接口），其扩展名为.MID。MIDI 不对音乐进行采样，而是对音乐的每个音符记录为一个数字，所以与其他格式相比要小得多，可以满足长时间播放音乐的需要。MIDI 文件并不是一段录制好的声音，而是记录声音的信息，然后在告诉声卡如何再现音乐的一组指令。这样一个 MIDI 文件每存 1 分钟的音乐只用大约 5～10 KB。MIDI 文件主要用于原始乐器作品，流行歌曲的业余表演，游戏音轨以及电子贺卡等。

#### 5. WMA 格式

WMA（Windows media audio）是 Microsoft 公司力推的一种音频格式，是继 MP3 之后最受欢迎的音乐格式，其扩展名为.WMA。WMA 格式是以减少数据流量但保持音质的方法来达到更高的压缩率目的，其压缩率一般可以达到 1:18，生成的文件大小只有相应 MP3 文件的一半。WMA 还可以通过 DRM（digital rights management）方案加入防止拷贝或者加入限制播放时间和播放次数，甚至是播放机器的限制，可有力地防止盗版。

#### 6. RealAudio 格式

RealAudio（即时播音系统）是 Progressive Networks 公司所开发的软件系统，是一种新型流式音频文件格式。它包含在 RealMedia 中，主要用于在低速的广域网上实时传输音频信息。RealAudio 主要适用于网络上的在线播放。现在的 RealAudio 文件格式主要有 RA、RM、RMX 等三种，这些文件的共同性在于随着网络带宽的不同而改变声音的质量，在保证大多数人听到流畅声音的前提下，令带宽较宽的听众获得较好的音质。

#### 7. CD-DA 文件

CD-DA（compact disc-digital audio，数字音频光盘）是 1979 年 Philips 和 Sony 公司结盟联合开发的，其实就是现在的标准音频 CD。音乐 CD 中刻录出来的是 CD 音轨，而不是任何格式的文件。音轨是以 CD-DA 规范来记录音频信息的。标准音频 CD 是 44.1 kHz 的采样频率，速率 88 kb/s，16 位量化位数，因为 CD 音轨可以说是近似无损的，因此它的声音基本上是忠于原声的。

#### 8. AIFF 格式

AIFF（audio interchange file format，音频交换文件格式）是 Apple 公司开发的一种声音文件格式，被 Macintosh 平台及其应用程序所支持，Netscape Navigator 浏览器中的 LiveAudio 也支持 AIFF 格式，SGI 及其他专业音频软件包也同样支持 AIFF 格式。AIFF 支持 ACE2、ACE8、MAC3 和 MAC6 压缩，支持 16 位 44.1 kHz 立体声。AIFF 应用于个人计算机及其他电子音响设备以存储音乐数据。

### 6.3.3 音频的采集和处理

随着信息技术的发展，数字信号处理技术已经逐步取代了模拟信号处理技术，数字音频信号采用了全新的概念和技术，具备了抗干扰能力强，无噪音积累，长距离传送无失真等特点，目前已被广泛使用。数字音频指的是一个用来表示声音强弱的数据序列，通过对模拟音频进行取样、量化、编码过程，实现对音频信号的模数（A/D）转换，形成数字音频信号。对这些数字信号可进行存储、传送，也可经再生电路进行数模（D/A）转换，还原成模拟信号。

#### 1. 获取数字音频信息的方式

音频数据的采集就是将声音通过声卡设备，利用声音采集软件将其以数字信息的形式保存在计算机中。数字音频的采集方法有很多种，可以通过声卡转换，或者使用软件采集。常用的声音采集和处理软件有 Windows 附件中的录音机、Gold Wave、Sound Forge 和 Cool Edit Pro 等。使用 Windows 录音机程序是最简单的采集数字音频的方法，但该软件对录音时间有限制，一次录音最长不能超过 1 分钟。若想大于 1 分钟的声音，只能使用其他的软件。

获取数字音频信息的方式主要有：

① 寻找或者截取已有的数字化音频资源。像数字图形、图像库一样，从存储在 CD-ROM 光盘或磁盘上的数字音频库选用。

② 用多媒体计算机录制。利用声卡和相关的录音软件，可以直接录制 WAV 音频文件。为了保证录音文件的质量，除应选择高品质的声卡和音箱外，还应选用足够高的采样频率和量化精度。在 Windows 环境中运行的"声卡+录音机（sound recorder）程序"就是最常用的录音平台之一。

③ 从录音盘或录音带进行转录。对已经录制在 CD 光盘或录音带上的音频数据，可通过适当的软件（如超级解霸）转录为数字音频文件，然后再进行加工处理。或利用 Cool Edit Pro 将获取的音频信息在计算机中进行初步地加工、合成。

④ 用数字化音频设备现场录音。在专业的录音棚内现场录音，可明显减小环境的噪声，获得相当于 CD 唱片的高保真音质。但这种方法的成本较高，一般很少使用。

⑤ 利用带有录音功能的 MP3 播放器进行数字音频的获取。

**2. 用多媒体计算机录音**

使用 Windows 自带的录音机，可以用来录制、播放和简单编辑声音波形文件。

① 在"附件"中启动录音机，方法为："开始" | "程序" | "附件" | "娱乐" | "录音机"，如图 6-13 所示。

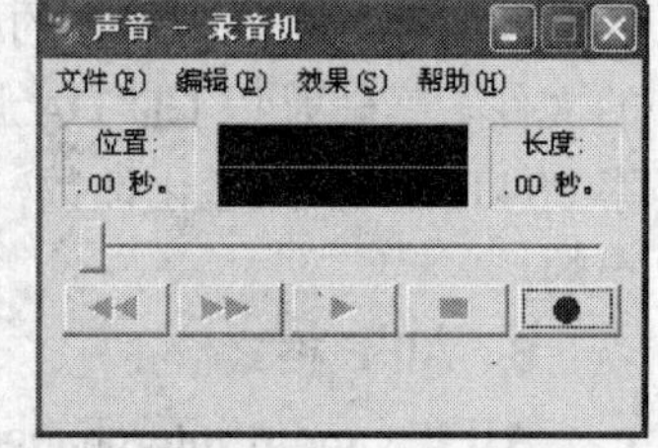

图 6-13　Windows 录音机

其中，"位置"显示框可以精确地显示当前播放或录制的位置。在波形显示框中可以看到播放的声音的波形。"长度"显示框则显示了该波形文件的总长度。可以拖动进度指示器上的游标来改变放音的位置。它的控制按钮与"媒体播放机"中的相同。

② 录音一般分为麦克风输入（MIC IN）和线性输入（LINE IN）。选用麦克风录音时，将麦克风插入到声卡的 MIC IN 插孔中，如果是用外接音源录音（如 CD 机），就将音频线插入到声卡的 LINE IN 插孔中。

③ 根据录音方式的不同，录音的设置也不同。双击位于任务栏的声音控制图标，在弹出如图 6-14 所示的音量控制窗口中可以设置录音方式。

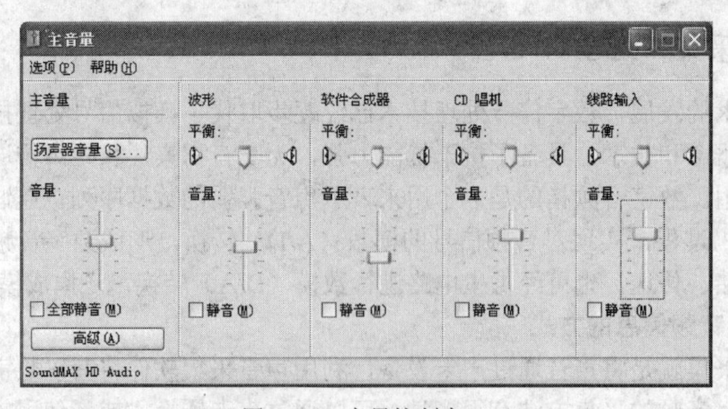

图 6-14　音量控制窗口

④ 选择"选项"菜单下的"属性"命令，在弹出的"属性"对话框中的"调节音量"中选

择“录音”，在“显示下列音量控制”中选择要显示的音量控制按钮，如图 6-15 所示。

如选择“麦克风”和“线路输入”，单击“确定”按钮，弹出如图 6-16 所示的“录音控制”面板。

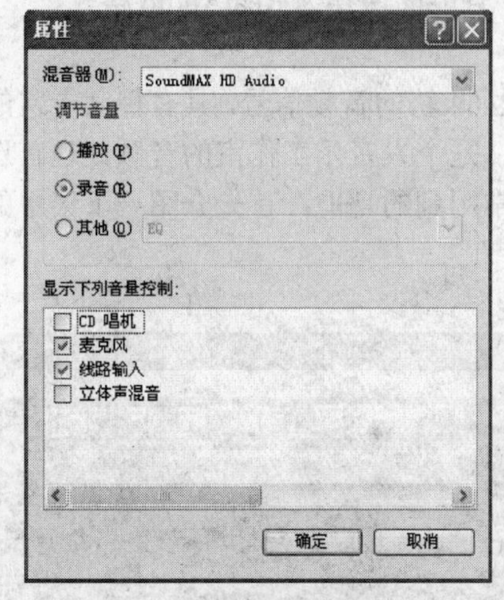


图 6-15 “属性”对话框

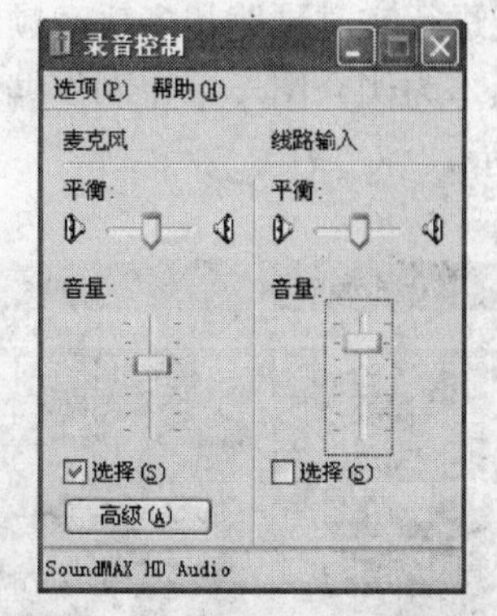


图 6-16 “录音控制”面板

如果是麦克风录音就在“麦克风”复选框前打勾，如果是用线性输入就在“线性输入”复选框前打勾。

⑤ 一切准备就绪，然后单击“录音”按钮就可以录制声音了。如果有声音输入，在波形显示框中会显示出起伏的波形。

⑥ 声音录制好后，选择“文件”菜单中的“保存”命令，将声音数据保存为 WAV 格式的声音文件。

Windows 中的“录音机”还提供了简单的声音编辑与处理功能，可以根据需要进行删除片段、插入声音、添加回响或反转声音等操作。

**3. 音频素材的编辑和处理**

采集的声音数据需要进行编辑加工、增加、删除等处理，音频数据的处理就是将采集到的音频信号利用音频处理软件对其进行降噪、剪接以及各种效果处理等，一般是通过声音处理软件来完成。声音处理软件对声音文件具有录制、编辑和播放等功能，在声音数据编辑、加工的过程中，还涉及混声的处理。如果是多声道，还涉及声道的分配、存储空间的划分等各种处理。

对于获取的音频素材，通常要先进行编辑和处理，下面以 Cool Edit Pro 音频处理软件为例，简单介绍音频素材的编辑和处理方法。

Cool Edit Pro 是美国 Syntrillium Software Corporation 公司开发的一款功能强大、效果出色的多轨录音和音频处理软件。它是一个非常出色的数字音乐编辑器和 MP3 制作软件。不少人把 Cool Edit Pro 形容为音频“绘画”程序，可以使用声音来“绘”制音调、歌曲的一部分、声音、弦乐、颤音、噪声或是调整静音。而且它提供了多种特效为音频作品增色，如放大或降低噪声、压缩、扩展、回声、失真、延迟等。它还可以同时处理多个文件，轻松地在几个文件中进行剪切、粘贴、合并、重叠声音操作。使用它可以生成的声音有：噪声、低音、静音、电话信号等。该软件还包含有 CD 播放器。其他功能包括：支持可选的插件，崩溃恢复，支持多文件，自动静音检测和删除，自动节拍查找，录制等。另外，它还可以在 AIF、AU、MP3、Raw PCM、SAM、VOC、VOX、WAV 等文件格式之间进行转换，并且能够保存为 RealAudio 格式。

（1）窗口介绍

Cool Edit Pro 可以在普通声卡上同时处理多达 64 轨的音频信号，具有极其丰富的音频处理效果，并能进行实时预览和多轨音频的混缩合成，是个人音乐工作室的音频处理首选软件。下面以 2.1 版本为例介绍一下在制作编辑音频时经常用到的功能。首先介绍一下菜单的情况，如图 6-17 所示。

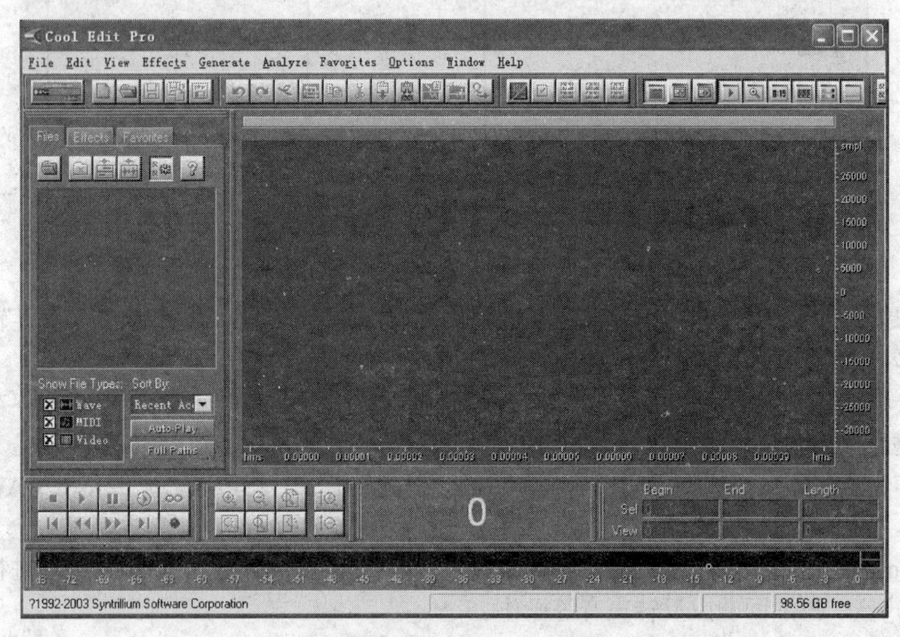


图 6-17　Cool Edit Pro 2.1 界面

① File 菜单：此菜单中包含了常用的新建、打开、关闭、存储、另存为等操作命令。

② Edit 菜单：提供基本的音频编辑命令，如剪切、粘贴、混合粘贴（插入、合并、重叠声音）操作、删除、全选、自动静音检测和自动节拍查找等命令。

③ View 菜单：包含用于改变显示的有关命令。

④ Effects 菜单：提供多种音频特效改变命令.如改变音量、静音、反转、降低噪声、延迟效果、失真处理、调整音调等。

⑤ Generate 菜单：提供生成噪声、音调、静音、电话信号等声音的命令。

⑥ Analyze 菜单：提供文件或选择区域的频率分析命令。

⑦ Options 菜单：包含特征或用户定制选项命令。

（2）生成声音

Generate 菜单提供生成噪声、音调、静音、电话信号等声音的命令，如图 6-18 所示。

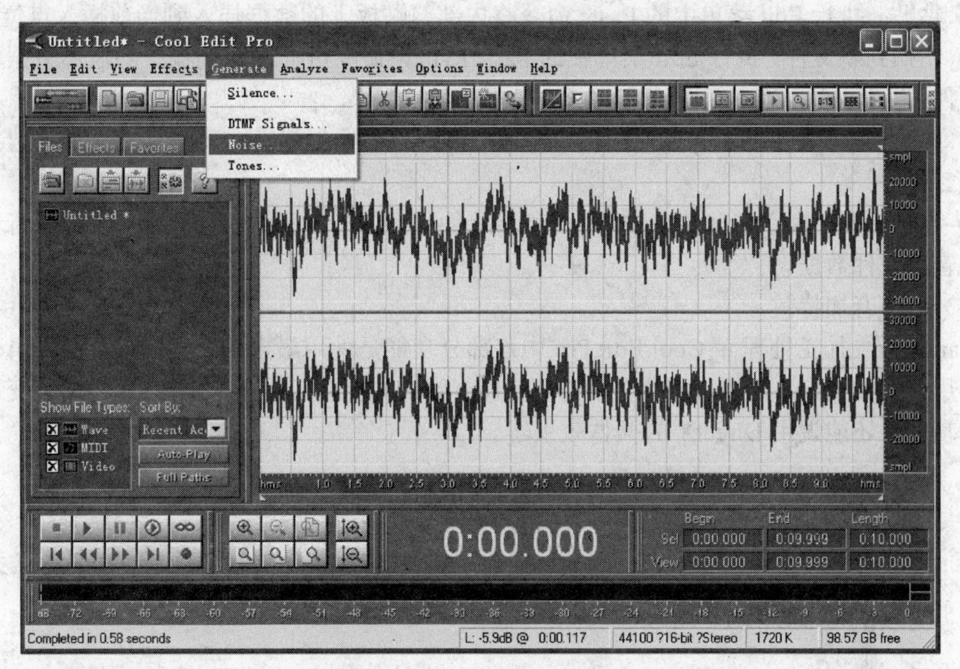


图 6-18　生成声音界面

（3）录制音频

安装好声卡，将麦克风与声卡的 MIC IN 插孔连接或将线性输入设备如录音机、CD 唱机等输出端与声卡的 LINE IN 插孔正确连接。

运行 Cool Edit Pro 程序，执行 File 菜单中的 New 命令，弹出对话框。在对话框中选择采样频率、量化位数、声道数后单击 OK 按钮，如图 6-19 所示。

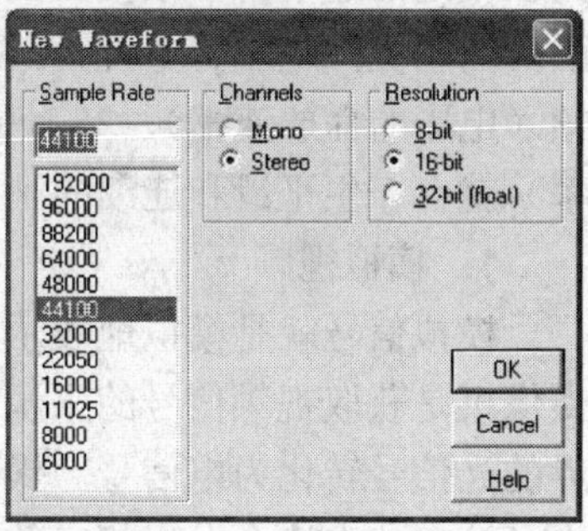

然后单击功能键中的录音按钮，开始录音，录制完毕单击“停止”按钮停止录音。最后执行 File 菜单中的 Save As 命令保存声音文件。

图 6-19　录音界面

（4）编辑声音

在 Cool Edit Pro 中，首先选择需要处理的区域，如果不选择区域，Cool Edit Pro 则认为要对整个音频文件进行操作。选择编辑对象或范围对于声音文件而言，就是在波形图中，选择某一片断或整个波形图。音频选择操作的一般方法：在波形上按下鼠标左键向右或向左滑动；要选整个波形，双击鼠标即可。

音频的基本编辑包括：

① 删除：选好要操作的选区，执行 Edit 菜单中的 Delete Selection 命令或直接按 Delete 键就可删除当前被选择的音频片段，这时后面的波形自动前移。

② 剪切：执行 Edit 菜单中的 Cut 命令将当前被选择的片段从音频中移去并放置到内部剪贴板上。

③ 拷贝：执行 Edit 菜单中的 Copy 命令将选区拷贝到内部剪贴板上。

④ 粘贴：执行 Edit 菜单中的 Paste 命令将内部剪贴板上的数据插入到当前插入点位置。

⑤ 粘贴到新文件：执行 Edit 菜单中的 Paste to new 命令可插入剪贴板中的波形数据创建一个新文件。

⑥ 拷贝到新文件：执行 Edit 菜单中的 Copy to new 命令创建一个新文件并插入被选择的波形数据。

⑦ 混合粘贴：执行 Edit 菜单中的 Mix Paste 命令可以在当前插入点混合剪贴板中音频数据或其他音频文件数据。

（5）为声音加特效

Transform（加工处理）：Cool Edit Pro 中这部分功能是使用最多的。它包含了在编辑处理音频时要用到的如反向、颠倒、相位、动态、延时、混响、滤波（均衡）、降噪、失真、变调等大部分的功能，还能调用 DirectX 的插件效果器。

## 6.4 视频技术

### 6.4.1 视频的基础知识

随着计算机网络和多媒体技术的发展，视频信息技术已经成为我们生活中不可或缺的组成部分，渗透到工作、学习、娱乐各个方面。与静止图像不同，视频是活动的图像，一幅幅图像组成了视频，正如像素是一幅数字图像的最小单元一样，图像是视频的最小和最基本的单元。当以一定的速率将一幅幅画面投射到屏幕上时，由于人眼的视觉暂留效应，视觉就会产生动态画面的感觉，电影、电视、DVD、VCD 等都属于视频的范畴。对于人眼来说，若每秒播放 24 帧（电影的播放速率）、25 帧（PAL 制式电视的播放速率）或 30 帧（NTSC 制式电视的播放速率）就会产生平滑和连续的画面效果。

**1. 模拟视频**

模拟信号就是模拟地表示声音、图像信息的物理量。以前所接触的视频信号都是模拟信号，摄像机是获取视频信号的来源，以最早的电子管摄像机为例，电子管作为光电转换器件，把外界的光信号转化为电信号。摄像机前的被摄物体有不同的亮度，对应于不同的亮度值，摄像机电子管中的电流会发生相应的变化。模拟信号就是用这种电流的变化来代表或模拟所摄取的图像，记录下它们的光学特征。然后通过调制和解调，将信号传输给接收机，通过电子枪显示在荧光屏上，还原成原来的光学图像。这就是电视广播的基本原理与过程。

为了记录下模拟视频信号，一般采用磁带作为记录载体。利用磁带的磁滞回线特性将音视频信号记录在磁带上。完成记录与重放的设备就是录像机，录像机中有磁头，按一定的规律运动，将随时间变化的音视频信号记录在磁带上。在重放时，磁带上表现音视频信号的磁感应强度信号被磁头感应成电信号，再经过处理还原成视频信号。

**2. 数字视频**

数字视频就是先用摄像机之类的视频捕捉设备，将外界影像的颜色和亮度信息转变为电信号，再记录到储存介质（如录像带）。播放时，视频信号被转变为帧信息，并以每秒约 30 幅的速度投影到显示器上，使人类的眼睛认为它是连续不间断地运动着的。电影播放的帧率大约是每秒 24 帧。如果用示波器（一种测试工具）来观看，未投影的模拟电信号看起来就像脑电波的扫描图像，由一些连续锯齿状的山峰和山谷组成。为了存储视觉信息，模拟视频信号的山峰和山谷必须通过模数（A/D）转换器来转变为数字的“0”或“1”。这个转变过程就是我们所说的视频捕捉（或采集过程）。如果要在电视机上观看数字视频，则需要一个数模转换器将二进制信息解码成模拟信号，才能进行播放。

### 3. 视频压缩编码的基本概念

视频压缩的目标是在尽可能保证视觉效果的前提下减少视频数据率。视频压缩比一般指压缩后的数据量与压缩前的数据量之比。由于视频是连续的静态图像，因此其压缩编码算法与静态图像的压缩编码算法有某些共同之处，但是运动的视频还有其自身的特性，因此在压缩时还应考虑其运动特性才能达到高压缩的目标。在视频压缩中常需用到以下一些基本概念。

（1）有损和无损压缩

在视频压缩中有损（lossy）和无损（lossless）的概念与静态图像中基本类似。无损压缩即压缩前和解压缩后的数据完全一致，多数的无损压缩都采用 RLE 行程编码算法。有损压缩意味着解压缩后的数据与压缩前的数据不一致。在压缩的过程中要丢失一些人眼和人耳所不敏感的图像或音频信息，而且丢失的信息不可恢复。几乎所有高压缩的算法都采用有损压缩，这样才能达到低数据率的目标。丢失的数据率与压缩比有关，压缩比越小，丢失的数据越多，解压缩后的效果一般越差。此外，某些有损压缩算法采用多次重复压缩的方式，这样还会引起额外的数据丢失。

（2）帧内和帧间压缩

帧内（intraframe）压缩也称为空间压缩（spatial compression）。当压缩一帧图像时，仅考虑本帧的数据而不考虑相邻帧之间的冗余信息，这实际上与静态图像压缩类似。帧内一般采用有损压缩算法，由于帧内压缩时各个帧之间没有相互关系，所以压缩后的视频数据仍可以以帧为单位进行编辑。帧内压缩一般达不到很高的压缩。

帧间（interframe）压缩是基于许多视频或动画的连续前后两帧具有很大的相关性，或者说前后两帧信息变化很小的特点，即连续的视频其相邻帧之间具有冗余信息，根据这一特性，压缩相邻帧之间的冗余量就可以进一步提高压缩量，减小压缩比。帧间压缩也称为时间压缩（temporal compression），它通过比较时间轴上不同帧之间的数据进行压缩。帧间压缩一般是无损的。帧差值（frame differencing）算法是一种典型的时间压缩法，它通过比较本帧与相邻帧之间的差异，仅记录本帧与其相邻帧的差值，这样可以大大减少数据量。

（3）对称和不对称编码

对称性（symmetric）是压缩编码的一个关键特征。对称意味着压缩和解压缩占用相同的计算处理能力和时间，对称算法适合于实时压缩和传送视频，如视频会议应用就以采用对称的压缩编码算法为好。而在电子出版和其他多媒体应用中，一般是把视频预先压缩处理好，然后再播放，因此可以采用不对称（asymmetric）编码。不对称或非对称意味着压缩时需要花费大量的处理能力和时间，而解压缩时则能较好地实时回放，即以不同的速度进行压缩和解压缩。一般地说，压缩一段视频的时间比回放（解压缩）该视频的时间要多得多。例如，压缩一段 3 分钟的视频片断可能需要 10 多分钟的时间，而该片断实时回放时间只有 3 分钟。

#### 4. 视频图像压缩技术

图像压缩一直是技术热点之一，它的潜在价值相当大，是计算机处理图像和视频以及网络传输的重要基础，目前 ISO 制订了两个压缩标准即 JPEG 和 MPEG。JPEG 是静态图像的压缩标准，适用于连续色调彩色或灰度图像。它包括两部分：一个是基于 DPCM（差分脉码调制）技术的无失真编码，另一个是基于 DCT（离散余弦变换）和赫夫曼编码的有失真算法。前者图像压缩无失真，但是压缩比很小，目前主要应用的是后一种算法，图像有损失但压缩比很大，压缩 20 倍左右时基本看不出失真。

MJPEG 是指 MotionJPEG，即按照 25 f/s 速度使用 JPEG 算法压缩视频信号，完成动态视频的压缩。

MPEG 算法是适用于动态视频的压缩算法，它除了对单幅图像进行编码以外还利用图像序列中的相关原则，将帧间的冗余去掉，这样大大提高了图像的压缩比例。通常保持较高的图像质量而压缩比高达 100 倍。MPEG 算法的缺点是压缩算法复杂，实现很困难。

### 6.4.2 视频文件的格式

视频格式可以分为适合本地播放的本地影像视频和适合在网络中播放的网络影像视频两大类。尽管后者在播放的稳定性和播放画面质量上可能没有前者优秀，但网络影像视频的广泛传播性使之正被广泛应用于视频点播、网络演示、远程教育、网络视频广告等互联网信息服务领域。

本地影像视频格式有：AVI 格式、DV 格式、MPEG 格式、DivX 格式、MOV 格式、MKV 格式等。网络影像视频格式有：ASF 格式、WMV 格式、RM 格式、RMVB 格式、FLV 格式等。

#### 1. AVI 格式

AVI（audio video interleaved，音频视频交错格式），可以将视频和音频交织在一起进行同步播放。1992 年初 Microsoft 公司推出了 AVI 技术及其应用软件 VFW（video for Windows）。在 AVI 文件中，运动图像和伴音数据是以交织的方式存储，并独立于硬件设备。这种按交替方式组织音频和图像数据的方式可使得读取视频数据流时能更有效地从存储媒介得到连续的信息。这种视频格式的优点是图像质量好，可以跨多个平台使用，其缺点是体积过于庞大，其扩展名为.avi。

#### 2. MPEG 格式

MPEG（motion picture experts group，运动图像压缩标准），家里常看的 VCD、SVCD、DVD 就是这种格式。MPEG 文件格式是运动图像压缩算法的国际标准，它采用了有损压缩方法减少运动图像中的冗余信息，就是依据相邻两幅画面绝大多数是相同的，把后续图像中和前面图像有冗余的部分去除，从而达到压缩的目的。MPEG 压缩标准可实现帧之间的压缩，其平均压缩比可达 50:1，压缩率比较高，且又有统一的格式，兼容性好。目前 MPEG 格式有三个压缩标准，分别是 MPEG-1、MPEG-2、和 MPEG-4。

MPEG-1：用于传输 1.5 Mb/s 数据传输率的数字存储媒体运动图像及其伴音的编码，经过 MPEG-1 标准压缩后，视频数据压缩率为 1/200～1/100，音频压缩率为 1/6.5。MPEG-1 提供每秒 30 帧 352*240 分辨率的图像，当使用合适的压缩技术时，具有接近家用视频制式（VHS）录像带的质量。MPEG-1 允许超过 70 分钟的高质量的视频和音频存储在一张 CD-ROM 盘上。VCD

采用的就是 MPEG-1 的标准，该标准是一个面向家庭电视质量级的视频、音频压缩标准。

MPEG-2：主要针对高清晰度电视（HDTV）的需要，传输速率为 10 Mb/s，与 MPEG-1 兼容，适用于 1.5～60 Mb/s 甚至更高的编码范围。MPEG-2 有每秒 30 帧 704*480 的分辨率，是 MPEG-1 播放速度的 4 倍。它适用于高要求的广播和娱乐应用程序，如 DSS 卫星广播和 DVD。MPEG-2 是家用视频制式（VHS）录像带分辨率的两倍。

MPEG-4：制定于 1998 年，MPEG-4 是为了播放流式媒体的高质量视频而专门设计的，它可利用很窄的带度，通过帧重建技术，压缩和传输数据，以求使用最少的数据获得最佳的图像质量。目前 MPEG-4 最有吸引力的地方在于它能够保存接近于 DVD 画质的小体积视频文件。另外，这种文件格式还包含了以前 MPEG 压缩标准所不具备的比特率的可伸缩性、动画精灵、交互性甚至版权保护等一些特殊功能。这种视频格式的文件扩展名包括.asf、.mov 等。

#### 3. WMV 格式

WMV（Windows media video）也是微软推出的一种采用独立编码方式并且可以直接在网上实时观看视频节目的文件压缩格式。WMV 格式的主要优点包括：本地或网络回放、可扩充、部件下载、可伸缩、流的优先级化、多语言支持、环境独立性、丰富的流间关系以及扩展性等。

#### 4. RM 格式

Real Networks 公司所制定的音频视频压缩规范称为 Real Media，用户可以使用 Real Player 或 RealOne Player 对符合 Real Media 技术规范的网络音频/视频资源进行实况转播并且 Real Media 可以根据不同的网络传输速率制定出不同的压缩比率，从而实现在低速率的网络上进行影像数据实时传送和播放。这种格式的另一个特点是用户使用 Real Player 或 RealOne Player 播放器可以在不下载音频/视频内容的条件下实现在线播放。

#### 5. RMVB 格式

这是一种由 RM 视频格式升级延伸出的视频格式，它的先进之处在于 RMVB 视频格式打破了原先 RM 格式那种平均压缩采样的方式，在保证平均压缩比的基础上合理利用比特率资源，就是说静止和动作场面少的画面场景采用较低的编码速率，这样可以留出更多的带宽空间，而这些带宽会在出现快速运动的画面场景时被利用。这样在保证了静止画面质量的前提下，大幅地提高了运动图像的画面质量，从而图像质量和文件大小之间就达到了微妙的平衡。这种视频格式还具有内置字幕和无需外挂插件支持等独特的优点。

### 6.4.3 视频软件的使用及播放

在计算机上播放数字视频信息必须有相应的播放软件配合，除 Windows 系统自带的媒体播放软件 Windows Media Player 外，目前，常用的视频播放软件还有 RealONE、超级解霸、暴风影音等。

#### 1. Windows Media Player

Microsoft Windows Media Player 是一种通用的多媒体播放机，可用于播放和接收以当前最流行格式制作的音频、视频和混合型多媒体文件，如 AVI、MPG、MPEG、ASF、WMA、WAV、MIDI、AU、MP3 等。

（1）窗口介绍

单击开始按钮，选择“程序”中“附件”部分的“娱乐”项，用鼠标左键单击 Windows Media

Player 项。Windows Media Player 程序运行窗口如图 6-20 所示。

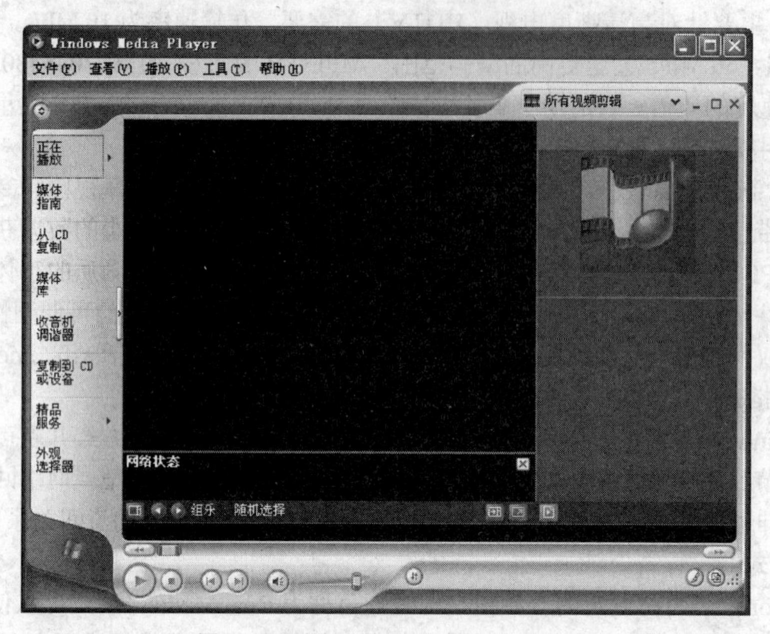


图 6-20　Windows Media Player 窗口

（2）播放

用鼠标左键单击“文件”菜单，然后选择“打开”项。这时弹出“浏览”对话框，选择媒体文件所在的文件夹，然后按下“确定”按钮，就可以播放影片，如图 6-21 所示。也可以在“我的电脑”中直接双击媒体文件，系统自动调用 Windows Media Player 播放机。

图 6-21　播放影片窗口

## 2. 暴风影音

暴风影音在音视频解码播放方面功能出众，它还可以播放几乎所有多媒体格式，如 Real Media、QuickTime、DVDRip、Windows Media、APE 等。

（1）暴风影音 2011 界面

暴风影音目前已经全面支持在线高清视频播放，新版本更是着重强化了 720 P 高清视频播放，通过优化在线高清视频缓冲逻辑，最大可节省 20%视频缓冲时间。在 1 Mb/s 带宽的环境下，用户只需等待数秒的缓冲就可以毫不停顿的播放完一部 720 P 的在线高清视频。而且经过优化，在线高清视频拖动操作的响应速度明显得到提升，用户可以随意拖动播放进度条，再不必担心重新缓冲或是长久等待，真正将在线播放提升到如同本地播放一般的“即拖即看”。暴风影音 2011 默认界面如图 6-22 所示。

图 6-22　暴风影音 2011 默认界面

（2）暴风影音 2011 新功能

暴风影音 2011 新版本中增添了许多实用的功能。如“暴风转码”就是一项非常实用的功能，用户可以通过此功能，轻松快速地将 PC 上的视频转换成适合各种手机和手持终端设备的 MP4、PSP 等播放格式，由此解决了用户对视频格式的多种需求，而针对炙手可热的 iPhone4 和 iPad，暴风转码也实现了完美支持，界面如图 6-23 和图 6-24 所示。

（3）在线视频

暴风影音 2011 在视频资源窗口提供了丰富的视频资源，就视频内容方面，分为新闻、影视、体育、娱乐等多个频道。其中，新闻频道内置资讯、社会、军事、娱乐等子频道；影视频道内置高清、电影、电视剧、综艺、动漫等子频道；体育频道内置精彩推荐、赛事实况、最新更新等子频道；娱乐频道内置明星、电影、电视、音乐、搞笑等子频道。每个频道都提供了丰富的视频资源。

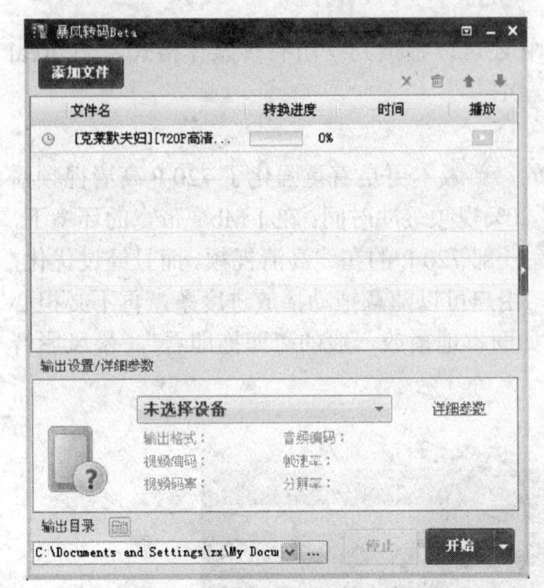


图 6-23 “暴风转码”界面

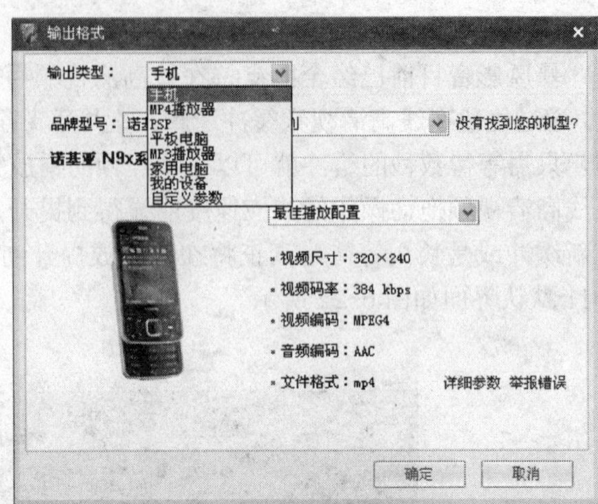


图 6-24 “输出格式”界面

当然，由于窗口大小的局限，在暴风影音提供的在线视频资源窗中能够直接找到的资源毕竟有限，暴风影音为大家提供了在线视频搜索功能，用户可以在视频搜索窗中直接搜索自己想看的视频节目。图 6-25 为在视频搜索窗搜索“NBA”的在线视频资源。

图 6-25 暴风影视搜索窗口

（4）本地播放

暴风影音 2011 本地播放更出色更强大，经过长期的积累，有最全面的影音格式支持，已经能够支持多达 456 种影音文件格式，用户无需担心使用暴风影音会遇到什么无法播放的影音格式文件，如图 6-26 所示。

（5）高级选项功能

选择主菜单中的“高级选项”命令，弹出如图 6-27 所示的窗口，各主要功能为：

Windows Media 视频(*.avi;*wmv;*wmp;*wm;*
Windows Media 音频(*.wma;*wav;*aif;*aifc
Real(*.rm;*ram;*rmvb;*rpm;*ra;*rt;*rp;*s
MPEG 视频(*.mpg;*mpeg;*mpe;*m1v;*m2v;*mp
MPEG 音频(*.mpa;*mp2;*m1a;*m2a;*m4a;*aac
DVD(*.vob;*ifo;*ac3;*dts)
MP3(*.mp3)
CD 音轨(*.cda)
Quicktime(*.mov;*qt;*mr;*3gp;*3gpp;*3g2;
Flash 文件(*.flv;*swf)
播放列表(*.smpl;*.asx;*m3u;*pls;*wvx;*wa
字幕文件(*.srt;*.ass;*.ssa)
其他(*.ivf;*au;*snd;*ogm;*ogg;*fli;*flc;
所有文件(*.*)

图 6-26　支持的文件格式

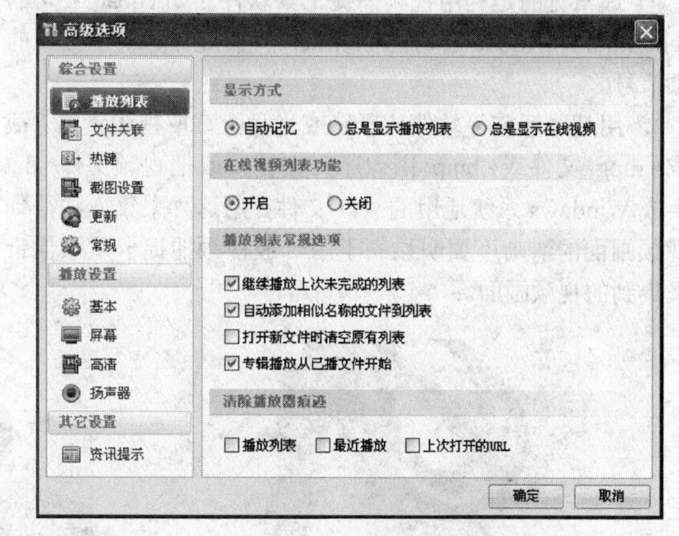


图 6-27　“高级选项”窗口

① 快捷操作：暴风影音 2011 同样提供了丰富的快捷键，并且支持用户自定义，用户除了通过传统的操作方式外可以使用快捷键快速而高效的实现各项操作。

② 截图功能：暴风影音 2011 加入“截图”功能，用户在播放视频时单击截图快捷键“F5”即可轻松而快速地将视频内容保存为图片，还可以自定义截图的保存路径等。

③ 优化功能：暴风影音 2011 提供了播放优化功能，在播放设置的“基本”选项中选择“播放优化”，该功能包括智能优化、画质优先和流畅度优先三部分。

### 6.4.4　视频的采集和剪辑处理

虽然视频技术发展的时间较短，但是产品应用范围已经很大，与 MPEG 压缩技术结合的产品已开始进入家庭。视频技术包括视频数字化和视频编码技术两个方面。视频数字化是将模拟视频信号经模数转换和彩色空间变换转为计算机可处理的数字信号，使得计算机可以显示和处理视频信号。目前采样格式有 Y:U:V4:1:1 和 Y:U:V4:2:2，前者是早期产品采用的主要格式，Y:U:V4:2:2 格式使得色度信号采样增加了一倍，视频数字化后的色彩、清晰度及稳定性有了明显的改善，是下一代产品的发展方向。视频编码技术是将数字化的视频信号经过编码成为电视信号，从而可以录制到录像带中或在电视上播放。对于不同的应用环境有不同的技术可以采用。

#### 1. 视频的采集

视频的采集是将模拟摄像机、录像机、LD 视盘机、电视机输出的视频信号，通过专用的模数转换设备，进行格式转换或压缩，转换为二进制数字信息，并复制到计算机硬盘的过程。

视频素材的采集通常需要采集设备，如摄像机、摄像头或录像机等，还需要视频采集卡、专门的信号线，将外部设备与计算机相连接，再配合相应的工具软件，最终才能组成一个系统，完成获取视频信息的任务，如图 6-28、图 6-29 和图 6-30 所示。

视频素材的采集方法有很多种。其中包括：

① 最常见的是利用视频捕捉工具软件（如 Ulead 公司的 Video Studio，Adobe 公司的 Premiere）捕捉计算机中播放的视频信号。

② 用超级解霸等软件从影碟或光盘上截取视频素材。截取成*.mpg 文件或*.bmp 图像序列文件，或把视频文件*.dat 转换成 Windows 系统通用的 AVI 文件。用这种采集方法得到的视频画面的清晰度要明显高于用一般视频捕捉卡从录像带上采集到的视频画面。

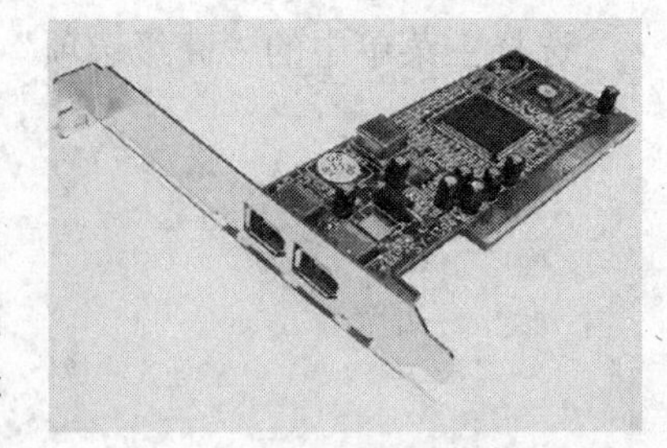

图 6-28　视频采集卡

图 6-29　一款 1394 的连接线

图 6-30　数码摄像机

③ 利用视频播放设备或摄录设备结合视频采集卡从外部采集素材。

④ 从互联网上下载视频素材。

⑤ 还可以用屏幕抓取软件如 Snagit、Hypercam 等来记录屏幕的动态显示及鼠标操作，以获得视频素材。

采集视频数字信息的一般步骤为：由摄像机、电视接收机或 ID 激光视盘等传统影像设备获得的模拟信息，首先被送往多媒体计算机的视频卡，然后由视频卡将模拟的视频信息转变为计算机能直接处理的数字信息。视频图像源读入计算机的基本流程如图 6-31 所示。

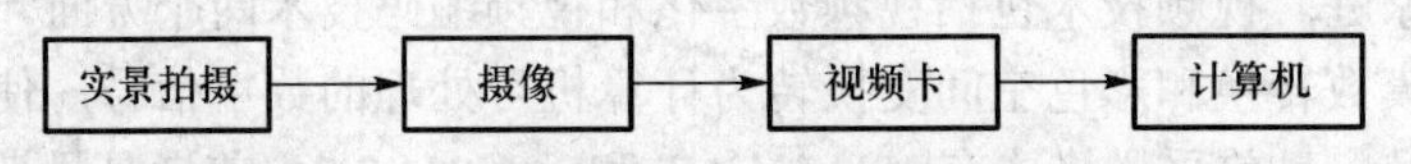


图 6-31　视频图像源读入计算机的基本流程

**2. 视频数据的编辑处理**

采集的视频图像数据需要进行编辑、加工。例如从图片库获取的视频图像，或拍摄的视频图像，并非都能应用，还需要对它们进行剪接，选取其中的有用部分，剪掉不必要的部分。有时根据实际要求，还需要将多种情景、多个镜头连接在一起，构成一个完整的视频内容。考虑到特殊呈现效果的需要，往往要对图像进行一些特殊的处理。为了有效地表现视频图像中的某些内容，往往需要对图像进行说明和注释，需要在图像中叠加一些字幕等，所有这些都是通过视频制作工具来完成的。

所谓数字视频数据的编辑就是用数字的方式来编辑视频素材，透过数字化的视频资料，可以在计算机上利用各种软件来编辑视频素材，常用的有 Adobe Premiere 6.0 和 Ulead Media Studio Pro 6.0 等软件。这些工具软件一般都包括视频捕获（video capturing）与视频编辑（video editing）两个大方面的功能。其中视频编辑的基本功能如下：

① 调整视频影像位置。视频编辑工具一般都提供“剪切”、“复制”、“粘贴”等基本功能。不仅可以删除或复制某段视频影像，并可将任何一段影像调整到原文件中的任意位置，达到改变播放顺序的目的。

② 实现影像与图像的转换。支持在活动的视频影像与静止的图像之间实现转换。即可以把任何单帧或一段连续帧的视频影像转换为对应的图像或其序列，也可以将某幅已有的图像通过视频编辑转化为 AVI 文件中新的视频影像帧。

③ 调整压缩方式。就是把以一种方式压缩的 AVI 文件转换为以另一种方式压缩的 AVI 文件。一般地说，质量要求越高的文件，其压缩比也越小。

④ 为视频影像配音。利用视频制作工具的编辑功能，还可把声音数据通过剪贴板插入影视图像中，并用播放器播放，如果不满意可以删除重新插入，直到满意后再保存为新的 AVI 文件上。

### 3. Video Studio 视频采集方法简介

Corel Video Studio 是一个功能强大的视频编辑软件，具有图像抓取和编修功能，可以抓取，转换 MV、DV、V8、TV 和实时记录，抓取画面文件，并提供有超过 100 多种的编制功能与效果，可制作 DVD，VCD，VCD 光盘，支持各类编码。

Video Studio 可以从数码相机、PC 摄像头、电视转换适配卡以及录放机等不同的输入源捕获视频，它会自动识别所拍摄的视频格式并输入计算机。在视频捕获方面，Video Studio 支持最新的 Microsoft 和 SONY 文件格式，可从捕获卡和 DV 数码摄像机捕获、编辑以及存取 Windows Media 文件（WMF、WMV、WMA）。

（1）界面介绍

Video Studio 提供了分步工作流程，使影片的制作变得简单轻松。界面主要分为功能菜单栏、步骤面板、预览窗口、导览面板、工具栏、时间轴、选项面板、素材库等区域。

Video Studio 的工作界面分为几个区域，下面将这几个区域进行介绍。

① 功能菜单栏：包含一些提供不同命令集的菜单。

② 步骤面板：包含一些对应于视频编辑不同步骤的按钮。

③ 预览窗口：显示当前素材、视频滤镜、效果或标题。

④ 导览面板：提供一些用于回放和精确修整素材的按钮。在“捕获”步骤中，它也用作 DV 或 HDV 摄像机的设备控制。

⑤ 工具栏：包含一些按钮，这些按钮用于在三个项目视图和其他快速设置之间进行切换。

⑥ 时间轴：显示项目中包括的所有素材、标题和效果。

⑦ 选项面板：包含控件、按钮以及可用于自定义所选素材设置的其他信息。此面板的内容随正在执行的步骤有所变化。

⑧ 素材库：存储和组织所有媒体素材。

Video Studio 工作界面中最上面一行是功能菜单栏，即步骤面板，这些功能选项将直接对视频文件进行处理，从左到右依次选择，它可以控制其他工作区，包括选项面板、时间轴和图库。

中间是预览视频文件的效果的区域，与一个电影播放软件界面一样，在这个区域中上面有荧幕，下面有快进、播放、快退、停止等按钮。

在这些按钮下方是工具菜单，和其他的软件界面不同，一般的工具菜单是在最上方一栏，Video Studio 的工具菜单放在软件界面的正中间，第一个工具是帮助文件，后边依次为撤销、重复、帮助、存盘等选项。

最右边是存放素材的区域，图库中可以包含视频文件、影像（图片）文件，色彩脚本，需要处理的脚本都放在这里的。旁边有一个打开文件的图标，外部脚本可以从这里导入到软件中等待处理。

界面的最下面是文件编辑区，即时间轴，在这里有多个轨道，分别可以放入需要处理的脚本、复叠的脚本、标题、音乐、旁白等，然后在对其中的素材进行剪辑、编辑。

（2）捕获视频

捕获的步骤对于各种类型的视频源都是类似的，只是捕获视频选项面板中的可用捕获设置有所不同。不同类型的来源可以选择不同的设置。

捕获视频选项面板包括：

① 区间：设置捕获时间长度。

② 来源：显示检测到的捕获设备，列出计算机上安装的其他捕获设备。

③ 格式：提供一个选项列表，可在此选择文件格式，用于保存捕获的视频。

④ 捕获文件夹：此功能指定一个文件夹，用于保存您所捕获的文件。

⑤ 按场景分割：根据用 DV 摄像机捕获视频的日期和时间的变化，将捕获的视频自动分割为几个文件。

⑥ 选项：显示一个菜单，在该菜单上，可以修改捕获设置。

⑦ 捕获视频：将视频从来源传输到硬盘。

⑧ 捕获图像：将显示的视频帧捕获为图像。

⑨ 启用/禁用音频预览：在捕获 DV 过程中，禁止在计算机上进行音频播放。

捕获视频过程为：

① 单击“捕获步骤”，然后单击“捕获视频”。

② 要指定捕获区间，在选项面板中的区间框中输入数值。

③ 从来源列表中选择捕获设备。

④ 在格式列表中选择用于保存捕获视频的文件格式。

⑤ 指定用于保存视频文件的捕获文件夹。

⑥ 单击“选项”打开一个菜单，可以自定义更多捕获设置。

⑦ 扫描视频，搜索要捕获的部分。

⑧ 当提示您要捕获的视频已经准备就绪时，请单击“捕获视频”开始捕获。

⑨ 如果已指定了捕获区间，请等待捕获完成。否则，请单击“停止捕获”或按 Esc 键停止捕获。

（3）编辑视频

在编辑步骤中，可以排列、编辑和修整项目中所用的视频素材。

在编辑步骤选项面板中，可以对添加到“视频轨”的视频、图像和色彩素材进行编辑。在“属性”选项卡中，可以对应用于素材的视频滤镜进行微调。

“视频”选项卡包括：

① 区间：以“时:分:秒:帧”的形式显示所选素材的区间。通过更改素材区间，可以修整所选素材。

② 素材音量：可用于调整视频中音频片段的音量。

③ 静音：使视频中的音频片段不发出声音，但不将其删除。

④ 淡入/淡出：逐渐增大/减小素材音量，以实现平滑转场。

⑤ 选择文件：“参数选择”|“编辑”，可以设置淡入/淡出区间。

⑥ 旋转：旋转视频素材。

⑦ 色彩校正：调整视频素材的色调、饱和度、亮度、对比度和 Gamma。还可以调整视频或图像素材的白平衡，或者进行自动色调调整。

⑧ 回放速度：启动“回放速度”对话框，在该对话框中，可以调整素材的速度。

⑨ 反转视频：从后向前播放视频。

⑩ 保存为静态图像：将当前帧保存为新的图像文件，并将其放置在图像库中。保存之前，会丢弃对文件进行的全部增强。

⑪ 分割音频：可用于分割视频文件中的音频，并将其放置在“声音轨”上。

⑫ 按场景分割：根据拍摄日期和时间或者视频内容的变化（即画面变化、镜头转换、亮度变化等），对捕获的 AVI 文件进行分割。

⑬ 多重修整视频：从视频文件中选择并提取所需片段。

素材（无论是音频、视频、图像还是效果）是构建项目的基础；处理素材是需要掌握的最重要的技巧。处理素材包括：

① 将素材添加到视频轨。在“编辑”步骤中，只在“视频轨”上操作。在“视频轨”上，可以插入三种类型的素材：视频、图像和色彩素材。下面主要讲解视频素材的插入。

有几种方法可以将视频素材插入到“视频轨”上：

- 在“素材库”中选择素材并将它拖到“视频轨”上。按住 Shift 键或 Ctrl 键，可以选取多个素材。
- 右键单击“素材库”中的素材，然后选择插入到“视频轨”。
- 在 Windows 资源管理器中选择一个或多个视频文件，然后将它们拖到“视频轨”上。
- 要将素材从文件夹中直接插入到“视频轨”，请单击位于“时间轴”左侧的插入媒体文件。

② 对“素材库”中的素材进行排序。要排列“素材库”中的素材，在“素材库”中单击，打开选项菜单，然后选择按名称排序或按日期排序。

视频素材按日期排序的方式取决于文件格式。DV AVI 文件（即从 DV 摄像机捕获的 AVI 文件）按照镜头拍摄日期和时间的顺序排列。其他视频文件格式则按照文件日期的顺序排序。

③ 回放速度。可以修改视频的回放速度。将视频设置为慢动作，可以强调动作，或设置快速的播放速度，为影片营造滑稽的气氛。通过单击编辑步骤选项面板下的回放速度，可以方便地调整视频素材的速度属性。根据参数选择（如慢、正常或快）拖动滑动条，或输入一个值。

设置的值越大（值范围为 10%～1 000%），素材的回放速度越快。还可以在时间延长中为素材指定区间设置。单击“预览”查看设置的效果，完成时单击“确定”。

④ 反转视频回放。在“选项面板”中选择反转视频可以反转视频回放。

⑤ 修整素材。在计算机上编辑影片的最大好处在于：可以方便地对工作进行精确到帧的剪辑和修整。修整素材的方法有三种。

（a）将素材分割成两部分：

- 在故事板或时间轴中选择要分割的素材。
- 将飞梭栏拖到要修剪素材的位置。
- 单击，可以将素材分割成两部分。要删除这些素材之一，选中不需要的素材，然后按 Delete 键。

（b）用单素材修整器修整带有修整拖柄的素材：

- 双击“素材库”中的视频素材或右键单击视频素材并选择“单素材修整”，启动“修整视频”对话框。
- 单击并拖动修整拖柄，在素材上设置开始标记或结束标记。要更精确地进行修整，请单击“修整拖柄”，按住它，然后用键盘上的左箭头或右箭头键，可以一次修整一帧。按 F3 和 F4 键，可以分别设置开始标记或结束标记。
- 单击播放素材可预览修整过的素材。

（c）直接在时间轴上修整素材：

- 在时间轴上单击某个素材将其选中。
- 拖动素材某一侧的黄色修整拖柄来改变其长度。预览窗口反映修整拖柄在素材中的位置。
- 在选项面板的区间框中单击时间码，然后输入所需素材长度。
- 项目中的其他素材将自动根据所做的修改重新放置。

# 6.5 动画制作基础

## 6.5.1 动画概念

当观看电影、电视或动画片时，画面中的人物和场景是连续、流畅和自然的。但当仔细观看一段电影或动画胶片时，看到的画面却一点也不连续。只有以一定的速率把胶片投影到银幕上才能有运动的视觉效果，这种现象是视觉暂留造成的。动画和电影正是利用人眼这一视觉暂留特性。

**1. 动画的定义**

动画是通过连续播放的一系列画面，并且给视觉造成连续变化的画面。广义的动画定义是指一切非实拍方法获得的活动影像都是动画。狭义的动画定义是一门通过在连续多格的胶片上拍摄一系列单个画面，从而产生动态视觉的技术和艺术，这种视觉是通过将胶片以一定速率放映的形式来表达，动画中动态生成的一系列相关画面，每一幅与前一幅略有不同。实验证明，如果动画或电影的画面刷新率为每秒 24 帧，则人眼看到的是连续的画面效果。但是，每秒 24

帧的刷新率仍会使人眼感到画面的闪烁，要消除闪烁感画面刷新率还要提高一倍。因此，每秒24帧的速率是电影放映的标准，它能最有效地使运动的画面连续流畅。但是，在电影的放映过程中有一个不透明的遮挡板每秒遮挡24次，因此电影画面的刷新率实际上是每秒48次。这样就能有效地消除闪烁，同时又节省了一倍的胶片。

动画定义按照不同方式的表达也不同。从技术和工艺的角度来看，动画是一种技术，通过将一系列单个图画拍摄成一个连续电影胶片，从而产生一种运动的幻觉效果。从影像组成的角度来看，动画是动态生成一组对象的帧序列过程。在这个帧序列中，每个帧都是其前趋帧的变换。

**2. 传统动画**

在没有电视、录像机之前，甚至在没有计算机之前，人们用电影摄影机来拍摄动画。传统动画的生产过程主要包括编剧、设计关键帧、绘制中间帧、拍摄合成等方面。由此可以看出，这个过程相当复杂。从设计规划开始，经过设计具体场景、设计关键帧、制作关键帧之间的中间画、复制到透明胶片上、上墨涂色、检查编辑、最后到逐帧拍摄，其消耗的人力、物力、财力以及时间都是巨大的。因此，当计算机技术发展起来以后，人们开始尝试用计算机进行动画创作。

**3. 计算机动画**

计算机动画是采用连续播放静止图像的方法产生景物运动的效果，即使用计算机产生图形、图像运动的技术。计算机动画的原理与传统动画基本相同，只是在传统动画的基础上把计算机技术用于动画的处理和应用，并可以达到传统动画所达不到的效果。由于采用数字处理方式，动画的运动效果、画面色调、纹理、光影效果等可以不断改变，输出方式也多种多样。

**4. 计算机动画的特点**

计算机动画经过长期的发展，远远优于传统动画，其特点有：

① 在传统计算机动画与先进计算机动画之间进行比较，传统计算机主要是沿用传统手绘动画片的制作原理，利用关键帧动画技术来完成动画的编创与制作；先进计算机动画是根据物理规律，特别是机械规律进行模拟而产生动画效果。

② 计算机动画制作技术的主要目标是研究运动控制技术以及与动画有关的造型、绘制、合成技术。

**5. 计算机动画技术的类型及实现方法**

计算机动画从制作技术的实现原理上可区分为三类：

① 关键帧动画。实现方法有：一是基于图像的关键帧动画，二是参数化关键帧动画或关键帧变换动画。

② 算法动画。主要技术方法：物体变形动画，过程动画，关节动画和人体动画。

③ 基于物理模型的动画。

### 6.5.2 Flash 动画界面组成和基本操作

Flash 是由美国的 Macromedia 公司推出的一款多媒体动画制作软件，它是一种创作工具，设计人员和开发人员可使用它来创建演示文稿、应用程序和其他允许用户交互的内容。Flash 可以包含简单的动画、视频内容、复杂演示文稿和应用程序以及介于它们之间的任何内容。通常，使用 Flash 创作的各个内容单元称为应用程序，即使它们可能只是很简单的动画。也可以通过添加图片、声音、视频和特殊效果，构建包含丰富媒体的 Flash 应用程序。

Flash 特别适用于创建通过 Internet 提供的内容，因为它的文件非常小。Flash 是通过广泛使用矢量图形做到这一点的。与位图图形相比，矢量图形需要的内存和存储空间小很多，因为它们是以数学公式而不是大型数据集来表示的。位图图形之所以更大，是因为图像中的每个像素都需要一组单独的数据来表示。

Flash 动画的制作过程主要有：输入和编辑起始和终止关键帧，计算和生成中间帧，定义和显示运动路径，交互式给画面上色，产生一些特技效果，实现画面与声音的同步，控制运动系列的记录等，其中自动计算生成中间帧就是 Flash 的精髓了。下面以 Macromedia Flash 8 为例简单介绍 Flash 动画的制作。

**1. 窗口介绍**

在 Macromedia Flash 8 中，将命令按照各种类型提供在各菜单中。共有 11 个菜单，如图 6-32 所示。

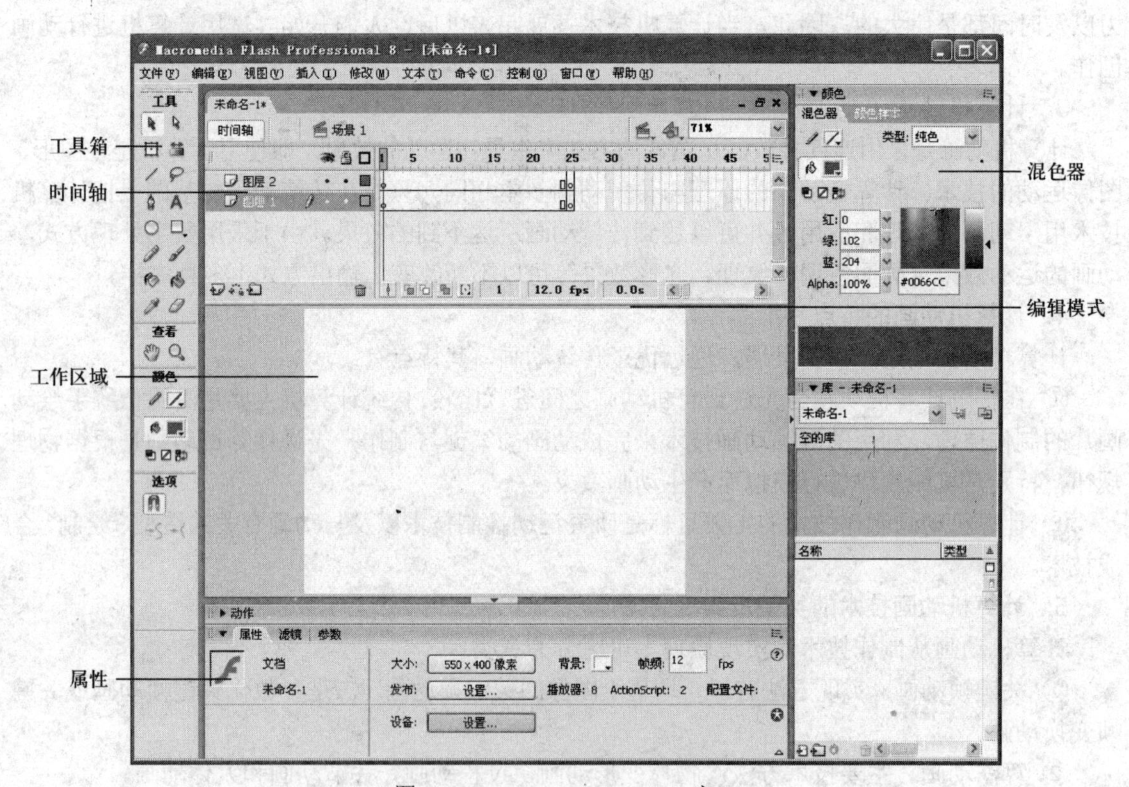


图 6-32　Macromedia Flash 8 窗口

各菜单的功能如下：

① 文件：包含最常用的命令，用户对软件的使用都是从此菜单开始。

② 编辑：对操作对象进行编辑。还有 Flash 中特有的与时间轴中的帧相关的命令。

③ 视图：控制屏幕显示的各种命令。

④ 插入：用来向图库中增添元件，向场景增加层，向层增加帧，向动画中增加场景等。

⑤ 修改：用于修改动画中的对象，场景及动画本身的特性。

⑥ 文本：用于设置文本的相应属性。

⑦ 命令：作用于当前动画，可以使动画创建过程中许多重复性工作自动完成。

⑧ 控制：包含了动画的播放控制和测试功能。

⑨ 调试：用于调试动画。

⑩ 窗口：设置软件界面中各种控制面板的显示状态。

⑪ 帮助：详细的联机帮助，示例动画，教程等。

**2. 工具箱**

位于工作界面左边长条形状就是工具箱，工具箱是 Flash 8 中最常用到的一个面板，包括绘图工具、视图调整工具、颜色修改工具、选项设置工具 4 个部分，如图 6-33 所示。

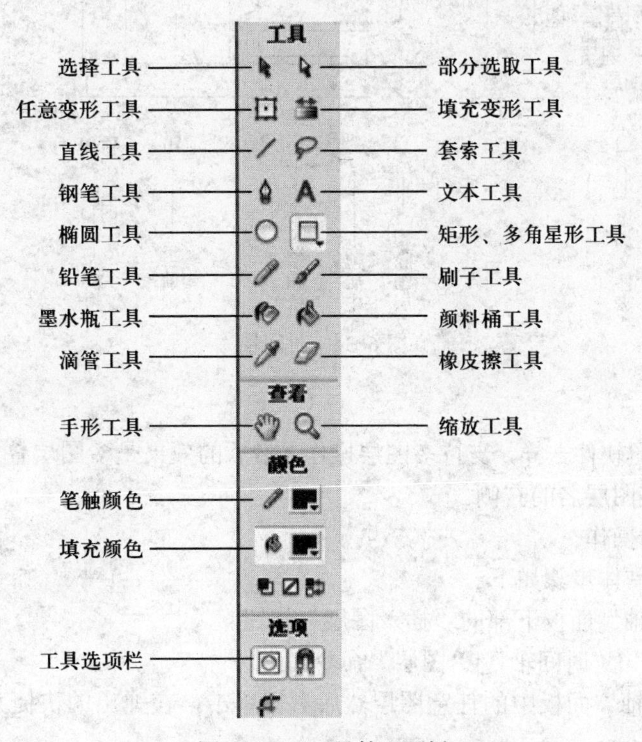


图 6-33 “工具箱”面板

**3. 时间轴**

时间轴用于组织和控制文档内容在一定时间内播放的图层数和帧数。与胶片一样，Flash 文档也将时长分为帧。图层就像堆叠在一起的多张幻灯片一样，每个图层都包含一个显示在舞台中的不同图像。时间轴的主要组件是图层、帧和播放头。时间轴顶部的时间轴标题指示帧编号。时间轴状态显示在时间轴的底部，它指示所选的帧编号、当前帧以及到当前帧为止的运行时间。

“时间”用于组织和控制文档内容在一定时间内播放的图层数和帧数。“图层”就像堆叠在一起的一样，每个层中都摆放着自己的对象。Flash 动画的制作原理也是将绘制出来的对象放到一格格的帧中，然后再进行播放。时间轴的一些功能介绍如图 6-34 所示。

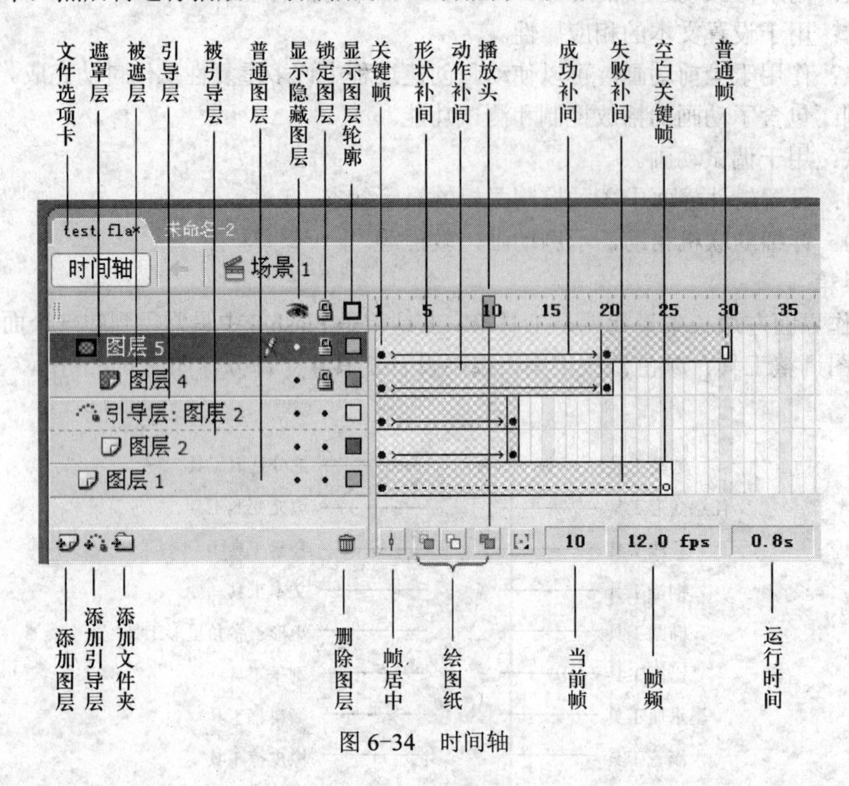


图 6-34 时间轴

**4. 图层**

Flash 和其他绘图软件一样，支持多图层操作，最后的效果是多图层叠加的结果。每个图层中包含的帧显示在该图层名的右侧。

（1）图层的基本操作

① 创建图层。具体步骤如下。

- 单击“时间轴”面板下部的“插入图层”按钮。
- 选择“插入”|“时间轴”|“图层”命令。
- 选择“时间轴”面板中的任意图层然后右键单击，在弹出的快捷菜单中选择“插入图层”命令。

② 删除图层。在制作影片的过程中，用户可以通过删除图层，去除不需要的图层及图层中的内容。选择所需删除的图层后，可以通过以下方法删除图层。

- 在“时间轴”面板中，单击“删除图层”按钮。
- 拖动选择的图层或图层文件夹到“时间轴”面板下部的“删除图层”按钮上。
- 在选择的图层上右键单击，从弹出的快捷菜单中选择“删除图层”命令。

③ 锁定与解除锁定图层。在编辑当前图层中的对象时，有时会误选择其他图层中的对象。为避免这样的情况发生，用户可以锁定暂时不使用的其他图层，然后再对所需的图层中的对象进行操作。要锁定或解除锁定图层，可以使用下列方法。

- 单击图层名称右侧“锁定/解除锁定图层”列中对应的按钮，即可解除图层或图层文件夹的锁定状态，如图 6-35 所示。

- 单击“锁定/解除锁定所有图层”按钮，即可锁定所有的图层和图层文件夹，再次单击该按钮可以解除锁定所有图层和图层文件夹。

④ 隐藏和显示图层。显示或隐藏图层，不但可以保护暂时不用的图层，而且隐藏的图层内容将不在舞台上显示。操作方法与“锁定与解除锁定图层”的操作方法相同。

（2）引导图层

① 创建引导层。具体步骤如下。

- 在“时间轴”面板右侧右键单击普通图层。
- 在弹出的快捷菜单中选择“引导层”命令。
- 或者在弹出的快捷菜单中选择“属性”命令，在“图层属性”对话框中选择“引导层”，如图 6-36 所示。

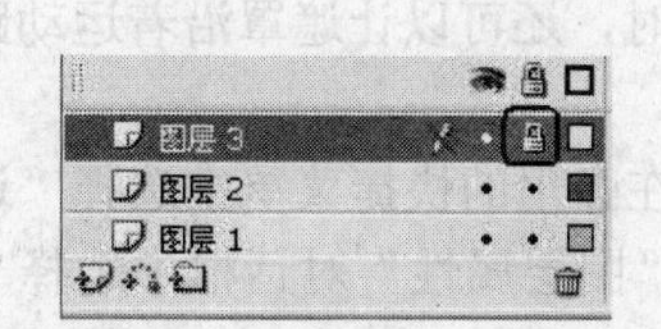


图 6-35　锁定/解除锁定图层

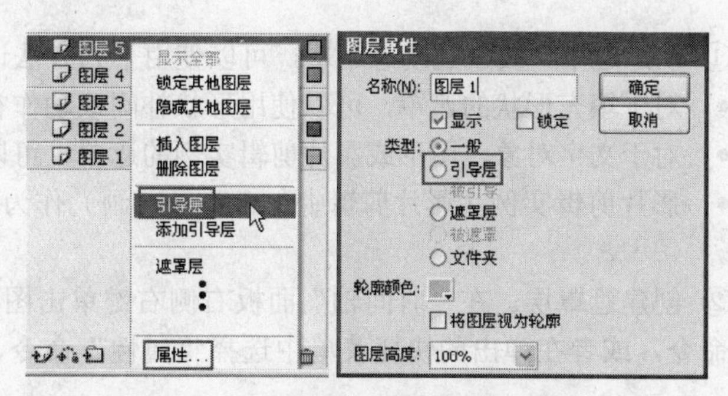


图 6-36　创建引导层

② 创建运动引导层。创建运动引导层的方法比较多，下面分别加以介绍：

- 选择“插入”|“时间轴”|“运动引导层”命令，在某一图层上右键单击，在快捷菜单中选择“添加引导层”命令，将创建一个运动引导层，当前图层变为被引导层。
- 选中某一图层，单击“添加运动引导层”按钮，将创建一个运动引导层，选中图层变为被引导层，如图 6-37 所示。
- 将普通图层拖到引导层之下，引导层变为运动引导层，被拖的普通图层变为被引导层，如图 6-38 所示。

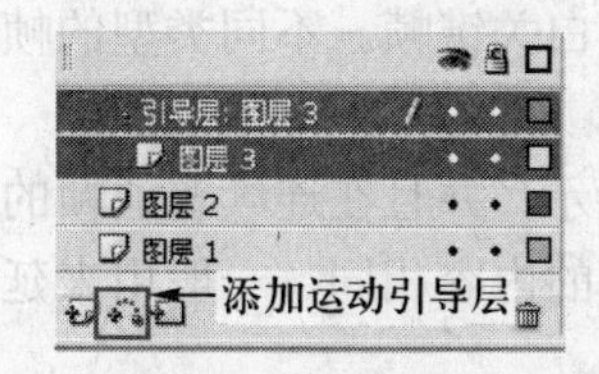


图 6-37　通过按钮创建运动引导层

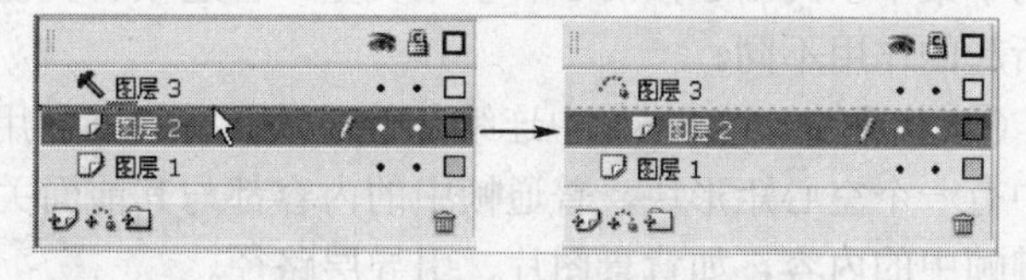


图 6-38　通过拖动创建运动引导层

（3）遮罩图层

遮罩层动画可以用来隐藏或显示影片中的对象，从而增加了动画的复杂性。遮罩可以是静态遮罩和动态遮罩。几乎所有的对象（填充的形状、文字对象、图形或影片剪辑元件的实例）都可用来建立遮罩。当遮罩有效时，除遮罩层上对象所在位置（非透明区域）对应的被遮罩层内容可见之外，其他内容都将被隐藏起来，如图 6-39 所示。

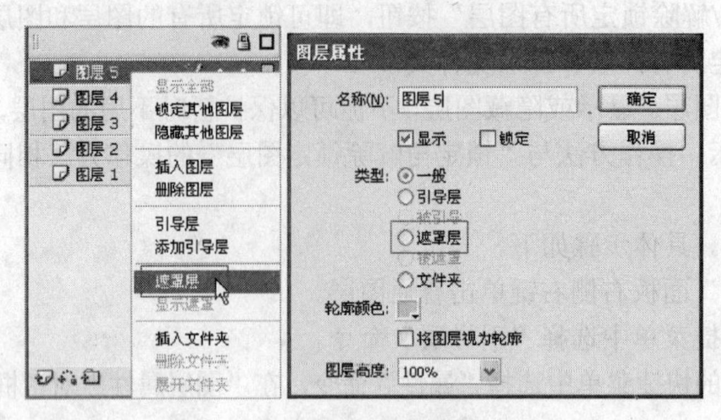


图 6-39　创建遮罩层

① 动态遮罩。要创建动态遮罩，可以使用下列方法让遮罩层动起来：

- 对于填充形状的遮罩，可以使用形状补间或动作补间。
- 对于文字对象、图形或影片剪辑实例的遮罩，可以使用动作补间。
- 影片剪辑实例（影片剪辑中包含路径动画）作为遮罩时，还可以让遮罩沿着运动路径移动。

② 创建遮罩层。在“时间轴”面板右侧右键单击图层，在弹出的快捷菜单中选择“遮罩层”命令，或者在弹出的快捷菜单中选择“属性”命令，在“图层属性”对话框中选择“遮罩层”。

③ 被遮罩层。被遮罩层可以使用前面介绍的逐帧动画、形状补间动画和动作补间动画，只有引导层不能被遮罩。

**5. 帧**

Flash 最主要的功能就是制作动画，它是通过更改连续帧内容来创建的。用户在选择某帧后，可以在舞台中编辑该帧的所有对象，其中包括增加或减小对象大小、旋转、更改颜色、淡入或淡出，以及更改对象的形状。这些操作可以独立使用，也可以相互结合。

（1）帧的基本类型

在 Flash 中用来控制动画播放的帧具有不同的类型。选择“插入”|“时间轴”命令，在打开的子菜单中列出了帧的 3 种基本类型：普通帧、关键帧和空白关键帧。不同类型的帧在动画中所起的作用不同。

① 普通帧。在 Flash 中连续的普通帧在时间轴上用灰色显示，并且在连续普通帧的最后一帧中有一个空心矩形块，普通帧中的内容都与其前面关键帧中的内容相同，一般用来延续前面关键帧中的内容，如背景图片、引导层路径。

插入普通帧时，在最后一帧的位置上单击鼠标右键，选择“插入帧”命令，或者按快捷键 F5 即可。

② 关键帧。关键帧在时间轴中是含有黑色实心圆点的帧。Flash 可以在您定义的两个关键帧之间创建补间或自动填充帧，从而生成流畅的动画。因为关键帧可以使您不用画出每个帧就可以生成动画，所以使您能够更轻松地创建动画。

插入关键帧时，在要插入的位置单击鼠标右键，选择“插入关键帧”命令，或者按快捷键F6即可。

③ 空白关键帧。空白关键帧在时间轴中是含有空心小圆圈的帧，在时间轴中插入关键帧后，左侧相邻帧的内容就会自动复制到该关键帧中，如果不想让新关键帧继承相邻左侧帧的内容，可以采用插入空白关键帧的方法。在每一个新建的Flash文档中都有一个空白关键帧。

插入空白关键帧时，在要插入的位置单击鼠标右键，选择“插入空白关键帧”，或者按快捷键F7即可。

（2）选择帧

帧的选择是对帧以及帧中内容进行操作的前提条件。要对帧进行操作，首先必须选择“窗口”菜单中的“时间轴”命令，打开“时间轴”面板，对帧的选择操作有以下几种：

① 选择单个帧：把光标移到需要选择的帧上，单击即可。

② 选择多个不连续的帧：按住Ctrl键，然后单击需要选择的帧。

③ 选择多个连续的帧：按住Shift键，单击需要选择帧的范围的开始帧和结束帧。

④ 选择所有的帧：在任意一个帧上单击右键，从打开的快捷菜单中选择“选择所有帧”命令。

- 选择菜单“编辑”|“时间轴”|“选择所有帧”命令来实现，或选择当前图层。

（3）删除帧

对于普通帧，选中进行删除即可。对于关键帧，如果要删除的关键帧的右边没有普通帧，可直接删除；否则，删除右边的普通帧。

① 先将要删除的帧选中。

② 然后在选中帧中的任意一帧上单击鼠标右键，从弹出的快捷菜单中选择“删除帧”命令。

③ 或者在选中帧以后选择菜单“编辑”|“时间轴”|“删除帧”命令。

**6. 舞台和工作区**

舞台位于工作界面的正中间部位，是放置动画内容的区域。这些内容包括矢量插图、文本框、位图图形或视频剪辑等。是用户在创作时观看自己作品的场所，对动画中的对象进行编辑，修改的场所。舞台周围灰色的区域叫工作区。

工作时根据需要可以改变舞台显示的比例大小，可以在时间轴右上角的显示比例中设置最小比例为8%，最大比例为2 000%。在下拉菜单中有3个选项，“符合窗口大小”选项用来自动调节到最合适大小，如图6-40所示。

**7. 常用面板**

Flash 8有很多面板，默认状态下，在舞台的正下方有两个比较常用的浮动面板，分别是“动作”面板和“属性”面板，单击面板的“标题栏”，可以依次展开它们。

（1）“动作”面板

“动作”面板是主要的开发面板之一，是动作脚本的编辑器，如图6-41所示。

（2）“属性”面板

“属性”面板可以很容易地访问舞台或时间轴上当前选定项的最常用属性，也可以在面板中更改对象或文档的属性，如图6-42所示。

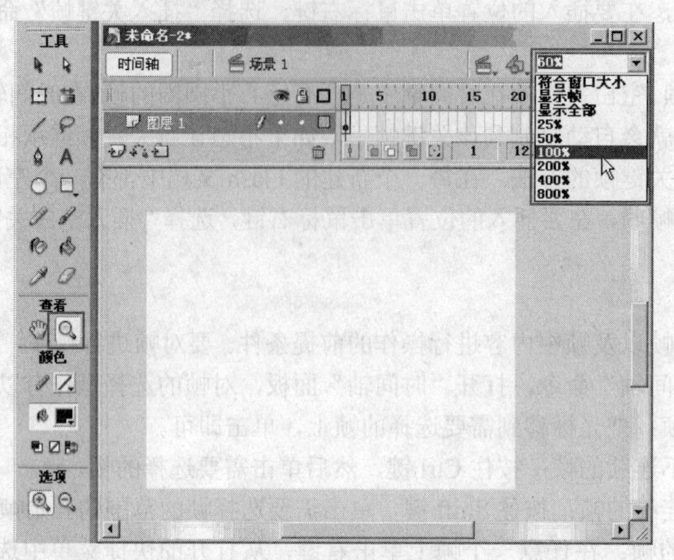


图 6-40　舞台和工作区

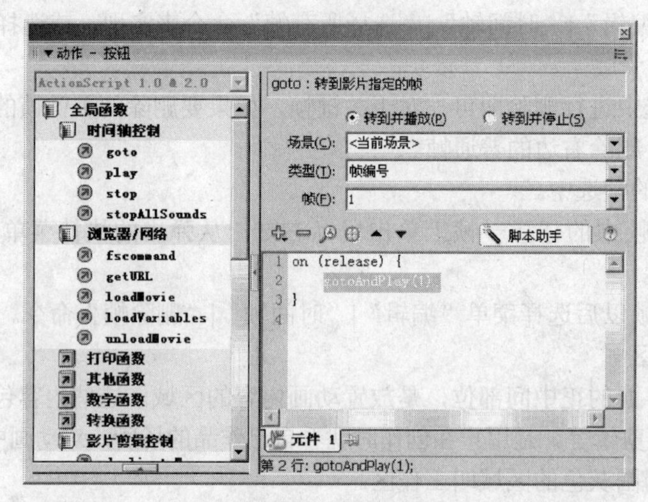


图 6-41　“动作”面板

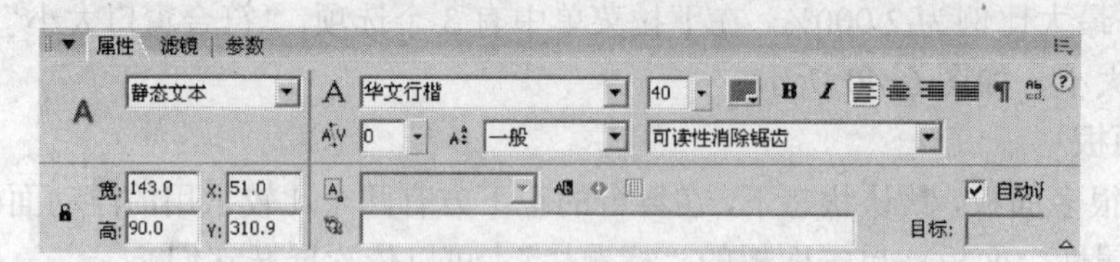


图 6-42　“属性”面板

### 6.5.3　动画制作实例

下面通过几个例子来进一步学习 Flash 动画制作过程。

### 1. 补间动画

逐帧动画需要人工制作每个关键帧中内容，在补间动画中，用户只需创建起始和结束两个关键帧，而中间的帧则由 Flash 通过计算自动生成，由于补间动画只保存帧之间更改的值，因此可以有效减小生成文件的大小。Flash 的两种补间动画分别为：

① 动作补间：在一个时间点（关键帧）定义一个元件的实例、组合对象或文字块的大小、颜色、位置、透明度等属性，然后在另一个时间点（关键帧）改变这些属性，Flash 根据两个时间点的帧的值创建的动画被称为动作补间动画。

② 形状补间：在一个时间点（关键帧）绘制一个形状，然后在另一个时间点（关键帧）更改该形状或绘制另一个形状，Flash 根据两个时间点的帧的值或形状来创建的动画被称为形状补间动画。

例 6-1　制作一个动作补间动画，使文字淡入淡出。

① 启动 Flash 8，新建影片文件。选择菜单“修改”|“文档”命令，在“文档属性”对话框中，设置尺寸为 300 像素×300 像素。

② 选择文本工具。输入文本：红色的文字。设置字体：宋体。字号：40。颜色：红色。按 F8 键将文本转换为图形元件。并将其向左拖到舞台之外，更改“属性”面板中“颜色”的 Alpha，将它设为 0%（完全透明），如图 6-43 所示。

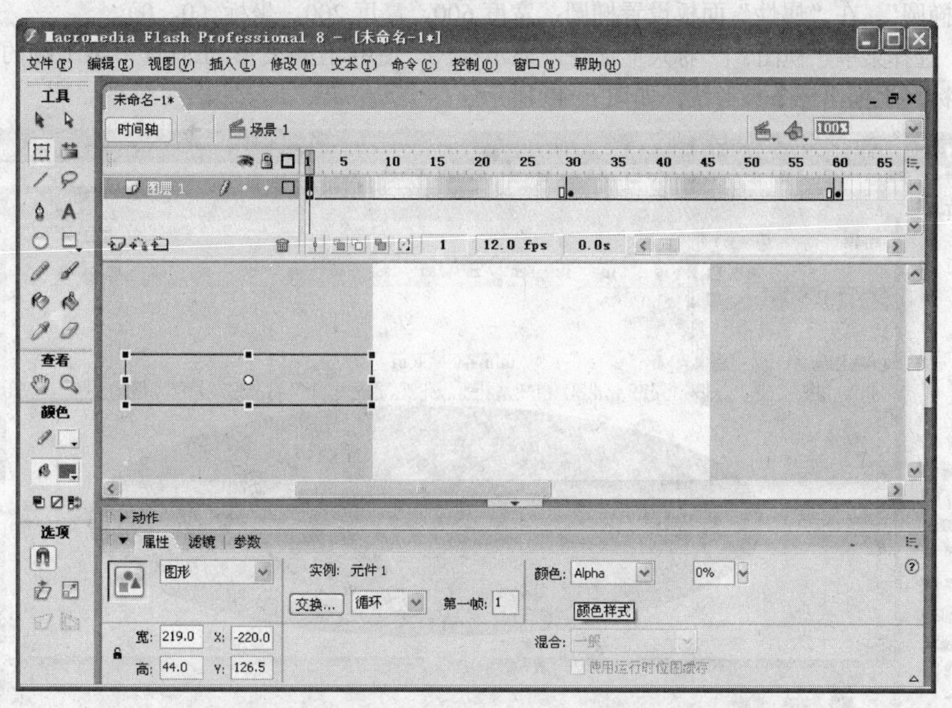


图 6-43　属性面板中“颜色”的 Alpha 被设为完全透明效果

③ 在第 30、60 帧插入关键帧，分别设置 Alpha 的值为 100%、0%，将 20 帧中实例拖到舞台中央，将 40 帧中的实例拖到舞台右边。

④ 分别在 1—29 帧、30—59 帧创建两段动作补间动画，如图 6-44 所示。

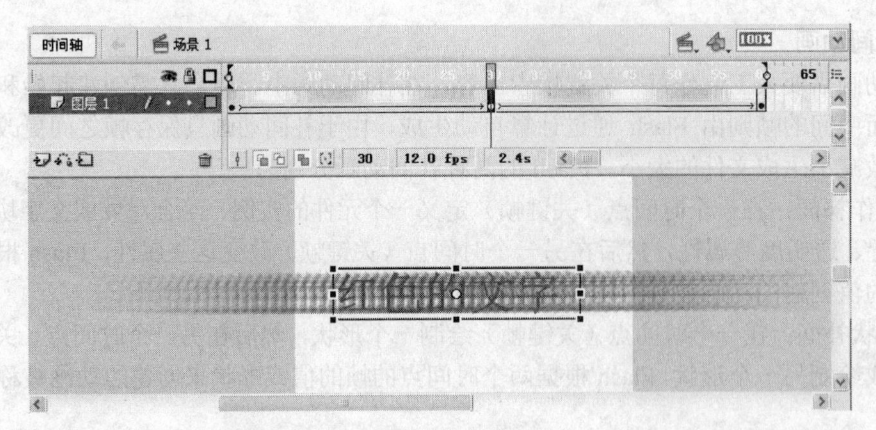


图 6-44　动作补间动画效果

⑤ 按 Ctrl+Enter 键测试影片，然后保存、发布影片。

例 6-2　制作一个形状补间动画，使一个圆变三个圆。

① 启动 Flash 8，新建影片文件。选择菜单“修改”|“文档”命令，在“文档属性”对话框中，设置尺寸为 600 像素×200 像素。

② 选择“椭圆”工具，设置为无笔触、红色填充，选中“对象绘制”选项（也可以不选），绘制“椭圆”。在“属性”面板设置椭圆：宽度 600、高度 200，坐标（0，0）。

③ 选择菜单“视图”|“标尺”命令，显示标尺，使用“任意变形”工具选中第 1 帧的图形，然后从标尺上拖出三条参考线，如图 6-45 所示。

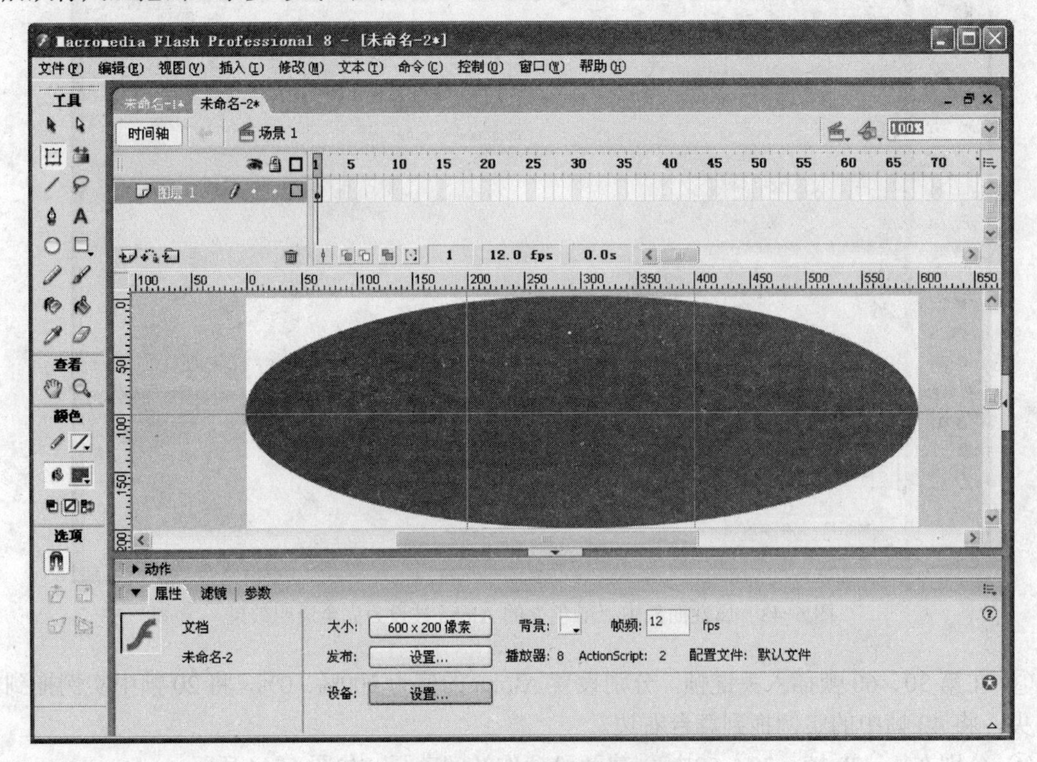


图 6-45　拖出参考线效果

④ 在 40 帧处按 F7 键插入空白关键帧。选择“椭圆”工具，设置为无笔触、绿色填充，选中“对象绘制”选项（也可以不选），绘制椭圆。在“属性”面板设置椭圆：宽度 200、高度 200，坐标（0，0）。执行复制、粘贴操作，设置坐标（200，0）和（400，0）的两个椭圆，如图 6-46 所示。

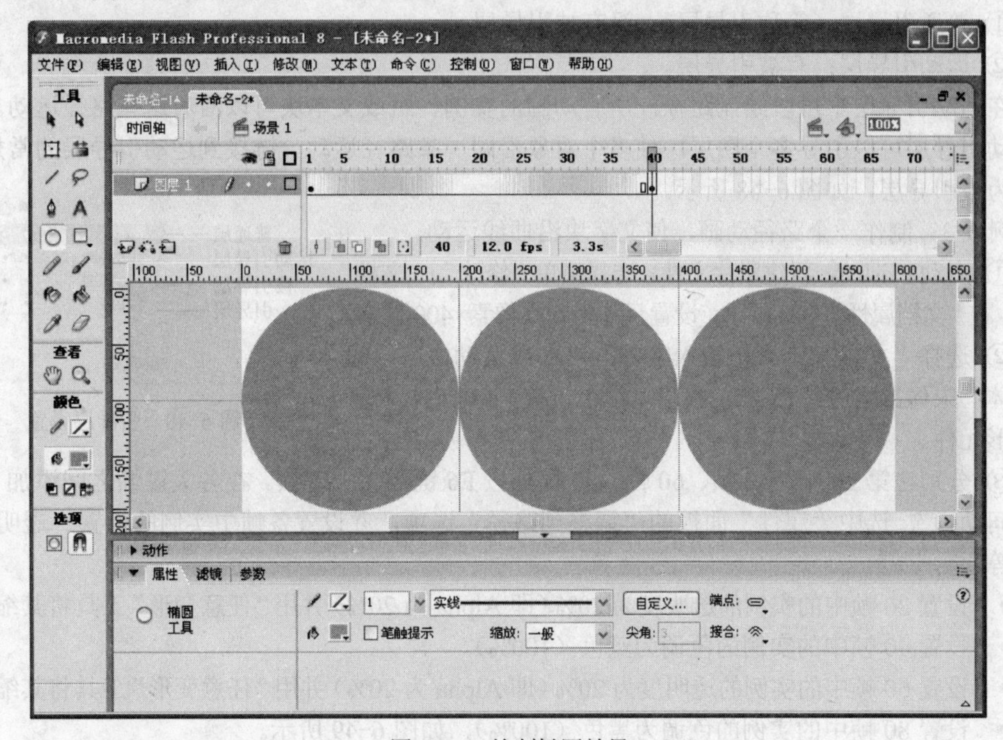


图 6-46　绘制椭圆效果

⑤ 选择 1—39 帧之间任意一帧，在“属性”面板的“补间”下拉菜单中选择“形状”，创建形状补间动画，如图 6-47 所示。

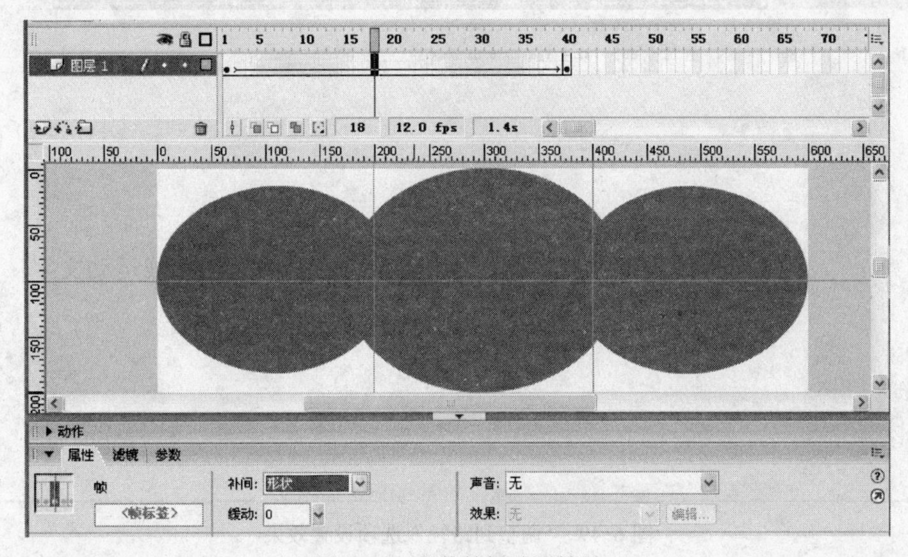


图 6-47　形状补间动画效果

⑥ 按 Ctrl+Enter 键测试影片，然后保存、发布影片。

**2. 路径动画**

在创建路径动画之前，首先了解引导层的概念。引导层分为：

① 普通引导层（简称引导层）：没有被引导层。

② 运动引导层：有被引导层。

在运动引导层中可以绘制路径，所有动画的实例、组或文本块可以沿着这些路径运动。一个运动引导层可以引导多个图层，使多个对象沿同一条路径运动。链接到运动引导层的常规层就成为被引导层，如图 6-48 所示。

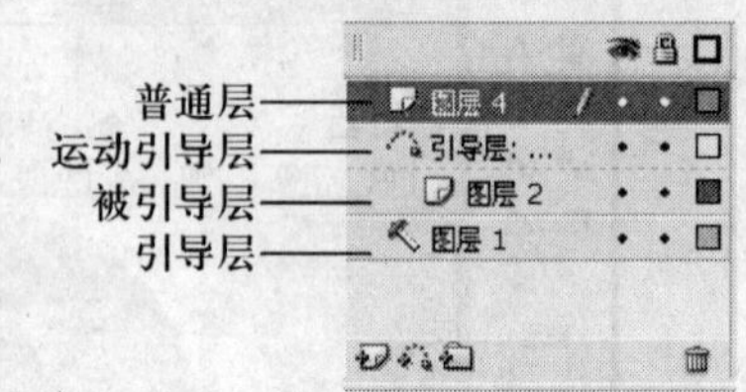


图 6-48　引导层设置

例 6-3　制作一个路径动画，使文字块沿曲线运动。

① 启动 Flash 8，新建影片文件。选择菜单“修改”|“文档”命令，在“文档属性”对话框中，设置尺寸为 600 像素×400 像素。

② 选择“文本”工具，输入文本：沿曲线运动文字。设置字体：宋体。字号：25 号。颜色。红色。按 F8 键将其转换为图形元件。

③ 分别在第 20 帧、40 帧、60 帧、80 帧处按 F6 键插入关键帧。在各关键帧之间添加“动作补间动画”，选中“属性”面板的“调整到路径”选项，并设置各帧中实例的位置、透明度、色调等。

- 设置 20 帧中的实例的透明度为 20%（即 Alpha 为 20%）并用“任意变形”工具将其缩小。
- 设置 40 帧中的实例的色调为蓝色（100%）。
- 设置 60 帧中的实例的透明度为 20%（即 Alpha 为 20%）并用“任意变形”工具将其缩小。
- 设置 80 帧中的实例的色调为黑色（100%），如图 6-49 所示。

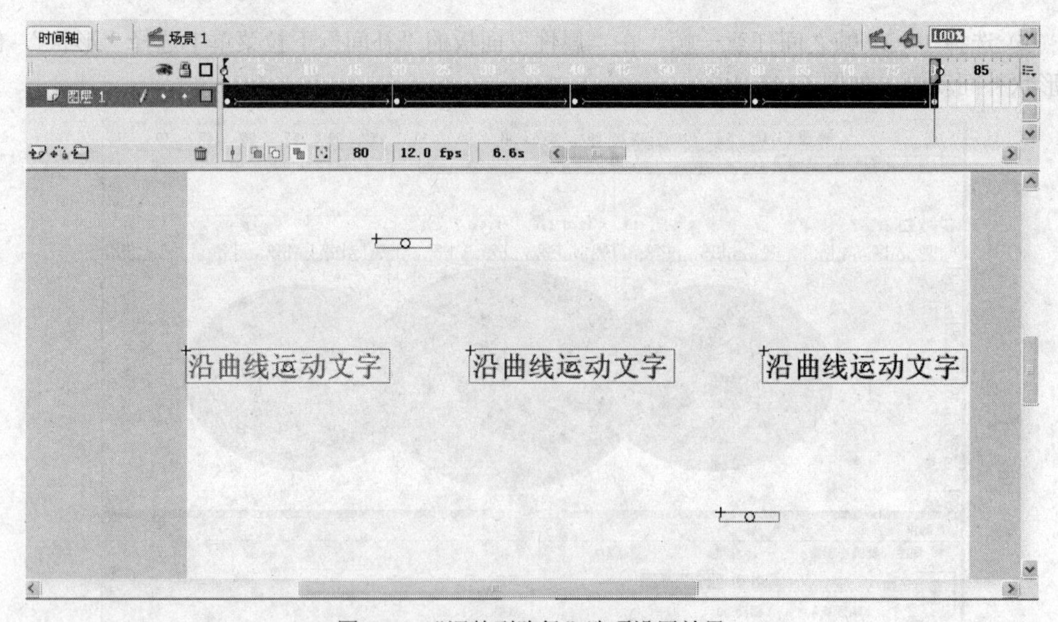


图 6-49　“调整到路径”选项设置效果

④ 单击时间轴上的“添加运动引导层”按钮，添加运动引导层，选择菜单“视图”|“尺寸”命令，显示标尺，在标尺上拖出参考线，并暂时隐藏图层 1，如图 6-50 所示。

图 6-50　使用参考线效果

⑤ 使用“钢笔”工具，在运动引导层中绘制路径，如图 6-51 所示。

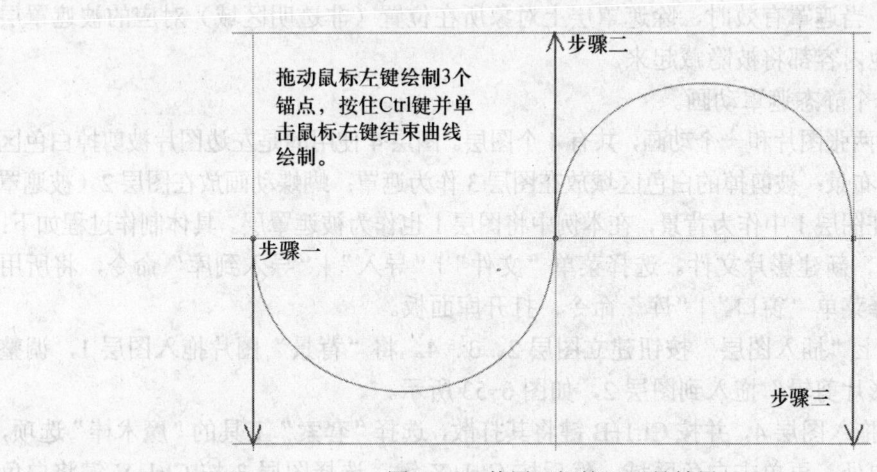


图 6-51　使用“钢笔”工具效果

⑥ 使用“选择”工具，分别将第 1 帧、20 帧、40 帧、60 帧、80 帧中实例注册到路径上，并使用“任意变形”工具将第 1、80 帧中的实例顺时针转 90 度、第 40 帧中的实例逆时针转 90 度，如图 6-52 所示。

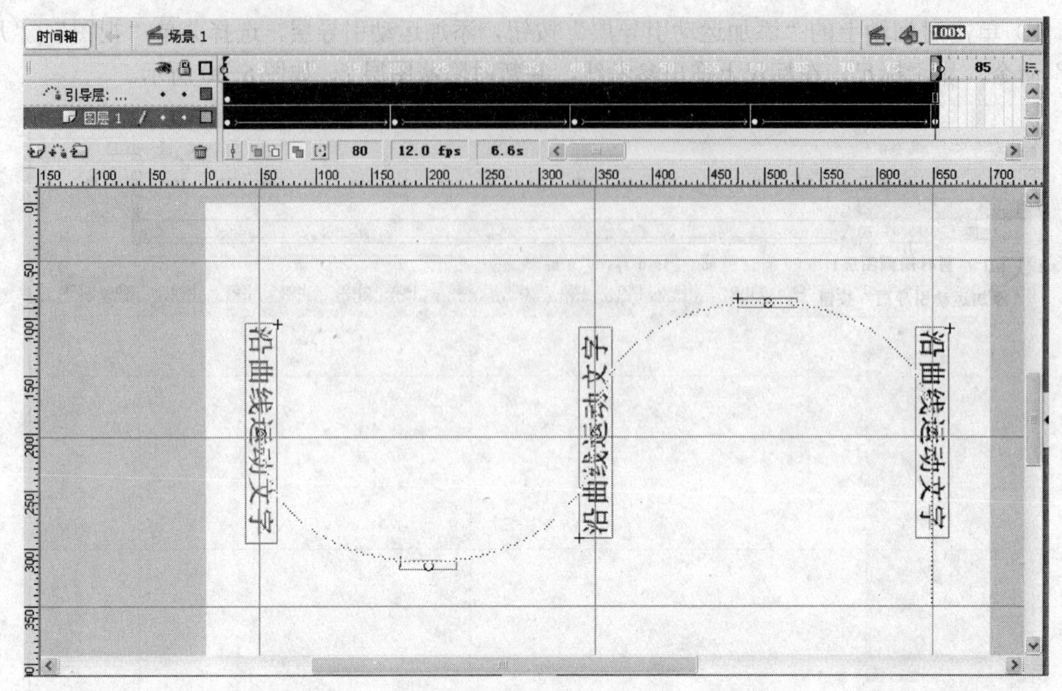

图 6-52　使用“选择”和“任意变形”工具效果

⑦ 按 Ctrl+Enter 键测试影片，然后保存、发布影片。

### 3. 遮罩动画

遮罩层动画可以用来隐藏或显示影片中的对象，从而增加了动画的复杂性。遮罩可以是静态遮罩和动态遮罩。几乎所有的对象（填充的形状、文字对象、图形或影片剪辑元件的实例）都可用来建立遮罩。当遮罩有效时，除遮罩层上对象所在位置（非透明区域）对应的被遮罩层内容可见之外，其他内容都将被隐藏起来。

例 6-4　制作一个静态遮罩动画。

这个例子用到了两张图片和一个动画，共有 4 个图层。图层 4 使用的是左边图片被剪掉白色区域的部分，用作舞台布景；被剪掉的白色区域放在图层 3 作为遮罩；蝴蝶动画放在图层 2（被遮罩层）；右边的图片放在图层 1 中作为背景，在本例中将图层 1 也作为被遮罩层。具体制作过程如下：

① 启动 Flash 8，新建影片文件。选择菜单“文件”|“导入”|“导入到库”命令，将所用素材导入到库，选择菜单“窗口”|“库”命令，打开库面板。

② 单击时间轴上“插入图层”按钮建立图层 2、3、4。将“背景”图片拖入图层 1，调整大小；将蝴蝶的“影片剪辑”拖入到图层 2，如图 6-53 所示。

③ 将布景图片拖入图层 4，并按 Ctrl+B 键将其打散，选择“套索”工具的“魔术棒”选项，先单击舞台外的空白处，再单击白色区域，然后按 Ctrl+X 键，选择图层 3 按 Ctrl+V 键将白色区域粘贴到图层 3 用作遮罩。

④ 选择图层 1、3、4 的 40 帧按 F5 键插入普通帧，在图层 2 的 10、20、30、40 帧处分别按 F6 键插入关键帧。

⑤ 为便于操作先隐藏图层 3，再分别移动图层 2 中各关键帧中实例的位置；在图层 3 上右

键单击，在快捷菜单中选择“遮罩层”命令建立遮罩层，如图 6-54 所示。

图 6-53　图片拖入到图层效果

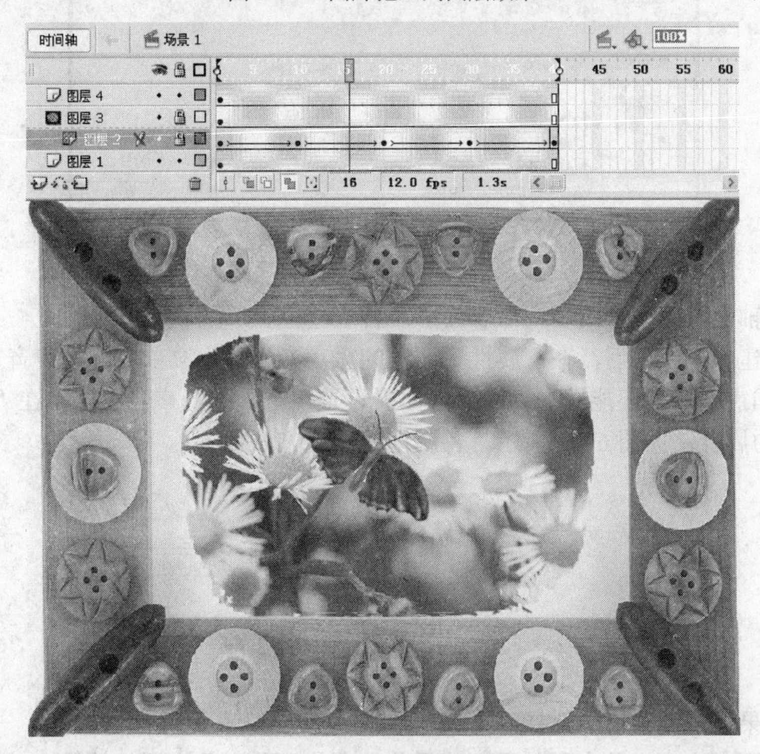

图 6-54　建立遮罩层效果

⑥ 按 Ctrl+Enter 键测试影片，然后保存、发布影片。

**4. 为影片添加声音**

使用 Flash 制作动画时，除了可以制作各种特效外，还可以加入声音，Flash 提供了几种使用声音的方法。可以使声音独立于时间轴连续播放，或使动画和一个音轨同步播放。向按钮添加声音可以使按钮具有更强的互动性，通过声音淡入淡出还可以使音轨更加优美。

在 Flash 中有两种类型的声音：事件声音和音频流。事件声音必须完全下载后才能开始播放，除非明确停止，它将一直连续播放。音频流在前几帧下载了足够的数据后就开始播放，音频流可以通过和时间轴同步在 Web 站点上播放。为影片添加声音的方法为：

① 打开要添加声音的影片文件。

② 在 Flash 中可以使用 WAV、MP3 等类型的声音、音乐文件，在使用时要将声音文件先导入到库中。选择菜单“文件”|“导入”|“导入到库”命令，将一个 MP3 格式的文件导入到库作为影片的背景音乐，如图 6-55 所示。

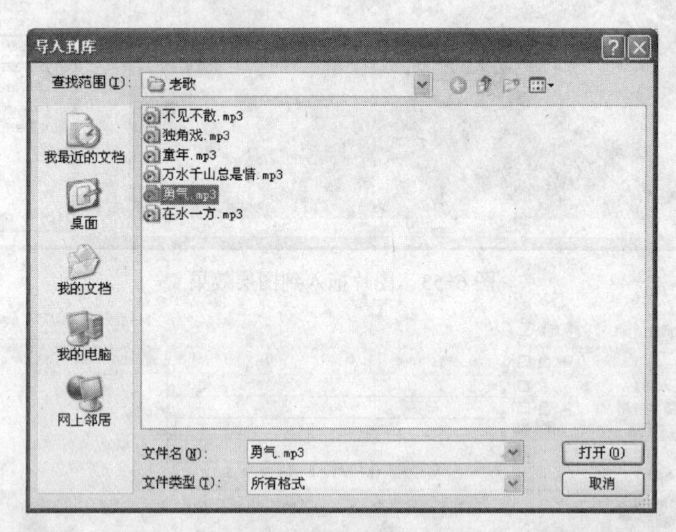


图 6-55 “导入到库”对话框

③ 在时间轴上新建一个图层，命名为“声音”。

④ 选定新建的声音层后，在“属性”面板的“声音”弹出菜单中选择声音文件。

为影片添加声音后，还能够在“属性”面板设置声音，选择声音图层，在“属性”面板出现与声音有关的属性，如图 6-56 所示。各属性的使用方法如下。

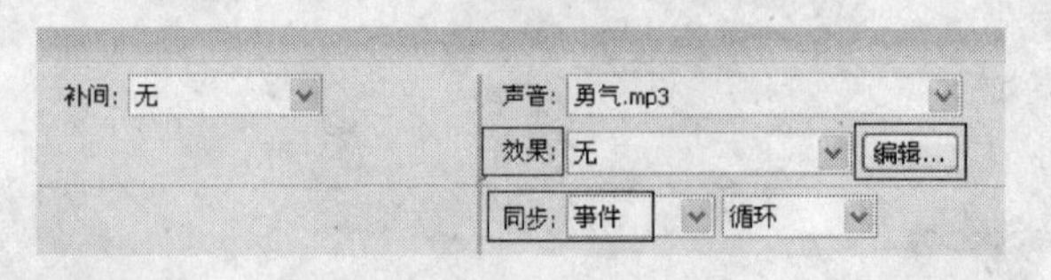


图 6-56 “属性”面板

① 从“效果”下拉菜单中选择效果选项：

- “无”：不对声音文件应用效果。选择此选项将删除以前应用的效果。

- “左声道”/“右声道”：只在左声道或右声道中播放声音。
- “从左到右淡出”/“从右到左淡出”：会将声音从一个声道切换到另一个声道。
- “淡入”：在声音的持续时间内逐渐增加音量。
- “淡出”：在声音的持续时间内逐渐减小音量。
- “自定义”：允许使用“编辑封套”创建自定义的声音淡入和淡出点。

② 从“同步”下拉菜单中选择：

- “事件”会将声音和一个事件的发生过程同步起来。事件声音在显示其起始关键帧时开始播放，并独立于时间轴完整播放，即使SWF文件停止播放也会继续。当播放发布的SWF文件时，事件声音混合在一起。
- “开始”与“事件”选项的功能相近，但是如果声音已经在播放，则新声音实例不会播放。
- “停止”将使指定的声音静音。
- “流”将同步声音，以便在Web站点上播放。Flash强制动画和音频流同步。如果Flash不能足够快地绘制动画的帧，就跳过帧。与事件声音不同，音频流随着SWF文件的停止而停止。而且，音频流的播放时间绝对不会比帧的播放时间长。当发布SWF文件时，音频流混合在一起。

③ “循环”是连续重复播放声音，或者选择“重复”，可以输入一个可重复播放的次数值，以指定声音应循环的次数。

### 6.5.4 发布与输出

对于要将Flash动画应用于实际的动画设计者来说，Flash动画制作完成后，对其进行测试和优化是相当重要的工作。测试Flash动画是为了了解Flash动画是否完全按照设计者的思路产生预期的动画效果，或者将其发布到网络后是否仍能有同样优质的效果；优化动画主要是为了使Flash动画体积更小，更便于网络下载和观看，这是设计Flash动画必须考虑的一个因素。

#### 1. 发布Flash动画

（1）设置发布动画的格式

发布Flash动画前，可以设置将Flash动画发布为何种文件格式，还可具体对某种发布格式进行详细设置。具体操作为：在“文件”的“发布设置”对话框中，系统默认打开的是“格式”选项卡。“格式”选项卡用于设置动画的发布格式，包括Flash、HTML以及其他图形文件和视频文件格式，如图6-26所示。在其中的“类型”栏中可以选择以哪种格式进行发布，建议选择Flash（.swf）（F）和HTML（.html）（H）复选框，如图6-57所示。

（2）Flash文件的发布设置

在“发布设置”对话框中单击Flash选项卡，如图6-58所示。

（3）将Flash动画发布到网上

在将Flash动画发布到网上之前必须先预览。预览发布效果的具体操作如下：

① 选择“文件”|“发布预览”菜单命令，弹出如图6-59所示的子菜单。

② 在该菜单中选择一种要预览的文件格式即可在预览界面中看到该动画发布后的效果。

如果预览动画时没有任何问题，就可以将其发布出来了，发布动画的具体操作如下：

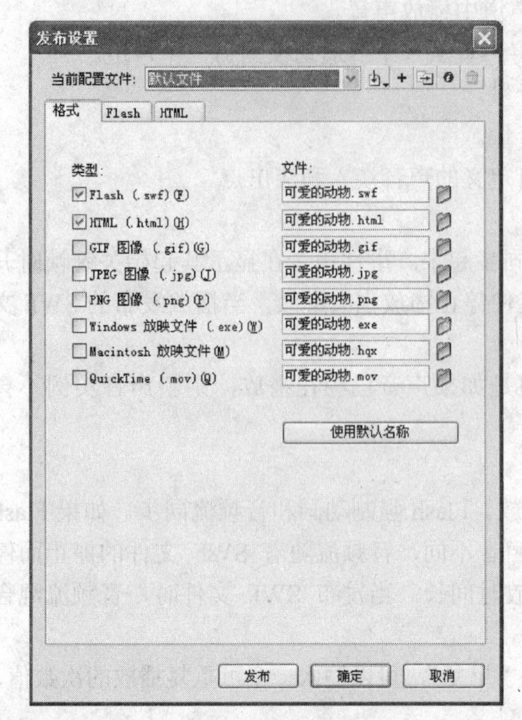


图 6-57 “格式”选项卡

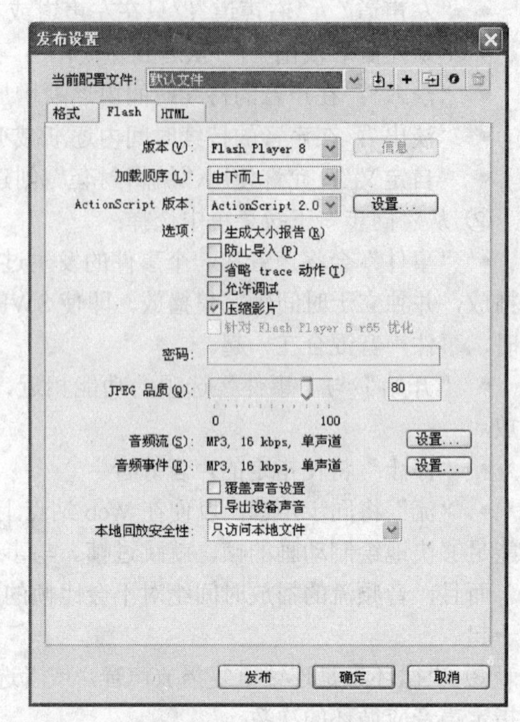


图 6-58 Flash 选项卡

① 选择“文件”|“发布设置”菜单命令，打开“发布设置”对话框，如图 6-57 所示。

② 在“格式”选项卡的“类型”栏中选择要发布的文件格式，一般选择 HTML 格式。

③ 分别对选定的文件格式进行具体设置。

④ 设置完毕后，单击“发布”按钮即可完成动画的发布，并在 Flash 源文件所在位置生成一个网页格式的文件，用鼠标右键单击它，在弹出的快捷菜单中选择“打开”命令即可打开发布的文件。

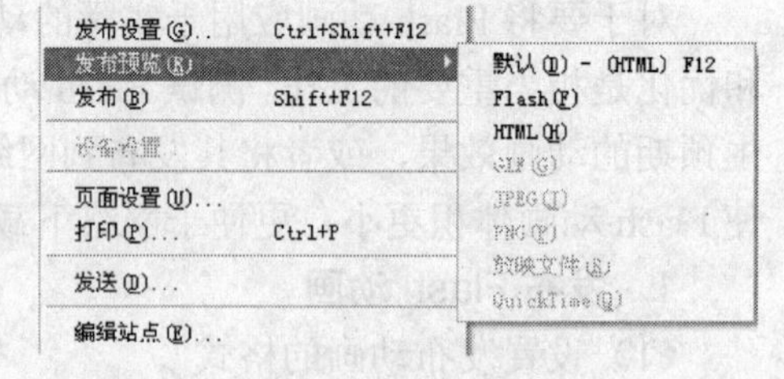


图 6-59 “发布预览”菜单

如果要按默认的格式和设置发布 Flash 动画，可直接选择“文件”|“发布”菜单命令或按 Shift+F12 键来实现。

**2. 输出动画**

可以将动画导出到其他应用程序中，以便将其应用于网页或多媒体等领域。导出动画文件的具体操作如下：

① 打开要导出的 Flash 动画，选取某帧或场景中的某个对象。

② 选择“文件”|“导出”|“导出影片”菜单命令，打开如图 6-60 所示的“导出影片”对话框。

③ 在“保存在”下拉列表框中指定文件要导出的路径。

④ 在“文件名”文本框中输入文件名称，在“保存类型”下拉列表框中选择保存类型，默认情况下为.swf 格式。

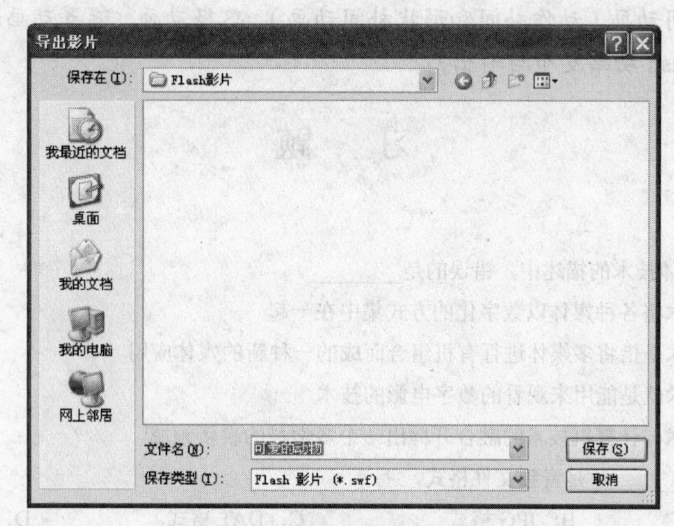


图 6-60 “导出影片”对话框

⑤ 单击“保存”按钮，将打开“导出 Flash Player”对话框。

⑥ 设置完成后单击“确定”按钮即可将该文件导出。

## 6.6 本 章 小 结

本章主要讲述了多媒体技术的基础知识，包括多媒体技术的基本概念、多媒体技术的特点、研究内容和发展方向，以及多媒体图像技术、音频技术和视频技术等。通过对多媒体技术的研究范围与要实现的目标的阐述，使读者对多媒体技术有了较为全面的了解。

所谓多媒体，是指能够同时采集、处理、编辑、存储和展示两个或以上不同类型信息媒体的技术，这些信息媒体包括文字、声音、图形、图像、动画和活动影像等。多媒体从不同角度有不同描述，是一个技术时代，是多种信息媒体的表现和传播形式。多媒体分为：视觉类媒体、听觉类媒体、触觉类媒体、活动媒体、抽象事实媒体。

图像技术是计算机应用中非常普遍的一种技术，不仅广泛应用于专业的美术设计、彩色印刷、排版、摄影等领域，而且也越来越受到广大普通电脑用户的喜爱。尤其是随着网络的发展和普及，随着网页制作的流行，对网页中的图像的处理要求也越来越高。分别介绍了模拟图像和数字图像之间的关系和区别，又重点讲解了图像文件的格式，重点介绍了 HyperSnap DX 抓图软件和 Photoshop 图像处理软件。

在音频技术中介绍了模拟音频和数字化音频、音频文件的格式，重点讲解音频的采集和处理方法，包括用多媒体计算机录音，也就是使用 Windows 自带的录音机进行录音。重点介绍了 Cool Edit 音频处理软件。

在视频技术中介绍了模拟视频和数字视频，详细讲解了视频文件的格式和视频软件的使用及播放。详细介绍了视频播放软件，包括 Windows 系统自带的媒体播放软件 Windows Media Player 和超级解霸。重点介绍了 Video Studio 视频采集的方法。

在动画制作基础中，主要介绍了 Flash 动画界面组成和基本操作，并通过制作实例来逐步介绍逐帧动画、补间动画（动作补间和形状补间动画）、路径动画、遮罩动画和在影片中添加声音，最后讲解了 Flash 动画发布与输出。

## 习　题

### 一、单项选择题

1．以下关于多媒体技术的描述中，错误的是________。

A．多媒体技术将各种媒体以数字化的方式集中在一起

B．多媒体技术是指将多媒体进行有机组合而成的一种新的媒体应用

C．多媒体技术就是能用来观看的数字电影的技术

D．多媒体技术与计算机技术的融合开辟出一个多学科的崭新领域

2．下面格式中，________是音频文件格式。

A．WAV 格式　B．JPG 格式　C．DAT 格式　D．MIC 格式

3．下面程序中________不属于音频播放软件工具。

A．Windows Media Player　B．GoldWave

C．QuickTime　D．ACDSee

4．下面的多媒体软件工具，Windows 自带的是________。

A．Media Player　B．GoldWave　C．Winamp　D．RealPlayer

5．下面程序中，________属于三维动画制作软件工具。

A．3DS MAX　B．Fireworks　C．Photoshop　D．Authorware

6．下面 4 个工具中________属于多媒体制作软件工具。

A．Photoshop　B．Fireworks　C．PhotoDraw　D．Authorware

7．下面设备中________不是多媒体计算机中常用的图像输入设备。

A．数码照相机　B．彩色扫描仪　C．条码读写器　D．彩色摄像机

8．多媒体一般不包括________媒体类型。

A．图形　B．图像　C．音频　D．视频

9．下列属于获取 Windows 界面（抓图）方法的是________。

A．<Print Screen>　B．<Shift>+<Print Screen>

C．<Ctrl>+<Print Screen>　D．<Alt>+<Print Screen>

### 二、问答题

1．什么是媒体？什么是多媒体信息？

2．多媒体技术的特点?

3．简述矢量图形与位图图像的区别。

4．声音的三要素是什么？

5．计算机动画的特点。

# 第 7 章　程序设计基础

## 7.1　程序设计的过程

程序是为实现特定目标或解决特定问题而用计算机语言编写的，为实现预期目的而进行操作的一系列语句和指令。程序设计是给出解决特定问题程序的过程，是软件构造活动中的重要组成部分。程序设计往往以某种程序设计语言为工具，给出这种语言下的程序。

开始学习程序设计时，很容易得出这样的观点：用计算机来解决问题时，最困难的就是如何将自己的思想转换成计算机能理解的那一种语言。但这个观点是完全错误的，事实上，用计算机来解决问题时，最困难的是找出解决问题的方案。只要有了一个解决方案，将问题的解决方案转换成所需要的语言（无论是 C 语言还是其他编程语言）就会变得相对容易。所以，有必要暂时忽略编程语言，将重点放在拟定解决方案的步骤上，并用通俗易懂的方法将各个步骤记录下来，以这种方式表示的指令序列称为算法。

因此，可以将程序设计划分为两个阶段，即问题求解阶段和实现阶段，如图 7-1 所示。

问题求解阶段的主要任务是得到解决问题的一个算法，包括问题定义和算法设计两个阶段。问题定义是得到问题完整的、准确的定义，要确定特定的程序输入之后，程序的输出结果以及输出结果的格式。例如，对于一个银行会计程序，不仅要知道利率，还要知道利率是否需要每年、每月或者每日进行复利计算。对于一个自动写诗程序，需要知道输出的是自由体、抑扬格还是其他诗体。

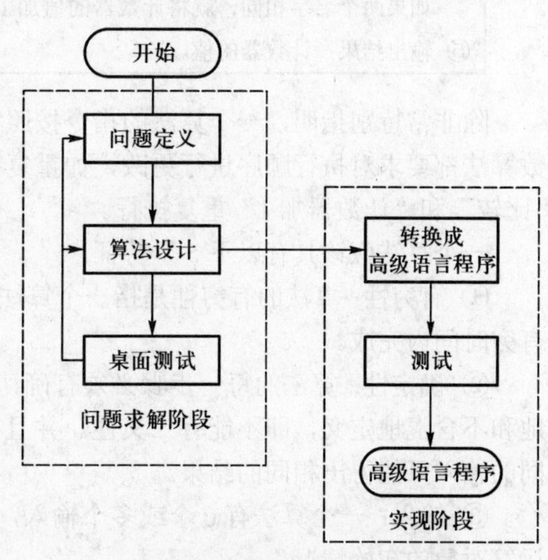


图 7-1　程序设计的两个阶段

将程序设计过程分为两个阶段，简化了算法设计过程。因为在问题求解阶段，完全不必关心一种编程语言的详细规则，使算法设计过程的复杂程度大大降低，而且不容易出错。即使是非常小的程序，这样做也有好处。

实现阶段的任务是将算法转换为高级语言程

序。实现阶段要考虑高级语言的一些具体细节，如果掌握了所使用的编程语言，将算法转换高级语言程序就变得像例行公事一样简单。

问题求解阶段和实现阶段都需要测试。写程序前，要对算法进行测试，如果发现算法存在不足，必须重新设计算法。在实际编程时，错误和缺陷会不定期地显现出来。当发现错误时，必须退回去，重做以前的步骤。通过对算法进行测试，可能发现问题定义还不完善。在这种情况下，就必须回过头去修改问题定义或算法，然后重新执行他们之后的所有步骤。

## 7.2 算　法

### 7.2.1 算法的概念

算法是解决问题的基本方法，是一系列清晰准确的指令。这些指令可以用一种编程语言或者自然语言来表示。算法代表着用系统的方法描述解决问题的策略机制，也就是说，能够对一定规范的输入，在有限时间内获得所要求的输出。

算法 7-1 是用自然语言（中文）描述的一个算法，该算法统计一个人在一次选举中的得票数。

算法 7-1：统计一个名字在选举中的选票数。

① 获取选票。

② 获取要统计的人的名字。

③ 将计数器置为 0。

④ 对每张选票都采取以下操作：

将选票中的名字和要统计的人的名字进行比较。

如果两个名字相同，就将计数器的值加 1。

⑤ 输出结果：计数器的值。

除非特别指明，一个算法的指令按照它们给定的顺序（书写顺序）来执行。但是，大多数算法都要求对执行顺序进行更改，如重复执行其中的部分指令。算法 7-1 的步骤 4，就是将“比较”和“计数器加 1”重复执行。

一个算法应该具有以下 5 个特征。

① 有穷性：算法的有穷性是指一个算法必须能在执行有穷步骤之后结束，且每一步骤都在有穷时间内完成。

② 确定性：算法的每一步骤必须有确切的定义，对于每种情况，有待执行的动作必须严格地和不含混地定义，即不能有二义性。并且在任何条件下算法只能有唯一的执行路径，即对相同的输入只能得出相同的结果。

③ 输入：一个算法有 0 个或多个输入，就是在算法开始前，为算法给出最初的量，以刻画运算对象的初始情况。

④ 输出：一个算法有一个或多个输出，是同输入有某些特定关系的量，以反映对输入数据加工后的结果。

⑤ 可行性：算法中所有有待实现的步骤必须都是相当基本的，也就是说，算法中描述的基本步骤都是可以通过已经实现的基本运算执行有限次实现。

算法 7-1 满足算法的 5 个特征。

① 有穷性：算法由 5 步组成，每一步都会在有限时间内完成。特别地，对于步骤 4，“比较”和“计数器加 1”都会在有限时间内完成，该步骤重复的次数是选票数，所以步骤 4 也会在有限时间内完成。

② 确定性：算法 7-1 的每一步骤都明确的含义。

③ 输入：选票和要计算的人的名字。

④ 输出：得票数。

⑤ 可行性：算法 7-1 中的每一步骤都是基本的指令，都能够实现。

对于同一问题，可以使用不同算法来解决，但不同的算法从质量上来讲可能是不同的。一个算法的质量优劣将影响到算法甚至程序的效率。算法分析的目的在于选择合适算法和改进算法。

评价一个算法主要从时间复杂度和空间复杂度来考虑。

① 时间复杂度：算法的时间复杂度是指执行算法所需要的时间。一般来说，计算机算法是问题规模 $n$ 的函数 $f(n)$，算法的时间复杂度记做 $T(n)=O(f(n))$。因此，问题的规模 $n$ 越大，算法的执行时间越长。算法执行时间的增长率与 $f(n)$ 的增长率正相关，称作算法的渐进时间复杂度，简称时间复杂度。

② 空间复杂度：算法的空间复杂度是指算法需要消耗的内存空间。其计算和表示方法与时间复杂度类似，一般都用复杂度的渐近性来表示。同时间复杂度相比，空间复杂度的分析要简单得多。

### 7.2.2 算法的三种基本结构

需要解决的问题各种各样，为解决问题而设计的算法也就千变万化。但是，不论怎样复杂的算法，一般都由三种基本结构组成：顺序结构、分支结构和循环结构。算法的其他结构都可以使用这三种基本结构来实现。

**1. 顺序结构**

在这种结构中，算法的各个步骤是按规定的先后顺序（即书写顺序）执行的，每个步骤都有一个确定的前趋步骤和一个确定的后继步骤。

```
顺序结构：
do action 1
do action 2
…
do action n
```

**2. 分支结构**

分支结构是在给定的条件下，选择不同的分支（后继步骤）来执行。有些问题只是用顺序结构是不能够解决的。有时候需要检测条件是否满足，如果测试的结果为真，即条件满足，执行某一指令序列；如果测试结果为假，即条件不满足，执行另外一个指令序列。这就是所谓的分支结构，也称选择结构。

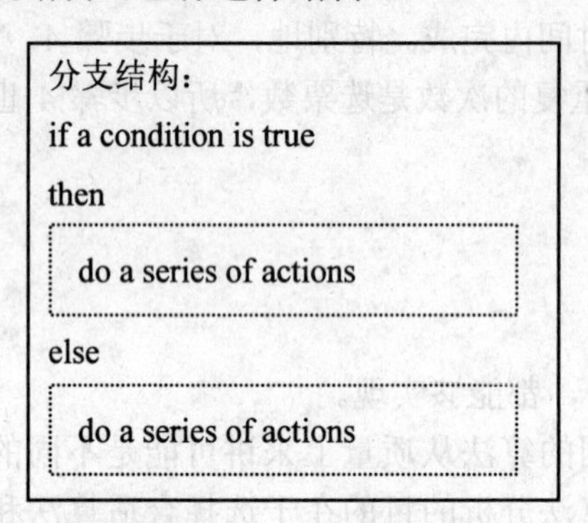


**3. 循环结构**

在有些问题中，当某一条件成立时，相同的一系列指令需要重复执行，那么就可以用循环结构来解决这个问题。本节开始的统计选票算法就是这种结构的例子。

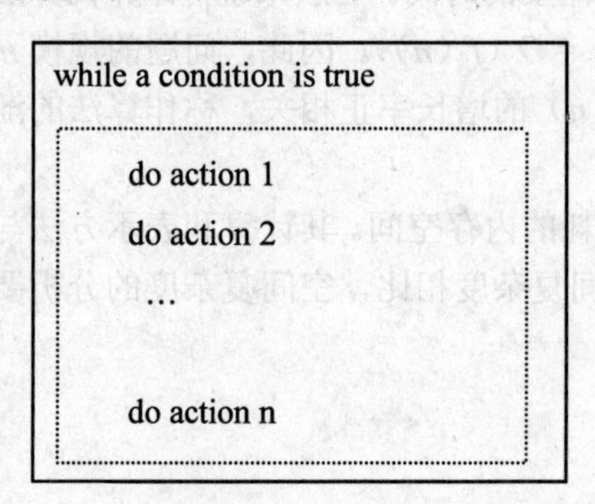


## 7.2.3 算法的表示

为解决每一个具体问题而设计的算法，必须用适当的方法把它描述出来。算法可以使用自然语言、伪代码、流程图等多种不同的方法来描述。前面已经使用了自然语言来描述算法。用自然语言描述算法，比较容易接受，但是叙述较繁琐和冗长，容易出现“歧义性”，一般不采用这种方法。还有很多种用来表示算法的工具，在这里介绍流程图和伪代码这两种工具。

**1. 流程图**

流程图是用一组几何图形表示各种类型的操作，在图形上用扼要的文字和符号表示具体的操作，并用带有箭头的流线表示操作的先后次序。流程图能把算法图形化地表示出来。用来描述算法的图形有多种，流程图只是其中的一种。

用流程图描述算法，能够将解决问题的步骤清晰、直观地表示出来。流程图是一个用来展示算法逻辑流程的有效工具，它的主要目的是用来显示算法的设计。

流程图的各种基本图形符号都有明确的统一规定。流程图的符号及其含义如表 7-1 所示。

**表 7-1　流程图符号及其含义**

| 符　号 | 名　称 | 说　明 |
|---|---|---|
| （圆角矩形） | 起止框 | 表示算法的开始或结束 |
| （平行四边形） | 输入、输出框 | 框内必须标明输入、输出内容 |
| （矩形） | 处理框 | 框内必须标明所进行的处理 |
| （菱形） | 判别框 | 根据条件是否满足，在可选择的路径中选择某条路径 |
| （箭头） | 流程线 | 表示控制流的流向 |
| （圆圈） | 连接框 | 表明转向流程图的它处，或从流程图它处转入，它是流程线的断点 |

图 7-2 给出了算法三种基本结构的流程图。

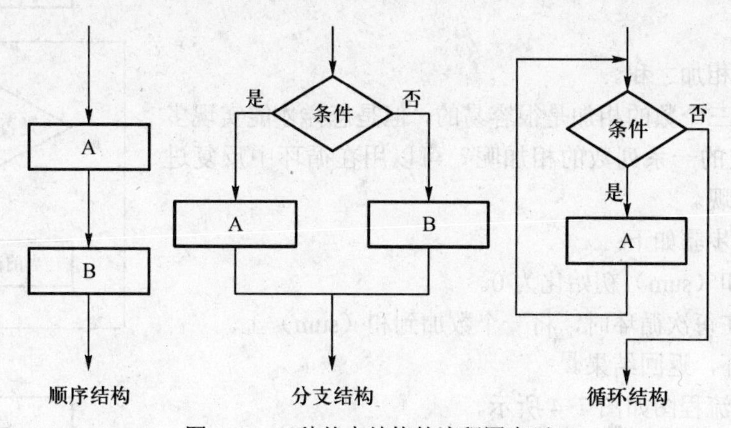


图 7-2　三种基本结构的流程图表示

## 2. 伪代码

伪代码是一种算法描述语言。使用伪代码的目的是为了使被描述的算法可以容易地以任何一种编程语言（Pascal，C，Java 等）实现。因此，伪代码必须结构清晰、代码简单、可读性好，并且类似自然语言。伪代码介于自然语言与编程语言之间。以编程语言的书写形式指明算法职能。使用伪代码，不用拘泥于具体实现。相比程序语言它更类似自然语言，将整个算法运行过程的结构用接近自然语言的形式描述出来。伪代码可以使用任何一种你熟悉的文字，关键是把程序的意思表达出来。图 7-3 给出了算法三种基本结构的类 C 语言的伪代码表示。

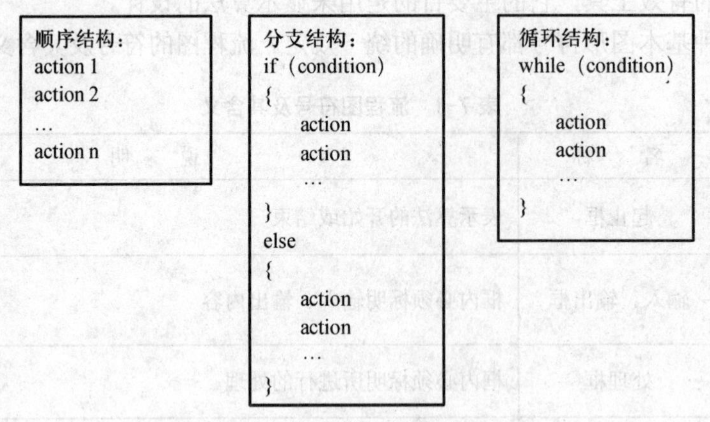


图 7-3　三种基本结构的伪代码表示

## 7.2.4　基本算法

有一些算法在应用中非常普遍，我们称之为基本算法。这里将讨论一些最常用的算法。讨论只是概括性的，具体的实现则取决于所使用的程序设计语言。

### 1. 求和

求多个整数相加之和。

实现两个或三个数的相加是很容易的，但是怎样才能实现多个数或数量不定的一系列数的相加呢？可以用在循环中反复进行加法运算来实现。

求和算法的步骤如下：

① 首先将和（sum）初始化为 0。

② 循环，在每次循环时，将一个数加到和（sum）上。

③ 退出循环，返回结果。

求和算法的流程图如图 7-4 所示。

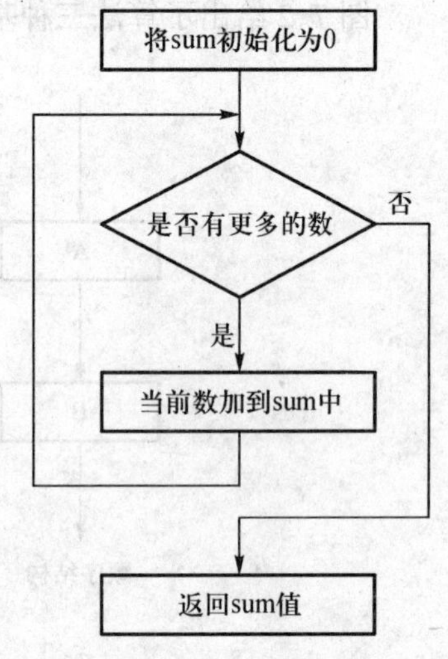


图 7-4　求和算法

### 2. 乘积

求出多个数相乘之积。

求多个数的乘积和求和算法类似，只是积的初始值是 1 而不是 0，在循环中重复进行乘法运算。

乘积算法的步骤如下：

① 首先将乘积（product）初始化 1。

② 循环，在每次循环时，将一个数乘到乘积（product）上。

③ 退出循环，返回结果。

求乘积算法的流程图如图 7-5 所示。

将求乘积的算法进行较小的改动，就可以用来计算 $x^N$。同样，求乘积的算法也可以用来实现整数 $N$ 的阶乘（$N!$）运算，$N! =1×2×3×\cdots×N$。

3. **求最大值**

从 1 000 个正整数中找出最大的整数。

在多个数中查找最大的数，需要对所有的数进行一次扫描，在扫面过程中发现较大的数时进行记录。

用计数器 counter 来记录扫描过的数的个数。计数器的初始值为 0，每扫描一次，计数器的值加 1。当计数器的值为 1 000 时，扫描结束。

用 largest 表示最大值。每次扫描时，当前整数都和 largest 比较，若大于 largest，则用这个整数的值替换 largest。largest 的初始值可以是一个比较小的值，也可以是 1 000 个整数中的某一个（如第一个）。

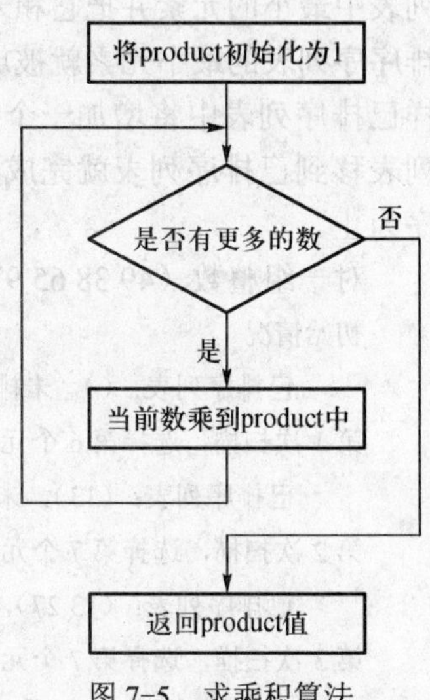


图 7-5 求乘积算法

求 1 000 个正整数最大值算法的步骤如下：

① 初始化 counter 为 0。

② 初始化 largest 为 0。

③ 循环，当 counter 的值小于 1 000 时，执行

如果当前整数大于 largest，则用当前整数替换 largest。

counter 加 1。

④ 返回 largest

求 1 000 个正整数最大值算法的流程图如图 7-6 所示。

类似地，可以得到求最小值的算法。求最小值的算法和求最大值的算法区别在于求最小值时，最小值（smallest）的初值要设得比较大。每次扫描时，比较当前数与 smallest，如果当前数小于 smallest，则用当前数替换 smallest。

4. **排序**

所谓排序，就是把若干个数据按照其中的某个或某些关键字的大小，递增或递减的顺序排列起来的操作。排序问题是在程序设计中经常出现的问题。可以设想一下，倘若字典中的词不是以字母的次序排列，那么使用这样的字典将是何等困难！同样，存在于计算机存储器中的各项次序，对于处理这些项目的算法的速度及简便性来说，也有着重要的影响。

我们以整数的排序为例，介绍三种排序方法：选择排序、冒泡排序、插入排序。这里，将所有整数放在一个列表当中，所给出的排序次序是整数按照递增次序的排列。

（1）选择排序

在选择排序中，使用一个标识（wall）将列表分隔为两个子列表：已排序列表和未排序列表。

最开始时 wall 的值为 1，已排序列表为空。找到未排序子

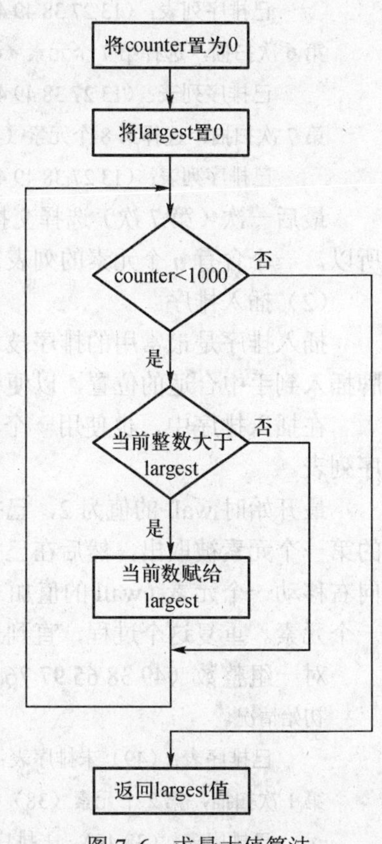


图 7-6 求最大值算法

列表中最小的元素并把它和未排序数据中第一个（wall 所在的位置）元素进行交换。这时，未排序序列表的最小元素就被放在了该表最前面。把标识向右移动一个元素（wall 的值加 1），这样已排序列表中将增加一个元素而未排序列表中将减少一个元素。每次把一个元素从未排序列表移到已排序列表就完成了一次分类扫描，重复这个过程，直到列表中的所有元素都排好序为止。

对一组整数（49 38 65 97 76 13 27 49）进行选择排序的过程如下：

初始情况

已排序列表：()，未排序列表：(49 38 65 97 76 13 27 49)

第 1 次扫描，选择第 6 个元素（13）和第 1 个元素（49）交换

已排序列表：(13)，未排序列表：(38 65 97 76 49 27 49)

第 2 次扫描，选择第 7 个元素（27）和第 2 个元素（38）交换

已排序列表：(13 27)，未排序列表：(65 97 76 49 38 49)

第 3 次扫描，选择第 7 个元素（38）和第 3 个元素（65）交换

已排序列表：(13 27 38)，未排序列表：(97 76 49 65 49)

第 4 次扫描，选择第 6 个元素（49）和第 4 个元素（97）交换

已排序列表：(13 27 38 49)，未排序列表：(76 97 65 49)

第 5 次扫描，选择第 8 个元素（49）和第 5 个元素（76）交换

已排序列表：(13 27 38 49 49)，未排序列表：(97 65 76)

第 6 次扫描，选择第 7 个元素（65）和第 6 个元素（97）交换

已排序列表：(13 27 38 49 49 65)，未排序列表：(97 76)

第 7 次扫描，选择第 8 个元素（76）和第 7 个元素（97）交换

已排序列表：(13 27 38 49 49 65 76)，未排序列表：(97)

最后一次（第 7 次）选择交换后，未排序列表中只有一个元素，不需要再做选择和交换了。所以，一个含有 $n$ 个元素的列表需要 $n$–1 次扫描来完成数据的重新排列。

（2）插入排序

插入排序是最常用的排序技术之一，经常在扑克牌游戏中使用。游戏人员将每张拿到手的牌插入到手中合适的位置，以便手中的牌以一定的顺序排列。

在插入排序中，也使用一个标识（wall）将列表被分隔为两个子列表：已排序列表和未排序列表。

最开始时 wall 的值为 2，已排序列表有 1 个元素。在每次扫描过程中，未排序的子列表中的第一个元素被取出，然后在已排序的子列表中找到合适的位置并把它插入到该位置。把标识向右移动一个元素（wall 的值加 1），使得已排序列表中将增加一个元素而未排序列表中将减少一个元素。重复这个过程，直到未排序列表为空为止。

对一组整数（49 38 65 97 76 13 27 49）进行插入排序的过程如下：

初始情况

已排序表：(49) 未排序表：(38 65 97 76 13 27 49)

第 1 次扫描，第 2 个元素（38）插入到第 1 个元素（49）之前

已排序表：(38 49)，未排序表：(65 97 76 13 27 49)

第 2 次扫描，第 3 个元素（65）插入到第 2 个元素（49）之后

已排序表：(38 49 65)，未排序表：(97 76 13 27 49)

第 3 次扫描，第 4 个元素（97）插入到第 3 个元素（65）之后

已排序表：(38 49 65 97)，未排序表：(76 13 27 49)

第 4 次扫描，第 5 个元素（76）插入到第 3 个元素（65）之后

已排序表：(38 49 65 76 97)，未排序表：(13 27 49)

第 5 次扫描，第 6 个元素（13）插入到第 1 个元素（38）之前

已排序表：(13 38 49 65 76 97)，未排序表：(27 49)

第 6 次扫描，第 7 个元素（27）插入到第 1 个元素（13）之后

已排序表：(13 27 38 49 65 76 97)，未排序表：(49)

第 7 次扫描，第 8 个元素（49）插入到第 4 个元素（49）之后

已排序表：(13 27 38 49 49 65 76 97)，未排序表：()

对于一个含有 $n$ 个元素的列表，未排序列表有 $n$−1 个元素，所以，列表需要 $n$−1 次扫描来完成数据的重新排列。

(3) 冒泡排序

冒泡是从一组数中选出最小（最大）数的一种方法。它依次对相邻的两个数进行比较，如果次序不正确，则交换这两个数的位置，值小的数就像气泡一样向上浮。

我们首先看对一组整数（23 78 45 8 32 56），把最小数放到最左面的冒泡过程。

从 56 开始，并把它与 32 比较，因为它不小于 32 所以没有交换发生。继续比较元素，都未发生变化。直到 8 和 45 进行比较，由于 8 比 45 小，这两个元素进行交换位置。继续比较元素，因为 8 向右移动了一个元素，它现在和 78 比较，显然这两个元素需交换位置。最后，8 和 23 比较并交换位置。经过一系列交换，8 被放置在最左的位置。具体过程如下：

初始情况：23 78 45 8 32 56

第 1 步：第 6 个元素（56）和第 5 个元素（32）比较后不交换，23 78 45 8 32 56

第 2 步：第 5 个元素（32）和第 4 个元素（8）比较后不交换，　23 78 45 8 32 56

第 3 步：第 4 个元素（8）和第 3 个元素（45）比较后交换，　　23 78 8 45 32 56

第 4 步：第 3 个元素（8）和第 2 个元素（78）比较后交换，　　23 8 78 45 32 56

第 5 步：第 2 个元素（8）和第 1 个元素（23）比较后交换，　　8 23 78 45 32 56

和前两种排序方法一样，在冒泡排序方法中，使用标识（wall）列表被分为两个子列表：已排序类表和未排序列表。

在未排序的子列表中，最小的元素通过冒泡的方法选出来并移到未排序的子列表的最前面。同时，将标识向右移动一个元素（wall 的值加 1），使得已排序的元素个数增加 1 个，而未排序的元素个数减少 1 个。每次元素从未排序子列表移到已排序子列表，便完成一次分类描述。重复这个过程，直到列表中的所有元素都排好序为止。

对一组整数（49 38 65 97 76 13 27 49）进行冒泡排序的过程如下：

初始情况，已排序表：()，未排序表：(49 38 65 97 76 13 27 49)

第 1 次扫描，已排序表：(13)，未排序表：(49 38 65 97 76 27 49)

第 2 次扫描，已排序表：(13 27)，未排序表：(49 38 65 97 76 49)

第 3 次扫描，已排序表：（13 27 38），未排序表：（49 49 65 97 76）

第 4 次扫描，已排序表：（13 27 38 49），未排序表：（49 65 76 97）

第 5 次扫描，已排序表：（13 27 38 49 49），未排序表：（65 76 97）

第 6 次扫描，已排序表：（13 27 38 49 49 65），未排序表：（76 97）

第 7 次扫描，已排序表：（13 27 38 49 49 65 76），未排序表：（97）

和选择排序一样，一个含有 *n* 个元素的列表需要 *n*−1 次扫描来完成数据的重新排列。

从上面的排序过程可以看出，从第 4 次冒泡开始，在比较过程中没有交换发生，这说明数据已经排好序了，排序过程可以终止，这是冒泡排序的优势所在。

（4）其他排序方法

还有许多其他的排序方法：快速排序、堆排序、希尔排序、桶式排序、归并排序等。不同的排序方法对不同的数据的效率是不一样的。有的方法对大多数据已经排好了的数据很有效，而有的方法对于完全未排序的数据更有效。要知道具体那一种方法更有效，需要对各种排序方法的复杂度进行分析。要了解这方面的内容，请参考数据结构及算法分析等书籍的相关内容。

**5. 查找**

查找也称检索，是根据给定的某个值，在数据元素列表中查找具有该值的第一个数据元素位置的过程。若这样的数据元素存在，则给出其位置值。若不存在，则给出查找不成功的信息。

有两种基本的查找方法：顺序查找和折半查找。顺序查找可以在任何列表中查找，折半查找则要求列表是有序的。

（1）顺序查找

顺序查找算法的基本思想是：查找从列表的一端开始，顺序将各元素的值与给定的值 key 进行比较，直至找到与 key 相等的元素，则查找成功，返回该元素的位置序号；如果进行到表的另一端，仍未找到与 key 值相等的元素，则查找不成功，返回查找失败的信息。

| 1 | 2 | 3 | 4 | 5 | 6 | 7 | 8 | 9 | 10 | 11 | 12 |
|---|---|---|---|---|---|---|---|---|---|---|---|
| 4 | 21 | 36 | 14 | 62 | 91 | 8 | 22 | 7 | 81 | 77 | 10 |

在上面列表中查找 key=62 的位置的步骤如下：

① key 和第 1 个元素（4）相比较，不相等。

② key 和第 2 个元素（21）相比较，不相等。

③ key 和第 3 个元素（36）相比较，不相等。

④ key 和第 4 个元素（14）相比较，不相等。

⑤ key 和第 5 个元素（62）相比较，相等，返回位置值 5，查找结束。

一般来说，可以使用顺序查找来查找小的列表或者是不常用的列表。其他情况下，最好的方法是首先将列表排序，然后使用下面将要介绍的折半查找进行查找。

（2）折半查找

顺序查找算法是很慢的。如果列表里有 100 万个元素，在最坏的情况下需要进行 100 万次比较。如果列表是无序的，则顺序查找是唯一的方法。如果列表是有序的，那么就可以使用折半查找这一个更有效的算法。

折半查找的基本思想：从列表的中间元素开始查找。首先判断中间元素是否和给定的值 key

相等，若相等，则返查找成功，返回元素的位置序号。若不相等，判断给定值 key 是在列表的前半部还是后半部分。假设列表中的数据是按递增的次序排列的，如果 key 值小于中间元素，则到列表的前半部分查找，如果 key 值大于中间元素，则到列表的后半部分查找。重复这个过程直到找到目标或是目标不在列表里。

折半查找的优点在于：如果在前半部分，就不需要查找后半部分；如果在后半部分，就不需要查找前半部分。也就是说，可以通过判断排除一半的列表，这样可以提高查找速度。

| 1 | 2 | 3 | 4 | 5 | 6 | 7 | 8 | 9 | 10 | 11 | 12 |
|---|---|---|---|---|---|---|---|---|---|---|---|
| 4 | 7 | 8 | 10 | 14 | 21 | 22 | 36 | 62 | 77 | 81 | 91 |

使用 left、right 和 mid 分别表示列表左端、右端和中间位置。在上面列表中查找 key=22 位置的步骤如下：

① left=1，right=12，mid=（1+12）/2=6（取整数部分）。key 和第 6 个元素相比较，key（22）大于第 6 个元素的值（21）。所以忽略前半部分，将 left 移动到 mid 的右面，即位置 7，right 的值保持不变。

② left=7，right=12，mid=（7+12）/2=9（取整数部分）。key 和第 9 个元素相比较，key（22）小于第 9 个元素的值（62）。所以忽略后半部分，left 的值保持不变，将 right 移动到 mid 的左面，即位置 8。

③ left=7，right=8，mid=（7+8）/2=7（取整数部分）。key 和第 7 个元素相比较，key 和第 7 个元素的值（22）相等，找到目标，返回位置值 7，查找结束。

# 7.3　程序设计语言

我们知道，计算机系统由硬件系统和软件系统两大部分组成，所有的软件，都是用计算机程序设计语言编写的。程序是指计算机可以直接或间接执行的指令的集合，要编写程序就必须使用计算机语言。程序设计语言是一组用来定义计算机程序的语法规则。一种计算机语言能够准确地定义计算机所需要使用的数据，并精确地定义在不同情况下所应当采取的动作。

## 7.3.1　程序设计语言的发展

程序设计语言按照语言级别可以分为低级语言和高级语言。低级语言有机器语言和汇编语言。低级语言与特定的机器有关，其功效高，但使用复杂、繁琐、易出差错。机器语言是表示成数码形式的机器基本指令集。汇编语言是机器语言中部分符号化的结果。高级语言的表示方法要比低级语言更接近于待解问题的表示方法，其特点是在一定程度上与具体机器无关，易学、易用、易维护。

### 1. 机器语言

在计算机发展的早期，唯一的程序设计语言是机器语言。每台计算机有自己的机器语言，这种机器语言的指令是由“0”和“1”的字符串组成。计算机唯一能理解的语言是机器语言。

下面是一个机器语言程序的例子，该程序把两数相乘并打印的结果。

```
01  00000000  00000100  0000000000000000
02  01011110  00001100  11000010  0000000000000010
03            11101111  00010110  0000000000000101
04            11101111  10011110  0000000000001011
05  11111000  10101101  11011111  0000000000010010
06            01100010  11011111  0000000000010101
07  11101111  00000010  11111011  0000000000010111
08  11110100  10101101  11011111  0000000000011110
09  00000011  10100010  11011111  0000000000100001
10  11101111  00000010  11111011  0000000000100100
11  01111110  11110110  10101101
12  11111000  10101110  11000101  0000000000101011
13  00000110  10100010  11111011  0000000000110001
14  11101111  00000010  11111011  0000000000110100
15                      00000100  0000000000111101
16                      00000100  0000000000111101
```

使用机器语言编写程序是一件十分繁琐的工作，编出的程序不便于记忆、阅读或书写，还容易出错。在程序有错需要修改时，更加困难。由于每台计算机的指令系统往往各不相同，所以，在一台计算机上执行的程序，要想在另一台计算机上执行，必须另编程序，可移植性较差，造成了重复工作。

### 2. 汇编语言

为了克服机器语言难读、难编、难记和易出错的缺点，人们用与代码指令实际含义相近的英文缩写词、字母和数字等符号取代指令代码。例如，用ADD代表加法，用MOV代表数据传递等，这样，人们能较容易读懂并理解程序，使得纠错及维护变得方便了，这种程序设计语言称为汇编语言。

下面给出的是计算两个数相乘的汇编语言程序。

```
01  entry main,   ^m<r2>
02  sub12 #12,    sp
03  jsb C$MAIN_ARGS
04  movab $CHAR_STRING_CON
05
06  pushal   -8(fp)
07  pushal   (r2)
08  calls    #2, read
09  pushal   -12(fp)
10  pushal   3(r2)
11  calls    #2, read
12  mull3    -8(fp), -12(fp), -
```

```
13 pusha   6(r2)
14 calls   #2, print
15 clrl            r0
16 ret
```

然而计算机是不认识这些符号的，这就需要一个专门的程序负责将这些符号翻译成二进制数的机器语言，这种翻译程序称为汇编程序。

汇编语言仍然是面向机器的语言，使用起来还是比较繁琐，通用性也差。汇编语言是低级语言。但是，用汇编语言编写的程序，其目标程序占用内存空间少，运行速度快，有着高级语言不可替代的用途。

**3. 高级语言**

尽管汇编语言大大提高了编程效率，但其对硬件过分依赖，要求编写程序的人员必须在所使用的硬件上花费大部分精力。为了提高程序员效率以及从关注计算机硬件转到关注要解决问题的方法，出现了与人类自然语言相接近且能为计算机所接受的通用易学的计算机语言即高级语言的发展。

高级语言的设计目标就是使程序员摆脱汇编语言繁琐的细节。高级语言适用于许多不同的计算机，使程序员能够将精力集中在应用程序上，而不是计算机的复杂性上。

1954 年，第一个完全独立于机器硬件的高级语言 FORTRAN 问世了，40 多年来，共有几百种高级语言出现，具有重要意义的有几十种，影响较大、使用较普遍的有 FORTRAN、ALGOL、COBOL、BASIC、LISP、Pascal、C、PROLOG、Ada、C++、Delphi、Java 等。

下面是用 C 语言编写的与前面相同的乘法程序。

```
01 /* Compute the product of two numbers */
02 int main()
03 {
04         int number1, number2, product;
05         scanf("%d %d", &number1, &number2);
06         product = number1 * number2;
07         printf("%d", product);
08         return 0;
09 }
```

高级语言必须被转化成机器语言才能由计算机执行，这个转化的过程分为编译和解释两种方式。编译方式是指在源程序执行之前，就将程序源代码“翻译”成目标代码（机器语言），因此其目标程序可以脱离其语言环境独立执行，使用比较方便、效率较高。但应用程序一旦需要修改，必须先修改源代码，再重新编译生成新的目标文件才能执行。解释方式是应用程序源代码一边由相应语言的解释器“翻译”成目标代码（机器语言），一边执行，因此效率比较低，而且不能生成可独立执行的文件。应用程序不能脱离其解释器，但这种方式比较灵活，可以动态地调整、修改应用程序。

### 7.3.2 程序设计语言的分类

计算机语言根据其解决问题的方法及所解决问题的种类分为以下几类：过程化语言、面向对象语言、函数型语言、逻辑型语言及专用语言。

### 1. 过程化语言

过程化语言是一种帮助程序设计人员准确定义任务执行步骤的语言。

在过程化语言中，程序设计人员可以指定计算机将要执行的详细的算法步骤。有时，也把过程化语言看成是指令式程序设计语言。所不同的是，过程化语言中包含了过程调用。在过程化语言中，可以使用过程或例程或方法来实现代码的重用而不需复制代码，可以使用 GOTO、JUMP 等语句或其他控制结构来控制程序的执行。一般地，把删除了 GOTO、JUMP 等语句的过程化语言称为结构化语言。过程化语言包括 FORTRAN、COBOL、Pascal、C 和 Ada 等。

下面给出一个过程化语言的示例。在该示例中，将计算整数从 1 加到 N 之和，要求根据输入的整数 N，把计算结果输出来。下面的代码详细给出了计算过程的步骤：声明变量、输入参数、执行计算、输出计算结果。

```
01  Sub sumN()
02  Dim Total, N:Integer
03  Input N
04  Total=N*(N+1)/2
05  Print Total
06  End Sub
```

### 2. 面向对象语言

面向对象语言是指采用封装性、继承性、模块化、多态性等面向对象技术进行程序设计的语言。这种语言采用由数据和方法组成的对象结构和对象之间的关系进行应用程序的设计。

面向对象技术起源于 20 世纪 60 年代。SmallTalk 语言是第一个面向对象程序设计语言。

对象、类、实例、方法、消息、继承、封装、多态等特性都是面向对象程序设计语言中的基本概念。

目前，在程序设计过程中，采用面向对象技术是程序设计的一个发展趋势。大多数的程序设计语言都是面向对象程序设计语言或具备面向对象技术特征，例如 Java、C++、Visual Basic .NET、C#、Python、Ruby 语言等。

（1）面向对象的基本概念

对象：对象是要研究的任何事物。从一本书到一家图书馆都可看做对象，它不仅能表示有形的实体，也能表示无形的（抽象的）规则、计划或事件。对象由数据和作用于数据的操作构成一独立整体。从程序设计者来看，对象是一个程序模块，从用户来看，对象为他们提供所希望的行为。对象的操作通常称为方法。

类：类是对象的模板，是对一组有相同数据和相同操作的对象的定义，一个类所包含的方法和数据描述一组对象的共同属性和行为。类是在对象之上的抽象，对象则是类的具体化，是类的实例。

消息：消息是对象之间进行通信的一种规格说明。一般它由三部分组成：接收消息的对象、消息名及消息本身。

（2）面向对象主要特征

封装性：封装是一种信息隐蔽技术，是对象的重要特性。封装使数据和加工该数据的方法

（函数）封装为一个整体，以实现独立性很强的模块，使得用户只能见到对象的外特性，而对象的内特性对用户是隐蔽的。封装的目的在于把对象的设计者和对象者的使用分开，使用者不必知晓行为实现的细节，只需用设计者提供的接口来访问该对象。

继承性：继承性是子类自动共享父类数据和方法的机制，它由类的派生功能体现。一个类直接继承其他类的全部描述，同时可修改和扩充。

多态性：对象根据所接收的消息而做出动作。同一消息为不同的对象接受时可产生完全不同的行动，这种现象称为多态性。利用多态性用户可发送一个通用的信息，而将所有的实现细节都留给接受消息的对象自行决定。

**3. 函数型语言**

在函数程序设计中，程序被当成数学函数来考虑。大多数函数程序设计语言应用在学术领域而不是商业领域。不过，在一些商业领域中，例如统计分析、金融分析、符号数学等，函数程序设计语言也越来越多。例如，Microsoft 发布的 F#语言就是典型的函数程序设计语言。有人把电子表格如 Excel 也看成是一种函数程序设计语言。函数型语言定义一系列可供任何程序员调用的基本（原子）函数，允许程序员通过组合若干基本函数创建新的函数。

函数型语言和过程化语言相比，具有两方面优势：它鼓励模块化编程并允许程序员用已经存在的函数来开发新的函数。这两个因素使得程序员能够利用已经测试过的程序编写出庞大而且不易出错的程序。

**4. 逻辑型语言**

逻辑型语言依据逻辑推理的原则回答查询，是一种通过设定答案必须符合的规则来解决问题而不是通过设定步骤来解决问题的程序设计语言。

与指令式程序设计语言相比，逻辑程序设计语言运行在更高概念层次上。这些语言在难题解决、知识表示、人工智能等领域有着广泛的应用。Prolog 语言是一种典型的逻辑型语言。

逻辑推理以推导为基础，根据已知正确的一些论断（事实），运用逻辑推理的准则推导出新的论断（事实）。

逻辑学中著名的推导准则：if ( A is B ) and ( B is C )，then ( A is C )

将此准则应用于下面的事实。

事实 1：Socrates is a human→A is B

事实 2：A human is mortal→B is C

可以推导出下面的事实。

事实 3：Socrates is mortal→A is C

程序员需要学习有关主题领域的知识或是向该领域的专家获取事实，还应该精通如何编辑严谨的定义准则，这样程序才能推导并产生新的事实。

**5. 专用语言**

专用语言是用于解决特殊领域中特殊问题表示技术和解决方案的程序设计语言。

典型的特定领域语言包括正则表达式、层叠样式表（cascading style sheet，CSS）、SQL 查询语句、标记语言（如 HTML、XML）等。

还有一种典型的语言是脚本语言。脚本语言是一种嵌入在另一种语言中、可以控制应用程序的程序设计语言。脚本语言一般都是解释执行的，具有程序设计语言的基本特征，他们总是嵌入在他们将要控制的应用程序之中。例如，Firefox 是一个典型的浏览器应用程序，是由 C/C++ 编写的，该应用程序可以由 JavaScript 语言编写脚本程序来控制其某些行为。根据脚本语言的作用，可以把脚本语言分为作业控制脚本语言、GUI 脚本语言、Web 浏览器端脚本语言、Web 服务器端脚本语言、特定应用程序的脚本语言、文本处理脚本语言、嵌入式脚本语言、一般用途的脚本语言等。典型的 Web 服务器端脚本语言包括 ASP、ASP.NET、PHP、Perl、Python、Ruby 等。JavaScript 和 VBScript 都是典型的 Web 浏览器端脚本语言。

### 7.3.3 高级语言程序的执行

程序员的工作是写程序，然后将其转化为可执行（机器语言）程序。该过程分为以下几个步骤：编写和编辑程序，编译程序，用所需的库模块连接程序，执行程序。

**1. 编写和编辑程序**

用来编写程序的软件称为文本编译器。文本编译器可以帮助输入、替换及储存字符数据。使用系统中不同的文本编译器，可以写信、写报告或写程序。编写好程序后，将文件存盘。这个文件称为源文件，这时的程序称为源程序。

**2. 编译程序**

源程序必须翻译为机器语言，计算机才能理解。一般使用编译器来实现高级语言到机器语言的翻译。

编译器实际上是两个独立的程序：预处理程序和翻译程序。预处理程序读源代码，扫描预处理命令。预处理命令使预处理程序能够查询特殊代码库，在代码库中作替换并且在其他方面为代码翻译成机器语言做准备。当预处理程序为编译准备好代码后，翻译程序进行高级语言程序到机器语言程序的翻译工作。翻译的结果称为目标程序，以目标文件的形式存储。目标程序虽然是机器语言代码，但还是不能运行，因为还缺少程序运行需要的部分。

**3. 连接程序**

高级语言有许多的子程序。其中一些子程序是程序员编写的，并成为源程序的一部分。还有一些诸如输入/输出处理和数学库的子程序存在于别处，必须附加到目标程序中，这个过程称为连接。

**4. 执行程序**

一旦程序被连接好后，就可以执行了。为了执行程序可以使操作系统命令，将程序载入内存并执行。将程序载入内存是由操作系统的载入程序来完成的，它定位可执行程序，并将其读入内存。一切准备好后，控制被交给程序，然后开始执行。

在典型的程序执行过程中，程序读入来自用户或文件的数据进行处理。处理结束后，输出处理结果。数据可以输出至用户的显示器或文件中。程序执行完后，它告诉操作系统，操作系统将程序移出内存。

程序中的错误通常称为 bug，由早期在计算机中发现导致一个继电器失灵现象的蛾子而得名。消除程序中错误的过程称为调试（debug）。

程序错误的分类：

**1. 语法错误（syntax error）**

语法错误是指程序违反了编程语言的语法规则，比如遗漏了一个分号。编译器能捕捉特定类型的错误并在发现错误后输出一条错误消息（error message）。编译器有时只给一条警告消息（warning message），表示从技术角度说，代码没有违反编程语言的语法规则，但由于它出乎寻常，所以可能是一个错误。

**2. 运行时错误（runtime error）**

某些错误只有在程序运行是才会被计算机系统检测到，称为运行时错误。大多数计算机系统都能检测特定的运行时错误，并输出相应的错误消息。

许多运行时错误与数值计算有关。例如，假定计算机试图让一个数字除以 0，通常就会产生运行时错误。

**3. 逻辑错误（logic error）**

基本算法的错误或者将算法转换成高级语言时的错误称为逻辑错误。也就是说，即使编译器成功编译程序而且程序运行后没有产生运行时错误，也并不能保证程序是正确的。例如，将乘号“*”错误的写成了加号“+”，就属于逻辑错误。程序虽然能编译和正常运行，但答案是错误的。如果编译器成功编译了程序，也没有产生运行时错误，但程序的结果不正确，那么程序肯定存在逻辑错误，逻辑错误是最难诊断的一种错误。

为了测试一个新程序是否存在逻辑错误，应该使用几组有代表性的数据集来运行程序，检查程序在各种情况下的表现。如果程序通过了这些测试，表明程序对这些数据的运行结果是正确的，但这仍然不能保证程序是绝对正确的。用其他数据来运行时，它仍有可能表现异常。减少逻辑错误的最好办法就是防患于未然，编程时就应该非常仔细，这样能避免大多数错误。

### 7.3.4 C 语言简介

C 语言是在 20 世纪 70 年代初问世的，1978 年由美国电话电报公司（AT&T）贝尔实验室正式发表了 C 语言。早期的 C 语言主要是用于 UNIX 系统，由于 C 语言的强大功能和各方面的优点逐渐为人们认识。到了 20 世纪 80 年代，C 开始进入其他操作系统，并很快在各类大、中、小和微型计算机上得到了广泛的使用，成为当时最优秀的程序设计语言之一。

C 语言是一种结构化语言。它层次清晰，便于按模块化方式组织程序，易于调试和维护。C 语言的表现能力和处理能力极强。它不仅具有丰富的运算符和数据类型，便于实现各类复杂的数据结构。它还可以直接访问内存的物理地址，实现位一级的操作。由于 C 语言实现了对硬件的编程操作，因此 C 语言集高级语言和低级语言的功能于一体，既可用于系统软件的开发，也适合于应用软件的开发。

此外，C 语言还具有效率高，可移植性强等特点。因此广泛地移植到了各类型计算机上。本节简要介绍 C 语言的基本语法规则。

**1. 标识符**

程序设计语言中用来给变量、函数等对象命名的符号串称为标识符。不同的程序设计语言使用不同形式的标识符。

在 C 语言中，标识符由字母（大写字母 A 到 Z，小写字母 a 到 z）、数字（0 到 9）和下划线（_）组成的符号串，并且标识符的第一个字符只能是字母或下划线，不能是数字。例如，my_score、first_Number、n3、_ab，都是合法的标识符，而 3 m、A-B 就不是合法的标识符。

由于C语言的许多系统库函数里的标识符都以下划线开始，所以，一般不用下划线做标识符的第一个字符，以确保标识符命名不会和系统库函数名重复。为了便于记忆和理解，最好使用有确切含义的英文单词作为标识符。

在C语言中，if、while、for等具有特定含义的符号串不能作为标识符来使用，这样的符号串称为保留字。很多语言都有保留字，保留字不能用来给其他对象命名。

**2. 数据类型**

数据类型定义了一系列值及能应用于这些值的一系列操作。每种数据类型都有它的取值范围。例如，C语言的int类型的取值范围一般在−32 768到32 767之间。

在C语言中，数据类型可分为：基本数据类型，构造数据类型，指针类型，空类型四类。

基本数据类型最主要的特点是，其值不可以再分解为其他类型，包括整型、实型和字符型。

① 整型。整型是不包括小数部分的数。C语言有三种不同的整数类型：short int、int和long int。short int也可以写作short，long int也可以写作long。这几种整型数据的取值范围取决于编译器对其分配的存储长度。

② 字符型。字符型数据表示的是单个字符，这里所说的字符不单单指的是字母，而是指可用计算机的字母表表示的任何值。C语言使用美国标准信息交换码（ASCII码）。所有ASCII码表中的字符都可以作为C语言的字符型数据。

③ 实型。实型数据是指带小数部分的数字类型，如43.32。C语言有三种不同长度的实数类型：float、double和long double。和整型一样，这三种数据类型的取值范围取决于编译器对其分配的存储长度。

构造数据类型是根据已定义的一个或多个数据类型用构造的方法来定义的。也就是说，一个构造类型的值可以分解成若干个成员或元素。每个成员都是一个基本数据类型或又是一个构造类型。在C语言中，构造类型有以下几种：数组类型、结构类型、联合类型。

**3. 变量**

变量是指在程序执行的过程中可以更改的数据，变量对应内存中一段连续存储空间。在源代码中通过定义变量来申请并命名这样的存储空间，并通过变量的名字来使用这段存储空间，变量是程序中数据的临时存放场所。

我们知道，每个存储空间在计算机中都有一个地址。虽然计算机内部使用地址，但对程序员而言，使用地址却十分不方便，因为程序员不知道数据和程序放在内存的什么位置。名字，作为地址的替代，把程序员解放出来。

类型定义了变量所能表示的数据的范围以及定义了可分配给变量的字节数，C语言要求为变量定义类型。

（1）变量声明和定义

C要求在使用变量前先声明，声明就是给变量命名，定义则是生成变量并为该变量分配存储单元。当创建一个变量，声明是给它一个符号名称，定义是为它保留内存。一旦定义后，变量就用来表示程序中操作需要的数据。

变量类型可以是任何数据类型，如char、int或者float。创建一个变量需要指定它的类型和名称。例如下面的语句在C语言中可以用来声明并定义一个变量price。变量的名称是price，类型是 float（浮点数）。

```
float  price;
```

在这之后，计算机分配一些内存单元(大小由计算机系统决定)，并且把它们一起称为 price。注意，变量在这里被定义，但变量中还未存储任何值。

（2）变量初始化

C 语言允许变量在声明和定义时进行初始化。初始化语句用来给变量赋初值。变量定义后，对它初始化时，在变量名后放置赋值运算符（即等号），然后是初始化的值。初始化格式如下：

```
float price = 23.45;
```

### 4. 常量

常量是指在程序执行的过程中不能更改的数据。例如，一个程序员可能在程序里多次用到π的值。在程序中定义常量并在后面使用它将非常方便。在某些情况下常量的值可以改变，但不是每次程序运行都改变。例如，税率可能每年都改变，但在一年内它是固定的。程序员可以为税率定义一个常量，只需每年检查一下税率是否改变即可。

常量在程序中以下列三种方式出现：文字常量、命名常量、符号常量。

（1）文字常量

文字常量是在程序中使用的未命名的值。例如，下面的例子显示出了文字常量在 C 语言指令中的用法。值 2 是一个文字常量。length、width 和 circumference 是变量。

```
circumstance = 2 * length * width;
```

（2）命名常量

命名常量是存储在内存中的值，程序不能改变它的值。下面的例子给出了如何在 C 语言中定义一个命名常量：

```
const pi = 3.14;
```

（3）符号常量

符号常量是仅含有符号名称的值。编译器能够用值替换符号名。在大多数程序设计语言中，值不存储在内存中。符号常量要在程序的开始定义，以便能明显地看到。它用于常量偶尔改变数值的情况。下面的例子给出了 C 语言中如何定义符号常量：

```
#define  taxRate  0.0825
```

（4）常量和类型

和变量一样，常量也有类型。大多数程序设计语言使用整型、实型、字符型和字符串型常量。字符用单引号括起来，字符串则用双引号括起来。下面给出了 C 语言中不同类型的常量。

整型常量：23

实型常量：23.12

字符常量：'A'

字符串常量："Hello"

### 5. 输入和输出

几乎所有的程序都需要输入和输出数据。大多数程序设计语言使用预先定义好的函数完成输入和输出。

（1）输入

数据或者通过语句或者通过预先定义好的函数输入。C 语言有几个输入函数。例如，scanf 函数从键盘读取数据并把它存储在一个变量中。下面是一个输入例子：

```
scanf （" %d"，&number）；
```

%d 告诉程序需要输入一个整数。当程序执行该语句时，程序等待用户输入一个整数。用户输入一个整数并按 Enter 键后，输入的整数存储在变量 number 中。

（2）输出

C 语言有几个输出函数，printf 就是其中的一个，它把要输出的数据显示在显示器上。下面是使用 printf 函数输出数据的例子：

```
printf （"The value of the number is ：%d"，number）；
```

%d 告诉程序数据以整数的形式输出，它前面的字符串也同时输出。

**6. 运算符和表达式**

运算符是用来完成动作的特殊语法记号，包括算数运算符、关系运算符和逻辑运算符。

表达式是由一系列操作数和运算符构成的有意义的式子。例如 2 * 5 就是一个算数表达式，其中 2 和 5 是操作数，*是运算符。

（1）算数运算符和算数表达式

算术运算符：+（加）、–（减）、*（乘）、/（除）、%（求余）。

整数进行除法运算时，结果只取整数（商）部分，只有整数才能做求余运算。算数表达式中可以出现常量、变量和函数。

算数表达式：( –b + sqrt( b * b – 4 * a * c ) ) / ( 2 * a )

（2）关系运算符和关系表达式

关系运算符：>（大于）、>=（大于等于）、<（小于）、<=（小于等于）==（等于）!=（不等于）。

关系运算符用于表示两个数据的大小关系。关系表达式的结果是逻辑值，关系成立时结果为真，关系不成立时结果为假。

关系表达式：( b * b – 4 * a * c ) >= 0

（3）逻辑运算符和逻辑表达式

逻辑运算符：&&（与）、||（或）、!（非）。

逻辑运算的操作数是逻辑值（真或假），结果也是逻辑值。

设 A、B 为两个逻辑值，逻辑运算法则是：

① A&&B：A、B 同时为真时结果为真，其他情况结果为假。

② A||B：A、B 同时为假时结果为假，其他情况结果为真。

③ ！A：A 为真时结果为假，A 为假时结果为真。

逻辑表达式：( ( b * b – 4 * a * c ) >= 0 ) && ( a != 0 )

（4）赋值运算符和赋值表达式

赋值运算符：=。

赋值运算符用于在变量中存储值。

赋值表达式：number = 0

### 7. 语句

语句使程序执行相应的动作。它被直接翻译成一条或多条计算机可执行的指令。

（1）表达式语句

在一个表达式后面设置分号（;）后它便成为语句，称为表达式语句。C 语言看到分号时，它就会执行表达式并且计算。如果涉及赋值，则将值保存在变量中。如果不涉及赋值，值将被丢弃。下面是一些表达式语句的示例：

```
A++;
B = 4;
C = b + c * 4;
```

（2）复合语句

复合语句是包含 0 个或多个语句的代码单元，也被称为块。复合语句使得一组语句成为一个整体。复合语句一般包括一个左大括号、可选语句段以及一个右大括号。下面是一个复合语句的例子。

```
{
    X=1;
    Y=20;
}
```

（3）分支语句

分支语句用来实现选择结构。C 语言的分支语句有 if 语句和 switch 语句。

① if 语句

C 语言的 if 语句有两种形式：带 else 的 if 语句和不带 else 的 if 语句。下面给出两种形式的 if 语句的语法结构。

不带 else 的 if 语句的语法结构：

```
if (condition)
        statement;
```

带 else 的 if 语句的语法结构：

```
if (condition)
        statement1;
else
        statement2;
```

if 语句的执行过程：

对于不带 else 的 if 语句，condition 的值为真时，执行语句 statement，condition 的值为假时什么也不执行，即根据 condition 的值选择是否执行语句 statement；

对于带 else 的 if 语句，condition 的值为真时执行语句 statement1，condition 的值为假时执行语句 statement2，即根据 condition 的值选择是执行 statement1 还是 statement2。

if 语句内部的语句（statement、statement1 和 statement2）可以是单独的一条语句，也可以是复合语句。if语句内部的语句也是if语句时，称为if语句的嵌套。通过if语句的嵌套可以实现多分支选择。

② switch语句

C语言不但可以使用嵌套的语句来实现多分支选择，还提供了switch语句实现多分支选择。switch语句的语法结构：

```
switch（expression）
{
case condition_1: a set of statement;
case condition_2: a set of statement;
...
case condition_n: a set of statement;
default:          a set of statement;
}
```

switch语句的执行过程：

首先计算expression的值，若其值和condition_i相等，则转到condition_i后的语句开始执行。若和所有的condition_i都不相等，则转到default后的语句开始执行。

（4）循环语句

循环语句用来实现循环结构。C语言定义了3种类型的循环语句：while循环、for循环和do-while循环。

① while循环

while循环的语法结构：

```
while（condition）
statement;
```

while循环的执行过程：

首先计算condition的值，若为真，则执行语句statement，然后重新计算condition的值，开始下一次循环，直到condition的值为假时，循环结束。

被重复执行的语句statement称为循环体。循环体可以是一条语句，也可以是复合语句，还可以是循环语句。循环体是循环语句时，称为循环的嵌套，通过循环的嵌套可以实现多重循环。

② for循环

for循环的语法结构：

```
for（expression1; expression2; expression3）
statement;
```

for循环的执行过程：

首先计算expression1的值。然后计算expression2的值，若为真，则执行语句statement，然后计算expression3。计算完expression3后，重新计算expression2的值，开始下一次循环。直到expression2的值为假时，循环结束。

③ do-while 循环

do-while 的语法结构：

```
do
{
    statement;
}while（condition）
```

do-while 循环的执行过程：

首先执行语句 statement，然后计算 condition 的值。若 condition 的值为真，则转到 statement 语句重新执行，开始下一次循环。当 condition 的值为假时，结束循环。

do-while 循环和 while 的差别是测试循环条件的位置不同。while 循环在循环体执行之前测试循环条件，do-while 循环在循环体执行之后测循环条件。所以，当循环条件最开始就不成立时，while 循环一次也不执行，do-while 循环执行一次。

8. 函数

一个 C 语言程序就是由一个或几个函数组合而成的，其中有且仅有一个是主函数 main。程序的运行都是从主函数开始，也是由主函数结束。主函数可以调用其他函数来完成一些特定的任务。

在 C 语言中函数必须被声明和定义，函数的定义是相互独立的，一个函数可以调用另一个函数。C 语言里的函数（包括主函数 main）都是完成特定任务的独立模块。主函数由操作系统调用，其他函数则由主函数调用。当主函数运行结束，控制权便交还给操作系统。通常，函数接收 0 个或多个数据（参数），然后对它们进行处理，并至多返回一个数据。下面的程序由 main 函数和 max 函数组成。

```
/*A example of C program*/
#include "stdio.h"
int max(int, int );                                   /*函数声明*/
main()
{
int first_number, secondNumber, largerNumber;
printf("input two numbers:\n");
scanf("%d%d", &firstNumber, &secondNumber);
largerNumber = max(firstNumber, secondNumber);        /*函数调用*/
printf("maxmum=%d", largerNumber);
}

int max(int a,int b)                                  /*函数定义*/
{
if(a>b)
return a;
else
return b;
}
```

（1）函数声明

函数在调用之前应进行声明。函数声明是一种原型声明，即只需指出函数的返回值类型、函数的名、参数的个数及参数的类型。

上例中函数声明语句：int　max ( int，int );

（2）函数定义

函数定义一般包括两部分：函数头和函数体。

函数头：函数头包括返回类型、函数名称和形式参数列表三部分。

函数体：函数体包括说明语句以及可执行语句。函数体开头一般是变量定义，用来指定在函数中需要用到的变量，在变量定义之后是可执行语句。函数一般以 return（返回）语句结束。如果函数的返回值为空类型（void），那么可以没有 return 语句。

（3）函数调用

函数之间是通过调用关系相互联系的。参见上面的例子，函数调用的形式包括函数名和实参。实参是用来表示那些送往调用函数的值。它与函数的形参类型相匹配并且与形参表顺序一致。如果有多个实参，用逗号隔开。

（4）传递参数

实参的数据送给形参的过程叫做参数传递。C 语言中，参数传递有两种方法：按值传递和按引用传递。

① 按值传递：当按值传递时，实参被复制并置于被调函数中的本地变量中。这种传递数据的方式能够确保不管在被调函数中怎样操作并改变数据，在主调函数中的原始数据都是安全且未发生变化的。

② 按引用传递：按引用传递是将实参的地址而不是变量值传递给被调函数。此时，在被调用函数中对参数的改变就会引起实参的改变。当需要改变主调函数中的实参变量的内容时，就必须使用该方法。

## 7.4 数据结构

现实世界中的问题是用数据来描述的，现实世界中的问题类型有很多种，描述现实世界问题的数据模型也有很多种。数据是数字化的信息，它是计算机可以直接处理的最基本和最重要的对象。无论是进行科学计算或数据处理、过程控制以及对文件的存储和检索及数据库技术等计算机应用领域中，都是对数据进行加工处理的过程。因此，要设计出一个结构好效率高的程序，必须研究数据的特性及数据间的相互关系及其对应的存储表示，并利用这些特性和关系设计出相应的算法和程序。

### 7.4.1 数据结构的基本概念和术语

数据：是对信息的一种符号表示。在计算机科学中是指所有能输入到计算机中并被计算机程序处理的符号（如数字、字符、图像、声音等）的总称。

数据元素：是数据的基本单位，在计算机程序中通常作为一个整体进行考虑和处理。

有时，一个数据元素可由若干个数据项组成。例如，在图书馆的图书管理问题中，一本图书的描述数据由书号、书名、作者名、状态等组成，一本书的这些数据在输入或输出时必须作为一个整体进行，所以这个问题的数据元素就由书号、书名、作者名、状态等数据组成。书号、书名、作者名、状态等称为数据元素的数据项。数据项是数据不可分割的最小单位。

数据对象：是性质相同的数据元素的集合，是数据的一个子集。在某个具体问题中，数据元素都具有相同的性质，属于同一数据对象。

数据结构：是相互之间存在一种或多种特定关系的数据元素的集合。在任何问题中，数据元素之间都不会是孤立的，在它们之间都存在着这样或那样的关系，这种数据元素之间的关系称为数据结构。

在许多类型的程序设计中，数据结构的选择是一个基本的考虑因素。许多大型系统的构造经验表明，系统实现的困难程度和系统构造的质量都依赖于是否选择了最优的数据结构。许多时候，确定了数据结构后，算法就容易得到了。有些时候事情也会反过来，我们根据特定算法来选择数据结构与之适应。不论哪种情况，选择合适的数据结构都是非常重要的。

数据结构包括数据的逻辑结构和数据的存储结构。

对数据元素间逻辑关系的描述称为数据的逻辑结构。数据的逻辑结构是对具体问题中数据间关系的抽象，它与数据的存储无关。

在图书馆的图书管理问题中，图书数据的组织模型为线性表。在线性表中，每个数据元素只有一个唯一的前驱数据元素和一个唯一的后继数据元素。线性表是一种最简单的数据结构模型。由于这样的数据模型是从逻辑概念上考虑的数据模型，所以这样的数据模型称为数据的逻辑结构。图书数据的逻辑结构如下所示：

（book1，book2，…，book*n*）

数据必须在计算机内存储，数据的存储结构是数据结构的实现形式，是其在计算机内的表示。数据结构在计算机中的表示（映像）称为数据的存储结构，也称物理结构。它所研究的是数据结构在计算机中的实现方法，包括数据结构中元素的表示及元素间关系的表示。

对于图书信息表，可以用一个数值足够大的数组来具体存放。图 7-7 是用数组存储的图书信息表。其中，最后一列数值为 0 表示“未借出状态”，数值为 1 表示“已借出状态”。该数组存放在内存中一段地址连续的存储单元中。

| TP316/450 | 计算机操作系统 | 孔宪军 | 0 |
|---|---|---|---|
| TP316/458 | 数据结构 | 严蔚敏 | 1 |
| … | … | … | … |
| TP316/620 | 计算机科学导论 | 刘艺 | 1 |

图 7-7　用数组存储的图书信息表

在图 7-7 中，图书信息表中的数据元素是按逻辑次序在内存中连续存放的，即逻辑意义上在前面的数据元素存放在数组的前面位置，逻辑意义上在后面的数据元素存放在数组的后面位置。由于用数组方式存储的存储结构在内存中是顺序的，所以这种存储结构称为顺序存储结构。

对于图书信息表，还可以用链接的方式在计算机中存储，链接方式图书信息表的存储如图 7-8 所示。其中，箭头（指针）指示出下一个数据元素在内存中的存储位置，符号“^”表示链接到此结束。

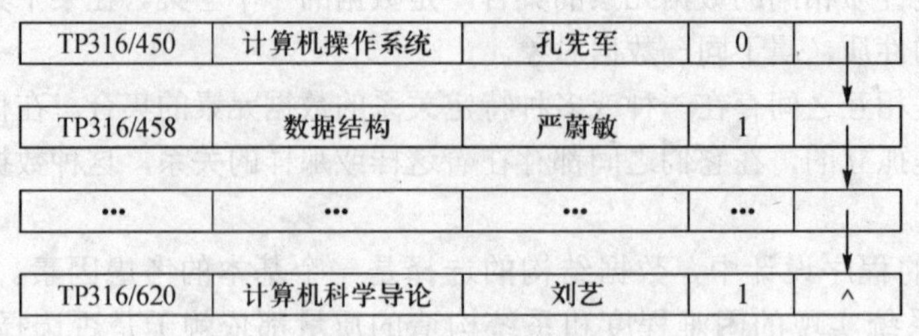


图 7-8　链式存储结构

图书信息表的链接方式存储简称链表。链表中的一个数据元素和相应的指针组成一个结点。在链表中，数据元素的逻辑次序是靠指针来实现的。链表中每个结点在内存中的存储位置由操作系统根据当前运行的计算机的内存使用情况临时分配。

在链接方式存储的图书信息表中，数据元素并不是按其逻辑次序顺序存放的，而是靠指针来指示下一个数据元素的存储单元地址，这种存储结构称为链式存储结构。

## 7.4.2　抽象数据类型

数据类型是和数据结构密切相关的一个概念。它最早出现在高级程序设计语言中，用以刻画程序中操作对象的特性。在用高级语言编写的程序中，每个变量、常量或表达式都有一个确定的数据类型。

数据类型显式地或隐含地规定了在程序执行期间变量或表达式所有可能的取值范围，以及在这些值上允许进行的操作。因此，数据类型是一个值的集合和定义在这个值集上的一组操作的总称。

在高级程序设计语言中，数据类型可分为两类：一类是原子类型，另一类则是结构类型。原子类型的值是不可分解的。如 C 语言中整型、字符型、浮点型、双精度型等基本类型。而结构类型的值是由若干成分按某种结构组成的，它的成分可以是非结构的，也可以是结构的。例如，数组的值由若干分量组成，每个分量可以是整数，也可以是数组等。

抽象数据类型是指一个值的集合以及定义在此集合上的一组操作。抽象数据类型需要通过固有数据类型（高级编程语言中已实现的数据类型）来实现。抽象数据类型是与表示无关的数据类型，是一个数据模型及定义在该模型上的一组运算。

对一个抽象数据类型进行定义时，必须给出它的名字及各运算的运算符名即函数名，并且规定这些函数的参数性质。一旦定义了一个抽象数据类型及具体实现，程序设计中就可以像使用基本数据类型那样，方便地使用抽象数据类型。

抽象数据类型和数据类型实质上是一个概念。例如，各种计算机都拥有的整数类型也可以看成是一个抽象数据类型，尽管它们在不同处理器上的实现方法可以不同，但由于其定义的数学特性相同，在用户看来都是相同的。因此，“抽象”的意义在于数据类型的数学抽象特性。抽象数据类型不局限于已定义并实现的数据类型，还包括用户自己定义的数据类型。

抽象数据类型的描述包括给出抽象数据类型的名称、数据的集合、数据之间的关系和操作的集合等方面的描述。抽象数据类型的设计者根据这些描述给出操作的具体实现，抽象数据类型的使用者依据这些描述使用抽象数据类型。

抽象数据类型描述的一般形式如下：

```
ADT 抽象数据类型名称 {
    数据对象：
        …
    数据关系：
        …
    操作集合：
        操作 1;
        …
        操作 n;
}ADT 抽象数据类型名称
```

## 7.4.3 基本数据结构

数据结构是指同一数据元素类中各数据元素之间存在的关系。数据结构分别为逻辑结构、存储结构（物理结构）和数据的运算。数据的逻辑结构是对数据之间关系的描述，有时就把逻辑结构简称为数据结构。

四类基本结构：集合结构、线性结构、树状结构、图状结构（网状结构），如图 7-9 所示。树状结构和图状结构统称为非线性结构。

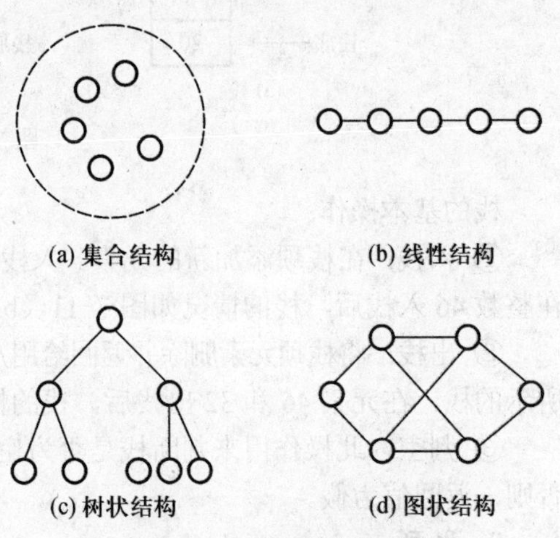

图 7-9　四类基本数据结构

集合结构中的数据元素除了同属于一种类型外，无其他关系。线性结构中元素之间存在一对一关系，树状结构中元素之间存在一对多关系，图状结构中元素之间存在多对多关系。在图状结构中每个结点的前驱结点数和后续结点数可以任意多。

### 1. 线性表

线性表是最简单、最常用的一种数据结构。一个线性表的是 $n$ 个数据元素的有限序列。除第一个元素外，每个元素都有唯一一个前驱元素，除最后一个元素外，每个元素都有唯一一个后继元素。同一线性表中的元素必须具有相同的特性。例如，5 个整数的线性表如图 7-10（a）所示。

线性表的基本操作：

① 插入：将一个元素插入到线性表中。例如在 7-10（a）所示的线性表中，将整数 46 插

入到上第 2 个元素（8）和第 3 个元素（32）之间后的线性表如图 7-10（b）所示。

② 删除：将线性表中指定的元素删除。例如在 7-10（b）所示的线性表中，将第 4 个元素（32）删除后的线性表如图 7-10（c）所示。

③ 查找：使用查找算法，查找给定值是否在线性表中存在。若存在则给出其位置，若不存在则给出未找到的信息。

④ 遍历：对表中的所有元素进行逐一处理的操作。通常使用循环，从第一个元素开始，从前向后逐一对线性表中的元素进行操作。也可以从最后一个元素开始，从后向前进行。

| 1 | 2 | 3 | 4 | 5 |
|---|---|---|---|---|
| 20 | 8 | 32 | 45 | 38 |

(a) 线性表

| 1 | 2 | 3 | 4 | 5 | 6 |
|---|---|---|---|---|---|
| 20 | 8 | 46 | 32 | 45 | 38 |

(b) 插入46后

| 1 | 2 | 3 | 4 | 5 |
|---|---|---|---|---|
| 20 | 8 | 46 | 45 | 38 |

(c) 删除32后

图 7-10　线性表的操作

2. 栈

栈是一种操作受限的线性表，限制在表的一端进行插入和删除操作。插入、删除的一端称为栈顶，另一端称为栈底，不含数据元素的栈称为空栈。

栈是一种后进先出（LIFO）的线性表。图 7-11（a）是一个栈的例子。

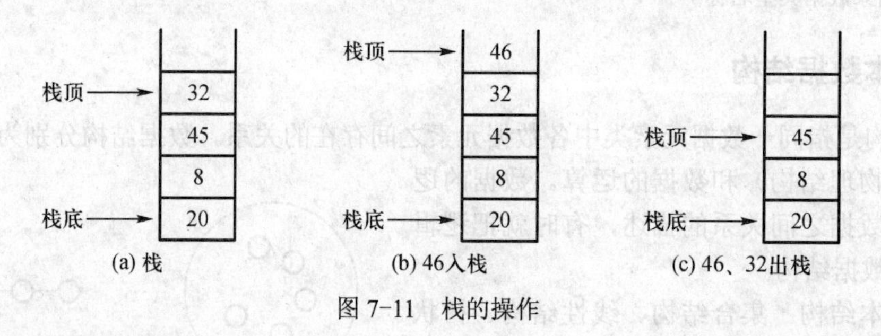


图 7-11　栈的操作

栈的基本操作：

① 入栈：在栈顶添加新的元素。入栈后，新的元素成为栈顶元素。图 7-11（a）所示的栈，在整数 46 入栈后，栈的情况如图 7-11（b）所示。

② 出栈：将栈顶元素删除并返回给用户。最后一个元素删除后，栈处于空状态。图 7-11（b）所示的栈，在元素 46 和 32 出栈后，栈的情况如图 7-11（c）所示。

③ 判空：此操作用来判断栈是否为空，没有元素的栈称为空栈。栈为空时，返回值为真，否则，返回值为假。

3. 队列

队列也是一种操作受限的线性表。它允许在表的一端进行插入，而在另一端进行删除操作。允许插入的一端称为队尾，允许删除的一端称为队头。队列是一种先进先出（FIFO）的线性表。图 7-12（a）是一个队列的例子。

队列的基本操作：

① 入队：队列的插入操作称为入队。在新元素插入队列后，新元素成为队尾。对于图 7-12（a）中的队列，46 入队后的队列如图 7-12（b）所示。

② 出队：队列的删除操作称为出队。队头的数据元素从队列中移出，然后返回给用户。

最后一个元素出队后，队列处于空状态。对于 7-12（b）中的队列，20 出队后的队列如图 7-12（c）所示。

③ 判空：判断队列是否为空，没有元素的队列称为空队列。如果队列为空，则返回值为真，否则返回值为假。

图 7-12　队列的操作

**4. 树与二叉树**

树状结构是一类重要的非线性数据结构，直观地看来，树是以分支关系定义的层次结构。树状结构在客观世界中广泛存在，如人类社会的族谱和各种社会组织都可以用树来形象地表示。树作为一种有效的数据结构被广泛地应用于计算机科学领域中，主要用于大型动态列表的搜索，以及各种不同的应用程序如人工智能系统和编码算法。

树是 $n$（$n \geqslant 0$）个节点的有限集 $T$，在任意一棵非空树中：

① 有且仅有一个特定的称为根的结点；

② 当 $n>1$ 时，其余的结点可分为 $m$（$m \geqslant 0$）个互不相交的有限集合 $T_1$，$T_2$，…，$T_m$，其中每个子集都是一棵树，并称其为子树。

如图 7-13 所示的一棵树，$A$ 是根结点，在树中结点拥有的子树的数目称为该结点的度，例如 $A$ 的度为 3。度为 0 的结点称为叶子，树中 $J$、$K$、$G$、$L$、$I$ 都是叶子，$B$、$C$、$D$ 是 $A$ 的孩子，$A$ 是 $B$、$C$、$D$ 的双亲。同层结点称为兄弟，$B$、$C$、$D$ 是兄弟。

如果一棵树的每个结点至多只有两棵子树，且有左右之分，称该树为二叉树。多棵树的集合称为森林。树、森林、二叉树之间可以互相转换。树和二叉树的操作请参阅数据结构相关书籍。

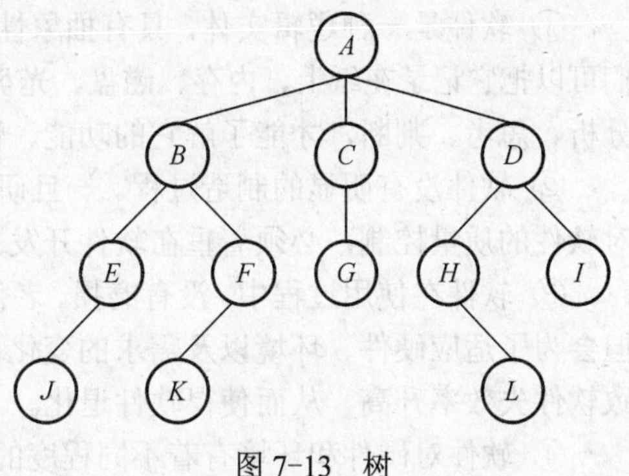


图 7-13　树

**5. 图**

图是一种较线性表和树更为复杂的数据结构，可以把树看成是简单的图。图的应用极为广泛，在语言学、逻辑学、人工智能、数学、物理、化学、计算机领域以及各种工程学科中有着广泛的应用。

图是由顶点集 $V$ 和边集 $E$ 构成，记作：$G=(V, E)$。

其中 $V$ 是图中顶点的非空有穷集合，$E$ 是两个顶点之间关系的集合，它是顶点的有序或无序对，记作$<v_i, v_j>$。如图 7-14 所示，它由顶点的集合和边的集合构成。顶点集 $V=\{A, B, C,$

$D, E, F\}$，边的集合 $E=\{(A, B), (A, C), (A, D), (B, E), (C, E), (C, F), (D, F), (E, F)\}$。若图中每条边都是有向边，则称 $G$ 为有向图，否则称为无向图。图 7-14 是无向图。图的操作请参阅数据结构相关书籍。

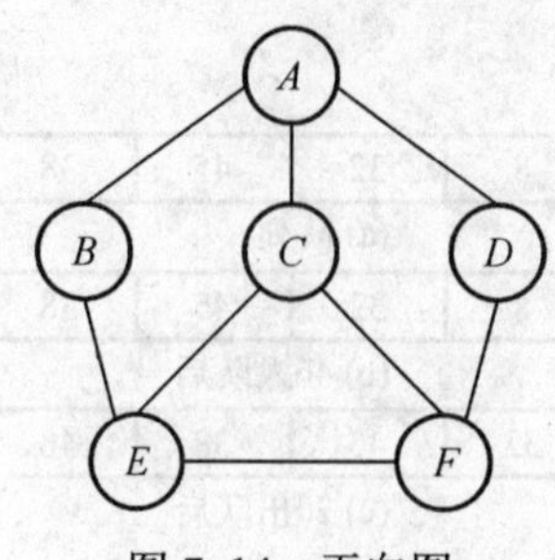


图 7-14　无向图

# 7.5 软件工程

## 7.5.1 软件与软件工程

### 1. 软件及其特性

软件是计算机系统中与硬件相互依存的另一部分，它包括程序、相关数据及其说明文档。程序是按照事先设计的功能和性能要求执行的指令序列；数据是程序能正常操纵信息的数据结构；文档是与程序开发维护和使用有关的各种图文资料。

软件同传统的工业产品相比，有其特性：

① 软件是一种逻辑实体，具有抽象性。这个特点使它与其他工程对象有着明显的差异。人们可以把它记录在纸上、内存、磁盘、光盘上，但却无法看到软件本身的形态，必须通过观察、分析、思考、判断，才能了解它的功能、性能等特性。

② 软件没有明显的制造过程。一旦研制开发成功，就可以大量拷贝同一内容的副本。所以对软件的质量控制，必须着重在软件开发方面下工夫。

③ 软件在使用过程中，没有磨损、老化的问题。软件在生存周期后期不会因为磨损而老化，但会为了适应硬件、环境以及需求的变化而进行修改，而这些修改又不可避免的引入错误，导致软件失效率升高，从而使得软件退化。当修改的成本变得难以接受时，软件就被抛弃。

④ 软件对硬件和环境有着不同程度的依赖性。这导致了软件移植的问题。

⑤ 软件的开发至今尚未完全摆脱手工作坊式的开发方式，生产效率低。

⑥ 软件是复杂的，而且以后会更加复杂。软件是人类有史以来生产的复杂度最高的工业产品。软件涉及人类社会的方方面面，软件开发常常涉及其他领域的专业知识，这对软件工程师提出了很高的要求。

⑦ 软件的成本相当昂贵。软件开发需要投入大量、高强度的脑力劳动，成本非常高，风险也大。现在软件的开销已大大超过了硬件的开销。

⑧ 软件工作牵涉很多社会因素。许多软件的开发和运行涉及机构、体制和管理方式等问题，

还会涉及人们的观念和心理。这些人的因素，常常成为软件开发的困难所在，直接影响到项目的成败。

#### 2. 软件危机

软件危机指的是在计算机软件的开发和维护过程中所遇到的一系列严重问题。

1968 年北大西洋公约组织的计算机科学家在联邦德国召开的国际学术会议上第一次提出了“软件危机”这个名词。

概括来说，软件危机包含两方面问题：

① 如何开发软件，以满足不断增长和日趋复杂的需求。

② 如何维护数量不断膨胀的软件产品。

具体地说，软件危机主要有以下表现：

① 对软件开发成本和进度的估计常常不准确。开发成本超出预算，实际进度比预定计划一再拖延的现象并不罕见。

② 用户对已完成系统不满意的现象经常发生。

③ 软件产品的质量往往靠不住，漏洞一大堆，补丁一个接一个。

④ 软件的可维护程度非常低。

⑤ 软件通常没有适当的文档资料。

⑥ 软件的成本不断提高。

⑦ 软件开发生产率的提高赶不上硬件的发展和人们需求的增长。

软件危机的原因，一方面是与软件本身的特点有关；另一方面与软件开发和维护的方法不正确有关。软件开发和维护的不正确方法主要表现为忽视软件开发前期的需求分析；开发过程没有统一的、规范的方法论的指导，文档资料不齐全，忽视人与人的交流；忽视测试阶段的工作，交付给用户的软件质量差；轻视软件的维护。这些大多数都是软件开发过程管理上的问题。

#### 3. 软件工程

1968 年秋季，北约的科技委员会召集了近 50 名一流的编程人员、计算机科学家和工业界巨头，讨论和制定摆脱“软件危机”的对策。在那次会议上第一次提出了软件工程（software engineering）的概念。

软件工程是一门研究如何用系统化、规范化、数量化等工程原则和方法去进行软件的开发和维护的学科。软件工程包括两方面内容：软件开发技术和软件项目管理。软件开发技术包括软件开发方法学、软件工具和软件工程环境。软件项目管理包括软件度量、项目估算、进度控制、人员组织、配置管理、项目计划等。

### 7.5.2 软件工程的基本原理

著名的软件工程专家 B. W. Boehm 综合这些学者们的意见并总结了 TRW 公司多年开发软件的经验，提出了软件工程的 7 条基本原理。

#### 1. 用分阶段的生命周期计划严格管理

有人经统计发现，在不成功的软件项目中有一半左右是由于计划不周造成的，可见把建立完善的计划作为第一条基本原理是吸取了前人的教训而提出来的。

在软件开发与维护的漫长的生命周期中，需要完成许多性质各异的工作。这条基本原理意味着，应该把软件生命周期划分成若干个阶段，并相应地制定出切实可行的计划，然后严格按照计划对软件的开发与维护工作进行管理。

不同层次的管理人员都必须严格按照计划各尽其职地管理软件开发与维护工作，绝不能受客户或上级人员的影响而擅自背离预定计划。

**2. 坚持进行阶段评审**

当时已经认识到，软件的质量保证工作不能等到编码阶段结束之后再进行。这样说至少有两个理由：第一，大部分错误是在编码之前造成的，例如，根据Boehm等人的统计，设计错误占软件错误的63%，编码错误仅占37%；第二，错误发现与改正得越晚，所需付出的代价也越高。因此，在每个阶段都进行严格的评审，以便尽早发现在软件开发过程中所犯的错误，是一条必须遵循的重要原则。

**3. 实行严格的产品控制**

在软件开发过程中不应随意改变需求，因为改变一项需求往往需要付出较高的代价。但是，在软件开发过程中改变需求又是难免的，只能依靠科学的产品控制技术来顺应这种要求。也就是说，当改变需求时，为了保持软件各个配置成分的一致性，必须实行严格的产品控制，其中主要是实行基准配置管理。所谓基准配置又称为基线配置，它们是经过阶段评审后的软件配置成分（各个阶段产生的文档或程序代码）。基准配置管理也称为变动控制：一切有关修改软件的建议，特别是涉及对基准配置的修改建议，都必须按照严格的规程进行评审，获得批准以后才能实施修改。绝对不能谁想修改软件（包括尚在开发过程中的软件），就随意进行修改。

**4. 采用现代程序设计技术**

从提出软件工程的概念开始，人们一直把主要精力用于研究各种新的程序设计技术，并进一步研究各种先进的软件开发与维护技术。实践表明，采用先进的技术不仅可以提高软件开发和维护的效率，而且可以提高软件产品的质量。

**5. 结果应能清楚地审查**

软件产品不同于一般的物理产品，它是看不见摸不着的逻辑产品。软件开发人员（或开发小组）的工作进展情况可见性差，难以准确度量，从而使得软件产品的开发过程比一般产品的开发过程更难于评价和管理。为了提高软件开发过程的可见性，更好地进行管理，应该根据软件开发项目的总目标及完成期限，规定开发组织的责任和产品标准，从而使得所得到的结果能够清楚地审查。

**6. 开发小组的人员应该少而精**

这条基本原理的含义是，软件开发小组的组成人员的素质应该好，而人数则不宜过多。开发小组人员的素质和数量是影响软件产品质量和开发效率的重要因素。素质高的人员的开发效率比素质低的人员的开发效率可能高几倍至几十倍，而且素质高的人员所开发的软件中的错误明显少于素质低的人员所开发的软件中的错误。此外，随着开发小组人员数目的增加，因为交流情况讨论问题而造成的通信开销也急剧增加。当开发小组人员数为$N$时，可能的通信路径有$N(N-1)/2$条，可见随着人数$N$的增大，通信开销将急剧增加。因此，组成少而精的开发小组是软件工程的一条基本原理。

7. **承认不断改进软件工程实践的必要性**

遵循上述 6 条基本原理，就能够按照当代软件工程基本原理实现软件的工程化生产，但是，仅有上述 6 条原理并不能保证软件开发与维护的过程能赶上时代前进的步伐，能跟上技术的不断进步。因此，Boehm 提出应把承认不断改进软件工程实践的必要性作为软件工程的第 7 条基本原理。按照这条原理，不仅要积极主动地采纳新的软件技术，而且要注意不断总结经验，例如，收集进度和资源耗费数据，收集出错类型和问题报告数据等。这些数据不仅可以用来评价新的软件技术的效果，而且可以用来指明必须着重开发的软件工具和应该优先研究的技术。

## 7.5.3 软件生命周期

概括地说，软件生命周期由软件定义、软件开发和运行维护 3 个时期组成，每个时期又进一步划分成若干个阶段。

软件定义时期的任务是：确定软件开发工程必须完成的总目标，确定工程的可行性，导出实现工程目标应该采用的策略及系统必须完成的功能，估计完成该项工程需要的资源和成本，并且制定工程进度表。这个时期的工作通常又称为系统分析，由系统分析员负责完成。软件定义时期通常进一步划分成 3 个阶段，即问题定义、可行性研究和需求分析。

开发时期具体设计和实现在前一个时期定义的软件，它通常由下述 4 个阶段组成：总体设计、详细设计、编码和单元测试，综合测试。其中前两个阶段又称为系统设计，后两个阶段又称为系统实现。

维护时期的主要任务是使软件持久地满足用户的需要。具体地说，当软件在使用过程中发现错误时，应该加以改正；当环境改变时，应该修改软件以适应新的环境；当用户有新要求时，应该及时改进软件以满足用户的新需要。通常对维护时期不再进一步划分阶段，但是每一次维护活动本质上都是一次压缩和简化了的定义和开发过程。

下面扼要介绍软件生命周期每个阶段的基本任务。

1. **问题定义**

问题定义阶段必须回答的关键问题是：“要解决的问题是什么？”如果不知道问题是什么就试图解决这个问题，显然是盲目的，只会白白浪费时间和金钱，最终得出的结果很可能是毫无意义的。尽管确切地定义问题的必要性是十分明显的，但是在实践中它却可能是最容易被忽视的一个步骤。

通过对客户的访问调查，系统分析员扼要地写出关于问题性质、工程目标和工程规模的书面报告，经过讨论和必要的修改之后这份报告应该得到客户的确认。

2. **可行性研究**

这个阶段要回答的关键问题是：“对于上一个阶段所确定的问题有行得通的解决办法吗？”为了回答这个问题，系统分析员需要进行一次大大压缩和简化了的系统分析和设计过程，也就是在较抽象的高层次上进行的分析和设计过程。可行性研究应该比较简短，这个阶段的任务不是具体解决问题，而是研究问题的范围，探索这个问题是否值得去解，是否有可行的解决办法。

可行性研究的结果是使用部门负责人作出是否继续进行这项工程的决定的重要依据，一般说来，只有投资可能取得较大效益的那些工程项目才值得继续进行下去。可行性研究以后的那些阶段将需要投入更多的人力物力。及时终止不值得投资的工程项目，可以避免更大的浪费。

### 3. 需求分析

这个阶段的任务仍然不是具体地解决问题，而是准确地确定“为了解决这个问题，目标系统必须做什么”，主要是确定目标系统必须具备哪些功能。

用户了解他们所面对的问题，知道必须做什么，但是通常不能完整准确地表达出他们的要求，更不知道怎样利用计算机解决他们的问题；软件开发人员知道怎样用软件满足人们的要求，但是对特定用户的具体要求并不完全清楚。因此，系统分析员在需求分析阶段必须和用户密切配合，充分交流信息，以得出经过用户确认的系统逻辑模型。通常用数据流图、数据字典和简要的算法表示系统的逻辑模型。

在需求分析阶段确定的系统逻辑模型是以后设计和实现目标系统的基础，因此必须准确完整地体现用户的要求。这个阶段的一项重要任务，是用正式文档准确地记录对目标系统的需求，这份文档通常称为规格说明书。

### 4. 总体设计

这个阶段必须回答的关键问题是：“概括地说，应该怎样实现目标系统？”总体设计又称为概要设计。

首先，应该设计出实现目标系统的几种可能的方案。通常至少应该设计出低成本、中等成本和高成本 3 种方案。软件工程师应该用适当的表达工具描述每种方案，分析每种方案的优缺点，并在充分权衡各种方案的利弊的基础上，推荐一个最佳方案。此外，还应该制定出实现最佳方案的详细计划。如果客户接受所推荐的方案，则应该进一步完成下述的另一项主要任务。

上述设计工作确定了解决问题的策略及目标系统中应包含的程序，但是，怎样设计这些程序呢？软件设计的一条基本原理就是，程序应该模块化，也就是说，一个程序应该由若干个规模适中的模块按合理的层次结构组织而成。因此，总体设计的另一项主要任务就是设计程序的体系结构，也就是确定程序由哪些模块组成以及模块间的关系。

### 5. 详细设计

总体设计阶段以比较抽象概括的方式提出了解决问题的办法。详细设计阶段的任务就是把解法具体化，也就是回答下面这个关键问题：“应该怎样具体地实现这个系统呢？”

这个阶段的任务还不是编写程序，而是设计出程序的详细规格说明。这种规格说明的作用很类似于其他工程领域中工程师经常使用的工程蓝图，它们应该包含必要的细节，程序员可以根据它们写出实际的程序代码。

详细设计也称为模块设计，在这个阶段将详细地设计每个模块，确定实现模块功能所需要的算法和数据结构。

### 6. 编码和单元测试

这个阶段的关键任务是写出正确的容易理解、容易维护的程序模块。

程序员应该根据目标系统的性质和实际环境，选取一种适当的高级程序设计语言（必要时用汇编语言），把详细设计的结果翻译成用选定的语言书写的程序，并且仔细测试编写出的每一个模块。

7. **综合测试**

这个阶段的关键任务是通过各种类型的测试（及相应的调试）使软件达到预定的要求。

最基本的测试是集成测试和验收测试。所谓集成测试是根据设计的软件结构，把经过单元测试检验的模块按某种选定的策略装配起来，在装配过程中对程序进行必要的测试。所谓验收测试则是按照规格说明书的规定（通常在需求分析阶段确定），由用户（或在用户积极参加下）对目标系统进行验收。必要时还可以再通过现场测试或平行运行等方法对目标系统进一步测试检验。

为了使用户能够积极参加验收测试，并且在系统投入生产性运行以后能够正确有效地使用，通常需要以正式的或非正式的方式对用户进行培训。

通过对软件测试结果的分析可以预测软件的可靠性；反之，根据对软件可靠性的要求，也可以决定测试和调试过程什么时候可以结束。

应该用正式的文档资料把测试计划、详细测试方案以及实际测试结果保存下来，作为软件配置的一个组成部分。

8. **软件维护**

维护阶段的关键任务是：通过各种必要的维护活动使系统持久地满足用户的需要。

通常有 4 类维护活动：改正性维护，也就是诊断和改正在使用过程中发现的软件错误；适应性维护，即修改软件以适应环境的变化；完善性维护，即根据用户的要求改进或扩充软件使它更完善；预防性维护，即修改软件为将来的维护活动预先做准备。

虽然没有把维护阶段进一步划分成更小的阶段，但是实际上每一项维护活动都应该经过提出维护要求（或报告问题），分析维护要求，提出维护方案，审批维护方案，确定维护计划，修改软件设计，修改程序，测试程序，复查验收等一系列步骤，因此实质上是经历了一次压缩和简化了的软件定义和开发的全过程。每一项维护活动都应该准确地记录下来，作为正式的文档资料加以保存。

以上根据应该完成的任务的性质，把软件生命周期划分成 8 个阶段。在实际从事软件开发工作时，软件规模、种类、开发环境及开发时使用的技术方法等因素，都影响阶段的划分。事实上，承担的软件项目不同，应该完成的任务也有差异，没有一个适用于所有软件项目的任务集合。适用于大型复杂项目的任务集合，对于小型简单项目而言往往就过于复杂了。

## 7.6 本章小结

程序设计划分为两个阶段，即问题求解阶段和实现阶段。问题求解阶段的主要任务是得到解决问题的一个算法。实现阶段的任务是将算法转换为高级语言程序。

算法是解决问题的基本方法，是一系列清晰准确的指令。算法具有有穷性、确定性、可行性，一个算法具有 0 个或多个输入，具有一个或多个输出。算法的三种基本结构是：顺序结构、选择结构和循环结构。算法可以用自然语言、流程图、伪代码等多种方式表示。本章介绍了求和、乘积、求最大值（最小值）、排序和查找等常见的几种基本算法。

程序是指计算机可以直接或间接执行的指令的集合，要编写程序就必须使用计算机语言。

程序设计语言是一组用来定义计算机程序的语法规则。一种计算机语言能够准确地定义计算机所需要使用的数据，并精确地定义在不同情况下所应当采取的行动。本章介绍了程序设计语言的发展、分类、执行和C语言的基本语法。

数据结构是相互之间存在一种或多种特定关系的数据元素的集合。在任何问题中，数据元素之间都不会是孤立的，在它们之间都存在着这样或那样的关系，这种数据元素之间的关系称为结构。数据结构包括数据的逻辑结构和数据的存储结构。对数据元素间逻辑关系的描述称为数据的逻辑结构。数据的逻辑结构是对具体问题中数据间关系的抽象，它与数据的存储无关。数据必须在计算机内存储，数据的存储结构是数据结构的实现形式，是其在计算机内的表示。数据结构在计算机中的表示（映像）称为数据的存储结构，也称物理结构。数据的存储结构可采用顺序存储结构或链式存储结构。顺序存储结构是把逻辑上相邻的元素存储在物理位置相邻的存储单元中。顺序存储结构是一种最基本的存储表示方法，通常借助于程序设计语言中的数组来实现。链式存储结构对逻辑上相邻的元素不要求其物理位置相邻，元素间的逻辑关系通过附加的指针字段来表示，链式存储结构通常借助于程序设计语言中的结构和指针类型来实现。抽象数据类型是指一个数学模型以及定义在此数学模型上的一组操作。本章简要介绍了线性表、栈、队列、树和图等基本数据结构。

软件是计算机系统中与硬件相互依存的另一部分，它包括程序、相关数据及其说明文档。软件同传统的工业产品相比，有其独特性。软件危机指的是在计算机软件的开发和维护过程中所遇到的一系列严重问题。软件危机一方面是与软件本身的特点有关，另一方面与软件开发和维护的方法不正确有关。软件工程是一门研究如何用系统化、规范化、数量化等工程原则和方法去进行软件的开发和维护的学科。软件工程包括两方面内容：软件开发技术和软件项目管理。软件开发技术包括软件开发方法学、软件工具和软件工程环境。软件项目管理包括软件度量、项目估算、进度控制、人员组织、配置管理、项目计划等。软件生命周期由软件定义、软件开发和运行维护 3 个时期组成。本章介绍了软件工程的基本原理和软件生命周期各阶段的基本任务。

## 习　题

1. 程序设计分为哪两个阶段？每个阶段的任务是什么？
2. 为什么要把程序设计分为两个阶段进行？
3. 简述算法的概念及特征。
4. 简述算法的三种基本结构。
5. 给出算法三种基本结构的流程图表示。
6. 给出算法三种基本结构的伪代码表示。
7. 给出求和算法的伪代码表示。
8. 给出求乘积算法的伪代码表示。
9. 给出从 1 000 个正整数中找出最大值算法的伪代码表示。
10. 用选择排序方法，手工排序下列数据列表并给出每次扫描所做的工作。

    14　7　23　31　40　56　78　9　2

11. 使用冒泡排序方法，手工排序下列数据列表并给出每次扫描所做的工作。

14 7 23 31 40 56 78 9 2

12. 使用插入排序方法，手工排序下列数据列表并给出每次扫描所做的工作。

14 7 23 31 40 56 78 9 2

13. 一个列表中包含以下元素。使用折半查找算法，跟踪查找 88 的步骤。

8 13 17 26 44 56 88 97

14. 程序设计语言的发展经历了哪几个阶段？

15. 计算机语言根据其解决问题的方法及所解决问题的种类分为哪几类？

16. 高级语言的执行分哪几个步骤？

17. 程序中错误有哪几类？

18. 什么是数据、数据元素、数据对象、数据结构？

19. 什么是数据的逻辑结构？什么是数据的存储结构？

20. 什么是抽象数据类型？

21. 有哪几类基本数据结构？

22. 简述软件的特性。

23. 简述软件工程的概念。

24. 简述软件工程的基本原理。

25. 简述软件生命周期。

# 第8章 数据库技术基础

程序处理的对象是大量的数据，数据如何组织和存储呢？在信息社会，信息系统越来越显现出重要性，数据库技术作为信息系统的基础与核心技术更加引人注目。数据库技术是计算机应用技术中的一个重要组成部分，是数据管理的技术，它所研究的问题是如何科学地组织和存储数据，使得对大量数据的管理比用文件管理具有更高的效率。

数据库系统已经融入人们的日常工作和生活之中，扮演着非常重要的角色。例如，一个消费者去书店购买书籍，就仿佛处在一个数据库系统之中，购买书籍的过程就是访问数据库的过程。

在本章将要讲到的学生成绩管理系统中，应包含每个学生的学号、姓名、性别、出生日期等自然信息，如表 8-1 所示；也有该学校各门课程的相关信息，包括课程编号、课程名称、学时、学分等相关信息，如表 8-2 所示。成绩管理应包含每一名学生的每一门课程成绩情况，如表 8-3 所示。对于如此多的数据信息，若是不科学组织和管理将会造成一片混乱，更谈不上安全可靠性了。因此有必要使用数据库工具对大量的数据进行科学的管理和利用。

**表 8-1　学生信息表**

| 学号 | 姓名 | 性别 | 出生日期 | 籍贯 |
|---|---|---|---|---|
| 20103028 | 邹林 | 男 | 1992-02-03 | 黑龙江哈尔滨市 |
| 20103398 | 肖立 | 男 | 1991-04-12 | 黑龙江牡丹江市 |
| 20103400 | 姜海明 | 男 | 1992-07-25 | 黑龙江大庆市 |
| 20103401 | 董李峰 | 男 | 1993-12-14 | 吉林省长春市 |
| 20103402 | 陈立娟 | 女 | 1992-04-06 | 北京 |
| 20103403 | 吕继承 | 男 | 1992-07-26 | 天津市 |
| 20103404 | 王芳 | 女 | 1992-10-22 | 黑龙江七台河市 |
| 20103405 | 刘盼 | 女 | 1992-06-15 | 黑龙江大庆市 |

**表 8-2　课程信息表**

| 课程编号 | 课程名称 | 学时 | 学分 | 开课系 | 考核方式 |
|---|---|---|---|---|---|
| 010101 | 高等数学 | 48 | 3 | 数学系 | 考试 |
| 010102 | 大学物理 | 64 | 4 | 物理系 | 考试 |
| 010103 | 外语 | 64 | 4 | 外语系 | 考试 |
| 010104 | 大学计算机基础 | 32 | 2 | 计算机系 | 考查 |

表 8-3　选课信息表

| 学号 | 课程编号 | 成绩 |
| --- | --- | --- |
| 20103028 | 010103 | 77 |
| 20103028 | 010104 | 99 |
| 20103398 | 010104 | 88 |
| 20103400 | 010104 | 91 |
| 20110101 | 010101 | 95 |
| 20110101 | 010102 | 87 |
| 20110101 | 010103 | 65 |

目前，各种各样的计算机应用系统绝大多数包含了数据库系统的应用，数据库的建设规模、数据库信息量的大小和使用频度已成为衡量一个国家信息化程度的重要标志。

本章首先对数据库系统进行概述，对有关数据库系统的基本术语给予解释，然后介绍关系数据库的开发技术，并给出在 Microsoft Access 环境中学生信息管理系统的设计过程，最后介绍数据库技术的典型应用及发展趋势。

# 8.1　数据库系统概述

## 8.1.1　数据库技术的产生和发展

早期的计算机主要应用于科学计算，随着计算机软件、硬件技术的发展，数据处理的需求日益扩大。而数据管理是数据处理的核心，指对数据进行分类、组织、编码、存储、检索和维护。数据库技术随数据管理的需求而产生和发展，经历了人工管理、文件系统和数据库系统三个发展阶段。

**1. 人工管理阶段**

20 世纪 40 年代中期到 50 年代中期，处于电子管计算机时代。硬件方面的输入输出装置落后，主要使用穿孔卡片、纸带等；软件方面没有操作系统，计算机的主要任务是数值计算。数据的管理者就是程序的设计者和使用者，数据和程序编写在一起，每个程序都有自己的数据，程序之间无法进行数据共享，数据完全依赖于程序，数据冗余度大。

另外人工管理阶段数据的输入输出方式、存储格式等都由程序设计者自行设计。人工管理阶段应用程序与数据的关系如图 8-1 所示。

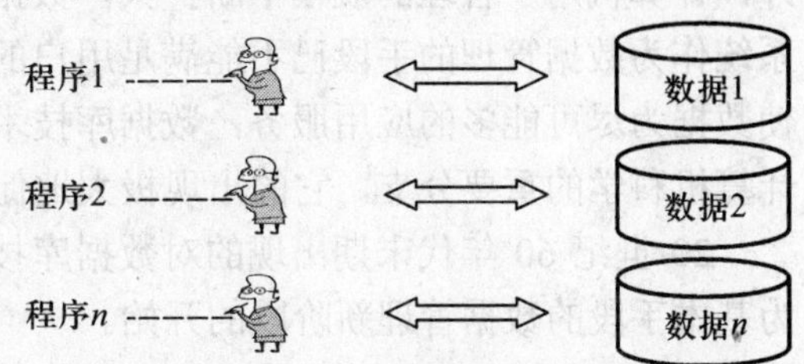

图 8-1　人工管理阶段数据存取关系

**2. 文件系统管理阶段**

20 世纪 50 年代末到 60 年代中期，处于晶体管计算机时代。计算机普遍采用磁盘、磁鼓作为存储器，软件方面开始有了系统软件，提出了操作系统的概念，出现了高级语言和操作系统支持下的专门数据管理软件。计算机不仅用于科学计算，也大量用于企事业单位的管理，数据管理进入文件系统阶段。用户通过操作系统对文件进行打开、读写、关闭等操作，既可批处理，也可联机实时处理。

此阶段有如下特点：

① 文件系统利用“按文件名访问，按记录进行存取”的管理技术，可对文件进行修改、插入和删除操作。

② 数据可长期保存，随时供用户使用。

③ 数据共享性差。文件系统仍然是面向应用的，当数据完全相同时，可通过同一数据文件共享。但当不同的应用程序具有部分相同的数据时，仍必须建立各自的数据文件，而不能共享相同的数据。因此，数据冗余度大，共享性差。

④ 数据独立性差。文件系统中，数据文件逻辑结构的改变必须修改应用程序；而应用程序的变化，如使用不同的高级语言编写应用程序，也将引起数据文件结构的改变。因此，数据与程序之间缺乏独立性。

⑤ 数据无集中管理，导致数据的完整性、安全性得不到可靠保证，并在数据的结构、编码、输出格式等方面难以做到规范化和标准化。

⑥ 数据无结构。文件系统中，其记录内部有结构，但记录之间无联系，故数据整体上是无结构的。

⑦ 使用方式不灵活。每个已建立的数据文件只限于一定的应用，难以对其修改和扩充。

由上可见，文件系统仍然是无弹性的无结构的数据集合，即数据文件之间是孤立的，不能反映现实世界事物之间的内在联系。文件系统中，应用程序与数据的关系如图 8-2 所示。

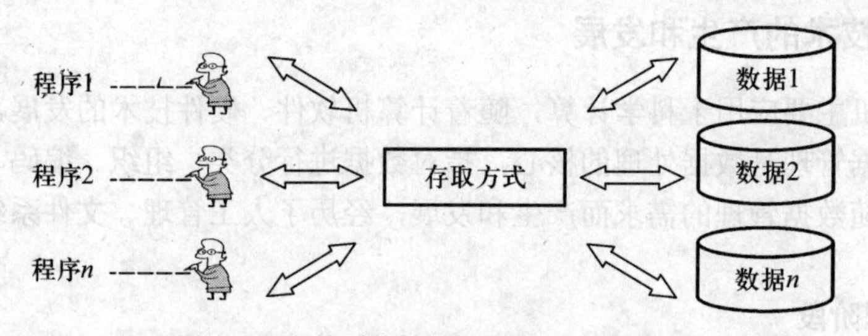


图 8-2　文件系统管理阶段数据存取关系

**3. 数据库系统管理阶段**

20 世纪 60 年代后期，进入集成电路计算机时代，计算机磁盘存储技术取得重大进展，大容量和快速存取的磁盘相继投入市场，为新型数据管理技术的开发提供了良好的物质基础。此外，计算机用于管理的规模不断扩大，数据量急剧增长，联机实时处理的要求日渐迫切。文件系统作为数据管理的手段已不能满足用户的需求。为了满足多用户、多应用共享数据的要求，使数据为尽可能多的应用服务，数据库技术应运而生。数据库技术是数据管理的最新技术，是计算机科学的重要分支，它的出现极大地促进了计算机应用向各行各业的渗透。

20 世纪 60 年代末期出现的对数据库技术有着奠基作用的三件大事，标志着以数据库系统为基本手段的数据管理新阶段的开始。

① 1968 年，IBM 公司推出了商品化的基于层次模型的信息管理系统 IMS。它是一种宿主语言系统，某种宿主语言加上数据操纵语言就组成了 IMS 应用系统。

② 1969 年，美国数据系统语言会议（conference on data system language，CODASYL）的数据库任务组（database task group，DBTG）发布了一系列研究数据库方法的 DBTG 报告，奠定了网状数据模型的基础。

③ 1970 年，IBM 公司的研究人员 E.F.Codd 连续发表文章，提出了关系模型，奠定了关系数据库管理系统的基础，一直沿用至今。

数据库管理系统克服了文件管理方式的缺陷，其数据处理的特点是：

① 数据整体结构化。数据面向全组织，形成整体的结构化。数据的存取单位可以小到一个数据项，大到一组记录。数据反映了客观事物间的本质联系，而不是着眼于面向某个应用，是有结构的数据。这是数据库系统的主要特征之一，与文件系统的根本差别。

② 数据共享性高。数据不再面向某个应用程序，而是面向整个系统。一个用户可面对的数据资源是多样化的，一部分数据资源可被多种需求的用户访问。

③ 具有很高的数据独立性。处理数据时用户所面对的是简单的逻辑结构，而不涉及具体的物理存储结构，数据的存储和使用数据的程序彼此独立，数据存储结构的变化尽量不影响用户程序的使用，用户程序的修改也不要求数据结构做较大改动。

④ 完备的数据控制功能。通过设置用户的使用权限防止数据的非法使用。采用完整性检验以确保数据符合某些规则，保证数据库中的数据始终是正确的。

数据库系统阶段，应用程序与数据的关系如图 8-3 所示。

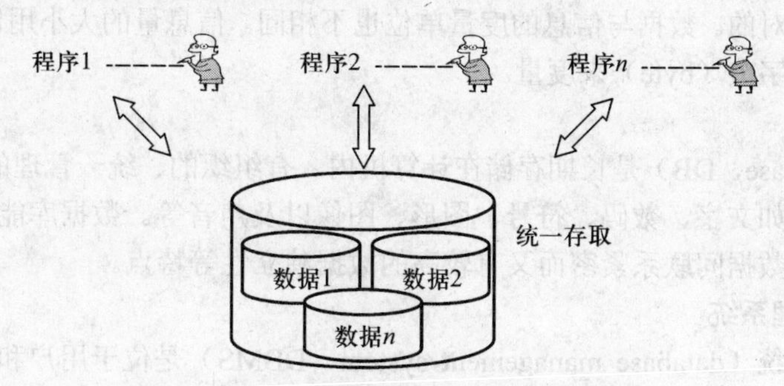


图 8-3　数据库系统管理阶段数据存取关系

数据库系统经历了三个发展阶段，分别为：

（1）第一代数据库系统

20 世纪 70 年代，以层次数据库和网状数据库为代表，第一代数据库系统得到广泛应用。它们基本实现了数据管理中的“集中控制与数据共享”这一目标。

（2）第二代数据库系统

20 世纪 80 年代出现了以关系数据库为代表的第二代数据库系统，如 Oracle、Sybase、Informix、Ingres 等关系数据库系统已广泛用于大型信息管理系统。

（3）第三代数据库系统

20 世纪 70 年代是数据库蓬勃发展的年代，网状数据库系统和层次数据库系统占据了整个数据库商用市场，而关系数据库系统仅处于实验阶段。20 世纪 80 年代，关系数据库系统由于使用简便以及硬件性能的改善，逐步代替网状数据库系统和层次数据库系统占领了市场。20 世纪 80 年代末到 90 年代初，新一代数据库技术的研究和开发已成为数据库领域学术界和工业界的研究热点，关系数据库已成为数据库技术的主流，如多媒体数据库、时态数据库、空间数据库、面向对象数据库、分布式数据库、并行数据库系统、数据仓库、移动数据库、XML 数据管理技术等。

进入 21 世纪以后，无论是市场的需求还是技术条件的成熟，对象数据库技术、网络数据库、嵌入式数据库技术的推广和普及已成定局。

## 8.1.2 数据库系统

### 1. 数据与信息

数据与信息有多种解释。一般而论，数据是对客观事物描述与记载的物理符号，而信息则是数据的集合、含义与解释，是事物变化、相互作用、特征的反映。例如，我们对一个企业当前各类生产经营指标即数据的分析，可以得出该企业生产经营状况的若干信息。

数据按运算的特性可分为数值型数据和非数值型数据。数值型数据以数字表示，可以进行算术运算；非数值型数据以字符（含数字）等来表示，不能进行算术运算。例如，字符、文字、图表、图形、图像、声音、视频等均属于非数值型数据。

数据与信息既有联系也有区别。数据与信息具有相同的形式，都是物理符号，但数据通常较具体，是承载信息的媒体，而信息较抽象较概括，往往是对数据进行加工后的结果。当然，具体与抽象也是相对的。数据与信息的度量单位也不相同。信息量的大小用比特（bit）来度量，数据量的大小常用字节（byte）来度量。

### 2. 数据库

数据库（database，DB）是长期存储在计算机内、有组织的、统一管理的相关数据的集合。数据有多种形式，如文字、数码、符号、图形、图像以及声音等。数据库能为各种用户共享，具有较小冗余度、数据间联系紧密而又有较高的数据独立性等特点。

### 3. 数据库管理系统

数据库管理系统（database management system，DBMS）是位于用户和操作系统之间的一层数据管理软件，是用户和数据库的接口。DBMS 是数据库系统的核心软件，它的主要功能有：

① 数据定义功能。DBMS 提供数据定义语言（data definition language，DDL），用户通过它可以描述数据库结构，定义数据库的完整性约束和安全性控制，并对数据库中的数据对象进行定义。通过使用 DDL 将数据库的结构及数据的特性通知相应的 DBMS，从而生成存储数据的框架。

② 数据操纵功能。DBMS 提供数据操纵语言（data manipulation language，DML），用户可以使用 DML 操纵数据，实现对数据库的基本操作，包括对数据库数据的检索、插入、修改和删除等。DML 包括宿主型的 DML 和自主型的 DML。

③ 数据控制功能。当数据库系统运行时，DBMS 执行管理功能，包括数据安全性控制、完整性控制和并发控制等。

安全性控制的作用是确保只有经授权的用户才能访问数据库中的数据，防止任何未经授权的用户有意或无意地对数据库造成破坏性的改变。

完整性控制的目的是保护数据库中数据的正确性、有效性和相容性。

并发控制是指当数据库的某个数据对象正在被一个应用程序执行修改操作时，DBMS 能够对该数据对象实行封锁，拒绝其他用户对该数据对象的并发访问，直至该数据对象的修改操作执行完毕后才进行解锁。

④ 数据的组织、存储和管理功能。DBMS 确定数据的组织方式、文件结构和物理存取方式，并实现数据之间的联系。

⑤ 数据库的建立和维护功能。数据库在建立和维护时由 DBMS 统一管理、统一控制，包括数据库初始数据的装入和转换、数据库的转储与恢复以及数据库的重新组织等。

⑥ 数据通信接口功能。DBMS 提供了与其他软件系统进行通信的功能，例如能够将本系统数据转换成其他 DBMS 或其他文件系统可以接受的格式，同时也能够接受其他 DBMS 或文件系统的数据。该功能确保了数据在最大程度上的兼容性和共享性。

dBASE、Foxpro、Access、Oracle、Sybase、Informix、Mysql、SQL Server 等都是 DBMS。现代 DBMS 一般必须具备提供高级的用户接口、查询处理和优化、数据目录管理、并发控制、恢复功能、完整性约束功能和访问控制功能。

### 4. 应用程序

应用程序是指利用各种开发工具开发的、满足特定应用环境的程序。根据应用程序的运行模式，应用程序可以分为两类：一类用于开发客户-服务器模式中的客户端程序，如 Visual Basic、Visual C++、PowerBuilder 等；另一类用于开发浏览器-服务器模式中的服务器端程序，如 ASP.NET 等。

### 5. 数据库系统

数据库系统（database system，DBS）是实现有组织地、动态地存储大量关联数据、方便多用户访问的计算机硬件、软件和数据资源组成的系统，是采用数据库技术的计算机系统，它为用户或应用程序提供访问 DB 的方法，包括 DB 的建立、查询、更新及各种数据控制。

### 6. 数据库系统的组成

数据库系统除了必要的计算机软、硬件之外，还包括数据库（DB）、数据库管理系统（DBMS）、应用系统、数据管理员和终端用户。数据库系统中的人员包括数据库管理员（database administrator，DBA）、系统分析员和数据库设计人员、应用程序员和最终用户。

数据库管理员指负责设计、建立、管理和维护数据库以及协调用户对数据库要求的个人或工作团队。DBA 应熟悉计算机的软、硬件，具有较全面的数据处理知识，熟悉本单位的业务、数据及其流程，对数据库系统的正常运行有十分重要的作用。其具体职责是：

① 决定数据库的内容和结构。

② 决定数据库的存储结构和存取策略。

③ 定义数据库的安全性要求和数据完整性约束条件。

④ 监督数据库的使用和运行。

⑤ 整理和重新构造数据库。

系统分析员负责应用系统的需求分析和规范说明，而数据库设计人员负责数据库中数据的确定以及数据库各级模式的设计。

应用程序员负责设计和编写应用系统的程序模块并进行安装和调试。

用户可以通过应用程序系统的用户接口使用数据库。

### 7. 数据库系统的体系结构

完备的数据库系统由用户、应用系统、应用开发工具、数据库管理系统、操作系统和数据库组成，数据库系统的体系结构如图 8-4 所示。数据库管理员通过数据库管理系统访问数据库。

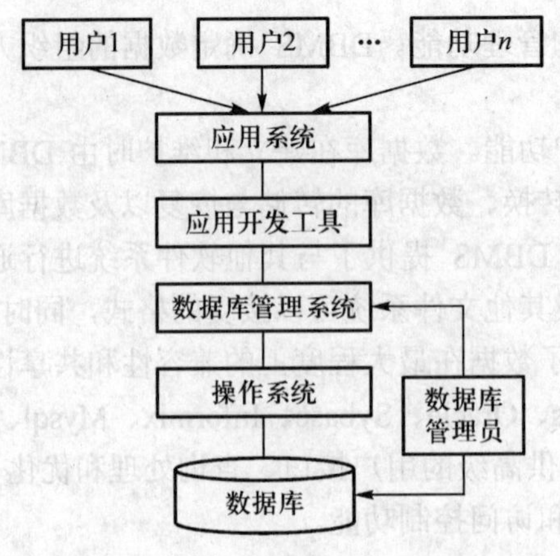

图 8-4 数据库系统体系结构

### 8. 数据库系统分类

在信息高速发展的时代，数据信息同样是宝贵的资产，应该妥善地使用、管理并加以保护。根据数据库存放位置的不同，数据库系统可以分为集中式数据库和分布式数据库。

（1）集中式数据库

所谓集中式数据库就是集中在一个中心场地的电子计算机上，以统一处理方式支持的数据库。这类数据库无论是逻辑上还是物理上都是集中存储在一个容量足够大的外存储器上，其基本特征是：

① 集中控制处理效率高，可靠性好。

② 数据冗余少，数据独立性高。

③ 易于支持复杂的物理结构去获得对数据的有效访问。

但是随着数据库应用的不断发展，人们逐渐地感觉到过分集中化的系统在处理数据时有许多局限性。例如，不在统一地点的数据无法共享；系统过于庞大、复杂，显得不灵活且安全性较差；存储容量有限，不能完全适应信息资源存储要求等。正是为了克服这种系统的缺点，人们采用数据分散的办法，即把数据库分成多个，建立在多台计算机上，这种系统称为分布式数据库系统。

（2）分布式数据库

分布式数据库系统是在集中式数据库系统的基础上发展起来的，是计算机技术和网络技术结合的产物。分布式数据库系统适合于单位分散的部门，允许各个部门将其常用的数据存储在本地，实施就地存放本地使用，从而提高响应速度，降低通信费用。分布式数据库系统与集中式数据库系统相比具有可扩展性，通过增加适当的数据冗余，提高系统的可靠性。在集中式数据库中，尽量减少冗余度是系统目标之一。其原因是，冗余数据浪费存储空间，而且容易造成各副本之间的不一致。而为了保证数据的一致性，系统要付出一定的维护代价。减少冗余度的目标是用数据共享来达到的。而在分布式数据库中却希望增加冗余数据，在不同的场地存储同一数据的多个副本，其原因是：提高系统的可靠性、可用性，当某一场地出现故障时，系统可以对另一场地上的相同副本进行操作，不会因一处故障而造成整个系统的瘫痪；提高系统性能，系统可以根据距离选择离用户最近的数据副本进行操作，减少通信代价，改善整个系统的性能。

分布式数据库系统包含分布式数据库管理系统和分布式数据库。在分布式数据库系统中，一个应用程序可以对数据库进行透明操作，数据库中的数据分别在不同的局部数据库中存储、由不同的分布式数据库管理系统进行管理、在不同的机器上运行、由不同的操作系统支持、被不同的通信网络连接在一起。

分布式数据库系统有两种：一种是物理上分布的，但逻辑上却是集中的。这种分布式数据库只适宜用途比较单一的、规模不大的单位或部门。另一种分布式数据库系统在物理上和逻辑上都是分布的，也就是所谓联邦式分布数据库系统。由于组成联邦的各个子数据库系统是相对“自治”的，这种系统可以容纳多种不同用途的、差异较大的数据库，比较适宜于大范围内数据库的集成。

一个分布式数据库在逻辑上是一个统一的整体，在物理上则是分别存储在不同的物理结点上。一个应用程序通过网络的连接可以访问分布在不同地理位置的数据库。它的分布性表现在数据库中的数据不是存储在同一场地。更确切地讲，不存储在同一计算机的存储设备上。从用户的角度看，一个分布式数据库系统在逻辑上和集中式数据库系统一样，用户可以在任何一个场地执行全局应用，就好像数据是存储在同一台计算机上，由单个数据库管理系统管理一样，用户感觉不到差别。

### 8.1.3 数据模型

#### 1. 数据模型的基本概念

数据模型（data model）是现实世界数据特征的抽象，是数据库系统的特性和基础，是描述数据的一组概念和定义，包括：

① 数据的静态特征，即对数据结构和数据间联系的描述。

② 数据的动态特征，即定义在数据上的操作。

③ 数据的完整性约束，即数据库中的数据必须满足的规则。

数据模型包括三要素：数据结构、数据操作和数据约束条件。

数据结构是所研究的对象类型的集合，包括数据对象及其之间的联系。

数据操作是指对数据库中各种对象实例执行的操作的集合，集合中包括操作以及有关的操作规则。

数据约束条件是指数据完整性规则的集合，它是给定的数据模型中数据及其联系所具有的制约和依存规则，用以限定符合数据模型的数据状态及其状态的变化，以保证数据的正确、有效和相容。

根据数据模型应用的不同目的，数据模型可分为两个层次：概念模型和结构模型，如图 8-5 所示。

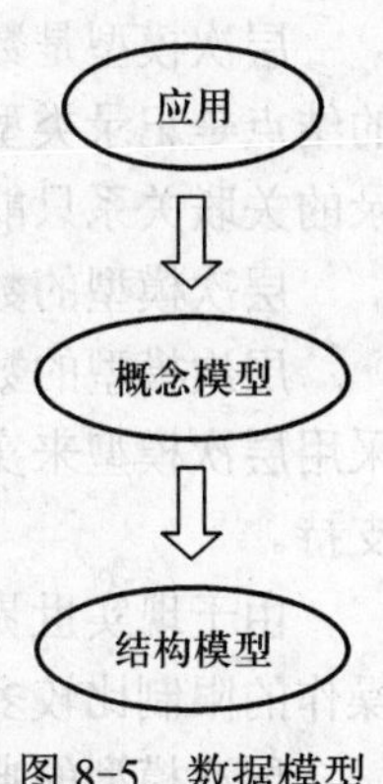

图 8-5 数据模型

#### 2. 概念模型

概念模型用于信息世界的建模，是现实世界到信息世界的第一层抽象。为了把现实世界中的具体事物抽象为某一 DBMS 支持的数据模型，人们常常首先将现实世界抽象为信息世界，再将信息世界转化为机器世界。也就是说，概念模型不依赖于具体的计算机系统，而是概念级的模型。下面讲述其基本概念。

① 实体（entity）：客观存在并可相互区别的事物，如一名员工、一件商品等。

② 属性（attribute）：实体所具有的某一特性，属性的取值范围称为该属性的域。例如，员工实体具有员工编号、姓名、性别、年龄、民族、电话、住址、简历、部门编号等属性，用来

描述员工信息；商品实体具有品名、单价、产地等属性。

③ 实体型（entity type）：具有相同特征和性质的实体及其属性命名序列。

④ 实体集（entity set）：同型实体值的集合。

⑤ 域（domain）：属性的取值范围。

⑥ 码（key）：如果某个属性或某个属性集的值能够唯一地表示出实体集中的每一个实体，该属性或属性集就可称为码（或关键字）。作为码的属性或属性集又称为主属性，反之为非主属性。

⑦ 联系（relationship）：现实世界中事物内部以及事物之间的联系可以用实体集之间的关联关系加以描述。实体之间的联系分为一对一联系（1:1）、一对多联系（1:$n$）、多对多联系（$m$:$n$）。

一对一联系：如果对于实体集 $A$ 中的每一个实体，实体集 $B$ 中最多有一个实体与之有联系，并且反之亦然，则称实体集 $A$ 与实体集 $B$ 之间是一对一联系，记作 1:1。

一对多联系：如果对于实体集 $A$ 中的每一个实体，实体集 $B$ 中有 $m$ 个实体与之有联系，反之对于实体 $B$ 中的每一个实体，实体集 $A$ 中最多只有一个实体与之有联系，则称实体集 $A$ 与实体集 $B$ 之间是一对多的联系，记作 1:$m$。

多对多联系：如果对于实体集 $A$ 中的每一个实体，实体集 $B$ 中有 $n$ 个实体与之有联系，反之对于实体 $B$ 中的每一个实体，实体集 $A$ 中有 $m$ 个实体与之有联系，则称实体集 $A$ 与实体集 $B$ 之间是多对多联系，记作 $m$:$n$。

**3. 常用数据结构模型**

结构模型是按计算机系统的观点对数据建模，它是与具体的计算机系统密切相关并直接面向数据库中数据的逻辑结构，主要有层次模型、网状模型、关系模型和面向对象数据模型。

（1）层次模型（hierarchical model）

层次模型是数据库系统中最早出现的数据模型，其实质是一种有根结点的定向有序树。树的结点是记录类型，根结点只有一个，其余结点有且仅有一个父结点。上一层记录与下一层记录的关联关系只能是一对多联系，即每个记录至多有一个父记录。

层次模型的数据操作包括数据记录的插入、删除、修改和检索四种。

层次模型的数据模型本身比较简单，对于实体间联系是固定的，且预先定义好了应用系统。采用层次模型来实现，其性能优于关系模型，不低于网状模型。层次模型提供了良好的完整性支持。

由于现实世界中很多联系是非层次性的，层次模型难于直接体现这些联系。对插入和删除操作的限制比较多，如查询子女结点必须通过双亲结点。由于结构严密，层次命令趋于程序化。

层次模型的典型系统是 IBM 公司的 IMS（information management system）。

（2）网状模型（network model）

用网状结构表示实体类型及实体之间联系的数据模型被称为网状模型。在网状模型中，一个子结点可有多个父结点。在两个结点之间可以有一种或多种联系，其实体间的联系为多对多联系。记录之间的联系是通过指针实现的。用数学的方法可将网状数据结构转化为层次数据结构。

网状模型的数据操作包括数据记录的插入、删除、修改和检索，支持对于联系的多种方式检索操作，支持记录与联系的连入、断开和转移操作。

网状数据模型的主要优点为能够更为直接地描述现实世界，如一个结点可以有多个双亲，具有良好的性能，存取效率高。主要缺点为结构比较复杂，而且随着应用环境的扩大，数据库的结构就变得越来越复杂，不利于最终用户掌握。其 DDL、DML 语言复杂，用户不易使用。

网状模型的典型系统是美国数据库任务组（database task group，DBTG）提出的。

（3）关系数据模型（relational data model）

1970 年，IBM 公司的 E.F.Codd 发表论文，首先提出了关系数据模型。随后他又发表一系列论文，阐述了关系规范化的概念。

用表格形式表示实体类型及实体之间联系的数据模型称为关系数据模型。关系数据结构把一些复杂的数据结构归结为简单的二维表格形式，如表 8-4 所示，记录是表中的行，属性是表中的列。

**表 8-4 关系模型表结构**

| 学 号 | 姓 名 | 性 别 | 年 龄 |
|---|---|---|---|
| 20100101 | 马万里 | 男 | 18 |
| 20100102 | 张力 | 男 | 18 |
| 20100103 | 凌飞 | 女 | 18 |
| 20100104 | 高林 | 男 | 19 |
| … | | | |

作为一个关系的二维表，必须满足以下条件：

① 表中的每一列必须是基本数据项。

② 表中的每一列必须具有相同的数据类型。

③ 表中的每一列名字必须是唯一的。

④ 表中不应该有内容完全相同的行。

⑤ 行的顺序与列的顺序不影响表格中所表示的信息的含义。

在关系数据库中，对数据的操作一般建立在一个或多个表格上，并通过对这些关系表格的分类、合并、连接或选取等运算来实现数据的管理。

关系数据库一般采用实体联系（E-R）的方法来表示，如图 8-6 所示。该方法用 E-R 图来表示实体、属性和实体间的联系。

① 矩形表示实体，框内标明实体名。

② 椭圆表示属性，用无向边与其相应实体连接。

③ 菱形表示联系，其内标明联系名，用无向边与相关实体连接。

④ 无向边上标明联系的类型（1:1，1:$m$，$m$:$n$）。

⑤ 可根据需要任意展开（略去了属性）。

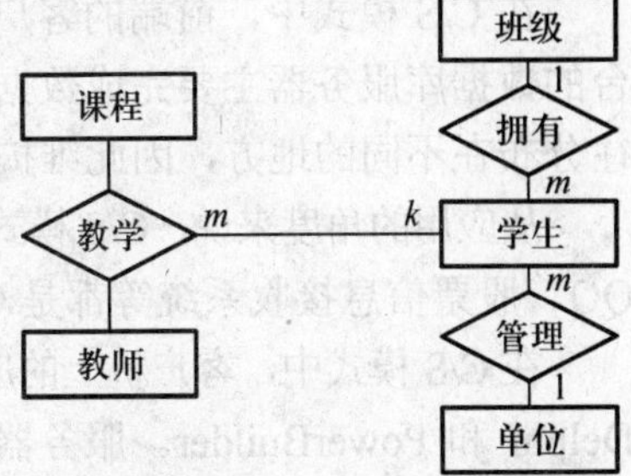

图 8-6 关系数据模型 E-R 图

关系数据模型具有以下优点：

① 关系数据模型与非关系模型不同，它是建立在严格的数学概念的基础上的。

② 关系数据模型的概念单一。

③ 关系数据模型的存取路径对用户透明，从而具有较高的数据独立性、更好的安全保密性，也简化了程序员的工作和数据库开发建立的工作。

关系数据模型的主要缺点是：由于存取路径对用户透明，查询效率往往不如非关系模型。

在以上三种数据模型中，层次模型与网状模型现在已经很少见到了，目前应用最广泛的是关系数据模型。目前主流的商业数据库系统主要有：Oracle、Informix、Sybase、DB2、SQL Server、Access、Foxpro、Foxbase、Postgres SQL、Mysql。

自 20 世纪 80 年代以来，软件开发商提供的数据库管理系统几乎都支持关系数据模型。下面介绍常用的 4 种基于关系数据模型的数据库管理系统，分别为：

① Access：Microsoft 公司研制的随 Office 套件一起发行的优秀的桌面型数据库管理系统。网络功能相对简单，使用方便，可以满足日常的办公需要，可以用于中、小型数据库应用系统。

② SQL Server：Microsoft 公司研制的网络型数据库管理系统，适用于中、大型数据库应用系统。

③ Oracle：目前功能最强大的数据库管理系统，适用于大型数据库应用系统。

④ DB2：IBM 公司研制的系统数据库管理系统。DB2 能在所有主流操作系统平台上运行，在企业的应用非常广泛。

（4）面向对象数据模型

支持面向对象模型的数据库管理系统是数据库技术与面向对象设计方法相结合的产物，其核心概念包括对象和对象的标识、封装、对象的属性、类和类层次以及继承等。

## 8.2 关系数据库开发技术

### 8.2.1 数据库系统运行模式

不论采用何种数据库管理系统，也不论采用何种开发工具，数据库系统从运行模式上来说可以分为两种：客户-服务器模式和浏览器-服务器模式。

#### 1. 客户-服务器模式

客户-服务器（client/server，C/S）模式具有两层结构，如图 8-7 所示。

在 C/S 模式中，前端的客户机上安装了专门的应用程序，完成接收、处理数据的工作；后台的数据库服务器主要完成数据的管理工作。由于每个客户据都要安装应用程序，而客户机往往分布在不同的地方，因此维护、升级很不方便。C/S 模式的优点是速度较快，功能完备。

从应用的角度来说，C/S 模式主要应用在基于行业的数据库应用系统中，如 Outlook Express、QQ、股票信息接收系统等都是 C/S 模式。

在 C/S 模式中，客户机上的应用程序开发工具很多，目前常用的有 Visual Basic、Visual C++、Delphi 和 PowerBuilder。服务器上的数据库通过数据库管理系统建立、维护和管理，应用程序通过 SQL 命令对数据库进行查询、更新、插入、删除等操作。

#### 2. 浏览器-服务器模式

随着 Internet 的迅速发展，浏览器-服务器（browser/server，B/S）模式开始得到广泛应用。B/S 模式具有 3 层结构，如图 8-8 所示。

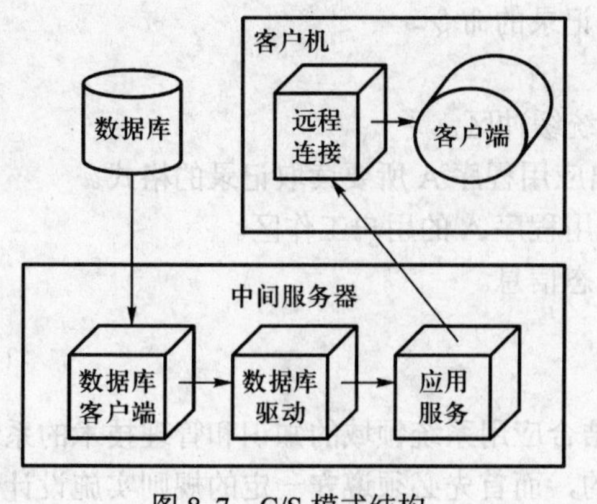

图 8-7　C/S 模式结构

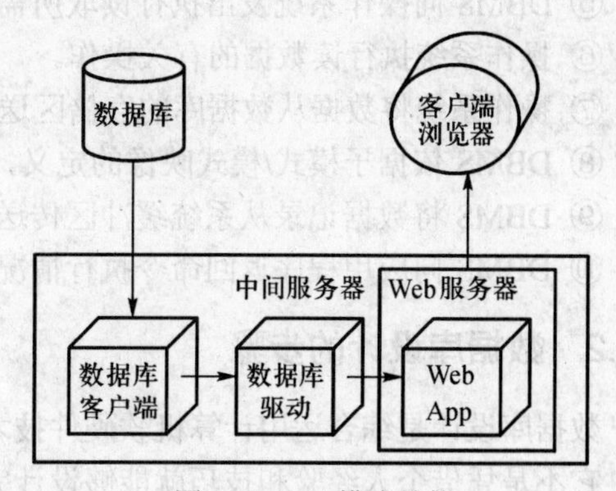

图 8-8　B/S 模式结构

在 B/S 模式中，前端的客户机上只需要安装 Web 浏览器，不需要开发和安装客户机应用程序，用户在客户端通过浏览器实现输入和输出；中间的 Web 服务器是连接客户端和后台数据库服务器的桥梁，安装有 Web 服务器软件（如 Microsoft 公司的 IIS）和专门开发的 Web 应用软件，主要的数据计算和应用都在此完成；后台的数据库服务器安装了数据库和数据库管理系统，主要完成数据的管理等工作。

实际上，B/S 模式可以认为是 C/S 模式的一种特例。这两种模式各有优缺点：C/S 模式维护、升级繁琐，但是响应速度快，功能完善；B/S 模式维护、升级简单，但是响应速度慢，功能不是很完善。

从应用的角度来说，B/S 模式特别适合非特定的用户。典型的例子是 Internet 上的购物系统、订票系统以及收发电子邮件。在 B/S 模式中，开发技术主要有 ASP、PHP、JSP。

在关系数据库的体系结构中，用户通过用户模式，即应用系统的用户界面来使用数据库，程序员根据外模式来编写应用程序和 SQL 脚本，系统分析员负责数据库的外模式、模式和内模式的设计。这里外模式是指数据库中的视图，模式是指数据库中的二维表，内模式是指由操作系统管理的数据库文件。数据库系统从应用程序、命令行或 SQL 脚本文件中接受各种 SQL 语句，然后由数据库系统的后台进程对 SQL 语句进行解释和执行，最终从数据文件中得到数据，呈现在用户面前的是一系列表格或格式化数据。

在数据库系统中，当一个应用程序或用户需要存取数据库中的数据时，应用程序、DBMS、操作系统、硬件等几个方面必须协同工作，共同完成用户的请求。这是一个较为复杂的过程，其中 DBMS 起着关键的中介作用。

应用程序（或用户）从数据库读取一个数据通常需要以下步骤：

① 应用程序（或用户）A 向 DBMS 发出从数据库中读数据记录的命令。

② DBMS 对该命令进行语法检查、语义检查，并调用应用程序 A 对应的子模式，检查 A 的存取权限，决定是否执行命令，如果拒绝执行，则向用户返回错误信息。

③ 在决定执行该命令后，DBMS 调用模式，依据子模式/模式映像的定义，确定应读入模式中的哪些记录。

④ DBMS 调用物理模式，依据模式/物理模式映像的定义，决定从哪个文件、用什么存取方式、读入哪个或哪些物理记录。

⑤ DBMS 向操作系统发出执行读取所需物理记录的命令。

⑥ 操作系统执行读数据的有关操作。

⑦ 操作系统将数据从数据库的存储区送到系统缓冲区。

⑧ DBMS 依据子模式/模式映像的定义，导出应用程序 A 所要读取记录的格式。

⑨ DBMS 将数据记录从系统缓冲区传送到应用程序 A 的用户工作区。

⑩ DBMS 向应用程序返回命令执行情况的状态信息。

### 8.2.2 数据库设计的步骤

数据库设计是综合运用计算机软硬件技术，结合应用系统领域的知识和管理技术的系统工程。它不是凭借个人经验和技巧就能够设计完成的，而首先必须遵守一定的规则实施设计。在现实世界中，信息结构十分复杂，应用领域千差万别，而设计者的思维也各不相同，所以数据库设计的方法和路径多种多样。尽管如此，按照规范化设计方法，可将数据库设计归纳为以下6个阶段。

**1. 需求分析**

需求分析是整个数据库设计过程中的第一步，也是最重要一步。整个数据库开发活动从对系统的需求分析开始。系统需求包括对数据的需求和对应用功能的需求两方面内容。该阶段应与系统用户相互交流，了解他们对数据的要求及已有的业务流程，并把这些信息用数据流图或文字等形式记录下来，最终获得处理需求。

（1）收集资料

收集资料工作是数据库设计人员和用户共同完成的任务。强调各级用户的参与是数据库应用系统设计的特点之一。

（2）分析整理

分析的过程是对所收集到的数据进行抽象的过程。

（3）数据流图

在系统分析中通常采用数据流图（data flow diagram，DFD）来描述系统的数据流向和对数据的处理功能。

（4）数据字典

除了一套 DFD 外，还要从原始的数据资料中分析整理出下述数据信息：数据元素的名称、同义词、性质、取值范围、提供者、使用者、控制权限、保密要求、使用频率、数据量、数据之间联系的语义说明、各个部门对数据的要求及数据处理要求。

（5）用户确认

DFD 图集和数据字典的内容必须返回给用户，并且用非专业术语与用户交流。

需求分析阶段的成果要形成文档资料，至少包括各项业务的数据流图 DFD 及有关说明、对各类数据描述的集合即数据字典（data dictionary，DD）两项。

**2. 概念结构设计**

概念结构设计的目标是产生反映全组织信息需求的整体数据库概念结构，即概念模式。描述概念结构的工具是 E-R 图。在概念结构设计过程中使用 E-R 图的基本步骤包括：设计局部 E-R 图；综合成初步 E-R 图；优化成基本 E-R 图。

（1）设计局部E-R图

设计局部E-R图的任务是根据需求分析阶段产生的各个部门的数据流图和数据字典中的相关数据，设计出各项应用的局部E-R图。具体要做以下几件事情：

① 确定实体和属性。

② 确定联系类型。

依据需求分析结果，考查任意两个实体类型之间是否存在联系，若有联系，要进一步确定联系的类型（1:1, 1:*m*, *n*:*m*）。在确定联系时应特别注意两点：一是不要丢掉联系的属性；二是尽量取消冗余的联系，即取消可以从其他联系导出的联系。

③ 画出局部E-R图。

（2）综合成初步E-R图

① 局部E-R图的合并。为了减小合并工作的复杂性，先两两合并。合并从公共实体类型开始，最后再加入独立的局部结构。

② 消除冲突。一般有三种类型的冲突：属性冲突、命名冲突、结构冲突。具体调整手段可以考虑以下几种：对同一个实体的属性取各个分E-R图相同实体属性的并集；根据综合应用的需要，把属性转变为实体，或者把实体转变为属性；实体联系要根据应用语义进行综合调整。

（3）初步E-R图的优化

E-R图的优化主要包括消除冗余属性和消除冗余联系两步。

概念结构设计经过了局部视图设计和视图集成两个步骤之后，应形成文档资料，主要包括：整个组织的综合E-R图及有关说明；经过修订、充实的数据字典。

**3. 逻辑结构设计**

数据库逻辑结构设计的任务是将概念结构转换成特定DBMS所支持的数据模型的过程。从此开始便进入了“实现设计”，需要考虑到具体DBMS的性能，具体的数据模型特点。逻辑设计过程可分为：初始关系模式设计；规范化处理；模式评价与修正。

（1）初始关系模式设计

初始关系模式的转换原则是：

① 一个实体转换为一个关系模式，实体的属性就是关系的属性，实体的关键字就是关系的关键字。

② 一个1:1的联系转换为一个关系。每个实体的关键字都是关系的候选关键字。

③ 一个1:*n*的联系转换为一个关系。多方实体的关键字是关系的关键字。

④ 一个*n*:*m*的联系转换为一个关系。联系中各实体关键字的组合组成关系的关键字（组合关键字）。

⑤ 具有相同关键字的关系可以合并。

（2）规范化处理

规范化理论在数据库设计中有如下几方面的应用：

① 在需求分析阶段，用数据依赖概念分析和表示各个数据项之间的联系。

② 在概念结构设计阶段，以规范化理论为指导，确定关键字，消除初步E-R图中冗余的联系。

③ 在逻辑结构设计阶段，从 E-R 图向数据模型转换过程中，用模式合并与分解方法达到规范化级别。

（3）模式评价与修正

模式评价主要包括功能和性能两个方面。经过反复多次的模式评价和修正之后，最终的数据库模式得以确定。逻辑设计阶段的结果是全局逻辑数据库结构。对于关系数据库系统来说，就是一组符合一定规范的关系模式组成的关系数据库模型。

### 4. 物理结构设计

数据库最终要存储在物理设备上，并为物理设备实现数据的处理和输出提供理论依据。数据库在物理设备上的存储结构和存取方法称为数据库的物理结构，它依赖于给定的计算机系统。

设计人员必须深入了解给定的 DBMS 的功能、DBMS 提供的环境和工具、硬件环境特别是存储设备的特征。另一方面也要了解应用环境的具体要求。只有“知己知彼”才能设计出较好的物理结构。决定存储结构的主要因素包括存取时间、存储空间和维护代价三个方面。设计时应当根据实际情况对于这三个方面进行综合权衡，一般 DBMS 也提供一定的灵活性可供选择。

确定了数据库的物理结构之后，要进行评价，重点是时间和空间的效率。如果评价结果满足设计要求，则可进行数据库实施。实际上，往往需要经过反复测试才能优化物理设计。

### 5. 数据库实施

数据库实施是指根据逻辑设计和物理设计的结果，在计算机上建立起实际数据库结构、装入数据、进行测试和试运行的过程。该阶段是建立数据库的实质性阶段，需要完成装入数据、完成编码、进行测试等工作。完成以上工作后，即可投入试运行，即把数据库连同有关的应用程序一起装入计算机，从而考察他们在各种应用中能否达到预定的功能和性能要求。

（1）数据库加载

由于数据库的数据量都很大，加载一般是通过系统提供的实用程序或自编的专门录入程序进行的。在真正加载数据之前，有大量的数据整理工作要做。应当建立严格的数据录入和检验规范，设计完善的数据检验与校正程序，才能确实保证数据的质量。

（2）数据库运行和维护

数据库投入运行标志着数据库设计与应用开发工作基本结束，运行和维护阶段开始。

### 6. 数据库使用与维护

完成了部署数据库系统，用户也开始使用系统，但这并不标志着数据库开发周期的结束。要保持数据库持续稳定地运行，需要数据库管理员具备特殊的技能，同时要付出更多的劳动。而且，由于数据库环境是动态的，随着时间的推移，用户数量和数据库事务不断扩大，数据库系统必然增大。因此，数据库管理员必须持续关注数据库管理，并在必要的时候对数据库进行升级。数据库运行与维护阶段的主要任务包括：

① 维护数据库的安全性和完整性。

② 监测并改善数据库性能。

③ 必要时对数据库进行重新组织。

只要数据库系统在运行，就需要不断地进行修改、调整和维护。一旦应用变化太大，数据库重新组织也无济于事，这就表明数据库应用系统的生命周期结束，应该建立新系统，重新设计数据库。从头开始数据库设计工作，标志着一个新的数据库应用系统生命周期的开始。

### 8.2.3 关系数据库标准语言 SQL

#### 1. SQL 概述

关系数据库系统的数据语言有多种，但在经过 10 余年的使用、竞争、淘汰和更新后，SQL 语言以其独特的风格独树一帜，成为国际标准化组织所确认的关系数据库系统标准语言。目前 SQL 语言已成为关系数据库系统所使用的唯一数据语言。一般而言，用该语言所书写的程序可以在任何关系数据库系统上运行。

SQL 语言又称结构查询语言（structured query language），是 1974 年由 Boyce 和 Chamberlin 提出的，并在 IBM 公司 San Jose 研究实验室所研制的关系数据库系统 System R 上实现了这种语言。接着，IBM 公司又实现了商用系统 SQL/DS 和 DB2，其中 SQL/DS 是在 IBM 公司中型计算机环境先实现的，在 DOS/VSE 或 VM/CMS 操作系统下运行，而 DB2 则主要用于大型计算机环境，在 MVS 或 MVS/XA 支持下运行。

SQL 语言在 1986 年被美国国家标准协会（ANSI）批准为国家标准，此标准也于 1993 年被我国批准为中国国家标准。目前，国际上所有关系数据库管理系统均采用 SQL 语言，包括 DB2、Oracle、SQL Server、Sybase、Ingres、Informix 等关系数据库管理系统。

SQL 称为结构查询语言，但是它的实际功能包括查询在内的多种功能，包括数据定义、数据操纵（包括查询）和数据控制三个方面。SQL 所操作的对象称为基本表（base table），它就是关系。所谓 SQL 的数据定义功能就是对基本表（以及视图）定义的功能。SQL 的数据操纵功能就是在基本表上的查询、删除、插入、修改等功能，SQL 的数据控制功能就是基于基本表的完整性、安全性及并发控制等功能。

SQL 语言有两种使用方式：一种是联机交互使用方式，在此种方式下，SQL 可以独立使用（称为自含式语言）；另一种是嵌入式使用方式，在此种方式下，它可以某些高级程序设计语言（如 COBOL、C 等）为主语言，而 SQL 则被嵌入其中依附于主语言（称为嵌入式语言）。

不管采用何种使用方式，SQL 语言的基本语法结构不变，仅在嵌入式结构中增加若干语句用以建立主语言与 SQL 间联系。

#### 2. SQL 的特点

（1）高度的综合

SQL 语言集数据操纵（data manipulation）、数据定义（data definition）和数据控制（data control）功能与一体，语言风格统一，可以独立完成数据库生命周期的全部活动。

数据操纵语言用于对数据库中的数据进行插入、删除、修改等数据维护操作和进行查询、统计、分组、排序等数据处理操作。

数据定义语言用于定义关系数据库模式（外模式和内模式），以实现对基本表、视图以及索引文件的定义、修改和删除等操作。

数据控制语言用于实现对基本表和视图的授权、完整性规则的描述、实物控制等操作。

在关系模型中实体和实体间的联系均用关系表示，这种单一性数据结构是数据操作符具有同一性，查找、插入、删除、更新等操作都只需一种操作符，因为 SQL 语言操作过程高度统一，从而克服了非关系系统由于信息表示方式的多样性带来的操作复杂性。

（2）非过程化

SQL 语言是一个高度非过程化的语言，在采用 SQL 语言进行数据操作时，只要提出“做什么”，而不必指明“怎么做”，其他工作由系统完成。由于用户无需了解存取路径的结构，存取路径的选择以及相应操作语句的操作过程，所以大大减轻了用户负担，而且有利于提高数据独立性。

（3）采用面向集合的操作方式

SQL 语言采用集合操作方式，用户只要使用一条操作命令，其操作对象和操作结果都可以是元组的集合。如查询操作，不仅其操作对象是元组的集合，其查找结果也是元组的集合；SQL 语言不仅用于查询操作是面向集合的操作方式，而且插入、删除、更新操作的对象也可以是面向元组集合的操作方式。

（4）一种语法结构与两种使用方式

SQL 语言是具有一种语法结构，两种使用方式的语言。既是自含式语言，又是嵌入式语言。自含式 SQL 能够独立地进行联机交互，用户只需在终端键盘上直接键入 SQL 命令就可以对数据库进行操作。嵌入式 SQL 能够嵌入到高级语言的程序中，如可嵌入 C、C++、PowerBuilder、Visual Basic、Visual C++、Delphi、ASP 等程序中，用来实现对数据库的操作。两种使用方式中 SQL 的语法结构基本上一致，因此给程序员设计应用程序提供了很大的方便。

（5）语言结构简洁

尽管 SQL 语言功能极强，且有两种使用方式，但由于设计构思巧妙，语言结构简洁明快，只用了 9 个命令就可完成数据操纵、数据定义和数据控制功能，因此易学易用。SQL 的命令动词如表 8-5 所示。

表 8-5 SQL 的命令动词

| SQL 功能 | 命令动词 |
|---|---|
| 数据操纵 | SELECT、INSERT、UPDATE、DELETE |
| 数据定义 | CREATE、DROP、ALTER |
| 数据控制 | GRANT、REVOKE |

（6）支持三级模式结构

SQL 语言支持关系数据库三级模式结构。其中，视图（view）和部分基本表（base table）对应的是外模式，大多数基本表对应的是概念模式，数据库的存储文件及其索引文件构成关系数据库的内模式。

在关系数据库中，关系的表现形式有基本表、视图和导出表。基本表是实际存储在数据库中的表文件，是“实表”，一个表可以带若干索引，索引也存放在存储文件中；视图是由一个或多个基本表以及其他视图构成的表，它本身不独立存储于数据库中，即数据库中只存放视图的定义而不存放视图对应的数据，这些数据仍存放在导出视图的基本表中，因此视图是“虚表”；导出表是由执行查询而产生的表。

### 3. SQL 的功能

SQL 的主要功能包括数据定义、数据操纵、数据控制、接口以及存储等。

（1）SQL 的数据定义功能

SQL 的数据定义主要有如下几种功能：

① 基本表的定义与取消。

② 视图的定义与取消。

③ 索引、集簇的建立与删除。

（2）SQL 的数据操纵功能

SQL 的数据操纵主要有如下几种功能：

① 数据查询功能。

② 数据删除功能。

③ 数据插入功能。

④ 数据修改功能。

⑤ 数据的简单计算及统计功能。

（3）SQL 的数据控制功能

SQL 的数据控制主要有如下几种功能：

① 数据的完整性约束功能。

② 数据的安全性及存取权限功能。

③ 数据的触发功能。

④ 数据的并发控制功能及故障恢复功能。

（4）与主语言的接口

SQL 语言提供游标语句（共四条）以解决 SQL 与主语言间因数据不匹配所引起的接口问题。

（5）存储过程

SQL 语言还提供远程调用功能，在客户-服务器模式下，客户机中的应用可以通过网络调用服务器数据库中的存储过程。存储过程是一个由 SQL 语句所组成的过程，该存储过程在被应用调用后执行 SQL 语句序列，最终将结果返回给应用。存储过程可以分为多个应用所共享。

### 4. 常用 SQL 语句

（1）SQL 数据定义功能

关系数据库系统支持三级模式结构，其模式、外模式和内模式中的基本对象有表、视图和索引。因此 SQL 的数据定义功能包括定义表、定义视图和定义索引。

① 定义基本表。生成新的表要使用 CREATE TABLE 命令，其语句格式为：

```
CREATE TABLE <表名>(<列名 1> <数据类型 1> [列级完整性约束条件]
                    [,<列名 2> <数据类型 2>[列级完整性约束条件]]…
                    [表级完整性约束条件]);
```

功能：建立一个新的基本表，指明基本表的表名与结构，包括组成该表的每一个字段名，数据类型等。

其中<表名>是所要定义的基本表的名字，它可由一个或多个属性（列）组成。

例如，使用 SQL 语句建立学生基本情况表，它由学号、姓名、性别、系别四个属性组成。其中学号不能为空，值是唯一的。

```
CREATE TABLE 学生基本情况(学号 CHAR(5) NOT NULL UNIQUE,
                          姓名 CHAR(8),
                          性别 CHAR(2),
                          系别 CHAR(15));
```

建表的同时还可以定义与该表有关的完整性约束条件，它们会被存入系统的数据字典中，当用户操作表中数据时由 DBMS 自动检查该操作是否违背这些完整性约束条件。如完整性约束条件设计到表中的多个属性列，则必须定义在表级上，否则既可定义在列级又可定义在表级。Access 中可以实现的几种常见的列级完整性约束如表 8-6 所示。

表 8-6　几种常见的列级完整性约束

| | |
|---|---|
| NOT NULL | 限制列取值非空 |
| DEFAULT | 给定列的默认值 |
| UNIQUE | 限制列取值不可重复 |

② 修改基本表。在创建了一个基本表以后，可以使用 ALTER TABLE 语句对表进行修改。语句格式：

```
ALTER TABLE〈表名>[ADD<新列名><数据类型>[完整性约束]
               [DROP<完整性约束>]
               [MODIFY<列名><数据类型>];
```

其中〈表名〉是要修改的基本表，ADD 子句用于增加新列和新的完整性约束条件，DROP 子句用于删除指定的完整性约束条件，MODIFY 子句用于修改原有的列定义，包括修改列名和列定义。

例如，为学生基本情况表中，增加出生日期字段。

```
ALTER TABLE 学生 ADD 出生日期 DATE;
```

③ 删除基本表。

```
DROP TABLE〈表名〉;
```

功能：删除指定表及其数据，释放相应的存储空间，同时系统也自动地删除在此表上建立的各种索引，也删除了在该表上授予的操作权限。虽然删除表时并未删除定义在该表上的视图，但这些视图已无效，不能再使用了。

例如，删除已存在的学生基本情况表。

```
DROP TABLE 学生基本情况;
```

（2）SQL 数据查询功能

数据库查询是数据库的核心操作。SQL 语言提供了 SELECT 语句进行数据库的查询，其一般格式为：

```
SELECT [ALL|DISTINCT]<目标列表达式>[，<目标列表达式>]
                      FROM <参与查询的表名或视图名>
```

```
[ WHERE <查询选择的条件> ]
[ GROUP BY <分组表达式> ] [ HAVING <分组查询条件> ]
[ORDER BY <排序表达式> [ ASC | DESC ] ];
```

整个语句的含义为：根据 WHERE 子句中的条件表达式，从基本表（或视图）中找出满足条件的元组，按 SELECT 子句中的目标列，选出元组中的分量形成结果表。如果有 ORDER 子句，则结果表要根据指定的表达式按升序（ASC）或降序（DESC）排序。如果有 GROUP 子句，则将结果按列名分组，根据 HAVING 指出的条件，选取满足该条件的组予以输出。

这些子句中 SELECT 和 WHERE 子句为必需的，其他子句为可选项。SELECT 语句既可完成简单的单表查询，也可完成复杂的连接查询和嵌套查询。

例如，查询全体学生的学号与姓名。

```
SELECT 学号,姓名;
FROM 学生基本情况;
```

例如，查询选修 2 门及 2 门以上课程的学生学号。

```
SELECT 学号
FROM 成绩
GROUP BY 学号
HAVING COUNT（*）>2;
```

**注意**：此处先分组，再对每一组计数，挑选出统计结果大于等于 2 的组的学号，WHERE 子句作用于基本表或视图，HAVING 短语作用于组。

（3）SQL 数据操纵功能

① INSERT 命令。用于在一张表中添加新记录，并给新记录的字段赋值。

```
INSERT INTO  表名[(列名 1[,列名 2,…])]VALUES(表达式 1[,表达式 2,…]);
```

例如，向学生基本情况表中添加新记录。

```
INSERT INTO 学生基本情况 VALUE('200210103', '张红', '女', '1984-05-10', '人文系')
```

② UPDATE 命令。用新值更新表中记录。一般格式为：

```
UPDATE 表名
SET 列名 1=表达式 1
[,SET 列名 2=表达式 2]…
WHERE 条件表达式;
```

其功能为修改指定表中满足 WHERE 子句条件的元组，如省略 WHERE 子句，则表示要修改表中的所有元组。SET 子句指出将被更新的列及其新值。

例如，将学生基本情况表中，学号为 200211104 的学生姓名改为赵鑫。

```
UPDATE 学生基本情况
SE、姓名=赵鑫
WHERE 学号='200211104'
```

③ DELETE 命令。删除语句的格式为：

```
DELETE
FROM<表名>
```

[WHERE<条件>];

DELETE 语句的功能是从指定表中删除满足 WHERE 子句条件的所有元组。若省略 WHERE 子句，表示删除表中全部元组，但表依然存在。

例如，删除学生基本情况表中姓名为“赵鑫”的学生记录。

```
DELETE
FROM 学生基本情况
WHERE 姓名='赵鑫';
```

# 8.3 Access 数据库管理系统应用

目前，数据库管理系统软件有很多，例如 Oracle，Sybase，DB2，SQL Server，Access，Visual FoxPro 等，虽然这些产品的功能不完全相同，操作上的差别也很大，但是，这些软件都是以关系模型为基础的，因此都属于关系数据库管理系统。

Access 是美国 Microsoft 公司推出的关系数据库管理系统（RDBMS），它作为 Office 的一部分，具有与 Word、Excel 和 PowerPoint 等相同的操作界面和使用环境，深受广大用户的喜爱。下面要介绍的 Access 2007 中文版是 Microsoft 公司的 Office 2007 办公套装软件的组件之一，是现在较为流行的桌面数据库管理系统。本节通过 Access 2007 介绍关系数据库的基本功能及一般使用方法，这些方法同样适合在其他版本中使用。

## 8.3.1 Access 系统概述

### 1. Access 的特点

和其他关系数据库管理系统相比，Access 具有以下特点：

① Access 本身具有 Office 系列的共同功能，如友好的用户界面、方便的操作向导、提供帮助和提示的 Office 助手等。

② Access 是一个小型的数据库管理系统，提供了许多功能强大的工具，如设计使用查询方法、设计制作不同风格的报表、设计使用窗体等。

③ Access 提供了与其他数据库系统的接口，它可直接识别由 FoxBase，FoxPro 等数据库管理系统所建立的数据库文件，也可以和电子表格 Excel 交换数据。

④ Access 还提供了程序开发语言 VBA（Visual Basic for Applications），使用它可以开发用户的应用程序。

⑤ Access 的一个数据库文件中既包含了该数据库中的所有数据表，也包含了由数据表所产生和建立的查询、窗体和报表等。

### 2. Access 2007 的新变化和新功能

Access 2007 的新变化和新功能主要表现为：用户界面进行了全新的改进；提供了功能强大的模板，可以引导用户快速入门；增强了排序和筛选功能及快速创建功能等。

（1）功能强大的特色联机模板

Office Access 2007 拥有改进界面和交互设计功能，可以轻松地快速跟踪和报告信息。启动

Office Access 后，在打开的窗口中可以快速创建数据库，可以自己创建，也可以使用 Access 2007 事先设计好的、专业化的数据库模板来创建。

Access 2007 提供的数据库特色联机模板包括资产、联系人、问题、任务、事件等 10 种。

（2）全新的用户界面

新界面使用选项卡和组代替了 Access 早期版本的多层菜单和工具栏。每个选项卡中包含多个组，每个组中又列出若干命令按钮，用户可以更快速地查找和操作。Access 2007 可以更轻松地创建、修改和使用数据库解决方案。面向结果的新用户界面（UI）是上下文相关的，宜于保证效率和查找方便性。虽然有大约 1 000 条命令，但是新用户界面仅显示任何时候执行的任务的相关命令。

（3）改进导航

Office Access 2007 通过新“导航”窗格提供一个表格、表单、查询和报告的全面视图。可以创建自定义组，组织和查看与一个表格相关的所有表单和报告。

（4）快速创建表格

Office Access 2007 使得直接在数据表内工作、创建和自定义表格更加轻松，与在 Microsoft Office Excel 中的工作方式一样。在输入新值时，Office Access 2007 自动添加新字段，并检测数据类型（如日期、数字或文本），甚至可以将 Excel 表格粘贴到新数据表，Office Access 2007 将自动建立所有字段，并识别数据类型。

（5）筛选数据或对数据分类

Office Access 2007 让筛选数据变得更加轻松，使业务问题明朗化。文本、数字和日期数据类型可以使用不同的筛选选项。例如，通过新的筛选选项，可以轻松筛选“今天”、“昨天”、“上周”、“下月”、“将来”、“过去”等中的所有记录的日期列。Office Access 2007 和 Office Excel 2007 之间的筛选体验是一致的。

（6）信息共享

在 Access 2007 中可以快速、安全地共享信息。使用 Access 2007 和 Windows SharePoint Services 可以创建协作数据库应用程序。信息可以存储在 SharePoint 网站的列表中，并且可以通过数据库中的链接表进行访问，也可以将数据库文件存储在 SharePoint 网站中。

（7）PDF 与 XPS 支持

通过 Office Access 2007，可以将报告保存为可移植文档格式（PDF）文件或 XML Paper Specification（XPS）格式，进行打印、发布和电子邮件分发。通过将报告保存为 PDF 或 XPS 文件，可以用一种易于分发的形式捕获报告信息，保存所有格式特征，而不需要其他人拥有 Office Access 2007 才能打印或审阅报告。

### 3. Access 集成环境

（1）启动 Access 2007

当用户安装完 Office 2007（典型安装）之后，Access 2007 也将成功安装到系统中。Office 2007 展现了一个开放式的、充满活力的新外观。通过“开始”按钮启动 Access 就进入了 Access 2007 集成环境，如图 8-9 所示。

（2）Access 2007 的工作界面

Access 2007 的工作界面如图 8-10 所示，主要有以下几个部分组成。

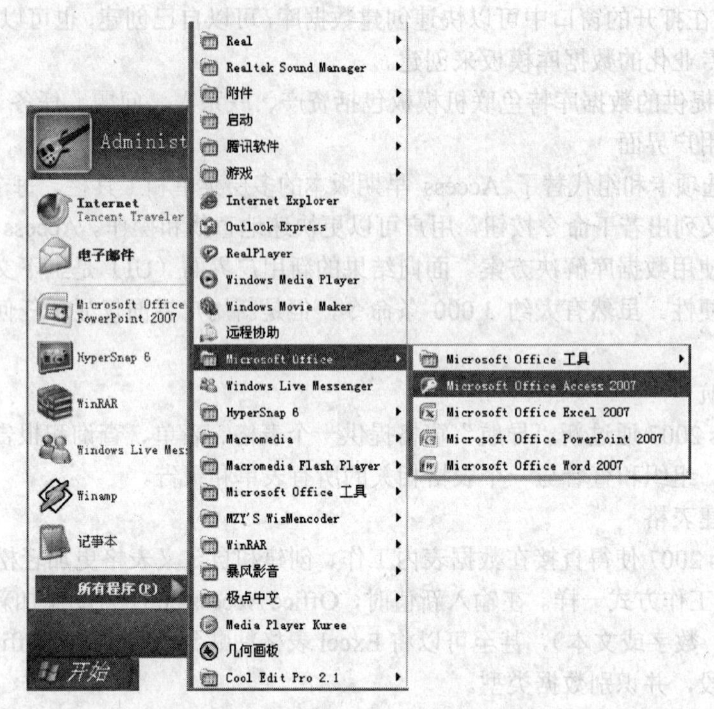


图 8-9　从开始菜单访问 Access 2007

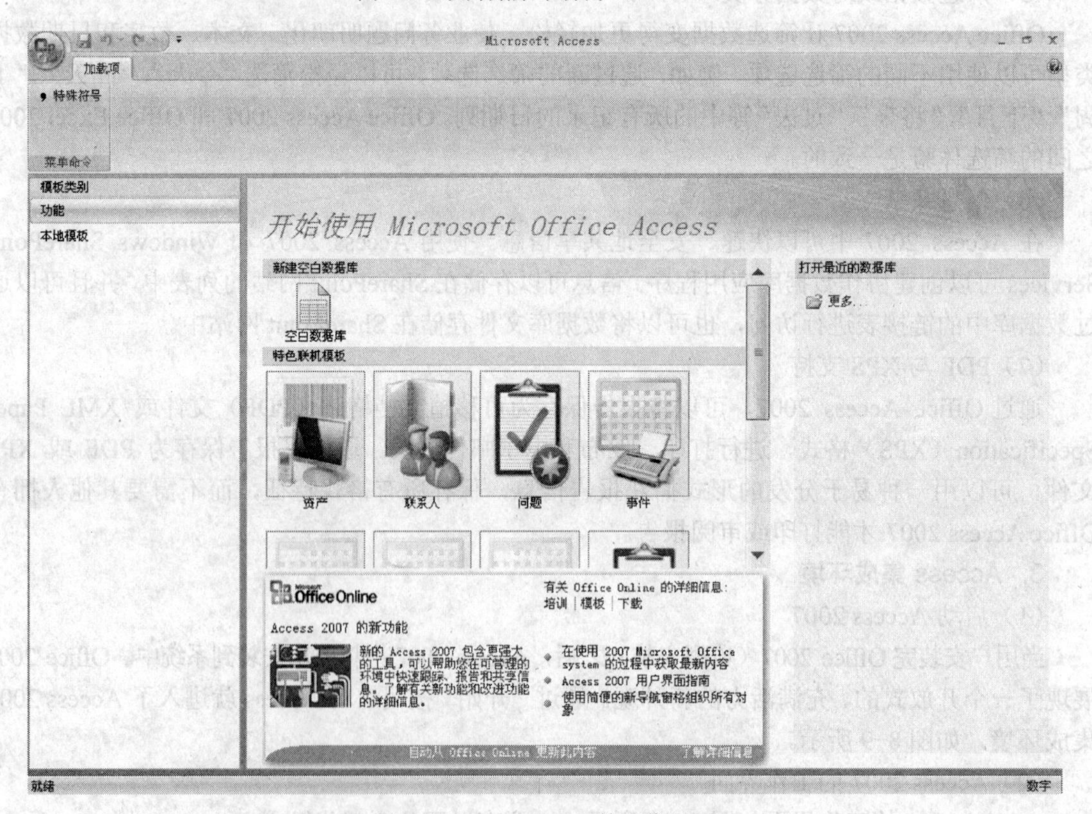


图 8-10　Access 2007 的工作界面

① Office 按钮。Office 按钮位于窗口的左上角，如图 8-11 所示。其功能与旧版本的 Office 组件中菜单栏的“文件”菜单项的功能一样，单击该按钮，在弹出的菜单中可执行新建、打开、保存和关闭等操作。

② 快速访问工具栏。快速访问工具栏位于 Access 2007 工作界面 Office 按钮右侧。它包括“保存”按钮、“撤销”按钮、“恢复”按钮以及“自定义快速访问工具栏”按钮，如图 8-12 所示。

图 8-11　Office 按钮

图 8-12　Access 2007 快速访问工具栏

③ 标题栏。标题栏位于窗口的顶端，是 Access 应用程序窗口的组成部分，用来显示当前应用程序名称、编辑的数据库名称和数据库保存的格式。标题栏最右端有 3 个按钮，分别用来控制窗口的最大化/还原、最小化和关闭应用程序，如图 8-13 所示。

图 8-13　Access 2007 标题栏

④ 选项卡。Access 2007 取消了菜单命令，将菜单栏转换为相应的选项卡。选项卡位于 Access 2007 工作界面的顶部区域，如图 8-14 所示。并且每个选项卡的下方都列出了不同功能的组，如“开始”选项卡中包含“字体”、“格式文本”、“排序和筛选”等组，如图 8-14 所示。

图 8-14　Access 2007 选项卡

⑤ 组。每个选项卡都包含了若干个组，它用来对选项卡中的命令进行分类，方便用户查找和使用，如数据表选项卡中包括视图、字段和列、数据类型和格式、关系四个组，如图 8-15 所示。

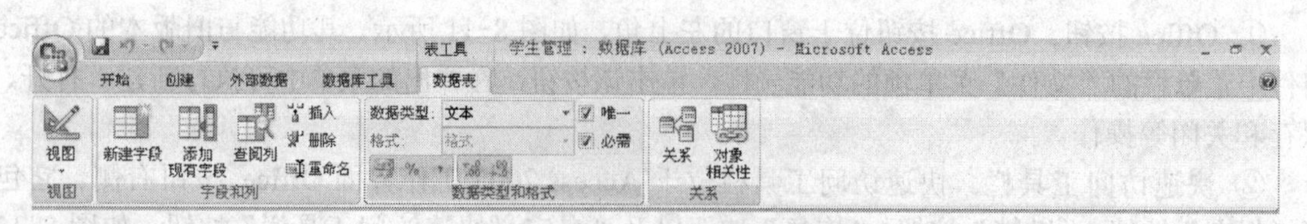


图 8-15　Access 2007 组

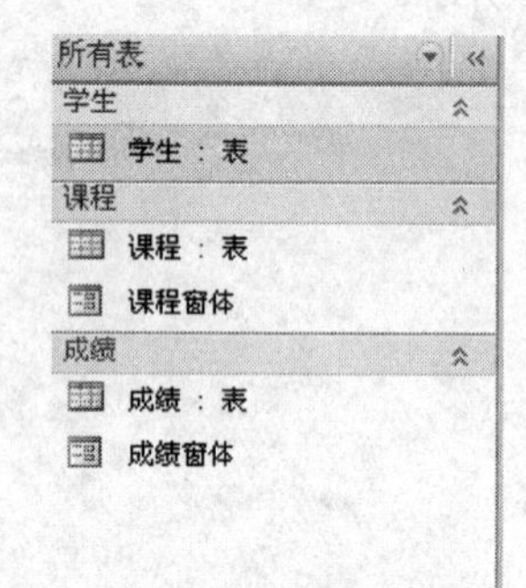


图 8-16　Access 2007 导航窗格

⑥ 导航窗格。导航窗格位于窗口左侧的区域，用来显示数据库对象表、查询、窗体和报表等的名称，如图 8-16 所示。在窗口的选项上单击鼠标右键，在弹出的快捷菜单中可以选择需要执行的选项。导航窗格取代了 Access 早期版本中的数据库窗口。

⑦ 工作区。工作区是 Access 2007 工作界面中最大的部分，它用来显示数据库中的各种对象，是使用 Access 进行数据库操作的主要工作区域，如图 8-17 所示。

⑧ 状态栏。状态栏位于程序窗口的底部，左侧显示状态信息，右侧是数据表视图切换按钮，包括数据表视图按钮、数据透视表视图按钮、数据透视图按钮和设计视图按钮，如图 8-18 所示。

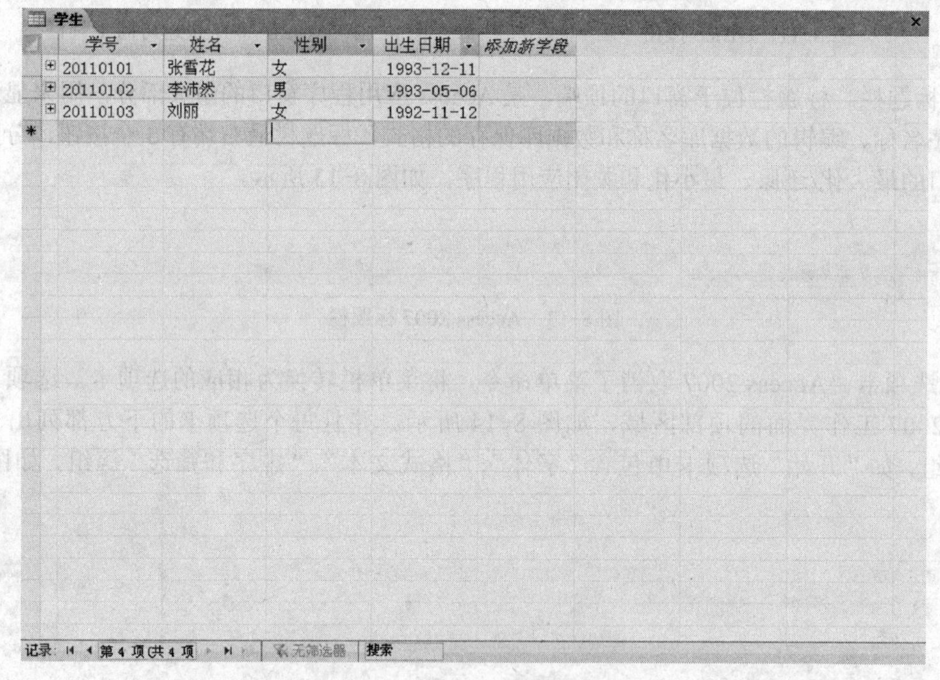


图 8-17　Access 2007 工作区

“数据表”视图　数字

图 8-18　Access 2007 状态栏

#### 4. Access 数据库对象

表是 Access 数据库最主要的对象，除此之外，Access 2007 数据库的对象还包括查询、窗体、报表、宏以及模块等。

（1）“表”对象

表是同一类数据的集合体，也是 Access 数据库中保存数据的地方，是数据库的核心，其他 5 个对象都是建立在“表”对象基础上的。一个数据库中可以包含一个或多个表，表与表之间可以根据需要创建关系。“表”对象具有设计视图和数据表视图两种方式。

（2）“查询”对象

查询是指使用一些限制条件来选取表中的数据（记录）。例如，查询所有学生的基本数据、查询 2010 年之后工作的员工等。用户可以将查询保存，成为数据库中的“查询”对象，在实际操作过程中，就可以随时打开既有的查询查看，提高工作的效率。“查询”对象包括 3 种视图——设计视图、数据表视图和 SQL 视图。

（3）“窗体”对象

窗体是用户与 Access 数据库应用程序进行数据传递的桥梁，其功能在于建立一个可以查询、输入、修改、删除数据的操作界面，以便让用户能够在最舒适的环境中输入或查阅数据。

窗体根据功能的不同，可以分为数据输入窗体、开关面板窗体和对话框窗体。数据输入窗体用于向表中输入数据；开关面板窗体用于打开其他窗体或报表；对话框窗体用于接受用户输入信息操作。“窗体”对象包括 3 种视图——设计视图、布局视图和窗体视图。

（4）“报表”对象

报表用于将选定的数据以特定的版式显示或打印，是表现用户数据的一种有效方式，其内容可以来自某一个表也可来自某个查询。在 Access 中，报表能对数据进行多重的数据分组并可将分组的结果作为另一个分组的依据，报表还支持对数据的各种统计操作，如求和、求平均值或汇总等。“报表”对象包括 3 种视图——设计视图、布局视图和报表视图。

（5）“宏”对象

宏是一个或多个命令的集合，其中每个命令都可以实现特定的功能，通过将这些命令组合起来，可以自动完成某些经常重复或复杂的操作。宏可以分为事件宏和条件宏，事件宏是在某一事件触发时执行，条件宏是在某一条件满足时执行。

（6）“模块”对象

模块就是所谓的“程序”，Access 虽然在不需要撰写任何程序的情况下就可以满足大部分用户的需求，但对于较复杂的应用系统而言，只靠 Access 的向导及宏仍然稍显不足。所以 Access 提供 VBA（Visual Basic for Applications）程序命令，可以自如地控制细微或较复杂的操作。

### 8.3.2 学生成绩查询系统设计

创建系统之前，首先对系统进行分析，明确系统的功能、确定数据库中包含哪些表、确定表的字段及其表之间的关系，最后给出系统预览。

#### 1. 系统功能分析

学生成绩查询系统主要功能为学生数据录入、课程录入和成绩录入以及各种查询。

**2. 数据库设计**

由于逻辑设计与具体的数据库管理系统有关。以 Microsoft Office Access 为例，逻辑结构设计主要完成两个任务：

① 按照一定的原则将数据组织成一个或多个数据库，指明每个数据库中包含哪几个表，并指出每个表包含的字段。

② 确定表间关系。通俗地说，就是设计一种逻辑结构，通过该逻辑结构能够导出与用户需求一致的结果。如果不能达到用户的需求，就要反复修正或重新设计。

学生成绩管理系统只需创建一个数据库，包含 3 个表：学生表、课程表和成绩表。学生表与成绩表为一对多关系，课程表与成绩表也为一对多关系。

学生表结构、课程表结构及成绩表结构分别如表 8-7、表 8-8、表 8-9 所示。

**表 8-7　学生表结构**

| 字 段 名 | 字 段 类 型 | 字 段 大 小 | 允许空字符 | 主　键 | 索　引 |
|---|---|---|---|---|---|
| 学号 | 文本 | 10 | 否 | √ | 有（无重复） |
| 姓名 | 文本 | 10 | 否 | | 无 |
| 性别 | 文本 | 2 | 否 | | 无 |
| 出生日期 | 日期 | | 否 | | 无 |
| 籍贯 | 文本 | 50 | 否 | | 无 |

**表 8-8　课程表结构**

| 字 段 名 | 字 段 类 型 | 字 段 大 小 | 允许空字符 | 主　键 | 索　引 |
|---|---|---|---|---|---|
| 课程编号 | 文本 | 10 | 否 | √ | 有（无重复） |
| 课程名称 | 文本 | 50 | 否 | | 无 |
| 学时 | 文本 | 10 | 否 | | 无 |
| 学分 | 文本 | 10 | 否 | | 无 |
| 开课系 | 文本 | 50 | 否 | | 无 |
| 考核方式 | 文本 | 10 | 否 | | 无 |

**表 8-9　成绩表结构**

| 字 段 名 | 字 段 类 型 | 字 段 大 小 | 允许空字符 | 主　键 | 索　引 |
|---|---|---|---|---|---|
| 学号 | 文本 | 10 | 否 | √ | 有（无重复） |
| 课程编号 | 文本 | 10 | 否 | √ | 有（无重复） |
| 成绩 | 文本 | 10 | 否 | | 无 |

物理结构设计同样依赖于具体的数据库管理系统。对 Access 来说，物理结构的设计过程通常包括创建数据库、创建表和创建表之间的关系。

### 3. 创建数据库

启动 Access 2007 后，在窗口右侧出现空白数据库窗格，如图 8-19 所示，在文件名文本框中输入数据库名称，选择保存的路径，单击“创建”按钮即可创建一个新的数据库。

图 8-19 Access 2007 空白数据库窗格

### 4. 表的创建

（1）使用数据表视图方式创建学生表

步骤如下：

① 打开“学生管理”数据库。

② 在数据库工作界面右边的表 1 窗口的“ID 字段”列标题上单击鼠标右键，在弹出的快捷菜单中选择“重命名”列命令，如图 8-20 所示，更改为“学号”。

③ 双击“添加新字段”列标题，增加姓名、性别、出生日期、籍贯列，如图 8-21 所示。

④ 保存学生表

单击快速访问工具栏中的“保存”按钮，将表名称设为学生，单击“确定”按钮，如图 8-22 所示。

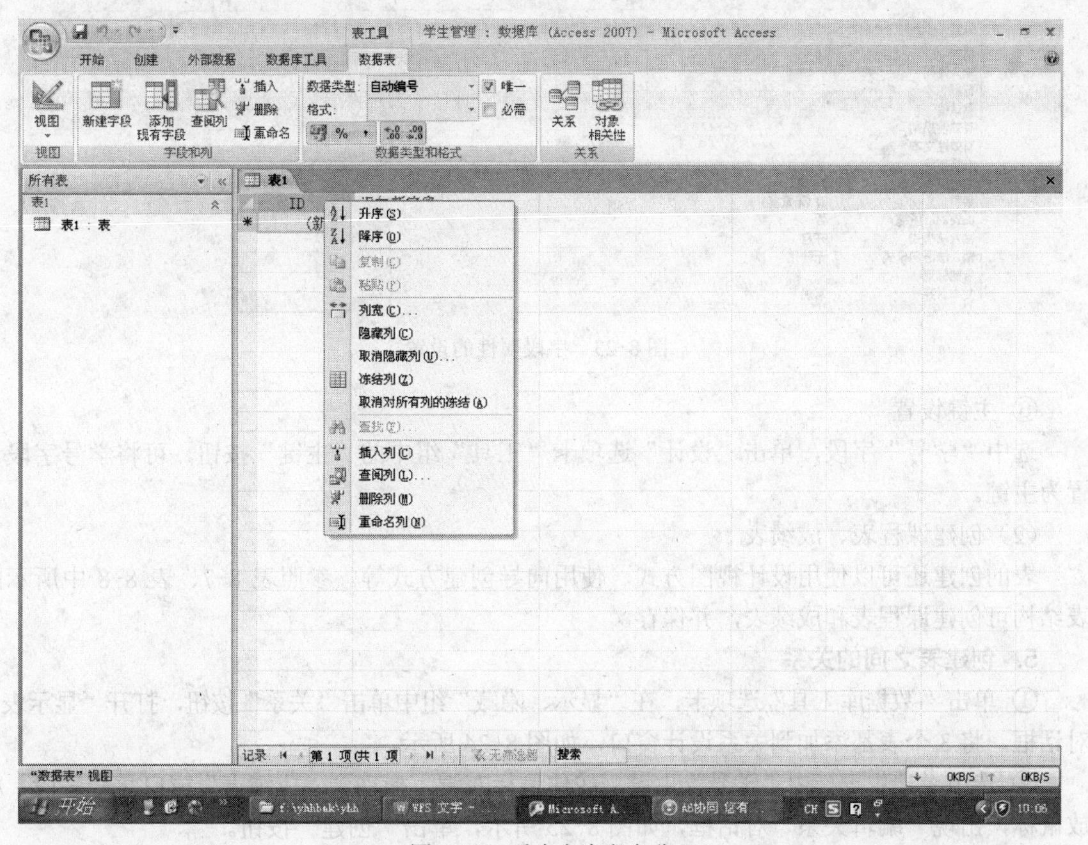


图 8-20 重命名字段名称

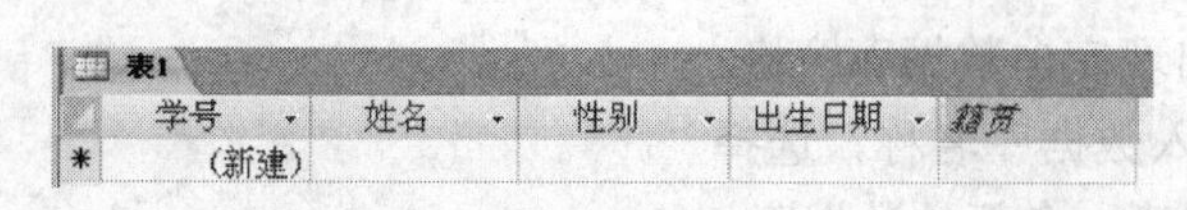


图 8-21　添加新字段

图 8-22　表的保存

⑤ 设置字段类型及属性

打开学生表的设计视图窗口。依次选中各字段，修改数据类型名，输入属性值。图 8-23 为学号字段的设置。

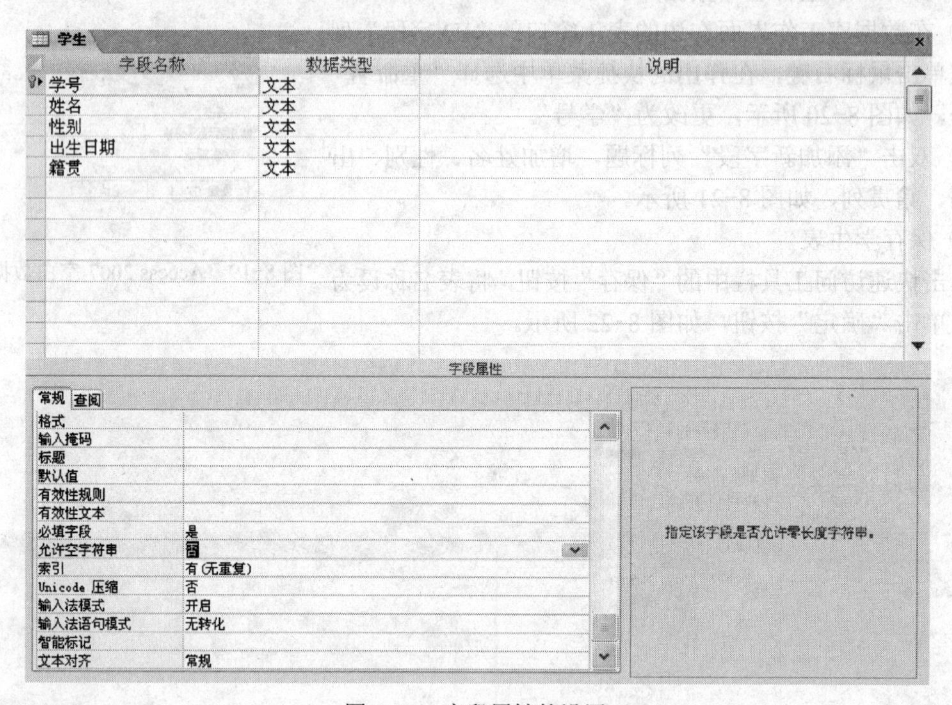


图 8-23　字段属性的设置

⑥ 主键设置

选中“学号”字段，单击“设计”选项卡“工具”组中的“主键”按钮，可将学号字段设置为主键。

（2）创建课程表、成绩表

表的创建还可以使用设计视图方式、使用向导创建方式等。参照表 8-7、表 8-8 中所示的表结构可创建课程表和成绩表，并保存。

**5. 创建表之间的关系**

① 单击“数据库工具”选项卡，在“显示、隐藏”组中单击“关系”按钮，打开“显示表”对话框，将 3 个表都添加到关系设计窗口，如图 8-24 所示。

② 选中“学生表”中“学号”主键，按住鼠标左键，拖动到“成绩表”窗口学号字段，释放鼠标，出现“编辑关系”对话框，如图 8-25 所示，单击“创建”按钮。

③ 选中“课程”中“课程编号”主键，按住鼠标左键，拖动到“成绩表”窗口中的课程编

号字段，出现“编辑关系”对话框，如图 8-26 所示，单击“创建”按钮。

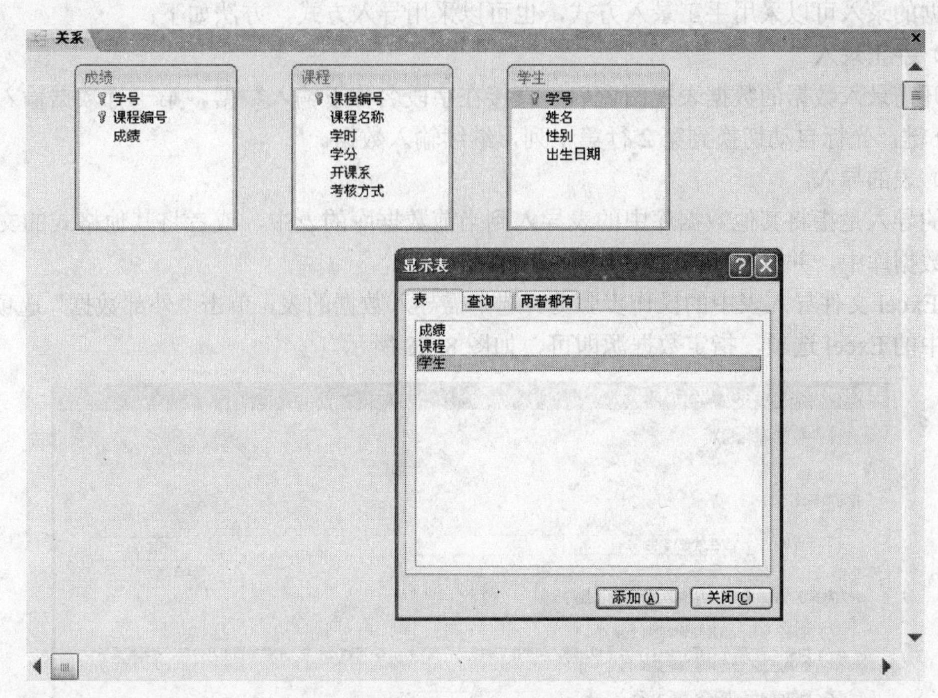


图 8-24　创建表的关系

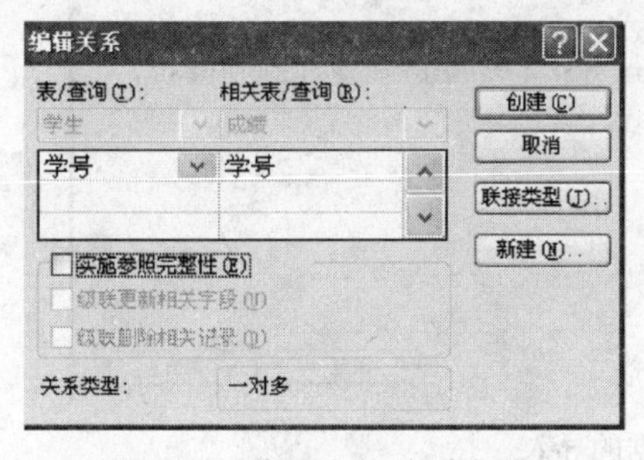


图 8-25　编辑表的关系步骤一

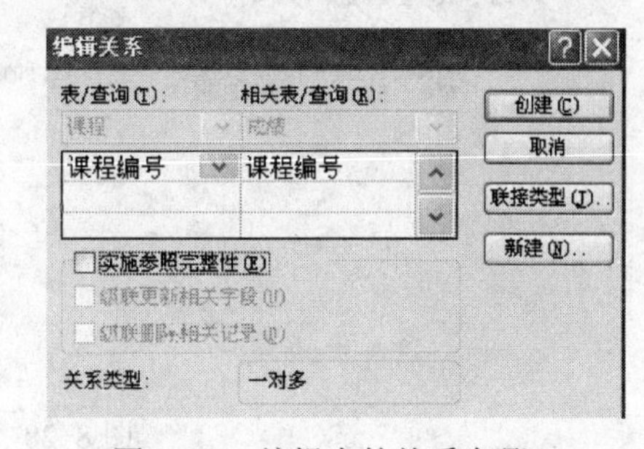


图 8-26　编辑表的关系步骤二

至此，三个表之间的关系创建成功，如图 8-27 所示。

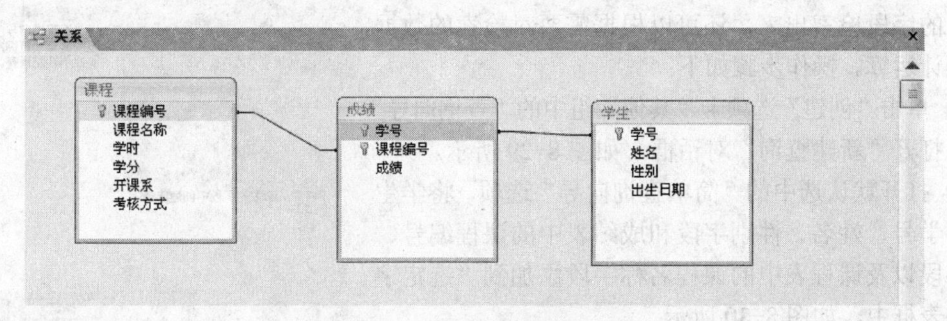


图 8-27　创建成功的表关系

### 6. 数据录入

数据的录入可以采用手工录入方式，也可以采用导入方式，方法如下：

（1）手工录入

打开需录入数据的数据表视图窗口，直接在字段名称下输入数据。第一行数据输入完后，按 Enter 键，光标自动切换到第 2 行第 1 列，继续输入数据。

（2）表的导入

表的导入是指将其他数据库中的表导入到当前数据库的表中，或者将其他格式的文件导入到当前数据库中，并以表的形式保存。

将 Excel 文件导入表中的操作步骤为：选中需导入数据的表，单击“外部数据”选项卡“导入”组中的 Excel 选项，指定数据源即可，如图 8-28 所示。

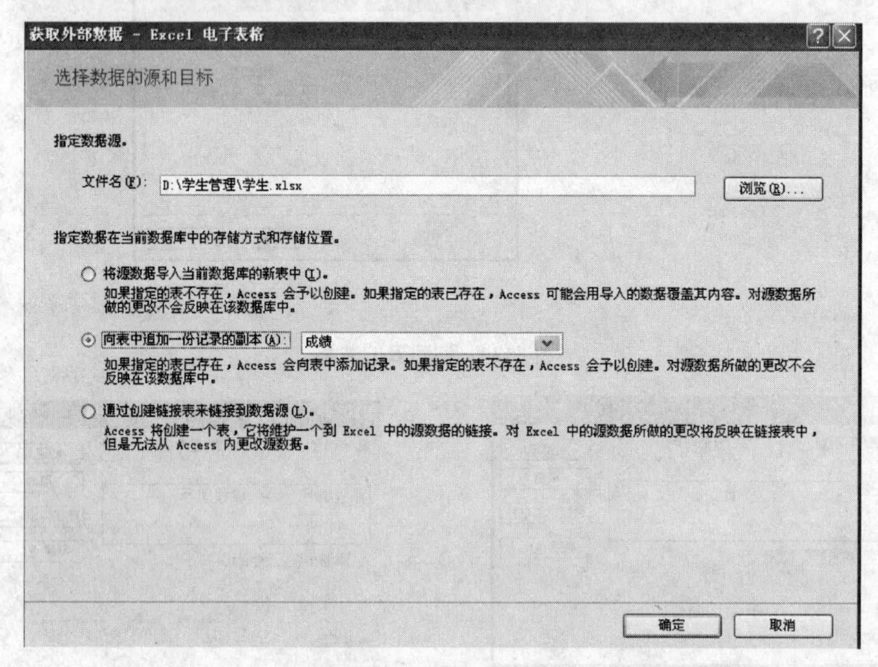


图 8-28　表数据的导入

### 7. 查询的创建及应用

使用简单查询向导创建查询可以将一个或多个表或查询中的字段检索出来，还可以根据需要对检索的数据进行统计运算。操作步骤如下：

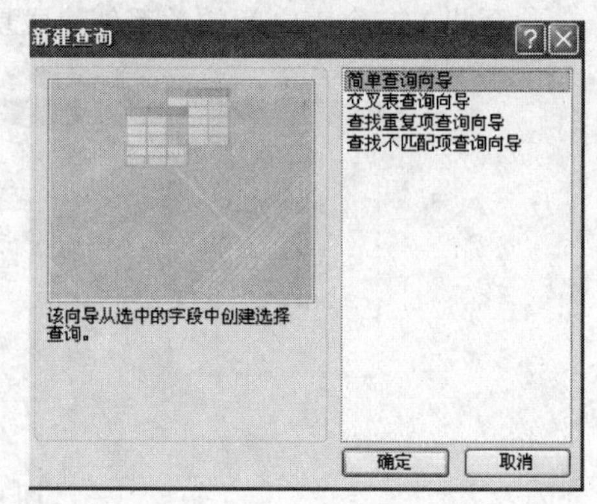


图 8-29　新建查询

① 单击“创建”选项卡“其他”组中的“查询向导”按钮，打开“新建查询”对话框，如图 8-29 所示。

② 打开默认选中的“简单查询向导”选项，将学生表中的学号、姓名、性别字段和成绩表中的课程编号、成绩字段以及课程表中的课程名称字段添加到“选定字段”列表框中，如图 8-30 所示。

③ 单击“下一步”按钮，选择默认的“明细”查询，

继续单击“下一步”按钮，指定查询标题和打开方式，单击“完成”按钮，如图 8-31 所示。

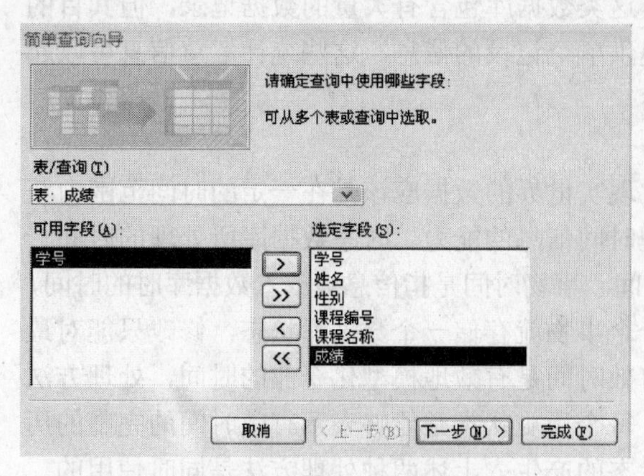


图 8-30　简单查询向导

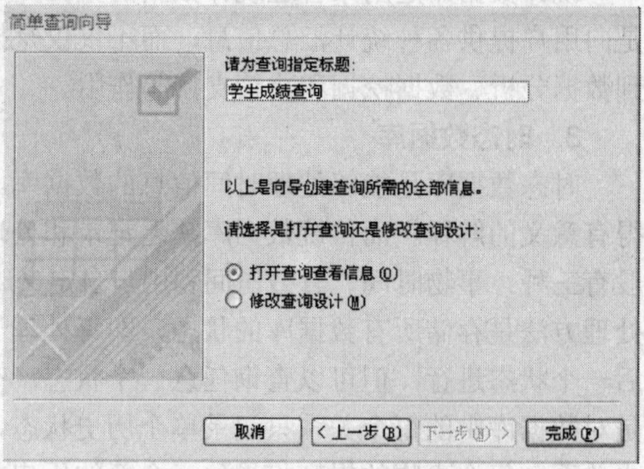

图 8-31　指定查询标题

④“学生成绩查询”视图如图 8-32 所示。

| 学号 | 姓名 | 性别 | 课程编号 | 课程名称 | 成绩 |
| --- | --- | --- | --- | --- | --- |
| 20110101 | 王丽 | 女 | 010101 | 高等数学 | 95 |
| 20110101 | 王丽 | 女 | 010102 | 大学物理 | 87 |
| 20110102 | 李立明 | 男 | 010101 | 高等数学 | 76 |
| 20110102 | 李立明 | 男 | 010102 | 大学物理 | 58 |
| 20103028 | 邹德林 | 男 | 010103 | 外语 | 77 |
| 20110101 | 王丽 | 女 | 010103 | 外语 | 65 |
| 20110102 | 李立明 | 男 | 010103 | 外语 | 99 |
| 20103028 | 邹德林 | 男 | 010104 | 大学计算机基础 | 99 |

图 8-32　创建成功的查询视图

# 8.4　数据库应用和发展趋势

近年来，在计算机领域出现了许多新技术，如分布式处理技术、并行处理技术、人工智能、多媒体处理技术、模糊技术和面向对象技术等。随着与其他学科内容的结合，数据库技术的应用范围越来越广，出现了一些更适合特定领域的新型数据库技术，例如工程数据库、模糊数据库、统计数据库、时态数据库和演绎数据库等。从发展上也出现了一些引人注目的趋势，其主要趋势包括分布式数据库、面向对象数据库，多媒体数据库和并行数据库等。

## 8.4.1　面向应用领域的数据库

### 1. 工程数据库

工程数据库是专用于存放工程数据的数据库。工程数据包括产品设计数据、产品模型数据、材料数据、绘图数据、成组技术编码数据、测试数据和质量优化数据等。通过扩充的关系模型、扩充的网状模型、语义模型、混合模型等方法将传统的数据模型加以扩充以适应工程数据的需要。工程数据管理系统的目的是改进一个企业的工程信息的流动、质量和利用率。

### 2. 统计数据库

统计数据库是用来管理统计数据的数据库。这类数据库包含有大量的数据记录，但其目的是向用户提供各种统计汇总信息，而不仅仅是提供单个记录的信息。这些统计汇总信息可以起到数据分析、数据挖掘和决策支持等作用。

### 3. 时态数据库

时态数据库是能够处理时间信息的数据库。现实世界的数据应该是在一定的时间范围内获得有意义的解释。而传统数据库缺乏记录和处理时间信息的能力。时态数据库所处理的时间一般有三种：事物时间、有效时间和用户自定义时间。事物时间是指信息被放入数据库时的时间，处理方法是存储所有数据库的状态，即每处理一个事物就存储一个数据库状态，修改只能对最后一个状态进行，但可以查询任意一个状态。有效时间是有效地模型化企业的时间，处理方法是对数据库中的每个关系只记录单个历史状态，每个历史状态是能够表示有效时间的完整的历史关系，每个事物的提交将导致一个新的历史状态的产生。上述两种处理方法是同时使用的。另外，还允许用户自定义时间属性。

### 4. 空间数据库

空间数据库是以描述空间位置和点、线、面、体特征的拓扑结构的位置数据及描述这些特征的性能的属性数据为对象的数据库。其中位置数据为空间数据，用于表示空间物体的位置、形状、大小和分布特征等信息的数据，用于描述所有二维、三维和多维分布的关于区域的信息，它不仅具有表示物体本身的空间位置及状态的信息，还具有表示物体的空间关系的信息；属性数据为非空间数据，用于表示物体的本质特征，以区别地理实体，对地理实体进行语义定义，包括表示专题属性和质量描述的数据。地图制图和遥感图像处理是空间数据库应用较早的领域。空间数据库的目的是利用数据库技术实现数据的有效存储、管理和检索，并为各种空间数据库用户使用。

## 8.4.2 管理信息系统的概念及应用

管理信息系统（management information system，MIS）是一个由人、计算机及其他外围设备等组成的能进行信息的收集、传递、存储、加工、维护和使用的系统。它是一门新兴的科学，其主要任务是最大限度的利用现代计算机及网络通信技术加强企业的信息管理，通过对企业拥有的人力、物力、财力、设备、技术等资源的调查了解，建立正确的数据，加工处理并编制成各种信息资料及时提供给管理人员，以便进行正确的决策，不断提高企业的管理水平和经济效益。

目前，企业的计算机网络已成为企业进行技术改造及提高企业管理水平的重要手段。随着我国与世界信息高速公路的接轨，企业通过计算机网络获得信息必将为企业带来巨大的经济效益和社会效益，企业的办公及管理都将朝着高效、快速、无纸化的方向发展。MIS 系统通常用于系统决策，例如可以利用 MIS 系统找出目前迫切需要解决的问题，并将信息及时反馈给上层管理人员，使他们了解当前工作的进展或不足。换句话说，MIS 系统的最终目的是使管理人员及时了解公司现状，把握将来的发展路径。管理信息系统不仅是一个技术系统，而且是一个社会系统。

MIS 的应用是伴随着计算机技术的发展而展开的，计算机技术是它得以存在的基础，计算机技术的发展直接推动了MIS从低级低效发展到了高级高效。其次，MIS作为一个基于计算机的系统，其数据分析、软件开发等都是需要技术的支持。同时，对于MIS的开发和使用都需要专业的人来做，因此说MIS是一个技术系统。

管理信息系统是社会系统的抽象表达，社会系统的各个实体之间通过信息发生相互作用，而把这些实体抽象成为管理信息系统里的结点，将不可见的信息具体化，进行分类、检索和储存，提高信息的质量，就可以提高实体之间交流和相互作用的效率。任何一个实际有效的管理信息系统都是一个社会系统的映像，管理信息系统的应用可以提高社会系统的运行效率，它实际上也是社会系统的一部分，是社会系统高度发达的产物。

一个完整的MIS应包括：决策支持系统（DSS）、计算机控制系统（CCS）、办公自动化系统（OA）以及数据库、模型库、方法库、知识库和与上级机关及外界交换信息的接口。其中，特别是办公自动化系统（OA）、与上级机关及外界交换信息等都离不开Intranet（互联网）的应用。可以这样说，现代企业MIS不能没有Intranet，但Intranet的建立又必须依赖于MIS的体系结构和软硬件环境。

传统的MIS系统的核心是C/S（Client/Server，客户-服务器）架构，而基于Internet的MIS系统的核心是B/S（Browser/Server，浏览器-服务器）架构。B/S架构比起C/S架构有着很大的优越性，传统的MIS系统依赖于专门的操作环境，这意味着操作者的活动空间受到极大限制；而B/S架构则不需要专门的操作环境，在任何地方，只要能上网，就能够操作MIS系统，这其中的优劣差别是不言而喻的。

完善的MIS具有以下四个标准：确定的信息需求、信息的可采集与可加工、可以通过程序为管理人员提供信息、可以对信息进行管理。具有统一规划的数据库是MIS成熟的重要标志，它象征着MIS是软件工程的产物。通过MIS实现信息增值，用数学模型统计分析数据，实现辅助决策。MIS是发展变化的，MIS有生命周期。

MIS的开发必须具有一定的科学管理工作基础。只有在合理的管理体制、完善的规章制度、稳定的生产秩序、科学的管理方法和准确的原始数据的基础上，才能进行MIS的开发。因此，为适应MIS的开发需求，企业管理工作必须逐步完善以下几点：管理工作的程序化，各部门都有相应的作业流程；管理业务的标准化，各部门都有相应的作业规范；报表文件的统一化，固定的内容、周期、格式；数据资料的完善化和代码化。

### 8.4.3 数据仓库与数据挖掘简介

数据仓库是决策支持系统和联机分析应用数据源的结构化数据环境。数据仓库研究和解决从数据库中获取信息的问题。数据仓库的特征在于面向主题、集成性、稳定性和时变性。

数据仓库之父William H. Inmon在1991年出版的*Building the Data Warehouse*一书中所提出的定义被广泛接受——数据仓库（data warehouse）是一个面向主题的（subject oriented）、集成的（integrated）、相对稳定的（non-volatile）、反映历史变化（time variant）的数据集合，用于支持管理决策。

**1. 数据仓库的特点**

① 数据仓库是面向主题的。

② 数据仓库是集成的。数据仓库的数据有分散的操作型数据，将所需数据从原来的数据中

抽取出来，进行加工与集成，统一与综合之后才能进入数据仓库。

③ 数据仓库是不可更新的，数据仓库主要是为决策分析提供数据，所涉及的操作主要是数据的查询。

④ 数据仓库是随时间而变化的，传统的关系数据库系统比较适合处理格式化的数据，能够较好地满足商业商务处理的需求，他在商业领域取得了巨大的成功。稳定的数据以只读格式保存，且不随时间改变。

⑤ 汇总的。操作型数据映射成决策可用的格式。

⑥ 大容量。时间序列数据集合通常都非常大。

⑦ 非规范化的。数据可以是而且经常是冗余的。

⑧ 元数据。将描述数据的数据保存起来。

⑨ 数据源。数据来自内部的和外部的非集成操作系统。

**2. 数据仓库的用途**

每一家公司都有自己的数据。并且，许多公司在计算机系统中存储有大量的数据，记录着企业购买、销售、生产过程中的大量信息和客户的信息。通常这些数据都储存在许多不同的地方。使用数据仓库之后，企业将所有收集来的信息存放在一个唯一的地方——数据仓库。仓库中的数据按照一定的方式组织，从而使得信息容易存取并且有使用价值。目前，已经开发出一些专门的软件工具，使数据仓库的过程实现半自动化，帮助企业将数据导入数据仓库，并使用那些已经存入仓库的数据。

数据仓库给组织带来了巨大的变化。数据仓库的建立给企业带来了一些新的工作流程，其他的流程也因此而改变。数据仓库为企业带来了一些“以数据为基础的知识”，它们主要应用于对市场战略的评价，和为企业发现新的市场商机，同时，也用来控制库存、检查生产方法和定义客户群。数据仓库将企业的数据按照特定的方式组织，从而产生新的商业知识，并为企业的运作带来新的视角。

**3. 建立数据仓库的原因**

计算机发展的早期，人们已经提出了建立数据仓库的构想。“数据仓库”一词最早是在1990年由Bill Inmon先生提出的，其描述如下：数据仓库是为支持企业决策而特别设计和建立的数据集合。

企业建立数据仓库是因为现有数据存储形式已经不能满足信息分析的需要。数据仓库理论中的一个核心理念就是：事务型数据和决策支持型数据的处理性能不同。

企业在它们的事务操作收集数据。在企业运作过程中，随着定货、销售记录的进行，这些事务型数据也连续地产生。为了引入数据，我们必须优化事务型数据库。

处理决策支持型数据时，一些问题经常会被提出：哪类客户会购买哪类产品？促销后的销售额会变化多少？价格变化后或者商店地址变化后销售额又会变化多少呢？在某一段时间内，相对其他产品来说哪类产品特别容易卖呢？哪些客户增加了他们的购买额？哪些客户又削减了他们的购买额呢？

事务型数据库可以为这些问题作出解答，但是它所给出的答案往往并不能让人十分满意。在运用有限的计算机资源时常常存在着竞争。在增加新信息的时候，我们需要事务型数据库是空闲的。而在解答一系列具体的有关信息分析的问题的时候，系统处理新数据的有效性又会被大大降低。另一个问题就在于事务型数据总是在动态的变化之中产生。决策支持型处理需要相对稳定的数据，从而问题都能得到一致连续的解答。

数据仓库的解决方法包括：将决策支持型数据处理从事务型数据处理中分离出来。数据按照一定的周期（通常在每晚或者每周末），从事务型数据库中导入决策支持型数据库——数据仓库。数据仓库是按回答企业某方面的问题来分主题组织数据的，这是最有效的数据组织方式。

**4. 数据仓库与数据库的区别**

数据仓库的出现，并不是要取代数据库。目前，大部分数据仓库还是用关系数据库管理系统来管理的。可以说，数据库、数据仓库相辅相成、各有千秋。

① 数据库是面向事务的设计，数据仓库是面向主题设计的。

② 数据库一般存储在线交易数据，数据仓库存储的一般是历史数据。

③ 数据库设计是尽量避免冗余，一般采用符合范式的规则来设计，数据仓库在设计时有意引入冗余，采用反范式的方式来设计。

④ 数据库是为捕获数据而设计，数据仓库是为分析数据而设计，它的两个基本的元素是维表和事实表。

⑤ 数据库在基本容量上要比数据仓库小得多。

⑥ 数据库是为了高效的事务处理而设计的，服务对象为企业业务处理方面的工作人员，而数据仓库是为了分析数据进行决策而设计的，服务对象为企业高层决策人员。

**5. 数据挖掘**

数据挖掘（data mining），就是从存放在数据库、数据仓库或其他信息库中的大量的数据中获取有效的、新颖的、潜在有用的、最终可理解的模式的非平凡过程。

数据挖掘在人工智能领域，习惯上又称为数据库知识发现（knowledge discovery in database，KDD），也有人把数据挖掘视为数据库中知识发现过程的一个基本步骤。知识发现过程由数据准备、数据挖掘以及结果表达和解释 3 个阶段构成。数据挖掘可以与用户或知识库交互。

并非所有的信息发现任务都被视为数据挖掘。例如，使用数据库管理系统查找个别的记录，或通过因特网的搜索引擎查找特定的 Web 页面，则是信息检索（information retrieval）领域的任务。虽然这些任务是重要的，可能涉及使用复杂的算法和数据结构，但是它们主要依赖传统的计算机科学技术和数据的明显特征来创建索引结构，从而有效地组织和检索信息。尽管如此，数据挖掘技术也已用来增强信息检索系统的能力。

**6. 数据挖掘与数据仓库融合发展**

数据挖掘和数据仓库的协同工作，一方面可以迎合和简化数据挖掘过程中的重要步骤，提高数据挖掘的效率和能力，确保数据挖掘中数据来源的广泛性和完整性。另一方面，数据挖掘技术已经成为数据仓库应用中极为重要和相对独立的方面和工具。

数据挖掘和数据仓库是融合与互动发展的，其学术研究价值和应用研究前景将是令人振奋的。它是数据挖掘专家、数据仓库技术人员和行业专家共同努力的成果，更是广大渴望从数据库“奴隶”到数据库“主人”转变的企业最终用户的通途。

若将数据仓库（data warehousing）比喻作矿坑，数据挖掘（data mining）就是深入矿坑采矿的工作。毕竟数据挖掘不是一种无中生有的魔术，也不是点石成金的炼金术，若没有够丰富完整的数据，很难期待它能挖掘出什么有意义的信息。

要将庞大的数据转换成为有用的信息，必须先有效率地收集信息。随着科技的进步，功能完善的数据库系统就成了最好的收集数据的工具。简单地说，数据仓库就是搜集来自其他系统的有用数据，存放在一个整合的储存区内，其实就是一个经过处理整合，且容量特别大的关系数据库，用以储存决策支持系统（decision support system）所需的数据，供决策支持或数据分析使用。从信息技术的角度来看，数据仓库的目标是在组织中，在正确的时间，将正确的数据交给正确的人。

许多人对于数据仓库和数据挖掘时常混淆，不知如何分辨。其实，数据仓库是数据库技术的一个新主题，利用计算机系统帮助我们操作、计算和思考，让作业方式改变，决策方式也跟着改变。

数据仓库本身是一个非常大的数据库，它储存着由组织作业数据库中整合而来的数据，特别是指联机事务处理 OLTP（on line transaction processing）所得来的数据。将这些整合过的数据置于数据仓库中，而公司的决策者则利用这些数据作决策。但是，这个转换及整合数据的过程，是建立一个数据仓库最大的挑战。因为将作业中的数据转换成有用的策略性信息是整个数据仓库的重点。综上所述，数据仓库应该具有这些数据：整合性数据、详细和汇总性的数据、历史数据、解释数据。从数据仓库挖掘出对决策有用的信息与知识，是建立数据仓库与使用数据挖掘的最大目的，两者的本质与过程是两回事。换句话说，数据仓库应先行建立完成，数据挖掘才能有效率的进行，因为数据仓库本身所含数据是干净（不会有错误的数据掺杂其中）、完备且经过整合的。因此两者关系或许可解读为数据挖掘是从巨大数据仓库中找出有用信息的一种过程与技术。

## 8.5 本章小结

数据库技术的产生和发展经历了人工管理阶段、文件系统管理阶段和数据库系统管理阶段。数据库系统的基础知识，包括数据、信息、数据库管理系统、数据库的体系结构等。数据模型包括数据结构、数据操作和数据约束条件。概念模型用于信息世界的建模，是现实世界到信息世界的第一层抽象，常用数据结构模型主要有层次模型、网状模型、关系模型和面向对象数据模型。目前应用最广泛的是关系数据模型。目前主流的商业数据库系统主要有：Oracle、Informix、Sybase、DB2、SQL Server、Access、Foxpro、Foxbase、Postgres SQL、Mysql。

数据库系统从运行模式上来说可以分为两种：客户-服务器模式和浏览器-服务器模式。按照规范化设计方法，可将数据库设计归纳为需求分析、概念结构设计、逻辑结构设计、物理结构设计、数据库实施和数据库使用与维护 6 个阶段。

关系数据库系统的数据语言有多种，目前 SQL 语言已成为关系数据库系统所使用的唯一数据语言。本章介绍了 SQL 的特点功能和常用语句。

本章以学生成绩管理系统为例，介绍了 Access 2007 中文版的使用。近年来，随着与其他学科内容的结合，数据库技术的应用范围越来越广，出现了一些更适合特定领域的新型数据库技术，本章从发展的角度介绍了一些引人注目的趋势，包括分布式数据库、面向对象数据库，多媒体数据库和并行数据库等。

## 习　题

**一、填空题**

1. 关系数据库是以（　　　　）C础的数据库系统，它的数据结构是（　　　　）。
2. 数据模型的三个基本组成要素包括：（　　　　）、（　　　　）、（　　　　）。
3. 关系的完整性约束条件是指：（　　　　）、（　　）、（　　）。
4. 在层次模型中没有双亲结点的结点被称为（　　　　）。

**二、单项选择题**

1. 数据库管理系统属于________。

A. 应用软件　　B. 系统软件　　C. 操作系统　　D. 编译软件

2. 在关系中选择某些属性列组成新的关系的操作是________。

A. 选择运算　　B. 投影运算　　C. 等值连接　　D. 自然连接

3. 用树状结构来表示各类实体以及实体之间联系的数据模型称为________。

A. 层次模型　　B. 网状模型　　C. 关系模型　　D. 概念模型

4. 关系模型中的域是指________。

A. 字段　　B. 记录　　C. 属性　　D. 属性的取值范围.

5. Access 2007 采用的是________数据库管理系统。

A. 层次模型　　B. 网状模型　　C. 关系模型　　D. 面向对象模型

**三、简答题**

1. 简述下列名词的含义：数据库、数据库管理系统、数据库系统
2. 试述数据库系统的组成。
3. 简述三种常用的数据模型。
4. 学校中有若干个系，每个系有若干班级和教研室，每个教研室有若干教员，其中有教授和副教授，每人各带若干研究生，每个班有若干学生，每个学生选修若干课程，每门课由若干学生选修。请用 E-R 图画出该学校的概念模型。
5. 使用 SQL 语句针对本章所建的学生表、课程表、成绩表完成如下查询。

（1）查询“土木系”学生的选课情况，要求列出学号、姓名、课程号。

（2）查询“C 程序设计”课程的考试情况，要求列出姓名、所在系及考试成绩。

（3）查询考试成绩不及格学生的姓名、课程名及成绩。

（4）用 Access 创建学生成绩管理数据库。

# 第9章 信息安全技术

## 9.1 信息安全概述

### 9.1.1 信息安全的基本概念

信息安全的定义：信息安全是指信息网络的硬件、软件及其系统中的数据受到保护，不会因偶然的或者恶意的行为而遭到破坏、更改、泄露，系统连续可靠正常地运行，信息服务不中断。

信息安全是一门涉及计算机科学、网络技术、通信技术、密码技术、信息安全技术、应用数学、数论、信息论等多种学科的综合性学科。

**1. 信息安全的实质**

信息安全的实质就是要保护信息系统或信息网络中的信息资源免受各种类型的威胁、干扰和破坏，即保证信息的安全性。根据国际标准化组织的定义，信息安全性主要是指信息的完整性、可用性、保密性和可靠性。

**2. 信息安全的基本目标**

真实性：对信息的来源进行判断，能对伪造来源的信息予以鉴别。

保密性：保证机密信息不被窃听，或窃听者不能了解信息的真实含义。

完整性：保证数据的一致性，防止数据被非法用户篡改。

可用性：保证合法用户对信息和资源的使用不会被不正当地拒绝。

不可抵赖性：建立有效的责任机制，防止用户否认其行为，这一点在电子商务中是极其重要的。

可控制性：对信息的传播及内容具有控制能力。

可审查性：对出现的网络安全问题提供调查的依据和手段。

**3. 信息安全的主要威胁**

信息泄露：信息被泄露或透露给某个非授权的实体。

破坏信息的完整性：数据被非授权地进行增删、修改或破坏。

拒绝服务：对信息或其他资源的合法访问被阻止。

非法使用（非授权访问）：某一资源被某个非授权的人，或以非授权的方式使用。

窃听：用各种可能的合法或非法的手段窃取系统中的信息资源和敏感信息。例如，对通信线路中传输的信号搭线监听，或者利用通信设备在工作过程中产生的电磁泄漏截取有用信息等。

业务流分析：通过对系统进行长期监听，利用统计分析方法对诸如通信频度、通信的信息流向、通信总量的变化等参数进行研究，从中发现有价值的信息和规律。

假冒：通过欺骗通信系统（或用户）达到非法用户冒充成为合法用户，或者特权小的用户冒充成为特权大的用户的目的。黑客大多是采用假冒攻击。

旁路控制：攻击者利用系统的安全缺陷或安全性上的脆弱之处获得非授权的权利或特权。例如，攻击者通过各种攻击手段发现原本应保密，但是却又暴露出来的一些系统“特性”，利用这些“特性”，攻击者可以绕过防线守卫者侵入系统的内部。

授权侵犯：被授权以某一目的使用某一系统或资源的某个人，却将此权限用于其他非授权的目的，也称作“内部攻击”。

特洛伊木马：软件中含有一个觉察不出的有害的程序段，当它被执行时，会破坏用户的系统。这种应用程序称为特洛伊木马（Trojan horse）。

陷阱门：在某个系统或某个部件中设置的“机关”，使得在特定的数据输入时，允许违反安全策略。

抵赖：这是一种来自用户的攻击。比如，否认自己曾经发布过某条消息、伪造一份对方来信等。

重放：出于非法目的，将所截获的某次合法的通信数据进行拷贝，而重新发送。

计算机病毒：一种在计算机系统运行过程中能够实现传染和侵害功能的程序。

人员不慎：一个授权的人为了某种利益，或由于粗心，将信息泄露给一个非授权的人。

媒体废弃：信息被从废弃的光盘或打印过的存储介质中获得。

物理侵入：侵入者绕过物理控制而获得对系统的访问。

窃取：盗用重要的安全物品，如令牌或身份卡。

**4．信息安全的控制原则**

为了达到信息安全的目标，各种信息安全技术的使用必须遵守一些基本的原则。

（1）最小化原则

受保护的敏感信息只能在一定范围内被共享，履行工作职责和职能的安全主体，在法律和相关安全策略允许的前提下，为满足工作需要，仅被授予其访问信息的适当权限，称为最小化原则。敏感信息的知情权一定要加以限制，是在“满足工作需要”前提下的一种限制性开放。可以将最小化原则细分为知所必须和用所必须的原则。

（2）分权制衡原则

在信息系统中，对所有权限应该进行适当地划分，使每个授权主体只能拥有其中的一部分权限，使他们之间相互制约、相互监督，共同保证信息系统的安全。如果一个授权主体分配的权限过大，无人监督和制约，就隐含了“滥用权力”的安全隐患。

（3）安全隔离原则

隔离和控制是实现信息安全的基本方法，而隔离是进行控制的基础。信息安全的一个基本策略就是将信息的主体与客体分离，按照一定的安全策略，在可控和安全的前提下实施主体对客体的访问。

在这些基本原则的基础上，人们在生产实践过程中还总结出的一些实施原则，他们是基本原则的具体体现和扩展，包括整体保护原则、谁主管谁负责原则、适度保护的等级化原则、分域保护原则、动态保护原则、多级保护原则、深度保护原则和信息流向原则等。

### 9.1.2　信息安全的范畴

从信息安全的角度出发，信息安全主要包括基础安全技术和应用安全技术两个层面。

**1. 基础安全技术**

（1）信息加密技术

这是应用最早，也是一般用户接触最多的安全技术领域，从最初的保密通信发展到目前的网络信息加密，一直伴随着信息技术的发展而发展，并始终受到重视。在基于信息论和近代数学的现代密码学建立之后，加密技术已经不再依赖于对加密算法本身的保密，而是通过在统计学意义上提高破解的成本来提供高的安全性。近年来通过与其他领域的交叉，产生了量子密码、基于 DNA 的密码和数字隐写等分支领域，其安全性能和潜在的应用领域均有很大的突破。相信加密技术仍将在信息安全领域内扮演十分重要的角色。

（2）安全集成电路技术

和集成电路芯片制造技术是整个 IT 产业的核心和基础一样，安全专用集成电路芯片的制造技术同样是信息安全产业的核心。由于产品应用领域和应用方式的差异，安全专用芯片在抗解剖分析、抗电磁脉冲冲击等方面具有特殊的需求，同时随着网络带宽的不断增加，对芯片速度和关键性的算法、协议也提出了更高的要求。我国国内的集成电路芯片制造技术与国外相比在生产工艺和规模上还有一定的差距，这一技术领域的发展状况将最终决定国内信息安全产业的发展前景。

（3）安全管理和安全体系架构技术

在信息应用的初期，由于受到计算机处理能力和应用模式的限制，对于安全性方面并未给予充分的重视，安全技术与安全对抗技术始终处于一种交替发展的态势中。越来越多的安全技术的发展势必要求有一种统一和有效的手段来管理和控制各类安全产品，并确保总体的安全策略能得到有效的贯彻实施。网络管理领域的经验和教训充分表明，分布式系统的管理必须从体系架构的层面上进行全盘的考虑，而安全管理和安全系统体系架构技术正是在这样的背景下出现的新兴领域。

（4）安全评估和工程管理技术

与安全技术发展相平行的一个关键技术领域是安全评估和安全工程的管理。考虑到信息安全问题的丰富内涵，如何表达信息安全的概念并加以评估和度量，是一个十分关键的问题。安全评估技术围绕着安全概念的理解进行展开，力图通过对安全影响因素的全面分析和评估来客观地评价系统的安全性能。而安全工程的管理技术则从统计控制论角度出发对良好的安全工程行为要素进行规范并促使厂商向这一方向努力，并最终将安全工程引入一个可测和可控的范畴。

（5）电磁泄漏防护技术

现代通信技术是建立在电磁信号传播的基础上的，而空间电磁场的开放特性决定了电磁泄漏是危及系统安全性的一个重要因素。电磁泄漏防护技术主要提供对信息系统设备的电磁信号泄漏的检测和防护功能，确保用户信息在使用和传输过程的安全性。

**2. 应用安全技术**

（1）安全操作平台技术

主要是对操作系统和数据库等基础的信息应用平台进行安全增强，为上层的应用系统提供一个全面的安全处理平台。当然随着分布式计算模式的扩展，PKI 和 CA 等安全基础设施也将逐步融合到这一领域中。

（2）信息侦测技术

主要负责在对网络信息进行搜集、分析和处理，并从中识别并提取出网络活动信息中所隐含的特定活动特征。该技术的潜在应用领域包括安全漏洞扫描、信息内容审计跟踪和电子取证等。

（3）计算机病毒防范技术

主要负责对网络途径传播的计算机病毒进行检测和预防，包括对网络流量的病毒检测和过滤技术、病毒预警技术以及病毒免疫技术等方面。

（4）系统安全增强技术

主要负责对已有的信息应用系统进行安全功能的增强，包括各类常用的网络服务系统和办公自动化系统。由于已有的信息系统包含了大量的用户投资，对其安全增强必须以不影响现有系统的正常运行为基础。

（5）安全审计和入侵检测、预警技术

安全审计技术主要负责对网络活动的各种日志记录信息进行分析和处理，并识别各种已发生的和潜在的攻击活动。考虑到传统安全审计技术在时间上的滞后性，后来又逐步发展形成了带有一定超前预警性质的入侵检测和预警技术，力图在安全威胁阶段争取主动。

（6）内容分级监管技术

内容分级技术是针对日益泛滥的网上不健康信息而提出的，其主要思路是通过信息提供商和最终信息消费者双方的努力来控制不良信息的扩散。考虑到我国的特殊国情以及国内外在意识形态领域的各种形式对抗，内容分级监管将是信息内容层面上的一种有效的控制技术。

（7）信息安全攻防技术

传统的信息安全技术主要侧重被动防御，但被动挨打的模式是不能全面解决信息安全问题的，加上一些发达国家将信息安全问题上升到信息战的高度，对信息对抗技术的研究势必成为确保国家信息安全、争取战略主动的重要举措。

## 9.2 常见的网络安全威胁

### 9.2.1 计算机病毒

计算机病毒（computer virus）在《中华人民共和国计算机信息系统安全保护条例》中被明确定义：“病毒是指编制或者在计算机程序中插入的破坏计算机功能或者毁坏数据，影响计算机使用，并能自我复制的一组计算机指令或者程序代码。”

**1. 计算机病毒的特点**

（1）寄生性

计算机病毒寄生在其他程序之中，当执行这个程序时，病毒就起破坏作用，而在未启动这个程序之前，它是不易被人发觉的。

（2）传染性

计算机病毒不但本身具有破坏性，更有害的是具有传染性，一旦病毒被复制或产生变种，其速度之快令人难以预防。传染性是病毒的基本特征。计算机病毒会通过各种渠道从已被感染的计算机扩散到未被感染的计算机，在某些情况下造成被感染的计算机工作失常甚至瘫痪。

（3）潜伏性

有些病毒像定时炸弹一样，让它什么时间发作是预先设计好的。比如“黑色星期五”病毒，不到预定时间一点都觉察不出来，等到条件具备的时候一下子就爆炸开来，对系统进行破坏。

（4）隐蔽性

计算机病毒具有很强的隐蔽性，有的可以通过病毒软件检查出来，有的根本就查不出来，有的时隐时现、变化无常，这类病毒处理起来通常很困难。

（5）破坏性

计算机中毒后，可能会导致正常的程序无法运行，把计算机内的文件删除或受到不同程度的损坏。通常表现为：增、删、改、移。

（6）可触发性

某个事件或数值的出现，诱使病毒实施感染或进行攻击的特性称为可触发性。病毒的触发机制就是用来控制感染和破坏动作的频率的。病毒具有预定的触发条件，这些条件可能是时间、日期、文件类型或某些特定数据等。病毒运行时，触发机制检查预定条件是否满足。如果满足，启动感染或破坏动作，使病毒进行感染或攻击；如果不满足，病毒继续潜伏。

**2. 计算机病毒的分类**

（1）伴随型病毒

这一类病毒并不改变文件本身，它们根据算法产生 EXE 文件的伴随体，具有同样的名字和不同的扩展名（COM）。例如，XCOPY.EXE 的伴随体是 XCOPY.COM。病毒把自身写入 COM 文件并不改变 EXE 文件，当 DOS 加载文件时，伴随体优先被执行到，再由伴随体加载执行原来的 EXE 文件。

（2）蠕虫型病毒

通过计算机网络传播，不改变文件和资料信息，利用网络从一台机器的内存传播到其他机器的内存。有时它们在系统存在，一般除了内存不占用其他资源。

（3）寄生型病毒

除了伴随型和蠕虫型，其他病毒均可称为寄生型病毒，它们依附在系统的引导扇区或文件中，通过系统的功能进行传播。

（4）诡秘型病毒

它们一般不直接修改 DOS 中断和扇区数据，而是通过设备技术和文件缓冲区等进行内部修改，不易看到资源，使用比较高级的技术。利用 DOS 空闲的数据区进行工作。

（5）变型病毒

又称幽灵病毒，这一类病毒使用一个复杂的算法，使自己每传播一份都具有不同的内容和长度。它们一般的作法是用一段混有无关指令的解码算法和被变化过的病毒体组合。

**3. 历史上著名的计算机病毒**

（1）Elk Cloner（1982 年）

它被看做攻击个人计算机的第一款全球病毒，也是所有令人头痛的安全问题先驱者。它通过苹果 Apple Ⅱ软盘进行传播。这个病毒被放在一个游戏磁盘上，可以被使用 49 次。在第 50 次使用的时候，它并不运行游戏，取而代之的是打开一个空白屏幕，并显示一首短诗。

（2）Brain（1986 年）

Brain 是第一款攻击运行微软的受欢迎的 DOS 操作系统的病毒，可以感染 360 KB 软盘的病毒，该病毒会填充满软盘上未用的空间，而导致它不能再被使用。

（3）Morris（1988 年）

Morris 该病毒程序利用了系统存在的弱点进行入侵，Morris 设计的最初的目的并不是搞破坏，而是用来测量网络的大小。但是，由于程序的循环没有处理好，计算机会不停地执行、复制 Morris，最终导致死机。

（4）CIH（1998）

CIH 病毒是迄今为止破坏性最严重的病毒，也是世界上首例破坏硬件的病毒。它发作时不仅破坏硬盘的引导区和分区表，而且破坏计算机系统 BIOS，导致主板损坏。

（5）Melissa（1999 年）

Melissa 是最早通过电子邮件传播的病毒之一，当用户打开一封电子邮件的附件，病毒会自动发送到用户通讯簿中的前 50 个地址，因此这个病毒在数小时之内传遍全球。

（6）Love bug（2000 年）

Love bug 也通过电子邮件附件传播，它利用了人类的本性，把自己伪装成一封求爱信来欺骗收件人打开。这个病毒以其传播速度和范围让安全专家吃惊。在数小时之内，这个小小的计算机程序征服了全世界范围之内的计算机系统。

（7）“红色代码”（2001 年）

“红色代码”病毒是 2001 年一种新型网络病毒，其传播所使用的技术可以充分体现网络时代网络安全与病毒的巧妙结合，将网络蠕虫、计算机病毒、木马程序合为一体，开创了网络病毒传播的新路，可称之为划时代的病毒。如果稍加改造，将是非常致命的病毒，可以完全取得所攻破计算机的所有权限并为所欲为，可以盗走机密数据，严重威胁网络安全。

“红色代码”被认为是史上最昂贵的计算机病毒之一，这段自我复制的恶意代码利用了微软 IIS 服务器中的一个漏洞。该蠕虫病毒具有一个更恶毒的版本，被称作红色代码Ⅱ。这两个病毒都除了可以对网站进行修改外，被感染的系统性能还会严重下降。

（8）“冲击波”（2003 年）

冲击波（worm blaster）病毒是利用微软公司的 RPC 漏洞进行传播的，只要是有冲击波病毒发作并且没有打安全补丁的计算机都存在有 RPC 漏洞，具体涉及的操作系统是：Windows 2000、Windows XP、Windows Server 2003。

该病毒感染系统后，会使计算机产生下列现象：系统资源被大量占用，有时会弹出 RPC 服务终止的对话框，并且系统反复重启，不能收发邮件、不能正常复制文件、无法正常浏览网页，复制粘贴等操作受到严重影响，DNS 和 IIS 服务遭到非法拒绝等。下面是弹出 RPC 服务终止的对话框的现象，如图 9-1 所示。

（9）“震荡波”（2004 年）

“震荡波”是又一个利用 Windows 缺陷的蠕虫病毒，“震荡波”可以导致计算机崩溃并不断重启。在本地开辟后门，监听 TCP 5554 端口，作为 FTP 服务器等待远程控制命令。其病毒程序为 avserve.exe，如图 9-2 所示。病毒以 FTP 的形式提供文件传送。黑客可以通过这个端口偷窃用户机器的文件和其他信息。病毒开辟 128 个扫描线程。以本地 IP 地址为基础，取随机 IP 地址，疯狂的试探连接 445 端口，试图利用 Windows 的 lsass 中存在一个缓冲区溢出漏洞进行攻击，一旦攻击成功会导致对方机器感染此病毒并进行下一轮的传播，攻击失败也会造成对方机器的缓冲区溢出，导致对方机器程序非法操作以及系统异常等。

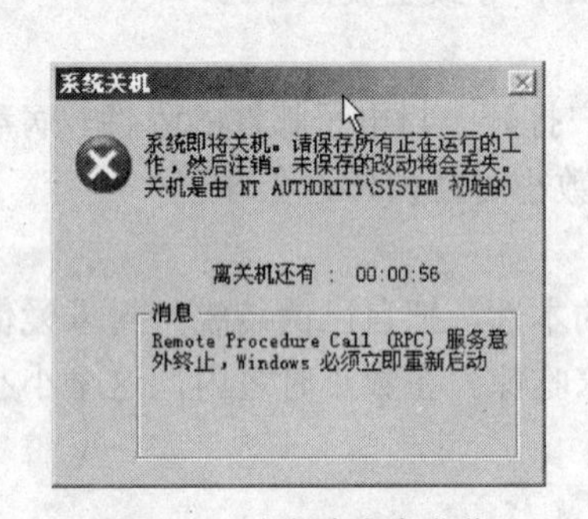


图 9-1　冲击波病毒发作

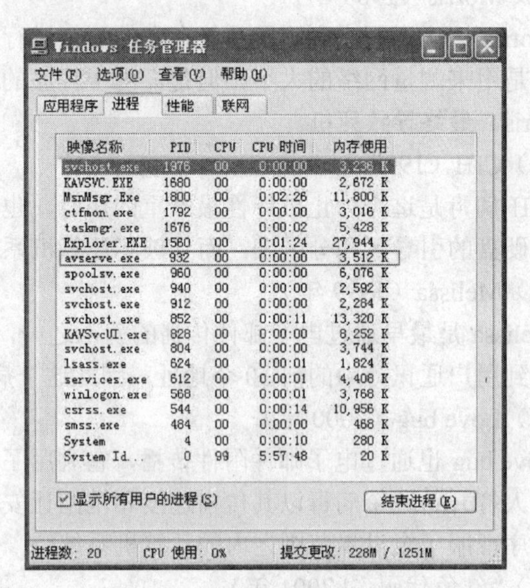


图 9-2　“震荡波”病毒主程序

（10）“熊猫烧香”（2007 年）

病毒会删除扩展名为.gho 的文件，使用户无法使用 ghost 软件恢复操作系统。“熊猫烧香”感染系统的 exe、com、src、html、asp 文件，添加病毒网址，导致用户一打开这些网页文件，IE 就会自动连接到指定的病毒网址中下载病毒。在硬盘各个分区下生成文件 autorun.inf 和 setup.exe，可以通过优盘和移动硬盘等方式进行传播，并且利用 Windows 系统的自动播放功能来运行，搜索硬盘中的 exe 可执行文件并感染，感染后的文件图标变成“熊猫烧香”图案，如图 9-3 所示。“熊猫烧香”还可以通过共享文件夹、系统弱口令等多种方式进行传播。该病毒会在中毒电脑中所有的网页文件尾部添加病毒代码。一些网站编辑人员的电脑如果被该病毒感染，上传网页到网站后，就会导致用户浏览这些网站时也被病毒感染。

图 9-3 “熊猫烧香”病毒发作症状

（11）“扫荡波”（2008 年）

同“冲击波”和“震荡波”一样，也是个利用漏洞从网络入侵的程序。而且正好在黑屏事件，大批用户关闭自动更新以后，这更加剧了这个病毒的蔓延。这个病毒可以导致被攻击者的机器被完全控制。

“扫荡波”运行后遍历局域网的计算机并发起攻击，攻击成功后，被攻击的计算机会下载并执行一个下载者病毒，而下载者病毒还会下载“扫荡波”，同时再下载一批游戏盗号木马。被攻击的计算机中毒而后再向其他计算机发起攻击，如此向互联网中蔓延开来。据了解，之前发现的蠕虫病毒一般通过自身传播，而“扫荡波”则通过下载器病毒进行下载传播，由于其已经具备了自传播特性，因此，被确认为新型蠕虫。

“扫荡波”如果对局域网内电脑的攻击失败，这些电脑上则会出现“svchost.exe”出错的提示，说“svchost.exe 中发生未处理的 win32 异常”，同时网络连接中断。用户要是发现自己的电脑中出现此情况，就说明您电脑所处的局域网内有机器中毒。此时，如果您的电脑并没有中毒，应该立即打上 MS08-067 补丁，千万不可以有侥幸心理，因为该毒的攻击不会仅仅一次，而且随着病毒作者对其进行升级，“扫荡波”会拥有更强的攻击力。

## 9.2.2 蠕虫病毒

蠕虫病毒和一般的计算机病毒有着很大的区别，对于它现在还没有一个成套的理论体系，但是一般认为：蠕虫病毒是一种通过网络传播的恶性病毒，它除具有病毒的一些共性外，同时具有自己的一些特征，如不利用文件寄生（有的只存在于内存中），对网络造成拒绝服务，以及与黑客技术相结合等。蠕虫病毒主要的破坏方式是大量的复制自身，然后在网络中传播，严重的占用有限的网络资源，最终引起整个网络的瘫痪，使用户不能通过网络进行正常的工作。每一次蠕虫病毒的爆发都会给全球经济造成巨大损失，因此它的危害性是十分巨大的。有一些蠕虫病毒还具有更改用户文件、将用户文件自动当附件转发的功能，更是严重的危害到用户的系统安全。

蠕虫病毒主要有两种传播方式。第一种方式是利用计算机系统的设计缺陷，通过网络主动地将自己扩散出去。第二种方式是将自己隐藏在电子邮件中，随电子邮件扩散到整个网络中，这也是个人计算机被感染的主要途径。

蠕虫病毒一般不寄生在别的程序中，而多作为一个独立的程序存在，它感染的对象是全网络中所有的计算机，并且这种感染是主动进行的，所以总是让人防不胜防。在现今全球网络高度发达的情况下，一种蠕虫病毒在几个小时之内蔓延全球并不是什么困难的事情。

### 9.2.3 网络钓鱼

网络钓鱼（phishing）是一种企图在电子通信中，通过伪装成信誉卓著的法人媒体以获得如用户名、密码和信用卡明细等个人敏感信息的犯罪诈骗过程。攻击者引导用户到URL和界面外观与真正网站极相似的假冒网站输入个人数据，或利用欺骗性的电子邮件和伪造的Web站点来进行网络诈骗活动。诈骗者通常会将自己伪装成网络银行、在线零售商和信用卡公司等可信的品牌，骗取用户的私人信息。

中国互联网络信息中心联合国家互联网应急中心发布的《2009年中国网民网络信息安全状况调查报告》显示，2009年有超过九成网民遇到过网络钓鱼，在遭遇过网络钓鱼事件的网民中，4 500万网民蒙受了经济损失，占网民总数11.9%，网络钓鱼给网民造成的损失已达76亿元。

**1. 网络钓鱼的主要手法**

（1）发送电子邮件，以虚假信息引诱用户中圈套

诈骗分子以垃圾邮件的形式大量发送欺诈性邮件，这些邮件多以中奖、顾问、对账等内容引诱用户在邮件中填入金融账号和密码，或是以各种紧迫的理由要求收件人登录某网页提交用户名、密码、身份证号、信用卡号等信息，继而盗窃用户资金。

案例：2009年2月份发现的一种骗取美邦银行（Smith Barney）用户的账号和密码的“网络钓鱼”电子邮件，该邮件利用了IE的图片映射地址欺骗漏洞，并精心设计脚本程序，用一个显示假地址的弹出窗口遮挡住了IE浏览器的地址栏，使用户无法看到此网站的真实地址。当用户使用未打补丁的Outlook打开此邮件时，状态栏显示的链接是虚假的。当用户单击链接时，实际连接的是钓鱼网站http://**.41.155.60:87/s。该网站页面酷似Smith Barney银行网站的登录界面，而用户一旦输入了自己的账号密码，这些信息就会被黑客窃取。

（2）建立假冒网上银行的网站，骗取用户账号和密码实施盗窃

犯罪分子建立起域名和网页内容都与真正网上银行系统、网上证券交易平台极为相似的网站，引诱用户输入账号和密码等信息，进而通过真正的网上银行、网上证券系统或者伪造银行储蓄卡、证券交易卡盗窃资金；还有的利用跨站脚本，即利用合法网站服务器程序上的漏洞，

在站点的某些网页中插入恶意 HTML 代码，屏蔽住一些可以用来辨别网站真假的重要信息，利用 Cookies 窃取用户信息。

案例 1：2004 年 7 月发现的某假公司网站（网址为 http://www.1enovo.com），而真正网站为 http://www.lenovo.com，诈骗者利用了小写字母 l 和数字 1 很相近的障眼法。诈骗者通过 QQ 散布“XX 集团和 XX 公司联合赠送 QQ 币”的虚假消息，引诱用户访问。

一旦访问该网站，首先生成一个弹出窗口，上面显示“免费赠送 QQ 币”的虚假消息。而就在该弹出窗口出现的同时，恶意网站主页面在后台即通过多种 IE 漏洞下载病毒程序 lenovo.exe（TrojanDownloader.Rlay），并在 2 秒钟后自动转向到真正网站主页，用户在毫无觉察中就感染了病毒。病毒程序执行后，将下载该网站上的另一个病毒程序 bbs5.exe，用来窃取用户的传奇账号、密码和游戏装备。当用户通过 QQ 聊天时，还会自动发送包含恶意网址的消息。

案例 2：2011 年春节期间，许多中国银行网上银行用户都收到了这样的一条短信。“尊敬的网银用户：您申请的中行 E 令行卡即将过期，请尽快登录 www.boczs.com 进行升级。给您带来不便，敬请谅解（中国银行）。”而事实上，中国银行的网址为 www.boc.cn，短信中提及的 www.boczs.com 就是典型的假冒钓鱼网站。著名的网络钓鱼地址如表 9-1 所示。

表 9-1　著名的网络钓鱼地址

| 钓鱼网址 | 真网址 | 说明 |
|---|---|---|
| http://www.chinacharity.cn.net | www.chinacharity.cn | 以中华慈善总会名义骗印度洋海啸捐款 |
| http://www.chsic.com | www.chsi.com.cn | 假冒的中国高等教育学生信息网 |
| http://www.1enovo.com | www.lenovo.com.cn | 模仿联想主页，埋设木马 |
| www.bank-off-china.com | www.boc.cn | 假冒中国银行 |
| www.1cbc.com.cn | www.icbc.com.cn | 假冒中国工商银行 |
| www.hkhsbc.com | www.hsbc.com.hk | 假冒香港汇丰银行网站 |
| www.shoufan.com | www.shoufang.com.cn | 假冒北京首放公司埋设木马“证券大盗” |
| www.cnbank-yl.com.cn | www.unionpay.com | 假冒中国银联 |

**2. 网络钓鱼的防范**

（1）银行应加强安全防范

网上银行的安全体系一是要保证系统的有效运行，不在客户需要进行交易时中断；还要保障客户的资金安全，防止非法转账的发生。许多类似于“网银大盗”的木马病毒都是通过客户端盗取用户账号和密码，从而盗取网上银行资金的。所以，目前网上银行最需要考虑的是如何保证客户端的安全。

除了多重的防火墙保护等措施外，数字证书是目前银行对客户端安全防范采取的主要措施，但并不是因此就万无一失。有人在技术上走在银行的前面，或者掌握了网上银行的技术软肋，网上银行就不可避免地存在安全漏洞。因而，银行是否应该建立一套动态安全体系？注意各种网络技术、安全问题的新动向，然后找出应对方法，并且经常对自己的安全体系进行检查和升级。

很多时候安全厂商招聘技术人员的高流动性会成为用户的最大隐忧，所以在选择时，银行除了要做技术上的要求外，对安全厂商的信誉和内部管理情况也应做更严格的要求，只有在信任的基础上才能共同打造一个坚固的安防盾牌。

（2）个人行为应该更加谨慎

不可否认，对于遭受的损害，用户自己也要负很大的责任。所以在进行网上交易的时候个人的行为应该更加谨慎，注意以下几点。

① 核对网址。记住自己开户银行的网址，正确登录，每次登录尽量选择直接输入网址登录，避免采用搜索引擎的链接来进入相关银行网站。不要登录访问陌生网站，更不要下载安装不明来历的软件，不随意打开可疑邮件。交易完成后，请及时退出网上交易程序。

② 保护好自己的网上银行用户名（登录卡号）和密码（登录密码和支付密码）。同时要保证登录密码与支付密码不相同。密码应避免与个人资料有关系，不要选用诸如身份证号码、出生日期、电话号码等作为密码。建议选用字母、数字混合的方式，以提高密码破解难度。密码应妥善保管，避免将密码写在纸上。尽量避免在不同的系统使用同一密码。定期更改账户密码。

③ 做好交易记录。客户应对网上银行办理的转账和支付等业务做好记录，定期查看“历史交易明细”，定期打印网上银行业务对账单，如发现异常交易或账务差错，立即与银行联系，避免损失。

做股票等投资的用户应及时打印交割单，定期跟券商核对账户信息。

④ 管好数字证书。网上银行用户应避免在公用的计算机上使用网上银行，不在公共场所下载数字证书，万不得已应及时删除。

⑤ 对异常动态提高警惕。对于网上各种中奖、要求提供注册卡号、网上银行密码的各种信息，不可轻信，必要时可以拨打银行服务电话进行核实。对单独出现的要求确认账号、密码的浏览器窗口应立即关闭。万一发现资料被盗，应立即修改相关交易密码或进行银行卡挂失，暂停使用网上交易。

⑥ 安装防毒软件。注意安装、升级正版杀毒软件和个人防火墙软件，定期杀毒并经常升级。

⑦ 堵住软件漏洞。经常安装计算机操作系统补丁，只下载使用官方的网上交易程序和升级程序。

### 9.2.4 间谍软件

间谍软件是一种能够在用户不知情的情况下，在其电脑上安装后门、收集用户信息的软件。用户的隐私数据和重要信息会被“后门程序”捕获，并发送给黑客、商业公司等。这些“后门程序”甚至能使用户的电脑被远程操纵，组成庞大的“僵尸网络”，这是目前网络安全的重要隐患之一。

间谍软件其实是一个灰色区域，所以并没有一个明确的定义。然而，正如同名字所暗示的一样，它通常被泛泛的定义为从计算机上搜集信息，并在未得到该计算机用户许可时便将信息传递到第三方的软件，包括监视击键，搜集机密信息（密码、信用卡号、PIN码等），获取电子邮件地址，跟踪浏览习惯等。间谍软件还有一个副产品，在其影响下这些行为不可避免的影响网络性能，减慢系统速度，进而影响整个商业进程。

间谍软件之所以成为灰色区域，主要因为它是一个包罗万象的术语，包括很多与恶意程序相关的程序，而不是一个特定的类别。

“间谍程序无处不在”这是在计算机安全业界达成的共识。据 IDC 在早前公布的数据中，估计大约 67%的电脑都带有某种形式的间谍软件，而在权威机构不久前进行的一次调查显示，在认为自己的个人电脑很“干净”的人中，经过检查 91%的接受调查者的计算机上都被安装了间谍软件。据统计现在普通用户的计算机中平均有 20～40 个间谍程序，其中有的计算机中感染间谍软件的数量有上千个。根据统计，间谍程序是继病毒、木马程序之后，发展最快，危害最大的程序，并且间谍程序的感染数量现在是成爆炸式增长，对用户造成的危害也越来越严重。

防治间谍软件，应注意以下方面：

第一，不要轻易安装共享软件或免费软件，这些软件里往往含有广告程序、间谍软件等不良软件，可能带来安全风险。

第二，有些间谍软件通过恶意网站安装，所以不要浏览不良网站。

## 9.2.5 特洛伊木马

利用计算机程序漏洞侵入后窃取文件的程序被称为木马。它是一种具有隐藏性的、自发性的可被用来进行恶意行为的程序，多不会直接对电脑产生危害，而是以控制为主。

完整的木马程序一般由两个部分组成：一个是服务端（被控制端），一个是客户端（控制端）。“中了木马”就是指安装了木马的服务端程序，若你的电脑被安装了服务端程序，则拥有相应客户端的人就可以通过网络控制你的电脑，为所欲为。这时你电脑上的各种文件、程序以及在你电脑上使用的账号、密码无安全可言了。

**1. 木马的分类**

（1）远程访问型

最广泛的是特洛伊木马，只需有人运行了服务端程序，如果客户知道了服务端的 IP 地址，就可以实现远程控制。以下的程序可以实现观察“受害者”正在干什么，当然这个程序完全可以用在正道上的，比如监视学生机的操作。

程序中用的 UDP（user datagram protocol，用户数据报协议）是因特网上广泛采用的通信协议之一。与 TCP 协议不同，它是一种非连接的传输协议，没有确认机制，可靠性不如 TCP，但它的效率却比 TCP 高，用于远程屏幕监视还是比较适合的。它不区分服务器端和客户端，只区分发送端和接收端，编程上较为简单，故选用了 UDP 协议。本程序中用了 DELPHI 提供的 TNMUDP 控件。冰河、灰鸽子等就这此类木马。

（2）键盘记录木马

这种特洛伊木马是非常简单的。它们只做一件事情，就是记录“受害者”的键盘敲击并且在 LOG 文件里查找密码。据笔者经验，这种特洛伊木马随着 Windows 的启动而启动。它们有在线和离线记录这样的选项。顾名思义，它们分别记录你在线和离线状态下敲击键盘时的按键情况。也就是说你按过什么按键，放置木马的人都知道，从这些按键中他很容易就会得到你的密码等有用信息，甚至是你的信用卡账号。当然，对于这种类型的木马，邮件发送功能也是必不可少的。

(3) DoS（拒绝服务）攻击木马

随着 DoS 攻击越来越广泛的应用，被用作 DoS 攻击的木马也越来越流行。当你入侵了一台机器，给他种上 DoS 攻击木马，那么日后这台计算机就成为你 DoS 攻击的最得力助手了。你控制的计算机数量越多，你发动 DoS 攻击取得成功的概率就越大。所以，这种木马的危害不是体现在被感染计算机上，而是体现在攻击者可以利用它来攻击一台又一台计算机，给网络造成很大的伤害和带来损失。

还有一种类似 DoS 的木马叫做邮件炸弹木马，一旦机器被感染，木马就会随机生成各种各样主题的信件，对特定的邮箱不停地发送邮件，一直到对方瘫痪、不能接收邮件为止。

（4）代理木马

黑客在入侵的同时掩盖自己的足迹，谨防别人发现自己的身份是非常重要的。因此，给被控制的计算机种上代理木马，让其变成攻击者发动攻击的跳板就是代理木马最重要的任务。通过代理木马，攻击者可以在匿名的情况下使用 Telnet，ICQ，IRC 等程序，从而隐蔽自己的踪迹。

（5）FTP 木马

这种木马可能是最简单和古老的木马了，它的唯一功能就是打开 21 端口，等待用户连接。现在新 FTP 木马还加上了密码功能，这样只有攻击者本人才知道正确的密码，从而进入对方计算机。

（6）反弹端口型木马

防火墙对于连入的链接往往会进行非常严格的过滤，但是对于连出的链接却疏于防范。于是，与一般的木马相反，反弹端口型木马的服务端 （被控制端）使用主动端口，客户端（控制端）使用被动端口。木马定时监测控制端的存在，发现控制端上线立即弹出端口主动连接控制端打开的主动端口；为了隐蔽起见，控制端的被动端口一般开在 80，即使用户使用扫描软件检查自己的端口，发现类似“TCP User IP:1026 Controller IP:80 ESTABLISHED”的情况，稍微疏忽一点，你就会以为是自己在浏览网页。

**2. 木马的检测**

（1）检查网络连接情况

由于不少木马会主动侦听端口，或者会连接特定的 IP 和端口，所以我们可以在没有正常程序连接网络的情况下，通过检查网络连接情况来发现木马的存在。具体的步骤是选择“开始”|“运行”|“cmd”命令，然后输入 netstat-an 这个命令能看到所有和自己电脑建立连接的 IP 以及自己电脑侦听的端口，它包含四个部分：Proto（连接方式）、Local Address（本地连接地址）、Foreign Address（和本地建立连接的地址）、State（当前端口状态）。通过这个命令的详细信息，我们就可以完全监控电脑的网络连接情况。

（2）查看目前运行的服务

服务是很多木马用来保持自己在系统中永远能处于运行状态的方法之一。我们可以通过选择“开始”|“运行”|“cmd”命令，然后输入“net start”来查看系统中究竟有什么服务在开启，如果发现了不是自己开放的服务，我们可以进入“管理工具”中的“服务”，找到相应的服务，停止并禁用它。

（3）检查系统启动项

由于注册表对于普通用户来说比较复杂，木马常常喜欢隐藏在这里。检查注册表启动项的方法如下：选择“开始”|“运行”命令，输入 regedit，然后检查 HKEY_LOCAL_MACHINE\Software\Microsoft\Windows\CurrentVersion 下所有以“run”开头的键值；HKEY_CURRENT_USER\Software\Microsoft\Windows\CurrentVersion 下所有以“run”开头的键值；HKEY-USERS\.Default\Software\Microsoft\Windows\CurrentVersion 下所有以“run”开头的键值。

（4）检查系统账户

恶意的攻击者喜欢在电脑中留有一个账户的方法来控制你的计算机。他们采用的方法就是激活一个系统中的默认账户，但这个账户却很少用，然后把这个账户的权限提升为管理员权限，这个账户将是系统中最大的安全隐患。恶意的攻击者可以通过这个账户任意地控制你的计算机。

## 9.3 计算机职业道德

### 9.3.1 计算机用户道德规范

一个网民在接近大量的网络服务器、地址、系统和人时，对其行为最终是要负责任的。Internet 不仅仅是一个简单的网络，它更是一个由成千上万的个人组成的“网络社会”，就像你驾车要达到某个目的地一样必须通过不同的路段，你在网络上实际也是在通过不同的“网络地段”，因此，参与到网络系统中的用户不仅应该意识到“交通”或网络规则，也应认识到其他网络参与者的存在，即最终要认识到网络行为无论如何是要遵循一定的规范的。作为一个网络用户，你可以被允许接受其他网络或者连接到网络上的计算机系统，但你也要认识到每个网络或系统都有它自己的规则和程序，在一个网络或系统中被允许的行为在另一个网络或系统中也许是受限制，甚至是被禁止的。因此，遵守其他网络的规则和程序也是网络用户的责任，作为网络用户要记住这样一个简单的事实，一个用户能够采取一种特殊的行为并不意味着他应该采取那样的行为。

在使用计算机的过程中，应注意的道德规范主要有以下几个方面：

#### 1. 有关知识产权

1990 年 9 月我国颁布了《中华人民共和国著作权法》，把计算机软件列为享有著作权保护的作品。1991 年 6 月，颁布了《计算机软件保护条例》，规定计算机软件是个人或者团体的智力产品，同专利、著作一样受法律的保护，任何未经授权的使用、复制都是非法的，按规定要受到法律的制裁。

人们在使用计算机软件或数据时，应遵照国家有关法律规定，尊重其作品的版权，这是使用计算机的基本道德规范。建议人们养成良好的道德规范，具体包括：

① 应该使用正版软件，坚决抵制盗版，尊重软件作者的知识产权。

② 不对软件进行非法复制。

③ 不要为了保护自己的软件资源而制造病毒保护程序。

④ 不要擅自篡改他人计算机内的系统信息资源。

### 2. 有关计算机安全

计算机安全是指计算机信息系统的安全。计算机信息系统是由计算机及其相关的和配套的设备、设施（包括网络）构成的，为维护计算机系统的安全，防止病毒的入侵，我们应该注意：

① 不要蓄意破坏和损伤他人的计算机系统设备及资源。

② 不要制造病毒程序，不要使用带病毒的软件，更不要有意传播病毒给其他计算机系统（传播带有病毒的软件）。

③ 要采取预防措施，在计算机内安装防病毒软件；要定期检查计算机系统内文件是否有病毒，如发现病毒，应及时用杀毒软件清除。

④ 维护计算机的正常运行，保护计算机系统数据的安全。

⑤ 被授权者对自己享用的资源负有保护责任，口令密码不得泄露给外人。

### 3. 有关网络行为规范

计算机网络正在改变着人们的行为方式、思维方式乃至社会结构，它对于信息资源的共享起到了无与伦比的巨大作用，并且蕴藏着无尽的潜能。但是网络的作用不是单一的，在它广泛的积极作用背后，也有使人堕落的陷阱，这些陷阱产生着巨大的反作用。其主要表现在：网络文化的误导，传播暴力、色情内容；网络诱发着不道德和犯罪行为；网络的神秘性培养了计算机黑客。

各个国家都制定了相应的法律法规，以约束人们使用计算机以及在计算机网络上的行为。例如，我国公安部公布的《计算机信息网络国际联网安全保护管理办法》中规定任何单位和个人不得利用国际互联网制作、复制、查阅和传播下列信息：

① 煽动抗拒、破坏宪法和法律、行政法规实施的。

② 煽动颠覆国家政权，推翻社会主义制度的。

③ 煽动分裂国家、破坏国家统一的。

④ 煽动民族仇恨、破坏国家统一的。

⑤ 捏造或者歪曲事实，散布谣言，扰乱社会秩序的。

⑥ 宣扬封建迷信、淫秽、色情、赌博、暴力、凶杀、恐怖，教唆犯罪的。

⑦ 公然侮辱他人或者捏造事实诽谤他人的。

⑧ 损害国家机关信誉的。

⑨ 其他违反宪法和法律、行政法规的。

但是，仅仅靠制定一项法律来制约人们的所有行为是不可能的，也是不实用的。相反，社会依靠道德来规定人们普遍认可的行为规范。在使用计算机时应该抱着诚实的态度、无恶意的行为，并要求自身在智力和道德意识方面取得进步。

① 不应该在 Internet 上传送大型的文件和直接传送非文本格式的文件，而造成网络资源浪费。

② 不能利用电子邮件作广播型的宣传，这种强加于人的做法会造成别人的信箱充斥无用的信息而影响正常工作。

③ 不应该使用他人的计算机资源，除非你得到了准许或者作出了补偿。

④ 不应该利用计算机去伤害别人。

⑤ 不能私自阅读他人的通信文件（如电子邮件），不得私自拷贝不属于自己的软件资源。

⑥ 不应该到他人的计算机里去窥探，不得蓄意破译别人口令。

### 9.3.2 计算机犯罪

所谓计算机犯罪，就是在信息活动领域中，利用计算机信息系统或计算机信息知识作为手段，或者针对计算机信息系统，对国家、团体或个人造成危害，依据法律规定，应当予以刑罚处罚的行为。

#### 1. 计算机犯罪的类型

（1）数据信息犯罪

主要包括非法浏览非授权的信息；以盗窃、诈骗等方式获得计算机信息系统内存储的秘密信息；对数据信息进行非法的修改、增加、删除；制作传播计算机病毒等破坏性程序；通过网络传播淫秽文字、影音等数据信息或泄露国家秘密、个人隐私及传播谣言等。

（2）计算机信息系统犯罪

分为侵入系统犯罪（侵入非授权的计算机信息系统）、干扰系统犯罪（影响计算机信息系统的正常运行）、使用系统犯罪（盗用系统资源）、破坏系统犯罪（毁损系统硬件设备，非法对系统功能进行增加、修改、删除）。

（3）网络犯罪

分为进入网络犯罪（侵入重要部门的局域网或者非法接入其网络线路）、使用网络犯罪（阻碍或中断网络通信，毁损网络设施）、破坏网络犯罪（非法使用网络资源，盗用网络服务）。

#### 2. 计算机犯罪的特点

（1）智能化

计算机犯罪的犯罪手段的技术性和专业性使得计算机犯罪具有极强的智能化特点。实施计算机犯罪，罪犯要掌握相当的计算机技术，需要对计算机技术具备较高专业知识并擅长实用操作技术，才能逃避安全防范系统的监控，掩盖犯罪行为。所以，计算机犯罪的犯罪主体许多是掌握了计算机技术和网络技术的专业人士。

（2）隐蔽性

由于网络的开放性、不确定性、虚拟性和超越时空性等特点，使得计算机犯罪具有极高的隐蔽性，增加了计算机犯罪案件的侦破难度。

（3）复杂性

计算机犯罪就是行为人利用网络所实施的侵害计算机信息系统和其他严重危害社会的行为。其犯罪对象也是越来越复杂和多样。有盗用、伪造客户网上支付账户的犯罪，电子商务诈骗犯罪，侵犯知识产权犯罪，非法侵入电子商务认证机构、金融机构计算机信息系统犯罪，破坏电子商务计算机信息系统犯罪，恶意攻击电子商务计算机信息系统犯罪，虚假认证犯罪，还有网络色情、网络赌博、洗钱、盗窃银行、操纵股市等。

（4）跨国性

网络冲破了地域限制，计算机犯罪呈国际化趋势。犯罪分子只要拥有一台接入互联网的计算机，就可以通过因特网到网络上任何一个站点实施犯罪活动。而且，可以甲地作案，通过中间结点，使其他联网地受害。由于这种跨地区、跨国界的作案隐蔽性强、不易侦破，危害也就更大。

（5）匿名性

罪犯在接受网络中的文字或图像信息的过程是不需要任何登记，完全匿名，因而对其实施的犯罪行为也就很难控制。

（6）发现率低

计算机犯罪的隐蔽性和匿名性等特点使得对计算机犯罪的侦查非常困难。据统计，在号称“网络王国”的美国，计算机犯罪的破案率还不到10%，其中定罪的则不到3%。

（7）趋利性

计算机犯罪的对象从金融犯罪到个人隐私、国家安全、信用卡密码、军事机密等，无所不包，而且犯罪发展迅速。我国从1986年开始每年出现几起或几十起计算机犯罪，到1993年一年就发生了上百起，近几年利用计算机犯罪的案件以每年 30%的速度递增，其中金融行业发案比例占 61%，平均每起金额都在几十万元，单起犯罪案件的最大金额高达 1 400 余万元，每年造成的直接经济损失近亿元，而且这类案件危害的领域和范围将越来越大，危害的程度也更严重。

（8）低龄化和内部人员多

犯罪主体的低龄化也是一个不可忽视的趋势。世界各国的学校教育都将计算机操作作为一种基本内容加以普及，这对于社会的技术化进程无疑具有巨大的推动作用。但是这也造就了一大批精通计算机的未成年人，这些人利用计算机的违法犯罪在某些国家已隐隐成为一个社会问题。在一些国家由于行为人年龄过小而不能追究刑事责任的案件时有发生。

在计算机犯罪中犯罪主体是内部人员的占有相当的比例。据有关统计，计算机犯罪的犯罪主体集中为金融、证券业的“白领阶层”，身为银行或证券公司职员而犯罪的占78%，并且绝大多数为单位内部的计算机操作管理人员。从年龄和文化程度看，集中表现为具有一定专业技术知识、能独立工作的大、中专文化程度的年轻人，这类人员占83%。利用计算机搞破坏的人绝大多数是对企业心怀不满的企业内部人员，通常他们掌握企业计算机系统内情。

（9）网络犯罪的产业化趋势

近几年网络犯罪的趋利化导致网络犯罪的产业化趋势：由专门的漏洞探测者来探测操作系统的漏洞，木马编写者根据该漏洞设计相应的木马程序，然后将该木马程序贩卖给僵尸网络的操纵者，该操纵者在网络中广布该木马组建僵尸网络，通过该僵尸网络获取相关的敏感信息，通过贩卖该敏感信息获利。

## 9.4 本章小结

本章主要介绍了信息安全的定义及其目标与原则、并介绍了当前主要的网络安全隐患，阐述了计算机从业人员应遵守的职业道德和相关法律。

## 习　题

**一、填空题**

1．计算机犯罪的特点是（　　　　）、（　　　　）、（　　　　）、（　　　　）、（　　　　）、（　　　　）、（　　　　）、（　　　　）、（　　　　）。

2．木马的分类包括（　　　　）、（　　　　）、（　　　　）、（　　　　）、（　　　　）、（　　　　）。

**二、简答题**

1．信息安全的基本目标是什么？

2．信息安全的控制原则是什么？

3．计算机病毒具有几个特点？

4．为维护计算机系统的安全，防止病毒的入侵，我们应该注意什么？

5．我国公安部公布的《计算机信息网络国际联网安全保护管理办法》中规定任何单位和个人不得利用国际互联网制作、复制、查阅和传播哪些信息？

6．计算机犯罪的类型有哪些？计算机犯罪的特点是什么？

# 参 考 文 献

[1] Forouzan B A. 计算机科学导论[M]. 刘艺，段立，钟维亚，等译. 北京：机械工业出版社，2004.
[2] 张海藩. 软件工程导论[M]. 5 版. 北京：清华大学出版社，2008.
[3] 严蔚敏，吴伟民. 数据结构[M]. 北京：清华大学出版社，2007.
[4] SAVITCH W. C++面向对象程序设计[M]. 7 版. 周靖，译. 北京：清华大学出版社，2010.
[5] 王昆仑，赵洪涌，陈仲民，等. 计算机科学与技术导论[M]. 北京：北京大学出版社，2006.
[6] 汤子瀛，哲凤屏，汤小丹. 计算机操作系统[M]. 修订版. 西安：西安电子科技大学出版社，2001.
[7] 曾平，曾林. 操作系统习题与解析[M]. 2 版. 清华大学出版社. 北京：2004.
[8] 梁红兵，汤小丹. 计算机操作系统学习指导与题解[M]. 2 版. 西安：西安电子科技大学出版社，2008.
[9] 周屹，孔蕾蕾，王丁，等. 数据库原理及开发应用[M]. 北京：清华大学出版社，2007.